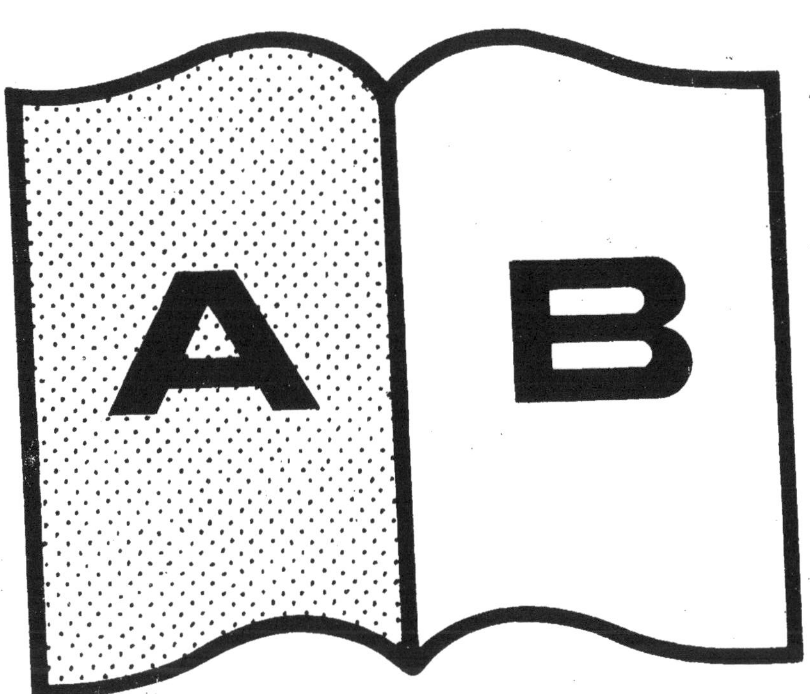
A
B

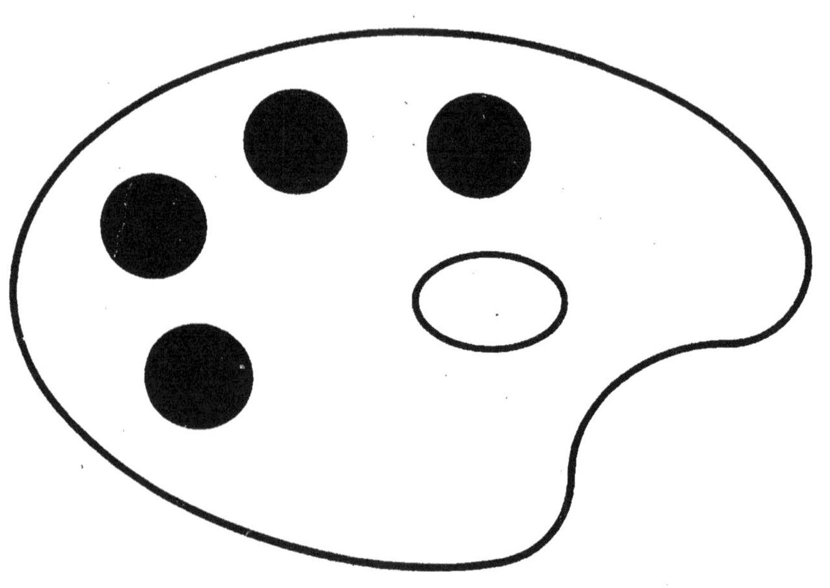

Original en couleur
NF Z 43-120-8

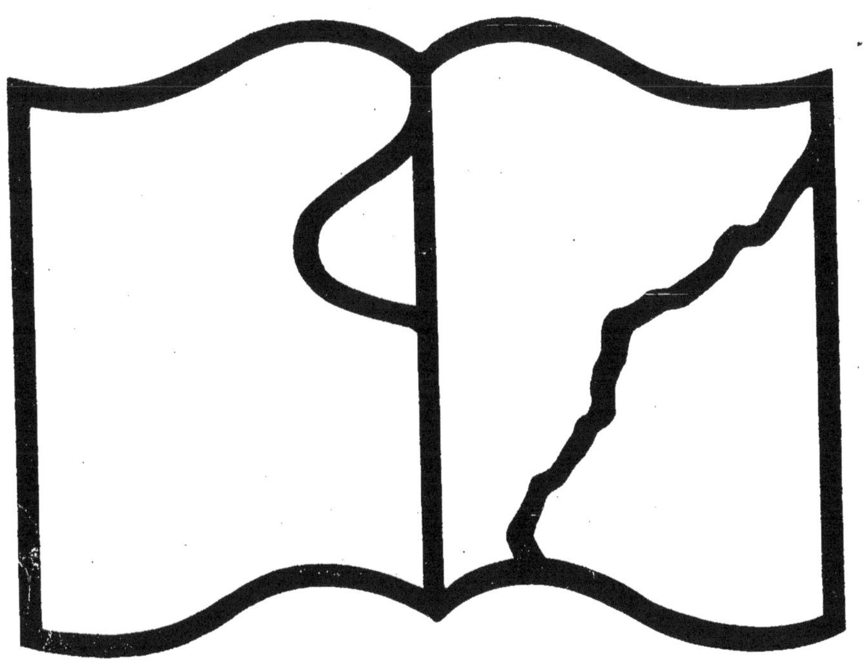

Texte détérioré — reliure défectueuse

NF Z 43-120-11

Cie Coloniale

ÉTABLISSEMENT SPÉCIAL POUR LA FABRICATION

des

CHOCOLATS

de

QUALITÉ SUPÉRIEURE

Tous les Chocolats de la Cie Coloniale, *sans exception*, sont composés de matières premières de choix; ils sont exempts de tout mélange, de toute addition de substances étrangères, et préparés avec des soins inusités jusqu'à ce jour.

CHOCOLAT DE SANTÉ
Le 1/2 kilog.

Bon ordinaire	2 50
Fin	3 »
Superfin	3 50
Extra	4 »

CHOCOLAT DE POCHE
et de voyage
en boîtes cachetées

Superfin	250 gr.	2 25
Extra	d°.	2 50
Extra-supérieur	d°.	3 »

THÉ Une SEULE QUALITÉ (QUALITÉ SUPÉRIEURE)
Composée exclusivement de Thés noirs de Chine
En Boîtes de 75, 150 et 300 grammes

Entrepôt général : Avenue de l'Opéra, 19, Paris

DANS TOUTES LES VILLES, CHEZ LES PRINCIPAUX COMMERÇANTS

GUIDE DU VOYAGEUR

EN FRANCE

COLLECTION DES GUIDES-JOANNE

FRANCE ET ALGÉRIE

Format in-16, cartonnage percaline.

Paris .... 5 »
Environs de Paris.. 7 50
Auvergne et Centre. 7 50
Bourgogne, Morvan, Jura, Lyonnais. 7 50
Bretagne 7 50
Cévennes .... 5 »
La Champagne et l'Ardenne........ 7 50
Corse .... 6 »
Dauphiné 7 50
La Loire 7 50
De la Loire aux Pyrénées. 1 vol........... 7 50
Nord 7 50
Normandie 7 50
Provence .... 10 »
Pyrénées 7 50
Savoie 7 50
Vosges et Alsace.. 7 50
Algérie et Tunisie. 12 »

GUIDES DIVERS

France, par Richard. 5 vol., brochés :

Réseau de Paris-Lyon-Méditerranée, 4 fr.; Réseaux d'Orléans-Midi-État, 4 fr.; Réseau de l'Ouest, 3 fr.; Réseau du Nord, 2 fr. 50; Réseau de l'Est, 2 fr. 50.

ÉTRANGER

Format in-16, cartonnage percaline.

Allemagne septentrionale, St-Pétersbourg, Moscou, Varsovie et Copenhague............ 10 »
Allemagne méridionale et Autriche-Hongrie. 10 »
Belgique et Hollande. 7 50
Espagne et Portugal. 18 »
Italie.............. 10 »
Londres et ses environs............ 7 50
De Paris à Constantinople. 1 vol............ 15 »
Grèce, 1re partie. Athènes et ses environs... 12 »
2e partie. Grèce continentale et îles.. 20 »
Égypte, par Bénédite. 20 »
Péninsule sinaïtique, par Bénédite.......... 2 50
Suisse.............. 7 50

GUIDES DIAMANT, format in-32.

Aix-les-Bains...... 2 »
Bretagne.......... 2 »
Dauphiné et Savoie. 6 »
Normandie........ 2 »
Paris.............. 1 50
Pyrénées.......... 2 »
Stations d'hiver (Les) de la Méditerranée...... 3 50
Suisse............. 2 »

MONOGRAPHIES

Format in-16 avec gravures et plans.

1re série, à 50 centimes le volume, broché.

Angers. — Arles et les Baux. — Avignon. — Blois. — Chantilly et le Musée Condé. — Chartres. — Dijon. — Gérardmer. — Le Havre. — Lourdes. — Le Mont-St-Michel. — Nancy. — Nantes. — Nîmes. — Reims. — Tours. — Valence et le Vercors.

2e série, à 1 franc le volume, broché.

Ajaccio. — Alger. — Arcachon. — Bagnères-de-Bigorre — Bagnères de-Luchon. — Biarritz. — Bordeaux. — Boulogne. — Caen. — Cannes et Grasse. — Cauterets. — Clermont-Ferrand, Royat, Châtel-Guyon et Châteauneuf-les-Bains. — Compiègne et Pierrefonds. — Contrexéville, Vittel, Martigny et Bourbonne-les-Bains. — Dax. — Dieppe et le Tréport. — Eaux-Bonnes et Eaux-Chaudes. — L'Estérel. — Fontainebleau et la forêt. — Genève. — Grand-Duché de Luxembourg. — Iles anglaises de la Manche. — Lyon. — Marseille. — Le Mont-Dore et la Bourboule. — Menton. — Musées de Paris. — Nice, Beaulieu et Monaco. — Pau. — Plombières, Bains-les-Bains, Luxeuil et Bussang. — Rouen. — Saint-Malo-Dinard. — Saint-Sébastien. — Toulouse. — Trouville, Honfleur, Cabourg. — Tunis et ses environs. — Versailles. — Vichy.

MONOGRAPHIES en anglais à 1 franc.

Biarritz. — Cannes. — Menton. — Nice. — Pau.

3e série, à 2 francs.

Bains de mer de l'État. — Plages de la Bretagne, réseau d'Orléans. — Venise.

1186-02. — Coulommiers. Imp. PAUL BRODARD. — 5-03.

COLLECTION DES GUIDES-JOANNE

GUIDE DU VOYAGEUR

N FRANCE

PAR

RICHARD

RÉSEAU PARIS-LYON-MÉDITERRANÉE

5 CARTES ET 27 PLANS

PARIS
LIBRAIRIE HACHETTE ET Cie
79, BOULEVARD SAINT-GERMAIN, 79

1903

Toutes les mentions et recommandations contenues dans l texte des Guides-Joanne sont entièrement gratuites.

INDEX ALPHABÉTIQUE

CONTENANT

LES

RENSEIGNEMENTS PRATIQUES

N. B. — Les renseignements pratiques, c'est-à-dire les *hôtels*, classés (autant que possible) par ordre d'importance avec indication des prix de table d'hôte et de pension, les *restaurants* et *cafés*, les *voitures*, les *tramways*, etc., en un mot tout ce qui a rapport à la vie matérielle, se trouvent réunis dans l'Index alphabétique, au nom de chaque localité à laquelle ils se rapportent. Cette disposition nous permet de corriger ces renseignements, sujets à des changements, et de réimprimer l'Index alphabétique plusieurs fois dans le cours d'une édition. Nous prions instamment MM. les touristes de nous adresser toutes les corrections et observations nous permettant de tenir à jour cette partie importante du Guide.

Ce signe *, placé dans le texte des Routes, à la suite du nom d'une localité, indique qu'il se trouve à l'Index alphabétique des renseignements pratiques à consulter.

Ce signe *, placé dans l'Index alphabétique, à la suite d'un nom d'hôtel et lorsque les hôtels ne sont pas classés en hôtels de 1er ordre, de 2e ordre, etc., indique seulement que les prix de cet hôtel sont de première classe et n'implique aucune recommandation de notre part.

A

Omnibus : — des hôtels à la gare.

Voitures-omnibus, 75 c. par pers. (1 fr. pour une pers. seule); colis au-dessus de 20 kilogr., 50 c.

Hôtels. — Les prix des hôtels de 1re cl. varient de 12 à 20 fr. par j.; ceux des hôt. de 2e cl., de 7 à 10 fr. La plupart des baigneurs se logent dans des pensions ou dans des maisons particulières.

Hôtels de 1er ordre : — *Grand-Hôtel Regina Bernascon*, bd de la Roche-du-Roi; — *Grand-Hôtel d'Aix*, pl. du Revard, 3 (ascens. et jardin); — *de l'Europe*, r. du Casino (ascens., jardin, parc et villas indépendantes); — *Bristol et Venat*, r. du Casino (jardin); — *Splendide-Hôtel-Royal*, r. Georges-Ier; — *Lamartine*, pl. du Revard et r. du Casino; — *Gaillard et des Ambassadeurs* (calorifère), r. Dacquin; — *Métropole*, r. du Casino et pl. Carnot; — *du Nord et de la Grande-Bretagne*, r. Centrale et du Casino; — *Britannique* (ascens., jardin), r. Victor-Amédée-III et bd Berthollet; — *Albion et Mont-Revard*, r. Haldiman; — *Beau-Site*, bd de la Roche-du-Roi.

Hôtels de 2e ordre (par ordre alphabétique) : — *d'Angleterre*, av. Victoria; — *de l'Arc-Romain*, pl. de l'Établissement; — *Grand-Hôtel des Bains*, r. du Casino, 5, r. de Genève, 7, et r. Despine, 1 (hôt. meublé); — *Bellevue et de l'Union*, r. de Genève; — *des Bergues et New-York*, av. de la Gare, 11; — *Broisin*, r. du Revet; — *du Centre et des Voyageurs*, pl. du Revard, 4; — *Château-Durieux et des Anglais*, bd des Côtes; — *de la Couronne*, r. Centrale; — *Damesin et Continental*, r. de Chambéry; — *Dérouge*, r. Lamartine, 6; — *des Deux-Mondes*, av. Marie; — *Durand-Bonino*, r. de Genève; — *Dussuel*, r. des Bains-Henri-IV; — *de l'Écu-de-Genève* (hôt. garni), r. de Genève; — *Exertier*, r. de Mouxy; — *Folliet-Mermey*, r. Lamartine, 4; — *de France*, r. des Bains (hôt. garni); — *de Genève*, r. du Casino; — *Germain*, r. des Écoles, 9; — *Gallia et Beau-Séjour*, bd de Chante-Merle; — *du Grand-Café*, pl. Carnot; — *Grand-Hôtel Central*, dans les jardins de l'hôt. de l'Europe; — *du Helder*, av. de la Gare; — *International* (ascens.), av. et pl. de la Gare; — *de Londres*, pl. du Revard; — *Louvre et Savoy*, av. de la Gare; — *Manchester-Hôtel*, r. Garrod; — *de Marlioz*, av. de Marlioz; — *National*, r. du Dauphin; — *de la Paix*, r. Lamartine, 11; — *du Parc*, r. de Chambéry; — *de Paris*, r. Dacquin, 9, et r. du Dauphin, 8; — *de Provence*, square du Gigot; — *de Russie et des Colonies*, r. de Genève, 52; — *Saint-James et d'Albany*, r. des Bains, 21; — *Suisse et du Mont-Blanc*, av. de Marlioz, 2 et 4, et av. de Tresserve, 1, 3 et 5; — *Terminus*, av. Victoria et bd de la Gare; — *Thermal*, r. Victor-Amédée-III; — *de l'Union et Bellevue*, r. de Genève, 82; — *Victoria et Garin*, r. de Genève, 17.

Pensions (5 à 8 fr. par j., table d'hôte matin et soir) : — *Bocquin (Michel)*, r. Centrale; — *Bugnard (Cl.)*, r. de Pugny; — *Chabert*, r. des Bains-Henri-IV; — *Chalet des Bains*, r. de Pugny; — *Cattin, Coulloux*, r. de Genève; — *Davier*, av. de Tresserve;

de la Grotte, bd Berthollet; — *ritier*, r. de Mouxy; — *Jarrier*, Lamartine; — *Loynoz*, r. Henri-urger; — *Massonat* (*J.*), r. de nève; — *Padey*, bd Berthollet; *Perreau*, pension de la Grotte, Berthollet; — *Souffray*, r. de Geve; — *Tirard*, r. Haldiman; — *alentini*, r. de Chambéry; — *Wa-am*, r. Lamartine; — *Windsor-ufrêne*, r. des Ecoles.

Villas, maisons, appartements et ambres meublés. — Une ch. à lit se paye 2 fr. 50 à 6 fr., plus c. de service par j.; et pour 4 à fr. par j., on peut se faire apporter déjeuner et à dîner.

Agences de location : — à la librairie *Iermoz*; — *Agence Internationale* ocation de villas et appartements; illets P.-L.-M.; bagages; renseignements sur voyages et excursions), place Carnot, 12.

Poste, télégraphe et téléphone : — r. Davat.

Casinos : — *Cercle d'Aix-les-Bains*; abonnement pour une pers., 20 fr.; entrée pour un j., 2 fr.; — Casino de a *Villa des Fleurs* (mêmes prix que e cercle).

Etablissement des bains : — ouvert toute l'année.

Chevaux, ânes, voitures et chars : — pour les chevaux et les voitures particulières, s'adresser aux hôtels. — *Voitures de place* : à la gare, place Centrale et r. du Casino : la course dans tout le rayon de l'octroi, pour 1 ou 2 pers. 1 fr., pour 3 ou 4 pers. 2 fr.; dans la banlieue, à 1 chev. 1 fr. 50 ou 2 fr., à 2 chev. 2 ou 3 fr., aller et retour 50 c. ou 1 fr. en sus. — *Anes*, r. de Genève : l'heure, 1 fr.; la demi-journée, 4 fr.; la journée, 7 fr.

Trams (en été) : — de la pl. de Genève au *Grand-Port*, 20 c., aller et ret. 30 c.; au *Petit-Port*, 30 c.; — *Saint-Simon* et *au pont de Grésy*, 30 c., 45 c. aller et ret.; — de la pl. du Revard à *Marlioz*, 30 c.

Voitures d'excursions. — Grands breaks des entreprises *Carraz* et *Vinay* (kiosques au bd du Parc); t. l. après-midi, dans la saison, excurs. avec programme varié, 5 fr. et 4 fr.; certains j., grande excurs. d'une journée entière à la Grande-Chartreuse, 15 fr.; consulter les programmes en distribution aux kiosques.

Bateaux de promenade sur le lac du Bourget : — à 2 bateliers, pour Hautecombe, 9 fr., Bourdeau, 5 fr., le Bourget, 8 fr., etc.

Bateaux à vapeur : — au Grand-Port et au Petit-Port; *V.* les tarifs, p. 94.

AIZAC [Coupe d'], 222.

AJACCIO, 182. — Hôt. : *d'Ajaccio et Continental** (parc; bains; pens. de 9 fr. à 18 fr. par j.); *Schweizerhof* (petit déj. 1 fr., déj. 2 fr. 50, dîn. 3 fr. 50, vin non compris; ch. à 1 lit 2 à 5 fr., à 2 lits 4 à 8 fr., bougie non comprise; pens. de 7 à 11 fr. par j., bougie non comprise); *des Etrangers* (pet. déj. 1 fr., déj. 2 fr., dîn. 2 fr. 50; ch. à 1 lit 2 à 4 fr., à 2 lits 4 à 6 fr.; pens. 7 à 9 fr. par j.); *de France* (bains; pet. déj. 50 c. à 1 fr. 50, déj. 2 fr. 50, dîn. 3 fr.; ch. à 1 lit 3 à 5 fr., à 2 lits 5 fr. 50 à 8 fr. 50; pens., 9 à 11 fr.); *du Nord*; *des Gourmets*. — Cafés : *du Roi-Jérôme*; *Solférino*; *Napoléon*; *du Commerce*. — Poste et télégraphe : cours Napoléon, 37, et r. de la Préfecture. — Trams *du boulev. Lantivy à l'Abattoir*, 10 c.; pour les bains de *Caldaniccia*, 60 c. — Voit. de place : course 1 fr. 50, l'h. 2 fr. — Voit. publ. pour *Pila-Canale*, *Sartène*, par *Cauro* (corresp. pour *Bastelica*), *Sainte-Marie-Siché* (corresp. pour les *Bains de Guitera* et *Zicavo*), *Petreto-Bicchisano* et *Propriano*; *Vico*, par *Sagone* (corresp. pour *Cargèse*, *Piana*, *Porto* et *Ota*); à *Vico*, corresp. en été pour les *bains de Guagno*. — Bateaux à vap. : *V.* R. 32, p. 181.

ALAIS, 200. — Buffet à la gare. — Hôt : *du Luxembourg et du Louvre*; *du Nord*; *du Midi*.

ALAISE, 67.

ALBARINE [Chute de l'], 78.

ALBENS, 95.

ALBERTACCE, 189.

ALBERTVILLE, 107. — Buffet-hôt. (paniers à emporter, 3 fr. 50; déj.

en ville, à 1 chev. 1 fr. 50, à 2 chev. 2 fr.; l'heure, 2 fr. 50 et 3 fr.

Voitures de louage : — demander le tarif du Syndicat d'Initiative.

Voitures publiques : — pour *Frangy* et *Seyssel*, r. Royale, hôt. des Négociants, et r. de la Visitation, 3; — les *bains de la Caille*, *Cruseilles* et *Saint-Julien*; — *Thorens* (le mardi), faub. de Bœuf, 40; — *Veyrier* et *Menthon*. — Pour les services de **cars alpins** (Semnoz, Parmelan, Chamonix par Thônes ou par Ugines, etc.), s'adr. au Syndicat d'Initiative.

Service de navigation sur le lac : — *Compagnie des bateaux à vapeur sur le lac d'Annecy* : V. R. 16, p. 97.

Bateaux de promenade : — au Jardin public, près de l'embarcadère du bat. à vapeur. Tarif : embarcations de luxe à rames, l'heure 75 c.; avec un batelier, la 1re h. 2 fr., et 1 fr. 50 les suiv.; 2 bateliers, la 1re 3 fr., 1 fr. 50 les suiv.

ANNECY [Lac d'], 96.
ANNECY-LE-VIEUX, 97.
ANNEMASSE, 86. — Buffet. — Hôt. *de la Gare*.
ANNES [Col des], 106.
ANNIBAL [Cirque d'], 110.
ANNONAY, 204. — Hô. : *du Midi*; *des Négociants* (déj. 2 fr. 50; dîn. 3 fr., ch. 2 fr.).
ANNONCIADE (L'), 179. — Hôt.-pension.
ANNOT, 152. — Hôt. *Philip*. — Voit. publ. pour *Puget-Théniers* et *Saint-André*.
ANOST, 31.
ANSE, 38.
ANTERNE [Col et lac d'], 87.
ANTIBES, 173. — Hôt. : dans la ville : *Grand Hôtel**, *Hôtel et restaurant Cosmopolitain*, *National*, *des Aigles d'Or*, *Terminus*. — Au Cap : *Grand Hôtel du Cap et restaurant français**. — A la Salis : *Hôtel-restaurant de la Réserve*. — A Juan-les-Pins : *Grand-Hôtel*.
ANTIBES [Cap d'], 174.
ANTRAIGUES, 221.
AOSTE, 78.
AOSTE-SAINT-GENIX, 85.
AOUSTE, 114.
APREMONT, 58.
APREMONT [Gorges d'], 5.
APS, 221.
APT, 165. — Hôt. *du Louvre* (petit déj. 1 fr. 50, déj. 2 fr. 50, dîn. 3 fr.; ch. 2 et 3 fr.).
ARAMON, 208.
ARAVIS [Chaîne des], 106.
ARAVIS [Col des], 107. — Châlet-hôt. (l'été).
ARBOIS, 70. — Hôt. : *du Cerf*; *Central*; *des Messageries*.
ARBRESLE [L'], 44. — Hôt : *Fouillat*; *Chanrion*.
ARC [Pont d'], 222. — Aub. *Jean Tourre*.
ARC-ET-SENANS, 67.
ARCIER, 65.
ARCIER [Aqueduc d'], 63.
ARCS (Les), 170.
ARCY-SUR-CURE, 28. — Hôt. : *Paillard-Champeau*; *des Grottes*.
ARDÈCHE [Cañon de l'], 222.
ARDES, 198.
ARDOISE [L'], 207.
ARDOISIÈRE [L'], 209.
ARFEUILLES, 43.
ARGENTIÈRE, 92.
ARGENTIÈRE [L'], 159.
ARGUEL, 63.
ARINTHOD, 74. — Hôt. *Malfroy*.
ARLANC, 214.
ARLAY, 71.
ARLES, 124. — Buffet : à la gare P.-L.-M. — Hôt. : *du Nord*; *du Forum*, tous deux pl. des Hommes ou du Forum.
ARLES [Viaduc d'], 127.
ARMEILLÈRE-GIRAUD [L'], 127.
ARNAY-LE-DUC, 13. — Hôt. *de la Poste* (déj. 2 fr. 50, dîn. 3 fr., ch. 1 fr. 50).
ARS, 75. — Hôt. *Tête*.
ARTEMARE, 78.
ARVANT, 198.
ARVES [Aiguille méridionale d'], 103.
ASPRES-LÈS-CORPS, 163.
ASPRES-SUR-BUECH, 150. — Hôt. *Malaterre* (repas 2 fr. 50, ch. 1 fr.).
ATTIGNAT, 75.
AUBERIVES, 142.
AUBAGNE, 166. — Hôt. *du Cours et Notre-Dame*.
AUBAIS, 224.
AUBENAS, 221. — Hôt. : *de l'Union* (depuis 7 fr. 50 par j.); *du Nord*;

B

LLY [Ruines de], 209.
SANNE [Mont], 105.
AISY [Tunnel de], 13.
AISY-BAS, 13. — Hôt. : *de la Gare; Couvreux*, dans le bourg. — Voit. publique pour *Saint-Seine*, 1 fr. 50.
AMONT, 66.
ANCARDE [La], 165.
ANZY, 33.
ÉNEAU, 24.
IGNY-SUR-OUCHE, 32.
ONAY [Château de], 88.
ONNIÈRE [La], 97.
OCOGNANO, 183.
OËGE, 88. — Hôt. : *des Allobroges; du Chalet des Forêts*, à 2 k. du b. — Voit. particulière pour *les Voirons*, à 1 chev. 10 fr., à 2 chev. 15 fr.
OËN, 215.
OIGNEVILLE, 19.
OIS-D'OINGT [Le], 42. — Hôt. : *Debaux; Desaint.*
OIS-LE-ROI, 2. — Hôt. : *de la Vallée de la Solle* (déj. 3 fr., dîn. 3 fr. 50; pens. 5 à 6 fr.); *du Soleil-d'or* (pens. 5 à 6 fr.). — Pension bourgeoise pour artistes à la *Villa Raphaël.*
BOISSERON, 227.
BOISSIÈRES [Gorge de], 109.
BOISY, 43.
BOLLÈNE, 117. — Hôt. *Chaix* (déj. 2 fr. 50, dîn. 3 fr.; 6 fr. 50 à 7 fr. 50 par j.).
BOLLÈNE [La], 180. — *Bollène-Hôtel* (8 fr. par j., pens. dep. 6 fr.).
BOLLÈNE-LA-CROISIÈRE, 117.
BOLMON [Etang de], 128.
BOMPAS [Abbaye de], 123.
BONDONNEAU, 116.
BONIFACIO, 190. — Hôt. *de France* ou *Costa.* — Voit. publ. : pour *Ghisonaccia*, par *Porto-Vecchio* (10 fr. 50; 7 fr. 50); *Sartène* (7 fr. 50; 5 fr.).
BONIFACIO [Bouches de], 190.
BONLIEU, 68.
BONNAND, 55.
BONNEFOY [Chartreuse de], 220.
BONNE-SUR-MENOGE, 86.
BONNETTIÈRE [La], 143.
BONNEVAL-SUR-ARC, 104. — Chalet-hôt. du Club Alpin (lit, 2 fr., petit déj. 60 c. à 1 fr. 50, déj. 3 fr. 50, pens. 7 fr. par j.). — Mulet avec conducteur pour *Val-d'Isère*, 15 fr. — Voit. publ. pour *Lanslebourg* et *Modane*, 5 fr. 50.
BONNEVILLE, 89. — Hôt. : *de la Couronne; de la Balance* (pens. 9 fr.). — Guide pour le Môle, 5 fr.
BONNIEUX, 165.
BONNY, 21.
BON-SECOURS [Chapelle Notre-Dame de], 5.
BONSON, 216.
BONS-SAINT-DIDIER, 87.
BORGO, 185.
BORMES, 169. — Hôt. : *du Pavillon* (hôt.-ferme, pens. de famille); *Bellevue* ou *Faraut.*
BORNALLA [La], 98.
BORNE, 217.
BORNE [La], 199.
BORNE [Tunnel de la], 98.
BOSSONS [Les], 91.
BOSSONS [Glacier des], 92.
BOTTICELLA, 188.
BOUCHET [Poudrerie du], 19.
BOUILLARGUES, 127.
BOUJAILLES, 69. — Hôt.-pens. *Gaude.* ou *de la Gare* (pens. 6 fr.).
BOULOGNE [Château de], 222.
BOULOURIS, 172. — *Grand-Hôtel de la Boulerie.*
BOUQUÉRON, 140.
BOURBON-LANCY, 34. — Hôt. : *de la Poste; Français* ou *des Trois-Barbeaux; Bourbon* (8 fr. par j.; casino), dans le parc; *des Thermes; Marion; des Bains.* — Etablissement thermal.
BOURBON-L'ARCHAMBAULT, 40. — Hôt. : *des Bains* ou *Garnier* (7 à 9 fr. par j.); *du Parc; Montespan; de France.* — Etablissements thermaux civil et militaire. — Casino.
BOURDEAU, 94.
BOURG, 74. — Buffet à la gare. — Car-ripert de la gare au pont de la Reyssouze, 10 c. — Hôt. : *de France* (déj. 2 fr. 50, dîn. 3 fr., ch. 2 fr.); *de l'Europe; des Négociants.* — Cafés : *Grand-Café; Français.* — Emaux bressans : M. *Fornet*, r. Notre-Dame.
BOURG-ARGENTAL, 204.
BOURG-D'OISANS [Le], 160. — Hôt. : *Grand-Hôtel de l'Oisans* (ch. à 1 lit 2 à 4 fr., à 2 lits 3 fr. 50 à 7 fr.; éclair. 50 c.; pet. déj. 1 fr. 25, déj. 3 fr. 50; dîn. 4 fr.; pens. 7 à 9 fr.); *de l'Oberland-Français* (déj. 3 fr. 50;

CANNES, 172.

Hôtels et pensions. — VILLE ET CENTRE. — Hôt. : *Splendide Hôtel* (déj. 5 fr., dîn. 6 fr.); *Richelieu* (dep. 8 fr. par j.); *de l'Univers*; *des Voyageurs* (pens. dep. 6 fr. par j.); du *Gourmet et du Commerce* (déj. 2 fr., dîn. 2 fr. 50); *des Colonies et des Négociants* (pens. 9 fr.); *Franco-Russe* (6 fr. par j.); *Terminus* (dep. 7 fr. 50 par j.).

QUARTIER DE L'EST. — Hôt. : *Beau-Rivage* * (de 10 à 20 fr. par j.); *Gray et d'Albion* *; *New Royal-Hôtel* (pens., 9 à 12 fr.); *Gonnet*; *Grand-Hôtel* *; *de la Plage* * (pens., 9 à 14 fr.); *Cosmopolitain* (de 9 à 12 fr. par j.); *Wagram* (pens. dep. 7 fr.); *des Anges*; *Augusta* *; *Suisse* (de 9 à 12 fr. par j.); *Victoria* (pens. dep. 7 fr.); *du Luxembourg* (pens. dep. 7 fr.); *des Pins* *.

Sur les collines et éloignés de la mer, hôtels : *Central et Bristol* * (15 à 20 fr. par j.); *Alsace-Lorraine* * (dep. 8 fr. par j.); *d'Europe* (pens. dep. 7 fr.); *Alexandra et Marie-Amélie* (pens. dep. 7 fr.); *Saint-Nicolas* (pens. dep. 8 fr.); *de France* (dep. 8 fr. par j.); *Mont-Fleury* * (pens., 12 à 18 fr.); *Windsor* *; *Beau-Séjour* * (pens., 10 à 16 fr.); *Saint-Charles* * (pens., 10 à 16 fr.); *de la Californie* *; *des Anglais* * (dep. 12 fr. par j.); *de Provence* (pens. dep. 12 fr.); *du Prince-de-Galles* *; *de la Terrasse et Richemont* * (pens. dep. 8 fr.); *Paradis* *;

*Gallia** (pens. 17 à 25 fr. par j.); *de Paris* (pens. dep. 7 fr.); *Britannique* (pens., 8 à 12 fr.); *de Hollande**.

Dans le quartier de Cannes-Eden, hôt. : *Métropole**.

Pensions : *Tanner*; *la Madeleine*; *Anne-Thérèse*; *de Genève* (dep. 8 fr. par j.); *Internationale* (dep. 6 fr. par j.); *Marion*. Les religieuses de l'Assomption et les Ursulines de Jésus prennent des dames en pension.

Quartier de l'Ouest (quartier des Anglais). — Hôt. : *Continental**; *Beau-Site** (pens. dep. 10 fr.); *du Parc**, ancien *Château des Tours* (*villa Vallombrosa*); *du Pavillon** (dep. 10 fr. par j.); *Bellevue**; *des Princes* (pens. dep. 70 fr. par sem., 270 fr. par mois, bougie en sus); *des Orangers* (8 à 10 fr. par j.); *Beaulieu*; *Néva* (8 à 15 fr. par j.); *Saint-James* (dep. 7 fr. par j.); *des Alpes*. — Pensions : *de la Tour* (dep. 10 fr. par j.); *Donat Rose* (dep. 7 fr. par j.); *Primevère*; *Marie-Louise* (dep. 7 fr. par j.).

Restaurants : — *du Faisan-Doré*; — *du Splendid Hotel*; — *de l'hôtel de l'Univers*; — *Bourgue*; — *de la Réserve*, à l'E. de la baie, boulevard de la Croisette.

Poste, télégraphe et téléphone : — r. Bivouac et Notre-Dame.

Casino (spectacle-concert) : — r. Bossu.

Cercles : — *Nautique*; — *des Régates*; — *de l'Athénée*; — *International*.

Voitures de place (demander le tarif au cocher) : — à 1 ou 2 chev. (3 voyag.) : la course de 15 min., le jour 1 fr., la nuit 1 fr. 50; de plus de 15 min., 1 fr. 50 et 2 fr. 50; l'h., 2 fr. 50 et 3 fr. 50; — à 2 chev. (4 voyag.), la course, le jour 1 fr. 50 ou 2 fr. 50, la nuit 2 fr. 50 à 3 fr. 50; l'heure, 3 et 4 fr.

Trams électriques : — *de la Bocca à Antibes* et *Golfe-Jouan*, d'où un embranch. va à *Vallauris* (de la Bocca à Cannes, Hôtel de Ville, 20 c. en 1re cl., 10 c. en 2e cl.; de Cannes au Golfe-Jouan, 40 c. et 20 c., 20 c. et 10 c. du bd. Alexandre-III au Golfe-Jouan, du Golfe-Jouan à Vallauris, 25 c. et 15 c., à la Cascade, 20 c. et 10 c., à Juan-les-Pins, 40 c. et 20 c.; de Cannes à Antibes, 80 c. et 40 c.); — *de la Gare de Cannes au Cannet*, 25 c. et 15 c.

Omnibus : — pour *La Croisette* (30 c.; de la place de l'Hôtel-de-Ville, t. les h., de 7 à 11 mat. et de 1 h. à 5 h. s.); — *Mougins* (75 c.) et *Valbonne* (1 fr.; de la gare); — *Hôtel des Pins* (30 c.; de l'Hôtel de Ville); — *Saint-Paul's Church* (30 c.; de l'Hôtel de Ville); — *Observatoire de la Californie* (de la place des Iles); — *Pégomas* (50 c.; de l'Hôtel de Ville); — *Mandelieu* (1 fr.; de l'Hôtel de Ville); — *Auribeau* (de la gare).

Bateaux à vapeur : — pour les *Iles de Lérins* (2 dép. par j. du 1er nov. au 30 avril, par le *Titan*; embarcadère, quai Saint-Pierre); — *Marseille*, *Nice*, *Menton* et *Gênes* (vapeurs des Cies Fraissinet et Gastaldi; s'informer aux bureaux, quai Saint-Pierre).

'AILLON, 164. — Hôt. *Charvet.*
'ALAIRE, 169. — Hôt. *de Cavalaire* pens. dep. 7 fr. par j.).
'EIRAC, 228.
'ILLARGUES, 200.
'AMOZZA, 185.
'AS, 200.
'TRE [Canal du], 32.
'CHIO [Col], 186.
'CY-LA-TOUR, 34.
'DON, 77. — Hôt. *du Tramway.*
'ESTE, 165.
'VIONE, 192.
'VON, 25.
'SAR [Tours de], 94.
'SSENS [Col de], 94.
'SSIEU, 135.
'ÔSE [Montagne de], 157.
'VINS, 108.
'YSSAT [Col de], 197. — Hôt. : *du Puy-de-Dôme*; *des Voyageurs.*
'YZÉRIAT, 79.
'ZANNE, 159.
'ABEUIL, 114.
'ABLIS, 10.
'ABONS, 136.
'ABRIÈRES [Clue de], 152.
'ABRIÈRES [Roc de], 157.
'AGNY, 32. — Buffet à la gare. — Hôt. *du Commerce.*
'AGNY [Col de], 35.
'AILLES-LA-BAUCHE-LES-BAINS, 100.
'AILLEXON [Lac de], 64.
'AILLOL-LE-VIEUX, 163.
'AISE [Château de la], 38.
'AISE-DIEU [La], 214. — Hôt. : *du Lion-d'Or*; *du Midi.*
'ALAIN-D'UZORE, 216.
'ALAIS, 137.
'ALAMONT, 75.
'ÂLIN [Lac de], 73.
'ALLES-LES-EAUX, 100. — Etablissement d'eaux minérales et Casino (café-rest., glacier). — Hôt. : *du Château* et *Grand-Hôtel* (pet. déj. 1 fr. 25; déj. 3 fr. 50, dîn. 4 fr.; ch. à 1 lit 3 à 6 fr., à 2 lits 5 à 12 fr.; pens. 9 à 13 fr.); *Grand-Hôtel du Centre* (pet. déj. 75 c.; déj. 2 fr. 50 et 3 fr., dîn. 3 fr.; ch. à 1 lit 2 à 4 fr., à 2 lits 5 à 7 fr.; pens. 8 et 10 fr. par j.); *de France*; *Chateaubriand*; *de l'Europe.* — Maisons meublées.
CHALON-SUR-SAÔNE, 35. — Buffet à la gare. — Hôt. : *Grand-Hôtel*; *du Chevreuil* (7 fr. 50 par j.). — Bateaux pour *Mâcon* et *Lyon*, jeudi et sam., 7 h. mat.
CHAMALIÈRES (Haute-Loire), 220.
CHAMALIÈRES (Puy-de-Dôme), 196.
CHAMARET, 116.
CHAMBARAN, 112.
CHAMBERTIN, 31.

CHAMBÉRY, 98.

En face de la gare, *restaurant de l'hôtel de la Paix* servant de *buffet*,

Hôtels : — *de France* (déj. 3 fr., dîn. 4 fr.; ch. dep. 3 fr.), quai Nezin, 5; — *de la Paix* (ascens.), en face de la gare; — *de la Poste et Métropole* (pet. déj. 1 fr., déj. 2 fr. 50, dîn. 3 fr.; ch. à 1 lit 3 fr., à 2 lits 5 fr.; pens. 9 fr. 50), r. d'Italie, 9; — *du Commerce*, r. Vieille-Monnaie.

Restaurants : — aux hôtels; — *Caron*, pl. de l'Hôtel-de-Ville; — *de la Perle*, pl. St-Léger.

Poste et télégraphe : — bd de la Colonne.

Syndicat d'Initiative : — pl. de l'Hôtel-de-Ville, 1. — Départ des cars alpins pour l'excurs. à la *Grande-Chartreuse* (en 1 j., aller et ret.) et pour le *col du Chat.* — Voit. d'excurs. — Renseignements gratuits sur voyages, location de villas et appartements meublés.

Voitures de louage : — dans tous les hôtels; — chez : *Bertholet*, r. de la République; *Ravier*, faub. Montmélian. — Voit. à 1 chev., la demi-j., avec un conducteur, 10 fr.; la j. entière, 20 fr.; à 2 chev., 30 à 35 fr.

Voitures de place : — station, pl. de l'Hôtel-de-Ville; de 6 h. mat. à 10 h. s., voit. à 1 chev., la course, 75 c., à 2 chev., 1 fr., l'h. 1 fr. 75 et 2 fr. 25; de 10 h. s. à 6 h. mat., la course à 1 chev. 1 fr., à 2 chev. 1 fr. 25, l'h. 2 fr. et 3 fr. — Pour : *les Charmettes*, à 1 chev. 2 fr. 50, à 2 chev. 3 fr. 50; *la Motte-Servolex*, 2 fr. 50 et 3 fr. 25; *le Bourget*, 5 fr. et 6 fr. 25, *Saint-Thibaud-de-Couz* (cascade), 5 fr. 50 et 6 fr. 75; *Myans*, 4 fr. 50 et 5 fr. 50.

Tram à vapeur pour *Challes* (45 c.,

70 c. all. et ret. en 2e cl.; de la gare) et *la Motte-Servolex* (50 c. et 30 c.; de la pl. du Centenaire).

Voitures publiques : — pour *le Bourget* (en 1 h. 30); — *Leysse* (pl. d'Italie), en 25 min.; 30 c.; — *Saint-Jean-d'Arvey* (en 1 h., 1 fr. 50 all. et ret.); — *Yenne*, par le *col du Chat* et *le Bourget* (2 fr.).

Hôtels : — *Continental et du Mont-Blanc** (pet. déj. 1 fr. 50, déj. 3 fr. 50, dîn. 5 fr.; ch. à 1 lit dep. 3 fr., à 2 lits dep. 6 fr.; pens. dep. 9 fr., suivant la saison); — *Couttet et du Parc** (ouvert toute l'année; pet. déj. 1 fr. 50, déj. 3 fr., dîn. 4 fr.; ch. à 1 lit 3 fr. 50 à 7 fr., à 2 lits 7 à 14 fr.; pens. dep. 9 fr.); — *des Alpes** (pet. déj. 1 fr. 50, déj. 3 fr. et 3 fr. 50, dîn. 4 fr. et 4 fr. 50; ch. à 1 lit 3 à 5 fr., à 2 lits 6 à 10 fr.; pens. 8 à 12 fr.); — *Impérial et Métropole** (toute l'année; pet. déj. 1 fr. 50, déj. 3 fr. 50, dîn. 4 fr.; ch. à 1 lit 3 à 7 fr., à 2 lits 4 à 12 fr.; pens. 8 à 12 fr.); — *Royal et de Saussure** (pet. déj. 1 fr. 50, déj. 3 fr. 50, dîn. 5 fr.; ch. à 1 lit 3 fr. 50 à 8 fr., à 2 lits 5 à 12 fr.; 12 à 15 fr. par j., pour séjour dep. 10 fr.); — *Savoy-Hôtel** (toute l'année; pet. déj. 1 fr. 50, déj. 3 fr., dîn. 4 fr.; ch. à 1 lit 3 fr. 50 à 8 fr., à 2 lits 7 à 15 fr.; pens. 9 à 16 fr.); — *de Londres et d'Angleterre**; — *de la Croix-Blanche* (toute l'année; pet. déj. 1 fr. 25, déj. 2 fr. 50, dîn. 3 fr. 50; ch. à 1 lit 2 à 4 fr., à 2 lits 4 à 8 fr.; pens. 6 à 10 fr.); — *Beau-Site* (pet. déj. 1 fr. 50, déj. 2 fr. 50, dîn. 3 fr. 50; ch. à 1 lit 2 à 5 fr., à 2 lits 3 à 8 fr.; pens. 6 à 12 fr.); — *de la Poste* (pet. déj. 1 fr. 50, déj. 2 fr. 50, dîn. 3 fr. 50; ch. à 1 lit 2 à 5 fr., à 2 lits 4 à 8 fr.; pens. 6 à 10 fr.); — *de Paris* (pet. déj. 1 fr. 50, déj. 3 fr., dîn. 4 fr.; ch. à 1 lit 2 fr. 50 à 5 fr., à 2 lits 4 à 8 fr.; pens. dep. 7 fr. 50); — *de France, de l'Union e*[t] *Terminus*; — *de la Mer de Glace*; — *de Chamonix-pension Folliguet* (tout[e] l'année, pet. déj. 1 fr., déj. 2 fr., dîn. 2 fr. 50; ch. à 1 lit dep. 1 fr. 50, à 2 lits dep. 3 fr.); — *Beau-Rivage*; — *de la Terrasse*; — *de la Paix* (tout[e] l'année; pet. déj. 1 fr., déj. 2 fr. 50, dîn. 3 fr.; ch. à 1 lit 2 fr., à 2 lit[s] 3 fr.; pens. 6 fr. par j., 8 fr. en juillet, août et sept., vin compris); — *Suisse* (toute l'année; pet. déj. 1 fr. 25, déj. 2 fr. 50, dîn. 3 fr. 50; ch. à 1 lit 2 à 3 fr., à 2 lits 4 à 5 fr.; 8 fr. par j., 7 fr. en pens.); — *Balmat* (toute l'année; pet. déj. 1 fr., déj. 2 fr., dîn. 2 fr. 50; ch. à 1 lit 1 fr. 50 à 3 fr., à 2 lits 2 à 3 fr.; pens. 6, 7 et 8 fr.); — *Central* (toute l'année; pet. déj. 1 fr. 25, déj. 2 fr. 50, dîn. 3 fr. 50; ch. à 1 lit 2 à 3 fr., à 2 lits 4 à 5 fr., 8 fr. par j. pour 1 j. seulement, 7 fr pour 4 j. au moins); — *du Lac* (à 1 k en aval de Chamonix, sur la route d[u] Fayet).

Pensions : — *des Chalets de l*[a] *Côte** (pens. de 1er ordre, avec gran[d] parc, ouverte de juin à oct.; pet déj. 1 fr. 25, déj. 3 fr., dîn. 4 fr. e[t] à la carte; pens. 10 à 25 fr. par j.) — aux *Chalets de la Mollaz*.

Guides, porteurs et mulets : — s'adr. au bureau du syndicat, r. d[e] l'Eglise, pour obtenir des guides e[t] porteurs et des mulets, et le tarif.

Breaks ou cars alpins : — pou[r] *Martigny, par la Tête-Noire* (corresp. P.-L.-M., t. l. j. à 8 h. 30 mat., d[u] 15 juin au 15 sept.; 15 fr.); — *Ver*[*nayaz*], *par Fins-Hauts et Salva*[*n*] (entreprise *les Chamoniardes* t. l. [j.] à 8 h. mat., du 15 juin au 15 sept 15 fr.). — Break d'excursion pou[r] *Argentière* et *Tréléchamp* (retenir le[s] places avant midi au bureau de l[a] corresp. P.-L.-M.) t. l. j. à 1 h. 3[0] dans la pleine saison, ret. à Chamoni[x] vers 5 h. 30.

Cafés : — du *Globe*, bd Desaix; — *Glacier*, *Lyonnais*, *de Paris* (avec restaurant), pl. de Jaude; — *Continental*, à l'angle des av. Charras et Croix-Morel; — *des Négociants*, pl. Blaise-Pascal; — *Casino municipal* (café-concert), bd Desaix.

Poste : — pl. du Poids-de-Ville.

Télégraphe : — rue Saint-Esprit.

Téléphone : — Cabines téléphoniques publ. : cours Sablon, au bureau de poste; rue Saint-Esprit, bureau du télégraphe; bureau du Syndicat d'initiative, place de Jaude, 4.

Club Alpin : — rue Ballainvilliers, 62.

Syndicat d'initiative : — pl. de Jaude, 4. Rens. gratuits aux touristes et voit. publ. d'excurs.

Café-Concert : — *Eden-Théâtre*, pl. Chapelle de Jaude; 50 c. à 2 fr.

Voitures de place : — 1 fr. le jour, 2 fr. 50 la nuit dans la ville.

D

DIJON, 13.

Buffet : · · à la gare. On peut s'y procurer de petites caisses de vin de Bourgogne, du pain d'épice, du cassis et de la moutarde de Dijon.

Hôtels : — *de la Cloche* * (ascens.), pl. Darcy ; — *du Jura** (bains), av. de la Gare; — *de Bourgogne* (téléph.), pl. Darcy ; — *de la Galère et des Négociants*, r. de la Liberté, 45; — *du*

Nord (8 fr. 50 par j.), r. Docteur-Maret et de la Liberté, 2; — *Morot*, r. de la Gare, 17; — *Continental* (7 fr. 50 par j.; ch. dep. 1 fr. 50), r. Guillaume-Tell, 55, en face de la gare; — *de Paris*, r. de la Gare, 9 et 11.

Restaurants : — *Vve Padiolleau*, pl. d'Armes, 13; — *du Marais* (Deguignant), r. Musette, 20; — *Henriot*, r. Quentin, 12; — *Marconnet*, r. d'Assas, 1.

Cafés : — *de la Concorde*, pl. Darcy; — *Dosson*, pl. d'Armes; — *de Paris*, r. Lamonnoye, 10; — *de la Rotonde*, pl. Darcy; — *Européen*, pl. d'Armes, etc.

Concert : — musique militaire, square Darcy, le jeudi s.

Poste, télégraphe et téléphone : — à l'hôtel de ville.

Trams électriques : — 1. *De la barrière d'octroi* (route de Beaune) *à la caserne Heudelet* (r. du Drapeau); — 2. *De la gare de Dijon-Ville à la gare de Dijon-Porte-Neuve*; — 2 *bis*. *De la gare de Dijon-Ville à la barrière d'octroi* (route d'Auxonne), par la porte Saint-Pierre; — 3. *De la place de la République à la barrière d'octroi* (route d'Auxonne); — 4. *De la place Saint-Pierre au Parc*; — *De la place Saint-Pierre au cimetière de Préjoces*. Prix, 10 c., avec corresp. 15 c. (la corresp. ne donne pas droit aux lignes 4 et 5).

Voitures de place : — prises aux stations ou sur la voie publique, de 7 h. mat. à minuit : la course 1 fr., l'h. 1 fr. 60; — de minuit à 7 h. mat. : la course 1 fr. 50, l'h. 2 fr. Les voit. prises au remisage : de 7 h. mat. à minuit : la course 1 fr. 50, l'h. 2 fr.; — de minuit à 7 h. mat. : la course 2 fr, l'h. 2 fr. 50. — En dehors de la ville, les voit. se payent d'après un tarif spécial. — Voit. à 1 chev. pour une excurs. de plusieurs j. : 20 fr. par j. (nourriture du cocher et du cheval, etc., compris).

Loueurs de voitures : — *Roux*, r. Paul-Cabet, 6; — *Marlet*, r. Legouz-Gerland, 2 *bis*.

DIVONNE-LES-BAINS, 79. — *Grand Hôtel des Bains** et vaste établissement hydrothérapique (du 30 sept. au 30 juin, pens. depuis 10 fr., vin non compris; du 1er juillet au 30 sept. : ch. dep. 2 fr. par j., service 50 c.; 1er déj. dans les appartements 1 fr. 50, au restaurant 1 fr.; table d'hôte, déj. et dîn. compris, 7 fr., sans le vin; rest. à la carte; théâtre, concerts, bals, lawn-tennis, bibliothèque, écl. électr., téléphone pour toute la Suisse; traitement, moyenne du prix par opération, linge et service compris 2 fr. 25, par abonnement 2 fr.). — Hôt. : *de la Truite* (8 fr. par j., pens. 7 fr., sans ch. 6 fr.); *de l'Écu-de-France*; *de la Gare* (déj. dep. 1 fr. 75, ch. et pens. dep. 6 fr.). — Appartements et chambres meublés dans le village. — Service fédéral (2 fois par j., en 1 h., 1 fr. 35) entre *Nyon* et Divonne. — Omnibus pour *Coppet* (2 fois par j., all. et ret. 2 fr. 50).

DÔLE, 57. — Buffet à la gare. — Hôt. : *de Genève* (dep. 7 fr. 50 par j.); *de la Ville-de-Lyon* (7 fr.).

DONZÈRE, 116. — Hôt. : *du Commerce*; *Lebrat*.

DONZY, 25. — Hôt. : *du Grand-Monarque*; *de la Charrue*.

DOUCIER, 73. — Hôt. *Lamy* (voit. à volonté).

DRAGUIGNAN, 171. — Buffet à la gare Sud-France. — Hôt. : *Bertin* (déj. 2 fr. 75, dîn. 3 fr.; voit. de louage); *Féraud*. — Restaurant *Bonnet*.

Etrangers (toute l'année; pet. déj. dep. 75 c., déj. 2 fr. 50, dîn. 3 fr., vin compris; ch. à 1 lit 2 fr., à 2 lits 4 fr.; pens. 7 et 8 fr. par j.), r. Nationale; — *du Helder* (pet. déj. 1 fr. 25, déj. 3 fr., dîn. 4 fr.; ch. à 1 lit 3 à 6 fr., à 2 lits 5 à 8 fr.; pens. 8 à 12 fr.), r. Nationale; — *de l'Ancre*, près des nouveaux Bains d'Evian (6 à 8 fr. par j.). — En face de la gare principale : — *Terminus et Buffet* (toute l'année; pet. déj. 90 c., déj. ou dîn. 3 fr. vin compris; ch. à 1 lit 3 à 4 fr., à 2 lits 5 et 6 fr.; pens. 7 fr. 50 à 10 fr.).

Restaurants: — *du Casino* *; — *Beau-Site*, près du lac; — *de l'hôt. du Nord* (déj. et dîn. de 2 fr. 50 à 3 fr.); — *Café du Théâtre*, près du Casino; — *de l'hôt. de Paris*; — *de l'hôt. Terminus*; — *Blanc*; — *Labille*.

Appartements meublés : — 400 à 1,000 fr. pour 25 j.; — villas, 500 à 4,000 fr.; — chambres, 3 à 6 fr. par j.

Agences de locations : — *Agence Evianaise*, r. Nationale; — *Riond*, r. Nationale.

Poste, télégraphe et téléphone : — à l'hôtel de ville.

Etablissements thermaux : — *Etablissements de la Société anonyme des eaux minérales d'Evian* (sources Cachat, Bonnevie, et sources municipales : des Cordeliers et de Clermont). Nouvel établissement thermal et hydrothérapique dit *Bains d'Evian*. Abonnement à la source Cachat et aux diverses sources pour toute la saison, par pers. 25 fr., avec droit à l'entrée au casino (sauf le théâtre) et à l'établissement de la source Cachat (concerts et fêtes compris).

Casino-théâtre et kiosque de musique : — au bord du lac; deux concerts par j. dans le kiosque. Théâtre : fauteuil ou place de loge 3 fr., galerie 1 fr.

Voitures de place : — pl. du Port.

Bateaux à vapeur (restaurant à bord) : — corresp. à Ouchy-Lausanne, Villeneuve et le Bouveret, avec les ch. de fer de la Suisse occidentale et du Simplon; au Bouveret, avec le ch. de fer Bouveret-Evian; à Genève avec les lignes françaises et suisses.

Bateaux de promenade : — 3 fr. la 1re h., 2 fr. 50 la 2e h., 2 fr. chaque heure suivante.

EVISA, 188. — Hôt. *Gigli*.
EVRY-PETIT-BOURG, 6.
EYGUIANS-ORPIERRE, 151.
EYGUIÈRES, 126. — Hôt. *Payan*.
EYMARDS [Les], 143.
EZE, 177. — Restaurant.

F

FALICON, 176.
FAREAUX [Les], 164.
FAREINS, 77.
FARETTE, 107.
FARON [Le], 169.
FAUCIGNY [Le], 86.
FAU [Col du], 150.
FAUCILLE [Col de la], 81. — Hôt. *de la Faucille*. — Voit. publ. pour *Mijoux*, *Septmoncel* et *Saint-Claude*; *Gex*, *les Rousses* et *Morez*.
FAURIE [La], 150.
FAYENCE, 171.
FAYET-SAINT-GERVAIS [Le], 90.
FEISSONS-SOUS-BRIANÇON, 108.
FER-A-CHEVAL [Le], 87.
FERNEY-VOLTAIRE, 83. — Hôt. : *de France* (7 fr. par j.); *de la Truite*. — Tram électrique pour *Genève*; tram à vap. pour *Gex*.
FERRIÈRES-EN-GÂTINAIS, 19. — Hôt. *du Cheval-Blanc*.
FERTÉ [La], 36.
FERTÉ-ALAIS [La], 19.
FEURS, 210. — Hôt. : *de la Poste*; *de la Gare*; *Delorme*.
FIER [Galerie des gorges du], 95.
FIER [Val de], 95.
FINIVE [Pointe de], 87.
FINS-HAUTS, 92.
FIRMINY, 220. — Buffet à la gare. — Hôt. : *Jourhomme*; *Chambonnet*.
FIXIN, 31.
FIX-SAINT-GENEYS, 217.
FLACHÈRE [La], 141.

FONTAINEBLEAU, 2.

Trams électriques : — de la gare au Palais, 30 c.; — à Valvins, 20 c.; — à Samois, 40 c.

Hôtels : — *de France et d'Angleterre* *, pl. du Château; — *de la Ville de Lyon et de Londres* * (pens. dep. 12 fr. par j.), r. Royale, 23; — de l'*Aigle-Noir* * (déj. 4 fr., dîn. 5 fr., pens. dep. 10 fr. par j.), *du Lion-d'Or*, pl. Denecourt; — *du Cadran-Bleu* (petit déj. 1 fr., déj. 3 fr., vin compris, dîn. 3 fr. 50, ch. à 1 lit, de 2 fr. 50 à 5 fr., à 2 lits de 5 fr. à 8 fr., service et bougie compris; pens. de 9 à 12 fr.), r. Grande, 9; — *de Moret et d'Armagnac* (déj. 3 fr., dîn. 3 fr. 50, ch. dep. 2 fr. 50), r. du Château, 16, et r. du Parc; — *de la Chancellerie* (déj. 3 fr., dîn. 3 fr. 50, ch. dep. 3 fr.), r. Grande, 2, et r. de la Chancellerie, 1; — *de l'Ecole et de Conti* (déj. 2 fr. 50, dîn. 3 fr., 8 fr. 50 par j.), r. du Château, 5; — *de Toulouse*, r. Grande, 183; — *du Cygne*, r. Grande, 34; — *La Salamandre* (hôt.-restaurant), r. Grande, en face des Halles; — *de la Gare* (déj. 2 fr. 50, dîn. 3 fr., ch. dep. 2 fr.); de la *Renaissance*, tous deux sur la route de Provins, près de la gare. — **Hôtels-pensions** (maisons de famille de 1er ordre) : — *Victoria* (Vve Papillon), r. de France, 112 et 114; — *Launoy*, bd Magenta, 57.

Restaurants : — dans tous les hôtels, chez *Nigrin*, r. Grande, 112, et chez *Flon*, r. Grande, 85; — *E. Simard* (café-rest. du Cercle; déj. 3 fr., dîn. 4 fr.), pl. Denecourt. — En dehors de la ville : — au *Pont de Valvins* (matelotes et fritures); — à la *Forêt de Fontainebleau* (matelotes), près du pont de Valvins; — à la *Bonne Matelote* (ch. meublées), aux Plâtreries.

Cafés : — *Guillemeau*, pl. Denecourt, 33 : — *du Commerce*, r. Grande, 54; — *Henri II*, r. Grande, 71; — *Flon*, r. Grande, 85; — *Barbarat*, r. de France, 32; — *du Cadran-Bleu*, r. Grande, 11.

Pâtisseries : — *Vve Leroux* (glaces renommées), r. Grande; — *Clémencet*, r. Grande, 1.

Poste télégraphe et téléphone : — jardin de Diane.

Voitures de place : — la course dans les limites de l'octroi, 1 fr.; — à la gare 2 fr.; — à l'heure dans les agglomérations de Fontainebleau, 3 fr.

GENÈVE, 81.

Buffet : — à la gare de Cornavin.
Hôtels : — près de la gare : *Suisse* (ch. depuis 3 fr. 50 et 4 fr., dîn. 4 fr., souper 3 fr. 50), pl. Cornavin; — *Terminus Baur*.

RIVE GAUCHE. — Hôt. : *Métropole** (14 fr. 50 par j., pens. 11 fr. 50 l'été, 9 fr. l'hiver, jardins, bains), Grand-Quai, 34, vis-à vis de la Promenade du lac; — *de l'Ecu** (dîn. 4 fr. 50), pl. du Rhône, 1; — *Victoria* (ch. dep. 3 fr. 50, pens. 8 à 10 fr.), r. Pierre-Fatio et Grand-Quai, en face de la Promenade du lac; — *du Parc* (ch. de 2 à 4 fr., lunch 2 fr. 50, dîn. 3 fr.), quai Pierre-Fatio; — *du Lac** (ch. de 3 à 10 fr., petit déj. 1 fr. 50, déj. 3 fr. 50, vin compris; dîn. à table d'hôte, à 7 h., 4 fr., vin compris; restaurant à la carte), pl. Longemalle; — *des Alpes* (ch. de 2 fr. 50 à 5 fr., lunch 2 fr. 50; dîn. 3 fr.), r. de Rive; — *Moderne* (repas 3 fr.

Saint-Maurice, Gaillard, du Grand-Bornand. — Chalets et appartements meublés à louer. — Voit. publ. pour *Thônes*, 1 fr. 50.
GRAND-COLOMBIER, 78.
GRAND'COMBE [La], 200.
GRAND-CROSSEY [Défilé du], 145.
GRANDE-CHARTREUSE [La], 147. — Pour les voit. publ. de Saint-Laurent-du-Pont et de Grenoble, *V.* R. 23; des Echelles et de Chambéry, p. 100-101. — Guides et mulets à Saint-Pierre-de-Chartreuse.
GRAND'CROIX, 212.
GRAND-DOMÉNON [Lacs du Petit et du], 144.
GRANDE-PAROISSE [La], 7.
GRANDE-SASSIÈRE [Aiguille de la], 109.
GRANDE-SURE [La], 137 et 146.
GRAND-GALBERT [Le], 160
GRAND-LEMPS [Le], 136.
GRAND-LOGIS [Le], 146.
GRAND-LUBERON [Le], 165.
GRAND-MONT [Le], 107.
GRAND-MORGON [Le], 158.
GRAND-REVARD [Le], 94.
GRANDRIS, 42. — Hôt. : *Lacroix; du Pont-de-la-Feuilletière* (séjour d'été; voit., téléphone), près de la gare.
GRANDRIS-ALLIÈRES, 42.
GRAND-SACCONNEX, 38.
GRAND-SERRE [Le], 112.
GRANDS-GOULETS [Les], 143.
GRANDS-MULETS [Les], 92.
GRAND-SOM [Le], 147.
GRAND-TAUREAU [Le], 69.
GRANDVAUX [Le], 68.
GRAND-VEYMONT [Le], 143.
GRANIER [Le], 101.
GRANS, 164.
GRASSE, 173. — Hôt. : *Grand-Hôtel de Grasse*, avec parc (déj. 3 fr., dîn. 5 fr., vin non compris; pens. de 10 à 17 fr. par j.; *Muraour* (déj. 2 fr. 50, v. c., dîn. 3 fr., v. c.; pens. dep. 7 fr.); *Gondran* (6 fr. 50 par j.); *des Négociants; du Commerce; Victoria*; hôt.-rest. *National* (6 fr. par j.). — Casino municipal : café-rest.-glacier; déj. 3 fr., dîn. 3 fr. 50 et à la carte.
GRAU-DU-ROI [Le], 203. — Bains de mer. — Hôt. : *Pommier* ou *des Bains-de-Mer* (rive dr.); *Bellevue* (rive g.); *Mandin* (rive g.; bouillabaisse réputée). — Casino (rive g.). — Appartements meublés. — Omnibus pour *Aigues-Mortes*, 50 c. — Bat. à vap. en été pour *Aigues-Mortes* (50 c.) et *Palavas* (all. et ret., 2 fr.). — Bat. passeur, 10 c.
GRAVE [La], 161. — Hôt. : *de la Meije* (*Juge*; pet. déj. 1 fr., déj. 3 fr., dîn. 3 fr. 50; ch. 2 fr. 50 à 4 fr., pens. 6 j. 5 à 9 fr. par j.); *des Alpes* (*E. Tairraz*; pet. déj. 1 fr., déj. 3 fr., dîn. 3 fr. 50, ch. 3 fr. à 5 fr., pens. 8 j. 8 fr. par j.). — Voit. publ. pour : *Briançon* (7 fr.), *le Bourg-d'Oisans* (5 fr.); passage des voit. de *Briançon* au *Bourg-d'Oisans*, billets du Synd. d'In.
GRAVENNE [La], 222.
GRAVENOIRE [Puy de], 196.
GRAVESON, 123.
GRAY, 56. — Buffet, à la gare. — Hôt. : *de Paris* (pet. déj. 50 c., déj. 2 fr. 50, dîn. 3 fr., ch. à 1 lit 2 fr., à 2 lits 4 fr.), Grande-Rue, 96-98; *de Lyon* (pet. déj. 1 fr. et 1 fr. 50, déj. et dîn. 3 fr., ch. à 1 lit 2 fr. et 3 fr., à 2 lits, 4 fr. et 5 fr., omn. 50 c.), r. du Pont.
GRAZAC, 220.

GRENOBLE, 137.

Gare : — buffet-rest. (paniers de chartreuse ou de ratafia).

Hôtels : — *Moderne** (ch. dep. 3 fr. 50, pet. déj. 1 fr. 50, déj. 3 fr. 50, dîn. 4 fr.; bains, douches, ascens.; écl. électr. et chauffage, grill-room; pens. 9 à 15 fr. par j.); — *Grand-Hôtel** (ascens.; ch. à 1 lit de 3 fr. 50 à 6 fr., à 2 lits de 6 fr. à 14 fr., pet. déj. 1 fr. 50, déj. 3 fr. 50, dîn. 4 fr. vin non compris; pens. de 8 j. 10 fr. par j.; bains), r. de la Halle, 3; — *des Trois-Dauphins* (11 fr. 25 par j.), r. Montorge, 7; — *de l'Europe* (9 fr. 50 par j., pl. Grenette, 22; — *de Savoie* (pet. déj. 75 c., déj. 2 fr. 50, dîn. 3 fr., ch. 2 fr. 50 à 4 fr. 50), en face de la gare; — *Bayard et des Négociants*, av. d'Alsace-Lorraine, 26; — *de Bordeaux* (8 fr. 50), en face

H

I

J

LAVANDOU [Le], 169. — Hôt. : *de la Méditerranée* (déj. 2 fr. 50, dîn. 3 fr.; pens. dep. 8 fr.); *des Etrangers.*
LAVANS-SAINT-LUPICIN, 80.
LAVASINA [N.-D. de], 187.
LAVEY [La], 159.
LAVOULTE-SUR-RHÔNE, 205.
LAVOUTE-SUR-LOIRE, 220.
LÉCHAUX [Col de], 87.
LELEX, 81.
LÉMAN [Lac], 83.
LEMENC [Rochers de], 99.
LEMERCIER [Refuge], 159.
LENTE [Forêt de], 142.
LENTILLY, 213.
LÉONCEL, 142.
LÉPIN-LAC-D'AIGUEBELETTE, 136.
LÉRINS [Archipel de], 173.
LESCHAUX, 94.
LESCHAUX [Col de], 97.
LEVENS, 180.
LEVENS-VÉSUBIE, 176.
LEVIER, 68.
LÉZAN, 201.
LEZOUX, 214.
LIERNAIS, 29.
LIGNY-LE-CHATEL, 10.
LIMAGNE [La], 192.
LINCEL-SAINT-MARTIN, 165.
LISON [Source du], 67.
LIVET, 160.
LIVET [Gorge de], 160.
LIVRADOIS, 214.
LIVRON, 114.
LOCLE [Le], 64. — Buffet à la gare. — Hôt. : *du Jura; des Trois-Rois.*
LODS, 64. — Hôt. : *des Voyageurs; de la Gare.* — Omnibus pour *Mouthier*, 50 c.
LOIRE, 204.
LOIRE [Canal latéral à la], 21.
LOIRE [Gorges de la], 210.
LOIRE [Source de la], 220.
LONGECOURT, 76.
LONG-ROCHER [Le], 5.
LONS-LE-SAUNIER, 72. — Buffet : à la gare. — Hôt. : *de Genève* (7 fr. 50 par j.; calorifère; voit. à volonté); *du Jura; de l'Europe* (7 fr. par j.); *des Messageries.* — Restaurants : *de la Croix-Blanche; Château.* — Cafés : *du Balcon; de la Perle; du Chalet.* — Poste et télégraphe : r. Tamisier. — Etablissement thermal salin : ouvert du 1er mai au 31 oct. — Casino : entrée au cercle, 2 fr. (saison, 5 fr.). — Voitures publiques : d'excursion pour les *grottes de Baume*, dim., mardi, jeudi, samedi, 3 fr. aller et ret.; *Bletterans* (1 fr.), par *Montmorot* ou par *l'Etoile.*
LORETTE, 212.
LORGUES, 154.
LORIOL, 115.
LORMES, 25. — Hôt. : *de la Poste; du Centre.* — Voit. publ. pour *Chastellux* et *Avallon.*
LORREZ-LE-BOCAGE, 7.
LOUBE [La], 156.
LOUE [Source de la], 65.
LOUHANS, 76. — Buffet à la gare. — Hôt. : *Saint-Martin* (8 fr. 50 par j.; voit. à volonté); *du Cheval-Blanc.*
LOULANS, 63.
LOUP [Le], 171.
LOUP [Gorge du], 171.
LOVAGNY-GORGES-DU-FIER, 95.
LOVITEL [Lac du], 160.
LOYASSE [Tunnel de la], 213.
LOZÈRE [Mont], 199.
LUC-EN-DIOIS, 115.
LUC [Le], 170. — Hôt. : *Grand-Hôtel de Pioule* et *Nouvel-Hôtel.*
LUGNY, 37.
LUGRIN, 88.
LUMIÈRES [N.-D. des], 165.
LUMIO, 186.
LUNEL, 224. — Hôt. : *du Commerce* (déj. 2 fr. 50, dîn. 3 fr., ch. 2 fr.); *du Lion-d'Or.*
LURE [Montagne de], 151.
LURI, 187.
LURIECQ, 216.
LUS-LA-CROIX-HAUTE, 150. — Hôt. *de la Poste* (petit déj. 75 c., repas 2 fr. 50, ch. 1 fr. 25). — Ch. meublées.
LUZY, 34.

LYON, 45. — Centre de Lyon (De Perrache aux Terreaux), 46. — Rive dr. de la Saône (Fourvière) : de la Cathédrale au Pont de la Feuillée, 48. — Quartier des Terreaux, 50. — Les Brotteaux et la Guillotière; par de la Tête-d'Or, 53. — La Croix-Rousse, 54. — Rive dr. de la Saône, du Pont de la Feuillée à la Gare de Vaise, 55.

Buffet : — à la gare de Lyon-Perrache (repas à 3 fr., 1 fr. 50 et à la carte; table d'hôte à 4 fr.; paniers ou boîtes-repas à emporter).

Omnibus à la gare : — les principaux hôt. envoient leur omnibus à la gare de Perrache; prix de 75 c. à 1 fr. 50. — Voit. de place à la même gare. — Trams pour les Brotteaux, Saint-Clair et le Parc de la Tête-d'Or.

Hôtels : — *Grand Hôtel de Lyon** (déj. par petites tables, 4 fr.; dîn. *id.* 6 fr.; ch. dep. 5 fr.; rest., bains et douches; téléphone, chauffage), r. de la République, en face de la Bourse; — *de l'Europe et Métropole** (pet. déj. 1 fr. 50; déj. 3 fr. 50, dîn. 5 fr., vin non compris; ch. à 1 lit de 4 à 30 fr., à 2 lits de 12 à 30 fr.), r. Bellecour, 1; — *Bellecour**, pl. Bellecour, 20; — *Nouvel Hôtel et des Négociants**, quai de l'Hôpital, 11, et r. Grosléo, 11; — *d'Angleterre et des Deux-Mondes**, pl. Carnot, 21; — *Continental* (pet. déj. 1 fr. 25; déj. 3 fr., dîn. 4 fr.; ch. à 1 lit de 4 à 6 fr., à 2 lits de 6 à 10 fr.), r. de la République, 58; — *Bayard*, r. Président-Carnot, 4; — *du Globe* (8 fr. 50 par j.), r. Gasparin, 21; — des *Beaux-Arts* (pet. déj. 1 fr. 25; déj. 3 fr., dîn. 4 fr., vin compris; ch. de 3 à 9 fr.; ascens.; téléph.; bains et douches; chauffage central à la vapeur; électr. dans toutes les ch.), r. de l'Hôtel-de-Ville, 75; — *de l'Univers* (pet. déj. 1 fr. 25; déj. 3 fr. 50 de 11 h. à 1 h., dîn. 4 fr. et 5 fr. de 6 h. à 8 h., vin compris, petites tables; ch. de 2 fr. 50 à 10 fr.), cours du Midi, 27 et 29, près de la gare de Perrache; — *de Bordeaux et du Parc*, cours du Midi, à dr., en sortant de la gare de Perrache; — *de Milan* (pet. déj. 1 fr.; déj. 2 fr. 50; dîn. 3 fr.; ch. à 1 lit de 3 à 6 fr., à 2 lits de 4 fr. 50 à 8 fr.), pl. des Terreaux, 8; — *de Russie* (pet. déj. 1 fr.; déj. 2 fr. 50; dîn. 3 fr., vin compris; ch. à 1 lit de 2 à 5 fr., à 2 lits de 4 à 8 fr.), r. Gasparin, 6; — *des Etrangers* (ch. dep. 2 fr.; journée complète, 6, 7 et 8 fr.), pl. de la République et r. Stella, 5; — *des Archers* (pet. déj. 75 c. et 1 fr.; déj. 2 fr. 50, dîn. 3 fr.; ch. à 1 lit de 2 à 4 fr., à 2 lits de 4 à 6 fr.), r. des Archers, 15; — *de Nice*, cours du Midi, 23-25, et pl. Carnot, 18, près de la gare de Perrache; — *de France et Quatre-Nations* (ch. depuis 2 fr., 6 fr., 7 fr. et 7 fr. 50 par j.), r. Sainte-Catherine, 9, près de la pl. des Terreaux; — *de Rome*, r. du Peyrat, 4; — *de Paris et du Nord* (7 fr. par j.), r. de la Platière.

Restaurants : — *Café-Neuf* (cuisine surfine), pl. Bellecour, 7; — *Maderni* (cuisine et cave de 1er ordre), r. de la République, 19, et pl. de la Bourse, 2; — *Morateur* (une des meilleures cuisines de Lyon), r. Gentil, 17; — *Maison-Dorée*, pl. Bellecour; — *du Tonneau*, r. de la République, 66 (déj. 2 fr. 50); — *de Madrid*, r. de la République, 1; — *Monnier*, pl. Bellecour; — *du Helder*, r. de l'Hôtel-de-Ville, 98; — *du Palais de Glace*, à l'angle de la r. Boileau et du bd du Nord; — *Grand café Bellecour*, pl. Bellecour, 20; — *Farge*, pl. des Cordeliers, 3; — *Cusin* (ancien. Garcin), r. d'Algérie, 11; — *Taverne de Lyon*, r. de la République, 50; — *du Café de la Paix* (au 1er étage), r. de l'Hôtel-de-Ville, 105; — sur la promenade des Etroits : rest. *Guy* (cuisine excellente), quai J.-J. Rousseau, 35. — A Fourvière : Observatoire et rest. *Gay*.

Etablissements de bouillon : — *du Rosbif*, pl. de la République, 42; — quai de la Pêcherie, 1; — pl. Ampère, 7, r. de Constantine, 1, r. Bourgelat, 21; — *Bouillon Montesquieu*, pl. Carnot, 24.

Cafés : — *Bellecour*, pl. Bellecour, 20; — *Maderni*, r. de la République, 19, et pl. de la Bourse, 2; — *du Tonneau*, r. de la République, 66; — *Café-Neuf*, pl. Bellecour, 7; — *de la Paix*, pl. Le Viste, à l'angle de la pl. Bellecour et de la r. de la République; — *Américain*, r. de la République, à l'angle de la r. Grenette; — *de Madrid*, pl. de la Comédie et r. de la République, 1; — *de l'Univers*, pl. des Jacobins, 9; — *Morel*, r. de l'Hôtel-de-Ville, 106, et pl. Bellecour; — *de la Régence*, pl. Bellecour, 9; — *Dumoulin*, pl. Bellecour, 11; — *du XIX*[e] *Siècle* (académie de billard), r. de la République, 37; — *Daumalle* (soupers froids à la sortie des théâtres), pl. des Célestins, 1; — *Grand*, pl. des Terreaux, 3; — *du Grand-Orient*, cours Morand, 10; — *Maison-Dorée*, pl. Bellecour; — *de Lyon*, r. de l'Hôtel-de-Ville, 49; — *des Négociants*, r. de l'Hôtel-de-Ville, 45; — *du Monument*, pl. Carnot; — *du Cours Morand*, cours Morand, 48; — *du Coq-d'Or*, r. de la République, 77; — à Fourvière : *Café-restaurant Gay*.

Brasseries-restaurants : — *Georges*, cours du Midi, 30, au bas de la gare de Perrache (succursales, r. Thomassin, 33, et cours Vitton, près de la gare des Brotteaux); — *de la Guillotière*, pl. du Pont et cours de la Liberté (déj. 2 fr. 50); — *des Archers* (déj. 2 fr. 50), r. de l'Hôtel-de-Ville, 93, et r. des Archers; — *Fritz*, cours du Midi, 33; — *Hoffherr*, r. Thomassin, 33; — *Kléber*, pl. de la Comédie; — *Tantonville*, r. de la République, 77; — *Taverne de Lyon*, r. de la République, 50; — *Guillaume-Tell*, r. Mulet, 12; — *Café de la Paix*, r. de l'Hôtel-de-Ville, 105, pl. Le Viste (Bellecour), 2 et 3, et r. de la République, 68; — *du Parc*, bd du Nord et cours Vitton, 69; — *du Palais de Glace*, angle de la r. Boileau et du bd du Nord.

Poste : — *bureau principal* à l'angle des pl. Bellecour et de la Charité.

Télégraphe et téléphone : — bureau central, r. de la Barre, 7.

Spectacles. — Théâtres : *Grand-Théâtre*; *des Célestins*. — Cafés-concerts : *Casino des Arts*, r. de la République, 79; *Scala-Bouffes*, r. Thomassin, 90; *Eldorado*, cours Gambetta, 33; *concert de l'Horloge*, cours Lafayette, 145. — Cirque *Rancy*, av. de Saxe, 220 *bis*. — Guignols Lyonnais : galerie de l'Argue et quai Saint-Antoine, 30; *Théâtre Joli*, r. Sainte-Marie-des-Terreaux, 2. — *Folies-Bergère* (skating et bal), av. de Noailles, 55 et 57 (Brotteaux); *Palais de Glace* (patinage; salle de concert; café-rest., brasserie), près du parc de la Tête-d'Or.

Concerts : — pl. Bellecour (musique militaire l'après-midi de 2 à 3 h. ou de 3 à 4 h. l'hiver, de 5 à 6 h. l'été, de 4 à 5 h. aux saisons intermédiares; orchestre de la ville, l'été, de 8 h. 30 à 11 h. s.).

Trams. — Administration, r. de la République, 26 :

Archevêché-Monplaisir-Vinatier, 1re cl., 20 c.; 2e cl., 10 c.; *Bellecourt-Montchat*, 20 c. et 10 c.; *Les Cordeliers-Villeurbanne*, 20 c. et 10 c.; *Gare de Perrache-Parc de la Tête-d'Or*, 20 c. et 10 c.; *Bellecour-Bon-coin*, 20 c. et 10 c.; *Bellecour-Pont-d'Ecully*, 20 c. et 10 c.; *Place du Pont-Gare de Vaise*, 20 c. et 10 c.; *Perrache-Gare de Genève (Brotteaux)*, 20 c. et 10 c.; *Perrache-Saint-Clair*, 20 c. et 10 c.; *Bellecour-Gare de Vaise*, 20 c. et 10 c.; *Gare Saint-Paul-Monplaisir*, 20 c. et 10 c.; *Gare Saint-Paul-Gerland*, 20 c. et 10 c.; *Place de la Charité-Saint-Genis* : jusqu'à *la Mulatière*, 20 c. et 10 c.; *Oullins*, 30 c. et 15 c.; *Saint-Genis*, 50 c. et 35 c.; *Place de la Charité-Brignais*, 65 c. et 35 c.; *Bellecour-Venissieux*, 40 c. et 30 c.; *Bellecour-Villeurbanne (Bon-Coin)*, 20 c. et 10 c.; *Pont-Mouton (Vaise) à Ecully*, 20 c. et 15 c. (avec corresp. par tram, 35 c. et 20 c.; par bat.-mouche, 25 c. et 20 c.); *Pont-Mouton (Vaise) à la Demi-Lune et aux Trois-Renards*, 20 c. et 15 c. (avec corresp. par tram, 35 c. et 20 c.; par bat.-mouche, 25 c. et 20 c.); *Pont-Mouton (Vaise) à Saint-Cyr*, 50 c. et 25 c. (avec corresp. par tram, 65 c. et 30 c.; par bat.-mouche, 55 c. et 30 c.); *Pont-Mouton (Vaise) à Champagne*, 40 c. et 20 c. (avec corresp. par tram, 55 c. et 25 c.; par bat.-mouche, 45 c. et 25 c.).

Compagnie lyonnaise de tramways (administration : av. des Ponts, 232). — *Cordeliers-Montchat-Bron*, 30 c. et 20 c.; *Cordeliers-Monplaisir*, 20 c. et 15 c.; *Perrache-Brotteaux*, 15 c. et 10 c.; *Gare de Perrache-Gare des Dombes (rue Terme)*, 20 c. et 10 c.; *Cordeliers à Cusset et à Croix-Luizet*, 25 c. et 15 c.

Tram de Lyon a Fontaines et a Neuville : — de Lyon au pont de l'Ile-Barbe, 40 c. et 25 c.; à Fon-

MARSEILLE, 129. — Rues Cannebière et Noailles, les Allées, Palais Longchamp, 129. — Vieille Ville : Cathédrale ; les Ports, 132. — Rue Saint-Ferréol ; promenade de la Colline ; Eglise Saint-Victor ; N.-D. de la Garde, 133. — Rue de Rome, le Prado ; Château Borély ; Chemin de la Corniche ; les Catalans, 134.

Buffet et hôtel-terminus à la gare.

Omnibus à la gare : — pour les hôtels.

Voitures de place (gare et ville) : — à 2 pl. avec 1 voyag. : le j., course 1 fr. 25 ; l'h., 2 fr. 25 ; — nuit, 1 fr. 50 et 2 fr. 75 ; — à 4 pl. : j. 1 fr. 75, course, 2 fr. 75 l'h. ; la nuit, 2 fr. et 3 fr. 50. — Pour chaque voyageur en plus d'un, 25 c. — Par colis enregistré, 25 c. — Pour chaque changement d'hôtel, 25 c. de supplément.

Hôtels : — *Terminus-Hôtel P.-L.-M.* (dans la gare même ; ch. à 1 lit, 5 à 10 fr. ; à 2 lits, 7 à 13 fr.) ; — *Noailles et Métropole* (pens. dep. 12 fr. par j.), r. Noailles, 24, et bd du Musée ; — *Grand Hôtel** (déj. 4 fr. ; dîn. 6 fr., vin de Bordeaux compris ; pens. 10, 12 et 15 fr. par j., vin compris), r. Noailles, 28 ; — *du Louvre et de la Paix**, r. Noailles, 3 ; — *du Petit-Louvre* (pens. dep. 9 fr. par j.), r. Cannebière, 16 ; — *Modern-Hôtel*, r. Cannebière, 50 ; — *des Colonies*, r. Vacon, 15 ; — *d'Alger*, cours Belsunce, 45 ; — *Beauvau*, r. Beauvau, 4 ; — *de Bordeaux et d'Orient* (8 fr. par j. ; pens. 7 fr.), bd d'Athènes, 11-13 ; — *de la Californie* (6 fr. par j.), cours Belsunce, 44 ; — *Cannebière*, r. des Feuillants, 4 ; — *de Castille et du Luxembourg*, r. du Jeune-Anacharis), 1 ; — *du XXe Siècle* (hôt. meublé de 1er ordre ; petit déj. 1 fr. 50 ; ch. de 3 à 12 fr.), r. Cannebière, 1, et cours Saint-Louis ; — *Champt* (déj. 2 fr., dîn. 2 fr. 50, pens. 6 fr. 50), cours Belsunce, 30 ; — *Continental* (7 fr. 50 par j.), r. Suffren, 8 ; — *des Négociants*, cours Belsunce, 33 ; — *des Phocéens*, r. Thubaneau, 4 et 6 ; — *de Provence* (déj. 2 fr. 50, dîn. 3 fr., vin compris ; ch. 2 fr. 50 ; journée, 8 fr.), cours Belsunce, 12 ; — *des Princes* (ch. dep. 2 fr. 50), pl. de la Bourse, 12, et r. Beauvau, 8 ; — *de Russie* (pens. dep. 8 fr.), bd d'Athènes, 31 ; — *Continental* (dep. 7 fr. 50 par j.), r. Beauvau, 6, etc. ; — *Palais de la Bouillabaisse* (ancienne Réserve de Roubion ; chambres), chemin de la Corniche.

Restaurants : — *Bodoul* (bouillabaisse renommée), r. Saint-Ferréol, 18 ; — *de la Cascade*, r. Cannebière, 8 ; — *Café-restaurant Monte-Carlo*, r. Noailles, 39 ; — *des Gour-*

mets, r. de l'Arbre, 3; — *Maison-Dorée*, r. Noailles, 5; — *des Phocéens* (bouillabaisse), r. Thubaneau, 4; *Basso et Salons Brégaillon* (bouillabaisse, langoustes, coquillages), quai de la Fraternité; — *Pascal* (plats provençaux, bouillabaisse, soupe de poisson), rue Thiars; — *des Colonies*, r. Vacon, 15; — *du Rosbif*, pl. de la Bourse, 7, etc.; — hors de la ville : *Palais de la Bouillabaisse*, ancienne *Réserve de Roubion*, *du Roucas-Blanc*, chemin de la Corniche; — *Mistral*, à l'Estaque, etc.

Cafés : — *Riche*, *Glacier*, *de la Bourse*, *de France*, *de Marseille*, *Turc*, *de l'Univers*, *brasserie Universelle*, r. Cannebière; — *Cannebière*, *brasserie de Strasbourg*, pl. de la Bourse; — *de la Maison-Dorée*, *Noailles*, *Monte-Carlo*, r. Noailles; — *Français*, *des Palmiers*, *Taverne lyonnaise*, cours Belsunce; — *Martino*, *brasserie Phocéenne*, *Taverne alsacienne*, allées de Meilhan, etc.

Etablissements de bains : — *Bains des Allées*, allées de Meilhan, 64; — hydrothérapie médicale, bains de vapeur, bain turc, allées de Meilhan, 14; — hydrothérapie, allées des Capucins, 26; — *Grands bains de Marseille* (luxueux; grande piscine de natation et hydrothérapie complète), r. de la République, 13 et 15; — *Phocéens*, r. Paradis, 17; — bains de vapeurs sèches et résineuses, r. de la Grande-Armée, 6.

Bains de mer : — *des Catalans*, aux Catalans; — *du Prado*, plage du Prado (3 établiss. avec cafés-rest.); — *du Roucas-Blanc* (établiss. d'eaux minérales et bains de mer chauds), chemin de la Corniche, près de la villa Talabot; — *Isnardon*, *Petit Pavillon*, chemin de la Corniche; — *Mistral*, à l'Estaque.

Hôtel des postes, télégraphes et téléphones : — r. Colbert.

Trams électriques (10 c.) : — *du bd Dugommier* à la Rose, la Croix-Rouge, Plan de Cuques, Saint-Pierre, la Pomme; — *des allées de Meilhan* à la gare; — *du bd du Musée* à Saint-Marcel, Saint-Loup, la Pomme; — *du Cours Saint-Louis*, à Manargues, Bonneveine, Pointe-Rouge, Madrague de Montredon, Prado, Corniche, cours Saint-Louis, Catalans; — *de la Cannebière* au bd Oddo, Saint-Louis, Saint-Antoine; — *de la Préfecture* à Sainte-Marguerite, Cabot; — *de la Bourse* à Saint-Giniez, le Lancier, Prophète, bd Vauban, église d'Endoume, bd Bompard, Bonneveine; — *du Port Vieux* à Saint-Barnabé, Saint-Julien, Belle-de-Mai, Saint-Barthélemy, Plombières, Saint-Pierre, Joliette, Arenc, Port-Vieux, bd National; — *de la Joliette* aux bds Bompard et Vauban, église d'Endoume, le Rouet, Saint-Giniez, Catalans, la Gare, la Plaine, extrémité du bd Baille, Belle-de-Mai, les Réformés; — *de la pl. Carnot* à la Madrague de la ville, l'Estaque; — *du jardin zoologique* à la Joliette, pl. Périer, Saint-Giniez, Endoume, bd Vauban; — *de l'église des Chartreux* à la Joliette par les quais, la Plaine, pl. Périer, Castellane; — *des Chartreux* au cours Lieutaud, Capelette, bd Oddo, Joliette, bd Périer; — *bd Baille* aux Catalans; — *de Castellane* au bd Oddo, la gare; — *du pont de Vivaux* aux bassins; — *du Chapitre* à l'église d'Endoume; — *de la Croix-Rouge* à Allauch.

Un certain nombre d'omnibus (10 c. à 40 c.) corresp. avec les trams : à la Rose, pour *Château-Gombert* et Enco de Botto, Plan de Cuques, *la Bourdonnière*; pl. du Jardin des Plantes, *Montolivet*; Saint-Barnabé, *les Caillols*; Saint-Julien, *Enco de Botto*; Saint-Marcel, *Camoins-les-Bains* et *Aubagne*; Plombières, *Sainte-Marthe*; bd Oddo, *les Aygalades*; Saint-Louis, *l'Estaque* et les Aygalades; Saint-Barthélemy, *le Merlan*; Sainte-Marguerite, *Saint-Tronc*; Saint-Antoine, *Septêmes*, etc.

Tram à vapeur (ch. de fer de *l'Est-Marseillais*) *du marché des Capucins au cimetière Saint-Pierre et à la Blancarde*, 10 c. — Ch. de fer sur route pour *Aix*.

Théâtres : — *Grand-Théâtre*, pl. du Grand-Théâtre; — *Gymnase*, r. du Théâtre-Français; — *Théâtre des Variétés*, pl. Noailles; — *Chave*, bd Chave; — *des Nations*, r. Paradis, etc.

Ascenseur pour Notre-Dame de la Garde : — gare r. Cherchell, à l'extrémité de la r. Dragon, près du cours Pierre-Puget. Prix : dim. et fêtes, montée 40 c., desc. 20 c.; aller et ret. 50 c. la sem., montée 60 c., desc. 30 c., aller et ret. 80 c.

MARSEILLE-VEYRE, 135.
MARSILLARGUES, 224.
MARTIGUES, 128. — Hôt. : *Bernard ou du Cours; des Martigues.* — Voit. publ. pour *Port-de-Bouc*, 50 c.
MARTIN [Cap], 179.
MARTOURET, 115.
MARTRES-DE-VEYRE, 197.
MAS-DES-GARDIES [Le]. 201.
MATELLES [Les], 226.
MATHAY, 66.
MATHEYSINE, 163.
MATOUR, 42.
MAUBEC, 165.
MAUGUIO, 224.
MAULMONT [Château de], 209.
MAURES [Montagnes des], 169.
MAURIENNE [La], 102.
MAUSSANE, 126.
MAXILLY, 88.
MAYE [Tête de la], 160.
MAYRES, 214.
MAZENC-LES-BAINS, 116.
MAZES-LE-CRÈS [Les], 224.
MÉAUDRE, 143.
MÈDE [La], 128.
MÉE [Le], 2.
MÉES [Les], 152.
MÉGÈVE, 105. — Hôt. : *du Soleil-d'Or* (pet. déj. 1 fr.; déj. ou dîn. 3 fr.; ch. à 1 lit 1 fr. 50 à 3 fr., à 2 lits 3 à 6 fr.; pens. 8 à 9 fr.); *du Panorama* (pet. déj. 1 fr.; déj. 2 fr. 50, dîn. 2 fr. 50; ch. à 1 lit 1 fr. 50 et 2 fr., à 2 lits 2 à 3 fr.; pens. 6 à 7 fr.); *de la Croix-d'Or*; *du Mont-Blanc.* — Voit. publ. pour *Sallanches* et *Ugines*; passage, l'été, des cars alpins d'*Ugines* et de *Thônes* au *Fayet-Saint-Gervais.*
MÉGEVETTE, 88.
MEIJE [La], 159.
MEILLERIE, 89.
MÉLAS, 221.
MELUN, 2. — Hôt. : *du Grand-Monarque* (déj. 2 fr. 75, dîn. 3 fr., ch. à 1 lit 3 à 4 fr., à 2 lits 6 à 7 fr.; téléph.); *du Commerce* (repas 2 fr. 75 et 3 fr. 50; ch. 2 fr.).
MÉMISE [Pic de], 89.
MENS, 150.
MENTHON, 96. — Hôt. : *des Bains* (déj. 2 fr. 75; dîn. 3 fr.; ch. dep. 2 fr.). — Café-rest. *des Bains*, à l'établissement thermal. — Villas à louer. — Barques sur le lac (20 c. l'h.). — Bateaux à vap. pour *Annecy* et les autres stations du lac.

MENTON, 178.

Hôtels et Pensions. — BAIE DE L'OUEST. — Au bord ou près de la mer : *Royal et Westminster** (déj. 3 fr. 50, dîn. 4 fr. 50; pens. de 8 à 16 fr., sans bougie), av. Félix-Faure et promenade du Midi; — *Windsor Palace** (déj. 3 fr., dîn. 4 fr., pens. 9 à 12 fr. par j.), av. Félix-Faure et promenade du Midi; — *de Menton et du Midi*, r. Saint-Michel et promenade du Midi; — *Balmoral* (déj. 3 fr., dîn. 4 fr., pens. dep. 8 fr. par j.), av. Félix-Faure et promenade du Midi; — *du Parc* (déj. 3 fr., dîn. 4 fr.; pens. dep. 8 fr. par j.), av. de la Gare, en face les Jardins du Careï; — *de Paris*, av. Félix-Faure, 2, et promenade du Midi; — *Métropole et Splendide* (déj. 3 fr. 50, dîn. 5 fr.; pens. de 8 à 12 fr. par j.), av. Carnot; — *des Colonies* (déj. 3 fr., dîn. 4 fr.; pens. dep. 7 fr. par j.), av. Félix-Faure; — *Prince de Galles* (déj. 3 fr. 50, dîn. 5 fr.; pens. de 8 à 16 fr. par j.), promenade du Midi; — *Savoy Hotel et Pension Saint-Georges* (déj. 2 fr. 50, dîn. 4 fr.; pens. de 7 à 10 fr. par j.), av. Carnot; — *de Londres* (déj. 2 fr. 50, dîn. 3 fr. 50; pens. de 7 à 10 fr. par j.), av. Carnot; — *Bristol* (déj. dep. 3 fr., dîn. dep. 4 fr. et à la carte; j. dep. 8 fr.), av. Carnot; — *Pension de Famille* (déj. 2 fr. 50, dîn. 3 fr.; pens. 5 fr. 50 à 8 fr. par j.), av. Carnot; — *de France* (déj. 2 fr. 50, dîn. 3 fr.; pens. 7 fr. 50 par j.), r. Saint-Michel.

A l'int. de la ville et sur les collines : *Winter Palace**, sur la hauteur, près du Riviera Palace ; — *des Iles Britanniques** (déj. 4 fr., dîn. 6 fr.), Pietra-Scritta, sur la hauteur ; — *du Louvre** (déj. 3 fr. 50, dîn. 5 fr. ; pens. dep. 9 fr. par j.), rue du Louvre ; — *National** (déj. 4 fr., dîn. 6 fr. ; pens. 12 à 20 fr. par j.), sur la hauteur ; — *Riviera Palace** et *Cosmopolitain* Hotel* (déj. 3 fr. 50, dîn. 5 fr. ; pens. à partir de 70 fr. par sem.), quartier des Vignasses, sur la hauteur ; — *Alexandra** (déj. 4 fr., dîn. 5 fr. ; pens. 11 à 20 fr. par j.), la Madone, quartier Carnolès ; — *d'Orient* (déj. 4 fr., dîn. 5 fr. ; pens. 12 fr. par j.), rue Partouneaux ; — *Victoria et des Princes*, av. du Careï ; — *des Ambassadeurs* (déj. 4 fr., dîn. 5 fr. ; pens. dep. 10 fr. par j.), r. Partouneaux ; — *de Russie et d'Allemagne*, quartier Rigaudi ; — *de Venise* (déj. 4 fr., dîn. 6 fr. ; pens. 12 à 15 fr. par j.), rue Partouneaux ; — *de Turin et Beau-Séjour* (déj. 3 fr., dîn. 4 fr. 50 ; pens. 9 fr. par j.), r. Villarey ; — *d'Europe et Terminus* (déj. 3 fr., dîn. 4 fr. ; pens. dep. 9 fr. par j.), av. de la Gare ; — *Mont-Fleuri*, quartier des Vignasses, à mi-côte ; — *Wagner et Pension des Orangers* (déj. 3 fr. 50, dîn. 4 fr. 50 ; pens. dep. 9 fr. par j.), av. du Careï ; — *de Malte* (déj. 3 fr., dîn. 4 fr. ; pens. dep. 8 fr. par j.), r. de la République ; — *d'Angleterre* (déj. 3 fr., dîn. 4 fr. ; pens. de 8 à 12 fr. par j.), rue Partouneaux et rue des Bains ; — *Pension Suisse* (déj. 2 fr. 50, dîn. 3 fr. ; pens. 7 fr.), av. de la Gare ; — *des Deux-Mondes* (déj. 2 fr., dîn. 2 fr. 50 ; pens. dep. 6 fr. 50 par j.), près de la gare.

BAIE DE L'EST (GARAVAN). — Au bord ou près de la mer : *des Anglais** (déj. 4 fr., dîn. 5 fr. ; pens. 12 fr. 50 par j.), quai de Garavan ; — *Grand-Hôtel** (déj. 3 fr. 50, dîn. 5 fr. ; pens. de 8 à 12 fr. par j.), quai de Garavan ; — *d'Italie et Grande-Bretagne* (déj. 3 fr., dîn. 5 fr. ; pens. 10 à 15 fr. par j.), quai de Garavan ; — *Santa Maria* (déj. 3 fr., dîn. 4 fr. ; pens. de 7 à 12 fr. par j.), quai de Garavan ; — *Beau-Rivage* (déj. 3 fr., dîn. 4 fr. ; pens. de 8 à 10 fr.), près de la gare de Garavan ; — *Britannia* (déj. 2 fr. 50, dîn. 3 fr. 50 ; pens. dep. 8 fr. par j.), quai de Garavan et côte de la Gare ; — *Villa Marina* (pens. 8 à 10 fr. par j.), quai de Garavan.

Sur la hauteur : *Belle-Vue* (déj. 3 fr. 50, dîn. 5 fr. ; pens. de 10 à 18 fr. par j.).

CAP MARTIN : — *Cap Martin Hotel** (déj. 5 fr., dîn. 7 fr. 50) ; — *Tassano's Hotel* ou *Victoria* (déj. 3 fr., dîn. 4 fr. pens. 8 fr. par j.).

ANNONCIADE : — hôt.-pension.

Pensions pour dames seules : — *Villa Notre-Dame*, tenue par les Dames de la Retraite, av. de la Madone et pl. d'Armes.

Cercle : — *International*, maison Isola, près de la poste.

Casino : — *Central*, rue Villarey.

Concerts publics : — dans les Jardins du Careï, 2 fois par j., de 10 h 30 à 11 h. 45 mat. et de 1 h. 30 à 3 h. s.

Etablissements de bains : — *Hugo* (bains chauds d'eau d'eau douce et d'eau de mer ; hydrothérapie), rue Partouneaux ; — *André* (bains froids et chauds d'eau de mer ; oyster bar), promenade du Midi, baie de l'Ouest ; — *Lambert* (bains froids et chauds d'eau de mer et d'eau douce ; école de natation ; bar), quai de Garavan, baie de l'Est, en face de l'hôtel des Anglais ; — *Tassano's Hotel* (bains de mer froids), quai du Cap-Martin.

Poste, télégraphe et téléphone : — r. Partouneaux.

Voitures de place. — *Tarif* : à la course, 1 fr. à 1 chev., 1 fr. 50 à 2 chev. le j., 1 fr. 50 et 2 fr. la nuit dans la 1re zone ; 1 fr. 50 à 1 chev. 2 fr. à 2 chev. le j., 2 fr. et 2 fr. 50 la nuit dans la 2e zone ; l'heure 2 fr. 50 à 1 ch., 3 fr. 50 à 2 chev. le j., 2 fr. 75 et 3 fr. 75 la nuit.

Trams électriques : — *de Garavan au cap Martin* ; — *de la gare à la place Saint-Roch*.

Voitures publiques : — pour *Sospel*, 2 fr. ; — *Vintimille*, 1 fr.

Ascenseur : — de la gare de Monte-Carlo à la terrasse, 25 c.; aller et retour, 35 c.

Hôtels (le vin se paye à part). — Monte-Carlo. — Hôt. : *Grand-Hôtel de Paris* * (pens. dep. 15 fr.), en face du Casino; — *Grand-Hôtel et restaurant Français* * (depuis 18 fr. 50 par j.), près du Casino; — *de l'Hermitage* * (déj. 8 fr., dîn. 12 fr. sans vin); — *de la Métropole* *, galerie Charles III; — *Carlton* *, derrière l'hôtel Métropole; — *Victoria* * (16 fr. 50 par j.; pens. dep. 16 fr.), *du Prince-de-Galles* * (16 fr. 50 par j.; pens. dep. 16 fr.), bd du Nord; — *Monte-Carlo* *, av. de Monte-Carlo; — *Saint-James*, *des Anglais*, square de Monte-Carlo; — *de l'Europe*, aux Bas-Moulins; — *de Londres* (12 fr. 50 par j.), bd des Moulins; — *de Russie et des Frères-Provençaux* (pens. dep. 9 fr.), bd de la Costa; — *Splendid*, av. Roqueville; — *de la Terrasse*, bd des Moulins; — *Windsor*, bd du Nord; — *de Rome*, *Royal* (dep. 15 fr. par j.), bd Pereira; — *Beau-Rivage* (de 6 à 14 fr. par j.; pens. dep. 98 fr. par sem., 380 fr. par mois), *des Princes*, av. de Monte-Carlo; — *des Palmiers*, *des Colonies* (dep. 12 fr. 50 par j., avec vin; pens. 70 fr. par sem., 280 fr. par mois), *Savoy*, av. de la Costa; — *Terminus et Cosmopolitain* (pens. dep. 6 fr.), à la gare, etc.

La Condamine. — Hôt. : *Beau-séjour*, r. Louis, 13; — *Bristol* (pens. dep. 9 fr.), bd de la Condamine, 23; — *de la Condamine* (dep. 10 fr. 75 par j.; pens. dep. 7 fr.), r. des Princes, 1; — *de la Paix* (pens. dep. 8 fr.), r. Albert, 18; — *des Étrangers* (pens. dep. 8 fr. 50), r. Florestine, 12; — *Rives-d'Or Hôtel* (dep. 8 fr.), bd de la Condamine, 15; — *de Marseille et de l'Univers* (9 fr. par j., avec vin), r. Florestine, 3; — *de Nice* (pens. dep. 7 fr.), av. de la Gare, 9; — *d'Angleterre* (pens. dep. 7 fr. par j.), r. Florestine, 10.

Cafés-restaurants : — à Monte-Carlo : *de Paris*, pl. du Casino; *Restaurant Français*, près du Casino; *Bar du Casino*; *restaurant des Frères-*

Montereau, 7. — Hôt. : *Drouin*; *du Grand-Monarque* (déj. 2 fr. 75, dîn. 3 fr.; ch. à 1 lit 2 fr., à 2 lits 4 fr.); *de la Croix-Verte* (déj. 2 fr. 50, dîn. 3 fr.; ch. à 1 lit 1 fr. 50, à 2 lits 2 fr. 50); *du Cheval-Blanc*; *de Lyon* (déj. ou dîn. 2 fr. 50; ch. à 1 lit 2 fr., à 2 lits 4 fr.). — Cafés : *des Oiseaux*; *Girault*.

MONTPELLIER, 224.

Hôtels : — *Riche-Hôtel* (asc., téléph.), pl. de la Comédie; — *Grand-Hôtel* (déj. 3 fr. 50, dîn. 4 fr.; 11 fr. par j.), r. Maguelone, 8; — *de la Métropole*, r. Clos-René; — *du Midi*, bd Victor-Hugo; — *du Cheval-Blanc* (déj. 2 fr. 50, dîn. 3 fr.; ch. à 1 lit 2 fr., à 2 lits 4 fr.), Grande-Rue, 35; — *Maguelone* (dep. 6 fr. par j.), r. Maguelone; — *Delmas*, r. de la République, 9 (déj. 2 fr. 50, dîn. 3 fr.; 8 fr. par j.); — *de Bordeaux*, pl. de la Comédie.

Restaurants : — *Rouger*; — *Courtès*; — *Villaret*; — *Calvas*; — et dans tous les hôtels. — A 15 min., par le tram électrique, *restaurant Rimbaud-Villeneuve*, au bord du Lez (déj. 5 fr., dîn. 5 fr., vin compris; rest. à la carte; canot 50 c. à 1 fr. l'h.; bains dans le Lez, 50 c.). — A côté, restaurant *Aux Aubes sur le Lez* (plus modeste); un peu plus loin sur le Lez, *l'Isle de Tabarka*, restaurant-café.

Cafés : — *du Musée et de France*, *Grand Café de Montpellier*, *Riche*, *de l'hôt. Continental*, tous pl. de la Comédie; — *de la Rotonde*; — *du Conservatoire*; — *National*; — *du Casino* (concert); — *Américain*, r. Maguelone; — *des Beaux-Arts*, boul. de l'Esplanade.

Poste et télégraphe : — r. Nationale et pl. de la Préfecture; r. du Grand-Galion.

Bains : — *de Paris*, r. Richelieu; — *Néothermes*, boul. Victor-Hugo; — *Durand*, près de la gare, r. Diderot; — *du Peyrou*, r. de la Merci.

Trams électriques : — de la pl. de la Comédie : à Castelnau, au Lez, à l'École d'agriculture, à Boutonnet, à Palavas (en été); — de la pl. de l'Observatoire à Celleneuve.

Voitures de place : — course à 1 chev. 1 fr., à 2 chev. 1 fr. 25; l'h. à 1 chev. 1 fr. 50, à 2 chev. 2 fr. (3 fr. hors le rayon de l'octroi).

Montréal (Yonne), 11. — Rest. *Maublanc*.

Montriond [Lac de], 88. — Hôt. *du Lac* (pens. 5 fr. par j.).

à 2 lits 3 à 5 fr.; pens. 7 à 10 fr.); *Bartoli* (pet. déj. 60 c., déj. ou dîn. 2 fr. 50; ch. à 1 lit 2 fr., à 2 lits 3 fr. 50; pens. 7 fr. par j.). — Syndicat d'initiative : Café Abondance. — Tram électr. (d'avril en oct.) : pour *Salins* (25 c. et 15 c.), *Brides* (75 c. et 50 c.). — Voit. publ. : pour *Bozel*, *Pralognan* et *Bourg-Saint-Maurice*.

MOUXY, 94.

MOZAC, 193.

MUANDE [Col de la], 103.

MURATO, 186.

MURE [La], 163. — Hôt. : *Pelloux* (pet. déj. 75 c., repas 3 fr. 50; ch. 2 fr. 50, à 2 lits 4 fr., serv. 75 c., spécialité de gratins d'écrevisses); *du Nord* (pet. déj. 60 c., repas 3 fr.; ch. 2 fr.; pens. 4 j. 7 fr. par j). ; *de la Gare*; *Robequain*. — Voit. publ. : voit. du Synd. d'In., en été, pour : *Mens* et *Clelles-Gare*, *Corps* et *la Salette*, *Laffrey* et *Vizille*, le *col d'Ornon* et *le Bourg-d'Oisans*.

MUY [Le], 171.

MYANS [Notre-Dame de], 101.

MYENNES, 21.

N

NAILLY, 8.

NANS, 67.

NANT D'ARPENAZ [Cascade du], 90.

NANTUA, 81. — Hôt. *de France* (7 fr. par j.; voit.).

NANTUA [Lac de], 81.

NAPOULE [La]. 172. — Hôt. *des Bains* (pens. dep. 7 fr. par j.).

NARVAU [Gorge de], 25.

NEBBIO, 186.

NEBBIO [Le], 186.

NEIGES [N.-D. des], 162.

NEIGES [Trappe de N.-D. des], 199.

NEMOROSA, 5.

NEMOURS, 19. — Hôt. *de l'Ecu-de-France* (Drouet; petit déj. 75 c., déj. 2 fr. 75, dîn. 3 fr., ch. à 1 lit 2 fr., à 2 lits 4 fr.; téléph.; voit.).

NÉRONDE, 214.

NERTE [Tunnel de la], 128.

NEUBLANS, 58.

NEUVECELLE, 88.

NEUVILLE-SUR-SAÔNE, 56.

NEUVY-SUR-LOIRE, 21.

NEVERS, 26. — Buffet à la gare. — Hôt. : *de France* (8 fr. par j.), square Jean-Desveaux; *de l'Europe*, r. du Commerce, 94; *Grand-Hôtel*, r. de Nemours, 6, et rue de la Banque, 9; *de la Nièvre*, r. de Nièvre, 10; *de la Paix* (ch. dep. 2 fr., petit déj. 1 fr., déj. 3 fr., dîn. 3 fr. 50; voit.), en face de la gare. — Cafés : *Grand-Café*, r. du Commerce, 55; *de Paris*, pl. Guy-Coquille et r. des Boucheries; *Glacier*, pl. du Lycée; *de la Paume* (concert de l'Alcazar), r. de Nemours, 9, et r. des Merciers, 14. — Poste, télégr. et téléph., square Jean-Desveaux. — Voit. de place, la course 50 c., l'h. 1 fr. 50, la nuit 75 c. et 2 fr.

NEYRAC-LES-BAINS, 222.

NICE, 174.

Buffet : — à la gare.

Hôtels (en général le vin se paie à part, sauf aux hôt. des Etrangers, des Négociants, de l'Univers, etc.). — AVENUE FÉLIX-FAURE, en face du square Masséna. Hôt. : (n° 10) *Grand-Hôtel* * (déj. 4 fr., dîn. 6 fr., dep. 15 fr. pour un long séjour); — (n° 14) *de la Paix* * (180 ch.; mêmes prix que le Grand-Hôtel); — (n° 16) *Cosmopolitain*.

AVENUE MASSÉNA. — Hôt. *de France* * (prix comme ci-dessus).

PLACE MASSÉNA. — Hôt.-restaurant *du Helder* (pens. de 8 à 12 fr.).

PLACE DU JARDIN-PUBLIC. — Hôt. : (n° 6) *d'Angleterre* (150 ch., dîn. 6 fr.); — *de la Grande-Bretagne* (déj. 4 fr., dîn. 6 fr.).

PROMENADE DES ANGLAIS. — Hôt. : *des Anglais* * (150 ch., dîn. 6 fr.); — *du Luxembourg* *; — *de la Méditerranée* *; — *Westminster* * (15 fr. 50 par j.; pens., 12 fr.); — *du West-End* * (pens. depuis 14 fr. par j.); — *Royal-*

Hôtel Saint-Pétersbourg; — *Château des Baumettes* (dep. 11 fr. 75 par j., pens. dep. 8 fr.).

HÔTELS EN VILLE OU PRÈS DE LA GARE P.-L.-M. — Hôt. : *Terminus* (150 ch.; pens., 9 à 12 fr., déj. 4 fr., dîn. 5 fr.); — *National*, av. de la Gare, 64 (déj. 3 fr., dîn., 4 fr.); — *de l'Univers*, av. de la Gare, 9; — *Reynaud et des Gourmets*, pl. Masséna, 9; — *Jullien*, av. Beaulieu, 4 (14 fr. 50 par j., pens. 10 à 20 fr.); — *Palace-Hôtel* (200 ch., pens. dep. 11 fr.); — *Grimaldi*, pl. Grimaldi (12 fr. par j.; pens. dep. 10 fr.); — *Continental et de Genève*, r. Rossini, 10 (120 ch.); — *Brugière*, av. Beaulieu (pens. dep. 9 fr.); — *Saint-Louis*, r. d'Angleterre, 37 (pens. 7 à 10 fr.); — *de la Gare*, r. de Belgique, 8 (pens. dep. 7 fr.); — *de Provence et d'Interlaken*, av. Durante, 18; — *des Deux-Mondes*, r. Paganini; — *de Florence*, r. Adélaïde, 3; — *Lautier*, r. Chauvain, 6 (pens. dep. 6 fr.); — *Tourret*, r. de l'Hôtel-des-Postes, 17.

SAINT-BARTHÉLEMY ET SAINT-MAURICE. — Hôt. *Saint-Barthélemy et villa Arson*, quartier Saint-Barthélemy (pens. dep. 9 fr.); — *Windsor*, quartier Saint-Maurice (120 ch.; pens., dep. 8 fr.).

BOULEVARD VICTOR-HUGO. — Hôt. : (n° 2) *des Iles-Britanniques** (200 ch.; dep. 14 fr.); — (n° 8) *Métropole et Paradis* (dep. 12 fr.); — (n° 50) *Splendid* (200 ch.; dep. 12 fr.); — (n° 44) *des Palmiers* (pens. depuis 10 fr.); — (n° 20) *du Louvre* (pens. dep. 11 fr.); — (n° 33) *Victoria*.

SUR LA MER, QUAI DU MIDI ET LES PONCHETTES. — Hôt. : *des Princes* (dep. 12 fr.); — *Suisse* (dep. 12 fr.); — *Beau-Rivage* (dep. 14 fr. par j.; pens., 12 fr.); — *des Etrangers*, r. du Palais (200 ch.; dep. 11 fr. 50 par j., avec vin; pens. dep. 10 fr.); — *du Cours et du Palais*, c. Saleya, 30 (dep. 6 fr. 75 par j.; pens., 6 fr.).

QUARTIER DE CARABACEL ET CIMIEZ. — Hôt. : *Grand-Hôtel de Nice** (150 ch.; pens. dep. 14 fr. 50); — *de Paris* (dep. 12 fr. 50); — *Bristol*; — *Riviera-Palace** (pens. dep. 15 fr.); — *Excelsior Regina Palace** (250 ch.); — *de Cimiez* (pens. dep. 12 fr.); — *des Empereurs* pens. dep. 9 fr.), bd Dubouchage; — *des Négociants*, r. Pastorelli; — *Beau-Séjour*, r. Pastorelli, 30 (pens. dep. 8 fr.); — *d'Albion* (dep. 12 fr. 50), bd Dubouchage, 25; — *de Hollande*, à Carabacel.

QUARTIER DU MONTBORON. — Hôt. : *Montboron Palace**, bd du Montboron, au milieu des pins (dep. 13 fr. 50 par j.; pens. 100 fr. par semaine.

QUARTIER SAINT-PHILIPPE. — Hôt. : *Impérial**, bd du Tzarewitch; — *Belvédère*, attenant à l'établissement hydrothérapique de la villa Rozy, bd du Tzarewitch.

Pensions : — *Internationale*, r. Rossini, 4; — *de France* (pens., 7 à 10 fr.), r. de France, 31-35; — *de Genève*, r. Rossini, 10, etc.

Restaurants : — *de l'Hôtel Impérial**, quartier Saint-Philippe; — *Français**, r. du Congrès, 2; — *London-House**, Jardin public, 10, et Croix-de-Marbre, 3; — *de la Régence**, r. de l'Hôtel-des-Postes; — *du Helder-Armenonville**, pl. Masséna, 11; — *de la Réserve**, bd de l'Impératrice-de-Russie, 60 (huîtres et bouillabaisse); — *Reynaud et des Gourmets*, pl. Masséna, 5; — *National*, av. de la Gare, 5; — *Anglo-American Oyster Salon*, bd Victor-Hugo, etc.

Cafés : — *Pomel*, *Monnot*, pl. Masséna; — *de la Régence*, av. de la Gare, 8, etc.

Bains : — *des Galeries*, r. Adélaïde, 4, et r. de Russie, 2-4; — *Polythermes*, quai du Midi et r. Saint-François-de-Paule, 8; — *Hammam* (bains turcs et hydrothérapie), pl. Grimaldi et r. de la Buffa; — *Rozy* (hydrothérapie), bd du Tzarewitch; — *Masséna*, r. Masséna, 1, etc. — *Etablissement hydro-électrothérapique*, av. Candia. — *Bains de mer*, quai du Midi, promenade des Anglais et au Lazaret (50 c., linge compris).

Poste et télégraphe : — bureau principal, pl. de la Liberté.

Casino Municipal. — Demander le tarif.

Casino de la Jetée-Promenade. — Demander le tarif.

Théâtres : — *du Casino*, au Casino Municipal; — *de la Jetée-Promenade*; — *Opéra Municipal* (opéra français), r. Saint-François-de-Paule; — *Petit-Casino* (café-concert), r. Saint-Mi-

...el, 2; — *Politeama Garibaldi* (représentations italiennes), pl. Garibaldi; — *Cirque*, r. Pastorelli; — *Théâtre Risso* (pièces populaires), bd Risso.

Voitures de place : — *dans l'intérieur de la ville* : voit. à 1 chev., 2 pl. course : le j. 1 fr., nuit, 1 fr. 50; à 1 ch. (coupé) : j. 1 fr. 25; nuit, 1 fr. 75, à 1 chev. (landau) : j., 1 fr. 50; nuit, 2 fr. 75; à 2 chev., 2 ou 4 pl. : j., 2 fr., nuit, 3 fr.

Dans la banlieue : voit. à 1 chev., 2 pl., j., 2 fr., nuit 2 fr. 50; à 1 chev. (coupé) : j., 2 fr. 50, nuit, 3 fr.; à 1 chev. (landau) : j., 3 fr., nuit, 3 fr. 50; à 2 chev., 2 ou 4 pl. j., 4 fr., nuit, 5 fr.

Tarif à l'heure dans le rayon de l'octroi : voit. à 1 chev., 2 pl. j., 2 fr. 50; nuit, 3 fr.; à 1 chev. (coupé) : j. 3 fr., nuit, 3 fr. 50; — à 1 chev. (landau) : j., 3 fr. 50, nuit, 4 fr.; à 2 chev., 2 ou 4 pl., 5 fr. et 6 fr.

Tarif à l'heure entre le rayon de l'octroi et les limites de la commune : voit. à 1 chev., 2 pl., j., 3 fr. 50, nuit, 4 fr.; à 1 chev. (coupé), 4 fr et 4 fr. 50; à 1 chev. (landau), 4 fr. 50 et 5 fr.; à 2 chev., 2 ou 4 pl., 6 fr. et 7 fr.

Tramways électriques : — *Masséna-Carras* (10 c.); *Masséna-Californie* (15 c.); *Port-Saint-Maurice-Saint-Sylvestre* (15 c.); *Port-Saint-Maurice* (10 c.); *Gare P.-L.-M.-Risso* (10 c.): *Gare P.-L.-M.-Abattoirs* (10 c.); *Gare P.-L.-M.-Montboron* (25 c. et 20 c.); *Port-Riquier-Chuvier* (10 c.); *Place Saluzzo à la gare et au Pont-Magnan* (10 c.); *Masséna-Gendarmerie* (10 c.); *ligne circulaire du bd Gambetta* (10 c.): *Nice-Cimiez* (jardin zoologique; 40 et 30 c.); *Nice-Villefranche-Beaulieu* (de la pl. Masséna; 55 c. et 35 c.; all. et ret., 85 c. et 55 c.); *Nice-Cagnes* (de la pl. Masséna; 90 c. et 60 c., all. et ret. 1 fr. 35 et 90 c.); *Nice-Contes* (de la pl. Garibaldi; 1 fr. 25 et 75 c.).

Voitures publiques : — pour *Fontan*, par *Sospel* : coupé, 5 fr.; intér., 4 fr.; banquette, 3 fr.; — *Tende* (corresp. pour Breil) : coupé, 9 fr.; intér., 7 fr.; — *Coni*, coupé, 16 fr.; intér., 12 fr.; banq., 5 fr.; — *l'Escarène* (1 fr.) et *Lucéram* (1 fr. 50); — *Saint-Isidore et le Var*; — *Tourettes*, *Levens*, 1 fr.; — *Saint-Martin-Vésubie*, par *Levens*, 4 fr., pont Garibaldi.

NICE [Col de], 180.
NID-DE-L'AIGLE [Bouquet du], 5.
NIEIGLES-PRADES, 221.

NIMES, 201.

Buffet : — à la gare.

Hôtels : — *du Luxembourg*, à côté de l'Esplanade; — *Grand-Hôtel du Midi*, pl. de la Couronne; — *du Cheval-Blanc*, vis-à-vis des Arènes; — *Manivet* (déj. 3 fr., dîn. 3 fr. 50, vin compris; ch. à 1 lit 2 fr. 50 à 4 fr.; à 2 lits, de 5 à 8 fr.), bd Victor-Hugo; — *des Colonnies* (déj. 2 fr. 50, dîn. 3 fr., avec vin), av. Feuchères; — *d'Europe et de Provence* (déj. 2 fr. 50, dîn. 3 fr., vin compris; pens. 7 fr. 60 par j., service et 3 repas compris), pl. de la Couronne, 7; — *du Petit-Saint-Jean* (dep. 6 fr. 50 par j.), bd Amiral-Courbet, près de la pl. des Carmes; — *des Arts* et *Terminus-Hôtel*, près de la gare.

Restaurants : — du *Café des Fleurs*, près de la gare: — au 1er étage du *café Peloux* (déj. 4 fr., dîn. 5 fr. vin et café compris); — *Durant*, r. Guizot, près des halles; — aux hôt. du *Luxembourg*, *Manivet et du Petit-Saint-Jean*.

Cafés : — *Peloux*, *Tortoni*, près de l'Esplanade; — *de Paris*; — *des Fleurs*, en face de la gare; — *de la Poste*, bd Gambetta; — *de l'Univers*, *Gambrinus*, etc.

Poste et télégraphe : — bureau central, pl. de la Couronne.

Théâtres : — *Grand-Théâtre*, pl. de la Comédie; — *Théâtre d'été* et *Casino*, bd du Viaduc; — *Eden-Théâtre*, ruelle des Saintes-Maries.

Arènes. — Courses de taureaux. — Prix les jours de grande course espagnole : amphithéâtre 3 fr., toril 5 fr., 2es 10 fr., 1res 20 fr.

Trams électriques : — de la gare à la gare (tour des boulevards); —

P

PUY [LE], 217.

Hôtels : — *de l'Europe*, pl. de l'Hôtel-de-Ville; — *des Ambassadeurs*, pl. du Breuil (petit. déj. 75 c., déj. 2 fr. 50, dîner 3 fr.; 7 fr. 50 par j.); — *Grand-Hôtel*, bd St-Louis; — *de la Gare*; — *du Nord*, bd Carnot, 10; — *du Midi*, bd St-Jean; — *Garnier*, bd St-Louis; — *de Paris* (buffet de la gare); — *du Chapeau-Rouge*, 12, bd St-Louis (5 fr. par j.).

Poste et télégraphe : — bd St-Louis, 50.

Trams électriques : — toutes les 30 min., de 7 h. mat. à 10 h. s.; — 1° d'*Espaly-Saint-Marcel* au *Puy*, pl. du Breuil (10 c.); — 2° d'*Espaly* à la gare du *Puy* (15 c.); — 3° du *Puy* à la *Gare* (10 c.); — 4° à la *Renaissance* (10 c.); — 5° à la *Chartreuse* (15 c.); — 6° à *Brives-Charensac* (20 c.).

Syndicat d'Initiative du Velay : — 10, pl. du Breuil : renseignements gratuits sur les hôtels, excursions, etc.

Q

R

S

Buffet : — à la gare de Châteaucreux.

Hôtels : — *de France* (ascens.), pl. Dorian, 4; — *des Arts*, r. Gambetta; — *de l'Europe* (8 fr. par j.), r. du Général-Foy, 9; — *du Nord* (8 fr. par j.), r. de la République, 7.

Restaurants : — *Grand café de Lyon, Café des Négociants, Bouillon Parisien*, pl. de l'Hôtel-de-Ville; — *de la Maison-Dorée*, cours Victor-Hugo, 19; — *du Grand Café-Neuf* r. Gambetta, 8.

Cafés : — *Grand café Glacier, de*

Négociants, *de Lyon*, *Lainé*, brasserie *du Passage*, pl. de l'Hôtel-de-Ville; — *de l'Europe*, r. Gambetta, 13.

Poste, télégraphe et téléphone : — r. de la Préfecture, 2.

Théâtres : — *Grand-Théâtre*, pl. des Ursules; — *Eden*, r. de la Croix.

Club Alpin : — section du Forez, pl. Marengo, 5.

Voitures de place. — Tarif : dans les limites de la com., de 6 h. mat. à 11 h. s. : voit. à 2 pl., course 1 fr. 25, l'h. 2 fr. : à 4 pl., course 1 fr. 50, l'h. 2 fr. 50. Après 11 h. s., voit. à 2 pl., course 1 fr. 75, l'h. 2 fr. 50; voit. à 4 pl., course 2 fr., l'h. 3 fr. — Hors des limites de la com., serv. obligatoire à 8 k. à partir du stationnement des fiacres, de 6 h. mat. à 11 h. s. : l'h. 2 fr. 50 et 3 fr.; après 11 h. s., de gré à gré.

Trams électriques (10 c.) : — 1° De la Gare de *Châteaucreux* à *Bellevue*; — 2° De la pl. *Dorian* au *Rond-Point*; — 3° De la pl. *Dorian* à *la Rivière*; — 4° De la pl. *Dorian* à *Bellevue*.

Trams à vapeur : — *Bellevue-Terrasse* (10 c.), traversant la ville; — *Bellevue-Firminy* (35 c.), par *la Ricamarie* et *Chambon*, toutes les 1/2 h : — *Saint-Etienne-Saint-Chamond* (45 c.) et *Rive-de-Gier* (95 c.), partant de la place Fourneyron.

Cars-riper (omnibus) : — *de Bellevue à la place Sadi-Carnot*; — *de la place de l'Hôtel-de-Ville à la gare de Chateaucreux* (tous les trains).

Saint-Etienne-de-Saint-Geoirs, 112.

Saint-Etienne-en-Bresse, 73.

Sainte-Eulalie, 142.

Saint-Evrard [Le], 140.

Saint-Fargeau, 7.

Saint-Fargeau, 24. — Hôt. : *du Lion-d'Or*; *du Midi*.

Saint-Ferjeux, 62.

Saint-Ferréol, 154.

Saint-Firmin [Eglise de], 163.

Saint-Florent, 186. — Aub. *Novella*.

Saint-Florentin, 10. — Omn.-tram, 15 c. — Hôt. : *de la Porte-Dilo*; *de l'Est*. — Etabliss. thermo-résineux d'hydrothérapie.

Sainte-Foy, 18.

Sainte-Foy-Tarentaise, 109.

Saint-Galmier, 210. — Etabliss. d'eaux minérales. — Hôt. : *Lassonnery*; *de la Poste*; *du Commerce*.

Saint-Gengoux-le-National, 36.

Saint-Geniès-de-Malgoirès, 201.

Saint-Geniès-des-Mourgues, 227.

Saint-Genix, 85. — Hôt. : *Labully* (pet. déj. 75 c., déj. 3 fr., dîn. 2 fr. 50; ch. à 1 lit 2 fr., à 2 lits 4 fr.; pens. 6 fr.; spécialité de gâteaux); *Vve Drevet* (*Cottarel*); *des Voyageurs*.

Saint-Georges, [Col de], 190.

Saint-Georges-d'Aurac, 198.

Saint-Georges-de-Commiers, 149.

Saint-Georges-de-Reneins, 38.

Saint-Georges-sur-Allier, 197.

Saint-Gérand-le-Puy, 43.

Saint-Germain, 110.

Saint-Germain [Eglise], 97.

Saint-Germain-au-Mont-d'Or, 39.

Saint-Germain-de-Joux, 81.

Saint-Germain-des-Fossés, 43.

Saint-Germain-du-Plain, 73.

Saint-Germain-Laval, 216.

Saint-Germain-Lembron, 198.

Saint-Germain-l'Espinasse. 43.

Saint-Gervais-le-Village, 91.

Saint-Gervais-les-Bains, 91. — Hôt., aux bains : *Grand-Hôtel de la Savoie* *, à l'entrée du parc. Dans le village : *Grand-Hôtel* * (pet. déj. 1 fr. 25, déj. 3 fr. 50, dîn. 4 fr.; ch. à 1 lit 3 fr., à 2 lits 5 fr.; pens. 12 fr.); *du Mont-Blanc* (pet. déj. 1 fr. 25, déj. 3 fr., dîn. 4 fr.; ch. à 1 lit 3 à 5 fr., à 2 lits 5 à 7 fr.; pens. 8 à 10 fr.); *Splendid Hotel et hôtel des Etrangers* (pet. déj. 1 fr. 50, déj. 3 fr., dîn. 4 fr.; ch. à 1 lit 2 fr. 50 à 4 fr., à 2 lits 5 à 8 fr.; pens. 8 à 12 fr.); *du Mont-Joli*; *hôtel-pension des Panoramas*; *de Genève* (pens 5 à 6 fr.). — Poste et télégr. au village et au Fayet. — Etablissement thermal avec hôtel de 1er ordre. — Voit. publ. : pour la gare du *Fayet-Saint-Gervais* (1 fr. 25); passage, l'été, des cars alpins entre *le Fayet-Saint-Gervais*, *Ugines* et *Thônes*.

Saint-Gilles, 127. — Hôt. : *du Midi*; *du Globe*.

Saint-Gingolph, 89. — Hôt. : à Saint-Gingolph (France) : *de France* (pet. déj. 1 fr. 25, déj. ou dîn. 2 fr. 50; ch. à 1 lit 2 fr., à 2 lits 3 fr.; pens.

chambre noire); *de l'Europe*; *des Princes* (11 fr. 50 par j.); *des Voyageurs*. — Voit. publ. pour : *la Grande-Chartreuse* (2 fr.; all. et ret. 3 fr.); *Saint-Pierre-de-Chartreuse*, 1 fr. 50; *Grenoble* par le col de la Placette et Voreppe, en 3 h. 30 env., 3 fr.; *Miribel-les-Échelles*, en 1 h., 75 c.

SAINT-LAURENT-DU-VAR, 174.

SAINT-LAURENT-EN-ROYANS, 114.

SAINT-LAURENT-LES-BAINS, 199. — Hôt. : *Bardin*; *Daverny*. — Etabl. de bains.

SAINT-LÉGER-SOUS-BEUVRAY, 31. — Hôt. *du Morvan*.

SAINT-LÉGER-SUR-DHEUNE, 33.

SAINT-LOTHAIN, 71.

SAINT-LOUIS-DU-RHÔNE, 127. — Hôt. *Saint-Louis*.

SAINT-LOUP [Pic], 226.

SAINT-LOUP-DE-LA-SALLE, 58.

SAINT-LOUP-DE-VARENNES, 36.

SAINTE-LUCIE-DE-PORTO-VECCHIO, 191.

SAINT-LUPICIN, 73.

SAINTE-MAGNANCE, 29.

SAINT-MAIME-DAUPHIN, 165.

SAINT-MAMMÈS, 6.

SAINT-MANDRIER [Hôpital], 169.

SAINT-MARCEL (Bouches-du-Rhône), 166.

SAINT-MARCEL (Saône-et-Loire), 36.

SAINT-MARCEL [Grotte de], 207 et 222.

SAINT-MARCEL-LÈS-ANNONAY, 204.

SAINT-MARCELLIN (Isère), 141. — Hôt. : *du Petit-Paris et des Voyageurs* (pet. déj. 75 c., déj. 2 fr. 50, dîn. 3 fr.; ch. 2 fr.); *de France*. — Voit. publ. du Synd. d'In. pour *Pont-en-Royans*, 1 fr. 50; *les Baraques-Goulets*, 3 fr. 50; *Saint-Julien-en-Vercors*, 4 fr. 50; *le Villard-de-Lans*, 6 fr.; *Lans*, 6 fr. 75; *Engins*, 7 fr. 50, et *Grenoble*, 10 fr. — Voit.-courrier pour : *Saint-Antoine* en 1 h. 30, 75 c.; *Cognin*, en 1 h. 15, 50 c.

SAINT-MARCELLIN (Loire), 216.

SAINTE-MARGUERITE, 173. — Rest. *de la Réserve*. — Bat. à vap. pour *Cannes*, l'hiver, 2 fr. all. et ret.

SAINTE-MARIE [Viaduc de], 91.

SAINTE-MARIE-DES-CHAZES, 198.

SAINTE-MARIE-DES-VOYAGEURS, 106.

SAINT-MART, 196.

SAINTE-MARTHE, 156.

SAINT-MARTIN, 207.

SAINT-MARTIN-D'ARDÈCHE, 222.

SAINT-MARTIN-DE-CRAU, 127.

SAINT-MARTIN-DE-LA-CLUZE, 150.

SAINT-MARTIN-DE-RENACAS, 165.

SAINT-MARTIN-D'ESTRÉAUX, 43.

SAINT-MARTIN-EN-BRESSE, 73.

SAINT-MARTIN-EN-VERCORS, 143. — Hôt. *du Vercors* (ch. 1 fr. 50, repas 3 fr., pens. 6 fr.). — Voit. publ. : pour *les Baraques-en-Vercors* en 30 min., 25 c. (aux Baraques, corresp. pour *la Chapelle-en-Vercors*, 50 c.).

SAINT-MARTIN-SAINT-LAURENT, 25.

SAINT-MARTIN-VÉSUBIE, 181. — Hôt. : *des Alpes* (ouvert toute l'année), *de Londres*, *Anglo-Américain*, *Victoria*, *Regina* (bains), *Grand-Hôtel*, *Vésubie-Hôtel*, tous avec pens. de 6 fr. à 8 fr. 50; *Bellevue* (toute l'année). — Pension *Ayraudi*. — Villas et appartements meublés : s'adresser au Syndicat d'Initiative, à Saint-Martin-Vésubie. — Voit. publ. pour la gare de *la Vésubie* (2 fr. 90) et *Nice* (6 fr.)

SAINT-MAUR, 73.

SAINT-MAURICE, 1.

SAINT-MAURICE-EN-TRIÈVES, 150.

SAINTE-MAXIME, 170. — Hôt. *Grand-Hôtel*.

SAINT-MAXIMIN, 156. — Hôt. : *de France*; *du Var*.

SAINT-MENOUX, 40.

SAINT-MICHEL, 103. — Hôt. : *des Alpes* (pet. déj. 75 c., déj. 2 fr. 50, dîn. 3 fr.; ch. à 1 lit 2 fr. 50, à 2 lits 3 fr. 50; pens. 6 à 7 fr.); *de la Gare* (pet. déj. 75 c.; déj. 2 fr. 75, dîn. 3 fr.; ch. à 1 lit 2 fr., à 2 lits 4 fr.; pens. 7 fr. 50); *Terminus-Hôtel* (pet. déj. 75 c.; déj. 2 fr. 50, dîn. 3 fr.; ch. à 1 lit 2 fr.; à 2 lits 3 fr. 50; pens. dep. 6 fr.). — Voit. du Syndicat d'Initiative en été, par *Valloire* et le *tunnel du Galibier*, pour *le Lautaret* (12 fr.; jusqu'à Valloire 4 fr., de Valloire au Lautaret 8 fr.).

SAINT-MICHEL-LES-PORTES, 150.

SAINT-MONTANT, 206.

SAINT-MORÉ, 28.

SAINT-NAZAIRE, 140.

SAINT-NAZAIRE-EN-ROYANS, 142.

SAINT-NICOLAS-LA-CHAPELLE, 105.

SAINT-NIZIER-D'AZERGUES, 42.

SAINT-PAL-DE-CHALENÇON, 217.

SAINT-PAUL, 89.

SAINT-PAUL-EN-CORNILLON, 220.

T

la *Corse* s'adresser à l'agence la Cie Fraissinet, quai Port-archand.

U

V

CHY, 208.

Hôtels : — *du Parc et Grand-Hôtel Germot, des Ambassadeurs et Continental, des Princes et de la Paix, de Cherbourg, des Thermes*, tous r. du Parc; — *Nouvel-Hôtel* (*Guilermen*), *de l'Amirauté, des Bains*, r. Cunin-Gridaine; — *Britannique, de la Source-Lucas, de l'Intendance, Richelieu*, r. Lucas; — *de la Grande-Grille, du Helder*, r. de l'Etablissement; — *Maussant et de Madrid, de Ballore, du Béarn*, r. de Ballore; — *Molière*, r. du Casino; — *d'Italie, de Rouen et de la Loire, du Bon-Lafontaine, de Milan, de l'Europe, d'Orléans, de Nice*, etc., r. de Nîmes; — *du Louvre et de Reims, de l'Univers, de Rome, de Brest, de la Poste*, etc., r. de Paris; — *de Russie et de Nîmes*, r. du Pont; — et un grand nombre d'autres dans les rues ou places de l'Hôpital, de l'Hôtel-de-Ville, du Pont, de l'Allier, etc. — Le prix d'une journée à l'hôtel varie de 6 à 15 fr. — Appartements meublés (tables d'hôte).

Cafés : — *de la Restauration* (restaurant); — *de l'Eden*; — *de l'Alcazar*; — *de la Perle*; — *de France*; — *Café Riche*; — *de l'Univers*, etc.

Poste et télégraphe : — pl. de l'Hôtel-de-Ville.

Etablissement thermal : — ouvert toute l'année. A leur arrivée, les malades doivent se faire inscrire à l'établissement (bureaux ouverts de 8 h. du mat. à 6 h. du soir).

Etablissement Lardy : — bains et douches; buvette; hydrothérapie.

Etablissement Larbaud : — bains et douches; buvette; hydrothérapie.

Le Hammam (Dr Lefebvre), établissement thermo-médical, r. Burnol.

Etablissements hydrothérapiques : — *du Dr Berthomier*, av. Victoria; *du Dr Lejeune*, r. de l'Etablissement; *du Dr Versepuy*, r. de Ballore prolongée.

Casino : — abonnement pendant l'été, 25 fr., entrée pour un j., 2 fr.

Eden-Théâtre : — prix 2 et 3 fr.

Cercle international : — sur le Parc.

Voitures de place : — *Courses à l'intérieur de la ville*. — 1° *Courses à l'heure*, s'étendant jusqu'aux limites du périmètre de l'octroi : voit. à 1 chev., j., 3 fr., nuit, 4 fr., à 2 chev., j., 4 fr., nuit, 6 fr. — 2° *Courses à la gare*, avec ou sans bagage, aller du chemin de fer dans les hôtels ou réciproquement : voit. à 1 chev., j., 1 fr. 50; nuit, 2 fr. 50, à 2 chev., j., 2 fr. 50, nuit, 3 fr. 50. — 3° Mêmes courses que ci-dessus, aller et retour : voit. à 1 chev., j., 3 fr., nuit, 5 fr., à 2 chev., j., 4 fr., nuit, 6 fr. — 4° *Petites courses en ville* : voit. à 1 chev., j., 1 fr. 50; nuit, 2 fr., à 2 chev., j., 2 fr., nuit, 3 fr. — Il y a un tarif pour les excursions.

Trams : — Tram à air comprimé pour *Cusset*; t. l. quarts d'heure de l'avenue de la Gare, derrière l'église Saint-Louis; 20 c.; 35 c. all. et ret. — Tram plusieurs fois par j., de Vichy aux *Sources du Château-Robert*, à *Saint-Yorre*; 2 fr. aller et ret.

Car-Ripert : — *Vichy-Vesse*, 15 c.

Omnibus et diligence : — *Randan*, dép. t. l. j. à 5 h. s.; café de la Jeune-France, pl. de l'Ancien-Champ-de-Foire (pl. de la République), 2 fr. 50.

Voitures d'excursions : — pour *Busset* et *Randan*, 3 fr. 50; — pour *Billy, Châteldon*, 4 fr. — Les voit.

Y

TABLE MÉTHODIQUE

RÉSEAU PARIS-LYON-MÉDITERRANÉE

Routes.

CARTES ET PLANS

CARTES

PLANS

INTRODUCTION

L'immense région desservie par le Réseau **P.-L.-M.**, le plus aste des réseaux français, comprend la Bourgogne, le Niverais, le Bourbonnais, la Franche-Comté, le Lyonnais, la Savoie, e Dauphiné, la Provence, une partie du Languedoc et de l'Auergne, ainsi que la zone S.-E. des Environs de Paris.

La **Bourgogne** est traversée du N.-E. au S.-O. par une ligne le faîte qui sépare les eaux du bassin de l'Océan à l'O., du bassin de la Méditerranée à l'E. Appelée Côte d'Or dans sa partie centrale, cette dorsale s'étend depuis le Plateau de Langres, flanqué à l'O. par le plateau du Châtillonnais, jusqu'à a dépression de Longpendu, par où passe le canal du Centre.

Sur le versant océanien de cette ligne naissent la Seine et ses grands affluents, l'Aube, l'Armançon, le Serein, le Cousin, affluent par la Cure de l'Yonne. Le versant méditerranéen offre un aspect déjà méridional, et c'est à son exposition que la Côte d'Or, inclinée vers les grandes plaines de la Saône, doit ses vignobles fameux : Chambertin, Clos-Vougeot, Montrachet, Romanée, etc.

Sur l'un et l'autre versant la plupart des vallées sont très pittoresques; les plateaux, surtout vers le N., sont formés de roches perméables, au sein desquelles les eaux disparaissent dans des entonnoirs, pour reparaître plus bas en magnifiques sources ou « douix ». Les roches ruiniformes, les hémicycles de rochers, les combes verdoyantes, souvent sans eau, les hêtraies sillonnées d'étroites vallées, les grottes, les montagnes sauvages souvent terminées par une plate-forme comme le *Mont-Afrique*, le *mont Auxois*, le mont de Rême ou Rome-Château, diversifient sans cesse les paysages.

En dehors des beautés naturelles de la Bourgogne, le touriste est appelé dans ce pays par les magnifiques églises de *Sens*, de *Vézelay*, par le merveilleux hôpital de *Beaune*, par les monuments romains d'*Autun*, les restes de l'abbaye de *Cluny*, par les châteaux de *Chastellux*, d'*Ancy-le-Franc*, de *Tanlay*, de *Bussy-Rabutin*, etc. Dans toute la région, les églises des villages *Saint-Père-sous-Vézelay*, *Montréal*, *Pontaubert*, par exemple, sont souvent remarquables, grâce à l'influence des grandes abbayes de Vézelay, Pontigny, Cluny. A *Avallon* et à *Semur-en-Auxois* les restes de constructions féodales s'harmonisent avec les sites de la façon la plus heureuse. A *Dijon*, deux curiosités exceptionnelles, le Puits de Moïse et les tombeaux des ducs de Bourgogne suffiraient comme attractions dans une cité même moins agréable que cette ancienne capitale.

Entre la Bourgogne et le Nivernais, ou plutôt commun au deux pays, entre le bassin de la Seine et celui de la Loire, s dresse, à 900 m. env. d'altit., un massif montagneux, le MORVAN ensemble de roches granitiques et porphyriques, formant l'un des contrées de la France les plus intéressantes à visiter. L nature, en effet, semble s'être complu à y réunir la plupart de se beautés : forêts immenses de chênes et de hêtres, fraîches prai ries, petits lacs, eaux abondantes et cristallines, cascades, site heurtés, population archaïque ayant gardé une originale indi vidualité. Les plus belles parties du Morvan sont : les *vallées d la Cure*, *de l'Yonne supérieure*, *du Cousin* près d'Avallon, *de l Canche*; la *montagne de Château-Chinon* et *le Beuvray*; le gran *réservoir des Settons*; les immenses hêtraies sillonnées par le profonds *vallons d'Houssière*, *de la Montagne*, etc. *Avallon Lormes*, *Montsauche*, *Saint-Honoré-les-Bains*, *Château-Chinon Quarré-les-Tombes*, *Saulieu*, sont d'excellents centres d'excursions.

Le Morvan forme la partie E. du **Nivernais**, dont le N. et centre sont les *plateaux Nivernais*, tandis que, au S. et à l'O s'étendent les plaines du *Val de Loire*, où l'on visite l'ancienn église abbatiale de *la Charité*, la cathédrale et le château de ducs de *Nevers*, la station thermale de *Pougues*.

Le **Bourbonnais** est un pays sans caractère propre, forma transition entre le Berri et l'Auvergne, avec le Cher et l'Alli pour principales rivières. Entre l'Allier et la Loire s'étend un plaine basse d'étangs et de terres infertiles nommée la *Sologn bourbonnaise*, qui se rattache au S. à la Limagne d'Auvergn par la *Limagne bourbonnaise*, pays de forêts entre l'Allier et Sioule. En Bourbonnais sont situées la ville de *Moulins*, la statio balnéaire de *Bourbon-l'Archambault* célèbre par ses eaux the males, l'ancienne église abbatiale de *Souvigny* et *Vichy*, un des villes de bains les plus réputées de l'Europe.

La **Franche-Comté** est traversée du N.-E. au S.-O. par la chaîne du JURA, montagne-plateau, large de 35 à 86 k., qui s'étend en arc de cercle des Vosges et de la Forêt-Noire jusqu'aux Alpes de Savoie, entre la plaine de la Saône à l'O. et la plaine suisse à l'E. Descendant vers la France par une série de plateaux étagés, le Jura s'abaisse au contraire brusquement sur la Suisse. Ce qui le caractérise c'est le puissant *plissement* longitudinal qui l'a ridé en une infinité de chaînons parallèles. Entre ces chaînons s'étendent des plateaux ou des « vals » profondément striés et également parallèles. La *Loue*, depuis sa *source* fameuse jusqu'au delà d'Ornans, est peut-être le seul exemple d'un cours d'eau se dirigeant dans un sens transversal par rapport à la direction générale du Jura.

En raison de la structure caverneuse du terrain jurassique et de la nature poreuse de ses roches, la surface du Jura est comparable à un crible, et sa masse intérieure à une éponge. Les rivières, à part celles qui coulent dans les vallées profondes ou dans les parties basses du Jura, n'ont qu'un parcours très restreint. Elles disparaissent rapidement dans des cavités : de là les vallées fermées, si fréquentes dans cette région. Quant aux sources, elles sont peu nombreuses, mais elles possèdent un débit considérable, et elles doivent être considérées comme le point où une véritable rivière souterraine coule tout à coup à ciel ouvert. Ces *sources*, celles *du Dessoubre, de la Loue, du Lison, du Pontet, de l'Orbe*, etc., attirent toujours l'attention du touriste, dont elles font la surprise et l'admiration.

Les pentes du Jura, couronnées souvent par de grands entablements rectilignes, sont revêtues de vastes forêts; d'immenses pâturages tapissent ses grands plateaux sillonnés de ruisseaux qui parfois se répandent en marécages et en tourbières, mais, souvent aussi, en jolis torrents dont les eaux vont tomber de cascade en cascade. Quelques-unes de ces vallées, creusées en berceau, entourées de montagnes et, parfois, contenant des lacs, sont complètement fermées. Le trop-plein de leurs eaux s'écoule pourtant, mais par des entonnoirs et des galeries souterraines ou « emposieux ».

D'autres vallées, ou plutôt des vallonnements sans eau, forment de jolies combes de prairies et ne donnent naissance que beaucoup plus bas à un ruisseau ou à une fontaine. Parfois aussi, après avoir cheminé longtemps sur un plateau, après avoir parcouru des bois, des pâturages ou des landes rocheuses, on arrive subitement sur la lèvre d'un précipice, courbé en hémicycle et à parois verticales, au fond duquel, à 100, 200,

300 m. de profondeur, on voit s'ouvrir une vallée plus ou moins large, profondément encaissée à son origine, et au fond de laquelle court une rivière cristalline. C'est un de ces « creux » si fréquents dans le Jura. L'un des plus beaux de ces accidents grandioses est le *Creux de la Cuisance*, près d'Arbois, moins beau cependant que le *Creux de Thiou* ou *de l'Albarine*, du haut duquel, lors des grandes eaux, la rivière se précipite en cascade. Si les *Creux de la Loue, du Lison*, *de Baume*, etc., ont une grande réputation, d'autres, tout aussi pittoresques, sont peut-être moins connus, tels que ceux *de Notre-Dame de Consolation* (source du Dessoubre), de la *Culée de Vaux* (source de la Glantine), *de Revigny*, etc.

Au S., deux grandes cluses coupent les chaînons du Jura : la *cluse des Hôpitaux et de l'Albarine*, passage du ch. de fer de Paris à Genève, et la *cluse de Nantua*, plus grandiose, plus pittoresque, plus variée; magnifique avec les grandes parois du Mont de Neyrolles et des Monts-d'Ain; charmante avec les belles nappes d'eau des *lacs de Nantua* et *de Silan*.

Si les cluses et les Creux du Jura sont grandioses, ses grandes vallées, notamment celles du Doubs et de l'Ain, sont de toute beauté.

Le *Doubs*, dont la vallée est une des plus belles de la France, n'est d'abord qu'un ruisseau paisible. Grossi bientôt par les eaux du *lac de Remoray*, il est petite rivière lorsqu'il entre dans le *lac de Saint-Point*, et, à sa sortie du lac, belle rivière d'une limpidité merveilleuse. Au delà du bassin de Pontarlier, le Doubs traverse les *cluses d'Entreroches*, puis de beaux défilés couronnés de sapinières, et, au delà du bassin de Morteau, forme les *lacs de Chaillexon* ou *des Brenets*, suite de bassins entourés de roches magnifiques, une des plus belles solitudes qui existe. Au sortir de cette coupe de rocs, il tombe en un seul bond de 27 m. appelé *Saut du Doubs*; puis la rivière reprend son allure paisible, et les « plaines d'eau » alternent avec les « étroits » dans de magnifiques cluses désertes.

L'*Ain* a une tout autre allure : né d'une font magnifique, à 12 k. à vol d'oiseau de la source du Doubs, et grossi dès son origine par la Serpentine qui vient d'arroser les belles prairies du Val de Mièges, il prend aussitôt les allures d'un large torrent. Grossi de la fontaine de Conte, il traverse une partie du Val de Sirod et, s'engageant dans une fissure de la montagne, se précipite de cascade en cascade, disparaît sous des blocs de rochers, puis reparaît par un seul bond de 17 m., sort de la fissure pour faire marcher les forges de Bourg-de-Sirod. En aval

.e la *Perte de l'Ain*, la rivière, plus calme, reçoit la Laime, pour arcourir beaucoup plus loin, près du déversoir du *lac de Châlin*, a *grande Combe d'Ain* ou *de l'Ain*, magnifique gorge à l'aspect néridional, aux grandes roches nues et brillantées par le soleil, .ux talus souvent rougeâtres, séparée du plateau de l'Heute par n bourrelet de roches à pic, souvent couronnées par des uines féodales. Au confluent du Drouvenant, à Pont-de-Poitte, 'Ain roule ses eaux sur un plan de roches incliné, arrive avec ureur au Port de la Saisse et, se brisant en cent cascades, ombe d'une hauteur totale d'env. 18 m. : c'est le *Saut de a Saisse*.

Plus en aval sont les *gorges* solitaires *du pont de la Pyle*, les gorges de la *Chartreuse de Vaucluse*; plus loin encore, au delà lu *Saut du Mortier*, rapide haut de 5 m., se trouve le confluent le *la Bienne*, l'une des plus belles rivières secondaires du ura; puis, en aval, la rivière reçoit l'Oignin, qui vient de former es cascades des *Sauts de Charmine*.

Aux grandes attractions du Jura s'ajoute la vue des Alpes, que l'on peut contempler notamment des *cols de la Faucille* et *le Saint-Cergues*, du haut de la Dôle, du Crêt de la Neige et lu Reculet.

Parmi les stations thermales du Jura, *Salins* et *Divonne* sont réputées.

Entre le Jura, l'Ain, le Rhône et la Saône s'étendent deux vastes plaines, tout à fait dissemblables : la Dombes et la Bresse. La Dombes est un pays âpre dont le sol imperméable est peu propice à l'agriculture. Si on le traverse de Bourg à Lyon en ch. de fer, le pays semble d'une monotonie morne; si, au contraire, pendant plusieurs jours on le parcourt à pied et surtout en voiture, ses nombreux étangs, souvent entourés de chênes et de bouleaux, ses grands espaces presque déserts où çà et là se montre une maison à grand toit blottie près de quelques grands arbres, causent peu à peu une impression très étrange.

Toute autre est la Bresse. Moins élevée, très mouvementée, striée par les nombreux affluents de la Veyle, de la Reyssouze, de la Seille et de la rive dr. du Doubs, qui ont recouvert le sous-sol imperméable de leurs alluvions, la Bresse, avec ses fermes qui se livrent à l'élève des célèbres volailles de Bresse, ses prairies, ses bois, ses champs de maïs entourés de grandes haies, ses étangs, a des recoins charmants, de jolis sites. Quant au costume des femmes, à ce charmant chapeau bressan, orné de dentelles, qui les faisait paraître si jolies, il tend de plus en plus à disparaître. La vraie merveille de la Bresse est l'*église de Brou.*

Dombes et Bresse font face à la longue chaîne de petits monts qui, sur la rive dr. de la Saône et du Rhône, se développent depuis la dépression de Longpendu jusqu'au col de Terre-Noire ou de Gier sous les noms de *monts du Charollais, du Mâconnais du Beaujolais* et *du* **Lyonnais**. Les vallées de toutes ces montagnes sont la plupart très pittoresques; parmi les plus belles nous citerons : sur le versant O., les *vallées de la Coise, du Rheins* et de son affluent la Trambouze, du Sornin ou plutôt les vallées du Sornin; sur le versant E., l'*Azergues*; le Soanan la *Brévenne*, puis l'*Yzeron*, grossi du ruisseau de *Charbonnières* la vallée supérieure du Garon et, plus au N., les vallées supérieures des *Grosnes.*

La **Savoie** est un des pays les plus montagneux de la France et de l'Europe, dont elle possède le point culminant, le *Mont Blanc.* Cette montagne est à 4,810 m. d'alt., tandis que le lieu le plus bas, le confluent du Rhône et du Guiers, n'est qu'à 212 m. Cette inclinaison graduelle des Alpes savoisiennes à l'E. et à l'O. permet de diviser topographiquement le pays en trois régions. La première, dominée par le Mont-Blanc et les sommités avoisinant le col du Mont-Iseran, comprend toute la partie orientale ou plus du tiers de la Savoie et se recourbe au S. en un demi-cercle pour former les chaînes de la Tarentaise et de la Maurienne. Dans ce massif de montagnes de 1,500 à 3,000 m les villages sont dissimulés dans le fond des gorges, au-dessous des pâturages parsemés de chalets qui sont occupés seulement pendant la saison estivale. La seconde région (500 à 1,500 m d'alt.) constitue une sorte de rectangle allongé s'étendant du plateau des Bauges au lac Léman et séparé de la région supérieure par une ligne presque droite tracée par les vallées de l'Isère et de l'Arly, de Montmélian à Mégève. Ici des pâturages tachetés de quelques forêts suppléent à la rareté des vergers et des cultures; les villages sont rares et modestes, mais les vallées sont profondes : Albertville, Moûtiers, Ugines, Faverges, Annecy, Bonneville y réunissent les principaux groupes de populations. Le pays bas ou troisième région, qui va des Echelles à Thonon par Chambéry, Aix-les-Bains et la vallée du Rhône, se compose des plaines, de vallons et de collines hautes d'env. 500 m., d'étroites chaînes de montagnes éparses en forme d'îlots sporadiques. C'est là que se trouvent les cit-

prospères, les stations balnéaires fréquentées, les campagnes fertiles, ensoleillées et captivantes du Chablais et des rives du Léman, là que se cultivent le blé, la vigne, les arbres fruitiers, parmi lesquels se distingue le châtaignier, là que le commerce est le plus actif.

La Savoie est remarquable par la hauteur de sa zone de végétation. L'étendue des bois est peu considérable; plusieurs vallées, celle de la Maurienne entre autres, n'offrent que des escarpements arides et désolés. A cette dénudation des pentes combinée avec l'immensité des glaciers sont dues la fougue et l'abondance perpétuelle des torrents savoisiens, l'Arve, l'Arc, l'Isère, la Dranse, les Nants, les Dorons, tous tributaires directs ou indirects du Rhône, et dont les eaux bondissantes minent et dissolvent les rochers, déblaient des moraines, réduisent en sable le roc vif de leurs rivages, entraînent dans leurs cascades les blocs apportés par les avalanches de pierres et les entassent en plages énormes tout le long de leur cours. Par l'ampleur terrible du débit, la grandeur imposante des vallées, ces torrents sont dignes de la majesté des Alpes, comme les lacs Léman, du Bourget et d'Annecy, beaux surtout de l'originalité des sites, de la variété gracieuse des paysages, de la bénignité du climat de leurs rives fortunées, si différente du régime polaire des hautes régions qui les avoisinent.

La Savoie n'a qu'une ville importante, *Chambéry*, jadis capitale d'un duché, où l'on s'arrête pour visiter les beaux sites des montagnes environnantes et la campagne des Charmettes. Dans les environs jaillit l'eau minérale de *Challes*, tandis que des sources thermales, bien autrement célèbres, celles d'*Aix-les-Bains*, l'une des stations balnéaires les plus réputées de l'Europe, coulent dans une vallée à l'E. du *lac du Bourget*, sillonné par les bateaux portant les promeneurs à l'abbaye de *Hautecombe*, où se trouvent les mausolées des princes de Savoie.

Chambéry est sur la ligne internationale de Paris à Turin, qui, au S.-E. de la ville, pénètre dans la vallée de l'Isère près de l'ancienne forteresse de *Montmélian*, puis dans celle de l'Arc, appelée la MAURIENNE, région physique et administrative qui avait pour capitale *Saint-Jean-de-Maurienne* et dont les bourgs ou villages se succèdent à l'O. jusqu'à Bonneval, au pied du col du *Mont-Iseran*, s'ouvrant au N. du côté du beau *Val de Tignes*, d'où l'on peut monter au *Mont-Pourri*. Les deux localités les plus connues de la Maurienne sont *Modane*, à l'entrée du grand tunnel des Alpes, et *Lanslebourg*, à l'origine des grands lacets d'ascension de la route du *Mont-Cenis*.

La haute vallée de l'Isère, appelée TARENTAISE, est plus riche que la Maurienne et plus populeuse. C'est dans cette vallée ou dans le bassin de l'Isère que se trouvent *Albertville*, située sur l'Arly, dont la vallée offre le chemin le plus facile vers Sallanches et tout le Faucigny, et *Moûtiers*, connu par ses sources salines, comme un village voisin, *Salins*, qui possède un établissement thermal. Plus avant, dans le vallon du Doron, jaillissent les eaux sulfureuses de *Brides*, d'autant plus fréquentées que le pays environnant offre des sites de toute beauté, plus grandioses encore dans la région de *Pralognan*. La route qui remonte la Tarentaise se prolonge jusqu'à *Bourg-Saint-Maurice*, près duquel commencent les longues sinuosités montant à l'hospice et au col international du *Petit Saint-Bernard*.

Après Chambéry la ville la plus peuplée de la Savoie est *Annecy*, située sur les Thioux, principal affluent du *Fier*, torrent célèbre par son *Val* et ses *gorges*, commodément accessibles aux visiteurs par une galerie ingénieuse. Les Thioux sont le déversoir du charmant *lac d'Annecy*.

Si la grande vallée de l'Arve n'a point de cité aussi importante qu'Annecy, elle possède une des grandes métropoles du tourisme et de l'alpinisme, *Chamonix*, que des masses montagneuses considérables séparent de la grandiose *vallée de Sixt*. C'est aussi dans cette vallée ou dans son voisinage que se trouvent la station thermale de *Saint-Gervais* et le bourg de *Sallanches*, dont la célébrité est due à l'incomparable spectacle qu'y présente le massif du Mont-Blanc, quand ses neiges s'embrasent aux rayons du soleil couchant. *Cluses* s'occupe d'horlogerie; *Bonneville*, au pied du Môle, est le ch.-l. d'un arrondissement, comme la petite ville de *Saint-Julien-en-Genevois*, bâtie au pied du mont *Salève*, tout près de la belle cité helvétique de *Genève*, dont la prospérité rejaillit sur elle.

Tout au N. de la Savoie, le ch.-l. du CHABLAIS, *Thonon*, commande, du haut de sa terrasse verdoyante, un horizon des plus vastes sur le Jura, les montagnes de la Suisse et sur le *lac Léman*, que dominent aussi le fameux château de *Ripaille*, *Amphion*, aux eaux ferrugineuses, la ville d'*Evian*, à la fois cité balnéaire et villégiature.

Le **Dauphiné** offre un aspect extrêmement varié. Le massif de *la Grande-Chartreuse*, avec ses falaises abruptes au-dessus de la charmante plaine du Grésivaudan, ses agrestes vallons, ses belles forêts, est l'une des principales beautés des Alpes Françaises. Les calcaires colorés du VERCORS, « les Dolomites Franaises », dissimulent dans leurs flancs des *alpages* comme ceux 'Autrans, des *gorges* comme celles *de la Bourne*, des forêts omme la *forêt de Lente*, sillonnées de routes merveilleuses orées en plein roc, avec des horizons lumineux sur les lointains le la plaine du Rhône. Les calcaires dénudés du DÉVOLUY, d'une sauvagerie grandiose, brillent au soleil du crépuscule de 'intensité de tons des paysages méridionaux. La petite plaine le l'*Oisans* a pour apanage de nombreuses cascades et ses pics neigeux. Si la Grande-Chartreuse offre des paysages d'une poésie charmante, d'un pittoresque en quelque sorte « classique », le massif des *Ecrins* et du *Pelvoux* a la grandeur écrasante des plus hautes sommités, avec ses formidables « horreurs » : chaos de rochers du *Clapier de Saint-Christophe*; cirque le *la Bérarde* perdu au fond d'un vallon entouré de pics de 4,000 m. d'altit.; sommets longtemps réputés inaccessibles devenus des « arènes » de grimpeurs, la terrible *Meije, les Ecrins*; glaces éternelles et chaudes roches de protogine baignées dans l'air limpide et dans la lumière puissante d'un ciel déjà provençal. Le BRIANÇONNAIS, le Queyras et l'Ubaye, si intéressants par leurs institutions sociales, ont aussi leurs sites curieux et pittoresques : au pied du Pelvoux, la *Vallouise* aux eaux écumantes, aux verdures variées allant des chênes aux mélèzes; la route du col d'Izoard dans ses gypses étranges; le QUEYRAS avec la vue inoubliable du majestueux *Viso*; l'UBAYE, triste d'abord par la désolation de ses terres noires en complet délitement, mais qui réserve d'agréables surprises à celui qui en sait trouver le charme. Il ne faut pas oublier Gap avec la verdure de *Charance*, les évocations du vieux château de *Tallard* et l'ascension de *Céüze*, terrasse lumineuse dominant les lointains de la Provence. Le VALENTINOIS, par la douceur de ses horizons, le DIOIS aussi méritent d'être traversés : du premier on ira à la belle forêt de Lente, aux Goulets, aux gorges de la Bourne; du second, à la solitaire *forêt de Saou*, aux falaises étonnantes de *Rochecourbe*.

La région qui formait jadis la **Provence** offre les beautés les plus grandioses, les plus attractives, les plus différentes, les plus variées de la nature : les montagnes et la mer. Des crêtes culminantes des Alpes Maritimes, hautes de 3,000 m., on peut descendre en quelques heures, par une succession de plateaux et de vallées, aux bords enchantés de la Méditerranée, qui nulle part ailleurs ne se montre plus belle, plus bleue, plus pittoresque, que de Toulon à Menton, et qu'ombragent des forêts parfumées d'oliviers, d'orangers, de grenadiers, de citronniers. Que de souvenirs historiques la mémoire ne peut-elle pas invoquer en outre sur cette vaste contrée où la légende fait mourir sainte Marie-Madeleine, où Marius défit les Cimbres, où la papauté vécut presque un siècle, où Charles-Quint, l'adversaire heureux de François Ier, se fit sacrer roi d'Arles, où les passions religieuses et politiques commirent pendant tant d'années de si sanglants et de si déplorables excès? Quel musée plus complet peut-on visiter, en d'autres pays, de monuments de tous les âges et de tous les styles, arènes, théâtres, temples, tombeaux, arcs de triomphe, aqueducs, mausolées de l'antiquité romaine, églises des temps primitifs, du moyen âge ou des temps modernes, châteaux de la féodalité ou du XIXe s., usines, manufactures, arsenaux, ports, docks, casinos, villas princières, *Arles*, *Avignon*, *Saint-Remy*, *les Baux*, *Grignan*, *Toulon*, *Marseille*, *Saint-Maximin*, *Cannes*, les *îles de Lérins*, *Nice*, *Menton*, etc.? Le géologue n'a-t-il pas enfin autant de découvertes à faire que le minéralogiste, le naturaliste, l'herboriseur dans les belles plaines du Rhône et de la Durance, aussi bien que sur les versants sauvages du Ventoux et des Alpes, ou sur les rives riantes de la Méditerranée!

De Lyon à Arles, le chemin de fer suit la belle vallée du Rhône, qui offre une succession de paysages toujours variés. Aussi rectiligne que peut l'être un fleuve, le Rhône s'élance du N. au S. en décrivant tantôt à dr., tantôt à g., des courbes allongées. Les noirs écueils, les îles couvertes de saules, les bouches des rivières où le flot brille sous les rameaux croisés, les berges ombragées de grands arbres, les promontoires rayés de sentiers en lacets, les ruines croulantes de châteaux perchés sur les rocs, les villes assises entre deux collines et prolongeant leurs faubourgs sur le rivage, tout s'enfuit des deux côtés du fleuve en un tableau mobile. Par l'issue des vallées latérales on aperçoit un instant les grandes montagnes : à l'O., les anciens volcans encore rouges de leur revêtement de pierres brûlées; à l'E., les Alpes aux sommets blanchis; en face, le Ventoux. Puis voici que le vrai Midi s'annonce; on approche des plages de la Méditerranée; les oliviers se multiplient, les roches prennent cet aspect calciné qu'elles ont en Sicile et en Grèce, et l'on voit enfin s'ouvrir au S., près de Donzère, la vaste plaine qui fut jadis un golfe entre les Cévennes et les avant-monts des Alpes. Au dessous d'Arles, les deux bras principaux du Rhône enserrent l'île de la CAMARGUE, pays d'une originalité saisissante, à laquelle de vastes plantations de vignobles promettent un brillan avenir. En aval d'Avignon, le Rhône reçoit la *Durance*, dont la large vallée décrit un immense arc de cercle, de l'O. au N.-E., jusqu'à Sisteron.

Entre la vallée du Rhône et celle de la Durance s'étendent les montagnes de la Drôme et de Vaucluse, généralement pelées, monotones, mais dont la teinte grisâtre forme souvent des combinaisons harmonieuses avec les lueurs de l'aurore et du crépuscule. Les vallées qu'elles séparent laissent place à d'immenses traînées de cailloux, lits de torrents modestes en été, mais fougueux après les pluies d'orages qui entraînent les terres des plateaux et des versants dépourvus de bois. Sur ces pentes, sur des terrasses, dans les épanouissements des gorges en petits bassins, s'étagent des oliviers au feuillage pâle, tandis qu'au fond des vallées la verdure foncée et luxuriante des mûriers tranche sur les prairies naturelles ou artificielles, les champs de maïs, de pommes de terre, de betteraves et les vignes. Les principales rivières sont la Drôme, le Roubion, le Lez, l'*Eygues*, défilé sauvage en amont de Nyons, en aval plaine fertile au caractère provençal, où l'on parvient d'un côté par l'admirable *gorge de Trente-Pas*. Au S. de l'Ouvèze, la masse importante du *mont Ventoux* est d'une apparence à peine moins grandiose que le Canigou et l'Etna. A l'E. de Vaucluse et de la vallée de la Durance émerge la contrée montagneuse des Basses-Alpes, la moins peuplée de la France, où des torrents fantasques errent dans des cadres grandioses, quelquefois dans des *gorges*, comme celles *du Verdon*, sublimes de désolation.

Des plaines du Rhône et de la Durance aux massifs des Maures et de l'Esterel émergent des montagnes ayant en quelque sorte une individualité : les *Alpilles* ou Alpines, dominant d'un côté les plaines fécondes de Saint-Remy et de Cavaillon, de l'autre le désert caillouteux de la CRAU; la chaîne de l'Estaque, ensemble de roches blanches aux fissures peuplées de pins rabougris, limitant au S. l'*étang de Berre*; la chaîne de l'Etoile, la *Sainte-Victoire*, la *Sainte-Baume*, s'appuyant au S. à des massifs qui se terminent sur la mer entre Marseille et Toulon par les superbes escarpements du Bec de l'Aigle, des caps Canaille et Tiboulen, aux gracieuses calanques.

Au S., les MAURES, dominant l'incomparable grève de *Cavalaire*, et l'ESTEREL forment les massifs montagneux les plus avancés du littoral français entre le golfe du Lion et celui de Gênes. Ils contribuent à donner au littoral du S.-E. de la Provence son admirable beauté et le climat qui le distingue. En effet, les côtes de la Provence et de la Ligurie rappellent le littoral de Tunis et d'Alger par la hardiesse de leurs promontoires de calcaire, de porphyre ou de granit, la forme régulière de leurs calanques, leur végétation semi-tropicale, la splendeur du ciel rayonnant qui les éclaire, la blancheur de leurs bastides éparses entre les rochers au milieu des oliviers. L'une des plus belles et la plus célèbre des contrées qui forment cette grande région du littoral méditerranéen s'étend au S. des Alpes, des plages d'Hyères à la concavité du golfe de Gênes. Là, l'épanouissement de la grande chaîne de montagnes des Alpes Maritimes en plusieurs chaînons distincts, la proximité des cimes atteignant une élévation de 2,500 à 3,000 m., enfin la diversité des formations géologiques donnent aux rivages la plus grande variété de couleurs et d'aspects. A cet élément de beauté s'ajoute le contraste offert par les plantes diverses qui s'étagent sur les flancs des monts, du bord de la mer aux sommets neigeux, et qui reproduisent en miniature toutes les zones européennes de végétation. Les climats sont superposés comme les cultures, sur le versant de la chaîne. La grande crête est blanche de neige pendant des mois entiers, de petits glaciers couronnent ses plus hautes cimes, tandis qu'au bord de la mer, dans les vallons abrités des vents froids par l'immense rempart des Alpes ou par ses contreforts, l'hiver dure à peine quelques jours chaque année ou même oublie complètement de faire son apparition. Dans ce charmant pays, la température moyenne est plus élevée qu'elle ne l'est bien plus au S. dans toute l'Italie centrale; mais le grand avantage climatérique de cette région privilégiée, c'est que les écarts de la température y sont moins considérables que dans toutes les autres contrées de l'Europe. La brise y modère les chaleurs de l'été; le soleil, presque toujours brillan en hiver, y réchauffe les courants d'air froid qui descenden des montagnes en s'engouffrant dans les vallons ou qui souf flent parallèlement au rivage. Aussi les stations hivernale jouissent d'une prospérité prodigieuse. Chaque année, vers l mois de novembre, un nombre considérable de Français e d'étrangers émigrent, les uns pour chercher la santé, les autre pour fuir la mauvaise saison, vers toutes ces villes ensoleillée qui ont nom *Hyères*, *Saint-Raphaël* et *Valescure*, *Cannes*, *Grasse* *Antibes*, *Nice*, *Beaulieu*, *Monaco*, *Menton*.

Pendant les grandes chaleurs, nombre de touristes se réfugien dans les vallées supérieures des Alpes Maritimes, celles de l Roya, du Var, de la Tinée, de la Vésubie, à 50 ou 60 k. au N de Nice, à *Saint-Martin-Vésubie*, surnommé un peu préten tieusement le « Nice d'été », à *Berthemont*, à *la Bollène*, *elvédère*, à *Saint-Dalmas-de-Tende*, à *Briga*, etc. Montagnes ıperbes, eaux vives, prairies verdoyantes, bouquets de châigniers, air pur et vivifiant, excursions et ascensions variées, out y captive les admirateurs de la nature.

A l'O. de la Provence et du Rhône, le **Languedoc** comprend otamment le VIVARAIS avec ses volcans éteints, ses colonnades e basalte, ses chaussées de géants : c'est là que coule l'Ardèche ux eaux vertes, aux crues terribles, avec son *Pont-d'Arc* et ses dmirables *défilés de Ruoms* et de Vallon à Saint-Martin-d'Arèche; c'est là que se précipitent les clairs torrents de Fonollière, de Burzet, de la Volane qui traverse *Vals-les-Bains*. Plus u S. sont la vallée de la Souche, la belle vallée de la Baume, ui reçoit les eaux du Tanargue, la vallée brûlée de la Borne u Sud, les vallées déchirées, rocheuses, qui descendent au hassezac; puis le Chassezac aux crues subites aussi terribles que celles de l'Ardèche et qui traverse l'étrange *Bois de Païolive*.

Au S. de l'Ardèche s'étendent des plateaux calcaires d'où émergent çà et là des chaînons secondaires, peu élevés, mais souvent réellement beaux, grâce peut-être à la belle lumière lu Midi : tel est le *Serre du Bouquet* (631 m.). Au delà des léfilés de la Cèze sont de grands plateaux de landes pierreuses, où végètent des taillis de chênes verts; plus au S., les gorges sauvages du Gardon et le merveilleux paysage ensoleillé qui entoure le *Pont du Gard*.

Au S. de l'Aigoual et du charmant bassin du Vigan s'étend le bas Languedoc avec ses antiques abbayes, ses villages à l'aspect féodal, perchés sur des mamelons et dominés par les hautes tours des châteaux ruinés, avec ses vallées encombrées de châtaigneraies, d'olivaies, de vignes et bordées de bouquets de chênes verts. Là sont les célèbres *gorges de l'Hérault*, les belles vallées de la Lergue, de la Vis, de la Buèges, etc. Entre l'Hérault et le Lez se dresse un dernier ressaut des Cévennes, le *Pic de Saint-Loup*, grand d'aspect malgré sa faible altitude (633 m.). Au delà sont des garrigues mamelonnées, maigres pâturages d'automne et d'hiver; plus bas s'étendent la plaine d'alluvions du littoral, les étangs marins et la mer. Là sont les villes, *Montpellier* la Savante, *Nimes* la Romaine, *Aigues-Mortes*, la ville de St Louis, aux murailles dorées par le soleil.

Le Vivarais est séparé par le massif du *Mézenc*, qu'avoisine au pied du *Gerbier de Jonc* la *source de la Loire*, de la région du VELAY, ensemble de plateaux d'une élévation de 900 à 1,100 m., servant de piédestal à des montagnes qui les dominent de

100 à 500 m. et qui sont pour la plupart d'anciens volcans. Si ce pays est l'un des plus froids de France et son sol dur aux habitants, les savants et les touristes peuvent procurer de larges satisfactions à leurs études archéologiques ou géologiques, à leur goût pour les sites pittoresques; de ces sites il en est un justement célèbre : celui de la ville du *Puy*.

L'**Auvergne** est traversée par l'Allier, dont la vallée forme la plaine féconde de la Limagne. A l'E. de l'Allier coule un de ses principaux tributaires, la Dore, qu'avoisine la ville de *Thiers*, l'une des plus étranges de la France, et que remonte la voie ferrée qui dessert *Ambert* et le bourg de *la Chaise-Dieu*, à l'abbaye fameuse. A l'O. de l'Allier, la belle cité de *Clermont-Ferrand* et *Royat*, sa gracieuse satellite, aux eaux minérales renommées, s'encadrent de l'infinité de cônes volcaniques où règne le *Puy de Dôme*. Au S. de Clermont, *Issoire*, à la curieuse église romane, est le point de départ d'une des routes d'accès vers les monts Dore (décrits dans le Réseau *Orléans*, *Midi*, *Etat*), tandis qu'au N., le bain de *Châtelguyon* est relié à l'intéressante petite cité de *Riom*.

La partie principale des Environs de Paris décrite dans le Réseau P.-L.-M. comprend *Fontainebleau*, son château, les sites heurtés et célèbres, les futaies vénérables et historiques de sa forêt, que l'on visite, du reste, généralement dans les mêmes conditions que les sites et localités de toute la zone parisienne.

RENSEIGNEMENTS GÉNÉRAUX

La Cie des ch. de fer P.-L.-M. organise, en hiver, de nombreux trains, soit de luxe, soit rapides, soit express, dans lesquels on trouve des voit. de luxe et qui donnent aux voyageurs les plus grandes facilités pour se rendre de Paris dans le midi de la France. La Cie délivre des billets d'aller et retour de 1re cl. valables 20 j. à l'époque des courses, du carnaval et des régates de Nice (182 fr. 60 aller et ret.); la validité de ces billets peut être prolongée deux fois de 10 j. moyennant le payement d'un supplément de 10 0/0 pour chaque prolongation. Elle organise également des trains de plaisir (2e et 3e cl.).

Gares : — à Paris, boulevard Diderot; à Lyon, place Perrache et faubourg de Vaise; à Marseille, à l'extrémité du boulevard du Nord.

Bagages. — Les voyageurs se rendant à une destination quelconque sur le réseau P.-L.-M. peuvent faire enlever, chez eux, leurs bagages. Il leur suffit d'adresser leur demande, 24 h. à l'avance, au bureau de l'agence française des *Voyages-Duchemin*, 20, rue de Grammont, ou à la gare de Paris-Lyon, 20, boulevard Diderot. Lorsque l'enlèvement des bagages a lieu dans la matinée, les voyageurs peuvent prendre tous les trains de l'après-midi, à partir de 2 h. Si les bagages sont enlevés dans l'après-midi, les voyageurs peuvent prendre les trains du soir à partir de 7 h. ou les trains du lendemain matin. — Sur la présentation du reçu qui leur aura été remis à leur domicile, les voyageurs recevront leur billet de place et leur bulletin de bagages, à l'un des guichets de délivrance des billets, contre le paiement de leur montant et du prix de l'enlèvement des bagages compté à raison de 30 c. par fraction indivisible de 10 kilog. avec minimum de 2 fr. 50. La Cie des ch. de fer P.-L.-M. recommande aux voyageurs de coller sur les bagages l'adresse de leur destination. Des carnets de fiches gommées sont, à cet effet, mis en vente dans la plupart des bibliothèques des gares. Des *porte-fiches* sont délivrés gratuitement dans les grandes gares du réseau.

Sous-facteurs. — Dans les gares les plus importantes, des employés sont spécialement chargés d'offrir leurs services aux voyageurs pour les aider à monter en voiture ou à en descendre; ces hommes portent un brassard bleu foncé bordé de rouge et muni d'une plaque argentée de forme ovale aux initiales P.-L.-M.

Interprètes. — A Paris, Lyon, Marseille et à quelques autres gares importantes sont attachés des Contrôleurs parlant au moins l'une des trois langues, anglaise, allemande ou italienne; ces employés sont reconnaissables à leurs casquettes à bandeau rouge portant le mot « Interprète ».

Billets d'aller et retour de toute classe à prix réduits dans un rayon maximum de 600 k., valables 2 à 14 j. suivant la distance.

Facultés d'arrêts.—Les *billets simples* délivrés à un train pour un parcours de plus de 400 k. ou de plus de 800 k. comporte un délai de validité supplémentaire, les premiers de 24 h., les seconds de 48 h., à dépenser en arrêts dans les gares intermédiaires de la route. La prolongation de validité ainsi attachée à ces billets est donc de 24 ou 48 h. selon l'étendue du parcours. Les voyageurs peuvent profiter de cet intervalle pour un seul séjour en route d'égale durée ou pour plusieurs arrêts successifs à leur choix, étant entendu : qu'ils font viser leurs billets à l'arrivée, dans les gares où ils s'arrêtent; que pour la continuation de leur voyage après arrêt, ils ne prennent que des trains dans le sens de la destination indiquée sur leurs billets, mais sans jamais rétrogarder ni se détourner de leur itinéraire; enfin, qu'ils ne se laissent pas dépasser par le train de même numéro que celui indiqué par le visa à l'arrivée au premier arrêt et partant 24 ou 48 h. après celui-ci.

Les voyageurs porteurs de coupons de retour de *billets d'aller et retour* délivrés pour un parcours de 400 k. et au delà ont la faculté de s'arrêter une fois et pendant une période de 24 h. au cours du voyage de retour, mais il est entendu : qu'ils doivent faire viser leur coupon de retour aussitôt leur arrivée dans la gare où ils s'arrêtent; qu'ils ne doivent pas se laisser dépasser par le train de même numéro que celui indiqué par le visa à l'arrivée, partant 24 h. après; que cet arrêt n'aura pas pour effet d'augmenter la durée de validité de leurs billets.

Buffets : — Aix-en-Provence, Aix-les-Bains, Alais, Albertville, Ambérieu, Andelot, Annecy, Annemasse, Annonay, les Arcs, Arles, Arvant, Auxerre, Auxonne, Avallon, Avignon, Beaune, Belfort, Bellegarde, Belleville, Besançon-Viotte, Bollène-la-Croisière, Bourg, Bourgoin, Briançon, Carnoules, Cavaillon, Cercy-la-Tour, Chagny, Chalon, Charbonnières, Charolles, Clamecy, Clermont-Ferrand, Cluny, Cravant, Crémieu, Culoz, Delle, Dijon, Dôle, Draguignan, Étang, Évian, le Fayet-Saint-Gervais, Firminy, Fontainebleau, Gallargues, Gardanne, Genève, Gien, Givors-Canal, Gray, Grenoble, Issoire, Langogne, Laroche, les Laumes, Lavoulte-sur-Rhône-Livron, Lons-le-Saunier, Louhans, Lunel, Lyon-Perrache, Lyon-Saint-Paul, Mâcon, Marseille, Messimy, Meyrargues, Miramas, Modane, Montagney, Montargis, Montchanin, Montélimar, Montereau, Montmélian, Montpellier, Montret, Moret, Mornant, Morteau, Mouchard, Moulins, Nevers, Nice, Nîmes, Paray-le-Monial, Paris, Pertuis, Peyraud, Pontarlier, Pont-de-Dore, Privas, le Puy, Quissac, Remoulins, Rive-de-Gier, Roanne, Rognac, Saincaize, Saint-André-le Gaz, Saint-Auban, Saint-Étienne, Saint-Gengoux, Saint-Germain-au-Mont-d'Or, Saint-Germain-des-Fossés, Saint-Jean-de-Losne, Saint-Julien-de-Cassagnas, Saint-Just-sur-Loire, Saint-Maurice-en-Trièves, Saint-Pierre-d'Albigny, Saint-Rambert-d'Albon, Sens, Sommières, Tarare, Tarascon, le Teil, Tonnerre, Toulon, alence, Vesoul, Veynes, Villars-Chalamont, Villefort, Viricelles-Chazelles, 'ogüé, Volx.

Places de luxe (coupés, fauteuils. lits-salons). — Ces places sont tarifées 'après le prix d'une place de 1re, augmenté d'un supplément calculé d'après tableau suivant.

Abréviations : L.-S., Lits-salons. — W.-S., Wagons-salons. — W.-L. Wagons-lits.

TRAINS						
OMNIBUS	Coupés-lits	Fauteuils	W.-L. L.-S. W.-S.	»	»	»
DIRECT EXPRESS	»	Coupés-lits	Fauteuils	W.-L. L.-S. W.-S.	»	»
RAPIDE	»	»	Coupés-lits	Fauteuils	W.-L. L.-S. W.-S.	»
DE LUXE	»	»	»	Coupés-lits	Fauteuils	W.-L. L.-S. W.-S.
kilomètres.	fr. c.	fr. c.	fr. c.	fr. c.	fr. c.	fr. c.
1 300........	1 50	3 »	6 »	9 »	» »	» »
301 à 400........	2 »	4 »	8 »	12 »	20 »	28 »
401 500........	2 50	5 »	10 »	15 »	25 »	35 »
501 600........	3 »	6 »	12 »	18 »	30 »	42 »
601 700........	3 50	7 »	14 »	21 »	35 »	49 »
701 800........	4 »	8 »	16 »	24 »	40 »	56 »
801 900........	4 50	9 »	18 »	27 »	45 »	63 »
901 1000........	5 »	10 »	20 »	30 »	50 »	70 »
1001 1100........	5 50	11 »	22 »	33 »	55 »	77 »
Au-dessus de 1100.	6 »	12 »	24 »	36 »	60 »	84 »

Le supplément à percevoir pour un compartiment de salons à 2 lits complets est celui de trois places de lits-salons. Toutefois, pour les trains de luxe, le supplément est ramené à celui qui correspond aux trains rapides, et, de plus, limité pour ces deux natures de trains au maximum de 50 fr. pour les places de fauteuils et de lits-salons, et au maximum de 100 fr. pour les places de compartiments de salons à deux lits complets.

Train de luxe quotidien **dit Calais-Méditerranée-Express** (départs des gares du Nord et de P.-L.-M., variables; consulter toujours le plus récent indicateur), pendant la saison d'hiver, entre Paris, Nice et Vintimille, organisé par la **Cie Paris-Lyon-Méditerranée** et la **Cie des Wagons-lits et des Grands Express européens** (agence, place de l'Opéra, 3). Ces trains sont composés de wagons-lits (sleeping-car) et d'un wagon-restaurant. Le nombre des places est limité. Le supplément à payer pour prendre place dans ces trains de luxe est proportionnel à l'importance du parcours, et varie selon l'époque et le sens du voyage.

Trains rapides de jour avec voitures-salons et restaurant.

Trains rapides de nuit avec wagons-lits.

SERVICE DE PARIS-MODANE-TURIN-ROME. — Pour les heures de départ ou d'arrivée, consulter les Indicateurs.

TARIF DES PRIX A PAYER A LA Cie DES WAGONS-LITS EN SUS DE CHAQUE BILLET DE CHEMIN DE FER

Aix-les-Bains	18 fr.	Mâcon (luxe)	35 fr.
Ambérieu (express)	18	Marseille (rapide)	45
Les Arcs (rapide)	50	— (luxe)	63
— (luxe)	70	Menton (rapide)	60
Avignon (rapide)	40	— (luxe)	84
— (luxe)	56	Modane (express)	21,50
Cannes (rapide)	55	— (luxe)	35
— (luxe)	77	Monaco (rapide)	60
Carnoules (rapide)	50	— (luxe)	84
— (luxe)	70	Monte Carlo (rapide)	60
Chambéry	18	— (luxe)	84
Culoz (express)	18	Montélimar	21
— (rapide)	30	Nice (rapide)	55
Dijon (express)	12	— (luxe)	77
— (rapide)	20	Saint-Raphaël (rapide)	55
— (luxe)	28	— (luxe)	77
Fréjus (rapide)	55	Tarascon (rapide)	40
Laroche (express)	9	Toulon (rapide)	50
— (rapide)	20	— (luxe)	70
— (luxe)	28	Valence (rapide)	35
Lyon (rapide)	30	— (luxe)	49
— (luxe)	42	Vintimille (rapide)	60,50
Mâcon (express)	15	— (luxe)	84,50
— (rapide)	25		

La Cie **internationale des Wagons-lits** délivre, pour le compte de la Cie P.-L.-M., dans son agence de la place de l'Opéra, n° 3, à Paris, des billets de voyageurs de 1re classe.

Voyages circulaires à itinéraires fixes. — Chaque année, en été, la Cie P.-L.-M. délivre des billets circulaires à prix réduits pour des itinéraires fixes décrits dans les Indicateurs des ch. de fer. Les billets sont délivrés : à la gare de Paris, boulevard Diderot et dans les bureaux succursales : rue Saint-Lazare, 88 ; rue des Petites-Écuries, 11 ; rue de Rambuteau, 6 ; rue de Rennes, 45 ; rue Saint-Martin, 252 ; place de la République, 16 ; rue Sainte-Anne, 6, et rue Molière, 7 ; rue Tiquetonne, 64.

Et dans les agences suivantes : Cook et fils, place de l'Opéra, 1 ; Voyages Universels, rue Auber, 10, et rue du Faubourg-Montmartre, 17 ; Wagons-Lits, place de l'Opéra, 3, Hôtel Continental, rue de Castiglione, 3, Grand-Hôtel, boulevard des Capucines et Elysée-Palace Hôtel, avenue des Champs-Élysées, 103 ; H. Gaze et fils, rue Scribe, 2 ; Lubin, boulevard Haussmann, 36 ; Voyages Duchemin, rue de Grammont, 20 ; au Bureau des billets de ch. de fer de l'Hôtel Terminus de la gare de Paris-Saint-Lazare (General ticket office) ; Voyages Modernes, 1, rue de l'Echelle ; Messageries des Voyages, rue Théodore-de-Banville, 2 ; Pitt et Scott, rue Cambon, 47 ; Voyages pratiques, rue de Rome, 9 ; Messageries du Comerce, rue Montholon, *4 bis*; Dean et Dawson, rue Scribe, 1; Bureau de oyages Internationaux, rue Auber, 1, à la condition que la demande en era faite 48 h. à l'avance.

Voyages d'excursion à itinéraires facultatifs. — Des billets à prix réduits ont délivrés pendant toute l'année pour effectuer sur les réseaux des ept grandes compagnies de ch. de fer français, des voyages circulaires itinéraires facultatifs, avec parcours totaux de 300 kil. et au-dessus, evant former des circuits complètement fermés, afin que le voyageur evienne à son point de départ. (Pour les conditions auxquelles sont élivrés les billets circulaires, consulter les Indicateurs hebdomadaires es ch. de fer.)

Oreillers et couvertures. — Des oreillers et couvertures sont à la disposiion des voyageurs sur le réseau P.-L.-M. moyennant 1 fr. perçu à titre de ocation.

Lettres de crédit postales. — Les voyageurs qui désirent ne pas emporter ne somme d'argent trop forte, peuvent se munir au départ d'une lettre le crédit postale recevable par fractions dans tous les bureaux de poste le France.

ABRÉVIATIONS

alt., altit.	altitude.
arr., arrond.	arrondissement.
aub.	auberge.
auj.	aujourd'hui.
b.	bourg.
c., cent.	centimes, centimètres.
ch.-l. de c.	chef-lieu de canton.
com., comm.	commune.
corr., corresp.	correspondance.
déj.	déjeuner.
dép., départ.	département.
dr.	droite.
E.	est.
env.	environ.
fr.	franc.
g.	gauche
h.	heure.
hab.	habitants.
ham.	hameau.
haut.	hauteur.
hect.	hectares.
hectol.	hectolitres.
hôt.	hôtel.
j.	jour.
k.	kilomètres.
kilog.	kilogrammes.
larg.	largeur.
long.	longueur.
m.	mètre.
millim.	millimètres.
min.	minutes.
N.	nord.
O.	ouest.
quint. mét.	quintaux métriques.
R.	route.
S.	sud.
s.	siècle.
St.	Saint.
serv.	service.
t. l. j.	tous les jours.
t. ou tonn.	tonneaux.
V.	ville.
v.	village.
V.	voir.
V. et Enf. J.	Vierge et Enfant Jésus
voit.	voitures.
vol.	volumes.

N. B. — A défaut d'indication contraire, les hauteurs sont évaluées au-dessus du niveau de la mer.

AVIS AUX TOURISTES

Les renseignements pratiques, relatifs aux hôtels, guides, voitures, tarifs de bains, etc., se trouvent réunis à la fin de chaque volume. Ces renseignements, qui varient quelquefois pendant une saison, seront réimprimés dès que la correction en sera devenue nécessaire. MM. les touristes devront donc les chercher, quand ils en auront besoin, non dans le texte même du Guide, mais dans l'*Index alphabétique*, à la fin du volume.

Les mots imprimés en **grasses** dans la description des villes indiquent les principales curiosités.

Ce signe ★, placé à la suite du nom d'une localité quelconque dans le corps du volume, indique qu'il se trouve à l'Index alphabétique des renseignements pratiques à consulter.

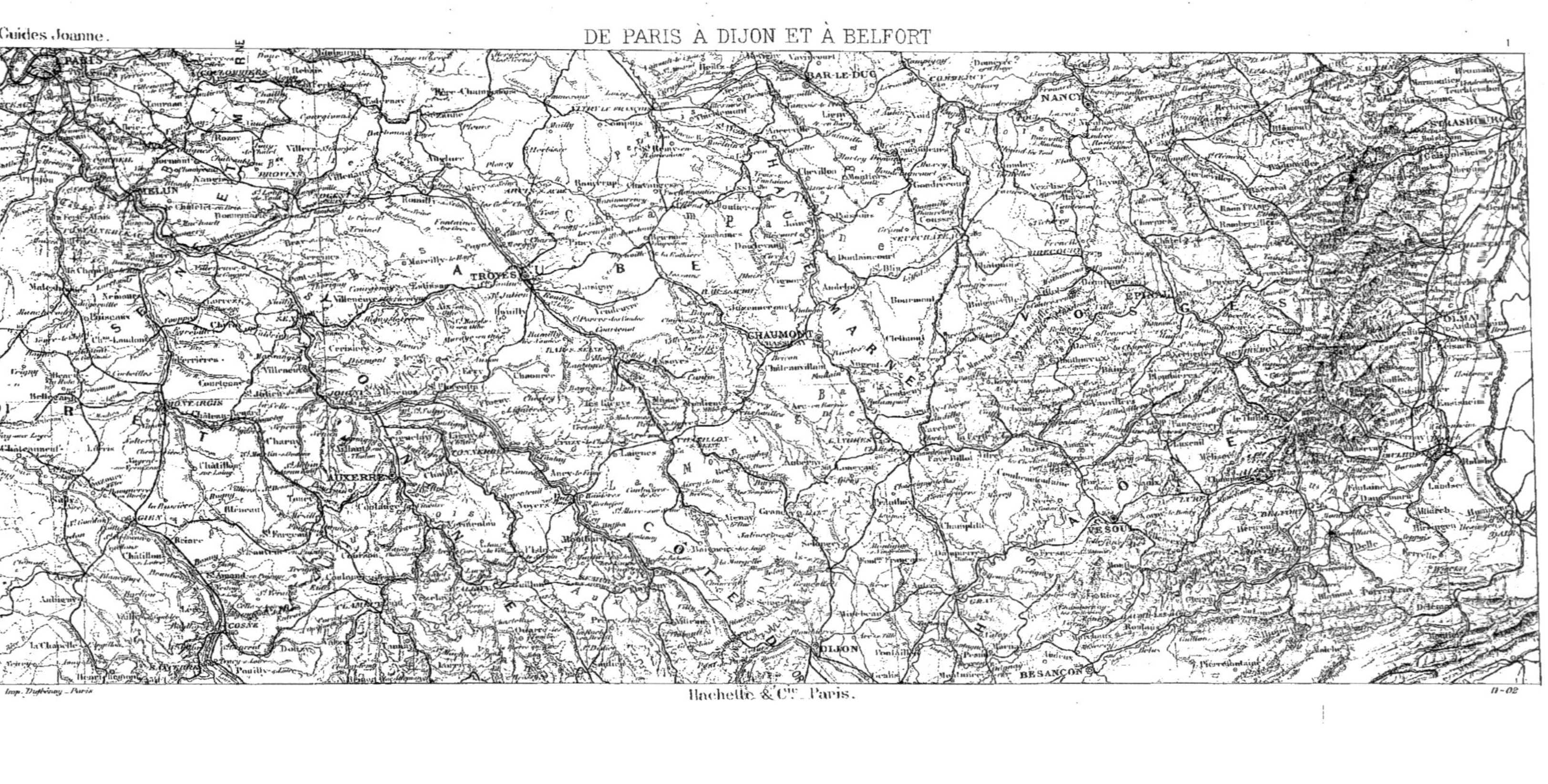
Guides Joanne.
DE PARIS À DIJON ET À BELFORT
PARIS
MELUN
TROYES
CHAUMONT
AUXERRE
DIJON
BAR-LE-DUC
NANCY
VESOUL
BESANÇON
Imp. Dufrénoy _ Paris
Hachette & Cie. Paris.
II-02

FRANCE

RÉSEAU DE PARIS-LYON-MÉDITERRANÉE

GARE, A PARIS, BOULEVARD DIDEROT, 20.

ROUTE 1

DE PARIS A DIJON

315 k. — Ch. de fer, en 4 h. 30 à 9 h. 45, suivant les trains. — 35 fr. 30; 23 fr. 80; 15 fr. 50.

DE PARIS A MONTEREAU

A. Par Fontainebleau.

79 k., en 1 h. 20 à 2 h. 30. — 8 fr. 85; 5 fr. 95; 3 fr. 90.

On passe sous le ch. de fer de Ceinture, à (2 k.) *Bercy-Ceinture*, avant de sortir des fortifications.

4 k. *Charenton-le-Pont*, 17,980 hab., au confl. de la Marne et de la Seine. La Marne est longée sur la rive dr. par le *canal de Saint-Maurice*, sur le bord duquel s'étend *Saint-Maurice*, 7,325 hab. (*buste*, par Dalou, du peintre *Eugène Delacroix*, qui y naquit en 1798). — A g., célèbre *hospice d'aliénés*. — Ponts sur le canal et la Marne. — 7 k. *Maisons-Alfort* (*école vétérinaire* d'Alfort, avec les *statues de Bourgelat*, † 1779, par Crauk, et *de Henri Bouley*, † 1885, par Allouard). — La voie passe sous la ligne stratégique de Sucy-Bonneuil à Massy-Palaiseau. — 13 k. *Villeneuve-Saint-Georges-Triage*.

15 k. *Villeneuve-Saint-Georges* (d'où part à dr. la ligne de Juvisy et Corbeil : *V.* ci-dessous, *B*), 8,178 hab., sur la rive dr. de la Seine (pont suspendu), au confl. de l'Yères, au pied de coteaux surmontés d'un fort (église des XIIIe et XVIe s., avec portes de la Renaissance; dans le parc de l'anc. *château de Beauregard*, mairie à laquelle est adossée la *statue*, par A. Lenoir, *de Victor Duruy*, anc. ministre de l'Instruction publique, qui résidait en été à Villeneuve-Saint-Georges). — Pont sur l'Yères. A dr., ligne de Corbeil. On s'éloigne de la Seine pour remonter la vallée de l'Yères.

18 k. *Montgeron*, 2,346 hab. —

Viaduc de 9 arches sur l'Yères. — 22 k. *Brunoy*, 2,642 hab. (église, avec chœur du XIIIe s. et peintures du XVIIIe). — *Viaduc* de 28 arches sur l'Yères (jolie vue). — 26 k. *Combs-la-Ville-Quincy*. — La voie parcourt le plateau de la Brie. — 31 k. *Lieusaint*. — 38 k. *Cesson*. — La Seine franchie, on joint à dr. la ligne de Corbeil (*V.* ci-dessous, *B*).

45 k. **Melun** *, 13,059 hab., ch.-l. du départ. de Seine-et-Marne, sur les deux rives et dans une île de la Seine. On suit à g. la *rue de la Gare*, allant aboutir à l'*avenue Thiers*. Après avoir laissé à g. le *monument* commémoratif de la guerre de 1870-1871, on franchit un bras de la Seine pour pénétrer dans l'île, dans la partie dr. de laquelle la *maison centrale* de force et de correction occupe l'emplacement d'un anc. couvent dont dépendait l'*église Notre-Dame*, en partie romane (XIe s.; dans le bas-côté dr., *tombe* du XVe s.). Au delà du pont par lequel on passe le second bras de la Seine, on laisse à g. le quai où débouche à 200 m. env. le *boulevard Victor-Hugo*, à l'entrée duquel se voit le *monument de Pasteur*, œuvre de MM. Houdain et Virant. Au pont commence la *rue Saint-Aspais*, qui longe l'*église* du même nom (XVe et XVIe s.; au chevet, médaillon de Jeanne d'Arc, libératrice de Melun, par Chapu), puis va joindre la rue de l'*Hôtel-de-Ville* (*musée*; dans la cour, *statue*, par E. Godin, du célèbre écrivain *Jacques Amyot*, 1513-1593, né à Melun).

[A 2 k. O., *le Mée*, lieu de naissance du sculpteur Chapu, 1833-1891, dont on voit plusieurs œuvres dans la cour de la mairie ainsi qu'à l'église et le monument commémoratif au cimetière. — A 6 k. N.-E. (pour visiter, demander par lettre une autorisation au propriétaire, M. Sommier, rue de Ponthieu, 57, à Paris), *château de Vaux-le-Vicomte*, construit au XVIIe s. pour Fouquet, surintendant des finances sous Mazarin, par Levau (à l'int., peintures par Ch. Lebrun et Mignard).

Tram à vapeur (en 45 min.; 1 fr. 25 et 75 c.), par (2 k. 5) *Dammarie-lès-Lys* (dans le parc d'un château, restes de l'*abbaye du Lys*, fondée en 1244 par Blanche de Castille), pour (11 k.) *Barbizon* *, v. situé à la lisière de la forêt de Fontainebleau, dans le voisinage des gorges d'Apremont et de la futaie du Bas-Bréau; c'est un lieu de villégiature et surtout un but d'excursion dont la renommée est due aux peintres *Théodore Rousseau* et *Millet*, que rappelle un monument, du sculpteur Chapu. On voit dans plusieurs hôtels des peintures d'artistes ayant séjourné à Barbizon.]

A g., ligne de Montereau par Héricy (*V.* ci-dessous, *B*).

51 k. *Bois-le-Roi* *, lieu de villégiature (*château de Brolles*; au cimetière, monument du compositeur *Olivier Métra*, 1830-1889). — La voie traverse une partie de la forêt de Fontainebleau.

59 k. **Fontainebleau** * (buffet), ch.-l. d'arr., V. de 14,160 hab., à 1,500 m. de la gare (tram électrique, 30 c.), est célèbre par la forêt qui l'entoure et par le palais ou château historique, dont l'origine remonte au règne de Louis VII, mais qui doit sa splendeur à François Ier.

Entrant dans la ville par la *rue du Chemin-de-Fer*, on passe devant l'*église* (derrière, *place Centrale*, avec la *statue du général Damesme*, né à Fontainebleau, 1807-1848), l'*hôtel de ville* et le *monument du Prési-*

Guides Joanne. **FONTAINEBLEAU.** HACHETTE & Cie, Paris.

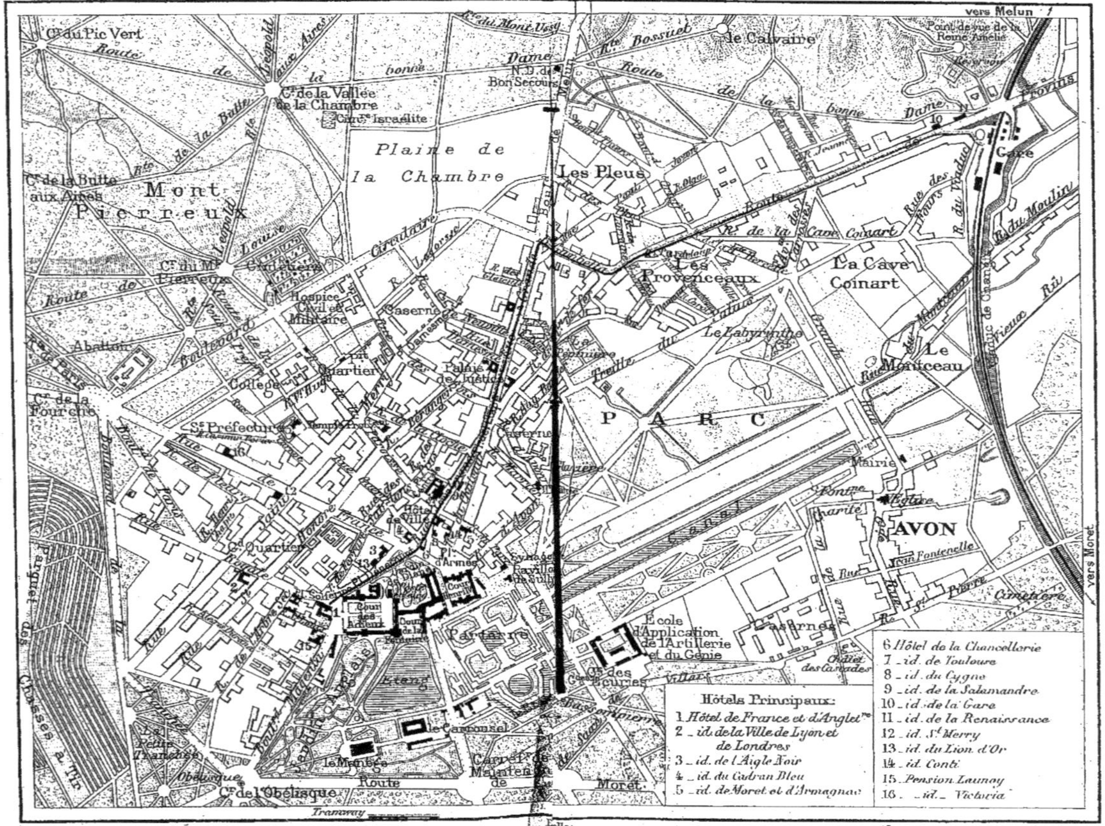
vers Melun
Cr du Pic Vert
Cr de la Vallée de la Chambre
Cime israélite
Plaine de la Chambre
N. D. de Bon Secours
le Calvaire
Pont de vue de la Reine Amélie
Provins
Gare
Les Pleus
Cr de la Butte aux Aires
Mont Pierreux
Cr du Mt Pierreux
Hospice Civil et Militaire
Caserne
Abattoir
Cr de la Fourche
Collège
Quartier
Palais de Justice
Les Provenceaux
La Cave Coinart
Le Labyrinthe
Le Monceau
PARC
Sr Préfecture
Caserne
Mairie
Église
AVON
Hôtel de Ville
Cr Quartier
Pl. d'Armes
Synagogue
Cour des Adieux
Parterre
École d'Application de l'Artillerie et du Génie
Casernes
Cr des Écuries
Étang
le Carrousel
le Manège
Carrefour de Maintenon
Cr de l'Obélisque
Obélisque
Route de Moret
Cimetière
vers Moret
Parquet des Chasses à Tir
Tramway
Hôtels Principaux:
1. Hôtel de France et d'Angleterre
2. id. de la Ville de Lyon et de Londres
3. id. de l'Aigle Noir
4. id. du Cadran Bleu
5. id. de Moret et d'Armagnac
6. Hôtel de la Chancellerie
7. id. de Toulouse
8. id. du Cygne
9. id. de la Salamandre
10. id. de la Gare
11. id. de la Renaissance
12. id. St Merry
13. id. du Lion d'Or
14. id. Conti
15. Pension Launoy
16. id. Victoria
Échelle:
0 50 500 Mètres.

3-03 Imp. Dufrénoy - Paris.

dent Carnot, par Peynot. On laisse à g. la *rue de la Chancellerie*, aboutissant à la *place d'Armes*, où donne la partie du château affectée à l'*École d'application de l'artillerie et du génie*. Longeant à g. le jardin de Diane, on traverse la *place Denecourt*, et l'on arrive à la *place Solférino* et à la principale grille du palais (en face, *porte* de l'hôtel du cardinal de Ferrare, œuvre de Serlio). Sur la *place Decamps*, *buste*, par Carrier-Belleuse, du peintre Decamps, 1803-1860.

Le **Palais ou château** de Fontainebleau est ouvert t. l. j. de 10 h. à 5 h. du 1er avril au 30 sept., de 11 h. à 4 h., du 1er oct. au 31 mars. La visite offre un intérêt exceptionnel par la somptuosité des divers appartements, par les œuvres d'art qu'ils renferment et par les souvenirs qu'y ont laissés les rois de France depuis le XIIe s. Cette visite est gratuite; mais il est d'usage d'offrir une gratification au gardien qui accompagne et donne des explications utiles. — 5 grandes cours sont comprises dans l'étendue des bâtiments.

La *cour du Cheval-Blanc*, qui doit son nom à un cheval en plâtre, d'après celui de la statue de Marc-Aurèle à Rome, moulé par Vignole pour Catherine de Médicis, et détruit en 1626, est désignée aussi sous le nom de *cour des Adieux* en mémoire des Adieux célèbres que Napoléon y fit en 1814 aux grenadiers de sa vieille garde. La façade principale offre un pavillon central orné d'un *escalier en fer à cheval*, construit en 1634 par Lemercier.

La *cour de la Fontaine* est limitée au S. par l'étang (énormes carpes auxquelles on ne manque pas de jeter des morceaux de pain qu'une marchande vend dans la cour). Au fond s'élève la galerie de François Ier; l'aile avec une double rampe extérieure a été attribuée à Serlio. — La *porte Dorée*, décorée, sur les dessins de Primatice, de peintures mythologiques, restaurées en 1835 par Picot, donne accès à la cour Ovale.

La *cour Ovale* est entourée de bâtiments dont la portion la plus remarquable est une façade à deux rangs d'arcades, commencée par François Ier et achevée par Henri IV. — La *porte Dauphine* ou *Baptistère*, couronnée par un dôme sous lequel fut baptisé Louis XIII (en avant, deux Hermès colossaux), fait communiquer la cour Ovale avec la *cour des Offices*, qui a une autre entrée monumentale sur la place d'Armes. La visite du palais se fait dans l'ordre suivant. L'entrée est sous l'escalier du Fer-à-Cheval.

Chapelle de la Trinité, bâtie en 1529 (voûte avec peintures de Fréminet; autel Louis XIII, par Bordogni; statues de Charlemagne et de St Louis, attribuées à Germain Pilon).

1er ÉTAGE. — *Appartements de Napoléon Ier* : salle de bains (peintures sur glace); cabinet de l'Abdication (guéridon sur lequel l'acte d'abdication fut signé); cabinet de travail (au plafond, la Force et la Justice, par le baron Regnault); chambre à coucher (cheminée Louis XVI; pendule ornée de camées antiques, donnée à Napoléon par Pie VII; lit de Napoléon). — *Salle du Conseil* (peintures de Boucher et Vanloo, meubles en tapisserie de Beauvais). — *Salle du Trône* (beau plafond; lustre en cristal de roche).

Appartements de Marie-Antoinette : boudoir au-dessous du boudoir turc ; chambre de la Reine (tentures données par la ville de Lyon à Marie-Antoinette, à l'occasion de son mariage ; berceau du roi de Rome) ; salons de musique (guéridon en porcelaine de Sèvres) et des Dames d'honneur.

Galerie de Diane, longue de 80 m. (tableaux mythologiques par A. de Pujol et Blondel), renfermant la *bibliothèque* (30,000 vol.), l'épée et la cotte de mailles de Monaldeschi, grand écuyer et amant de la reine Christine de Suède, qui le fit assassiner dans le palais de Fontainebleau, au cours d'une visite à la cour de France en 1657.

Escalier de la Reine et appartements des Chasses (dans 3 pièces à g. de cet escalier, toiles de C. Vanloo, Desportes et Oudry).

Salons de réception (dans l'antichambre, tapisseries des Gobelins) ; *salon des Tapisseries* (tapisseries de Flandre : Amours de Psyché) ; *salon de François Ier* (médaillon de Mars et Vénus attribué au Primatice ; tapisseries de Flandre ; cheminée du XVIe s.) ; *salon de Louis XIII*, où ce roi naquit en 1601 (bahuts en ébène des XVIe et XVIIe s.). — *Salle Saint-Louis* (peintures d'A. Dubois figurant les amours de Théagène et Chariclée ; 15 tableaux représentant plusieurs traits de la vie de Henri IV ; portrait de ce prince et sa statue équestre par Jacquet). — *Salle des Gardes* (plafond ancien, parquet en marqueterie correspondant par son dessin au dessin du plafond ; statues de la Force et de la Paix, buste de Henri IV).

Chambre d'Alexandre (dans la partie supérieure de l'*escalier du Roi*), ornée de fresques exécutées par Niccolo dell' Abbate d'après les dessins de Primatice et restaurées par A. de Pujol.

Appartements de Mme de Maintenon (dans l'antichambre, la Pudeur cédant à l'Amour, par *J. Debay*).

Galerie de Henri II ou *salle des Fêtes*, longue de 30 m., large de 10, construite par François Ier et décorée par Henri II (60 compositions mythologiques, peintes d'après les dessins de Primatice par Niccolo dell' Abbate et restaurées en 1834 par Alaux ; cheminée monumentale).

Galerie de François Ier, longue de 64 m. (peintures de Rosso ; ornements des médaillons, de Primatice).

Vestibule du Fer-à-Cheval (portes en chêne sculpté), s'ouvrant sur la *galerie des Assiettes* (peintures d'Ambroise Dubois, XVIe s. ; assiettes en porcelaine peinte, représentant les résidences royales) et sur les *appartements du Pape et des Reines-Mères* (tapisseries et tableaux). *Galerie des Fastes* (tableaux).

A dr. de l'escalier du Fer-à-Cheval, en sortant, *musée Chinois*.

Les jardins se composent : 1° du *parterre* (principale entrée par une grille ouverte dans l'angle de la place d'Armes), dessiné par Le Nôtre (pièce d'eau du Bréau et bassin du Tibre) ; — 2° du *jardin anglais* (entrée par la cour de la Fontaine), à l'O. de l'*étang* (4 hect.) ; — 3° du *jardin de Diane* (entrée dans la cour du Cheval-Blanc), renfermant un reste (cariatides avec groupes d'enfants) d'architecture Renaissance.

Le *parc* (84 hect.), à l'E. du parterre et de la ville, est traversé par un *canal* de 1,200 m. de long sur 39 m. de larg. Au N., la longue *treille du Roi* produit, année commune, 3,000 à 4,000 kilogr. de chasselas.

[A 5 k. S. de la gare de Fontainebleau est l'église d'*Avon*, avec les inscriptions funéraires du naturaliste Daubenton et du mathématicien Bezout, la *tombe de Monaldeschi* (V. ci-dessus, Galerie de Diane) et le tombeau du peintre *Ambroise Dubois*, † 1615.

La forêt (16,880 hect., 90 k. de pourtour, 2,000 k. de routes et de sentiers) est remarquable par ses magnifiques futaies et par ses rochers. L'exploitation des grès pour pavages y est considérable.

On peut déjeuner ou dîner, dans la forêt, au restaurant de Franchard et, sur la lisière du massif, aux hôtels de Barbizon, Bois-le-Roi, Marlotte et Bourron, ainsi qu'aux restaurants (matelotes et fritures) des Plâtreries et du Pont-de-Valvins, au bord de la Seine. On trouve des rafraîchissements à la Roche-Eponge, à la Tour Denecourt, à la Fontaine Sanguinède, au Mont-Chauvet, à la Caverne des Brigands, au Pharamond, à la grotte aux Cristaux, à la mare aux Fées et au Jupiter.

De petits *carrés rouges*, placés sur les arbres ou les poteaux, dans les carrefours ou aux croisements de chemins, font face à la direction de Fontainebleau. De nombreux poteaux portent deux indications : 1° en tête, le nom du carrefour ou du chemin; 2° des flèches indiquant les directions à suivre pour arriver à une autre localité désignée par le nom placé au-dessus de la flèche. Des *marques bleues et rouges* permettent aux touristes d'accomplir seuls des excursions à travers les plus beaux sites. Les lettres, numéros et étoiles désignent des particularités intéressantes; des croix bleues ou rouges indiquent les bifurcations de sentiers.

A côté de la grande résidence estivale de Fontainebleau, des *centres de villégiature* plus modestes se sont créés dans les petites localités du pourtour de la forêt. Ces villégiatures sont : sur la lisière O. de la forêt, Barbizon (*V.* p. 2) et *Fleury-en-Bière* *, dans la vallée du Ru de Rebais (*château* du XVIe s., avec chapelle ornée de fresques attribuées à Rosso et au Primatice); sur la lisière E., Bois-le-Roi (p. 2) et *Samois* *; au S., Marlotte (p. 19), Bourron (p. 19), *Grez* *, sur le Loing (*pont* du XVe s.; *donjon* du XIIe s., reste d'un château où mourut Louise de Savoie, mère de François Ier; à l'*église*, portail roman et chapiteaux curieux), *Recloses* *, site le plus étrange du pourtour de la forêt (à l'église, retable du XIIe s.), et *le Vaudoué*.*

PROMENADES : — 1° (4 h. à pied) chapelle *N.-D. de Bon-Secours*, édifiée en 1690, en souvenir d'un vœu et de la délivrance de M. d'Auberon, gentilhomme du prince de Condé (1661); grotte et belvédère (140 m. d'alt.) de *la Ravine*; *le Calvaire*; la *Nemorosa*, figure en fonte bronzée, par Adam Salomon, contre un rocher (au-dessus, belvédère); *la Roche-Eponge* (buvette); **Tour Denecourt** (buvette; médaillon du Sylvain; à 100 m. S., *dolmen d'Adolphe-Joanne*); *carrefour de Belle-Croix* (à 150 m. N., *grotte aux Cristaux*, avec buvette); Fontainebleau; — 2° (4 h.) *Croix d'Augas* (144 m., point le plus élevé de la forêt); le *Mont-Ussy*; *le Charlemagne*, un des plus vieux chênes de la forêt; *Bouquet du Nid-de-l'Aigle*, cépée remarquable; futaie du *Gros-Fouteau*; *rocher des Deux-Sœurs* (à g.); fontaine du *Mont-Chauvet* (rafraîchissements; beau point de vue), qui forme, avec la *fontaine Sanguinède* (rafraîchissements), située à 600 m. O., le principal rendez-vous de la vallée de la Solle (roche tremblante; champ de courses); *Mont-Pierreux*; Fontainebleau; — 3° (6 h.) futaie de *la Tillaie* (chêne *le Pharamond*); *le Désert* et *gorges d'Apremont*; futaie du *Bas-Bréau*; Barbizon (*V.* p. 2) Fontainebleau; — 4° (5 h.) *mont Fessas*; *mont Aigu* (au pied, *grotte du Serment*); *gorge du Houx*; **gorges de Franchard** (ruines d'une abbaye), avec restaurant près duquel on peut prendre un guide pour se faire conduire, par *la Roche qui Pleure*, au « grand point de vue »; *gorge aux Merisiers*; rochers du *Long-Boyau* et de *la Salamandre*; — 5° (3 à 4 h.) *Mail Henri IV* (138 m.; beau cèdre), d'où l'on domine le polygone; *rochers Bouligny*, *d'Avon* et *des Demoiselles* (grotte); *gorge aux Loups*; le *Long-Rocher*; Fontainebleau.]

Au delà de Fontainebleau, la voie franchit le vallon de Changis sur un *viaduc* courbe de 30 arches hautes de 20 m.

64 k. *Thomery*, 1,184 hab. (grande culture de chasselas).

67 k. **Moret** * (buffet), 2,090

hab., à la bif. des lignes de Bourgogne et du Bourbonnais, sur la rive g. du Loing (*église* des XIIe et XVe s., avec orgues et boiseries du XVIe, tombe de Jacqueline de Bueil, comtesse de Moret, maîtresse de Henri IV; à dr. de l'église, *hospice* dont les religieuses fabriquent et vendent un *sucre d'orge* renommé; *Portes de Paris* et *de Bourgogne*, restes de remparts du XIVe s., celle-ci bâtie à la tête d'un vieux *pont* gothique; *donjon* d'un ancien château, XIIe s.; dans la rue Grande, 28, *maison* de la Renaissance; fabr. de faïences artistiques; sur le Loing, *pont-aqueduc* portant le canal de la Vanne, qui alimente d'eau potable la ville de Paris).

De Moret à Montargis, Gien et Nevers, R. 2; — à Lyon par le Bourbonnais, R. 5, *B*.

On franchit la vallée du Loing sur un magnifique viaduc courbe (belle vue). — 69 k. *Saint-Mammès*, 1,106 hab., au confl. de la Seine et du Loing. — On remonte sur la rive g. la vallée de la Seine.

79 k. Montereau (*V.* p. 7).

B. Par Corbeil-Héricy.

94 k. — Ch. de fer, en 2 h. 50 à 3 h. 45. — 8 fr. 85; 5 fr. 95; 3 fr. 90.

15 k. de Paris à Villeneuve-Saint-Georges (*V.* ci-dessus, *A*). — La voie franchit l'Yères.

18 k. *Draveil-Vigneux*. — On traverse la Seine.

22 k. **Juvisy**, 3,611 hab., sur l'Orge, stat. desservie également par le ch. de fer de Paris à Orléans. A l'extrémité de l'avenue de l'*église* (au maître-autel, sculptures du XIIIe s.; fonts baptismaux de la même époque), à dr., on se trouve au pied d'une *terrasse* (belle vue), embryon d'un château que Louis XIV avait voulu construire en cet endroit. — *Observatoire de M. Camille Flammarion* dans le château de *la Cour-de-France*, où Napoléon apprit, le 30 mars 1814, la capitulation de Paris.

De Juvisy à Versailles par la Grande-Ceinture, *V.* le Réseau *Ouest*.

26 k. *Ris-Orangis*, 1,495 hab., est relié par un pont suspendu à la *forêt de Sénart* (2,557 hect.), avec ses villégiatures de *Champrosay* et de *Soisy-sous-Etiolles*, 1,620 hab. — La voie, côtoyant le fleuve, passe devant les châteaux somptueux de *Fromont*, *Trousseaux*, *Grand-Bourg*, *Petit-Bourg*. — 30 k. *Evry-Petit-Bourg* (importants *établissements* métallurgiques *Decauville*).

33 k. **Corbeil***, 9,632 hab., ch.-l. d'arr., sur les deux rives de la Seine, au confl. de l'Essonne. — *Eglise Saint-Spire* (XIIe, XIIIe et XVe s.; statue tombale du comte Haymon, XIIIe s.; mon. de Jacques Bourgoin, fondateur du collège de Corbeil, XVIIe s.; tableau par Mauzaisse), précédée d'une *porte* féodale. — *Monument des frères Galignani*, bienfaiteurs de Corbeil, par Chapu. — *Moulins* considérables. — A 3 k. S., *papeterie d'Essonnes*, la plus importante de France, à MM. Darblay.

On remonte la rive g. de l'Essonne. — 36 k. *Villabé*. — La rivière franchie, on passe un tunnel de 573 m., puis on longe la rive g. de la Seine jusqu'à Melun.

40 k. *Coudray-Montceaux.*

44 k. *Saint-Fargeau-Seine-Port.* *Seine-Port** (dans l'église, tombeau de Louis-Philippe, duc d'Orléans, † 1785; jolies villas), sur l'autre rive du fleuve (bac), est relié par un omnibus (60 c.) à la gare de Cesson (*V.* p. 2). — 48 k. *Ponthierry-Pringy.* — 53 k. *Vosves.* — Au delà du *château des Vives-Eaux* (XVIIIe s.), on traverse le parc du château de *Belombre.*

58 k. Melun (p. 2). — On laisse à g. la ligne de Fontainebleau, pour venir bientôt repasser sous cette ligne, et l'on franchit la Seine, dont on va longer la rive dr. jusqu'à Montereau.

61 k. *Livry-sur-Seine.* — 64 k. *Chartrettes* (*château du Pré,* construit par Henri IV pour Gabrielle d'Estrées). — 68 k. *Fontaine-le-Port* (débris de l'abbaye de *Barbeaux*). — Tunnel.

74 k. *Héricy,* 1,169 hab. (bac pour Samois : *V.* p. 5). — 75 k. *Vulaines-sur-Seine-Samoreau.*

81 k. *Champagne-sur-Seine.*

86 k. *Vernou.*

90 k. *La Grande-Paroisse* (*Obélisque de la Reine,* élevé à l'endroit où Louis XV reçut Marie Leczinska à son arrivée en France). — On franchit la Seine.

94 k. **Montereau*** (buffet), 7,929 hab., ch.-l. de c., au confl. de la Seine et de l'Yonne. L'avenue de la gare aboutit à la *promenade des Noues* et à la *place Gambetta,* d'où part à g. la *Grande-Rue,* conduisant à l'*église* (XIIIe-XVIe s.; dans le chœur, *épée* du duc de Bourgogne *Jean Sans-Peur,* qui fut assassiné à Montereau en 1419) et aux *ponts* (XVIIIe s.), au milieu desquels est la *statue* équestre de *Napoléon Ier,* qui remporta, le 18 févr. 1814, sur les Wurtembergeois la bataille de Montereau. La ville (importante *faïencerie*) est dominée par une colline portant le *château de Surville.*

[Ch. de fer (45 k., en 3 h. 10; 4 fr. 65 et 3 fr.) pour Souppes (R. 2), par (24 k.) *Lorrez-le-Bocage,* ch.-l. de c. de 962 hab., sur le Lunain (église du XIIIe s.; remparts du XVIe s.), et (31 k.) *Egreville,* 1,693 hab. (halles du XVIe s.; château), relié à Sens par un embranch. (*V.* p. 8).]

De Montereau à Flamboin-Gouaix, *V.* le Réseau *Est.*

DE MONTEREAU A DIJON

La voie remonte la vallée de l'Yonne. — 90 k. (de Paris). *Villeneuve-la-Guyard,* 1,650 hab. — 95 k. *Champigny,* 1,264 hab. (à l'église, retable Renaissance).

102 k. *Pont-sur-Yonne,* 1,736 hab., au pied de coteaux à flanc desquels passe l'aqueduc qui mène à Paris les eaux de la Vanne (au portail de l'*église,* Vierge du XIIIe s.; à l'int., 2 tableaux de Parrocel). — On passe sous le canal-aqueduc de la Vanne, puis sous la ligne de Triguères à Troyes.

113 k. **Sens*** (buffet), ch.-l. d'arr. de 14,962 hab., siège d'un archevêché, sur la rive dr. de l'Yonne. On suit l'*avenue Vauban* (à g., tram pour Egreville : *V.* p. 8), aboutissant au pont par lequel on entre dans l'île du faub. d'Yonne (à g., *église Saint-Maurice,* XIIe et XVIe s., avec une peinture d'Ary Scheffer).

Le second bras de l'Yonne franchi (pont ancien), on se trouve dans la *Grande-Rue,* qui conduit à la **Cathédrale Saint-**

Étienne, du XIIe s., restaurée de nos jours. La tour du N. ou *tour de Pierre*, bâtie au XIIIe s., achevée en 1535, a 73 m. de haut. (dans la galerie haute, statues des bienfaiteurs de l'église, par Maindron ; 2 cloches de 1560).

A l'int. : **vitraux** du XIIe au XVIe s. ; *maître-autel* de 1742, par Servandoni. — Bas-côté dr. : verrière de Jean Cousin (St-Eutrope). — Pourtour du chœur : chap. de la Vierge, *Vierge* en pierre du XIVe s. ; chap. St-Martial, *retable* sculpté de 1531 et *tombeau du cardinal Bernadou* ; au-dessus de la porte de la sacristie, *l'Assomption*, peinture de Restout ; escalier du *Trésor* (entrée 50 c. par pers. ; précieuses reliques d'art ou d'archéologie sur lesquelles un frère-sacristain donne les renseignements) ; chap. du Sacré-Cœur, vitrail de Jean Cousin (la Sibylle consultée par Auguste) ; chap. absidale, le *Martyre de St Savinien*, sculpture d'Hermant ; chap. Sainte-Colombe, **tombeau du Dauphin**, fils de Louis XV et père de Louis XVI, et de la Dauphine, œuvre de G. Coustou, **bas-reliefs** en marbre *du mausolée du cardinal Duprat*, archev. de Sens (1525-1535) et *statues* (1636) *de* deux autres prélats, *Jean* et *Jacques Duperron*. — Bas-côté g. : **retable** en pierre qui faisait partie du tombeau élevé par l'archevêque Tristan de Salazar à la mémoire de ses parents.

Le bâtiment à dr. de la cathédrale est l'**Officialité** (XIIIe s.), restaurée par Viollet-le-Duc (au rez-de-chaussée, *musée archéologique* ; au 1er étage, *salle Synodale*) et reliée par un bâtiment de la Renaissance (beau portail latéral) à *l'archevêché* (1557).

Devant la cathédrale passe la *rue de la République*, conduisant à g. à une place où s'élève la *statue* (par Droz) *du baron Thénard*, célèbre chimiste (1777-1857). Dans la partie de la rue à dr. de la cathédrale (au n° 23, *maison* en bois sculpté) s'ouvre la *rue Rigault*, où l'on peut visiter l'*église Saint-Pierre-le-Rond* (XIIIe, XVe et XVIe s.) et le **musée**, remarquable surtout par sa collection exceptionnelle de débris lapidaires provenant la plupart des anciens remparts romains de la ville de Sens, et par un diptyque (couvertures en ivoire sculptées) servant de couverture au fameux missel connu sous le nom d'*Office de l'âne*.

Si l'on contourne à dr. l'église Saint-Pierre par la *rue de la Banque*, on parvient à la *rue de l'Ecrivain*, qui, à g., va aboutir au *square* renfermant la *statue* (par Chapu) *de Jean Cousin*, peintre, sculpteur, géomètre et graveur fameux, né en 1501 ou 1502 à Soucy (7 k. N.-N.-E. de Sens). Au square font suite le *boulevard du XIV-Juillet* (restes de remparts), puis le *Jeu de Paume*, d'où part la *rue d'Alsace-Lorraine* (*église Saint-Savinien*, avec crypte romane) ; par les boulevards qui s'en détachent à g., on regagne les ponts de l'Yonne, puis la gare.

[A 1 h. N. (aller et ret.), *abbaye de Sainte-Colombe*, rebâtie par les sœurs de la Sainte-Enfance, sauf le réfectoire, du XIIIe s. (dans la chap., vitraux de Didron). — A (13 k. N.-E.) *Fleurigny*, église romane et *château* de la Renaissance, avec fortifications du XIVe s. (*cheminée* de la salle des Gardes ; dans la *chapelle*, *plafond* à caissons sculptés et *vitrail* de Jean Cousin).

De Sens a Egreville (41 k. ; ch. de fer, en 1 h. 47 ; 4 fr. 35 et 2 fr. 85), par (5 k.) *Nailly* (au presbytère, *croix* processionnelle du XIIe ou du XIIIe s.), (15 k.) *Dollot-Vallery* (sur une colline dominant l'Orvanne, *château* de *Vallery*, reconstruit au XVIe s. par Philibert Delorme pour le maréchal de Saint-André ; dans l'*église*, de 1612, tombeau de Henri II, père du grand Condé, et statue tombale du général de la Ferrière, par Carl Elshoecht) et (29 k.) *Chéroy*, 702 hab., près du Lunain. Pour Egreville, V. p. 7.

DE SENS A MONTARGIS (62 k.; ch. de fer, en 1 h. 45; 6 fr. 95, 4 fr. 70, 3 fr. 05). — Au delà d'un tunnel, la voie s'élève sur le plateau du *Gâtinais* (prairies, forêts et étangs), renommé pour son safran et son miel. — 27 k. *Courtenay**, 2,782 hab. (château de 1774; à l'église, retable du XVIe s.). — 40 k. *Triguères* (bif. pour Toucy-Moulins, Fontenoy et Clamecy, V. p. 24-25), 1,542 hab., au bord de l'Ouanne (à l'église, retable de la Renaissance et 2 reliquaires du XIIIe s.; restes de constructions antiques, vestiges de la ville gauloise de *Vellaunodunum*). — 44 k. *Châteaurenard**, 2,346 hab., près de l'Ouanne (restes d'un *château* du XIIIe s. dont la chapelle est devenue l'église paroissiale; sur la Grande Place, *maison* en bois sculpté de la Renaissance; *château de la Motte*, construit en 1609 par Louise de Coligny, fille de l'illustre amiral). — 62 k. Montargis (R. 2).]

De Sens à Troyes, V. le Réseau *Est*.

121 k. *Eligny-Véron*. — 127 k. **Villeneuve-sur-Yonne***, ch.-l. de c. de 4,768 hab., fut bâtie sur un plan régulier par Louis le Jeune en 1163, époque dont date la plus grande partie du *pont* de l'Yonne. La *rue du Pont* aboutit à la *rue Carnot* (*maison de poste*, XVIIIe s.), où est l'**église** (XIIIe s. et Renaissance, vitraux du XVIe s.) et dont les extrémités sont terminées par des **portes** fortifiées, donnant sur des *boulevards* où subsistent des restes de remparts et le *donjon* de l'ancien château, du temps de Philippe-Auguste.

135 k. *Saint-Julien-du-Sault**, 1,727 hab., sur l'Ocques, près de son. embouch. dans l'Yonne (à l'église, **vitraux** des XIIIe et XVIe s.). — 141 k. *Cézy*.

146 k. **Joigny***, 6,254 hab., ch.-l. d'arr., sur la rive dr. de l'Yonne et les pentes de la *côte Saint-Jacques* (bon vin). L'*avenue Gambetta* aboutit au pont, à dr. duquel de jolies promenades bordent la rivière et d'où la *Grande-Rue* donne accès dans la *rue montant au palais*, qui mène à g. à la *place du Pilori* (*maison* sculptée) et à l'*église Saint-Thibault* (XVIe s.; bas-côté dr., statue d'Etienne Porcher, sergent d'armes du roi, XIVe s.; chaire en pierre Renaissance; à la sacristie, *le Crucifiement*, peinture d'A. Dürer); à dr., à l'**église Saint-Jean**, du XVIe s. (tombeau d'une comtesse de Joigny, XIIIe s.; *saint-sépulcre* en marbre du XVe s.; à la sacristie, boiseries Louis XV et tableau primitif), précédée d'une *porte* du XIIe s., reste du vieux château, faisant face à une **maison** en bois sculpté, du XVe ou du XVIe s. A dr. de l'église, le *Château Neuf* (1550-1613) est attribué à l'architecte Serlio; à g., la *rue Jacques-Ferrand* conduit à l'*église Saint-André* (porte Renaissance; statue tombale du comte Guillaume Ier, XIIIe s.). A g. de l'église, *palais de justice*, dans lequel est enclavée la *chapelle* (XVIe s.) construite par Jacques Ferrand, grand archidiacre de Sens, pour servir de caveau sépulcral à sa famille.

[Ch. de fer (36 k., en 1 h. 35; 38 fr. 80 et 2 fr. 50) DE JOIGNY A TOUCY (V. 24), par *Aillant-sur-Tholon* (*église* et *école* ogivales bâties par Viollet-le-Duc; menhir de *Pierrefitte*).]

On franchit l'Yonne en aval de l'embouch. de l'Armançon et en amont du débouché du *canal de Bourgogne*, qui, destiné à réunir la Seine et le Rhône par la Saône, a son autre embouchure à Saint-Jean-de-Losne (V. ce nom).

155 k. **Laroche** (buffet), gare où se réunissent les ch. de fer de Dijon, d'Auxerre et Gien, de Cravant, Clamecy et Avallon et de l'Isle-Angély.

[DE LAROCHE A L'ISLE-ANGÉLY (74 k.; ch. de fer, en 3 h. 10 à 3 h. 40; 7 fr. 60, 5 fr. 70, 4 fr. 20). — L'Armançon franchi, on remonte la vallée du Serein. — 10 k. *Seignelay*, 1,124 hab. — 18 k. **Pontigny**, dont la célèbre *abbaye*, de l'ordre de Cîteaux, fondée en 1114, est occupée auj. par une communauté de prêtres; il en reste notamment l'*église* (reliques de St Edme). — 22 k. *Ligny-le-Châtel*, 1,123 hab., (*maison de la Reine de Sicile*, XIIIe et XVIe s.). — 25 k. *Maligny* (château avec caves curieuses). — 33 k. *Chablis*, 2,281 hab. (*vin blanc* renommé; dans l'église Saint-Martin, Mort de St Joseph, tableau par P. Mignard). — 57 k. *Noyers*, 1,294 hab. (*église* de 1491 à 1515). — 73 k. *L'Isle-sur-Serein*, 884 hab. — 74 k. L'Isle-Angély (p. 11).]

De Laroche à Noyers, par Auxerre et Clamecy, R. 2, B; — à Autun, par Avallon, R. 3.

On quitte la vallée de l'Yonne pour remonter celle de l'Armançon.

164 k. *Brienon*, 2,725 hab.

173 k. **Saint-Florentin** *, 2,661 hab., près du canal de Bourgogne et de l'embouch. de l'Armance dans l'Armançon (**église**, en majeure partie de la Renaissance, avec *vitraux* de 1528, *jubé* et *saint-sépulcre* remarquables).

De Saint-Florentin à Troyes, V. le Réseau *Est*.

184 k. *Flogny*, 452 hab.

197 k. **Tonnerre** * (buffet), 4,685 hab., ch.-l. d'arr., sur le versant de collines escarpées dominant la rive g. de l'Armançon (bon vin; belles carrières de calcaire oolithique). De la gare, située *promenade du Pâtis*, une rue à g. va joindre la *Grande-Rue*, que l'on remonte à dr. et dans laquelle on voit à g. l'**hôpital**, fondé en 1293 par Marguerite de Bourgogne, belle-sœur de St Louis, reconstruit de nos jours, sauf la *salle des malades*, plus tard chapelle (*tombeaux* de la fondatrice, refait par Bridan, et *de Louvois*, ministre de Louis XIV, œuvre de Girardon et Desjardins; dans une chap. à dr. du chœur, *saint-sépulcre* du XVe s.). Après l'hôpital, on voit s'ouvrir à g. dans la Grande-Rue la *rue des Fontenilles* (*hôtel d'Uzès*, Renaissance) et la *rue Rougemont* (*musée*), puis on parvient à l'*église Notre-Dame* (XIIIe-XVIe s.), d'où la rue **Saint-Pierre** monte à l'église du même nom (*façade* S. Renaissance; monument des saints comtes de Tonnerre, St Goéric, St Ebbon, St Honobert et St Honulphe, premiers seigneurs du lieu et qui tous furent archevêques de Sens). De l'église on peut descendre directement à la **Fosse Dionne**, superbe source formant un gouffre verdâtre au pied d'une pente abrupte, et d'où l'on revient à la gare par les *rues du Collège* et *de la République*.

205 k. **Tanlay** est célèbre par son **château** (on visite), fondé au XIIe s., rebâti partiellement en 1559 par le frère de l'amiral de Coligny et achevé au XVIIe s. par Michel Particelli, sieur d'Emery, surintendant des finances. A l'extrémité d'une avenue de tilleuls séculaires, on traverse le *Petit-Château* (1610) et le *Por-*

tail-Neuf (1574), habitation du concierge, avant de pénétrer dans la cour d'honneur, où l'on voit à dr. la *tour de la Chapelle*, à g. la *tour des Archives*. Le public pénètre librement dans le parc, où le *grand canal* (530 m. de long.), avec *château d'eau*, est alimenté par des sources venant de la vallée de *Quincy*, où subsiste (15 min. de marche) une *abbaye*, fondée en 1133 pour des Cisterciens.

Tunnel de 532 m. — 211 k. *Lézinnes*. — Tunnel de *Pacy*.

219 k. **Ancy-le-Franc** *, 1,189 hab., à 2 k., est célèbre par son **château**, commencé en 1546 sur les dessins du Primatice et appartenant à M. le duc de Clermont-Tonnerre, qui autorise la visite. Le *parc* est ouvert au public jusqu'à 8 h. du soir.

Rez-de-chaussée : salle des Empereurs romains; chambre de Diane (peintures mythologiques); salle des Archives. — 1er étage : galerie de Pharsale (fresques en camaïeu, attribuées à Nicolo dell' Abbate, représentant des épisodes de la bataille de Pharsale); galerie de Médée; salon Bleu; cabinet du Pastor Fido (tableaux dont les sujets sont tirés de la célèbre pastorale de Guarini); bibliothèque; chapelle, avec peintures; salle des Gardes (immense cheminée surmontée d'un portrait équestre de Henri III); cabinet des Fleurs; chambre du Cardinal (tableaux ovales où sont figurés les Sciences et les Arts; galerie des Sacrifices (panneaux en grisailles); Grand Salon, chambre où logea Louis XIV.

Au cimetière, *chapelle* Renaissance érigée en 1526 par Jean Le Cosquino, seigneur de Fulvy, sur la tombe de son père.

225 k. **Nuits-sous-Ravières** *, à la jonction des ch. de fer de Châtillon et d'Avallon, près de l'Armançon (à l'église, *piscine* Renaissance; porte fortifiée).

[A 1 k. 5 E., *Ravières*, 1,550 hab. (importantes carrières de pierres), port sur le canal de Bourgogne (à l'*église*, portail à statues du XVIe s.), et à 7 k., ruines du *château de Rochefort*.

De Nuits a Avallon (44 k.; ch. de fer, en 1 h. 20 à 2 h.; 4 fr. 95, 3 fr. 35, 2 fr. 15), par (16 k.) *Châtel-Gérard* (ancien *château* des ducs de Bourgogne, XIVe s.), (25 k.) *Thizy* (*château* du XIIIe s.), stat. desservant aussi (3 k. S.) *Montréal* *, une des anciennes petites villes les plus curieuses de la Bourgogne, sur un mamelon (belle vue) dominant le Serein (*église* de 1145, stalles en chêne sculpté de 1522, **retable** en albâtre du XVe s., etc.); par (30 k.) l'*Isle-sur-Serein* *, 884 hab. (restes d'un *château* du XVe s.); et (31 k.) l'*Isle-Angély*, stat. de raccordement avec le ch. de fer de Laroche (V. p. 10). Pour Avallon, V. p. 28.

De Nuits a Châtillon-sur-Seine (36 k.; ch. de fer, en 1 h. 10 à 1 h. 40; 4 fr. 05, 2 fr. 70, 1 fr. 75). — 20 k. *Laignes*, 1,149 hab., à la source de la Laignes. — 34 k. *Sainte-Colombe-sur-Seine*, 1,248 hab. (usine métallurgique).

36 k. **Châtillon-sur-Seine** *, 4,807 hab., ch.-l. d'arr. Dans l'*avenue de la Gare* on trouve à g. une allée conduisant à la *promenade* et à la **source de la Douix**, puis, le pont de la Seine passé, l'*hospice Saint-Pierre*, ancienne abbaye dont l'église date du XIIe s., et qui fait face à la promenade du *Cours-l'Abbé*, à l'extrémité de laquelle sont l'entrée du *château*, ancienne propriété du maréchal Marmont, et la *porte de Paris*. Au delà de l'hospice on parvient à la *place Marmont* (fontaine), puis à la *rue du Président-Carnot* (*maison* du XVIe s. attribuée à G. Philandrier), longeant à g. un square (*buste* du littérateur *Désiré Nisard*, 1806-1889), puis l'*hôtel de ville*. Au delà on prend à g. la *rue des Ponts*, continuée par la *rue de l'Isle*, qui aboutit à l'*église Saint-Nicolas* (XIIe et XVIe s.; 2 verrières

anc.; Ensevelissement du Christ, peinture par Latil). De l'église part à g. la *rue du Bourg*, d'où, à g. la *rue Saint-Vorle* monte à l'*église Saint-Vorle* (saint-sépulcre du XVIe s.), à dr. de laquelle le *cimetière* renferme le tombeau du maréchal Marmont et des restes de l'ancien *Châtelet*, qui fut la résidence des seigneurs de Chaumont.

De Châtillon à Baigneux-les-Juifs (43 k.; ch. de fer, en 2 h. 40; 3 fr. 30 et 3 fr. 45). — 17 k. *Aisey-sur-Seine*, d'où un embranch. (18 k., en 1 h. 6; 1 fr. 40 et 1 fr. 05) conduit à *Aignay-le-Duc*, 765 hab., sur la Coquille. — 29 k. *Villaines-en-Duesmois* (ruines d'un château des ducs de Bourgogne). — 38 k. *Jours* (restes d'un *château* du XVIe s.). — 43 k. *Baigneux-les-Juifs*, 420 hab., d'où l'on pourrait faire, par (11 k. 5) *Chanceaux* (confitures d'épine-vinette), une excurs. aux (17 k.) sources de la Seine (V. p. 13).]

De Châtillon à Is-sur-Tille, V. le Réseau *Est*.

233 k. *Aisy*. — On abandonne la vallée de l'Armançon pour s'engager avec le canal de Bourgogne dans celle de la Brenne : au S. du confluent des deux rivières est le v. de *Buffon*, berceau de la famille du célèbre naturaliste.

243 k. **Montbard***, 3,632 hab., est étagé sur une colline. Le canal franchi, on prend la *rue Edme-Piot*, conduisant à l'*hôtel de ville* ainsi qu'à la *place Buffon* (*maison* du naturaliste, auj. école) et d'où la *rue de Paris*, à g., monte au **Parc** public renfermant les restes du **château** des ducs de Bourgogne (beau *donjon*) et l'*église* (XIIe et XVe s.), avec la sépulture de Buffon, dont la *statue* se voit à côté de l'édifice.

[A 5 k. 5 E.-N.-E., ancienne *abbaye de Fontenay*, fondée en 1118 et convertie en papeterie (on peut visiter). — A 4 k. S., ruines du *château de Montfort*.]

257 k. **Les Laumes*** (buffet), stat. à la jonction des lignes de Paris à Dijon, de Semur-Avallon et d'Epinac.

[Excurs. : — (3 h. E.-S.-E. env. aller et ret.) à *Alise-Sainte-Reine*, v. surnommé d'une vierge martyre (IIIe s.) dont la chapelle de l'*hôpital* (XVIIe s.) renferme des reliques (fontaine miraculeuse et chapelle, buts de pèlerinage le 7 sept.; établissement de bains d'eau minéralisée; statue de Jeanne d'Arc). De là on monte au **Mont-Auxois** (418 m.), en grande partie isolé par les vallées de l'Oze, de l'Ozerain et de la Brenne; là fut jadis l'oppidum d'*Alesia*, dernière ville forte où l'indépendance gauloise succomba devant les légions romaines de César. Sur le plateau, une *statue* (6 m. de haut.) en cuivre repoussé, par Aimé Millet, *de Vercingétorix* perpétue la mémoire de l'adversaire héroïque du proconsul; — (6 k. E.-N.-E.) au **château de Bussy-Rabutin** (on visite, sauf le dim.), fondé au XIIe s., reconstruit au XIVe et totalement remanié sous Henri II et Louis XIII; il doit sa célébrité à un seigneur qui, à la suite de scandales à la cour de Louis XIV, y passa dix-sept années d'exil pendant lesquelles il rassembla la précieuse collection de portraits et fit exécuter les peintures comme les inscriptions que l'on voit encore; ces peintures, ainsi que les inscriptions en distiques latins ou en vers français, les devises généralement malveillantes, se rapportent à sa maîtresse, Mme de Monglat.

Des Laumes a Epinac (75 k.; ch. de fer, en 2 h. 25 à 3 h. 55; 8 fr. 40, 5 fr. 65, 3 fr. 70). — On remonte la vallée de la Brenne; à dr., canal de Bourgogne. — 4 k. 5. *Pouillenay*, à la bifurc. de la ligne de Semur (R. 3, p. 29). — 19 k. *Vitteaux**, 1,349 hab. — 30 k. *Pouilly-en-Auxois**, 1,145 hab. (dans l'*église*, ancienne chapelle d'un château des ducs de Bourgogne, saint-sépulcre du XVe s.), est situé à

Guides Joanne.

DIJON.

HACHETTE & Cie Paris.

LÉGENDE:

1 Eglise Ste Bénigne B.C.3
2 ...id... Notre Dame D.2.3
3 ...id... St Michel E.3
4 ...id... St Etienne (Bourse) E.3
5 ...id... St Jean C.3
6 Anne Église St Philibert C.3
7 Palais des Ducs de Bourgogne,
7 Hôtel-de-Ville, Musées des Bx Arts et Archéologique, École des Bx Arts D.3
8 Musée d'Histoire Naturelle A.3
9 Réservoir des Fontaines B.2
10 Statue de St Bernard D.2
11 Monumt de Garibaldi E.2
12 Statue de Rameau E.D.3
13 Poste et Télégraphe B.4. E.2 D.3
14 Télégraphe (Bureau central) D.3

Principaux Hôtels:

h1 Grand Hôtel de la Cloche B.2
h2 Hôtel du Jura A.2
h3 ..id.. de Bourgogne B.2
h4 ..id.. de la Galère C.2.3

L. Thuillier, Delt.

0 100 200 300 400 500 Mètres.

Imp. Dufrénoy, Paris.

1-03

DIJON.

HACHETTE & Cie Paris.

LÉGENDE:

1 Eglise Ste Bénigne B.C.3
2 ..id.. Notre Dame D.2.3
3 ..id.. St Michel .... E.
4 ..id.. St Etienne (Bourse) .... E.
5 ..id.. St Jean .... C.
6 Anne Egl. se St Philibert .... C.
7 Palais des Ducs de Bourgogne, et Archéologique, Ecole des Bx Arts .... D.
7 Hôtel-de-Ville, Musées des Bx Arts
8 Musée d'Histoire Naturelle A.3
9 Réservoir des Fontaines B.2
10 Statue de St Bernard D.2
11 Monum.t de Garibaldi E.2
Statue de Rameau E.D.3
Poste et Télégraphe B.4.E.2 D.3
Tél. raphe (Bureau central) .... D.3.

Principaux Hôtels:

h1 Grand Hôtel de la Cloche B.2
h2 Hôtel du Jura A.2
h3 ..id.. de Bourgogne B.2
h4 ..id.. de la Galère C.2.3

Caserne Vaillant — Gare — Place Darcy — Rue Guillaume — Bould de Brosses — Rue du Château — Préfecture — R. de la Préfecture — Musée — Pl. St Bénigne — Carnot — Boulevard — Rue de Tivoli — Rue du Transvaal — Rue Colson — Port du Canal — Ouche — Abattoir — Ecole St Ignace — Asile des Vieillards — Boulevard Voltaire — Mre des Tabacs — Gare de la Porte Neuve — Gare des Marchandises — Pl. du 30 Octobre — Champmaillot

vers les Chartreux — vers Paris — vers Langres — vers Lyon et Belfort — vers le Parc — vers la Prison — vers Belfort — Tramways

0 — 100 — 300 — 400 — 500 Mètres.

L. Thuillier, Delt. — Imp. Dufrénoy _ Paris. — 1-03

). du *mont de Pouilly* (561 m.; elle vue) et au débouché du souterain, long de 3,333 m., par lequel le anal de Bourgogne franchit le faîte 78 m. d'alt.) séparant le bassin de . Seine de celui du Rhône. — 55 k. *rnay-le-Duc**, 2,666 hab., près de Arroux, au croisement du ch. de fer e Beaune à Saulieu (R. 4, p. 32) : our (XVe s.) de l'ancien château de *Maison-Forte*; restes d'un château e la Renaissance; promenade de *Arquebuse*; maison natale du littérateur Bonaventure des Périers, 1544. — 75 k. Epinac (R. 4, p. 35).]

Des Laumes à Avallon, R. 3, p. 29.

On suit la vallée de l'Oze.

265 k. *Darcey*, v. à 3 k. N.-N.-E. dans le vallon de Lavaux, au confl. de la *Douise*, magnifique source qui, à 1 k. N.-E., sort de *grottes* (visite pénible) au fond desquelles existe un lac.

[A 6 k. 5 S.-O. (voit. publ. à 8 h. 20 matin, en 50 min., 1 fr. 25; à pied en 1 h. par un raccourci), *Flavigny-sur-Ozerain**, 944 hab., véritable acropole à 420 m., sur un escarpement boisé (*couvent de Dominicains*, ancienne abbaye fondée au VIIIe s., avec la statue du P. Lacordaire, par Bonnassieux; à l'église, *stalles* du XVe s. et jubé du XVIe; 3 *portes* des anciens remparts; couvent des Ursulines, XVIIIe s.; maisons anciennes; fabr. d'*anis* renommés).]

272 k. *Thenissey* (dans le château, tapisserie du XVe s.). — A g., ruines du château de *Salmaise*.

[Excurs., soit (14 k.; voit. de louage, 6 à 8 fr.) par *Bligny-le-Sec*, soit (2 h. 15) par l'*ermitage de Saint-Jean de Bonneveau*, aux *sources de la Seine* (471 m.), situées à 500 m. de la *ferme des Vergerots* et marquées par une grotte artificielle en avant de laquelle est une statue de Nymphe, par Jouffroy.]

288 k. *Blaisy-Bas**, au-dessous de *Blaisy-Haut* (château ruiné) et à l'entrée du tunnel de Blaisy.

[A 12 k. N.-N.-E. (voit. publ., en 1 h. 20; 1 fr. 25), *Saint-Seine-l'Abbaye**, 502 hab., doit son surnom à un monastère fondé en 534 par St Seine et dont il reste le logis abbatial (rebâti en 1715), auj. établissement hydrothérapique, et l'*église* (XIIIe-XVe s.), un des types les plus caractéristiques de l'art ogival bourguignon (stalles et fresques du XVIe s.; jubé du XVe s., derrière le maître-autel).]

On passe, par le **tunnel de Blaisy**, long de 4,100 m., du bassin de la Seine dans celui du Rhône. Viaduc de Mâlain, haut de 26 m.; tunnel de 328 m.

296 k. *Mâlain*. — Viaduc de *Lée*, haut de 23 m. — 300 k. *Lantenay* (château du XVIIe s.; croix du XVe s.). — La voie franchit la Combe de Fain sur un viaduc à 2 rangs d'arches, haut de 44 m. et long de 220 m., pour descendre dans la vallée de l'Ouche, par où passe le canal de Bourgogne.

306 k. *Velars*. — 4 viaducs et 2 tunnels. — 310 k. *Plombières-lès-Dijon*, 1,632 hab. (château de 1768; petit séminaire). — 4 tunnels.

315 k. **Dijon*** (buffet; pain d'épice, moutarde et liqueur de cassis renommés), V. de 71,326 hab., ch.-l. du départ. de la Côte-d'Or, siège d'un évêché, est située au confl. de l'Ouche et du Suzon, à 245 m., à l'E. des montagnes de la Côte d'Or. — De la gare (tram électrique, 10 c.), par l'*avenue de la Gare* (à g., hôtel du Jura), la place Darcy (à g., hôtel de la Cloche) et la rue de la Liberté, on parvient à la place d'Armes, centre de la ville.

Sur la **place Darcy** s'étend un

square avec bassins, terrasse (musique militaire le jeudi soir) et *château d'eau* (Pl. 9), en avant duquel se dresse la **statue** du sculpteur **François Rude**, œuvre de M. Jos. Tournois. En face, la *porte Guillaume* (1783) donne accès dans la ville proprement dite.

La **rue de la Liberté**, qui s'ouvre dans l'axe de la porte, est la plus commerçante et la plus animée. A son entrée, on laisse à dr. la *rue du Docteur-Maret*, par laquelle on pourrait aller voir les églises Saint-Bénigne, *Saint-Philibert* (Pl. 6), des XIIe et XVIe s., et *Saint-Jean* (Pl. 5), du XVe s.

La **cathédrale Saint-Bénigne** (Pl. 1) est l'église de l'ancienne abbaye de ce nom et remplace, depuis le XIIIe s., une basilique construite de 1001 à 1016, dont il ne reste que la crypte (*V.* ci-dessous). Le tympan (Lapidation de St Etienne) du porche est une œuvre de Bouchardon (XVIIIe s.).

Nef : sous la tribune des *orgues*, *tombeaux de J.-B. Legoux de la Berchère*, premier président au Parlement, † 1631, et de sa femme *Marguerite Brulard;* bustes des Apôtres, par Dubois (XVIIe s.); statues par Dubois, Attiret et Bouchardon (XVIIIe s.). — Bas-côté dr. : inscription indiquant l'endroit où reposent les restes de Philippe le Hardi, duc de Bourgogne, et d'Anne de Bourgogne, fille de Jean Sans-Peur; 2e travée, *tombeau de Jean de Berbisey*, premier président au parlement, † 1697; 3e travée, inscription funéraire du roi de Pologne Vladislas, † 1388. — Croisillon dr. : *le Christ sur la croix*, attribué au Guerchin. — Chœur : *stalles* du XVIIIe s.; statues colossales, parmi lesquelles le St André, d'Attiret. — Bas-côté g. : *tombeau de Mgr Rivet*, par Gasq; tombes d'abbés de Saint-Bénigne et du président Lefebvre, † 1566. — Sacristie : tableaux (*la Transfiguration*, par Despêches; *St Bernard examinant les plans de Clairvaux*, et *la Conversion du duc d'Aquitaine*, de Lécurieux). — **Crypte** (s'adresser au sacristain), où un fragment du tombeau de St Bénigne est un but de pèlerinage.

La **place d'Armes** (Pl. D, 3), construite en 1692, est bordée par l'ancien **palais des ducs de Bourgogne** (Pl. 7), auj. **Hôtel de Ville**, reconstruit aux XVIIe et XVIIIe s. (*salle des Etats*, avec peintures par Henri Lévy, Rubé-Chaperon et Mangonot). De l'ancien palais (XVe s.), il reste la *tour de la Terrasse* (belle vue au sommet), la *tour de Bar*, la salle des Gardes et les salles voûtées du rez-de-chaussée. La partie neuve de l'hôtel de ville (entre les cuisines et le théâtre), appelée Palais des Beaux-Arts est en partie affectée aux musées

Le **Musée** (entrée place Rameau) est ouvert les dim., jeud et j. de fêtes, de midi 30 à 5 h du 1er avril au 30 sept., et de midi 30 à 4 h., du 1er oct. au 31 mars. Les étrangers peuven le visiter t. l. j. de 9 h. à 11 h et de midi 30 à 5 h. du 1er avri au 30 sept.; de 9 h. à 11 h. e de midi 30 à 4 h. du 1er oct. au 31 mars. Le lundi, les galerie sont fermées jusqu'à midi 30.

Rez-de-chaussée (musée Rude). — 1re SALLE. Apollon Citharède, frag ment antique trouvé à Toulon.

2e SALLE. — Moulages d'œuvres d Rude. — *L'Amour dominateur*, marb original. — Buste de Rude, bronz par *Cabet*. — Le Départ, esquisse d haut-relief de l'arc de triomphe d l'Etoile, plâtre.

3e SALLE. — *Paul Gasq*. La Dou leur. — *Dampt*. Diane pleurant l mort d'Actéon. — *Cabet*. L'Anné terrible. — *Schrœder*. Œdipe e Antigone. — *Mathurin Moreau*. L

Fileuse. — *Alfred Boucher*. A la Terre. — *Chapu*. Clytie métamorphosée en tournesol.

4e SALLE. — *Schrœder*. L'Amour en frais. — *Bosio*. L'Impératrice Joséphine. — *Jouffroy*. Mort d'Orion. — *Dampt*. La Fin d'un rêve.

5e SALLE, consacrée aux œuvres (moulages) de CLAUS SLUTER.

CUISINES du Palais Ducal. — On revient au vestibule d'entrée.

ESCALIER (Statue de la République par *Coutan*).

1er **étage.** — PALIER : buste de Le Compasseur, marquis de Courtivron, par *Foyatier*.

1re SALLE. — Lithographies et gravures, données par Célestin Nanteuil, dont on voit le portrait, par *Ed. Hédoin*.

2e SALLE. — 2 toiles de *Trinquesse*.

(3e, 4e, 5e et 6e SALLES). — **Musée Trimolet**, légué par la veuve du peintre lyonnais Anthelme Trimolet. — 299. Bassin, œuvre de *Briot*. — 270. Reproduction (XVIIe s.) en bronze du *Mercure* de Jean Bologne. — Bijoux. — 88. *F. Clouet*. Portrait d'homme. — 1088. Aiguière. — 1096-1098. *Statuettes* en faïence, par *B. Palissy*. — 71. *Rubens*. Portrait de la 1re femme de l'artiste. — *Emaux* incrustés, translucides sur reliefs et peints. — Ivoires. — 68. *P. Potter*. Paysage. — 1056. Vase d'Urbino. — 50. *Van der Heyden*. Rotterdam. — *Swebach*. Port de mer. — Beau coffret. — 106. *Mignard*. Jeune femme.

PASSAGE. — Estampes, photographies.

7e SALLE. — **Collection Devosge** : portrait de Devosge, par *Prud'hon*, et son buste, par *Rude*.

8e SALLE. — 100. *A. Brauwer*. Un Buveur. — *Seghers*. Descente de croix. — *Darbois*. Buste de Prud'hon.

9e SALLE (grande salle des sculptures). — *Plafond*, par *Pierre Prud'hon* (la Bourgogne dominant la Mort et le Temps et entourée des Vertus et des Beaux-Arts). — Copies de statues antiques; celles en marbre ont été exécutées à Rome par des élèves de l'école de Dijon : Renaud, Bornier, Bertrand, Petitot, Ramey. — 1075. *Rude*. Hébé.

10e SALLE. — Collection de dessins des grands maîtres des éc. italienne, hollandaise, flamande, française, offerte par M. His de la Salle.

11e SALLE. — *Galliac*. Le Graveur à l'eau-forte. — *Manet* (copie par). Le Tintoret par lui-même. — *Ziegler*. Pluie d'été. — *Carpeaux*. Buste de Tissot, doyen de la Faculté des lettres de Dijon. — 271. *Debay*. Jeune femme jouant avec une panthère. — *Ec. française*. Le président Jeannin. — Sculpture : *Mathurin Moreau*. La Libellule. — *Paul Gasq*. Le Réveil de la source. — *Barthélemy Blaise*. Cléopâtre se donnant la mort, plâtre.

ESCALIER. — Tombe de Jacques Germain (XVe s.). — 465. *J. Suvée*. Mort de Coligny. — 266. *Coypel*. La Colère d'Achille. — Moulages de bas-reliefs par Attiret. — *Camagni*. Buste du président Jeannin.

12e SALLE (de l'autre côté de l'escalier). — *Tournois*. Persée. — *Retable* du XVIe s. — Dessins par *Claude Hoin* et *Puvis de Chavannes*. — Pastels par *Quentin de Latour*, *Rosalba*.

13e SALLE, ancienne *salle des Gardes*, magnifique galerie, ornée d'une *cheminée* monumentale (1504). Autour de la salle, retables, bustes (de Bossuet, par *Bridan*; du marquis de Maletoste, *éc. italienne*, etc.) et statues de célébrités dijonnaises; au milieu, **tombeaux des ducs de Bourgogne** Philippe le Hardi et Jean Sans-Peur, placés jadis dans la Chartreuse de Champmol. Le tombeau de Philippe le Hardi, œuvre de Claus Sluter, en marbres noir et blanc, forme un cénotaphe (statue couchée du prince, dont le casque est soutenu par deux anges) autour duquel règnent des arcades ogivales avec 40 statuettes de religieux et de personnages de la cour des ducs de Bourgogne. Le tombeau de Jean Sans-Peur et de Marguerite de Bavière, par Jehan de la Huerta, est plus richement ouvragé. Deux lions sont couchés aux pieds de Jean et de Marguerite; derrière leurs têtes, quatre anges soutiennent le casque du duc et les armoiries de la duchesse. — *2 retables* d'autels dits *chapelles portatives des ducs de Bourgogne*, œuvre de Jacques de Baërze (1391), avec peintures de Melchior Broederlam. —

Tapisserie du XVIe s. représentant le siège de Dijon par les Suisses (1513).

14e SALLE. — 413. *Nattier*. Marie Leczinska. — 433. *Prud'hon*. Georges Anthony. — 541. *Van Hemmessen*. Charles le Téméraire. — 74. *Le Dominiquin*. St Jérôme. — 104. *Ph. de Champaigne*. Présentation de Jésus au temple. — 118. *Franz Floris*. Diane de Poitiers (?). — 432. *Prud'hon*. M. Musard. — 452. *Rigaud*. Girardon. — 13. *P. Véronèse*. Moïse sauvé des eaux. — 107. *Crayer*. L'Assomption. — 296. *Gagnereaux*. Bataille de Sénef. — 42. *Le Guide*. Adam et Eve. — Au milieu de la salle : *Schœnewerk*. Un Prisonnier dangereux, marbre; Anne de Bourgogne, fille de Jean Sans-Peur, reproduction en plâtre; table en noyer sculpté, dite à éventail, par Hugues Sambin.

15e SALLE. — Bustes et portraits de Bourguignons.

16e SALLE. — 462. *Mme Rude*. Son portrait. — 246. *Chaignet*. Son portrait. — 397. *Aug. Mathieu*. Salle des tombeaux des ducs de Bourgogne. — *Lapostolet*. En vue de Rouen. — 276-277. *Devillebichot*. St Bernard dans sa cellule. Portrait du peintre. — *Rougeron*. La Prise de voile chez les Carmélites Carmencita. — *Galliac*. Le Glas. — *Félix Trulat*. Le peintre Hamon. — 1025. *Houdon*. Buffon, buste.

17e SALLE. — La Résistance, bronze par *Cabet*. — 316. *Henner*. M. Joliet, ancien maire de Dijon. — 402. *Mélingue*. La Levée du siège de Metz en 1553. — 305. *Glaize*. Esope chez Xanthus. — 315. *Henner*. Biblis changée en source. — 458. *Ronot*. Les Ouvriers de la dernière heure. — 966. *Cabet*. Buste du commandant Noisot.

18e SALLE. — 1077, 1078, 1080. *Rude*. Jeune Napolitaine jouant avec une tortue. Mercure (bronze). Modèle de l'une des têtes du haut-relief de l'arc de triomphe de l'Etoile à Paris. — 232. *Bouguereau*. Retour de Tobie. — 497. *Ziegler*. Les Pasteurs de la Bible. — 418. *Orry*. Route de la villa Hadriana. — *Glaize*. Le Réveil.

19e SALLE. — *Français*. La Source. Son portrait. — *Geoffroy*. La Prière des humbles. — *Coignard*. Le Repas du matin. — *Mauzaisse*. Portrait. — 62. *Bouguereau*, d'après Raphaël. Le Triomphe de Galatée.

20e SALLE. — *Jean Raoux*. Piron. — 320. *Cl. Hoin*. Portrait de Fr.-J. Hoin, professeur en chirurgie. — *Yvon*. Portrait du président Carnot. — 490. *H. Vernet*. Le maréchal Vaillant. — *Mercié*. Dalila (buste en bronze).

En sortant de la salle, on se retrouve dans le musée Trimolet.

Le *musée archéologique* (même entrée que le musée de peinture) comprend 3 salles (antiquités préhistoriques, gallo-romaines et mérovingiennes, monuments civils et religieux du moyen âge, etc.).

De la place d'Armes on peut traverser la cour de l'hôtel de ville pour gagner la *rue des Forges* (*maisons* Renaissance et XVe s., aux nos 34, 36, 38 et 54) et l'église **Notre-Dame** (Pl. 2), intéressant spécimen de l'art ogival bourguignon au XIIIe s. (*façade* célèbre par ses deux étages d'arcatures; tourelle avec jacquemart pris en 1382 à la ville de Courtrai par le duc Philippe le Hardi; à l'int., vitraux anciens, Vierge noire du XIIe s., très vénérée; à la sacristie, groupe en pierre par Dubois). Derrière l'église, *hôtel de Vogüé*, Renaissance, avec porte originale du XVIIe s.

A dr. de l'hôtel de ville, au delà de la *place Rameau* (statue du compositeur, par Guillaume), la *place Saint-Etienne* est bordée par le *théâtre* (Pl. E, 3) et par l'*église Saint-Etienne*, ancienne cathédrale (XVe-XVIIIe s.), auj. *Bourse du Commerce* (devant, statues de l'*Industrie* et de l'*Agriculture*, par Gasq; à dr. porte, XVe s., de l'ancien évêché).

Près de là est l'église **Saint-Michel** (Pl. 3), en partie ogivale mais remarquable surtout par sa *façade* Renaissance, et à laquelle a travaillé le célèbre architecte et sculpteur Hugues Sambin, à qui est attribué le bas-relief (le Jugement dernier) du grand tympan (à l'int., statue de St Yves, par Dubois, et *Mort de la Vierge*, fresque de Fréminet, élève du Primatice).

De la place Saint-Etienne, la *rue Chabot-Charny* conduit à la place Saint-Pierre en laissant à dr. le palais de justice et l'*école de droit* (Pl. D, 4), qui renferme la *Bibliothèque* de la ville (80,000 vol.). Le **Palais de Justice** (Pl. D, 3), où siégeait le parlement de Bourgogne, fut commencé sous le règne de Louis XII (immense salle, avec charpente soutenue par des poutres sculptées, et plusieurs peintures estimées; chapelle dont les boiseries ont été sculptées par Hugues Sambin; dans le cabinet du 1er Président, tête de Christ, attribuée à Van Eyck).

La **place Saint-Pierre** (square; bassin avec jet d'eau) communique par une triple allée de tilleuls, longue de 1,570 m., avec la promenade du **Parc**. Sur la place on prend à dr. le *boulevard Carnot* (à g., *synagogue*, Pl. E, 4), pour gagner la *place du 30-Octobre*, sur laquelle est le *monument* (par Vionnois) élevé à la mémoire des Dijonnais tués lors de la défense de la ville en 1870 (statue de *la Résistance*, par Cabet; au piédestal, bas-relief par Mathurin Moreau).

La place du 30-Octobre est reliée par le *boulevard Thiers* (à g., *lycée Carnot*) à la **place de la République**, où s'élève le **monument du Président Carnot**, qui fut député de la Côte-d'Or (statues du *Président Carnot* et de l'*Histoire*, par Mathurin Moreau; statues de la *Gloire*, en bronze, et de la *Douleur*, par Paul Gasq). Au S.-E. de la place se détache la *rue Jean-Jacques-Rousseau*, dans laquelle s'élève le *monument de Garibaldi*, par Auban. De cette place on revient à la gare par le *boulevard La Tremouille* et le *boulevard De Brosses* (temple protestant), les places Saint-Bernard et Darcy.

La **place Saint-Bernard** (Pl. 10) est décorée de la *statue de St Bernard* (10 m. 72 avec le piédestal), du sculpteur Jouffroy, comme les figures, hautes de 1 m. 95, qui occupent les niches et qui représentent le pape Eugène III, Louis VII, Hugues le Pacique, duc de Bourgogne, Suger, Pierre le Vénérable, abbé de Cluny, et Hugues de Payens, grand-maître des Templiers.

De la place Darcy, on peut aller, par le *boulevard Sévigné*, visiter la promenade de l'Arquebuse et les restes de la Chartreuse.

L'Arquebuse (Pl. A, 3) doit son nom à la compagnie de l'Arquebuse qui, en 1525, avait choisi cet emplacement pour s'y exercer. En 1782, M. de Montigny, alors capitaine de cette compagnie, fit construire le modeste bâtiment qui existe encore et qui renferme le *Muséum d'histoire naturelle* (glyptodon remarquable). A l'extrémité de ce jardin, contigu au *jardin botanique*, créé par Legouz de Gerland, dont on y voit le buste (magnifique herbier dans le *musée botanique*), s'élève un *peuplier* phénoménal, haut de 40 m.

Suivant à g. la route de Plombières, on arrive à l'*asile* départemental *des aliénés*, bâti en 1843 sur l'emplacement de la *Chartreuse de Champmol*, fondée en 1383 par Philippe le Hardi, qui voulait y établir sa sépulture et celle de ses descendants. De cette chartreuse il subsiste le portail d'entrée, le portail de la chapelle, une *tour* octogonale (XIVe s.) et le **puits de Moïse** (piédestal hexagonal, entouré des *statues* de Moïse, David, Jérémie, Zacharie, Daniel et Isaïe, chefs-d'œuvre de Claus Sluter).

[Excursions : — (4 h. aller et ret.) le *Mont-Afrique* (584 ou 595 m.), arête longue de 2 k., isolée des plateaux voisins ; — (7 k. ; voit. publique pour Fontaine, 50 c., 75 c. aller et ret., près de la porte Guillaume) *Talant*, à 350 m. d'altit. (église du XIVe s. sur une crypte) et (4 k. 5) *Fontaine-lès-Dijon*, patrie de St Bernard et dont l'*église* date du XVe s. A côté, un *monument* (belle vue) a été érigé aux soldats morts pour la défense du pays en 1871. A dr., en arrière de l'église, le sanctuaire du pèlerinage de St Bernard est formé par un groupe d'édifices comprenant une tour, restaurée, du château de Tesselin le Roux, père de St Bernard, la chapelle des Feuillants, bâtie en 1614, par ordre de Louis XIII et d'Anne d'Autriche, et occupant l'emplacement de la chambre où naquit le saint, et une église moderne, dans le style roman ou dans le style de transition. Le pèlerinage est desservi par des prêtres diocésains qui habitent à côté de l'église la *villa Saint-Bernard*, entourée d'un parc; — (10 k.; route de voit.; si l'on prend la voie ferrée, il faut aller jusqu'à la stat. de Gevrey-Chambertin, 11 k.; la distance de la station à Fixin est de 4 k.) Fixin (*V.* p. 31); — (22 k.) *Val-Suzon* *, par la *fontaine de Jouvence* et *Sainte-Foy* (petit château sur l'emplacement d'une abbaye dont il reste la chapelle transformée).

DE DIJON A IS-SUR-TILLE (28 k.; ch. de fer, en 1 h. env.; 3 fr. 15, 2 fr. 10, 1 fr. 40). — *Is-sur-Tille* *, 1,719 hab., sur la rive dr. de l'Ignon, à la jonction des ch. de fer de Châtillon, Dijon, Culmont-Chalindrey et Gray, a 2 maisons de la Renaissance, des mines de fer et des carrières de pierre blanche.

D'Is-sur-Tille à Gray (47 k.; ch. de fer en 1 h. 10; 5 fr. 25, 3 fr. 55, 2 fr. 30), par : (6 k.) *Til-Châtel* (église des XIe et XIIe s., avec délicates sculptures et tombeau de St Honoré; maisons anciennes), (15 k.) *Bèze* (1,026 hab.; restes d'une abbaye; belle *source de la Bèze*), (23 k.) Mirebeau, desservi également par le ch. de fer de Dijon à Mornay (*V.* ci-dessous), le *viaduc d'Oisilly* (28 m. de haut.), sur le canal de la Marne à la Saône et la Vingeanne, et (38 k.) *Autrey-lès-Gray*, 782 hab. — Pour Gray, *V.* p. 56.

DE DIJON A MORNAY (52 k.; ch. de fer, en 3 h. 20 et 3 h. 30; 4 fr. et 2 fr. 95). — 28 k. *Mirebeau*, 1,069 hab., sur la rive dr. de la Bèze, au croisement du ch. de fer d'Is-sur-Tille à Gray (*V.* ci-dessus). — On gagne la vallée de la Vingeanne, rivière côtoyée par le canal de la Marne à la Saône. — 44 k. *Fontaine-Française*, 926 hab., entre deux étangs qui donnent naissance à la Torcelle (château de 1755), est célèbre par la bataille dans laquelle Henri IV battit les troupes de la Ligue commandées par le duc de Mayenne et le connétable de Castille. — 52 k. *Mornay* (joli château moderne).]

De Dijon à Beaune, Chagny, Autun, Montchanin et Nevers, R. 4; — à Chalon, Mâcon et Lyon, R. 5, *A*; — à Auxonne, Dôle, Besançon, Montbéliard et Belfort, R. 6; — à Neuchâtel, par Mouchard et Pontarlier, R. 7; — à Saint-Amour, R. 9; — à Genève, R. 10.

ROUTE 2

DE PARIS A NEVERS

A. Par Montargis.

254 k. — Ch. de fer, en 4 h. 20 à 8 h. 10 suivant les trains. — 28 fr. 45; 19 fr. 20; 12 fr. 50.

DE PARIS A MONTARGIS

1° Par Moret.

118 k. — Ch. de fer, en 1 h. 50 à 2 h. 55. — 13 fr. 20; 8 fr. 90; 5 fr. 80.

67 k. de Paris à Moret (R. 1), où on laisse à g. la ligne d'Auxerre et de Dijon (R. 1), pour remonter la vallée du Loing et traverser l'extrémité E. de la forêt de Fontainebleau.

75 k. *Montigny-Marlotte*. A 2 k. (automobiles à vapeur, 20 c. et 15 c.), *Marlotte* *, lieu de villégiature fréquenté par des peintres. — 79 k. *Bourron*, stat. reliée à Malesherbes (*V.* ci-dessous, *B*) par un embranch. (27 k., en 35 min. à 1 h. 50) qui dessert (10 k.) *la Chapelle-la-Reine*, 862 hab. (belle *église*, ogivale).

87 k. **Nemours** *, 4,861 hab., entre la rivière et le canal du Loing (château des XIIe et XVe s.; *statue* du mathématicien *Bezout*).

97 k. *Souppes*, 3,362 hab. (*église* du XIIIe s., avec façade et fragments d'un retable du XIVe; carrières de pierre dure), à la jonction des ch. de fer de Montereau et de (6 k. S.-O.) **Château-Landon** *, 2,699 hab., petite V. située dans la vallée du Fusin et très intéressante par ses restes du moyen âge (XIe-XVe s.) : *églises N.-D.*, *Saint-Ugalde* et *Saint-André*, abbaye de *Saint-Séverin*, auj. asile de vieillards, etc.

102 k. *Dordives* (donjon du château de *Mez-le-Maréchal*).

108 k. *Ferrières-en-Gâtinais* *, 1,593 hab., à 1,500 m. E., dans le vallon de la Cléry (au bord de la route qui y conduit, chapelle romane de *Saint-Lazare*). *N.-D. de Bethléem* (pèlerinage), fondée par les apôtres du Sénonais Savinien et Potentien. En arrière, *église Saint-Pierre-et-Saint-Paul* (XIIIe-XIVe s.), curieuse par les 8 colonnes qui, à la croisée, forment une rotonde entourée d'un collatéral presque aussi élevé. Contre la tour, haute de 60 m. (flèche en pierre du XVe s.), porte féodale.

114 k. *Cepoy*.

118 k. Montargis (*V.* ci-dessous, 2°).

2° Par Corbeil.

125 k. — Ch. de fer, en 2 h. 10 à 3 h. 50. — 13 fr. 20; 8 fr. 90; 5 fr. 80.

33 k. de Paris à Corbeil (R. 1, p. 6). — La voie quitte la vallée de la Seine pour remonter celle de l'Essonne (charmants paysages). — 36 k. *Moulin-Galant*. — On passe au-dessus de la ligne de Montereau. — 41 k. *Mennecy*. — A dr., grandes tourbières. — 47 k. *Ballancourt* (château du *Grand-Saussaye*, XVIIe s.). A dr., au confl. de la Juine, *poudrerie du Bouchet*.

53 k. *La Ferté-Alais*, 957 hab. (*église* du XIIe s.; sur une place, buste du président Carnot). — 60 k. *Boutigny*. — 65 k. *Maisse*, 1,073 hab. — 81 k. *Boigneville*

(*église* du XIIe s. avec crypte). A 5 k. O., *Champmotteux*, dont l'église renferme le *tombeau* du chancelier *Michel de l'Hôpital*, et une statue de St Michel par Marochetti. — S'éloignant de l'Essonne, on monte sur un plateau par le vallon de la Vellevette.

77 k. **Malesherbes** *, 2,328 hab. — A l'*église* (XIIIe s.; clocher octogonal), buste du président de Malesherbes, le défenseur du roi Louis XVI, à qui a appartenu le *château*, bâti primitivement au XVe s. — Sur une place, *monument des 126 Défenseurs de Mazagran*, qui, sous le commandement du capitaine Lelièvre, né à Malesherbes, résistèrent 4 jours à 12,000 Arabes. — A 1 k. N., *château de Rouville* (fin du XVe s.), dans un beau parc (entrée libre).

De Malesherbes à Bourron, *V.* ci-dessus, 1°; — à Orléans, *V.* le Réseau *Orléans*, *Midi*, *Etat*.

83 k. *La Brosse*. A 2 k. E., *Augerville* (château ayant appartenu à Berryer). — 85 k. *Briarres-sur-Essonnes*.

89 k. *Puiseaux* *, 2,046 hab. Dans l'*église* (XIIe, XIIIe et XVe s.), saint-sépulcre du XVe s. et peintures sur lave émaillée par Paul Balze. — 96 k. *Beaumont*, dans la vallée du Fusin (restes d'un château de Jacques Cœur).

102 k. *Beaune-la-Rolande*, gare de transit d'où se détache à dr. la ligne de Bourges, qui dessert directement la ville de Beaune-la-Rolande (*V.* le Réseau *Orléans*, *Midi*, *Etat*).

108 k. *Lorcy*. — 115 k. *Mignères-Gondreville*. — A dr., filature de *Buges*, ham. où s'unissent les canaux de Briare, d'Orléans et du Loing. On débouche dans la vallée du Loing, que l'on traverse pour joindre à g. la ligne de Moret.

125 k. **Montargis** * (buffet), ch.-l. d'arr., V. de 12,351 hab., au pied des coteaux de la rive dr. du Loing, au confl. de cette rivière avec le Vernisson et le Puiseaux. Suivant l'*avenue de la Gare* (1,200 m.), on franchit le Loing et l'on se trouve sur le *boulevard du Pâtis* (à dr., belle *promenade*), qui aboutit au canal du Loing, qu'il faut longer à dr. pour voir l'ancien **château**, fondé, dit-on, par Clovis et reconstruit par Charles V. Revenant au boulevard, on traverse le pont du canal, d'où la *rue Vaublanc* conduit à la *place Ducerceau* (*statue de Mirabeau* par Gaudez). A dr. de la place, **église de la Madeleine**, dont le chœur (1540-1618) est en partie l'œuvre du célèbre architecte Jacques Androuet Ducerceau. En suivant à g. la *rue de Loing* on arrive à la ligne des *ponts de la Chaussée*, qui traversent le canal et quatre bras du Loing. Entre le canal et la rivière, dans un *square*, on voit la *mairie*, le *musée*, cinq fenêtres du XIIe s. provenant du château royal de Lorris, et un groupe en bronze du *Chien de Montargis*, le chien légendaire qui reconnut et fit découvrir, parmi les soldats de Charles VIII traversant la ville pour se rendre en Italie, l'assassin de son maître, Aubry de Montdidier, égorgé dans la forêt de Bondy. En sortant du musée on prend à g. le *boulevard Durzy*, puis à dr., en traversant le canal, le *boulevard Victor-Hugo*, qui aboutit à la *place de la Poste*.

dr. on revient à la place Ducerceau et à la gare par la *rue Dorée*, la plus animée de la ville. — La *forêt de Montargis*, au N.-E., a 30 k. de tour et 8,516 hect. de superficie.

De Montargis à Sens, R. 1, p. 9; — à Auxerre, *V.* ci-dessous, p. 24; — à Orléans, *V.* le Réseau *Orléans, Midi, Etat.*

DE MONTARGIS A NEVERS

130 k. (de Paris par Moret). *Solterres.* — 136 k. *Nogent-sur-Vernisson.*

[Voit. publique pour (10 k. E.; 1 fr.) *Châtillon-Coligny*, 2,167 hab., sur le Loing et le canal de Briare, berceau de la célèbre maison de Châtillon, dont l'amiral Coligny (1517-1572) est le membre le plus illustre (donjon, terrasses, puits avec sculptures de Jean Goujon, etc., restes du château seigneurial; 2 maisons du XVIe s. et *église* de la même époque avec tableaux de maîtres; *statue* du physicien *Becquerel*, † 1878; *buste de* l'amiral *de Coligny*; à 5 k. N., ruines de l'amphithéâtre antique de *Chenevière*).]

143 k. *Les Choux-Boismorand.*

155 k. **Gien** * (buffet), ch.-l. d'arr., V. de 7,909 hab., à 2 k. S.-O., en amphithéâtre sur la rive dr. de la Loire (pont de 12 arches du XVIe s.), est composé de rues étroites avec des maisons curieuses, notamment le n° 11 (Renaissance) de la rue du Lion-d'Or. Derrière l'*église Saint-Pierre* (façade et tour du XVe s.; cloche de 1495; vitraux par Lobin de Tours), située sur une terrasse ombragée, est l'entrée du **château** (s'adresser au concierge), rebâti en 1494 par Anne de Beaujeu. — *Musée* à l'*hôtel de ville*, sur le quai. — Importante *faïencerie.*

De Gien à Auxerre et à Clamecy, *V.* ci-dessous, *B*; — à Orléans et à Argent, *V.* le Réseau *Orléans, Midi, Etat.*

165 k. **Briare** *, 5,630 hab., sur la rive dr. de la Loire, au débouché du vallon de la Trézée. Le *canal de Briare* (59 k.), qui emprunte le cours de cette rivière, s'y termine et s'y joint au canal latéral à la Loire, qu'il relie au canal du Loing et à la Seine. Le *canal latéral à la Loire* franchit le fleuve en amont de Briare sur un **pont-canal** long de 660 m. Briare possède une *manufacture de boutons* (1,500 ouvr.), qui fabrique, d'après les procédés de son fondateur, M. Bapterosses, avec du feldspath et du lait, des boutons, perles, jais et mosaïques. L'**église**, moderne, de style roman, est pavée de mosaïques, dont les principaux sujets sont dus au peintre Grasset. Devant l'église, place avec *buste de Bapterosses*, à qui sont dus l'église et l'*hospice*, de style Louis XIII. L'ancien château sert de *mairie*.

170 k. *Châtillon-sur-Loire*, 3,158 hab., à 2 k. 5 S.-O. (maison du bailliage, XVIe s.; tours des anc. remparts). — 177 k. *Bonny*, 2,157 hab., sur la Cheuille.

183 k. *Neuvy-sur-Loire*, 1,429 hab., au débouché du vallon de la Vrille (château en partie du XVe s.).

[Une route, qui remonte la vallée de la Vrille, relie Neuvy à (17 k. E.) *Saint-Amand-en-Puisaye*, 2,099 hab. (*église* gothique des XIIIe et XVIe s.; **château** de la Renaissance).]

191 k. *Myennes* (château du XVIIe s.).

195 k. **Cosne** *, ch.-l. d'arr., 8,582 hab., sur la rive dr. de

la Loire (2 ponts suspendus), au confl. du Nohain. *Eglises* : *Saint-Agnan*, avec abside du XIIe s. et porte O. sculptée; *St-Jacques*, 1re moitié du XVe s.

De Cosne à Clamecy, *V.* ci-dessous, *B*; — à Bourges, *V.* le Réseau *Orléans*, *Midi*, *Etat.*

205 k. *Tracy-Sancerre*, gare sur la rive dr., en face de **Sancerre***, 2,998 hab., située à 5 k., sur une colline (306 m.) de la rive g., et desservie de plus près par la ligne de Cosne à Bourges. De la station, la route (omnibus) franchit le fleuve (pont suspendu), le canal Latéral et traverse (2 k.) *Saint-Satur*, 1,974 hab. (chœur grandiose de l'ancienne *église* abbatiale, XVe s.). Puis la route passe sous le *viaduc* (26 arches) de la ligne de Bourges, et s'élève au flanc de la colline, couverte de vignobles. L'entrée du *château* de la famille d'Uzès (on peut pénétrer dans le parc, où subsiste l'ancienne *tour des Fiefs*, XVe s.) donne sur une terrasse d'où l'on jouit d'une fort belle vue. — A g., *Tracy*, 1,191 hab. (château des XVe et XVIIe s.).

214 k. *Pouilly-sur-Loire*, 2,599 hab. (château du XVIIe s.; vins blancs et chasselas renommés). — 220 k. *Mesves* (grange dîmière du XIIe s.; bons vins blancs).

227 k. **La Charité***, 5,147 hab., doit son nom à un monastère fondé dès le VIIIe s. et dont il reste l'entrée (XVe s.), une salle du XIVe s., des bâtiments des XVIIe et XVIIIe s., et l'**église Sainte-Croix-Notre-Dame** (chapelles absidales, transsept et tour carrée du sanctuaire primitif, 1056-1107; nef de 1695). En face de l'église, la *rue du Pont* aboutit au *pont* (XVIIIe s.) en pierre (10 arches) de la Charité. — On s'éloigne de la Loire.

241 k. **Pougues*** 1,600 hab., célèbre par ses eaux minérales froides, bicarbonatées calciques, ferrugineuses et gazeuses, est situé à 5 k. de la Loire, dans un vallon dominé par le *Mont-Givre* (299 m.). Un *parc* renferme l'Etablissement thermal, la buvette *Saint-Léger*, le Casino et le Splendid-Hotel. Sur le plateau du Mont-Givre est l'annexe de *Pougues-Belle-Vue*.

247 k. **Fourchambault**, 6,152 hab., sur la rive dr. de la Loire (pont suspendu); *forges* occupant 2,000 ouvriers.

254 k. Nevers (buffet; *V.* p. 26).

B. Par Laroche, Auxerre et Clamecy.

302 k. — Ch. de fer. — Pas de service direct : on change généralement de train à Laroche, Cravant et Clamecy. Cependant il est délivré des billets directs par cette voie : 33 fr. 90; 22 fr. 95; 15 fr.

155 k. de Paris à Laroche (R. 1). — Laissant à g. la ligne de Dijon, on franchit l'Armançon pour remonter la vallée de l'Yonne et passer sous le ch. de fer de l'Isle-Angély (*V.* p. 10). — 161 k. *Bonnard-Bassou.* — On traverse le Serein. — 16 k. *Chemilly-Appoigny.* — 169 k. *Monéteau.*

174 k. **Auxerre*** (buffet), 18,901 hab., ch.-l. du départ. de l'Yonne, à 122 m., sur des collines dominant la rive g. de l'Yonne. L'*avenue Gambetta* va, à dr., aboutir au *Vieux-Pont* (*statue de Paul Bert*, physiolo-

AUXERRE.
Echelle
0 100 200 300 M.
Guides Joanne-Hachette & Cie
Principaux hôtels
h1 Hôtel de la Fontaine B.2
h2 _id._ de l'Épée B.3
h3 _id._ de la Poste B.2
LÉGENDE
1 Cathédrale St Étienne C.2
2 Eglise St Eusèbe (et Place) B.3
3 _id._ St Germain (et Pl.) C.1
4 _id._ St Pierre (et Place) C.3
5 Préfecture (ancn Évêché) C.2
6 Hôtel de Ville St ue de J. Fourrier C.2
7 Bibliothèque et Musée C.2
8 Palais de Justice (et Place) B.1.2
9 Tour Gaillarde BC.2
10 St ue de Fourier BC.2
11 Statue de Davout B.3
12 Poste et Télégraphe B.2
Frg de la Caserne
Caserne
Collège des Jésuites
Faubourg des Moreaux
Prison
Asile des Aliénés
Boulevard de la Chanette
Boulevard Vauban
Av. Marceau
Rte de Joigny
Banque de France
Lycée (Filles)
Collège
École Nle (Garçons)
Hôtel Dieu
Quai de la Marine
Faubourg Saint Marien
Av. de l'Éteau
Rue du Port
Port
Usine d'Electr.
Quai de la République
Quai du Batardeau
Frg St Gervais
Gare
Avenue Gambetta
Chemin de Laborde
Rte de Tonnerre
Rte d'Avallon
Ile des Plaisirs
Faubg de Preuilly
Frg St Julien
Frg St Amatre
Champ de Mars
Bd Davout
Boulevard du Temple
Rue du Temple
Rue d'Egleny
Rue Paul Bert
Rte de Clamecy
Rte de Bonny
vers Laroche
vers Gien
vers Clamecy
G Thuillier delt
Imp. Dufrénoy, Paris.
3-03

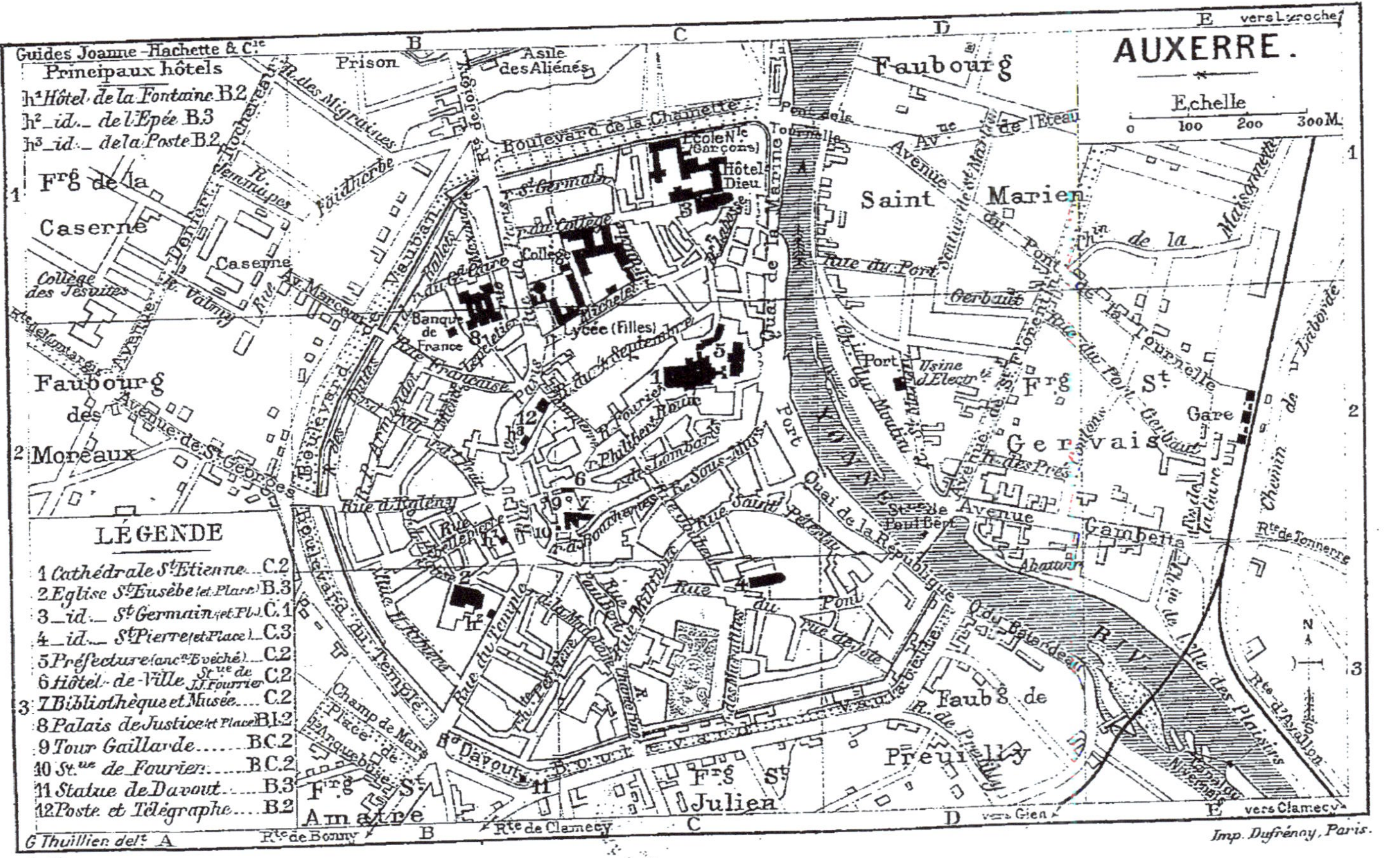

iste et homme politique, 1833-886), d'où l'on entre en ville par la *rue du Pont*, dans laquelle un passage à dr. donne accès à l'*église Saint-Pierre* ou *Saint-Père-en-Vallée* (Pl. 4), avec clocher de 1530, précédée d'une porte Renaissance mutilée; si l'on passe sous cette porte on se trouve dans la *rue Joubert*, que l'on peut suivre à dr. pour parvenir à

L'ancienne **cathédrale Saint-Etienne** (Pl. 1), fondée de 386 à 415, rebâtie en 1030, puis de 1215 à 1234 (tour N. haute de 70 m.). Aux voussures des portails latéraux, nombreuses statuettes.

Au portail central, vitrail (1573) du *Concert céleste*. — 2e chap. du bas-côté dr., peinture sur bois (*Lapidation de St Etienne*) de 1550. — **Chœur** : vitraux des XIIIe et XVIe s.; à dr. et à g. du *maître-autel*, en marbre (1772), derrière lequel est une statue de *St Etienne lapidé*, *pyramide* (1713) avec bustes de Nicolas Colbert, évêque d'Auxerre, † 1676, et de Jacques Amyot, † 1593; dans une chap. du bas-côté g., *tombeau* représentant les sires de Chastellux. — Croisillon N. : *rosace* avec vitraux de 1528. — *Trésor* (s'adresser au sacristain) : émaux du XVIe s., missels, ivoires, reliquaires du XIIe s., tapisseries, etc. — A la sacristie, *tapisseries* du XVe s. (Légende de St Etienne). — Pour visiter la **crypte** (1030-1039), à 5 nefs, sous le chœur, restaurée par Viollet-le-Duc, il faut sortir de l'église.

A dr. de la cathédrale, *chapelle de Saint-Clément et Saint-Michel* (XIIe s.) et ancienne *bibliothèque du Chapitre* (XIIIe s.). A g., la *rue Cochois* (*maison* du XVe s., n° 17) conduit à la **Préfecture** (Pl. 5), autrefois palais épiscopal, du XIIIe s. (galerie romane, ancien promenoir des évêques; salle synodale).

La Préfecture dépassée à dr., on parvient par la rue Cochois à l'ancienne *abbaye de Saint-Germain*, dont il subsiste des bâtiments du XVIIIe s. occupés par l'*Hôtel-Dieu* et l'école normale, ainsi que l'**église** (Pl. 3), des XIIIe-XVe s. (*crypte* du IXe s. renfermant les tombeaux des Sts évêques d'Auxerre depuis St Germain), séparée de son **clocher** roman **de Saint-Jean** par suite de la destruction d'une partie de la nef en 1820.

En face de l'église s'ouvre la *rue du Collège*, qui conduit à la *rue de Paris*, dans laquelle (à g.) on dépasse le *palais de justice* (Pl. 8), avant de prendre à g. la *rue Dampierre*, continuée par la *rue de l'Hôtel-de-Ville*, puis la *rue de l'Horloge*, qui passe sous la *tour de l'Horloge* (1483; Pl. 9). Cette dernière rue communique à g. avec la *place de la Bibliothèque* (*statue*, Pl. 10, du savant physicien et mathématicien *Fourier*, 1768-1830), sur laquelle l'ancien palais de justice, construit en 1509 et 1620, sur l'emplacement de l'ancien château des comtes d'Auxerre, renferme la *bibliothèque* et le *musée*, qui a pour annexe la collection donnée, sous le nom de « musée d'Eckmühl », par Mme de Blocqueville, fille du maréchal.

Après avoir passé sous la tour de l'Horloge (*V.* ci-dessus), on parvient à la *place des Fontaines*, d'où part la *rue du Temple*, la principale de la ville, sur laquelle s'ouvre à dr. la *rue Saint-Eusèbe*, conduisant à l'*église Saint-Eusèbe* (Pl. 2), avec tour romane (vitraux du XVIe s.; dans le trésor, *suaire de St Germain*, étoffe byzantine du IXe s.). De la place de l'Eglise, la *rue de l'Egalité* conduit à la *rue d'Egleny* (au n° 5, *maison* du XIV° s.), qui va aboutir *boulevard du Temple* : en le suivant à g., on arrive à l'*avenue Davout*, à l'extrémité de laquelle se trouve la *statue du maréchal Davout* (Pl. 11), par Dumont. Au delà, on continue à suivre les cours, pour regagner le Vieux-Pont et la gare.

[D'AUXERRE A MONTARGIS (95 k.; ch. de fer, en 3 h. 40 et 5 h. 20; 10 fr. 60, 7 fr. 20, 4 fr. 70). — On suit la vallée de l'Ouanne. — 30 k. *Toucy-Moulins*, stat. à la jonction des lignes d'Auxerre, de Clamecy-Gien et de Triguères-Montargis. — 34 k. *Toucy-Ville*, 3,369 hab. (*église* du XV° s., avec 2 tours, XV° s., d'un anc. château des évêques d'Auxerre; fabr. d'ocre). — 58 k. *Charny*, 1,494 hab. — 73 k. Triguères, et 22 k. de Triguères à (95 k.) Montargis (R. 1, p. 9).

D'AUXERRE A GIEN (92 k.; ch. de fer, en 3 h. à 3 h. 50; 10 fr. 30, 6 fr. 95, 4 fr. 55). — 30 k. d'Auxerre à Toucy-Moulins (*V.* ci-dessus). — 36 k. *Fontenoy* (bifurc. pour Clamecy : *V.* ci-dessous), où un obélisque perpétue le souvenir de la bataille (25 juin 841), dite de *Fontanet*, où Lothaire, fils aîné de Louis le Débonnaire, fut battu par ses frères Louis le Germanique et Charles le Chauve. — 43 k. *Saint-Sauveur-en-Puisaye*, 1,725 hab., près du Loing (château du XVII° s., avec tour du XII°). — 55 k. *Saint-Fargeau*, 2,573 hab., au bord du Loing (*château* du XIII° s., avec beau parc; église des XIII° et XVI° s., avec verrières Renaissance; tour de l'Horloge, XV° s.). — 68 k. *Bléneau*, 2,000 hab. — 78 k. *Ouzouer-sur-Trézée*, 1,790 hab. (*église* du XII° s., avec retable en pierre Renaissance). — 92 k. Gien (*V.* p. 21).]

On remonte jusqu'à Clamecy la vallée de l'Yonne, rivière doublée par le *canal du Nivernais*, long de 176 k., qui relie Auxerre à Decize sur la Loire. — 179 k. *Augy*. — 182 k. *Champs-Saint-Bris*. — 187 k. *Vincelles* (château de 1777, où fut exilée Mme de Staël). A 3 k. S O., *Coulanges-la-Vineuse*, 958 hab. (*église* bâtie par Servandoni en 1742, sauf le clocher, du XIV° s.; *maison* à cariatides, XVI° s.).

192 k. **Cravant** (buffet; bifurc. des lignes de Clamecy-Nevers et d'Avallon-Autun), 1,082 hab., près du confl. de l'Yonne (*pont* du XVIII° s.) et de la Cure (*église* du XV° s., avec *chœur* Renaissance; tour de l'Horloge, de 1387).

A Avallon et à Autun, R. 3.

196 k. *Prégilbert* (*église* du XIII° s.; ruines de l'abbaye de *Crisenon*). — 201 k. *Mailly-la-Ville*. A 3 k. S.-O., *Mailly-le-Château*, pittoresque b. fortifié sur un escarpement dominant un méandre de l'Yonne (*église* du XIII° s.).

211 k. *Châtel-Censoir* (*église Saint-Potentien*, ancienne collégiale, du XI° et du XVI° s., avec crypte; salle capitulaire du XII° s.; rocher dit la *Pierre-qui-Tourne*). — 218 k. *Coulanges-sur-Yonne*, 830 hab., port animé. — 222 k. *Surgy*, d'où part à dr. la ligne de Fontenoy-Gien (*V.* ci-dessous).

227 k. **Clamecy***, 5,426 hab., ch.-l. d'arr., sur une colline dominant le confluent de l'Yonne avec le Beuvron, et le canal du Nivernais. Une avenue de platanes descend vers le Beuvron, d'où l'on monte à l'*hôtel de ville* (musée; caves voûtées de l'ancien château des comtes de Nevers) et à l'*église Saint-Martin* (XIII°-XVI° s.; buffet d'orgues et vitrail de cette dernière époque;

statue de Ste Geneviève, par Simart). Plusieurs rues descendent à g. au canal et à l'Yonne, dont le *pont* est orné du *buste* (par David d'Angers) *de Jean Rouvet*, à qui est due peut-être l'invention (XVIe s.) du flottage des bois, qui donne au port de Clamecy une si pittoresque animation. Sur la rive dr., en face du pont, l'hôtel de la Boule-d'Or a pour salle à manger la *chapelle* (XIIe s.) de l'ancien évêché *de Bethléem*.

[DE CLAMECY A FONTENOY (32 k.; ch. de fer, en 1 h. à 1 h. 20; 3 fr. 60, 2 fr. 40, 1 fr. 60), par (13 k.) *Druyes* (belles *sources* du ruisseau d'Andryes; ruines d'un *château* des XIIe-XIVe s.; église romane; porte des anciens remparts, XVe s.). Pour Fontenoy, V. p. 24.

DE CLAMECY A COSNE (63 k.; ch. de fer, en 2 h. 5 à 2 h. 50; 7 fr. 05, 4 fr. 75, 3 fr. 10). — 26 k. *Entrains* *, 2,167 hab., sur le Nohain (*maison de l'Amiral*, XVIIe s.). — 42 k. *Donzy* *, au confl. du Nohain et de la Talvanne (près de l'église Saint-Martin, du XIIe s., ruines du prieuré de *N.-D. du Pré*, XIIe-XIVe s.; sur un rocher, ancien *donjon* des barons de Donzy). — A g., château de *Verger* (XVe s.). — 48 k. *Suilly-la-Tour* (clocher Renaissance; château des *Barres*, du temps de Henri IV). — 54 k. *Saint-Martin-Saint-Laurent* (ruines d'une *abbaye*, avec *église* du XIIe s.). — 63 k. Cosne (p. 21).

DE CLAMECY A SAULIEU (76 k.; ch. de fer de Clamecy à Corbigny : en 1 h. env., 3 fr. 70, 2 fr. 50, 1 fr. 65; de Corbigny à Saulieu : 7 fr. 85 et 4 fr. 70). — 33 k. de Clamecy à Corbigny (V. ci-dessous). — On remonte le vallon de l'Anguisson. — 40 k. *Cervon* (*église* d'une anc. abbaye, XIe et XIIe s.; maisons canoniales, XVe et XVIe s.). — 50 k. *Lormes* *, 2,775 hab., à 423-470 m., sur une colline que couronne l'*église Saint-Alban* (belle vue). Le Goulot, qui y sort d'un étang, tombe en cascatelles dans la *gorge de Narvau*. — 26 k. *Brassy-Gâcogne* (aux environs, château de *Raffigny*, ayant appartenu à Dupin aîné). — La voie franchit la belle vallée de Chalaux.

44 k. *Montsauche* *, 1,582 hab., à 566 m., sur les pentes du Signal de Montsauche (663 m.; montée en 1 h., belle vue), qui domine la Cure (*musée* à l'hôtel de ville). — 48 k. *Les Settons* * (591 m.), gare près du **lac des Settons**, réservoir artificiel créé, au moyen d'une digne monumentale construite en travers de la vallée de la Cure pour faciliter les éclusées ou crues factices nécessaires au flottage des bois sur la Cure et à la navigation de l'Yonne. — 28 k. des Settons à (76 k.) Saulieu (V. R. 3, p. 29).

DE CLAMECY A CHATEAU-CHINON (81 k.; ch. de fer, en 2 h. 40 et 2 h. 55; 9 fr. 10, 6 fr. 10, 4 fr.). — 57 k. de Clamecy à Tamnay-Châtillon (V. ci-dessous). — **Château-Chinon***, 2,330 hab., ch.-l. d'arr., au flanc d'un sommet de 609 m. (belle vue) et au centre du *Morvan*, région montagneuse très intéressante, formée d'une chaîne granitique couverte de forêts. La route de la gare aboutit à la *porte Notre-Dame*, reste des remparts, et à l'*hôpital* (buste du marquis d'Aligre), d'où, par la *Grande-Rue*, on gagne la *caisse d'épargne* (XVIIe s.) et l'*église*, puis, en descendant à dr., l'*hôtel de ville* (musée).

DE CLAMECY A CERCY-LA-TOUR (85 k.; ch. de fer, en 2 h. 30 à 3 h. 5; 9 fr. 50, 6 fr. 45, 4 fr. 20). — La voie remonte la rive g. du Beuvron, puis descend dans la vallée de l'Yonne. — 18 k. *Flez-Cusy-Tannay*. A 1,800 m., O. (omnibus, 30 c.), *Tannay*, 1,160 hab., petite V. ancienne sur une colline (*église Saint-Léger*, XIIIe-XVIe s.). — 33 k. *Corbigny* *, 2,490 hab., sur l'Anguisson (églises : *Saint-Seine*, ogivale, de 1537, avec monument de Mgr Sergent, évêque de Quimper, né à Corbigny en 1802; *Saint-Léonard*, reste d'une abbaye avec des bâtiments du XVIIIe s.; *Saint-Jean*, XIIe s.). De Corbigny à Montsauche, aux Settons et à Saulieu, V. ci-dessus.

La voie s'engage avec le canal du Nivernais dans le vallon de Chancelle. A g., château de *Marcilly* (XVe s.). — 45 k. *Epiry-Montreuillon*.

A 3 k. N., château d'Epiry, où naquit Bussy-Rabutin (*V.* p. 12) et qu'habita Vauban. A 6 k. E., *Montreuillon*, en aval duquel la rigole d'alimentation du canal du Nivernais franchit la vallée de l'Yonne sur l'*aqueduc de Montreuillon* (13 arches hautes de 33 m.). — Passant du versant de la Seine sur celui de la Loire, la voie descend vers l'Aron. — 57 k. *Tamnay-Châtillon*, stat. d'où se détache l'embranch. de Château-Chinon (*V.* ci-dessus). A 5 k. 5 O. (omnibus, 75 c.), *Châtillon-en-Bazois**, 1,702 hab., dans la vallée de l'Aron et du canal du Nivernais (à l'église, tombe d'un seigneur, 1370, retable avec tableau par Mignard; château des XVIe et XVIIe s. et tour, XIIIe s., de l'anc. forteresse des sires de Châtillon). — 70 k. *Moulins-Engilbert*, 3,086 hab., à 6 k. N.-E. de la gare (omnibus, 1 fr.) : *église* ogivale des XVe et XVIe s.; porte d'un anc. château des comtes de Nevers; hôtel de ville dans un anc. couvent, XVIIe s.

75 k. *Vandenesse-Saint-Honoré*, stat. desservant (9 k.; omnibus, 1 fr. 60) **Saint-Honoré-les-Bains** *, 1,749 hab., station thermale (4 sources d'eaux sulfurées sodiques et arsenicales; établissement thermal et casino dans un beau parc; château de *la Montagne*, XVIIIe s.). — 85 k. Cercy-la-Tour (*V.* p. 34).]

Au delà de Clamecy on remonte le vallon de Sauzay.

237 k. *Corvol-l'Orgueilleux*.

248 k. **Varzy** *, 2,585 hab. (*église Saint-Pierre*, XIIIe-XIVe s., avec *triptyque* de 1535 représentant la légende de Ste Eugénie; au chevet, *statue*, par E. Boisseau, *de Dupin*, jurisconsulte et magistrat, 1783-1865; *maison Guiton*, du XVe s., sur une cave du XIIIe s.; petit *musée*).

La voie remonte le vallon de Sainte-Eugénie. — 255 k. *Corvol-d'Embernard* (belle source).

261 k. *Arzembouy*.

272 k. *Prémery*, 2,837 hab., près de la Nièvre d'Arzembouy (*église* des XIIIe et XIVe s., avec le tombeau vénéré du B. Appeleine, chanoine de Prémery, † 1466, dont la *maison*, dite *du Saint*, existe encore; anc. *château* des évêques de Nevers avec une *porte* fortifiée du XIVe s.). — 282 k. *Poiseux*.

287 k. *Guérigny**, 3,787 hab., au confl. de la Nièvre de Prémery et de la Nièvre proprement dite (*forges nationales de la Chaussade*, 1,300 ouvr., fabriquant le matériel nécessaire à la marine; on peut visiter). — 292 k. *Urzy* (ancien château des évêques de Nevers).

302 k. **Nevers*** (buffet), 27,67[illegible] hab., ch.-l. du départ. de la Nièvre, évêché, sur la rive dr. de la Loire, à l'emboucb. de la Nièvre. L'*avenue de la Gare* conduit à la *place de la Halle*. A g. de cette place, promenade du *Parc*, de l'autre côté de laquelle est le *couvent de Saint-Gildard*, maison mère des sœurs de la Charité de Nevers. A dr. de la place de la Halle deux rues la font communiquer avec la *place de l'Hôtel-de-Ville*, contiguë à la *place de la République* (*fontaine monumentale*). Sur ces deux places s'élèvent, à dr., l'*hôtel de ville* et la cathédrale, à g., le château ducal et le *théâtre*.

La **Cathédrale** ou **Saint-Cy[r]** se compose d'une abside O. et d'un transsept, bâtis au XIe s. avec leur crypte, et d'une ne[f] avec grande abside E., ajoutée à la fin du XIIIe s., et flanquée d'une tour ogivale, à statues terminée en 1528.

A l'int. : retables des XVe et XVIe s. à l'abside romane, fresque du XIIe [illegible] du XIIIe s.; bénitiers en bronze, [illegible] XIIIe s.; dans le bas côté dr., escali[er]

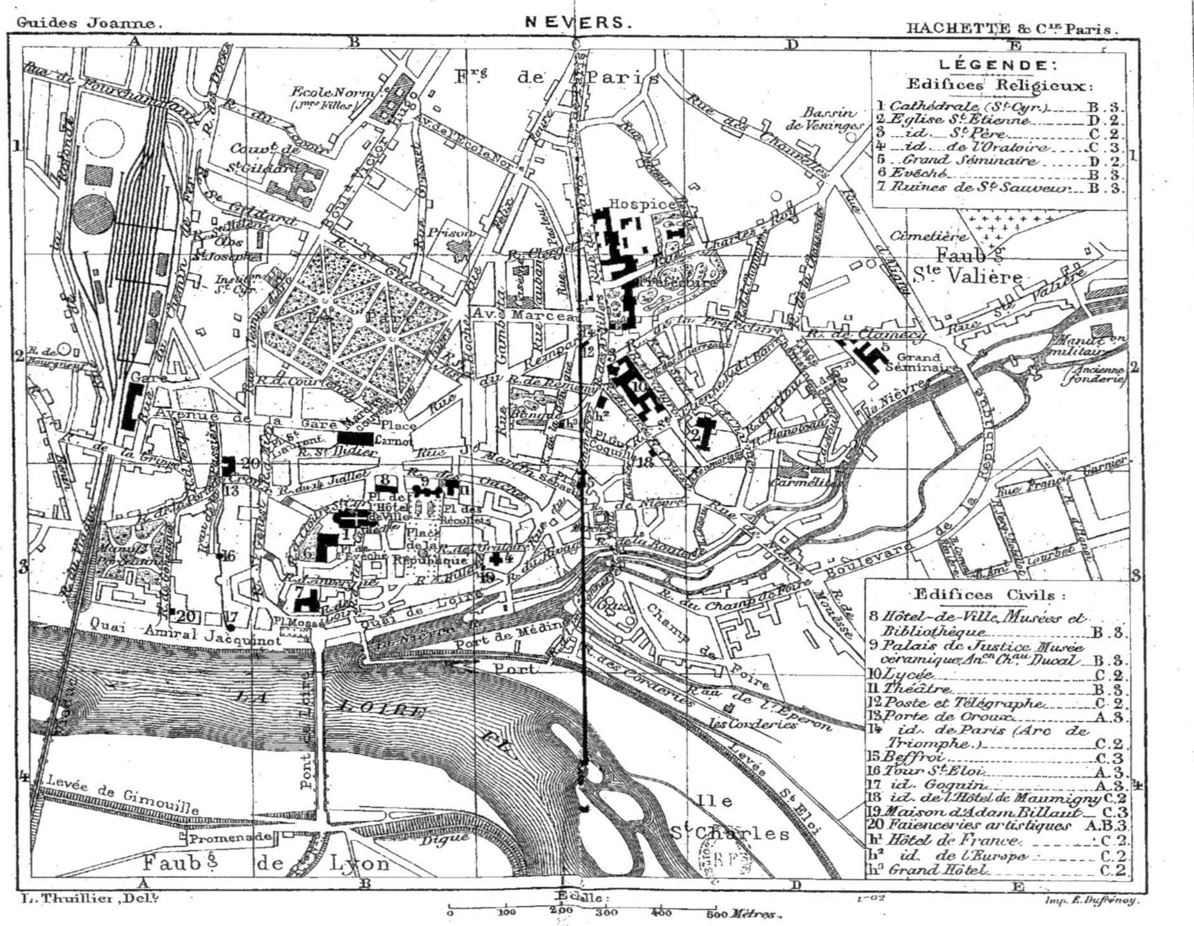
Guides Joanne.
NEVERS.
HACHETTE & Cie Paris.
LÉGENDE:
Edifices Religieux:
1 Cathédrale (St Cyr) B.3.
2 Eglise St Etienne D.2.
3 id. St Père C.2.
4 id. de l'Oratoire C.3.
5 Grand Séminaire D.2.
6 Evêché B.3.
7 Ruines de St Sauveur B.3.
Edifices Civils:
8 Hôtel-de-Ville, Musées et Bibliothèque B.3.
9 Palais de Justice Musée céramique, Anc. Chau Ducal B.3.
10 Lycée C.2.
11 Théâtre B.3.
12 Poste et Télégraphe C.2.
13 Porte de Croux A.3.
14 id. de Paris (Arc de Triomphe.) C.2.
15 Beffroi C.3
16 Tour St Eloi A.3.
17 id. Goguin A.3.
18 id. de l'Hôtel de Maumigny C.2
19 Maison d'Adam Billaut C.3
20 Faïenceries artistiques A.B.3
h1 Hôtel de France C.2
h2 id. de l'Europe C.2
h3 Grand Hôtel C.2
Frg de Paris
Faubg St Valière
Faubg de Lyon
Ile St Charles
LA LOIRE
Pont de Loire
Quai Amiral Jacquinot
Quai de Loire
Port de Médine
Levée de Gimouille
Promenade
Digue
Hospice
Préfecture
Grand Séminaire
Gare
Ecole Norm.le (Jnes Filles)
Cimetière
Bassin de Veninges
Boulevard de la République
Avenue de la Gare
Av. Marceau
Place Carnot
Place de la République
Rue de Paris
Rue Gambetta
La Nièvre
Levée St Eloi
Les Corderies
Champ de Foire
L. Thuillier, Delt
Echelle:
0 100 200 300 400 500 Mètres.
Imp. E. Dufrénoy.

du xvie s.; autel gothique dessiné par Ruprich-Robert, qui a restauré la cathédrale; dans la crypte, saint-sépulcre en pierre du xvie s.

L'ancien **Château ducal**, auj. *palais de justice*, précédé d'un jardin où se voient les *bustes* du pamphlétaire *Claude Tillier* et du poète *Adam Billault*, fut commencé en 1475 et terminé au commenc. du xvie s. La façade de la place est une construction élégante de cette dernière époque, tandis que la façade postérieure rappelle l'époque féodale. La tourelle du grand escalier est ornée de bas-reliefs (restaurés par Jouffroy) relatifs à l'histoire de la maison de Clèves.

Le 2e étage renferme le *musée nivernais*; médailles, antiquités romaines et du moyen âge, faïences, particulièrement de Nevers.

Vis-à-vis de la cathédrale et de l'évêché, la *rue de la Porte-du-Croux* conduit à la *manufacture de porcelaine* par la **porte du Croux** (1393-1398), renfermant un *musée lapidaire*, dont le gardien, M. Tissier, demeure rue du 14-Juillet, 46. Revenu à la place de la Halle par la *rue du 14-Juillet*, il faut suivre, à l'extrémité de cette place, la *rue du Rempart*, allant à la *Préfecture*, située sur la *rue de Paris*, où se voient aussi l'*hospice* et un arc de triomphe, la *porte de Paris*, commémoratif de la bataille de Fontenoy (1745; vers de Voltaire). Dans l'axe de la route de Paris s'ouvre, à dr., la *rue des Ardilliers*, continuée à g. par la rue du *Lycée*, édifice qu'on longe à g., ainsi que l'*église Saint-Pierre* (fresques par Baptiste et Ghérardin). La rue du Lycée aboutit à la *rue Saint-Etienne*, conduisant, à g., à l'**église Saint-Etienne**, type précieux de l'art roman auvergnat. Revenant sur ses pas par cette rue, on parvient à la *place Guy-Coquille*, d'où la *rue du Commerce*, la principale et la plus animée de Nevers (à g., *beffroi* du xve s.), va aboutir au quai et au *pont* (15 arches) de la Loire. En face du pont est la *place Mossé* (ruines de l'*église* romane *de Saint-Sauveur*), d'où l'on peut regagner la gare par la *rue Saint-Genest* et (à g.) l'avenue de la Gare.

De Nevers à Cercy-la-Tour, Etang, Autun, Épinac, Montchanin, le Creusot, Chagny, Beaune et Dijon, R. 4; — à Bourges, V. le Réseau *Orléans*, *Midi*, *Etat*.

ROUTE 3

DE PARIS A AUTUN

PAR AVALLON

317 k. — Ch. de fer, en 9 h. à 10 h. par les trains qui correspondent le mieux à Laroche, Cravant et Avallon; on change généralement de train à ces trois gares; un seul train (de nuit) a des voit. directes des 3 classes pour Autun, par Avallon : 35 fr. 50; 24 fr.; 15 fr. 65.

192 k. de Paris à Cravant, par Auxerre et Laroche (R. 2, *B*). — On suit la belle vallée de la Cure. — 196 k. *Accolay*.

198 k. *Vermenton*, 1,951 hab., au pied de collines (bons vins) de la rive dr. de la Cure, avec un port (commerce de bois) relié par un canal de 4 k. à l'Yonne et au canal du Niver-

nais (*église Notre-Dame*, XIIIe s., avec portail et tour romans et deux tableaux de Jeaurat relatifs à St Benoît, et provenant de l'abbaye de *Reigny*, située à 2 k. S.). — 202 k. *Lucy-sur-Cure-Bessy*.

206 k. *Arcy-sur-Cure**. A 1,500 m., **grottes d'Arcy** (1 fr. d'entrée). — Tunnel de 230 m.

211 k. *Voutenay* (au presbytère, collection d'antiquités).

[Excurs. (2 h. all. et ret.) à *Saint-Moré* et au *camp de Chora*, ancien poste fortifié qui protégeait la voie romaine d'Agrippa ou de Lyon à Boulogne.]

215 k. *Sermizelles-Vézelay*, stat. desservant (9 k. S.-O., en 1 h. 30; 1 fr. 50) **Vézelay***, 798 hab., situé sur une haute colline et célèbre par son **église de la Madeleine** (XIIe-XIIIe s.; crypte), reste d'une abbaye de Bénédictins dont l'anc. *salle capitulaire* communique avec le chœur (porte à dr.). On voit aussi : les anciens *remparts* (*porte Neuve*, XVIe s.); la *tour de l'Horloge*, anc. clocher de Saint-Père-le-Haut; la *maison* (Grande-Rue, 47) où naquit le célèbre historien *Théodore de Bèze* (1519-1605), etc. A 1,600 m. de Vézelay, **église de Saint-Père** (XIIIe s.), un des plus beaux types du style ogival bourguignon. — On quitte la vallée de la Cure pour s'engager dans celle du Cousin. — 220 k. *Vault-de-Lugny*. — 226 k. *Vassy* (fabr. de ciment). — La voie s'élève sur un plateau nu.

230 k. **Avallon***, 5,906 hab., une des V. les plus pittoresques de France, ch.-l. d'arr., à 260 m., sur un promontoire dominant deux ravins et la vallée du Cousin. L'avenue de la Gare conduit à la *promenade des Capucins*, à l'extrémité de laquelle on suit à dr. la *rue de Lyon*, qui aboutit à la place et à la promenade du *Grand-Cours* (*statue de Vauban*, par Bartholdi). De là un escalier descend au *Petit-Cours*, d'où la *rue de la Fontaine-Neuve* mène à la *promenade de la Porte-Neuve* (vue magnifique). A g. les anc. fortifications (7 tours) sont longées par la *rue du Fort-Mahon*, d'où un escalier monte à la *promenade de la Petite-Porte* ou du *Point de vue*.

Par la *porte Neuve* et la *rue Bocquillot* on va visiter l'**église Saint-Lazare**, de 1106 (2 *portails* romans sculptés), d'où par la *porte de l'Horloge* (tour de 1455) on gagne la *Grande-Rue* (à dr., tourelle avec escalier du *musée de la Société d'études d'Avallon*) et l'*hôtel de ville* (petit musée), pour revenir au Grand-Cours.

[Excurs. : — (2 h. 30 all. et ret.) *Bois-Dieu* et joli site de Méluzien; — (5 k. 6) *Pontaubert* (*église des Templiers*, XIIe s.), par la vallée du Cousin; — (15 k.) *Pierre-Perthuis*, sur un massif de roche au-dessus de la Cure (ruines d'un château; Roche ou *Pierre-Percée*); — (19 k. 5) *Bazoches*, avec un *château* (XIIIe s.) ayant appartenu au maréchal de Vauban, qui est inhumé dans l'église et dont le buste se voit sur la place du v.; — (14 k.) *Chastellux*, où l'on arrive par un *viaduc* haut de 35 m. et dont le **château** (XIIIe s., remanié) n'a pas cessé depuis le moyen âge d'appartenir à une illustre famille, dont la petite église paroissiale renferme la chapelle funéraire; — (20 k. 5) *Quarré-les-Tombes*, 2,128 hab., qui doit son surnom à de nombreuses tombes ou sarcophages, dont l'origine est incertaine, rangés autour de l'église, — et (27 k.) *monastère bénédictin de la Pierre-qui-Vire* (hôtellerie), bâti dans une solitude sauvage, au milieu de grandes forêts, sur les pittoresques rochers granitiques dominant la rive dr. du Trinquelin.

D'AVALLON AUX LAUMES (48 k.; ch. de fer, en 1 h. 25 à 2 h. 30; 5 fr. 40, 3 fr. 65, 2 fr. 35). — 8 k. Maison-Dieu (*V.* ci-dessous). — 15 k. *Guillon*, 828 hab., près du Serein (pont du XVIe s.). — 21 k. *Epoisses* (à l'église, *Ecce Homo*, par Germain Pilon; *château*, en partie du XIVe s., avec la chambre de Mme de Sévigné et une collection de portraits par Largillière, Ph. de Champaigne, etc.). — 26 k. *Torcy-et-Pouligny*. — On franchit la vallée de l'Armançon sur un beau *viaduc* (vue pittoresque de Semur).

31 k. **Semur-en-Auxois***, 3,655 hab., ch.-l. d'arr., dans une situation pittoresque au-dessus de l'Armançon. L'*avenue de la Gare* franchit le ravin de Champelon. A l'extrémité on suit à g. la *rue du Bourg-Voisin* jusqu'à la *place de l'Ancienne-Comédie* (*hôtel de ville*; anc. couvent des Jacobins renfermant le *musée*). A g. un raidillon longe les anc. *remparts*. De la place, une petite rue conduit à l'**église Notre-Dame** (XIIIe et XVe s.; « cloche Barbe », pesant 5,000 kilogr.; saint-sépulcre de 1490; verrière de la confrérie des drapiers; clef de voûte du chœur; gracieux tabernacle derrière la chaire; à la sacristie, boiseries Renaissance).

A dr. de la place, la *rue Buffon* mènerait à la *porte Guillier* (XVe s.). On suit la *rue Notre-Dame*, puis la *rue du Rempart*, traversant l'anc. château ou **donjon** (XIIIe et XIVe s.). Au delà on parcourt le quartier silencieux du Château (*hôpital* dans l'ancien hôtel du gouverneur de Semur). A l'extrémité du promontoire on atteint la **promenade du Rempart** (vues charmantes). — De Semur à Saulieu, *V.* ci-dessous.

45 k. *Marigny-le-Cahouet* (château du XIVe s.), entre la Lochère et le canal de Bourgogne. — 48 k. Pouillenay, et 4 k. 5 de Pouillenay aux (52 k. 5) Laumes (R. 1, p. 12).]

D'Avallon à Nuits-sous-Ravières, R. 1, p. 11.

238 k. *Maison-Dieu*, d'où part à g. la ligne des Laumes (*V.* ci-dessus). — 243 k. *Saint-André-en-Terre-Plaine* : à 3 k. S.-E., *Sainte-Magnance* (dans l'église, *tombeau* sculpté, XIIe s., de la sainte, qui fut l'une des cinq dames romaines ayant accompagné le corps de St Germain d'Auxerre, † à Ravenne en 448).

251 k. *Sincey-lès-Rouvray*.

258 k. *La Roche-en-Brénil* (château, XIVe et XVIe s., ayant appartenu à la famille de Montalembert). — 263 k. *Molphey*. — 267 k. *Saint-Didier*.

272 k. **Saulieu***, 3,583 hab., ville principale de la région E. du Morvan, au penchant d'une colline. L'avenue de la Gare monte au *champ de foire* (promenade en terrasse; *tour d'Auxois*, reste des remparts). Plus haut, sur une place avec *fontaine* (1750), l'**église Saint-Andoche**, qui dépendait d'une abbaye fondée au VIIIe s. sur les tombeaux des martyrs St Andoche et St Thyrse, est un des types de l'architecture romane bourguignonne de la fin du XIIe s. (chœur de 1704; *tombeau* en marbre *de St Andoche*; dans le trésor, *évangéliaire* du XIIe s.).

[Ch. de fer : — (28 k.) DE SAULIEU AU LAC DES SETTONS (*V.* p. 25), par la vallée du Ternin, (14 k.) *Alligny-en-Morvan* et (18 k.) *Moux*, à 550 m.; — (29 k., en 1 h. 35; 2 fr. 25 et 1 fr. 65) DE SAULIEU A SEMUR (*V.* ci-dessus), par (15 k.) *Précy-sous-Thil*, 766 h., près du Serein, au pied d'une colline chauve (476 m.), couronnée par les ruines du château de *Thil-en-Auxois*.]

De Saulieu à Arnay-le-Duc et à Beaune, R. 4, p. 32.

281 k. *Liernais*, 1,186 hab. (débris d'un château des comtes

de Nevers). — 286 k. *Brazey-en-Morvan* (voie romaine d'Agrippa). — Vallon du Trévoux.

293 k. *Manlay*. — 300 k. *Barnay* (grand étang). — La voie débouche dans le bassin de l'Arroux. — 304 k. *Cordesse-Igornay*. — 309 k. Dracy-Saint-Loup, et 8 k. de là à Autun (*V.* R. 4, p. 35).

317 k. **Autun***, 15,764 hab., évêché, à 287-351 m., en amphithéâtre sur la montagne de Montjeu dominant l'Arroux, qui reçoit le Ternin, est l'antique *Augustodunum*, qui, lors de la première organisation de la Gaule par Auguste, succéda à Bibracte (*V.* ci-dessous) comme capitale des Eduens. Auj. inanimée et emplissant à peine la moitié de l'anc. enceinte romaine, c'est une des villes les plus intéressantes de France par ses monuments et ses antiquités.

L'*avenue de la Gare* monte à la *place du Champ-de-Mars* (*collège*, avec belle grille et *musée d'histoire naturelle*), à g. duquel l'*hôtel de ville* renferme le *musée* (précieux médaillier), d'où l'on parvient à la cathédrale par les *rues aux Cordiers*, *Chauchien* et *des Bancs* : dans cette dernière (n° 3) l'**hôtel Rolin** (XVe s.) renferme le *musée* de la « Société Eduenne » (grande salle consacrée aux fouilles du Beuvray; collection minéralogique et géologique du Morvan, etc.).

La **cathédrale Saint-Lazare**, à g. de laquelle est une *fontaine* de la Renaissance, est un remarquable monument du commenc. du XIIe s., rhabillé à la fin du XVe par le cardinal Rolin, qui fit élever sa tour centrale et sa flèche haute de 77 m.

A l'int. : 4e chap. du bas-côté dr., *le Christ mort et la V.*, peinture du Guerchin; transsept dr., **Martyre de St Symphorien**, tableau d'**Ingres**; 1er chap. du bas-côté g., *retable* du XVIe s.; 4e, *verrière* (Arbre de Jessé); chœur, à dr., statues agenouillées du Président Jeannin et de sa femme (au-dessus, buste de Nicolas Jeannin); derrière le maître-autel, *reliquaire de Saint-Lazare* (XVIIIe s.). — Dans la grande sacristie, tissu oriental du XIe s.

Au N.-E. de la cathédrale, derrière le *palais de justice*, l'*évêché* occupe l'anc. palais des ducs de Bourgogne. Plus au N., le *grand séminaire* occupe de magnifiques bâtiments du XVIIe s. Au S., *tour des Ursulines* ou *de François Ier*, reste du château de Riveau, surmontée d'une statue de la Vierge. De là, les *boulevards Mac-Mahon* et *Schneider* longent la *muraille romaine*.

Du Champ de Mars, la *rue de l'Arquebuse* conduit à la **promenade des Marbres** (*statue de Diviliac*, le chef éduen ami de César), ainsi nommée de la porte du même nom (détruite) par laquelle les empereurs et leurs lieutenants faisaient leur entrée dans la ville romaine. A dr. au-dessus de la promenade, l'*école de cavalerie* occupe un édifice de 1669 (jardins dessinés par Le Nôtre). Au N. une route conduit à la **porte Saint-André**, restaurée par Viollet-le-Duc et d'où la *rue de Paris* mène à la **porte d'Arroux**, puis, en franchissant l'Arroux, au **Temple de Janus**. — Revenant sur ses pas, on traverse la Grande-Rue du quartier de *Marchaux*, où se trouve le **Musée lapidaire** (célèbre *inscription grecque* chrétienne). La *rue Guérin* ramène au Champ de Mars.

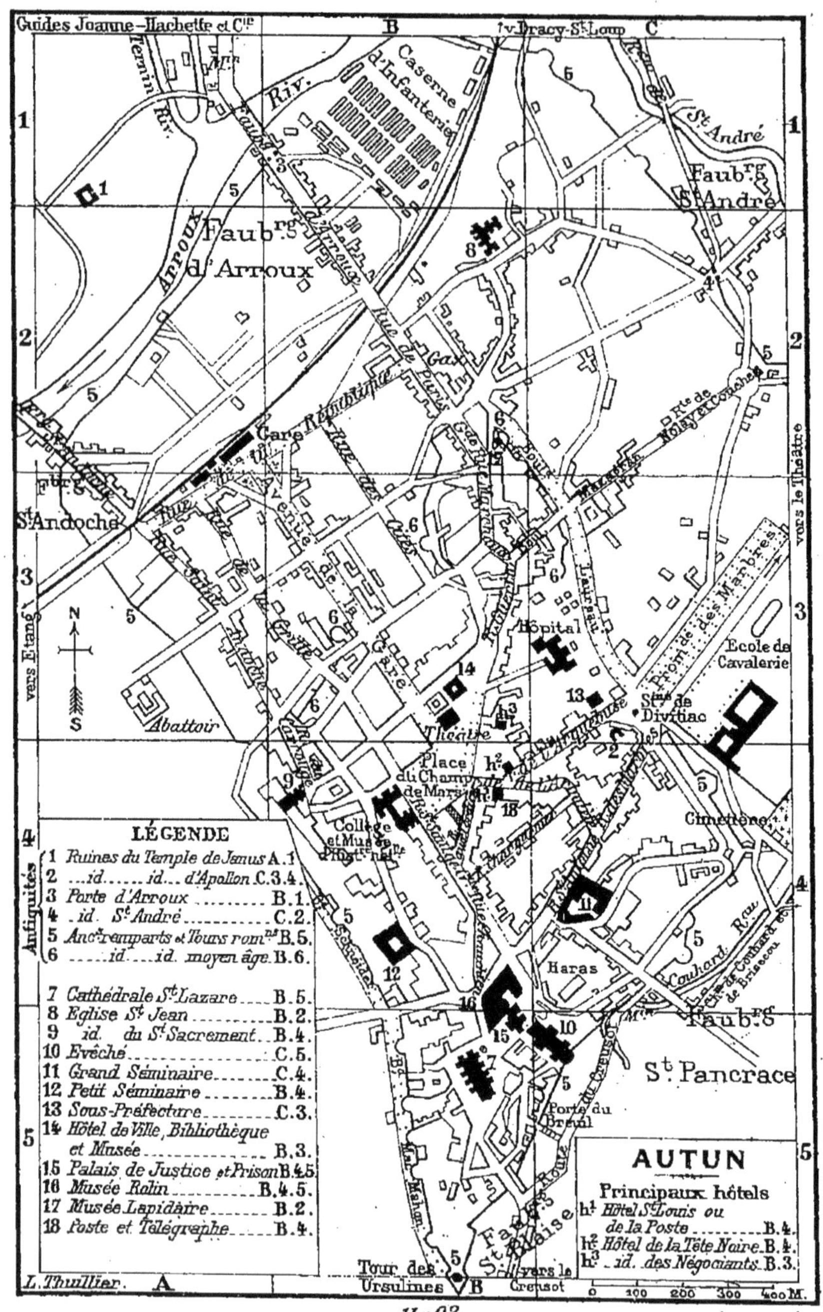

11-02

Imp. Dufrénoy, Paris.

[Excurs. : (1 h. 30 all. et ret.) *Pierre de Couhard*, qui était probablement un tombeau, et cascade de *Brisecou*; — (3 k. 5) *forêt* domaniale *de la Planoise* (hêtres); — (35 k.; on peut aller par le ch. de fer départemental jusqu'à la Selle) par la *gorge de la Canche* (*cascade*), à *Saint-Léger-sous-Beuvray* *, 1,770 hab. (*croix* gothique du cimetière). A 7 k. plus loin, ham. de *l'Echenault*, d'où l'on monte en 1 h. au **Mont-Beuvray** (810 m.), célèbre par son panorama, comme par le souvenir et les traces de la grande ville gauloise de *Bibracte*, la capitale des Eduens, retrouvée en 1853 sur ce plateau par le célèbre archéologue Bulliot, d'Autun.

Ch. de fer D'AUTUN A ATHEZ-CORCELLES (24 k., en 1 h. 9; 2 fr. 45 et 1 fr. 50), par (12 k.) *La Selle* (châtaigneraies, rochers bizarres) et (20 k.) *Anost*, 2,868 hab., dans un des plus beaux sites du Morvan (*Roches de Velée*).]

D'Autun à Étang, Nevers, Épinac, Chagny, Beaune et Dijon, R. 4.

ROUTE 4

DE DIJON A NEVERS

DE DIJON A CHAGNY

52 k. — Ch. de fer, en 45 min. à 1 h. 45 suivant les trains. — 5 fr. 80; 3 fr. 95; 2 fr. 60.

La voie croise l'Ouche, puis le canal de Bourgogne. A g., coteaux où sont les vignobles fameux de la *Côte d'Or*.

11 k. *Gevrey-Chambertin*, 1,764 hab., à plus de 2 k. à dr. (omnibus), au débouché de la combe de Lavaux. Vins renommés de *Chambertin* et du *Clos de Bèze*.

[Excurs. (4 k.), par *Brochon* (*château* moderne, style Renaissance, du poète Stéphen Liégeard), à *Fixin*, où le *parc Noisot* renferme le **monument de Napoléon**, œuvre de Rude, élevé par un soldat du 1er Empire.]

17 k. *Vougeot* (*Clos-Vougeot*, vignoble avec un anc. cellier appelé Vendangeoir de Cîteaux). — A dr., crus de *Vosne-Romanée*, *Romanée-Conti*, *Richebourg*, *la Tache*, *la Romanée*.

22 k. **Nuits-Saint-Georges** *, 3,646 hab., sur le Muzin (*église Saint-Symphorien*, de 1280; *monument*, par Vionnois et Mathurin Moreau, de l'astronome *Félix Tisserand*, né à Nuits, 1845-1896; monument commémoratif de la bataille de Nuits, 18 déc. 1870).

[A 12 k. E., abbaye de **Cîteaux**, fondée en 1098, supprimée en 1790 et occupée auj. par des Trappistes; il subsiste quelques bâtiments des XVe, XVIe et XVIIIe s.]

28 k. *Corgoloin*. — 32 k. *Serrigny*. — A dr., *Aloxe-Corton* et vignobles de la *côte de Beaune*.

37 k. **Beaune*** (buffet), 13,887 h., ch.-l. d'arr. renommé pour ses *vins*, sur la Bouzaize, qui y a sa source, est entouré de boulevards (restes des *remparts*). Par l'avenue de la Gare et la *rue des Tonneliers* on parvient à la *place Monge* (*statue* du savant géomètre *Monge*, 1748-1818, œuvre de Rude; *hôtel de la Rochepot*, de 1522; *beffroi* de l'anc. hôtel de ville, XVe s.), reliée par la *rue Carnot* à la *place* du même nom (monument du Président Carnot), d'où la petite *rue Robin* mène à l'hôpital.

L'hôpital du Saint-Esprit, fondé en 1443 par Nicolas Robin, chancelier de Bourgogne, et Guigone de Salins, sa femme, est l'un des monuments les plus curieux de la France (le concierge fait visiter).

Grande salle des malades, avec chapelle. — *Salle Saint-Hugues* (peintures du XVIIe s.). — *Cuisine*, avec grande cheminée, crémaillères, chenets et tournebroche du XVe s. — *Grande salle du Conseil* (tapisseries anciennes; portraits de Rolin et de sa femme, de ducs de Bourgogne, notamment Charles le Téméraire, etc.); à côté, *salle des Archives*. — *Pharmacie*. — *Musée*, avec le **retable du Jugement dernier**, œuvre de Roger van der Weyden, élève de Jean van Eyck.

En longeant l'hôpital à g. on arrive à la *place de la Halle*, puis à la *place Fleury*, où commence l'*avenue de la République*, à dr. de laquelle on aperçoit bientôt l'**église Notre-Dame** (XIIe et XIIIe s.), anc. collégiale (vantaux en bois du portail, XVe s.; à la sacristie, *tapisseries* de la même époque, représentant la Vie de la Vierge, visibles avec une autorisation du curé ou du président de la Fabrique), à dr. de laquelle subsiste le bâtiment du *Chapitre*.

Continuant, au delà de l'église, à suivre l'avenue de la République, on parvient au *square des Lions* (**monument**, par Mathurin Moreau, **de Pierre Joigneaux**, publiciste, agronome et homme politique, 1815-1892), adossé à la promenade du *bastion Saint-Martin*. Si, près du square, on prend la *rue de la Bouzaize*, on arrive en quelques min.. au *parc* public *de la Bouzaize*, dans lequel coule la **source de la Bouzaize** (au-dessus, *buste de Paul Bouchard*, 1814-1898, le créateur de la promenade et qui fut maire de Beaune de nombreuses années).

Revenu au square, on suit à g. le boulevard pour gagner la *promenade des Buttes* et la *porte Saint-Nicolas* (1761) : à g., faub. *Saint-Nicolas* (*église* des XIIIe et XIVe s.); à dr., *rue de Lorraine* (anc. église de l'Oratoire, de 1705, auj. *chapelle du collège Monge*; *hôtel de ville*, précédé du *monument des combattants* de 1870-1871 et renfermant un *musée*; *hospice de la Charité*, dont l'entrée fait face à une *maison* du XIIIe s.). — De la porte Saint-Nicolas, le *boulevard Saint-Nicolas* ramène à la gare en longeant le *Jardin Anglais*. — Au faubourg Saint-Jacques subsistent le portail et quelques débris d'une ancienne chapelle des Templiers.

[DE BEAUNE A SAULIEU (71 k.; ch. de fer, en 4 h. 40 à 5 h. 10; 5 fr. 50 et 4 fr.). — 5 k. *Pommard*, 1,062 hab., célèbre par ses vins. — 19 k. *Montceau-et-Écharnant*. A 2 k. 5 S.-S.-O., colonne romaine de *Cussy-la-Colonne* (11 m. 50 de haut.), qui paraît être un monument commémoratif. — 26 k. *Bligny-sur-Ouche*, 1,075 hab., où l'on croise le ch. de fer d'Épinac au canal de Bourgogne. — 42 k. Arnay-le-Duc, où l'on croise le ch. de fer des Laumes à Épinac (*V.* p. 13). — 62 k. *Liernais-la-Guelle* (p. 29). — 71 k. Saulieu (*V.* p. 29).]

De Beaune à Saint-Loup-de-la-Salle, R. 6, p. 58.

Viaduc de 10 arches sur la Bouzaize. — 44 k. *Meursault*, 2,426 hab. A dr., vignoble de *Montrachet* (vin blanc).

52 k. **Chagny** * (buffet), 4,671 hab., V. industrielle, sur la Dheune et le *canal du Centre*, qui, réunissant la Saône à la Loire par la Dheune et la Bourbince, débouche dans la Saône à Chalon et dans la Loire à Digoin (église, anc. chapelle du château, XIIe et XIVe s.).

De Chagny à Dôle, R. 6, p. 58.

DE CHAGNY A NEVERS

A. Par Montchanin, le Creusot et Etang.

163 k. — Ch. de fer. — Traj. en 4 à 5 h. — 18 fr. 25; 12 fr. 50; 8 fr. 05.

On suit la vallée de la Dheune. — 4 k. *Santenay*, 1,502 hab., petite station balnéaire. — A dr., ligne d'Epinac. — 7 k. *Cheilly*. — 11 k. *Dennevy*.

13 k. *Saint-Léger-sur-Dheune*, 20,16, hab., b. industriel (clocher octogonal du XVIe s.). — 17 k. *Saint-Bérain-sur-Dheune*. — 25 k. *Saint-Julien-Ecuisses*. — A g., *étang de Longpendu* (35 hect.), situé à 309 m., sur la ligne de faîte entre les versants de la Méditerranée et de l'Océan.

29 k. **Montchanin-les-Mines** (buffet), 4,514 hab., agglomération industrielle (houille, tuilerie), sur un plateau, entre la Bourbince et la Dheune, où de nombreux étangs sont utilisés comme réservoirs pour le bief de partage du canal du Centre.

[Ch. de fer (27 k., en 53 min. à 1 h. 30; 3 fr., 2 fr. 05 et 1 fr. 35) DE MONTCHANIN A SAINT-GENGOUX (*V*. p. 36).

DE MONTCHANIN A PARAY-LE-MONIAL (50 k.; ch. de fer, en 1 h. 20; 5 fr. 60, 3 fr. 80, 2 fr. 45). — 10 k. *Blanzy*, 5,335 hab., sur la Bourbince et le canal du Centre (mines de houille, verreries). — 15 k. *Monceau-les-Mines*, 28,779 hab. (houillères), est relié à Saint-Bonnet-Beaubery (*V*. p. 38) par un embranch. (45 k., en 2 h. 10; 4 fr. 65 et 2 fr. 80) qui dessert: (11 k.) *Mont-Saint-Vincent*, 666 hab., sur une colline (vue immense); (17 k.) *le Rousset* (étang de 53 hect., source de l'Arconce); (23 k.) *la Guiche*, 947 hab., et (32 k.) *Saint-Bonnet-de-Joux*, 1,516 hab. (à 2 k. N.-O., *château de Chaumont*, XVIe-XVIIe s.: chapelle gothique avec verrières; écuries dont la voûte est soutenue par 56 colonnes). — 30 k. *Génelard*, 1,693 hab. (château de 1744; à 4 k. N.-O., *Perrecy-les-Forges*, avec une *église* romane, à chœur du XVe s.). — 34 k. *Palinges*, 2,285 hab. (*église* des XIe et XIIe s., avec clocher octogonal). — 50 k. Paray-le-Monial (*V*. p. 41).]

On longe l'étang du Creusot (165 hect.), servant à l'alimentation du canal du Centre.

37 k. **Le Creusot***, 30,584 hab., V. industrielle, s'est développé autour des immenses usines métallurgiques (on peut visiter) de MM. Schneider et Cie, qui forment elles-mêmes toute une villes de halls et d'ateliers hérissée de cheminées, sillonnée de voies ferrées et allongée dans une combe étroite. *Statue d'Eugène Schneider*, par Chapu.

Au sortir d'un tunnel de 1,004 m. on débouche dans la vallée du Mesvrin. — 43 k. *Marmagne*. — 45 k. *Saint-Symphorien-de-Marmagne*. — 49 k. *Broye*. — 53 k. *Mesvres*, 1,354 hab. — On franchit l'Arroux.

58 k. **Etang** (buffet; jonction des lignes d'Autun, de Montchanin, de Digoin et de Nevers), 1,965 hab., près de l'Arroux, au débouché de la Braconne et du Mesvrin.

[D'ETANG A DIGOIN (53 k.; ch. de fer, en 2 h. à 4 h.; 5 fr. 45, 4 fr. 10 et 3 fr.). — On descend la vallée de l'Arroux. — 23 k. *Toulon-sur-Arroux*, 2,082 hab. (*pont* du XIIe ou du XIIIe s.), d'où part l'embranch. (45 k., en 2 h. à 2 h. 50; 4 fr. 75, 3 fr. 55, 2 fr. 60) de BOURBON-LANCY (*V*. ci-dessous), par (29 k.) *Issy-l'Evêque*, 2,107 hab. — 36 k. *Gueugnon*, 3,831 hab. (forges; port à l'origine de la *rigole d'Arroux*, canal de 14 k. qui va joindre le canal du Centre près de Digoin). — 53 k. Digoin (p. 41).]

On remonte le vallon de la Braconne (étang de *Bousson*). A dr., château de *Savigny*. — 64 k. *Saint-Didier-sur-Arroux*. — La voie passe dans la vallée de l'Alène. — 71 k. *Millay*. — 80 k. *Luzy*, 3,345 hab. (belle *église* moderne). — 95 k. *Rémilly*. — 103 k. *Fours*, 1,517 hab.

110 k. **Cercy-la-Tour** (buffet; bif. des lignes de Clamecy et Gilly), 2,443 hab., doit son surnom à une grosse *tour*, seul reste d'une antique citadelle.

[**De Cercy à Bourbon-Lancy et à Gilly** (43 k.; ch. de fer, en 1 h. 30 env.; 4 fr. 80, 3 fr. 25, 2 fr. 10). — 8 k. *Briffault*, forges et château, sur le Donjon. — On remonte sur la rive dr. le val de la Loire. — 18 k. *Cronat* (châteaux).

30 k. *Bourbon-Lancy-P.-L.-M.*, stat. isolée à 3 k. de Bourbon-Lancy. Le ch. de fer départemental de Toulon-sur-Arroux, partant de la gare P.-L.-M., dessert la ville par sa première station, *Bourbon-Ville* (en 9 min.; 60 c., 45 c. et 35 c.). **Bourbon-Lancy** *, 4,158 hab., station thermale, sur une haute colline (belle vue) dominant le vallon de la Borne (dans un parc, *établissement* de bains utilisant 5 sources d'*eaux thermales* chlorurées sodiques ferrugineuses; *église* gothique moderne du *Sacré-Cœur*, avec tableau de Puvis de Chavannes; *Saint-Nazaire*, en partie carolingienne; *hospice d'Aligre*, fondé en 1863 par le marquis et la marquise d'Aligre, dont les statues se voient dans le parc; *tour de l'Horloge*, xve s., qu'avoisine une *maison* sculptée du xvie). De Bourbon-Lancy à Toulon-sur-Arroux, *V.* ci-dessus. — 43 k. Gilly-sur-Loire (p. 41).]

De Cercy-la-Tour à Château-Chinon et à Clamecy, R. 2, p. 25.

On suit la vallée de l'Aron. — 115 k. *Verneuil*.

125 k. **Decize** *, 4,990 hab., sur une butte rocheuse dans une île de la Loire, qui reçoit sur la rive dr. l'Aron et le canal du Nivernais, et communique sur la rive g. avec le canal latéral (*église Saint-Aré*, avec chœur roman du xiie s., bénitiers en bronze du xve s. et crypte double du xie renfermant le tombeau de St Aré et une Vierge du xvie s.; ruines d'un château des comtes de Nevers, avec belvédère; pensionnat des Frères dans un anc. couvent de Minimes, xviie s.; *statue de Guy Coquille*, jurisconsulte et historien, 1523-1603). A 8 k. N. (voit. 60 c.), curieuse agglomération industrielle de *la Machine*, 4,479 hab. (mines de houille).

134 k. *Sougy*. — 138 k. *Béard*. — A dr., au delà du fleuve, ruines du *château de Rosemont* (xiiie s.).

147 k. *Imphy*, 2,805 hab. (*forges* célèbres); en face, sur la rive g., *château de Chevenon* (xive s.). — La voie franchit la Nièvre.

163 k. Nevers (R. 2).

B. Par Epinac, Autun et Etang.

169 k. — Ch. de fer. — Pas de service direct : on change de train à Etang. — De Chagny à Etang : 7 fr. 15, 4 fr. 85, 3 fr. 15; d'Etang à Nevers : 11 fr. 75, 7 fr. 95, 5 fr. 15.

4 k. de Chagny à Santenay (*V.* p. 33). — Laissant à g. la ligne de Montchanin, on quitte la vallée de la Dheune pour remonter celle de la Cusanne. — 9 k. *Paris-l'Hôpital*.

14 k. **Nolay** *, 2,215 hab. (*statues* de Lazare Carnot et du Président Carnot, par Deglane et Roulleau; devant l'église, *monument* commémoratif de la guerre de 1870).

DE DIJON À LYON

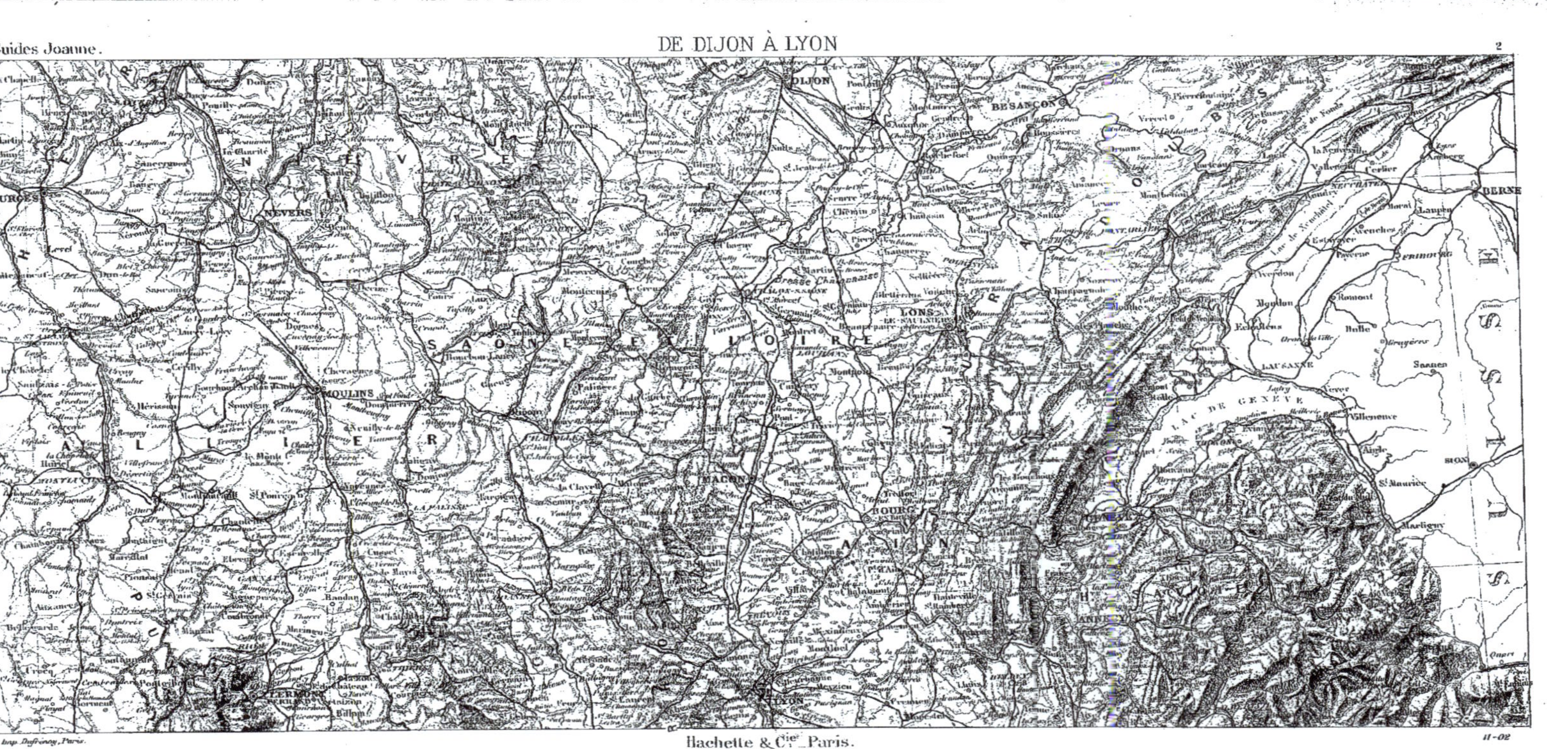

Imp. Dufrénoy, Paris.
Hachette & Cie Paris.
11-02

[Joli vallon de *la Tournée* (1 h. 15 à pied), au fond duquel la Cusanne sort d'une grotte, qu'avoisine le *Bout-du-Monde*, belle muraille de roc d'où tombe une cascade. — A 5 k. E., ruines du *château de la Rochepot*.]

La voie franchit la Cusanne sur un viaduc en pierre de 12 arches, puis le tunnel de *Changey* (1,209 m.), qui perce la ligne de partage entre les versants du Rhône et de la Loire; elle descend ensuite dans le vallon de la Miette.

24 k. *Saizy*.

27 k. **Epinac**, 4,096 hab. (mines de houille : le *puits Hottinguer* est le plus profond connu, 800 m.; verrerie; château en partie du xve s.), est relié par un ch. de fer industriel de 26 k. au canal de Bourgogne.

D'Epinac à Arnay-le-Duc et aux Laumes, R. 1, p. 12.

Vallée de la Drée. — 32 k. *Sully* (château du xvie s., où est né le *maréchal de Mac-Mahon*, 1808-1893). — 34 k. *Saint-Léger-Sully*. — 41 k. *Dracy-Saint-Loup*, d'où part la ligne de Saulieu et Avallon (R. 3). — Vallée de l'Arroux.

49 k. Autun (R. 3). — 58 k. *Brion-Laizy*. — 64 k. Etang, et 105 k. d'Etang à (169 k.) Nevers (*V.* ci-dessus, *A*).

ROUTE 5

DE PARIS A LYON

A. Par Dijon et Mâcon.

512 k. — Ch. de fer, en 7 h. 25 à 8 h. 20 par les rapides, en 8 h. 45 à 10 h. 40 par les express, en 16 h. par les trains omnibus. — 57 fr. 35; 38 fr. 70; 25 fr. 25. — Wagon-restaurant au rapide et à deux express du matin; wagons-lits au rapide et à deux express du soir.

315 k. de Paris à Dijon (R. 1). — 52 k. de Dijon à (367 k.) Chagny (R. 4). — Au delà de Chagny, le ch. de fer de Lyon passe sous le canal du Centre (tunnel de 177 m.), puis dans une tranchée, longue de plus de 2 k., qui, à 226 m., franchit le petit *col de Chagny*, ouvert dans le chaînon séparant la vallée de la Dheune de celle de la Thalie.

370 k. *Rully*, 1,700 hab. — 373 k. *Fontaines*, 1,683 hab.

383 k. **Chalon-sur-Saône*** (buffet), 29,058 hab., ch.-l. d'arr., sur la rive dr. de la Saône et le canal du Centre. Après avoir traversé le canal, en laissant à dr. le faub. *Saint-Cosme* (église ogivale moderne, style du xiie s.), on longe un *square* (*buste* de l'égyptologue *Chabas*, 1817-1882) bordé par le *collège*. Puis on suit le *boulevard de la République*, aboutissant à la *place de l'Obélisque* (colonne, de 1730, commémorative de l'ouverture du canal du Centre), entourée par le *palais de justice*, la *place de la Halle* et un *square* (*monument* de la famille *Thévenin*, qui a doté la ville d'un service d'eau). A dr. de la halle, la *rue de l'Obélisque*, qui va aux quais, renferme les principaux hôtels et cafés. A l'extrémité du square est la *place de Beaune*, d'où part la *Grande-Rue* (*maison* du xive s., n° 39), d'où la 5e rue à g. donne accès à l'**église Saint-Vincent** (xiie-xve s.; façade moderne), ancienne cathédrale (dans la rue à g., ancien évêché).

Revenu à la Grande-Rue, on

suit à g. la *rue du Pont* jusqu'au *quai des Messageries*, qui, à dr., va aboutir à la *place du Port-Villiers* (*statue*, par Guillaume, *de Niepce*, l'inventeur de la photographie, 1765-1833), d'où la rue du même nom conduit à la place de l'*Hôtel-de-Ville* (*église Saint-Pierre*, XVIIe s., avec belle façade de 1900; *musée*), d'où la *rue Denon* ramène au boulevard de la République et à la gare.

[Par le *pont* et l'*île* (hôpital) *Saint-Laurent* on va à (3 k. E.) *Saint-Marcel*, 1,906 hab. (*église* du XIIe s., reste d'une abbaye où mourut Abélard), v. desservi par une station du ch. de fer de Louhans (*V.* R. 8).

DE CHALON A CLUNY (50 k.; ch. de fer, en 1 h. 35; 5 fr. 60, 3 fr. 80, 2 fr. 45). — 8 k. *Givry*, 2,616 hab. (porte de ville de 1771 servant de *mairie; belle église* du XVIIIe s.). — 17 k. *Buxy*, 1,989 hab. — 29 k. *Saint-Gengoux-le-National* (buffet), 1,726 hab. — On suit la vallée de la Grosne. — 38 k. *Cormatin*, dont le **château** (XIVe et XVIe s.) renferme des collections artistiques fort importantes. — 50 k. Cluny (p. 37).

DE CHALON A LYON PAR LA SAÔNE. — Serv. des bateaux les « Parisiens » partant les mardi, jeudi et samedi à 7 h. matin; restaurant à bord. Prix : de Chalon à Lyon, 1re 6 fr., 2e 4 fr., aller et ret. valable toute l'année, 8 fr. et 6 fr.; de Chalon à Mâcon, 1re cl. 3 fr., 2e 2 fr., aller et ret. 5 fr. et 3 fr.; de Mâcon à Lyon, 1re 3 fr., 2e 2 fr., aller et ret. 5 fr. et 3 fr.; d'une station à l'autre, 50 c. La description du parcours est la même que celle du ch. de fer qui longe la Saône (*V.* ci-dessous).]

De Chalon à Auxonne, R. 6, p. 56; — à Louhans et à Lons-le-Saunier, R. 8.

A g., *Saint-Loup-de-Varennes* (reliques, dans l'*église*, et fontaine de St Loup, pèlerinage; au cimetière, *croix* du XVIe s. et *tombeau de Nicéphore Niepce* : *V.* ci-dessus). — 391 k. *Varennes-le-Grand*. — A dr., *Saint-Ambreuil* (au ham. de *la Ferté*, palais abbatial, du temps de Louis XIII, reste d'une abbaye célèbre de l'ordre de Cîteaux). — On traverse la Grosne.

399 k. *Sennecey-le-Grand*, 2,346 hab. (au faubourg Saint-Julien, *chapelle* sépulcrale *de Lugny*, XVe s.).

409 k. **Tournus***, 4,890 hab., sur la rive dr. de la Saône. **L'église Saint-Philibert** (commenc. du XIe s.), une des plus curieuses églises romanes de la Bourgogne (*Vierge* du XIIe s. dans le bas-côté dr.; crypte avec le tombeau de St Valérien), dépendait d'une abbaye dont il reste des tours et des bâtiments claustraux, divisés auj. en habitations. Au delà de la *place de l'Hôtel-de-Ville* (musée; *statue* du peintre *Greuze*, né à Tournus, 1725-1805), l'église de *la Madeleine* date des XIIe et XVe s.

418 k. *Uchizy*, 1,023 hab.

423 k. *Pont-de-Vaux-Fleurville*, stat. reliée à Mâcon par la grande ligne de Paris à Lyon et par un ch. de fer d'intérêt local. Le b. de Pont-de-Vaux (*V.* R. 10), desservi aussi par le tram de Pont-de-Veyle à Saint-Trivier-de-Courtes, est à 4 k. 5 E. — On franchit la Mouge.

430 k. *Sénozan*.

440 k. **Mâcon*** (buffet), 18,928 hab., ch.-l. du départ. de Saône-et-Loire, sur la rive dr. de la Saône. Au bas de la rampe de la gare s'ouvre la *rue Gambetta*, qui va déboucher sur la promenade du *quai du Sud* (*statue*, par Falguière, *de Lamartine*, qui naquit à Mâcon, Pl. 15, B, 3), que borde l'*hôtel de ville* (*musée* : œuvres du

Guides Joanne. **MÂCON.** HACHETTE & Cie Paris.

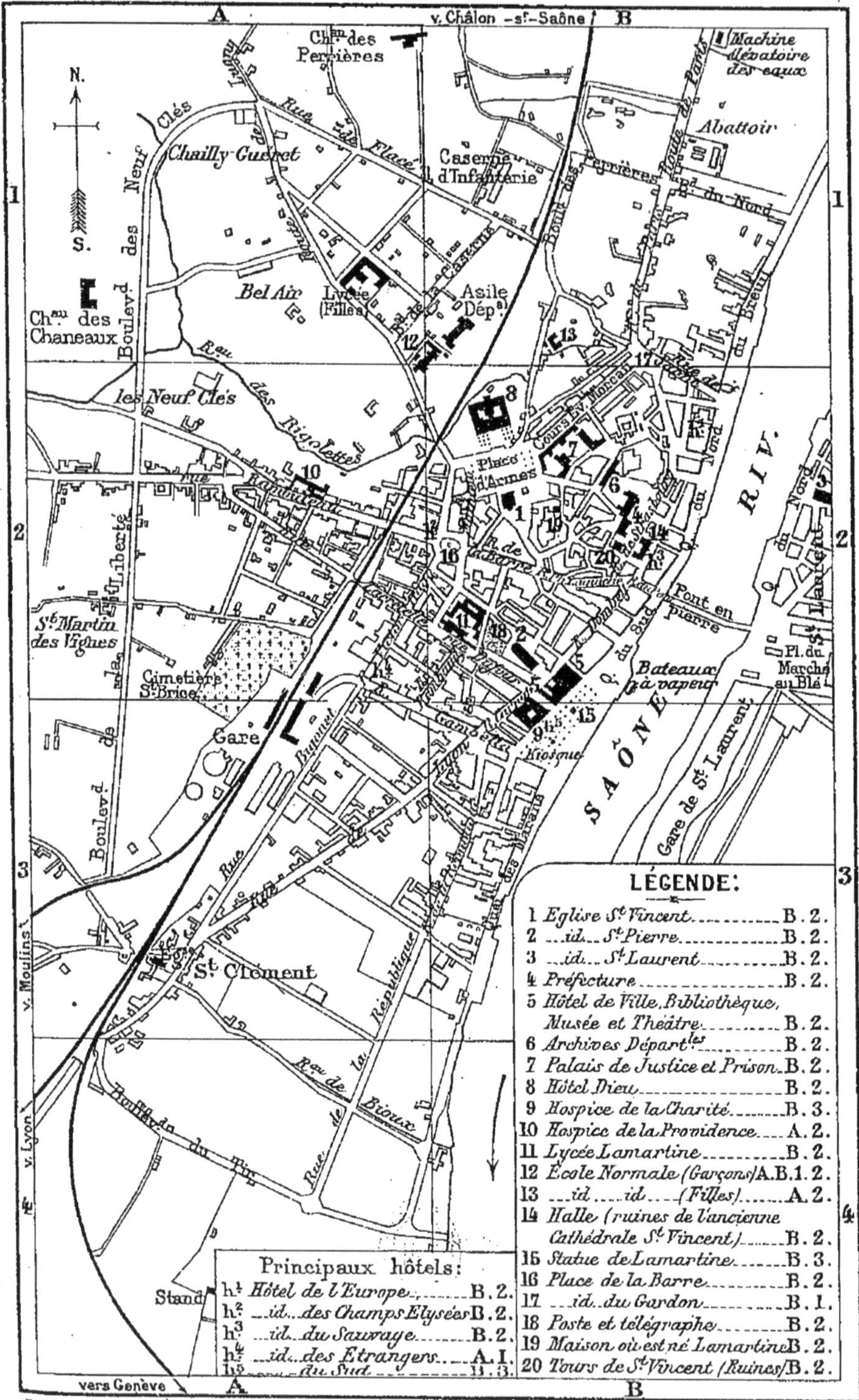

L. Thuillier, Delt 11-02 Echelle: 0 500 Mètres Imp. Dufrénoy, Paris.

sculpteur Captier; maquettes des concurrents pour l'érection de la statue de Lamartine; collection d'objets préhistoriques trouvés à Solutré, *V.* ci-dessous; peintures, etc.). Derrière l'édifice on voit l'*église Saint-Pierre* (Pl. 2, B, 2), moderne, style roman bourguignon, à dr. de laquelle la *rue Saint-Nizier* va se joindre à la *rue Sigorgne*, où l'anc. hôtel de Senecé est occupé par l'*Académie de Mâcon* (en face, fenêtre Renaissance).

Tournant à g. en sortant de Saint-Pierre, on suit la *rue Municipale*, continuée par la *rue Dombey* (*maison* en bois sculpté du XVe s.). Laissant à dr. les rues qui conduisent aux quais, on arrive par la *rue Franche* à la *halle* (Pl. 14, B, 2), construite sur l'emplacement de l'ancienne *cathédrale Saint-Vincent* (XIIe-XIVe s.), démolie à partir de la Révolution et dont il ne reste qu'une partie (tours, façade, narthex).

Dans le voisinage est la *Préfecture* (Pl. 4, B, 2), qu'il faut longer pour gagner la *place d'Armes*, que bordent le *palais de justice* (Pl. 7, B, 2), l'*Hôtel-Dieu* (Pl. 8, B, 2), construit sur les dessins de Soufflot, et la nouvelle *église Saint-Vincent* (Pl. 1, B, 2). En prenant, entre cette église et le *cours l'Évêque-Moreau*, la *rue de la Préfecture*, on trouve à dr. la *rue des Ursulines* (au nº 18, *maison natale de Lamartine*). — De la place d'Armes, la *rue Mathieu* conduit à la *place de la Barre*, reliée à la gare par la *rue Victor-Hugo*.

[Un *pont* de 12 arches réunit la ville à *Saint-Laurent*, 1,698 hab., com. du départ. de l'Ain, mais où se tiennent les marchés approvisionnant Mâcon.

Le tram DE MACON A FLEURVILLE (36 k., en 1 h. 50 env.; 3 fr. 70 et 2 fr. 20) a pour stations principales *Azé*, 1,003 hab., et *Lugny*, 1,082 hab. Pour Fleurville, *V.* ci-dessus.

DE MACON A CLUNY ET A PARAY-LE-MONIAL (77 k.; ch. de fer, en 3 h. env.; 8 fr. 60, 5 fr. 80, 3 fr. 80). — On remonte la rive g. de la Petite-Grosne. — 4 k. *Charnay-Condemine*. A 4 k. 5 O., *Solutré* (bon vin blanc de *Pouilly*), célèbre comme station préhistorique, s'étend au pied d'un rocher, haut de 100 m., à l'abri duquel s'était fixée, à l'époque dite du renne, une tribu qui vivait de la chasse aux chevaux, dont les squelettes accumulés ont formé des amoncellements d'ossements considérables.

9 k. *Prissé* (à 1 k. S., anc. prieuré de *Chevigne*, où séjourna Abélard, à 2 k. N., *château de Montceau*; anc. propriété de Lamartine). — 12 k. *Saint-Sorlin-Milly* (à 3 k. E., *Milly*, où Lamartine, dont on y voit le *buste*, passa une partie de son enfance). — On dépasse *Berzé-la-Ville* (*château des Moines*, anc. maison de campagne du collège dirigé à Cluny par les Bénédictins) et *Berzé-le-Châtel* (pittoresque *château* féodal). Au sortir d'un tunnel de 1,604 m. on débouche dans la vallée de la Grosne.

24 k. **Cluny** * (buffet), 4,108 hab., sur la rive g. de la Grosne, a dû son origine à une abbaye célèbre, supprimée à la Révolution et dont une partie subsiste. On franchit la Grosne et l'on traverse le quartier *Saint-Marcel* (*église* de 1159, avec clocher roman; *hôpital*, avec les restes du mausolée du duc de Bouillon). Puis on prend à g. la *Grande-Rue* (maisons anciennes), et ensuite la 3e rue à dr. pour gagner l'entrée (XIIe s.) principale de l'abbaye, dont les bâtiments, reconstruits en 1750, sont occupés par l'*école pratique d'ouvriers et de contremaîtres*. De l'*église abbatiale* il reste notamment le bras S. du grand transsept haut de 33 m., un clocher octogonal de 62 m. et la *chapelle de Bourbon*

(xve s.; musée archéologique). Au delà de l'abbaye la *place de la Grenette* est bordée à dr. par le *palais du pape Gélase* (xive s.), à g. par le palais abbatial (xve et xvie s.), occupé par l'*hôtel de ville* et le *musée Ochier*. Sur la *place Notre-Dame*, *église* du xiiie s. — De Cluny à Chalon, *V*. p. 36.

29 k. *Sainte-Cécile-la-Valouze*, au bord de la Valouze, dont la vallée est remontée par la route de (7 k. S.) *Saint-Point* (*château* de Lamartine, avec chapelle funéraire de sa famille). — 34 k. *Clermain*, à la jonction du ch. de fer de la Clayette (*V*. p. 42). — La voie franchit par un tunnel de 527 m. l'arête du *col de Vaux* (438 m.) et, passant du bassin de la Méditerranée dans celui de l'Océan, descend dans la vallée de la Semence. — 48 k. *Les Terreaux-Verosvres* (château du Terreau, où naquit Marie Alacoque; *V*. p. 41). — 51 k. *Saint-Bonnet-Beaubery* est relié par un embranch. à Montceau-les-Mines (*V*. p. 33).

62 k. **Charolles** * (buffet), 3,718 hab., au confl. de la Semence et de l'Arconce, ch.-l. d'arr. et du pays de *Charollais* (bétail et chevaux renommés). 2 *tours* (xive s.) de l'anc. château des comtes de Charollais. — Le ch. de fer franchit l'Arconce et parcourt la forêt de Charolles, puis longe le canal du Centre sur la rive g. de la Bourbince.

77 k. Paray-le-Monial (p. 41).]

De Mâcon à Bourg, Ambérieu, Nantua, Saint-Claude et Genève, R. 10.

447 k. *Crèches*, 1,180 hab.

451 k. *Pontanevaux*, ham. de (1 k. 5 O.) *la Chapelle-de-Guinchay*, 1,982 hab. — 456 k. *Romanèche-Thorins*, 2,395 hab. (vins renommés de Thorins et de *Moulin-à-Vent*).

463 k. **Belleville** * (buffet; embranch. pour Beaujeu), 2,906 hab., « bastide » ou ville neuve construite d'un seul jet sur un plan régulier en 1168 (*église* romane du xiie s.), à 1 k. de la Saône (pont suspendu desservi par une stat. du ch. de fer de Pont-de-Veyle à Trévoux, *V*. R. 10).

[**Beaujeu** * (13 k.; ch. de fer, en 25 à 35 min.; 1 fr. 45, 1 fr., 65 c.), 3,373 hab., sur l'Ardières, fut la capitale primitive de Beaujolais (*église* du xiie s., qu'avoisine une maison Renaissance; restes d'un château sur la montagne Saint-Jean). De Beaujeu à Monsols et à Villefranche, *V*. ci-dessous.]

469 k. *Saint-Georges-de-Reneins*, 2,632 hab. — Pont de 9 arches sur le Morgon.

478 k. **Villefranche** * 14,793 hab., ch.-l. d'arr., V. industrielle et commerçante, sur le Morgon, à 2 k. O. de la Saône, se compose d'une longue rue (*hôtel de ville* Renaissance et *maisons* anciennes), que borde à dr. l'élégante église gothique *N.-D. des Marais* (xiiie-xvie s.).

[Trams : — 1° (48 k., en 3 h. env.; 3 fr. 70 et 2 fr. 45) pour (9 k.) *Saint-Julien* (*buste* du célèbre physiologiste *Claude Bernard*, 1813-1878), (12 k.) *Salles* (*église* du xiie s., cloître et salle capitulaire du xvie s., restes d'un prieuré), (22 k.) *Odenas* (à 1 k. O., *château de la Chaise*, construit en 1680 par le neveu du P. La Chaise, confesseur de Louis XIV), (32 k.) Beaujeu (*V*. ci-dessus) et *Monsols*, 993 hab., à 587 m., sur le versant E. du massif du *Saint-Rigaud*, dont le sommet (1,012 m.; 2 h. 15 all. et ret.) offre un beau panorama; — 2° (21 k., en 1 h. 10; 1 fr. 60 et 1 fr. 10) pour (9 k.) *Jarnioux* (*château* du xvie s.), (15 k.) *Theizé*, 1,143 hab. (clos de *la Platière*, qui fut habité par Mme Roland) et le Bois-d'Oingt (*V*. p. 42).]

On commence à apercevoir le Mont-d'Or Lyonnais. — 482 k. *Anse*, 2,070 hab., sur l'Azergues, à 500 m. de son confl. avec la Saône (anc. château; hôtel Fétan, xviie s.).

486 k. *Quincieux-Trévoux*, stat.

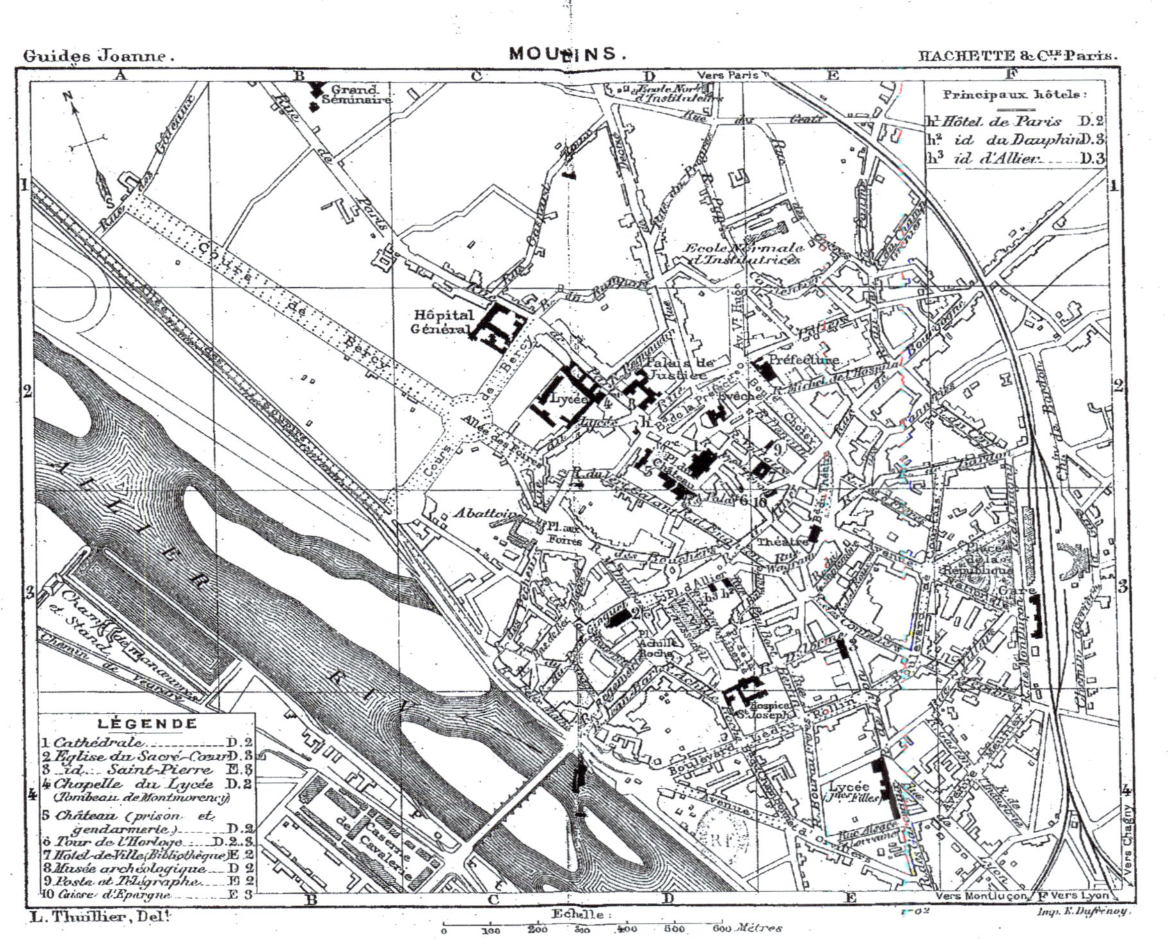
Principaux hôtels:
h¹ Hôtel de Paris D.2
h² id du Dauphin D.3
h³ id d'Allier D.3
LÉGENDE
1 Cathédrale D.2
2 Eglise du Sacré-Cœur D.3
3 id. Saint-Pierre E.3
4 Chapelle du Lycée D.2 (Tombeau de Montmorency)
5 Château (prison et gendarmerie) D.2
6 Tour de l'Horloge D.2.3
7 Hôtel-de-Ville (Bibliothèque) E.2
8 Musée archéologique D.2
9 Poste et Télégraphe E.2
10 Caisse d'Epargne E.3
Grand Séminaire
Hôpital Général
Cours de Bercy
Allée des Foires
Abattoir
Pl. aux Foires
Lycée
Palais de Justice
Préfecture
Evêché
Théâtre
Pl. Achille Roche
Hospice S. Joseph
Lycée de Filles
Place de la République
Gare
Ecole Normale d'Institutrices
Ecole Norle d'Instituteurs
Rue de Paris
Rue des Coteaux
Champ de Manœuvres et Stand
Chemin de Veauvre
Caserne de Cavalerie
Boulevard Ledru Rollin
Chin de Bardon
Vers Paris
Vers Montluçon
Vers Lyon
Vers Chagny
Echelle:
0 100 200 300 400 500 600 Mètres
L. Thuillier, Delt
Imp. E. Dufrénoy

e (3 k. N.-E.; omnibus 30 c.) Trévoux *, 2,821 hab., ch.-l. d'arr., sur le versant de la rive g. de la Saône (pont suspendu). Trévoux est relié à Lyon par un ch. de fer spécial (*V.* p. 56) qui se raccorde à Sathonay avec la ligne de Bourg (*église* moderne de style byzantin; à la *sous-préfecture*, voisine de la petite promenade bien située de *la Terrasse* et où siégeait le parlement de Dombes, salle peinte à fresque par Sevin et portrait du duc du Maine attribué à H. Rigaud; à l'*hôtel de ville*, portrait de Mlle de Montpensier, attribué à Mignard; *tour de l'Horloge*; ruines d'un *château*, en haut de la colline; tréfileries d'or pour la chasublerie lyonnaise).

De Trévoux à Bourg, R. 8; — à Pont-de-Veyle, R. 10.

492 k. *Saint-Germain-au-Mont-d'Or* (buffet), stat. à la jonction des lignes de Paray-le-Monial et de Roanne (*V.* ci-dessous, *B* et *C*). — 494 k. *Villevert-Neuville*, gare desservant sur la rive g. Neuville-sur-Saône, desservi plus spécialement par le ch. de fer de Lyon à Trévoux (*V.* p. 56).

497 k. *Couzon*, dont l'*église* a été bâtie par Bossan (statue équestre de St Maurice, par Fabisch; vitraux par Lobin). — Tunnel de 160 m. — 500 k. *Collonges-Fontaine*. — 504 k. *Ile-Barbe* (*V.* p. 55), stat. située à *Saint-Rambert-l'Ile-Barbe*, 2,588 hab. (à l'église, portail roman et autel du XIIe s.). — 2 tunnels. — 507 k. *Lyon-Vaise*, gare desservie par des trams. — *Tunnel de Saint-Irénée* (2,175 m.); on franchit la Saône sur le pont de la Quarantaine.

512 k. **Lyon-Perrache** (buffet; omnibus, trams, voit. de place), gare située dans la partie S. de la ville, entre la Saône et le Rhône, dans la presqu'île de Perrache (*V.* p. 45).

B. Par Paray-le-Monial et Lozanne.

497 k. — Ch. de fer, en 11 h. 20 à 16 h. 40 suivant les trains. — Trajet très intéressant entre la Clayette et Lozanne.

254 k. de Paris à Nevers (R. 2). — On franchit la Loire et le canal Latéral.

264 k. *Saincaize* (buffet), à l'embranch. de la ligne de Bourges (*V.* le Réseau *Orléans*, *Midi*, *État*). — La voie longe la rive dr. de l'Allier. — 274 k. *Mars*.

281 k. *Saint-Pierre-le-Moutier* *, 2,792 hab. (*église* des XIIe et XIIIe s.). — 290 k. *Chantenay-Saint-Imbert*, 1,974 hab. — 300 k. *Villeneuve-sur-Allier*.

313 k. **Moulins** * (buffet), V. de 22,340 hab., ch.-l. du départ. de l'Allier, sur la rive dr. de l'Allier (*pont* de 13 arches, du XVIIIe s.). Par l'*avenue Nationale* (à dr., *place* ou square *de la République*, avec la *statue de Théodore de Banville*, par Coulon), le *théâtre* (Pl. E, 3), les *rues Bréchimbault* (à g.), *Wagram* et *de Pont*, on parvient à la *place d'Allier* (Pl. D, 3), centre vital de la cité, encadrée d'un côté par l'**église du Sacré-Cœur** (Pl. 2, D, 3), bel édifice moderne dans le style du XIIIe s. (à la sacristie, triptyque peint du XVe s.).

A l'extrémité E. de la place, il faut s'engager dans la *rue d'Allier* (maisons anciennes, nos 53, 57, 71), la plus vivante et la plus commerçante de Moulins, reliée (à g.) par la *rue de l'Horloge* à la *place de l'Hôtel-de-Ville* (*jacquemart* du beffroi municipal, xve s.; Pl. 6, D, 2, 3; dans la mairie, collection de peintures et bibliothèque possédant la *Bible de Souvigny*, magnifique manuscrit du xiie s.).

Soit par la *rue François-Péron*, au fond de la place, soit par la *rue des Orfèvres* ou la *rue de l'Ancien-Palais*, conservant toutes trois plusieurs curieuses habitations, on va à la **cathédrale** (Pl. 1), composée d'un chœur de 1465-1507, et d'une nef moderne (tours avec flèches en pierre d'une haut. totale de 95 m.; *vitraux* des xve et xvie s.; saint-sépulcre du xvie s. sous le maître-autel; à la sacristie, *triptyque* attribué à Ghirlandajo).

La cathédrale donne d'un côté (à l'O.) sur la *place du Château* (gendarmerie dans un pavillon de la Renaissance), voisine de la *place de Paris*, où commence la *rue de Paris*, dans laquelle sont situés le *palais de justice* (*musée archéologique*, Pl. 8) et le *lycée Banville* (Pl. 4), dont la chapelle renferme le **mausolée de Henri de Montmorency** (xviie s.), œuvre de Regnaudin, Thibaut Poissan et François Anguier. — Revenu à la place de Paris, on gagne la gare par les boulevards.

[De Moulins a Bourbon-l'Archambault et a Cosne-sur-l'Œil (57 k.; ch. de fer, en 2 h. 10 à 2 h. 45; 4 fr. 60 et 3 fr. 15). — 17 k. *Saint-Menoux*, 1,491 hab. (*église* des xie, xiie et xve s., reste d'une abbaye, avec *clocher* du xiiie s.). — 21 k. *Agonges* (*église* de la fin du xiie s., avec fresques du xve s., dans la sacristie).

26 k. **Bourbon-l'Archambault***, 3,600 hab., station thermale sur la rivière de Burge, au S. d'un *lac* ou vaste étang et entre des collines dont l'une porte les ruines du **château** des ducs de Bourbon (au-dessous, pont crénelé et *moulin fortifié*, xive s.). Dans l'*église*, en partie du xiie s., Vierge du xive s. et peintures murales par A. Dauvergne. Dans un parc (Casino) dominé par les *Allées Montespan*, somptueux *établissement* de bains, dans lequel sont employées des eaux thermales, chlorurées sodiques, iodobromurées, ou froides ferrugineuses bicarbonatées, fournies par 2 sources.

On traverse la *forêt de Grosbois* (1,782 hect.). — 39 k. *Saint-Hilaire*, 1,322 hab. — 45 k. *Buxières-les-Mines*, 3,349 hab. — La voie côtoie le Morgon, et traverse la forêt de *Dreuille* (1,258 hect.). — 52 k. *Vieure* (dans l'église, du xve s., peinture de l'éc. flamande figurant St Luc peignant la Vierge). — 57 k. Cosne-sur-l'Œil, stat. du ch. de fer de Sancoins à Lapeyrouse (*V.* le Réseau *Orléans*, *Midi*, *Etat*).]

De Moulins à Saint-Germain-des-Fossés et Lyon par Roanne, *V.* ci-dessous, *C*; — à Montluçon, *V.* le Réseau *Orléans*, *Midi*, *Etat*.

327 k. *Montbeugny*. — 334 k. *Thiel*.

341 k. *Dompierre-Sept-Fonds*. A 3 k. 5 N.-E., abbaye de Trappistes de *Sept-Fonds*. A 1 k. S.-E., *Dompierre-sur-Besbre*, 3,271 hab., est l'entrepôt des houillères de Bert, auxquelles le réunit un ch. de fer qui se détache de la ligne de Lapalisse.

[De Dompierre a Lapalisse (44 k.; 4 fr. 55 et 3 fr. 40) en 2 h. 15 à 3 h., par la vallée de la Besbre, *Châtel-Perron* (portail roman de l'église; ruines d'un château du xve s.), *Jaligny*, 1,059 hab. (château en partie des xve et xvie s., avec chapelle bâtie par le cardinal d'Amboise), et *Chavroches* (sur un roc escarpé, château ruiné du xve s.). Pour Lapalisse, *V.* p. 43.]

On longe à g. le canal Latéral,

avant de déboucher dans la vallée de la Loire. — 348 k. *Diou*. — On franchit le canal et le fleuve, avant de joindre à g. la ligne de Cercy-la-Tour.

350 k. *Gilly-sur-Loire*.

A Bourbon-Lancy et Cercy-la-Tour, V. p. 34.

360 k. *Saint-Agnan*. — On traverse l'Arroux.

369 k. **Digoin** *, 6,890 hab., V. commerçante et industrielle, sur la rive dr. de la Loire (pont suspendu), entre deux bras du canal du Centre, dont l'un débouche dans la Loire et l'autre se raccorde avec le canal Latéral et le canal de Digoin à Roanne, au moyen d'un *pont-aqueduc* de 16 arches — *Eglise* moderne de style roman.

De Digoin à Gueugnon, Toulon-sur-Arroux et Etang, V. p. 33.

380 k. **Paray-le-Monial** *, 4,362 hab., dans la vallée de la Bourbince et près du canal du Centre, a été le berceau de la dévotion au Sacré-Cœur de Jésus, à laquelle cette ville doit d'être, après Lourdes, le lieu de pèlerinage le plus fréquenté de la France. C'est sous Louis XIV qu'elle acquit sa notoriété à la suite des révélations faites à une religieuse visitandine, Marguerite-Marie Alacoque (1647-1690). L'*avenue de la Gare*, la *rue des Deux-Ponts*, puis, à dr., la *rue de la Paroisse* conduisent à la **basilique Saint-Pierre**, type remarquable de l'architecture romane bourguignonne du XIIe s. (à l'int., haut de 27 m., *chapelle de la Vierge*, XVe s., avec retable et *Pietà* remarquables; dans le chœur, 8 colonnes monolithes et *autel* moderne *du Sacré-Cœur*.) Derrière l'abside, l'ancien palais prioral a été rebâti pour devenir la résidence des *Chapelains du Sacré-Cœur*, dont le parc ombragé est le théâtre des cérémonies des pèlerinages.

La *rue de la Visitation* longe le couvent où vécut la B. Marguerite-Marie, qui repose dans la *chapelle*. Tournant à dr. à l'extrémité de la rue, on arrive au *musée eucharistique*, à l'entrée de la belle *route de Charolles* et à l'angle de la *rue du Général-Petit*, qui conduit à l'*hôtel de ville* (musée), de la Renaissance.

[De Paray-le-Monial a Roanne (60 k.; ch. de fer, en 1 h. 35 à 2 h.; 6 fr. 70, 4 fr. 55, 2 fr. 95). — On se dirige au S.-O. pour gagner la vallée de l'Arconce et la plaine de la Loire. — 25 k. *Marcigny*, 2,558 hab., stat. de (5 k. E.) *Semur-en-Brionnais*, 1,207 hab., à 400 m. d'alt., sur un promontoire abrupt (*église* romane du XIIe s., avec clocher octogonal du XIIIe; séminaire dans un anc. prieuré, XVIIIe s.). — 34 k. *Iguerande*, 1,652 hab. — On joint à g. la ligne de la Clayette (V. ci-dessous), avant de franchir le Sornin. — 41 k. *Pouilly-sous-Charlieu*, 2,061 hab. A 6 k. O., ruines de l'abbaye de *la Bénissons-Dieu* (XIIe s.), notamment la nef de l'église, servant de paroisse. — 54 k. Le Coteau. — 60 k. Roanne (p. 43).]

De Paray-le-Monial à Montchanin, V. p. 33; — à Cluny et à Mâcon, p. 37.

389 k. *Lugny-lès-Charolles*. — 394 k. *Saint-Julien-Changy*. — 398 k. *Dyo*.

409 k. *La Clayette* (jonction des lignes de Mâcon et Roanne), 1,688 hab., près de la Genête, qui forme un petit lac.

[De la Clayette a Roanne (44 k.; ch. de fer, en 1 h. 20 à 1 h. 40; 4 fr. 95, 3 fr. 35, 2 fr. 20). — Vallée du Sornin. — 3 k. *La Chapelle-sous-Dun* (mines de houille). — 19 k. *Charlieu**, 5,406 hab. (*maisons* anciennes), s'est formé auprès d'une *abbaye* dont il subsiste notamment une salle capitulaire, le logis abbatial (XIIe s.), converti en presbytère, et un porche roman. — 25 k. Pouilly-sous-Charlieu, et 19 k. de Pouilly à (44 k.) Roanne (*V.* p. 41).

De la Clayette a Clermain (32 k.; ch. de fer, en 1 h. 5). — 8 k. *Gibles* (belle *église* moderne). — Tunnel de 636 m. — 24 k. *Trambly-Matour*, stat. de (4 k. O.-S.-O.) *Matour*, 1,744 hab. — 27 k. *Paris-Gagné*, sur la Grosne, stat. de (9 k. S.-E.) *Tramayes*, 1,753 hab. (ascens. en 1 h. 45 all. et ret. du signal de la *Mère-Boittier* : 771 m., magnifique panorama). — On joint la ligne de Mâcon à Paray-le-Monial. — 32 k. Clermain (*V.* p. 38).]

On traverse le Sornin sur un viaduc de 10 arches; souterrain du Grand-Bois. — 413 k. *Chassigny-sous-Dun*, 1,168 hab. — 2 tunnels. — 416 k. *Mussy-sous-Dun*. — Viaduc de 18 arches sur le ruisseau de Moussy; tunnel.

419 k. *Chauffailles*, 4,232 hab., près du Botoret.

426 k. *Belleroche-Belmont*. A 4 ou 5 k. O.-S.-O., *Belmont*, 3,373 hab. A 5 k. E., *les Echarmeaux**, ham., lieu de villégiature à 718 m., sur le versant S.-S.-O. de la *Roche-d'Ajoux* (973 m.; ascens. en 1 h. 30 all. et ret.); on y voit diverses sculptures exécutées par un sabotier du pays, J. Molette.

Au delà du *tunnel des Echarmeaux*, long de 4,153 m., on débouche dans la vallée de l'Azergues. — 431 k. *Poule*, 1,753 hab. — La voie décrit un grand contour en hélice, appelé *boucle de Claveisolles*, et passe au-dessus de la gare de Saint-Nizier, qu'elle ne dessert qu'après avoir passé sur un viaduc de 8 arches, dans le souterrain des Vignes, à (440 k.) la gare de *Claveisolles* et dans un tunnel long de 1,262 m. — 442 k. *Saint-Nizier-d'Azergues*, 1,406 hab.

446 k. *Lamure-sur-Azergues*, 1,123 hab. — 449 k. *Grandris-Allières*. A 2 k. 5 N.-O., *Grandris**, 1,886 hab. (*hôtel du Pont-de-la-Feuilletière*, séjour d'été fréquenté). — 452 k. *Saint-Just-d'Avray*. — Tunnel. — 455 k. *Chamelet*. — 460 k. *Ternand*. — 462 k. *Saint-Laurent-d'Oingt*.

466 k. *Le Bois-d'Oingt**, 1,354 hab. (anc. château des vicomtes d'Oingt).

A Villefranche, *V.* p. 38.

470 k. *Chessy* (anc. mines de cuivre; restes d'un château; église du XVe s.). — 472 k. *Châtillon-d'Azergues*, au pied d'un rocher portant les ruines d'un *château* et, à côté, la chapelle *N.-D. de Bon-Secours* (XIIe et XVe s.), à 2 étages : accolée à l'église supérieure, une chapelle du XVe s. renferme la tombe de Geoffroi de Balzac (1510) et une peinture d'Hipp. Flandrin. — Tunnel. — 476 k. *Lozanne*.

480 k. *Chazay-Marcilly*. A 1 k. O., *Chazay-d'Azergues*, sur une hauteur (2 *portes* des anc. remparts; anc. *château* occupé par le presbytère, un pensionnat et des métiers de velours). — 482 k. *Les Chères-Chasselay*. — On s'approche de la rive dr. de la Saône, pour joindre la ligne de Mâcon.

487 k. Saint-Germain-au-Mont-d'Or, et 10 k. de Saint-Germain à (497 k.) Lyon (*V.* ci-dessus, *A*).

C. **Par Roanne et Tarare.**

507 k. — Ch. de fer, en 16 h. 40. — 56 fr. 50; 38 fr. 35; 25 fr.

313 k. de Paris à Moulins (*V.* ci-dessus, *B*). — On remonte la vallée de l'Allier. — 327 k. *Bessay.* — 333 k. *La Ferté-Hauterive.*

342 k. *Varennes-sur-Allier*, d'où part le ch. de fer de Chantelle, Ebreuil et Marcillat (*V.* le Réseau *Orléans*, *Midi*, *Etat*).

348 k. *Créchy.* — A g., *Billy* (ruines d'un *château* des XIIe et XIVe s.).

355 k. **Saint-Germain-des-Fossés** (buffet), 2,503 hab. (église du XIIe s.; chapelle romane, avec Vierge du XIIIe s.), au point de raccordement des lignes de Paris à Lyon et Saint-Etienne par Roanne, de Paris à Vichy-Ambert-Arlanc et de Paris à Clermont.

A Riom, Volvic, Maringues, Clermont-Ferrand, Issoire, Brioude, Alais et Nîmes, R. 33; — à Vichy et à Thiers, R. 35.

361 k. *Saint-Gérand-le-Puy*, 1,764 hab.

372 k. **Lapalisse***, 2,847 hab., ch.-l. d'arr., sur la Bèbre (**château** de la famille de Chabannes, XVe et XVIe s.), est relié par un ch. de fer à Dompierre (*V.* p. 40). — Viaduc de 8 arches sur la Bèbre. — 379 k. *Arfeuilles*, 3,261 hab., à 6 k. 5 S. — Viaducs; *tunnel* de 1,350 m., dans lequel le ch. de fer franchit le faîte (443 m.) de partage des eaux entre le bassin de l'Allier et celui de la Loire.

389 k. *Saint-Martin-d'Estréaux*, 1,733 hab., station desservant (6 k. N.-E.; voit. publique, 1 fr. 50) *Sail-les-Bains**, dont les sources d'eau alcaline silicatée sont utilisées dans un établissement balnéaire (piscine à eau courante) situé dans un beau *parc* où s'élèvent aussi 3 hôtels et un petit casino. — Viaduc de 11 arches; tunnel de 250 m.

398 k. *La Pacaudière*, 1,936 hab. (maison Renaissance, dite le *Petit-Louvre*).

408 k. *Saint-Germain-l'Espinasse*, 1,134 hab.

[A 3 k. 5 O., *Ambierle*, 2,370 hab. (église du XVe s., avec verrières et stalles remarquables, triptyque dont les peintures sont attribuées à Van Eyck).]

A dr., tours du château de *Boisy* (XVe-XVIe s.), qui a appartenu à Jacques Cœur et aux Gouffier.

421 k. **Roanne*** (buffet), 34,901 hab., ch.-l. d'arr., V. industrielle importante surtout par ses fabr. de cotonnades, est située sur la rive g. de la Loire, au point de départ du CANAL DE ROANNE A DIGOIN, créé pour éviter la navigation de la Loire dans sa partie la plus dangereuse entre Roanne et Digoin, où il joint le canal Latéral et le canal du Centre.

En sortant de la gare (service de car-ripert entre le faubourg Mulsant et le Coteau, par les rues de la Côte et Nationale), on suit à dr. le *cours de la République*, allant aboutir aux *promenades Populle*, d'où la *rue de la Côte* conduit à la *sous-préfecture* (dans la cour, magnifique *cèdre du Liban*). Ici on croise une longue voie allant, à dr., sous le nom de *rue de la Sous-Préfecture*, à l'*église Saint-Louis* (style bourguignon de la fin du XIIe s.), à g., sous le nom de *rue du Lycée* (*lycée* en partie du temps de Louis XIII), à la *place Saint-Etienne*, entourée par le *palais de justice*, l'*église Saint-Etienne* (*verrière* du XVIe s.; verrières modernes par Thibaud de Clermont), bâtie de 1835 à 1843, dans le style ogival flamboyant, qui était celui de l'ancienne église du XVe s., dont il a été conservé deux travées; sur une place, à dr. de l'église, restes du *château*, XIVe-XVIe s., enclavés dans des constructions modernes, et *monument de la Défense*, œuvre de Girardon. Au delà de la sous-préfecture, la rue de la Côte, se continuant sous le nom de *rue Nationale*, longe à dr. la *place de l'Hôtel-de-Ville* (dans l'*hôtel de ville*, construit par Corroyer, *musée* et bibliothèque), laisse à g. l'*église N.-D.-des-Victoires* ou *des Minimes* (style du XIVe s.) et se termine au *bassin du canal* et au *pont* (7 arches) de la Loire, qui fait communiquer Roanne avec *le Coteau* (4462 hab.). Au delà du ch. de fer s'étend le *faubourg Mulsant*, dont l'*église Sainte-Anne* (style du XIIIe s.) renferme des vitraux de Maréchal et de Lobin.

[A 14 k. O.-S.-O., *Saint-Alban** (établissement de bains et casino) est connu par ses sources d'eau ferrugineuse, bicarbonatée gazeuse employée surtout à l'exportation.]

De Roanne à Digoin et à la Clayette, V. ci-dessus, *B*; — à Saint-Etienne et à Lyon, R. 36.

La voie traverse la Loire. — 423 k. *Le Coteau*. — On remonte la vallée du Reins. — 430 k. *L'Hôpital*. — 4 tunnels. — 437 k. *Régny*, 2,189 hab. com. industrielle (*église* construite par Bossan). — 2 tunnels.

443 k. *Saint-Victor-Thizy*, 1,210 hab., stat. reliée par des embranch. à *Cours* et à *Thizy-Ville*, importantes par leur industrie des toiles et cotonnades. — 2 tunnels. — 449 k. *Amplepuis*, 7,097 hab. (fabr. de toiles, mousselines, foulards, etc.). — La voie monte jusqu'au *tunnel des Sauvages* (2,926 m.), par lequel elle passe du bassin de la Loire dans celui de la Méditerranée, pour déboucher ensuite dans le vallon de la Turdine, riv. que l'on franchit sur un viaduc de 21 arches, suivi d'un tunnel de 800 m.

463 k. **Tarare*** (buffet), 12,334 hab., situé sur la Turdine, dans une étroite vallée dominée par des montagnes, est le centre d'une industrie considérable (fabr. de mousselines, tarlatanes, broderies, peluches, velours, etc.), occupant plus de 60,000 ouvriers, disséminés dans les montagnes de la Loire et du Rhône. — Eglise de *la Madeleine*, avec un fronton sculpté par Bonnassieux. — *Tribunal de commerce* dans un ancien couvent de Capucins (XVIIe s.). — Belles *places* ornées de fontaines. — *Statue* (par Bailly) *de Simonet*, à qui Tarare doit l'origine de sa prospérité. — Sur une colline de 580 m., chapelle *N.-D. de Bel-Air* (belle vue).

468 k. *Pontcharra-Saint-Forgeux*. — 472 k. *Saint-Romain-de-Popey*, 1,242 hab. — Viaduc de 9 arches. — 2 tunnels; pont sur la Brevenne.

479 k. **L'Arbresle***, stat. desservie aussi par le ch. de fer de Lyon à Montbrison (R. 37), 3,406 hab. (fabr. de soieries), au

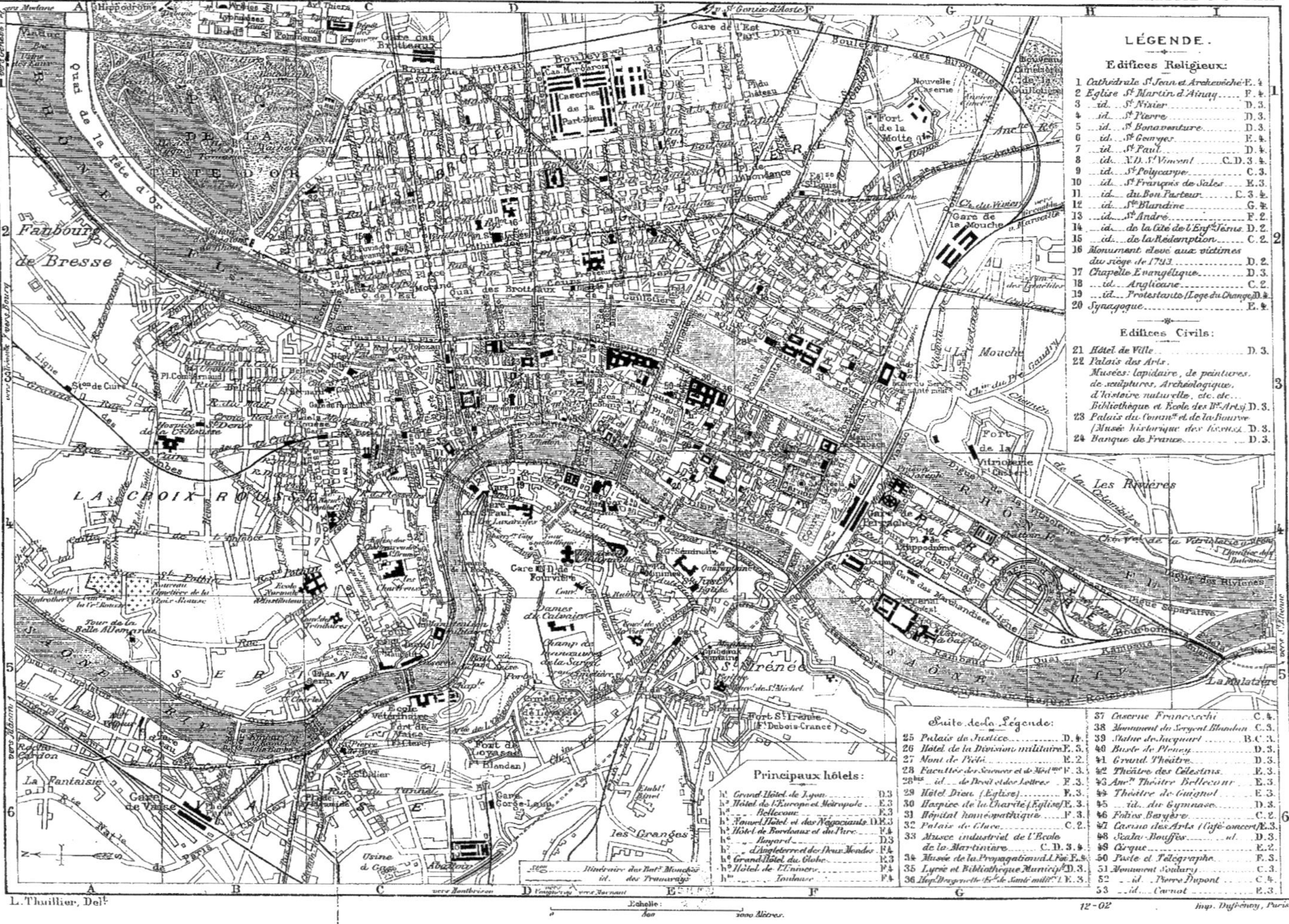
Guides Joanne.
LYON.
HACHETTE & Cie Paris.
LÉGENDE.
Edifices Religieux:
1 Cathédrale St Jean et Archevêché E. 4
2 Eglise St Martin d'Ainay F. 4.
3 id. St Nizier D. 3.
4 id. St Pierre D. 3.
5 id. St Bonaventure D. 3.
6 id. St Georges E. 4.
7 id. St Paul D. 4.
8 id. N.D. St Vincent C. D. 3. 4.
9 id. St Polycarpe C. 3.
10 id. St François de Sales E. 3.
11 id. du Bon Pasteur C. 3. 4.
12 id. Ste Blandine G. 4.
13 id. St André F. 2.
14 id. de la Cité de l'Enft Jésus D. 2.
15 id. de la Rédemption C. 2.
16 Monument élevé aux victimes du siège de 1793 D. 2.
17 Chapelle Evangélique D. 3.
18 id. Anglicane C. 2.
19 id. Protestante (Loge du Change) D. 4.
20 Synagogue E. 4.
Edifices Civils:
21 Hôtel de Ville D. 3.
22 Palais des Arts. Musées: lapidaire, de peintures, de sculptures, Archéologique, d'histoire naturelle, etc. etc. Bibliothèque et École des Bx Arts) D. 3.
23 Palais du Commce et de la Bourse (Musée historique des tissus) D. 3.
24 Banque de France D. 3.
Suite de la Légende:
25 Palais de Justice D. 4.
26 Hôtel de la Division militaire E. 3.
27 Mont de Piété E. 2.
28 Facultés des Sciences et de Médne F. 3.
28bis id. de Droit et des Lettres F. 3.
29 Hôtel Dieu (Eglise) E. 3.
30 Hospice de la Charité (Eglise) E. 3.
31 Hôpital homéopathique F. 3.
32 Palais de Glace C. 2.
33 Musée industriel de l'École de la Martinière C. D. 3. 4.
34 Musée de la Propagation de la Foi F. 4.
35 Lycée et Bibliothèque Municipale D. 3.
36 Hôpl Desgenettes (Ele de Santé milre) E. 3.
37 Caserne Franceschi C. 4.
38 Monument du Sergent Blandan C. 3.
39 Statue de Jacquard B. C. 3.
40 Buste de Pleney D. 3.
41 Grand Théâtre D. 3.
42 Théâtre des Célestins E. 3.
43 Ancn Théâtre Bellecour E. 3.
44 Théâtre de Guignol E. 3.
45 id. du Gymnase D. 3.
46 Folies Bergère C. 2.
47 Casino des Arts (Café-concert) E. 3.
48 Scala-Bouffes id. D. 3.
49 Cirque E. 2.
50 Poste et Télégraphe F. 3.
51 Monument Soulary C. 3.
52 id. Pierre Dupont C. 4.
53 id. Carnot E. 3.
Principaux hôtels:
h1 Grand Hôtel de Lyon D3
h2 Hôtel de l'Europe et Métropole E3
h3 Bellecour E3
h4 Nouvel Hôtel et des Négociants D.E3
h5 Hôtel de Bordeaux et du Parc F4
h6 Bayard D3
h7 d'Angleterre et des Deux Mondes F4
h8 Grand Hôtel du Globe E3
h9 Hôtel de l'Univers F4
h10 Toulouse F4
Faubourg de Bresse
Parc de la Tête d'Or
Quai de la Tête d'Or
Les Brotteaux
La Guillotière
La Croix Rousse
Caserne de la Part-Dieu
Fort de la Motte
Gare de la Mouche
La Mouche
Fort de la Vitriolerie
Les Rivières
Gare de Perrache
Gare de Vaise
Fourvière
St Irénée
Fort St Irénée (Ft Dubois-Crancé)
Les Granges
La Mulatière
La Fantaisie
Gare de l'Est
Gare des Brotteaux
Hippodrome
Échelle: 1000 Mètres.
L. Thuillier, Delt
12-02
Imp. Dufrénoy, Paris.

confl. de la Turdine et de la Brevenne (restes d'un *château*; 2 *portes* des anciens remparts; *église* des XIIIe et XVIe s., avec vitraux anciens; maisons curieuses). — On suit la vallée de la Brevenne (2 tunnels), et l'on joint la ligne de Paray-le-Monial.

486 k. Lozanne, et 21 k. de Lozanne à (507 k.) Lyon (*V.* ci-dessus, *B*).

Lyon*, V. de 459,099 hab., ch.-l. du départ. du Rhône, siège d'un archevêché et d'une université, place de guerre de 1re cl., cité industrielle considérable, célèbre surtout par ses soieries, s'échelonne de 165 m. à 310 m. d'alt., dans la plaine où le Rhône reçoit les eaux de la Saône, au confl. et sur les deux rives de ce fleuve et de cette rivière et sur les collines abruptes qui dominent la rive dr. de la Saône et qui se rattachent au massif du Mont d'Or Lyonnais.

Sur la rive dr. de la Saône se dressent les hauteurs de *Fourvière*, où existait l'ancienne ville romaine et du moyen âge, remplacée par une pépinière de maisons religieuses et d'hospices groupés autour d'un célèbre sanctuaire de la Vierge. En dessous surgissent les masses de la cathédrale gothique et du palais de justice avec sa colonnade; au N. s'étend le quartier de *Vaise*.

La cité proprement dite s'étend sur la presqu'île, longue de 4 k., large de 600 à 900 m., que forment du N. au S. les deux fleuves; elle présente des aspects fort distincts : au N., c'est la colline de la *Croix-Rousse*, peuplée de tisseurs; au-dessous, *les Terreaux*, où s'exercent exclusivement le commerce des soies et celui de la soierie. La partie qui se continue jusqu'à la *place Bellecour* est le vrai centre de la vie commerciale; là se trouvent le palais du Commerce, les banques, tous les grands magasins.

Le quartier qui s'étend au S. de la place Bellecour est habité par l'aristocratie lyonnaise et la haute bourgeoisie; son extrémité formait autrefois des marécages qu'a fait disparaître, au XVIIIe s., l'ingénieur lyonnais *Perrache*, dont le quartier nouveau a conservé le nom.

Les quartiers de la rive g. du Rhône sont d'abord, à la suite du parc de la Tête-d'Or, *les Brotteaux*, dont les rues se coupent à angle droit et qu'habite en majorité une population bourgeoise d'employés et de négociants. A la suite, *la Guillotière*, le quartier ouvrier par excellence, a des rues larges, laissant pénétrer partout l'air et la lumière; la Guillotière se termine au S. par le quartier des Ecoles, qui réunit les Facultés de droit, des lettres, des sciences, de médecine et de pharmacie, l'Ecole de santé militaire, etc. A l'E. des Brotteaux et de la Guillotière, les faub. des *Charpennes*, de *Villeurbanne*, de *Montplaisir*, de *Montchat*, de *la Mouche*, sont envahis tous les jours par les usines.

De beaux quais bordent le Rhône et la Saône. De nombreux ponts réunissent les rives opposées; en y comprenant ceux des voies ferrées, on en compte 22, dont 9 sur le Rhône, 12 sur la Saône et 1 au confluent.

CENTRE DE LYON (DE PERRACHE AUX TERREAUX). — En descendant de la gare de Perrache, on se trouve sur le *cours du Midi*, puis on gagne la **place Carnot** (Pl. F, 4; *monument de la Révolution française*, par Peynot), sur laquelle s'ouvre la *rue Victor-Hugo*, qui conduirait à la place Bellecour, et d'où, par la *place Ampère* (*statue* du mathématicien de ce nom, par Textor), à g., et la *rue Bourgelat*, on peut aller visiter l'église **Saint-Martin d'Ainay** (Pl. 2, D, 3), la plus ancienne de Lyon. Construite au commenc. du VIe s., dans un lieu appelé *Athanacum*, où les martyrs chrétiens de l'an 177 eurent la tête tranchée, cette église fut rebâtie aux Xe et XIe s.

A l'int.: coupole soutenue par quatre colonnes antiques; dans le chœur, mosaïque du XIIe s. et maître-autel en bronze doré, de Poussielgue; peintures d'H. Flandrin, aux absides; dans le bas-côté g., autel, par Fabisch, et statue, par Bonnassieux, de la chap. de la Vierge, et beau confessionnal sculpté; dans le bas-côté g., portail roman formant l'entrée de la chap. des fonts baptismaux; église du IXe s., avec crypte, servant de sacristie.

Avant d'aboutir à la place Bellecour, la rue Victor-Hugo croise la *rue Sala*, où l'on peut visiter, au n° 12, le *Musée de la Propagation de la Foi* (Pl. 34; ouvert de 9 h. à 11 h. et de 1 h. à 4 h.; le dim., de midi à 3 h.), composé d'objets divers donnés par les missionnaires répandus dans les cinq parties du monde.

La **place Bellecour** (Pl. E, 3; 310 m. de long., 200 de larg.), encadrée par deux façades reconstruites en 1800 pour remplacer celles détruites en 1793, qui avaient été exécutées sur les dessins de Mansart, est ornée de jardins, de fontaines et d'une *statue* équestre *de Louis XIV*, par Lemot. Elle est la promenade lyonnaise à la mode et le rendez-vous des étrangers, surtout aux heures des concerts (musique militaire de 2 h. à 3 h. ou de 3 h. à 4 h. en hiver, de 5 h. à 6 h. en été, de 4 h. à 5 h. aux saisons intermédiaires; concert les soirs d'été de 8 h. 30 à 11 h.). Deux pavillons symétriques sont occupés par le café-restaurant de la *Maison-Dorée* et le service de la police. Un *marché aux fleurs* permanent occupe le côté E. — A l'angle S.-E., l'*hospice de la Charité* (Pl. 30), dont l'église (vitraux par Bégule) a été bâtie en 1617, est contigu à l'*hôpital* militaire *Desgenettes*. — Entre Bellecour et le quai des Célestins, sur une place décorée d'une fontaine en fonte, est le **théâtre des Célestins** (Pl. 42).

A l'angle N.-E. de la place Bellecour s'ouvrent les deux principales rues de Lyon, la rue de l'Hôtel-de-Ville et la **rue de la République** (café-chantant du *Casino des Arts*; hôtel du journal « Le Progrès de Lyon »; Banque de France à côté du Grand-Hôtel; beaux magasins), qui, se prolongeant jusqu'à la place des Terreaux, est coupée à sa partie centrale par la **place de la République**, où s'élève le **monument du Président Carnot** (Pl. 53), par Ch. Naudin et H. Gauquié. Sur la place s'ouvrent le *passage de l'Argue*, où est un théâtre de Guignol, et le *passage de l'Hôtel-Dieu*.

L'**Hôtel-Dieu** (Pl. 29) développe sur le quai de l'Hôpital une façade longue de 325 m., commencée en 1737 sur les desins de Soufflot et terminée en 842. Les frontons des côtés de a façade sont ornés des groupes u Rhône et de la Saône, par arle Elschoët; au milieu et audessus du grand portail sont lacées les statues (par Charles t Prost) du roi Childebert et de a reine Ultrogothe, qui fondèent cet hôpital au commenc. lu VIe s. L'*église de l'Hôtel-Dieu* entrée place de l'Hôpital), de 637, renferme un bas-relief N.-D. de Pitié) et deux groupes le Fabisch, la magnifique châsse le Ste Valentine, des boiseries et une chaire remarquable.

Après la place et sur la même rue de la République donne à dr. la *place des Cordeliers*, entourée par les *halles centrales*, le palais du Commerce et l'*église Saint-Bonaventure* (Pl. 5), du XVIe s. (vitraux de Steinheil, Thibaud et Lorin; dans la chap. St-Joseph, retable sculpté par Fontan, Vie de St Joseph, etc.).

Le **Palais du Commerce et de la Bourse** (Pl. 23) est une œuvre de Dardel.

Salle de la Bourse, avec 24 cariatides sculptées sur les modèles de G. Bonnet, portiques décorés de 8 statues (les *Eléments* et les *Saisons*) par Bonnassieux, Fabisch et Roubaud, et au plafond, une toile de Hesse (le *Commerce*); à la hauteur du 1er étage, magnifique encadrement d'horloge en marbre blanc, sculpté par Bonnassieux, où trois femmes symbolisent *les Heures de la vie*. De chaque côté du vestibule, *escalier* monumental décoré de sculptures et de peintures par Bouchot.

Au 2e étage est installé le **Musée historique des tissus**, une des principales curiosités de Lyon, ouvert les dim. et le jeudi, de 11 h. à 4 h.

Devant la Bourse un dallage en ciment indique la place où le président Carnot fut, le 24 juin 1894, mortellement frappé par Caserio.

La **rue de l'Hôtel-de-Ville** aboutit, comme la rue de la République, à la place des Terreaux; sur son côté g. la **place des Jacobins** est décorée d'une *fontaine* monumentale en marbre, construite sur les plans de M. André (*statues* de G. Coustou, Philibert de l'Orme, Gérard Audran et Hip. Flandrin). Cette place est aussi reliée directement aux Terreaux par une voie presque parallèle aux deux précédentes et portant les noms de *rue Centrale* puis de *rue Paul-Chenavard*. Cette voie est bordée à dr. par l'église Saint-Nizier et par l'*église Saint-Pierre* (Pl. 4), du XVIIe s. (portail roman du XIIe s.; peintures de La Fosse et de Restout), devant laquelle s'étend la petite *place Meissonier* (*buste de Pleney*, bienfaiteur de Lyon, Pl. 40).

Saint-Nizier (Pl. 3, D, 3) a été la cathédrale primitive. St Pothin y célébrait les saints mystères dans une *crypte* qui subsiste et dont les restes, restaurés au XVIe s., peuvent être visités (s'adresser au sacristain, au croisillon g.). L'église actuelle, dédiée à un archevêque de Lyon qui vécut au VIe s., date du XVe s. (tour de dr. moderne). La porte du centre est un lourd placage de style classique. Le pignon porte une *Vierge* de Bonnassieux : les statues de *Ste Anne* et de *St Joachim*, placées au-dessous, et la statue de *St Nizier*, qui orne le fronton du portail central, sont de Fabisch.

A g., 5e chap., *vitraux* de Bégule, *autel* en marbre blanc, *retable* (Sainte Trinité). — Croisillon g. : *statue* de

St Pothin, par Chinard. — Chœur : *maître-autel* gothique, en marbre blanc de Carrare, et décoré de statues, par Blandin, d'après les dessins de Pollet; — dans la chap. à g. du chœur, autel et retables sculptés en marbre blanc; — dans la chap. du croisillon dr. ou de la Vierge, *statue* de la Vierge, par A. Coysevox.

Rive dr. de la Saône (Fourvière) : de la cathédrale au pont de la Feuillée. — A l'angle N.-O. de la place Bellecour s'ouvre la rue du même nom, allant aboutir au *pont Tilsitt*, sur la Saône, et à la cathédrale, devant laquelle la *place Saint-Jean* est décorée d'une *fontaine* en marbre, exécutée, dans le style de la Renaissance, sur les dessins de Dardel (sous la coupole, le Baptême du Christ, groupe en bronze fondu par Sayé, sur le modèle de Bonnassieux). Sur la place est le *petit séminaire*, une des plus vieilles écoles de France, fondée par Leydrade en 799, transformée en *manécanterie* (maison des chantres).

La **cathédrale** ou **église primatiale Saint-Jean** (Pl. 1, E, 4), commencée dans les premières années du XIIe s., continuée au XIIIe s. par la nef et terminée aux XIVe et XVe s. par la façade, est, par son architecture (le style roman pur et le style ogival de la fin du XIIe s. s'y superposent alternativement sans s'y mêler), un des édifices les plus curieux de la France. A la façade, médaillons figurant des scènes bibliques ou évangéliques.

Bas-côté N. : 1re chap. à g. : *tombeaux* en marbre de Mgr Caverot († 1887) et de Mgr Foulon († 1891); — 5e chap. à g. : *retable* du XVIe s.; porte du clocher où se trouve un des plus gros *bourdons* de France, fondu en 1662, et pesant 10,000 kilogr. — Transsept N. (croisillon g.) : *horloge astronomique* construite en 1598 par Nicolas Lippius, de Bâle, rétablie et augmentée en 1660 par Guillaume Nourrisson, en 1780 par Charmy, habile horloger de Lyon, et réparée de nos jours par M. Maurier; sa curieuse sonnerie, avec mouvement des personnages, chant du coq, a lieu le mat. à 5 h. et à 6 h., à midi et l'après-midi à 1 h. et à 2 h. — Chœur : à dr. et à g. du maître-autel, deux *croix* conservées, par privilège unique en France, depuis la tenue du concile général de 1274, en signe de l'union projetée des deux Eglises latine et grecque; *vitraux* des XIIIe et XIVe s. — Nef centrale : *chaire* en marbre d'après les dessins de Chenavard. — Transsept S. : sacristie et *trésor*. — Bas-côté S. : avant-dernière chap., **chapelle de Saint-Louis ou de Bourbon**, bâtie au XVe s. par le cardinal Charles de Bourbon et son frère Pierre de Beaujeu, gendre de Louis XI : dans la balustrade placée en face de l'autel et qui se distingue par des ornements d'une délicatesse et d'une précision extraordinaires, les lettres du mot « Charles » sont remarquablement enlacées aux ornements; vitraux, chefs-d'œuvre de Maréchal.

A dr. de l'abside de la cathédrale se développe, sur le *quai de l'Archevêché*, la colonnade corinthienne du **Palais de Justice** (Pl. 25), construit en 1835 par Baltard. Sur le même quai, en amont, à l'extrémité du *pont du Change*, la *Loge du Change* (Pl. 19), construite en 1749 sur les dessins de Soufflot, servi[t] aux agents de change dans l'origine et a été convertie en templ[e] de l'Eglise réformée. Sur l[a] *place du Change*, la *maison* n° [2] offre une façade du XIVe s.

Les rues du quartier compris entre la place Saint-Jean e[t] l'*église Saint-Georges* (Pl. 6) reconstruite par Bossan dans l[a] tyle du xve s., ont conservé un ertain nombre d'habitations ntéressantes des xve et xvie s.

De la place Saint-Jean, on nontera, par le funiculaire, à 'ourvière, où l'on arriverait ussi à pied par la *montée des Chazeaux*, en passant par l'*hospice de l'Antiquaille* (Pl. D, 4), qui occupe l'emplacement de 'ancien palais des gouverneurs les Gaules (restes des cachots où mourut St Pothin et colonne à laquelle fut attachée Ste Blandine), par la *place des Minimes* (dans le clos d'un pensionnat, ruines d'un théâtre romain), à l'*église Saint-Just* (Pl. E, 4), de 1761 (statues de St Irénée et de St Just, par Legendre Héral) et à *Saint-Irénée* (Pl. E, 5), moderne, avec crypte du ve s. (tombeaux des Sts Irénée, Epipode et Alexandre). Entre Saint-Irénée et la gare du ch. de fer de Mornant, sur la *place Choulans* (Pl. E, 5), 5 *tombeaux* provenant d'une nécropole gallo-romaine.

La gare supérieure du funiculaire de la place Saint-Jean est située en face de la basilique de Fourvière, à g. de laquelle s'étend une terrasse (belle vue) où a été aménagé un abri pour les pèlerins, avec fontaine.

La **basilique de Notre-Dame de Fourvière** (Pl. D, 4), l'un des lieux de pèlerinage les plus vénérés du monde chrétien, occupe l'emplacement d'un forum romain appelé *forum vetus* (d'où le nom de Fourvière). Elle a été construite de 1872 à 1884 en exécution d'un vœu relatif à la préservation de l'invasion de la ville et du diocèse par l'ennemi en 1870. Elle a remplacé le sanctuaire élevé à la suite du vœu de 1643 relatif à la peste, plusieurs fois rebâti et conservé comme annexe du nouvel édifice avec un clocher haut de 52 m., surmonté d'une statue de la Vierge, haute de 5 m. 60, par Fabisch. Edifiée par Bossan et Sainte-Marie Perrin, la basilique, composée d'une crypte et d'une église supérieure, est flanquée de 4 tours octogonales sur l'une desquelles est un *observatoire* (entrée 50 c.; 170 m. au-dessus de la ville), d'où l'on découvre une vue admirable, et dont deux autres encadrent un portique dont le fronton supérieur offre une composition monumentale (figures par Dufraine) représentant les vœux de 1643 et 1870. Au-dessous est l'entrée de la *crypte*, décorée de mosaïques et de marbres. L'*église supérieure* est ornée avec une grande magnificence (on remarque surtout le *ciborium* du maître-autel; tableau votif, par Victor Orsel, du choléra de 1832).

Non loin de la Basilique, *tour métallique* (ascenseur 1 fr.) haute de 74 m. (372 m. d'altit.; 202 m. au-dessus de la ville) dont le sommet offre une vue étendue.

De l'église on descendra par le funiculaire de Saint-Paul-Loyasse (gare à g. en contrebas) ou, de préférence, par le *passage Gay* (péage, 5 c.; débris lapidaires), qui aboutit au long escalier de la *montée des Anges*, continuée par la *montée des Carmes*, qui finit sur la *place Saint-Paul*, entre la gare du funiculaire et celle du ch. de fer de Montbrison. En arrivant au bas de la montée, on aperçoit à dr. la *maison de Henri IV* ou *de la Belle-Gabrielle* (Renaissance) et à g. *l'église Saint-Paul* (Pl. 7), en partie romane et en face de laquelle est le *monument du chancelier Gerson*. La place Saint-Paul communique par la *rue Octavio-Mey* avec le *pont de la Feuillée*, sur lequel on franchit la Saône et à l'extrémité duquel (à g., *église N.-D.-St-Vincent*, Pl. 8) la *rue d'Algérie* mène à la place des Terreaux.

Quartier des Terreaux. — La **place des Terreaux** (*fontaine* en plomb, par Bartholdi, figurant les Fleuves allant à l'Océan) est bordée par le Palais des Arts et l'**Hôtel de Ville** (Pl. 21; on visite l'int. en s'adressant au concierge), construit de 1646 à 1655 par Simon Maupin, réparé en 1702 par Mansart et de nos jours par Desjardins (à la façade, statue de Henri IV, œuvre de Legendre-Héral; dans le vestibule, groupes en bronze de la *Saône* et du *Rhône*, par les frères Coustou; au plafond de l'escalier, l'*Incendie de Lugdunum*, fresque par Blanchet).

Le **Palais des Arts** ou *Palais Saint-Pierre* (Pl. 22), construit en 1667, était la demeure de la prieure de l'abbaye bénédictine de Saint-Pierre. Il est auj. affecté aux musées d'art, d'archéologie et d'histoire naturelle.

Tout autour de la cour intérieure, occupée par un jardin, règnent des portiques sous lesquels sont disposées les pièces du **musée épigraphique**, le plus riche de France.

Musée de sculpture (aile S.; de 10 h. à 4 h. sauf le lundi, le dim. depuis 11 h.). — On pénètre par un couloir rempli de débris de sculptures antiques et sur lequel donne l'entrée de l'ancien réfectoire (compositions religieuses exécutées en stuc par Simon Guillaume, de 1684 à 1686), devenu la **galerie des Bustes Lyonnais** (Meissonier, par *P. Aubert*; l'archevêque de Neuville de Villeroy, par *G. Coustou*; Devaux par *Chinard*; mosaïque antique des Exercices de la Palestre).

A dr. du couloir s'ouvrent 3 salles: archéologie moyen age et renaissance; antiques (sarcophage en marbre de Paros avec sculptures du Triomphe de Bacchus); sculpture moderne (2, *Barye*, Tigre dévorant un jeune cerf; 3, *Bonnassieux*, la Modestie; 31, *Cortot*, Pandore; 50, *Fabisch*, Béatrix; 51, *Foyatier*, Bacchante; 60, *Legendre-Héral*, Jupiter et Léda; 71, *Pradier*, Odalisque; 78, *Schœnewerk*, l'Aurore).

On monte au 1er étage par l'escalier d'honneur (à l'angle S.-O.), aux salles de **peinture**, ouvertes aux mêmes heures que celles de la sculpture.

1re et 2e salles (**galerie Paul Chenavard**). — Grands cartons de Chenavard exécutés au fusain sur toile pour la décoration du Panthéon (1848-1851).

3e salle. — 242. *Binet*. Soirée d'hiver à Vaubarlin. — 286. *Detaille*. La Batterie blanche. — *D'Aligny*. Route dans une forêt. — 377. *Robert-Fleury*. Le Tasse au couvent de St-Onuphre. — 397. *Vuillefroy*. Retour du pâturage. — 350. 351. *Nivard*. Vues de Lyon. — Mosaïque antique du Combat de l'Amour et du dieu Pan

4e salle. — 381. *E. Le Sueur*. Martyre de St Gervais et de St Protais. — 1. *L'Albane*. Prédication de St Jean-Baptiste dans le désert. — 176. *Seghers*. Ste Madeleine en prières au milieu d'une couronne de fleurs. — 2. *L'Albane*. Baptême de J.-C. — 321. *J. Jouvenet*. Jésus chez Simon le Pharisien. — 28. *Giordano*. Renaud dans les bras d'Armide. — 158. *Van Poelemburg*. Les Baigneuses. — *Schedone*. Jésus au Jardin des Oliviers. — 147-148. *Molenaer*. Une taverne. Le Bon ménage. — 98. *Ph. de Champaigne*. Invention des reliques de St Gervais et de St Protais. — Mosaïque antique (Ivresse de Bacchus).

On passé devant le grand escalier des Musées pour aborder le côté E., 5 salles sont consacrées à la inture.

1re SALLE, DITE MUSÉE DE PEINTURE. 263. *Court.* Une scène du Déluge. 13. *Caliari*, dit *Carletto.* Catherine Cornaro, reine de Chypre, reçue Venise par le doge Augustin Barrigo. — 183. *Stella le Vieux.* La , l'Enf.-J. et St Jean. — 186. *Abr. niers.* Le Repos d'un buveur. — *ez.* Autour de la lampe. — 41. *Le uide.* Tête d'étude.

On pénètre ensuite dans un PASSAGE. — *Le Guaspre Poussin.* gar abandonnée reçoit la visite d'un ge. — 266. *A. Coypel.* Bacchus et iane. — 277. *Desgoffe.* Polyphème nçant un rocher sur la barque des mpagnons d'Ulysse. — 269.267. *A. oypel.* Diane surprise par Actéon. e Jugement de Pâris. — 297. *A. tex.* La Mort d'un homme de génie compris.

Au passage succède une petite salle moulages, où se voit une belle production des portes du Baptisre de Florence. — Les 4 salles qui ivent forment la **Galerie du XIXe s.**

2e SALLE. — 292. *Dunouy.* Château Pierre-Scize. — 273. **David. Une araîchère.** — 304 et 305. *Granet.* nterrogatoire de Savonarole; chœur l'église des Capucins de la place arberini, à Rome. — 105-106. *Van ael.* Fleurs. — 276. *Eug. Delacroix.* dalisque. — 300. *Baron Gérard.* orinne au cap Misène. — 295. *rançais.* Paysage (étude). — 390. *royon.* Vaches au pâturage. — 337. *larilhat.* Lisière d'une forêt au bord une rivière. — 288. *M. Drolling.* e Bon Samaritain. — 256. *Corot.* Paysage. — 272. *Daubigny.* Marine.

3e SALLE. — 373. *Riesener.* La Toilette de Vénus. — 363. **P. Prud'hon. Mme Antony et ses enfants.** — 327-326. *J.-P. Laurens.* Etudes de figures pour les « Récits des temps mérovingiens »; Les Otages. — 329. *Jules Lefebvre.* Nymphe et Bacchus. — *Ad. Leleux.* Famille de Bédouins attaquée par des chiens. — 368-369. *Ricard.* Portraits. — 254. *Charlet.* Episode de la retraite de Russie. — 317. *Muller.* Lætitia Ramolino, mère de Napoléon. — 387. *P. Thuillier.* Bords de la Durolle, près de Thiers. — 261. *Courbet.* La Vague. — 274. **Eug. Delacroix. Derniers moments de l'Empereur Marc-Aurèle.** — Mosaïque antique des Jeux du Cirque.

4e SALLE. — 294. *Français.* Paysage. — 253. *Cazin.* La Journée faite. — 262. *Courbet.* Les Amants heureux. — 316 et 315. *Henner.* Créole; Le Christ mort. — 260. *Courbet.* Paul Chenavard. — 313. *Guillaumet.* Prière du soir dans le Sahara. — 367. *Ricard.* P. Chenavard. — 249. *Brascassat.* Chèvres. — 257-258. *Corot.* Paysages. — 259. *Courbet.* Chevreuils (effet de neige).

5e SALLE. — 102. *Coques.* Femme assise. — 89. *De Brets.* Exposition de tableaux à Anvers. — 140. *Mengs.* Le cardinal Archinto. — 271. *Dagnan-Bouveret.* Une Noce chez le photographe. — 332. *Lépicié.* Enfant en pénitence. — 71. *Ribera.* Portrait d'homme et vieille femme. — 336. *C. Van Loo.* Miracle de l'hostie. — 172. *Jacob Ruysdael.* Paysage (effet de soleil après l'orage). — 88. *Van Breckelencamp.* Intérieur de savetier. — 37. *Piazzetta.* Mangeurs de crème. — 154. *Ommeganck.* Retour à la ferme. — 149. *Josse de Momper.* Chapelle dans une grotte. — 165. *Rottenhammer.* Ronde des anges. — 150. *P. Neefs le Vieux.* Intérieur d'église. — 243. *Boilly.* Philippe-Egalité en costume de garde national.

Salle des Médailles (le jeudi de 10 h. à 4 h. et le dim. à partir de 11 h.) donnant entrée dans les **salles des Antiques** (*Table de bronze de Claude*; bronzes, vases, mosaïques, etc.), **moyen âge et Renaissance** (bronzes, ferronnerie et serrurerie, émaux et verrerie, armures, orfèvrerie religieuse, bois sculptés, céramique). — On monte au 2e étage par le grand ESCALIER des Musées (**peintures de Puvis de Chavannes**), pour entrer dans la

1re SALLE de peinture. — 613. *Mme Petit-Jean.* Premier exploit d'un chasseur. — 666. *A. Trimolet.* Balthazar Alexis, peintre et graveur lyonnais. — 409. *Appian.* Retour du marché. — 517. *P. Flandrin.* Paysage indien. — 596. *Montessuy.* Madone des Grâces à Cerbara.

2e SALLE (à dr.) ou SALLE DES DESSINS, aquarelles, pastels. — On revient à la 1re salle pour voir, à g., la

3e SALLE, formant, avec la suivante, la **Galerie des Peintres Lyonnais.** — 639. *Saint-Jean.* Fleurs et fruits. — 598. *Victor Orsel.* Agar présentée à Abraham. — 621. *Puvis de Chavannes.* L'Automne. — 569. 566. **Claudius Jacquand. Son portrait.** Thomas Morus en prison. — 476. *Chatigny.* Illustrations lyonnaises.

4e SALLE. — 654. **Soumy. Le Dédain** (étude). — 449. **Blanchet. Tolozan de Montfort.** — 638. *Roybet.* Arquebusier. — 656. *Stella.* Adoration des anges. — 642. *Saint-Jean.* Emblèmes eucharistiques. — 455. *Bonnefond.* Mauvais propriétaire. — 600. *V. Orsel.* Moïse sauvé des eaux. — 426. *Bellet du Poisat.* Les Hébreux conduits en captivité. — 643. *Saint-Jean.* Offrande à la V. — 414. *A. Bail.* Fanfare de Bois-le-Roi. — 652. *Sicard.* Entrée du pont de la Guillotière. — 641. *Saint-Jean.* Fleurs. — 518. *Fonville.* Vue de Lyon prise des hauteurs de Vassieu. — 454. *Bonirote.* Origine de la fabrication des étoffes de soie à Lyon. — 500. *Duclaux.* Halte d'artistes lyonnais à Saint-Rambert-l'Ile-Barbe en 1824. — 670. *Vollon.* Singe à l'accordéon. — 410. *Appian.* Temps gris (marais de la Burbanche, Ain). — 450. *De Boissieu.* Marché d'animaux. — 421. *Fr. Bellay.* Marché de la place des Minimes, à Lyon, en 1819. — 568. *Cl. Jacquand.* Amende honorable. — 459. *Bonnefond.* Jacquard. — 452. *De Boissieu.* Cellier. — 532-533. *Grobon.* Cathédrale de Lyon; aqueducs romains, vue prise des hauteurs de Saint-Just. — 498-497. *Dubuisson.* Remonte de bateaux sur le Rhône. Chevaux de poste à l'écurie. — 479. *P. Chenavard.* Mme d'Alton-Shée. — 431. *A. Berjon.* Coquillages et madrépores. — 601. *V. Orsel.* Le Bien et le Mal. — 536. 543. *Grobon.* Portrait de sa mère; Vue de l'ancien quartier de la Pêcherie, à Lyon. — 593-594. *Meissonier.* P. Chenavard et le général Championnet. — *Puvis de Chavannes.* Mme Puvis de Chavannes. — 513. *Hippolyte Flandrin.* Le Dante aux Enfers. — 663. *A. Trimolet.* Portrait. — 515-516. *P. Flandrin.* Pénitents de la Mort dans la campagn de Rome; Bords du Rhône. — 53 **Grobon. Son portrait.** — 662. *Trimole* Atelier de mécanicien. — 501. *D claux.* Ecurie à la Tête-d'Or, pr Lyon. — On revient au palier de l'escalier pour visiter la

Galerie des maîtres anciens. — 28 280. *Desportes.* Canard, bécasses fruits au-dessous d'une fontaine m numentale; Gibier et fruits. — 33 *N. Mignard.* Son portrait. — 30 **Greuze. La Dame bienfaisante.** — 3 *Cl. Gellée.* Embarquement de Ste Pa line à Ostie. — 283. 278. *Desport* Chasse au sanglier; Chien flairant gibier. — 374-375. *H. Rigaud.* Portrai — 395 **A. Simon Vouet. Son portra** — 349. *Le Nain.* Chevalier de l'ord de Saint-Michel. — 250. *Ch. Le Br* Actions de grâces de Louis XIV. 245. *Séb. Bourdon.* Portrait d' militaire cuirassé. — 325. **N. Larg lière. Jean Thierry,** sculpteur ly nais. — 396. *Aubin Vouet.* Ste Pa faisant l'aumône. — 376. **H. Rigau Pierre Drevet,** graveur lyonnais. 320. *J. Jouvenet.* Les Marchar chassés du Temple. — 247. *S Bourdon.* St Jean-Baptiste dans désert. — 307. *Greuze.* Son p trait. — 117. **Frans Hals. Jacq Stella.** — 126. *Van Huysum.* V de fleurs. — 171. *J. Ruysdael.* S norvégien. — 99. *Ph. de Champaig* J.-C. célébrant la Pâque avec disciples. — 151-152. *Netscher.* P traits. — 142. *Van der Meulen.* Ca liers en reconnaissance. — 202. *Wouverman.* Scène d'hiver. — *G. Terburg.* Portrait d'homme. — **Van Noordt. Portrait.** — 160. *Era Quellin.* St Jérôme dans le dés — 119. *D. de Heem.* Guillaume III, d'Angleterre, dans un cartouche touré de fleurs et de fruits. — **Simon de Vos. Son portrait.** — *Ph. de Champaigne.* Un magist — 166. **Rubens. St François, St Do nique et plusieurs autres saints p servent le monde de la colère J.-C.** — 143-144. *Mierevelt.* Portra — 90-93. *Breughel de Velours.* Quatre Eléments. — 131. *J. Jorda* Adoration des bergers. — 75. **Be Portrait.** — 85. *Ad. Brauwer.* dans une taverne. — 170. *Jacob R.*

el. Ruisseau. — 159. *P. Potter.* aysage avec animaux. — 188. *G. erburg.* Le Message. — 275. *Eug. elacroix.* Mise au Tombeau (étude après Titien). — 187. *D. Teniers le une.* Délivrance de St Pierre. — 3. *Alonzo Cano.* Le Christ mort. 60. *Le Dominiquin.* Angélique et édor. — 72. *Zurbaran.* St François Assise. — 70. *Ribera.* Saint en tase. — *Le Guerchin.* La Circoncion. — 17. *Il Cagnacci.* Mort de ucrèce. — 42. *Le Guide.* Crucifiement de St Pierre (copie par Fabre e Montpellier). — 35. *Palma Vecchio.* Le Christ à la Colonne. — 8. *P. e Cortone.* César répudie Pompéia et pouse Calpurnie. — 44. **Le Tintoret.** x-voto. — 40. *Le Guide.* L'Assompion. — 59-58. **Le Pérugin.** St Herculan, évêque de Pérouse, et St Jacues le Majeur; **L'Ascension** [tableau onné en 1816 par le pape Pie VII à a ville de Lyon]. — *A. del Sarto.* acrifice d'Abraham. — 10. *P. Véronèse.* Moïse sauvé des eaux. — 22. **g. Carracci. Portrait d'un chanoine le Bologne.** — Le 4e côté de la salle st occupé presque entièrement par les œuvres de maîtres flamands du xve s.

Muséum (ouvert le jeudi et le dim., le 11 h. à 4 h.; t. l. j. sauf le lundi aux étrangers) : au 1er étage, minéralogie et géologie; au 2e, zoologie et anthropologie.

Bibliothèque (au 1er étage) spécialement consacrée aux sciences, aux arts et à l'industrie (75,000 vol.), avec cabinet des *estampes* (22,000 pièces).

Au N.-E. de la place des Terreaux, dans la *rue Romarin* aboutit la *rue Saint-Polycarpe*, renfermant (n° 7) la *Condition des soies*, établissement (avec musée technique) qui ramène à un degré uniforme d'humidité les soies qui lui sont confiées, et montant à l'*église Saint-Polycarpe* (Pl. 9), de 1760 (peintures par Janmot, Blanchet et Denuelle). A g. de l'hôtel de ville, la *rue Puits-Gaillot* conduit, en longeant à dr. le **Grand-Théâtre** (Pl. 41; à l'int., plafond peint par Abel de Pujol), à la *place Tolozan* (*statue du maréchal Suchet*, par Dumont), située sur la rive dr. du Rhône, à l'entrée du pont Morand, du quai de Retz et du *quai Saint-Clair*, finissant à son autre extrémité à la *place Saint-Clair* (*monument du poète Joséphin Soulary*, Pl. 51, avec buste par Suchetet). Sur le *quai de Retz* donne le *lycée Ampère*, renfermant la **Bibliothèque municipale** (130,000 vol., 1,300 manuscrits).

Les Brotteaux et la Guillotière; parc de la Tête-d'Or. — Franchissant le Rhône sur le *pont Morand*, on se trouvera sur la **place Morand** (*fontaine*, par Desjardins, avec statue de la Ville de Lyon par Bonnet; marché aux fleurs; musique militaire jeudi et dim.), entrée des **Brotteaux.** De là on remontera la rive g. du Rhône par le quai puis l'*avenue du Parc*, qui aboutit au rond-point (**monument**, par Pagny, **des Légionnaires et Mobiles du Rhône** morts en 1870-1871) de l'entrée du **Parc de la Tête-d'Or** (114 hect.), magnifique promenade comprenant deux parties : le jardin d'agrément (lac, chalet-restaurant) et le jardin botanique (animaux exotiques, belles serres; plans en relief des Alpes et du Jura, du canal des Deux-Mers). Le parc est limité d'un côté par le *boulevard du Nord*, sur lequel l'ancien *musée Guimet* a été transformé en une salle de patinage appelée *le Palais de Glace*.

Suivant l'avenue du Parc, puis à g. l'*avenue de Noailles*, on rencontre à g. l'*église* moderne (style du XIIIe s.; vitraux) *de la Rédemption* (Pl. 15). Après avoir croisé le *cours Morand* on s'engage dans l'*avenue de Saxe*, sur laquelle donnent la *place* (*lycée de jeunes filles*) et l'*église Saint-Pothin* (Pl. D, 2). Plus loin, en face de la *rue Fénelon*, un passage donne accès au **monument des Victimes du siège de 1793** (Pl. 16), chapelle expiatoire où reposent, dans une crypte que l'on peut visiter, les restes de 200 prisonniers qui furent mitraillés par Collot d'Herbois en 1793, et du comte de Précy, qui commandait l'armée lyonnaise. Condamné à disparaître, il sera remplacé par la superbe chapelle byzantine récemment élevée dans le voisinage. Au delà, l'avenue de Saxe passe derrière l'église romane moderne de l'*Immaculée-Conception*, œuvre de Bossan, et la **Préfecture** (Pl. D, E, 2), précédée d'un square avec les *statues* du poète *Victor de Laprade* et du *général Duphot*, par Bailly.

Suivant à dr. la *rue Servient*, qui passe entre l'église et la Préfecture, on parvient au *quai de la Guillotière*, sur lequel, en amont, sont le *temple protestant* et un jardin orné de la *statue*, par Aubert, *de Bernard de Jussieu* (1699-1777). Descendant le quai à g., on arrive au *pont de la Guillotière*, puis à la *place Raspail* (*bustes de Raspail*, par E. Damé, et du capitaine-député *Thiers*, par P. Devaux), où commence le *quai Claude-Bernard*, sur lequel donnent les divers bâtiments de l'**Université** de Lyon. Dans le jardin précédant le bâtiment central de la Faculté des Sciences est la *statue* du célèbre physiologiste *Claude Bernard*. — Le quai communique par le *pont du Midi* avec le cours du Midi et la gare de Perrache.

La Croix-Rousse. — On prend, près de la place Tholozan et du quai Saint-Clair, le funiculaire de Croix-Pâquet (10 c. et 5 c.), aboutissant au **boulevard de la Croix-Rousse**, dont une extrémité (à dr.) est à la *place Bellevue* (beau panorama), où se voit un bloc erratique appelé la *Pierre-Plantée*. Suivant le boulevard à g., on longe la *place de la Croix-Rousse* (**statue de Jacquard**, Pl. 39, par Foyatier); puis on passe entre la gare du ch. de fer de « la Ficelle » et celle de Sathonay. Au delà d'une mairie, on longe à g. l'*école normale d'institutrices* (portail Renaissance provenant d'un ancien hôtel de la rue Tourette). Plus loin, à dr., l'*école normale d'instituteurs* fait face à la place du *Clos-Jouve*, en arrière de laquelle se montre l'**église Saint-Bruno** (Pl. C, 4), ancienne chapelle des Chartreux, commencée en 1590 (l'Assomption et l'Ascension, peintures de Trémolière; statues de St Jean et St Bruno, par Sarazin).

Le boulevard finit au *cours des Chartreux* (Pl. C, 4), par lequel on parvient au *jardin des Chartreux* (*monument* du chansonnier *Pierre Dupont*, avec buste, par Suchetet), dominant la Saône. Le cours se continue par la *rue de l'Annonciade*, aboutissant au *Jardin des Plantes* (Pl. C, 3-4), d'où la *montée des Carmélites* donne accès sur la *place de Sathonay* (*statue du sergent Blandan*, le héros de Beni-Mered, Pl. 38, par Lamotte). Pa a *rue Hippolyte-Flandrin*, on parvient à la rue d'Algérie, en laissant à dr. l'*Ecole de la Martinière* (Pl. 33), affectée à l'enseignement gratuit des sciences et des arts appliqués à l'industerie (musée technique ouvert le dim. de 11 h. à 2 h.). La rue d'Algérie débouche sur la place des Terreaux.

Rive dr. de la Saône, du pont de la Feuillée a la gare de Vaise. — De la place Sathonay on pourrait aussi gagner, par la *rue du Sergent-Blandan*, à dr., la *passerelle Saint-Vincent*, pour traverser la Saône et remonter le *quai de Pierre-Scize*, où se voit dans un enfoncement du rocher la statue, par Bonnaire, **de Jean Cléberger**, surnommé *l'Homme de la Roche* ou *le Bon-Allemand*, qui vivait sous le règne de François Ier et distribua à l'Aumône générale une bonne partie de sa fortune. En continuant de remonter le quai on longe à g. l'*Ecole vétérinaire* (Pl. C, 5), la première fondée en France (1762), par le Lyonnais *Bourgelat*, dont la *statue*, par Fabisch, se voit dans la cour d'honneur. Au quai de Pierre-Scize fait suite le *quai de Vaise*, qui finit entre le *pont du Port-Mouton* et l'*église Saint-Pierre-ès-Liens* (Pl. C, 6) de Vaise (style roman; *autel* dessiné par Desjardins, sculpté par Bonnet et Fabisch).

La grande industrie de Lyon est la **soierie**, et cette ville est le grand marché des soies (6 millions de kilogr. par an valant env. 400 millions de fr.). De la quantité de soie passant sur le marché, 3,500,000 kilog. sont réexportés. La plupart des opérations premières de la soierie se font en dehors de la ville et dans les départ. voisins; Lyon n'a conservé que les magasins de vente de ses 300 fabricants, les usines des industries annexes (teinture, impression, apprêts) et la moindre partie de ses métiers à la main.

Citons encore, parmi les industries lyonnaises : les produits chimiques, la stéarinerie, la savonnerie, la fabr. des acides, les produits pharmaceutiques, la métallurgie (12,000 ouvriers), la bijouterie, la joaillerie, la tréfilerie, l'orfèvrerie, la fabr. des boutons de cuivre, de nacre et d'os, l'imprimerie, la plus ancienne des industries lyonnaises, la verrerie, les cuirs et peaux (20,000 ouvriers), la minoterie, les pâtes alimentaires, la bière et les liqueurs, la charcuterie, de réputation immémoriale, les chocolateries, la chapellerie, les meubles de luxe.

[Excursions. — *L'Ile-Barbe* *, rendez-vous de plaisir de la population lyonnaise. On s'y rend soit par le bateau en 30 min. env. (25 c., 30 c. le dim.), soit par le tram de Neuville (40 c. et 25 c.), soit par le ch. de fer. Dans le voisinage, *tombeau* du maréchal *de Castellane*. — Ruines de **l'aqueduc du Mont-Pilat**, par *Oullins* (tram électrique, 30 c. et 15 c.), 9,343 hab. (institution des Dominicains, avec chapelle construite par Bossan), d'où l'on va par la jolie vallée de l'Yzeron aux (3 k.) arches de *Bonnand* et de là en 25 min. aux arcs de *Chaponost*, pour gagner ensuite *Francheville* (restes d'un donjon du XIIe s.; maisons anciennes), relié à Lyon par un tram (75 c. et 45 c.). — Le Mont-Ceindre (467 m.; restaurants; magnifique panorama; ermitage), que l'on gravit en 35 min. de *Saint-Cyr* (belle *église* moderne; tour, XIIe s., d'un anc. château des archevêques de Lyon), à 5 k. 3 de Lyon-Pont-Mouton (tram, 50 c. et 25 c.) est le moins élevé de trois sommets dont la réunion forme le *Mont-d'Or* (excellents fromages). Les deux autres, sur lesquels s'élèvent des forts, sont le *Montoux* (612 m.), à 50 min. du Mont-Ceindre, et le *Mont-Verdun* (626 m.; observation météorologique), à 40 min. plus loin.

Ch. de fer : — (14 k., en 1 h.; 1 fr. 25 et 80 c.) DE LYON-SAINT-JUST A VAUGNERAY, 1,940 hab. (belle *église* moderne; château de *Bénévent*; à 8 k., *Yzeron*, un des séjours d'été de la population lyonnaise), et (28 k., en 1 h. 40; 2 fr. 80 et 1 fr. 80) A MORNANT (buffet), 2,054 hab. (église des XIIIe et XIVe s.; anc. *tour de la Dîme*); — 26 k., en 1 h. 5 à 1 h. 45; 2 fr. 90, 1 fr. 95, 1 fr. 30) DE LYON A TRÉVOUX (*V.* p. 39), par la station de *Sathonay-Rillieux*, desservant le camp et le v. de *Sathonay*, 3,873 hab., par *Fontaines-sur-Saône*, 1,498 hab., et *Neuville-sur-Saône*, 3,257 hab. (établissement d'eaux ferrugineuses).]

De Lyon à Bourg, Lons-le-Saunier et Besançon, R. 8; — à Genève, R. 11; — à Aoste-Saint-Genix, R. 12; — à Vienne, Valence, Montélimar, Orange, Avignon, Arles et Marseille, R. 20; — à Grenoble, R. 21; — à Nîmes, par la rive dr. du Rhône, R. 34; — à Roanne, par Saint-Etienne, R. 36; — à Montbrison, R. 37.

ROUTE 6

DE DIJON A BELFORT

PAR DÔLE ET BESANÇON

188 k. — Ch. de fer, en 4 h. 45 à 8 h. suivant les trains. — 21 fr. 05; 14 fr. 20; 9 fr. 25.

On franchit l'Ouche; à dr., canal de Bourgogne. A g., ch. de fer d'Is-sur-Tille (*V.* p. 18). — 9 k. *Neuilly-lès-Dijon.* — 14 k. *Magny-Fauverney.*

19 k. *Genlis*, 1,144 hab., sur la Norges (*château* du XVIIIe s.). — On franchit la Tille. — 23 k. *Collonges-lès-Premières.* — Au sortir de la forêt de *Mondragon*, embranch. de Gray, à g., de Saint-Jean-de-Losne et Chalon à dr. (*V.* ci-dessous). — 30 k. *Villers-les-Pots* (fabr. de faïence et poterie).

32 k. **Auxonne** * (buffet), 6,135 hab., rive g. de la Saône (pont de 11 arches en fer), près de l'embouch. de la Brizotte (*église* des XIVe-XVIe s., avec flèche haute de 70 m.; *château* du XVIe s. converti en caserne; *hôpital* de 1624, décoré de statues; petit musée; devant l'*Hôtel de Ville, statue de Napoléon Ier*, par Jouffroy; restes des fortifications).

[D'AUXONNE A GRAY (37 k.; ch. de fer en 1 h. à 1 h. 20; 4 fr. 15, 2 fr. 80, 1 fr. 80). — **Gray** * (buffet), ch.-l. d'arr. de 6,676 hab., sur une colline de la rive g. de la Saône, rivière qu'y traversent un *pont suspendu* (péage 5 c.) et un *pont* (14 arch.) du XVIIIe s. qu'avoisine le beau *moulin Tramoy*. De l'esplanade (*monument* commémoratif de la guerre de 1870) située à l'extrémité du pont de pierre, la *Grande-Rue* monte à la *place du Marché* (fontaine avec *statue de Pierre Fourier*, mort en odeur de sainteté, 1565-1640, et né dans la *maison* n° 12 de la place, Renaissance) et à la *promenade des Tilleuls*; celle-ci communique par la *rue des Promenades* avec l'*hôtel de ville*, de la Renaissance (1568; statues du physicien Romé de l'Isle et du peintre François Devosge). De là, par la rue de l'Eglise on gagne l'*église* (XVe et XVIe s.).

Ch. de fer (35 k., en 1 h. 35 à 2 h. 15; 3 fr. 60 et 2 fr.) *de Gray à Frétigney*, par *Gy*, 1,641 hab. (église du XVIIIe s.; château), d'où un embranch. (18 k.; 1 fr. 85 et 1 fr. conduit à Marnay (*V.* p. 63).

De Gray à Mirebeau et Is-sur-Tille, R. 1, p. 18; — à Culmont-Chalindrey et Vesoul, *V.* le Réseau *Est*.

D'AUXONNE A CHALON (67 k.; ch. de fer en 2 h. 10 à 2 h. 35; 7 fr. 40, 5 fr., 3 fr. 30), par Saint-Jean-de-Losne (*V.* R. 9), *Allerey*, stat. à la jonction des lignes de Saint-Bonnet-Dôle (p. 58) et de Beaune-Chagny, et par *Gergy*, 1,521 hab., communiquant avec *Verjux* par un beau *pont* sur la Saône, dont la construction est due à Mme veuve Boucicaut, la femme du fondateur des grands magasins du Bon Marché à Paris. — Pour Chalon, *V.* R. 5, p. 35.]

On franchit la Saône. A g., le *Mont-Roland*, dont le sommet (345 m.) porte une église moderne (pèlerinage) et les ruines d'un couvent de moines noirs qui s'attribuaient pour fondateur le paladin Roland, neveu de Charlemagne, dont il subsiste une statue en pierre.

43 k. *Champvans*. — Tunnel de 860 m.

47 k. **Dôle*** (buffet), 14,627 hab., sur les pentes d'une colline dominant la rive dr. du Doubs et le canal du Rhône au Rhin. Tournant à g. en sortant de la gare, on voit le *monument* commémoratif de la défense de 1871, et l'on suit en face l'*avenue de la Gare*, qui va aboutir à la *place Boyvin*, d'où la rue du même nom mène à la *rue de Besançon*, communiquant par de courtes rues avec l'église *Notre-Dame*, commencée en 1508 (à l'ext., statue de la Paix, œuvre d'Aizelin, accotée de la Philosophie et du Commerce, par Attiret; *clocher*, haut de 72 m. 75; à l'int., orgues de 1754, sur une tribune de 1568). Revenu à la rue de Besançon, on passe à g. devant la *Cave d'Enfer* (n° 53), où les derniers défenseurs de Dôle opposèrent une résistance suprême aux troupes de Charles d'Amboise qui, en 1479, s'étaient introduites par trahison dans la place. Puis on arrive à un carrefour d'où partent à g. la *Grande-Rue* (*maisons* intéressantes nos 35, 39 et 40) et à dr. la *rue des Arènes*, qu'il faut suivre. Après avoir dépassé à g. la *fontaine de l'Enfant*, par Fr. Rosset, on longe à dr. (n° 28) l'*ancien hôtel de ville* (XVIe s.; dans la cour, tour plus ancienne), l'anc. *Université* (n° 32), puis (n° 36) la *maison de Jean Boyvin* (XVe s.), en face de laquelle s'ouvre l'entrée du *palais de justice*, anc. couvent des Cordeliers. Plus loin, en face de la caserne, une *fontaine* par Cl. Attiret est une imitation de celle de la Villa-Franca exécutée à Rome sur les dessins de Brunelleschi. Revenant sur ses pas, on laisse à dr. la *rue Saint-Jacques* (à l'extrémité, bel *Hôtel-Dieu*, XVIIe s., et ancien couvent de Bernardines) pour prendre à g. la *rue du Mont-Roland* (n° 7, anc. *hôtel de Balay*), dans laquelle s'ouvre à dr. la rue du *Collège de l'Arc*, fondé par les Jésuites en 1582 (portail Renaissance de la chapelle; *musée* et *bibliothèque*). Cette rue aboutit à la *place de la Sous-Préfecture*, d'où l'on gagne, pour la suivre à g., la rue de Besançon (n° 7, *hôtel de Vurry*, XVe s.), finissant à une place (*statue de Jules Grévy*, par Falguière) limitée d'un côté par la promenade du *Cours Saint-Maurice* (*monument*, par Carlès, *de Louis Pasteur*, né à Dôle, 1822-1895).

[DE DÔLE A GRAY. — *A. Par Auxonne* (52 k.; ch. de fer, en 1 h. 45 env.; 5 fr. 80, 3 fr. 95, 2 fr. 50). — 15 k. de Dôle à Auxonne (*V.* ci-dessus, en sens inverse). — 37 k. d'Auxonne à (52 k.) Gray (*V.* p. 56).

B. Par Labarre (57 k.; ch. de fer, en 2 h. 40 par le train de 5 h. 18 matin; 6 fr. 40, 4 fr. 30, 2 fr. 80). — 18 k. de Dôle à Labarre (*V.* p. 58).

— 39 k. de Labarre à Gray (*V.* ci-dessous). — 57 k. Gray (*V.* p. 56).

C. Par Pesmes (52 k.; route de voit. jusqu'à Pesmes; ch. de fer de Pesmes à Gray, en 1 h. 30 env.; 2 fr. 80 et 1 fr. 55). — 4 k. *Authume* (château du XVIIe s.). — A dr., forêt de *la Serre*. — 11 k. *Moissey* (château du XVIIIe s.). — 18 k. *Montmirey-le-Château*, 297 hab. (ruines féodales; *château* moderne de *Montmirey-la-Ville*). — 25 k. *Pesmes*, 1,315 hab., sur la rive dr. de l'Ognon (dans l'*église*, XIIe-XVIe s., tableau de l'éc. espagnole, triptyque et chapelle en marbres, de la Renaissance; restes de remparts). — 30 k. *Broye-lès-Pesmes*, sur l'emplacement de la ville gauloise d'*Amagetobria*. — A g., vallée de la Saône. — 35 k. *Montseugny* (portail sculpté de l'église; mairie, ancien château des chevaliers de Malte). — 40 k. *Apremont*, sur la Saône (château). — 52 k. Gray (p. 56).

De Dôle a Chagny (84 k.; ch. de fer, en 2 h. 10 à 3 h., 9 fr. 40, 6 fr. 35, 4 fr. 15). — On franchit successivement le canal du Rhône au Rhin, le Doubs et l'Orain. — 18 k. *Chaussin*, 1,301 hab. — 28 k. *Neublans* (*château* moderne). — 36 k. *Pierre*, 1,944 hab. (*château* de 1680). — 45 k. *Saint-Bonnet-en-Bresse*, 1,260 hab., où l'on croise le ch. de fer de Dijon à Saint-Amour (R. 9). — On traverse *Toutenant* (donjon féodal). — 55 k. *Verdun-sur-le-Doubs*, 1,448 hab., au confl. du Doubs et de la Saône; après avoir franchi cette dernière riv. on joint à dr. la ligne de Saint-Jean-de-Losne et Auxonne (*V.* p. 56). — 61 k. Allerey (p. 56). — 69 k. *Saint-Loup-de-la-Salle*, relié à Beaune (p. 31) par un embranch. (11 k., en 19 à 30 min.; 1 fr. 25, 85 c., 55 c.). — 78 k. *Chaudenay* (église de 1310). — Croisant la ligne de Dijon, on la joint après avoir vu se raccorder à dr. le ch. de fer d'Autun. — 84 k. Chagny (R. 5).

De Dôle a Poligny (41 k.; ch. de fer, en 1 h. 30 env.; 4 fr. 60, 3 fr. 10, 2 fr.). — 22 k. *Mont-sous-Vaudrey*, sur la Cuisance, lieu de naissance du président Jules Grévy, dont on y voit le buste, par Carrier-Belleuse. — 41 k. Poligny (R. 8).]

De Dôle à Mouchard, Salins, Pontarlier, Neuchâtel, Lausanne, Champagnole, Morez, Saint-Cergues et Nyon, R. 7.

On remonte sur la rive dr. la vallée du Doubs, dont les sinuosités sont coupées par le canal du Rhône au Rhin. — 54 k. *Rochefort*, 409 hab., sur la Vèze et au bas du roc légendaire appelé le *Saut de la Pucelle*.

57 k. *Moulin-Rouge*. — 62 k. *Orchamps*.

65 k. *Labarre*, stat. d'où part la ligne de Gray et qui est reliée par un embranch. industriel aux forges de *Fraisans* 2,617 hab. (château de 1715).

[De Labarre a Gray (39 k.; ch. de fer, en 1 h. 15 et 1 h. 40; 4 fr. 3[illegible] 2 fr. 95, 1 fr. 90). — Forêt d'Arne. — 6 k. *Gendrey*, 499 hab. — 10 k. *Ougney* (ruines d'un château). — On franchit l'Ognon près de l'*abbaye d'Acey* (Trappistes; église du XIIe s. — 17 k. *Montagney* (buffet), station d'où part à dr. l'embranch. de Marnay et Miserey (*V.* p. 63) : *église* de 1772; tour féodale. — 23 k. *Val[illegible]* (sur la place, statues de M. et Mme de Valay, bienfaiteurs du v.). — Après avoir franchi la Saône, on joint la ligne d'Auxonne. — 39 k. Gray (p. 56).]

67 k. *Ranchot* (moulin des Malades), relié par un pont suspendu à *Rans* (*château* du XIIe-XVIIe s.; église du XIVe s. croix du cimetière du XVe s. — 74 k. *Saint-Vit*. — 80 k. *Dannemarie*. — 85 k. *Franois*. — A dr., basilique de Saint-Ferjeux (p. 62).

92 k. **Besançon** * (buffet; point de jonction des ch. de fer de Dôle, Vesoul et Gray, Montbéliard, Morteau et Mouchard. V. de 55,362 hab., ch.-l. d[e]

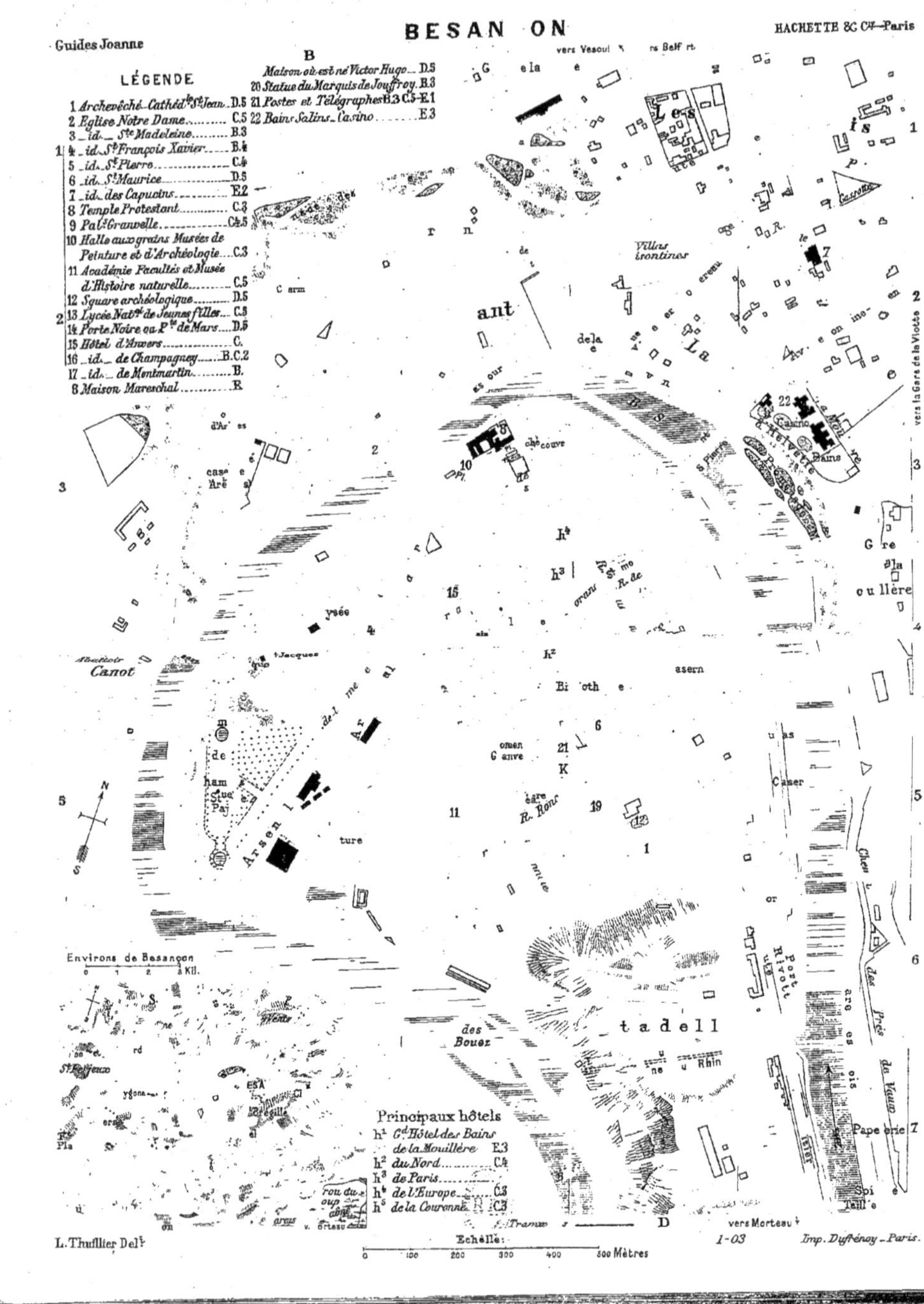
Guides Joanne
BESAN ON
HACHETTE & Cie Paris
LÉGENDE
1 Archevêché Cathéd. le St Jean D.5
2 Eglise Notre Dame C.5
3 _id._ Ste Madeleine B.3
4 _id._ St François Xavier B.4
5 _id._ St Pierre C.4
6 _id._ St Maurice D.5
7 _id._ des Capucins E.2
8 Temple Protestant C.3
9 Pal. Granvelle C.4.5
10 Halle aux grains Musées de Peinture et d'Archéologie C.3
11 Académie Facultés et Musée d'Histoire naturelle C.5
12 Square archéologique D.5
13 Lycée Nat. de Jeunes filles C.3
14 Porte Noire ou Pte de Mars D.5
15 Hôtel d'Anvers C.
16 _id._ de Champagney B.C.2
17 _id._ de Montmartin B.
8 Maison Mareschal E.
Maison où est né Victor Hugo D.5
20 Statue du Marquis de Jouffroy B.3
21 Postes et Télégraphes B.3 C.5-E.1
22 Bains Salins_Casino E.3
Principaux hôtels
h1 Gd Hôtel des Bains de la Mouillère E.3
h2 du Nord C.4
h3 de Paris
h4 de l'Europe C.3
h5 de la Couronne C.3
vers Vesoul
Villas
Canot
Arsenal
Citadelle
des Prés de Vaux
Papeterie
vers Morteau
vers la Gare de la Viotte
Environs de Besançon
L. Thuillier Del.
Echelle:
0 100 200 300 400 500 Mètres
1-03
Imp. Dufrénoy _ Paris.

départ. du Doubs, place forte de 1er ordre, siège d'un archevêché, quartier général du 7e corps d'armée. La partie la plus considérable de la ville s'étend sur la rive g., dans une presqu'île formée par une boucle de la rivière. L'isthme qui rattache la presqu'île à la montagne des Buis et sous lequel passe en tunnel le canal du Rhône au Rhin porte, à 118 m. au-dessus du Doubs, la *citadelle* (Pl. D, 6-7), du XVIIe s. La ville possède 2 gares : *la Viotte* (Paris, Bâle, etc.) et *la Mouillère* (Morteau, la Chaux-de-Fonds, Neuchâtel, etc.), desservies par des trams et des omnibus. La principale industrie est l'*horlogerie*.

En venant de la Viotte, on suit l'*avenue Carnot*, en passant près de la *fontaine de Flore* et en laissant à g. (Pl. 7, E, 2) l'*église des Capucins* (peintures par Baille et Sublet). Plus loin l'avenue longe à g. le *parc* renfermant l'hôtel, le *casino* et l'**établissement de bains d'eau salée de la Mouillère**, alimenté par la source de Miserey, située à 8 k. N.-O. de Besançon. Le parc est séparé par l'*avenue d'Helvétie* de la **promenade Micaud** (Pl. E, 3-4).

Le *pont Saint-Pierre* franchi, on entre en ville par la rue du même nom, qui, laissant à g. l'anc. abbaye Saint-Paul et la *rue Prudhon*, sur laquelle s'ouvre le *clos Saint-Amour* (buste de l'amiral Devarennes), conduit à la *place Saint-Pierre*, où l'*église Saint-Pierre* (Pl. 5, C, 4), du XVIIIe s., renferme deux groupes (Pietà et la V. avec l'Enf.-J.) par Luc Breton et Clésinger, et un tableau de Martin de Vos. En face de l'église est l'*Hôtel de Ville* (Pl. C, 4), du XVIe s., derrière lequel le **Palais de Justice** (Pl. C, 4) offre une façade Renaissance, œuvre de Hugues Sambin, et une belle salle des audiences solennelles (XVIIIe s.).

La rue sur laquelle donne la place Saint-Pierre est la **Grande-Rue** (hôtels des XVIe et XVIIIe s.), que l'on prend à g. pour passer près de la *fontaine des Carmes* (par Cl. Lulier), du *Cercle militaire*, occupant la partie supérieure de l'anc. église des Grands-Carmes, et devant le **Palais Granvelle** (Pl. 9, C, 4-5), édifié de 1534 à 1540 (à l'int., collection de faïences du président Vuillemot) par Nicolas Perrenot de Granvelle, garde des sceaux de Charles-Quint, dont on voit la *statue* en marbre, œuvre de Jean Petit, dans la cour intérieure. L'anc. jardin du palais est auj. la **promenade Granvelle**, centre mondain de la ville, qu'avoisine le cirque du *Kursaal*.

En face du palais, de l'autre côté de la Grande-Rue, est la rue de la **Bibliothèque** (Pl. D, 4), collection fort riche comprenant 90,000 vol. imprimés, 2,200 manuscrits, 1,000 incunables, un médaillier de 10,000 pièces; on y voit un certain nombre de statues et de bustes de bisontins illustres. A l'angle de la rue de la Bibliothèque et de la Grande-Rue, l'*église Saint-Maurice* (Pl. 6, D, 5), avec boiseries provenant de l'abbaye de la Charité, possède une chasuble ayant appartenu à St François de Sales.

Continuant de suivre la Grande-Rue, on aperçoit à dr. la *maison* natale *de Victor Hugo*, avant de parvenir au **square archéologique Castan** (Pl. 12, D,

5), où se voient les restes du théâtre romain. La *rue Saint-Jean*, qui continue la Grande-Rue, longe à dr. l'*archevêché* (Pl. 1, D, 5), du XVIIIe s., passe sous la **Porte Noire** (Pl. 14, D, 5), arcade romaine couverte de sculptures, et aboutit à la

Cathédrale Saint-Jean (Pl. 1, D, 5), de diverses époques : arcades romanes de la grande nef et de la principale abside; seconde abside et clocher du XVIIIe s.; chapelles latérales des XVe et XVIe s.

A g. en entrant, **abside du Saint-Suaire**, flanquée de deux autels. En avant du premier, à g., *tombeau* en marbre, sculpté à Bruges en 1543, *de l'abbé Ferry Carrondelet*, ambassadeur à Rome († 1528); au-dessus, tableau (la *Mort de Saphire et d'Ananie*), attribué à Séb. del Piombo ou au Tintoret; au principal autel, la *Résurrection*, par Carle Van Loo et 4 tableaux des *Scènes de la Passion*, par Natoire et De Troy; à dr. et à g. de l'abside : *Martyre de St Étienne*, par De Troy, et *Prédication des Sts Ferréol et Ferjeux*, par Natoire; àl'entrée de l'abside, à g., *buste* en marbre *de Pie VI*, par Giuseppe Pisanni; à dr., *statue agenouillée*, en marbre, du cardinal *Louis de Rohan*, archev. de Besançon († 1833), par Clésinger père; en regard, à g., *statue* assise *du cardinal Mathieu* (†1875), par A. Bourgeois. — *L'horloge* (au rez-de-chaussée de la tour des cloches; 25 c. pour visiter), construite par M. Vérité, de Beauvais (1860), est une imitation de celle de Strasbourg. — En allant de l'abside du Saint-Suaire à l'abside du sanctuaire, dans la petite nef à g., chap. des fonts baptismaux (*Rose de Saint-Jean*, anc. marbre sacré, orné de symboles chrétiens, datant de l'époque de Constantin) et chap. affectée à la sépulture de 8 princes de la famille des comtes de Bourgogne. — **Abside du sanctuaire** : maître-autel avec anges en marbre, de Luc Breton. — Dans la nef de dr., **tableau** de Fra Bartolommeo (la V. tenant l'Enf.-J., escortée par des anges, avec des Saints et Ferry Carondelet en robe rouge).

A l'O. du square archéologique se trouvent : la *place de l'État-Major* (fontaine monumentale); dans la *rue Rivotte* (au n° 19), la *maison Mareschal* (Pl. 18, E, 5), du XVIe s., et la *porte Rivotte* (1546). — Du square, par la rue Saint-Jean et la *rue Ronchaux* (*fontaine* avec une statue du Doubs par J. Perrette, 1750), on gagne la *rue Mégevand*, qui passe entre le *théâtre* (1778), à dr., et l'*Académie*, à g. (*musée d'histoire naturelle*, ouvert jeudi et dim., de midi à 4 h.), à laquelle est contiguë l'*église Notre-Dame* (Pl. 2, C, 5), décorée de fresques par Jos. Aubert. On croise la rue de la *Préfecture* (Pl. B, 5), anc. palais (XVIIIe s.) des intendants de Franche-Comté, dont dépend la *fontaine des Dames*, par Luc Breton (Sirène en bronze du XVIe s.).

Continuant de suivre la rue Mégevand, on longe à g. le *séminaire*. Au delà de l'*école d'artillerie* (*fontaine* monumentale), occupant l'anc. couvent des Dominicains, on parvient à un carrefour d'où partent notamment, en face, la rue du Lycée, à g. celle de l'Orme-de-Chamars. Dans la *rue du Lycée* et contiguë au lycée, l'*église Saint-François-Xavier* (Pl. 4, B, 4), érigée par les Jésuites en 1680, renferme un *retable*, avec tableau de Pietro de Pietri, deux tableaux (1759) de Placide Costanzi (le Repos de la Ste-Famille et J. parmi les Docteurs) et un Miracle de St François de Paule, par Restout. Le *lycée Victor-Hugo* occupe les bâtiments de l'anc.

collège des jésuites et aussi de l'hôtel de Grosbois (XVIIIe s.). La façade est décorée d'une fontaine surmontée du *buste de Pasteur*, qui fut répétiteur dans cet établissement. A côté du lycée, *école catholique de Saint-François-Xavier* (dans la chap., moderne, style du XIIIe s., 4 fresques d'Edouard Baille).

La *rue de l'Orme-de-Chamars* conduit à la promenade Chamars en longeant à g. *l'arsenal*, à dr. *l'hôtel de Montmartin* (Pl. 17, B, 4), de 1582-1586, et l'**hôpital Saint-Jacques** (Pl. B, 4), dont la cour est fermée par une *grille* (1703) à dr. de laquelle se voit le *buste de Sœur Marthe* (1749-1824), née Anne Biget, de Thoraise, la providence des déshérités. La chapelle de l'hôpital (joli dôme) a été bâtie par Nicole vers 1734 (3 tableaux de Jollain). Dans un bâtiment contigu à l'hôpital, *Ecole de médecine et de pharmacie*.

Chamars, belle promenade dans laquelle se voit la *statue du général Pajol* (Pl. A, 5), exécutée par le fils du général, est séparée du *jardin* et de *l'institut botaniques* par *l'avenue de Canot*.

De Chamars, on gagne la *place Labourey*, où se voient la *halle* (Pl. 10, C, 3), renfermant les musées (*V.* ci-dessous), l'ancien grenier d'abondance (1772), auj. *école d'horlogerie*, le *Mont de piété* (porte monumentale avec statue de la Charité, œuvre de Perrette) et le *temple protestant* (Pl. 8, C, 3), anc. église du Saint-Esprit (XIIIe s.); sous le porche, moderne, s'ouvre une cour où l'on voit une belle galerie en bois du XVe s.

Sur la rive dr. du Doubs et communiquant avec la ville par un *pont* à voussures majestueuses qui a encore pour noyau le pont romain, s'étend le *faubourg Battant*. A l'extrémité du pont la *place Jouffroy* est ornée de la **statue** du marquis **de Jouffroy d'Abbans** (Pl. 20), qui le premier, en 1776, appliqua pratiquement la vapeur à la navigation. Cette statue surmonte une fontaine dans le style de la Renaissance (bas-reliefs en bronze relatifs à la vie du savant).

A g., *l'église Sainte-Madeleine* (Pl. 3, B, 3) a été commencée en 1746 d'après les plans de Nicole (tours achevées vers 1830).

Nef : à dr., Christ de Porbus (?). — En haut du bas-côté dr., l'Assomption, par A. Chazerand. — Croisillon dr. : Martyre d'une sainte, tableau attribué à Dosso Dossi. — Croisillon g. : St Claude ressuscitant un enfant, par Pierre Dullin. — Bas-côté g., 3e chap. : Ste-Famille, par Quellinus.

Sur la place Jouffroy s'ouvre la *rue Battant*, dont la maison no 37 est l'anc. *hôtel de Champagney* (Pl. 16, B-C, 2), de 1560. — Au quartier de la Mouillère, dans le jardin d'une brasserie, source très abondante.

Le **Musée archéologique** ou *des Antiquités* (au rez-de-chaussée de la halle) est ouvert au public dim. et jeudi de 1 h. à 4 h., t. l. j. pour la visite accompagnée.

Le **Musée de peinture et de sculpture**, au 1er étage, est ouvert t. l. j. de midi à 4 h.

Ire SALLE (à dr.). — De dr. à g. : 248. *Jean Gigoux.* La Veille d'Austerlitz. — 317. *Langetti.* Les Ouvriers de la dernière heure. — 248. *Greuze.* Paul de Strogonof enfant. — 472. *Le Valentin.* Querelle de joueurs dans un cabaret. — 62. *Capuccino.* Mort de Lucrèce. — 240. *Gaetano.*

Portrait sur cuivre du cardinal de Granvelle. — 463. *Le Titien*. Nicolas Perrenot de Granvelle, garde des sceaux de Charles Quint. — 57. **Angiolo Bronzino. Déposition de croix.** [Ce tableau, le plus important qui existe en France de Bronzino, exécuté en 1545 pour l'oratoire du palais des Médicis à Florence, fut donné par Cosme de Médicis à Nicolas Perrenot de Granvelle, garde des sceaux de Charles-Quint et père du cardinal de Granvelle. La plupart des têtes sont des portraits, et le Joseph d'Arimathie serait, d'après M. Castan, le portrait du Pontormo, maître de Bronzino.] — 150. *Ec. espagnole* (1624). Une Veuve. — 286. *Ad. Hannemann*. Jules Chifflet en costume de chancelier de l'ordre de la Toison-d'Or. — 500. *Wyrsch*. Son portrait. — 422. *Salvator Rosa*. Annonciation aux bergers. — 39. *Fr. Boucher*. Rêveuse. — 246. *J. Gigoux*. Derniers moments de Léonard de Vinci. — 481. *Ad. Van de Velde*. Taureau agacé par un chien. — 473. *C. Vanloo*. Thésée vainqueur du taureau de Marathon. — 105. **G. Courbet. Son portrait.** — 437. **Ary Scheffer. Le général Baudrand.** — 368. **Bernard van Orley. N.-D. des Sept-Douleurs** (beau triptyque provenant de l'oratoire du palais Granvelle). — 355 et 356. **Antoine Mor.** Simon Renard, ambassadeur de Charles-Quint et de Philippe II, et **Jeanne Lullier**, femme de Simon Renard. — 428. *Rubens*. Le Christ mourant au Calvaire. — 6. *Anastasi*. Lande à Fontainebleau. — 353. *Van Mol*. Vénus implorant Jupiter. — 343. *Massimo*. Loth et ses filles. — 450-451. *Snyders*. Fleurs et fruits. — Buste de Courbet par *Dalou*.

2e SALLE. — 479. *Velasquez* (?). Une Dame avec des enfants qui lui apportent des fleurs. — 235-236. *Francken le Jeune*. Passage de la mer Rouge. Passage du Jourdain. — 108. *N. Coypel*. L'auteur et sa fille enfant. — 406. *Ribera*. Philosophe cynique. — 245. *J. Gigoux*. L'Horoscope. — 52. *Breughel de Velours*. La Fuite en Egypte. — 342. L'Impératrice *Marie-Louise*. L'Innocence. [Certainement de Prud'hon, qui fut le professeur de la princesse.] — 287. *Harpignies*. Bords de l'Aumance. — 229-230. *Fragonard*. Jeune couple et jeune mère à la fenêtre.

3e SALLE. — *Giacomotti*. Martyre de St Hippolyte. — 30-38. *Boucher*. 9 compositions pour tapisseries. — 321. *Largillière*. La famille Boutin de Diencourt. — 128. *Le Dominiquin*. St Jean-Baptiste enfant. — 400. *Rapin*. Le Bief Sarrazin. — 478. *L.-M. Van Loo*. Le marquis de Marigny.

4e SALLE. — *Brouillet*. L'Amour aux champs — 169. *Ec. flamande*. Ingratitude filiale. — 86. *Cormon*. Jalousie au Sérail. — 483. *Vernet*. Marine. — 346. *Van der Meulen*. Portement de croix. — 337-338. *Mabuse*. *Ecce Homo*. Jean Carondelet. — 238. *Francken le Jeune*. Jésus portant sa croix. — 269. *Greuze*. Tête de jeune fille. — 202. *Ec. italienne*. Prise d'Athènes par Minos. — 517. *Zurbaran*. St François d'Assise. — 201. *Ec. lombarde* (fin du xve s.). Les Amours de Pasiphaé. — 344. *Quentin Matsys*. Pensée de la mort.

5e SALLE. — *Clairin*. Apothéose de Victor Hugo. — 25. *Faustin Besson*. Maîtres mosaïstes. — 249. *J. Gigoux*. Le maréchal Moncey. — *Hortense Lescot*. L'architecte Pâris.

6e SALLE. — 233. *Français*. Miroir de Scey. — 124. *Desportes*. Cerf lancé. — 104. *G. Courbet*. Hallali de chevreuil. — *Giacomotti*. Le sculpteur Soitoux. — *Muenier*. Catéchisme. — *Pointelin*. Coteau jurassien.

7e SALLE. — **Musée Gigoux** (beaux portraits).

[EXCURSIONS : — (3 k. O.; tram place Jouffroy, à Battant, 20 c.) *Saint-Ferjeux* (pèlerinage), grande basilique construite de 1890 à 1900 dans le style romano-byzantin sur une crypte romane où ont reposé les corps de St Ferréol ou Ferjeux et de St Fargeon; — (3 h. env. aller et ret. par le tram, 10 c., de Viotte-Taragnoz, puis à pied) *chapelle des Buis* (pèlerinage), située sur une terrasse d'où l'on a une vue magnifique; ret. par *Morre* et la *porte Taillée*, échancrure de rochers consolidés par deux arcades en maçonnerie, qui a été ouverte par les Romains pour donner passage à l'*aqueduc* des eaux *d'Arcier* et agrandi sous Louis XIV pour le passage de la route de Suisse; — (16 k. env. aller et ret.; 4 h. à pied ou 3 h. en se servant de l'omnibus partant pour Beure, place Saint-Pierre, toutes les 2 h. de 7 h. mat. à 7 h. s., 40 c.) *Beure**, *le Maillot* (vue du *Bout-du-Monde*, hémicycle de rochers du haut duquel un ruisseau tombe en une cascade de 10 m.), *Arguel* et *rochers d'Arguel* (504 m.; vue étendue); — **Grottes d'Osselle** (ch. de fer jusqu'à la stat. de Byans, ligne de Mouchard, en 40 min., 2 fr. 45, 1 fr. 65, 1 fr. 10; 45 min. à pied de la stat. aux grottes et 1 h. au moins pour parcourir ces grottes; pendant la belle saison, bateau le jeudi pour Byans; 6 h. env. aller et ret.), dont l'entrée est à 150 m. de l'usine de *la Froidière* (s'adresser au gardien, qui perçoit un droit de 50 c. par pers. et fournit un guide aux visiteurs).

De Besançon a Gray (57 k.; ch. de fer, en 1 h. 40; 6 fr. 40, 4 fr. 30, 2 fr. 80). — 5 tunnels. — 7 k. *Miserey* (mine de sel gemme; source salée dont l'eau est conduite par une canalisation aux thermes salins de Besançon, *V.* p. 59), stat. d'où part à dr. le ch. de fer de Vesoul (*V.* ci-dessous). — Vallée de l'Ognon. — 24 k. *Marnay*, 846 hab. (restes de remparts; anc. château fort; petit séminaire), est relié à Gy par un embranch. (*V.* p. 56). — 35 k. Montagney, et 22 k. de Montagney à (57 k.) Gray (*V.* p. 58).

De Besançon a Vesoul (64 k.; ch. de fer, en 2 h.; 7 fr., 4 fr. 85, 3 fr. 15). — 7 k. Miserey (*V.* ci-dessus). — A dr., fort de *Châtillon-le-Duc;* sur un rocher, *Vierge* érigée en souvenir des combats livrés en 1870 contre les Allemands. — Vallée de l'Ognon. — 22 k. *Moncey* (château où résida le maréchal Moncey). — Viaduc de 13 arches sur le ruisseau de Corcelles. A g., au-dessus de l'Ognon, château de *la Roche*, berceau d'une famille qui fonda au commenc. du XIIIe s. les duchés d'Athènes et de Thèbes. — 35 k. *Loulans* (château du XVIIIe s.), au confl. de la Linotte et de la Quenoche : le vallon de cette dernière est remonté par la route de (13 k.) *Pennesières*, v. à 1 k. 5 N. duquel se trouve le célèbre puits naturel appelé *Font de Courboux*. — 40 k. *Montbozon*, 712 hab., au bord de l'Ognon (2 ponts du XVIIIe s.; château du XVIe s.; biscuits et massepains renommés), d'où part l'embranch. de Lure (*V.* ci-dessous). — 57 k. *Villers-le-Sec* (à 1 k. 5 S.-O., le *Frais-Puits*, entonnoir d'où sort parfois une masse d'eau considérable). — 64 k. Vesoul (*V.* le Réseau *Est*).

De Besançon a Lure (80 k.; ch. de fer, en 3 h. et 4 h. 30; 8 fr. 95, 6 fr. 05, 3 fr. 90). — 40 k. de Besançon à Montbozon (*V.* ci-dessus). — On franchit l'Ognon. — 51 k. *Rougemont*, 1,170 hab. (ruines d'un château). — 63 k. *Villersexel*, 1,090 hab., au confl. de l'Ognon et du Scey, possède un *château* du temps de Louis XIII, ruiné en 1871 et peu après reconstruit sur un autre emplacement; la destruction de ce château fut la suite de la sanglante bataille livrée, le 9 janvier 1871, par le général Bourbaki aux Allemands, qu'il força de reculer jusqu'à Héricourt. — 69 k. *Gouhenans* (mines de sel gemme et de houille, salines, fabr. de produits chimiques; restes de remparts et d'un château). — 80 k. Lure (*V.* le Réseau *Est*).

De Besançon au Locle, par Morteau (80 k.; ch. de fer, en 3 h. 35 à 3 h. 50; 8 fr. 95, 6 fr. 05, 3 fr. 95). — Tunnel. — 6 k. *Besançon-Mouillère*. — Le Doubs franchi, la voie s'élève en corniche au flanc des grands escarpements de la citadelle (plusieurs tunnels dont le plus long a 1,100 m.), pour parcourir ensuite un plateau et traverser la forêt du Gros-Bois (1,318 hect.). — 22 k. *L'Hôpital-du-Gros-Bois*, à 567 m., d'où part l'embranch. de Lods (*V.* ci-dessous). — 33 k. *Le Valdahon*, à 649 m., stat. de (6 k. N.-E.; omnibus, 60 c.) *Vercel*, 1,235 hab. — La voie s'élève au flanc du *Mont-Chaumont* (1,102 m.) et en traverse la crête dans un tunnel à plus de 900 m. d'altit.; puis elle descend vers la vallée du Doubs. — 55 k. *Gilley*, à 867 m., stat. d'où se détache au S.

l'embranchement de Pontarlier (R.7). — Pittoresque vallée du Doubs.

67 k. **Morteau** * (buffet; douane française), 4,110 hab., à 758 m., au-dessus de la rive g. du Doubs, sur les pentes inférieures du *Tantillon* (1,165 m.; ascens. en 30 à 40 min.). *Église* des XIIIe et XVIIe s., avec autel du XVIe; *hôtel de ville* dans un anc. prieuré, XVIIe s.; *maison Pertusier*, XVIe s.; fabr. d'horlogerie.

Excurs. : à (9 k.) la *grotte de N.-D. de Rémonot*; à (15 k.) *Fuans* (*cirque* grandiose *de Consolation*, où sont les *sources du Dessoubre* et *du Lançot*) et à (22 k.) *N.-D. de Consolation*, simple oratoire à l'origine (XVe s.), remplacé en 1670 par un couvent de Minimes occupé auj. par un petit séminaire (dans la chap., tombeau de Just de Rye).

La voie croise le Doubs et s'élève sur les versants de la rive dr.; tunnel; belle vue.— 73 k. *Villers-le-Lac* *, 3,138 hab. (fabr. d'horlogerie), charmante villégiature, b. étagé sur la rive g. du Doubs, qui commence à s'élargir pour former le **lac de Chaillexon** ou *des Brenets*. Un petit bateau à vapeur fait matin et soir, du 15 mai au 30 sept., la traversée du lac, de Villers au Saut du Doubs (*V.* ci-dessous) avec escale à la Pré-du-Lac, au-dessous des Brenets (1 fr.; 2 fr. aller et ret.). — 77 k. *Col des Roches*, 918 m. — On entre en Suisse.

80 k. **Le Locle** * (buffet), V. industrielle (horlogerie) de 12,520 hab., à 949 m. (*statue de Daniel-Jean Richard*, qui fit la première montre au Locle en 1680), est relié par un ch. de fer (5 k., en 15 min.; 60 c. et 40 c., aller et ret. 1 fr. et 65 c.) aux *Brenets* *, agréable séjour d'été entre 800 et 900 m., d'où l'on peut se rendre, soit en bateau, soit par une jolie route de 3 k., au **Saut du Doubs** *, cascade par laquelle la rivière tombe d'une haut. de 27 m. à l'issue du lac de Chaillexon.

[*De l'Hôpital-du-Gros-Bois à Lods* (25 k.; ch. de fer, en 1 h.; 2 fr. 80, 1 fr. 90, 1 fr. 25). — On descend vers la vallée de la Loue en suivant en corniche le flanc dr. du ravin de Plaisir-Fontaine, puis du vallon de la Brême. Le ruisseau de Plaisir-Fontaine s'engouffre, sur le territoire de *Bonnevaux*, dans le *Puits de la Brême*, qui, après les grandes pluies, vomit des masses d'eau et inonde le vallon. — 12 k. *Maizières-N.-D. du Chêne* : la chapelle (pèlerinage) se trouve sur la route de (5 k. 5) *Cléron*, v. dans un site magnifique (*château* féodal restauré).

14 k. **Ornans** *, 3,153 hab., sur les deux rives de la Loue, qui coule entre deux lignes de vieilles maisons très pittoresques. *Église* du XVIe s., avec tableau de Pierre d'Argent (*Déposition de la croix*) d'après le Bronzino, reliquaire en argent doré de St Laurent et buste du Christ en marbre; anc. église des Minimes (XVIe s.), dite la *Maison Granvelle*; *hôpital*, XVIIIe s.; *moulin du Pendant*, XVIIe s. — 2 tunnels.

25 k. *Lods* *, à 412 m. (petit *château* du XVIe s.; usines à fer), d'où se fait l'excurs. à la source de la Loue, par Mouthier : de Pâques à fin sept., une voit. de l'hôtel des Voyageurs fait 2 fois par j. le service de la gare de Lods à l'origine du sentier. — La route s'élève le long des versants dr. de la Loue, dominée par les *rochers du Capucin* (802 m.; quille dite le *Moine de Mouthier*) et de Hautepierre.

2 k. 5. *Mouthier* * (*église* de 1512, avec flèche de 1581), renommé pour son vin, son kirsch, ses truites de la Loue, et situé dans un des plus grands paysages du Jura, est très fréquenté en été. On monte en 1 h. 15 à la *Roche de Hautepierre* (880 m.; vue magnifique). — Continuant à monter, on admire les grandioses escarpements enserrant les *gorges de Nouaille* (vallée supérieure de la Loue); puis la route borde en corniche les grandes falaises d'où tombe la *cascade de Syratu*, pour traverser ensuite un éperon de roche par la *percée de la Vieille-Roche*, en deçà duquel un sentier descend en 10 min. à la *source du Pontet*. — 3 k. 5. Un écriteau indique l'origine du sentier conduisant au *chalet de la Source* (restaurant) et à la source de la Loue; ce sentier contourne le cirque de *la Cuve*, puis (30 min. du chalet) descend dans l'usine des sources de la Loue,

bâtie à cheval sur la rivière à sa sortie de la caverne. La **Source de la Loue** (544 m. d'altit.) tombe de 10 m. d'une grotte (on y pénètre par un escalier de 12 marches) large de 60 m., haute de 32, ouverte dans une paroi de roche courbe dont le faîte atteint 106 m. de haut. absolue.]

De Besançon à Mouchard, Arbois, Poligny, Lons-le-Saunier, Bourg et Lyon, R. 8.

Au delà de Besançon le ch. de fer de Belfort passe un tunnel de 1,070 m., pour déboucher en vue de la belle vallée du Doubs, dont la rive g. est dominée par le fort et les ruines du château de *Montfaucon*. — 101 k. *Roche* communique par un bac avec *Arcier*, dont les sources alimentent Besançon d'eau potable. — 103 k. *Novillars* (château féodal). — 108 k. *Deluz*. — 112 k. *Laissey*. — 3 tunnels.

124 k. **Baume-les-Dames** *, 3,134 hab., ch.-l. d'arr., à 1 k. env. de la rive dr. du Doubs et du canal du Rhône au Rhin. Le centre de la ville est occupé par la *place de la République* (jolie *fontaine*), qu'avoisinent des maisons du XVIe s. et l'*église* (Pietà de 1540), à g. de laquelle une rue conduit au *cimetière* (chap. avec saint-sépulcre du XVIe s.; monument aux morts de 1870). Une belle avenue de platanes et de marronniers mène à une filature située près d'un *pont* de 8 arches sur le Doubs, près duquel un *monument* a été érigé au marquis *de Jouffroy d'Abbans*, qui le premier appliqua la vapeur à la navigation.

[A 9 k. S.-E., *Bains de Guillon* (source sulfurée calcique), agréable station de cure d'air et d'hydrothérapie, à 320 m., avec parc bordé par le Cuisancin; excurs. : à la *source de la Reverotte*; *Cusance-le-Châtel* (ruines d'un château et d'un prieuré; *source du Cuisancin*); — (14 k. S.-S.-O.) monastère de *la Grâce-Dieu*, abbaye cistercienne fondée en 1139, acquise et restaurée en 1845 par les Trappistes (aux environs, cascade de l'Audeux et glacière naturelle).]

Tunnels. — 131 k. *Hyèvre-Paroisse*.

140 k. *Clerval*, 1,059 hab. (ruines du château de *Montfort*). — 143 k. *Pompierre*. — On franchit le canal du Rhône au Rhin et le Doubs; tunnel de 1,125 m.

150 k. *L'Isle-sur-le-Doubs*, 2,621 hab., b. industriel (manuf. Japy). A l'église, trésor intéressant; au château, porte de 1625, provenant de Neuchâtel. — On croise le canal et le Doubs; tunnel. — 155 k. *Saint-Maurice*. — 159 k. *Colombier-Fontaine*. — Pont sur le Doubs non loin du confl. de l'Allan. — 166 k. *Voujeaucourt*, 1,548 hab., stat. non loin de laquelle se détache l'embranch. de Pont-de-Roide et de Saint-Hippolyte (*V.* ci-dessous). — Tunnel.

170 k. **Montbéliard** * (buffet), 10,034 hab., ch.-l. d'arr., V. industrielle, sur le canal du Rhône au Rhin et près du confl. de la Lusine avec l'Allaine. Le *château* (caserne), anc. résidence des comtes, que l'on aperçoit à g. en arrivant, a été rebâti en 1751; mais il a conservé 2 tours des XVe et XVIe s. En face de la gare on prend la *rue Cuvier*, communiquant, à dr., par la *rue de l'Hôtel-de-Ville* avec la *place Saint-Martin* (*statue de Cuvier*, par David d'Angers; *temple protestant*, anc. église Saint-Martin, de 1602-1605; *maison* de la Renaissance). La rue Cuvier se continue par la *rue*

des Febvres, qui donne accès sur la *place Dorian* (*buste de Pierre Dorian*, homme politique, 1814-1873), puis sur la *place d'Armes* (*statue du colonel Denfert*, le défenseur de Belfort), bordée par les *Halles* (XVIᵉ s.; *bibliothèque* et *musée*). Au delà on parvient à la *place de l'Enclos*, d'où un chemin monte à l'*église* moderne *Saint-Mainbœuf* (style Renaissance).

[De Montbéliard a Saint-Hippolyte (32 k.; ch. de fer, en 1 h. 15; 3 fr. 60, 2 fr. 40, 1 fr. 60). — 5 k. Voujeaucourt (*V.* ci-dessus). — Pont sur le Doubs. — 15 k. *Mathay* (ruines féodales); à 4 k. N.-E., *Mandeure*, 1,933 hab., est l'antique *Epomanduodurum* (ruines antiques; château du XVᵉ s.). — La voie remonte la vallée du Doubs. — 18 k. *Bourguignon* (forges). — 21 k. *Pont-de-Roide*, 2,758 hab. (hauts fourneaux), b. près duquel la vallée du Doubs est un beau défilé coupant la chaîne de Lomont. — 32 k. *Saint-Hippolyte* *, 1,191 hab. (église du XIVᵉ s.), dans un beau site, au confl. du Doubs et du Dessoubre, dont la belle vallée mérite d'être parcourue jusqu'à Consolation (*V.* p. 64). A 12 k., *Maîche* *, 2,035 hab., à 775 m., sur le plateau du Jura, commence à être fréquenté comme station estivale (ruines d'un château; 2 maisons du XVIᵉ s.).

De Montbéliard a Delle (29 k.; ch. de fer, en 1 h. à 1 h. 15). — Après avoir franchi l'Allaine, le canal du Rhône au Rhin et un tunnel, on remonte la rive dr. du Doubs. — 6 k. *Audincourt*, 7,347 hab., forme avec (2 k. S.) *Valentigney*, 4,124 hab., auquel le relie un tram, un centre industriel important (forges d'Audincourt, usines Peugeot, etc.). Un autre tram va d'Audincourt à (6 k.) *Hérimoncourt*, 3,749 hab., d'où il sera prolongé jusqu'à (14 k.) *Blamont*, petite V. anc., à 570 m. (anc. château des comtes de Montbéliard, XVIᵉ s.). — 12 k. *Beaucourt*, 4,526 hab., b. industriel (importantes usines de quincaillerie, horlogerie, etc., de MM. Japy). — 16 k. *Fesches-le-Châtel*. — 20 k. *Morvillars* (forges Vieillard-Migeon). — On remonte la vallée de l'Allaine. — 23 k. *Grandvillars*. — 29 k. **Delle** * (buffet), 2,505 hab., sur la rive g. de l'Allaine, qui reçoit la Batte, formée par la belle source du *Trou de l'Adour* (à l'entrée du pont, croix de 1551; sur la place, *maison* ancienne; collège de Bénédictins dit *Institut Saint-Benoît*, avec riches retables de la chapelle; restes d'un château). De Delle à Porrentruy, Saint-Ursanne, Délémont et Bâle, *V.* la *Suisse*.]

Au delà de Montbéliard, le ch. de fer remonte la vallée de la Lisaine. — 178 k. *Héricourt*, 6,230 hab., centre industriel. — On joint à dr. la ligne de Mulhouse.

188 k. **Belfort** * (buffet), 32,567 hab., place forte, ch.-l. du Territoire de Belfort, à 360 m. d'altit., sur les deux rives de la Savoureuse, commande le passage désigné stratégiquement sous le nom de Trouée de Belfort, c'est-à-dire le seuil de plaine qui sépare le Jura du front S. des Vosges. — Par l'*avenue de la Gare*, le *faubourg de France*, l'*avenue Carnot* et la *rue de la Porte-de-France* on parvient dans la vieille ville, à la *place d'Armes*, où s'élèvent l'*église Saint-Christophe*, l'*hôtel de ville* (musée) et le groupe *Quand même!* œuvre du sculpteur Mercié, érigé en mémoire du siège de 1870-1871. De la place, la *Grande-Rue* conduit au **Lion de Belfort** (22 m. de long. sur 11 de haut.), exécuté en grès rouge par le sculpteur alsacien Bartholdi. Au-dessus du Lion, le **château** couronne les rochers à 67 m. au-dessus de la ville (pour le visiter s'adresser aux bureaux de l'état-major du gouverneur). En sortant de la ville par la *porte de Brisach*,

construite par Vauban, on pourrait aller visiter le *cimetière des mobiles* (2 monuments commémoratifs), situé au-dessous du *fort de la Justice* (419 m. d'altit.), puis monter à la *Pierre-de-la-Miotte*, tour ayant remplacé une pierre-borne dont l'origine se perd dans la nuit des temps.

De Belfort à Mulhouse, Lure, Vesoul, Langres, Chaumont, Troyes et Paris, *V.* le Réseau *Est*.

ROUTE 7

DE PARIS A NEUCHATEL

509 k. — Ch. de fer, en 9 h. 30 et en 11 h. — 56 fr. 75; 38 fr. 40; 25 fr. 20.

315 k. de Paris à Dijon (R. 1). — 47 k. de Dijon à (362 k.) Dôle (R. 6). — Après avoir croisé le canal du Rhône au Rhin, la voie parcourt la *forêt de Chaux* (12,949 hect.). — 371 k. *Grand-Contour*. — A g., verrerie de *la Vieille-Loye*.

376 k. *Montbarrey*, 349 hab., dans la vallée de la Loue. — 381 k. *Châtelay*.

387 k. *Arc-et-Senans*, 1,179 hab. (dans l'*église*, tableaux de maîtres; ancienne saline), où se raccorde à g. le ch. de fer de Besançon (R. 8). — On franchit la Loue.

394 k. **Mouchard** (buffet), stat. à la jonction des lignes de Dôle, Salins, Pontarlier et Lons-le-Saunier.

[De Mouchard a Salins (8 k.; ch. de fer, en 15 min.; 90 c., 60 c. 40 c.). — Gorge rocheuse; tunnel; pont de 6 arches sur la Furieuse.

Salins *, 5,525 hab. (bons vins), station balnéaire, à 354 m., entre les mont. de *Saint-André* (586 m.) et de *Belin* (648 m.), surmontées de forts dont l'un est déclassé, dans une vallée étroite, sur la rive dr. de la Furieuse, dominée au N. par le mont Poupet (*V.* ci-dessous), se compose d'une longue rue à dr. ou à g. de laquelle on rencontre : la promenade *Barbarine*; l'église *Saint-Maurice* (XIIIe, XVIe et XVIIe s.); une fontaine avec *buste* de l'abbé d'Olivet, littérateur (1682-1768); la *fontaine d'Arion* (statue mutilée de 1591); la *rue Charles-Magnin* (à g.) conduisant à l'église *Notre-Dame* (bons tableaux); **l'établissement de bains** (derrière, petit *casino*), précédé d'un bel hôtel et dans lequel des eaux chlorurées sodiques sont employées dans le traitement du lymphatisme et de la scrofule; la *place d'Armes* (*hôtel de ville*, de 1755; chap. de *N.-D. Libératrice*; *statue du général Cler*, par Perraud; fontaine sculptée en 1770 par Devosge); les **Salines** (visite permise jeudi et vendredi), en face de la petite *place Nationale*, d'où une rue, puis des escaliers montent à la *place Saint-Jean*, bordée par le *collège*, dont la chap. (XVIIe s.) renferme la *bibliothèque* et le *musée*; l'église **Saint-Anatoile**, de l'époque romane mais remaniée (stalles du XVIe s.); une maison du XIVe s. et la *promenade des Cordeliers* (*buste* du socialiste *Victor Considérant*, 1808-1893). En sortant de la ville pour entrer à *Bracon* (restes du château), on voit à g. des *tours* des anc. remparts.

Excurs. : — (3 k. 5 E.) *Gouailles* ou le *Bout-du-Monde*; — (1 j.) *les Sapins*, ou promenade en forêt; — (9 k. N.-O.) ruines de *Vaugrenans*; — (11 k. N.-O.) *Port-Lesney* *, au bord de la Loue, où l'on va manger des fritures; — (3 h. aller et ret.) le *mont Poupet* (853 m.); — (8 à 9 k. N.) cascade du *Gout de Conche*; — (36 k.) *Nans*, la **source du Lison** et le *Creux-Billard*, aller par le *Pont du Diable*, ret. par *Saizenay*; — (18 k.) *Alaise*, regardé par quelques archéologues comme l'*Alesia* de Vercingétorix (*V.* p. 12).]

Au delà de Mouchard la ligne

de Pontarlier s'élève sur les premières pentes du Jura. A dr., vignoble renommé des *Arsures*. *Viaduc de Montigny* (15 arches; 28 m. de haut.); 2 tunnels.

404 k. *Mesnay-Arbois*; belle vue sur (3 k. S.-O.) Arbois et la vallée de la Cuisance. — Au delà de nombreux tunnels on débouche sur le premier plateau du Jura.

413 k. *Pont-d'Héry*.

418 k. *Andelot* (buffet).

[Ch. de fer pour (22 k., en 1 h.; 2 fr. 20 et 1 fr. 55) *Levier*, 1,355 hab. (*forêt* de sapins de 2,694 hect.).

D'Andelot a Morez (50 k.; ch. de fer, en 2 h. 10; 5 fr. 60, 3 fr. 80, 2 fr. 45).

14 k. **Champagnole** *, 3,830 hab., lieu de villégiature, à 545 m., sur une terrasse au-dessus de la rivière d'Ain, au pied du *Mont-Rivel* (789 m.; ascens. en 1 h. 15). Promenade du *Cours*; usine métallurgique de *la Serve*. Excurs. : (5 ou 6 k. O.-S.-O.) ruines de l'abbaye et Baume ou grottes de *Balerme*; Nozeroy (*V.* p. 69), soit (15 k.) par **la cluse d'Entreportes**, soit (21 k.) par *Syam*, les forges de *Bourg-de-Sirod* et **la Perte de l'Ain**, le *Val de Sirod* (à g., roches des *Trois-Commères*) et *Sirod* (*église* romano-ogivale, reste d'un prieuré); (14 k.) **les Planches-en-Montagne** *, 225 hab., sur la rive dr. de la Saine, dominée par la *Côte-Pontin* (maison du XVIe s. occupée par la gendarmerie; aux env., caverne du *Trou du Chapeau*) et qui forme la cascade du *Saut du Moulin*, avant de s'engager dans l'étroite cluse appelée la *Langouette*. De Champagnole à Lons-le-Saunier (excurs. au lac de Châlin, aux lacs et cascades du Hérisson), *V.* R. 8, p. 73.

On franchit l'Ain sur le viaduc de Syam. — 19 k. *Syam* (au S., au confl. de l'Ain et de la Laime, *forges de Syam*). — On remonte la vallée de la Laime. — 23 k. *Le Vaudioux*, à 637 m. (aux environs, pittoresque ham. de *la Billaude* et *cascade de Jean-Roy*). — 27 k. *La Chaux-des-Crotenay* *, à 714 m., lieu de villégiature (église du XVe s.; ruines d'un château du XIIIe s.), d'où l'on fait l'exc. (11 k.) du lac et de la chartreuse de *Bonlieu*, en passant par les *lacs de Maclu*, de *Narlay* et *de la Motte-d'Ilay*. — Viaduc sur le vallon de Dombief. — 33 k. *La Chaumusse*.

37 k. *Saint-Laurent* *, 1,015 hab., à 907 m., est le centre du haut plateau mamelonné appelé le *Grandvaux*, possédé avant la Révolution par une abbaye dont il subsiste au (6 k.) ham. des *Guillons*, au bord d'un *lac* de 95 hect., l'église ogivale (1465). — La voie s'élève sur les pentes du Mont-Noir et passe par un tunnel sous le *col de la Savine* (990 m.), qui donne son nom à la stat. isolée de *la Savine*. — 44 k. *Morbier*, 1,456 hab., à 825 m., au bord d'une terrasse dominant de 150 m. la vallée de la Bienne (*église* moderne, avec *horloge* remarquable; horlogerie, lunetterie, fromages renommés; statue de la Vierge sur un mamelon de 901 m., belle vue). — Entre la gare de Morbier, établie à 861 m., et Morez, situé à 1,500 m. seulement en ligne droite, mais à 736 m. d'altit., au fond de la vallée de la Bienne, la voie doit descendre de 125 m. : cette énorme difficulté a été vaincue grâce à une série d'ouvrages d'art qui font de cette courte section un des plus saisissants et des plus pittoresques trajets qu'on puisse accomplir en ch. de fer (5 k., dont 1,171 m. de souterrains et 627 m. de viaducs).

50 k. **Morez** *, 5,449 hab., à 700 m., au fond de l'étroite vallée de la Bienne, où elle s'allonge en une rue de plus de 2 k., est une V. prospère et industrieuse : fabr. d'horlogerie, lunetterie, mesures linéaires, caisses d'horloges, etc. Les 32 fruitières ou fromageries du canton produisent 197,300 kilog. de gruyère par an. 2 routes relient en 3 h. 30 à 4 h. (prix 5 fr.) Morez à Saint-Claude (*V.* p. 80) : l'une (30 k.) par la magnifique vallée de la Bienne et *la Rixouse*, l'autre (25 k.) par *Longchaumois*.

De Morez à Nyon (33 k. 3; voit. publique, en 5 h. 20; 8 fr. 40 et 6 fr. 70). — La route monte constamment jusqu'aux Rousses. — 9 k. *Les Rousses*, 2,195 hab. (*fort*; douane française), à 1,135 m., à 3 k. de la frontière suisse, sur un plateau formant toit des eaux entre le Rhône et le Rhin (à 2 k. N.-E., *lac des Rousses*, long de 2 k., origine de l'Orbe et dominé par le *fort du Risoux*). Une route de 18 k. relie les Rousses au col de la Faucille (p. 81), en traversant le *Val des Dappes*. — 12 k. *La Cure*, ham. à la frontière suisse, douane. — On passe le *col de Saint-Cergues* (1,160 m.), entre le Noirmont (1,570 m.) et la Dôle (*V.* ci-dessous). — 19 k. 3. *Saint-Cergues*, v. vaudois, stat. d'été, à 1,048 m., sur le versant suisse du Jura, au-dessus du lac Léman. Des abords du v. vue magnifique sur le lac de Genève, le pays de Vaud, le pays de Gex, la Savoie, les Alpes et le Mont-Blanc. 2 h. suffisent pour monter de là au sommet de la *Dôle* (1,680 m.), un des principaux sommets du Jura. — Descente en lacets sous bois. — 33 k. 3. Nyon (*V.* la *Suisse*).]

Au delà d'Andelot, le ch. de fer franchit une combe sur un viaduc de 14 arches et parcourt la *forêt de la Joux*, la plus belle sapinière de France. — 424 k. *La Joux*, à 744 m.

430 k. *Boujailles*, à 819 m., stat. qui avoisine un hôt.-pension, séjour d'été (sapin haut de 52 m. appelé *le Président*).

[Boujailles est relié par une route de 14 k. (voit. publique, 1 fr. 50) passant à *Mièges* (*église* d'un anc. prieuré), jadis ch.-l. du *Val de Mièges*, vaste plateau de pâturages ondulés (nombreuses fruitières), à *Nozeroy* *, 695 hab., sur une colline (belle vue), au-dessus de la Serpentine (*château* des XIIIe et XVe s.; dans l'*église*, ogivale, du XVIe s., beaux vitraux et statuettes de la Renaissance; *porte de l'Horloge*; petit séminaire), d'où se fait l'exc. (2 h. 15 à pied aller et ret.) à la *source de l'Ain*.]

438 k. *Frasne*, 1,080 hab., à 860 m. — 443 k. *La Rivière*, près d'un étang traversé par le Drugeon (église du XIVe s.). — A dr., mont. du *Laveron* (1,112 m.); à g., grand plateau marécageux de *la Chaux-d'Arlier* (champ de tir du 7e corps d'armée). — 447 k. *Sainte-Colombe*.

455 k. **Pontarlier** *, 7,963 hab., ch.-l. d'arr., à 838 m., sur le Doubs, à l'issue d'une cluse par laquelle cette rivière débouche sur le plateau de la Chaux-d'Arlier, a une certaine importance comme point de passage et comme V. militaire, surtout en été, pendant la période des « écoles à feu ». Son industrie la plus importante est la distillation des liqueurs, surtout de l'absinthe (vastes usines de la Société Pernod). *Arc de triomphe* élevé au XVIIIe s. en mémoire de la reconstruction de la ville après l'incendie de 1736; à l'*hôtel de ville*, bibliothèque et musée; contre un portail de style classique séparé de l'église, monument de deux religieux morts pour leur foi en 1794; promenade du *Cours*.

[Excurs. : — (montée 3 h., desc. 2 h. 30) *le Grand-Taureau* (1,328 m.), par le *fort du Larmont* (1,140 m.); ret. par le défilé d'*Entreportes* (aiguilles de roc appelées les *Dames d'Entreportes*); — (4 k. 3; on peut prendre le tram de Mouthe jusqu'à la Cluse, 50 c. et 20 c.; se munir d'une autorisation du commandant de place) *fort de Joux*, sur un rocher à 940 m., anc. prison d'Etat, bâti originairement au Xe s.; — (48 k.; tram à vap. jusqu'à Mouthe, en 1 h. 50, 3 fr. et 2 fr. 10; au delà, route et serv. de voit.) *lacs de Saint-Point* et *de Remoray*, *Mouthe* *, 858 hab., à 918 m. (à 20 min. E., *source du Doubs*), *Châtelblanc* (ruines d'un château), *Foncine-le-Haut*, 1,140 hab., à 906 m., sur la *Saine* (dont on peut aller, 1 h. aller et ret., visiter la *source*, ainsi que, 2 h., le *Creux Maldru*), *Foncine-le-Bas*, la *cascade du Bief du Bouchon* et les Planches-en-Montagne (*V.* p. 68).

Ch. de fer (24 k., en 50 min. à 1 h. 20; 2 fr. 70, 1 fr. 80, 1 fr. 20) DE PONTARLIER A GILLEY (p. 63), par *Montbenoît*, 220 hab., à 770 m., sur la rive g. du Doubs, dont l'*église* (XIIIe-XVIe s.) est le reste d'une abbaye d'Augustins fondée à la fin du XIIe s. (*cloître* du XVe s. avec chapiteaux remarquables); le chœur est dû au célèbre abbé commendataire Ferry Carondelet (1522-1527), qui fit exécuter en outre le tombeau d'une jeune fille tuée en servant les ouvriers, un monument à la mémoire des seigneurs de Joux, le jubé et les *stalles*.

DE PONTARLIER A LAUSANNE (72 k.; ch. de fer, en 3 h. 5 à 3 h. 50; 7 fr. 70, 5 fr. 35, 3 fr. 70). — 17 k. *Hôpitaux-Jougne*, stat. à 992 m. (au S., le *Mont-d'Or*, 1,464 m., ascens. en 1 h. 45) desservant *les Hôpitaux-Neufs* (à l'église, tombeau d'un évêque de Lausanne, 1684) et (2 k. S.-E.; omnibus, 60 c.) *Jougne* *, 1,169 hab., b. industriel, villégiature d'été, à 1,018 m., sur une terrasse dominant la gorge du Jougnenaz (aux environs, source intermittente appelée la *Fontaine-Ronde*). — La voie franchit par un tunnel de 1,550 m. la ligne de faîte entre les versants du Rhône et du Rhin, puis débouche dans la vallée de la Jougnenaz. On entre en Suisse. — 26 k. *Vallorbe* (buffet; douane suisse), et 46 k. de Vallorbe à (72 k.) Lausanne (*V.* la *Suisse*).]

En quittant Pontarlier le ch. de fer, remontant la rive g. du Doubs, s'engage dans une magnifique cluse, franchit la rivière et passe dans le défilé entre le fort de Joux et le Larmont, pour remonter ensuite la vallée de la Morte.

467 k. *Les Verrières-de-Joux* ou *de-France*, dernière stat. française. — On franchit la frontière à 933 m. d'altit.

469 k. *Verrières-Suisse* (douane), et 40 k. des Verrières à (509 k.) Neuchâtel (*V.* la *Suisse*).

ROUTE 8

DE BESANÇON A LYON

213 k. — Ch. de fer, en 6 à 9 h. — 26 fr. 55; 17 fr. 90; 11 fr. 70.

On suit jusqu'à Franois le ch. de fer de Dôle (*V.* p. 58), qu'on laisse ensuite à dr. pour se diriger vers la vallée du Doubs. — 12 k. *Montferrand* (ruines d'un *château*). — On croise la rivière près de *Thoraise* (tunnel de 185 m. par où passe le canal du Rhône au Rhin; château féodal restauré) et de

16 k. *Torpes*. — 22 k. *Byans*, gare où l'on descend quand on désire visiter les grottes d'Osselle (*V.* p. 63). — 29 k. *Liesle*. — Débouchant dans la vallée de la Loue, on joint la ligne de Dôle à Mouchard.

34 k. Arc-et-Senans, et 7 k. d'Arc à (41 k.) Mouchard (*V.* p. 67).

49 k. **Arbois** *, 4,209 hab. (vins renommés), sur la Cuisance, à son débouché du beau vallon de Mesnay est desservi aussi par la ligne de Pontarlier (*V.* p. 68). *Eglise Saint-Just* (clocher du XVIe s.); *statue* (œuvre de Daillon) *de Pasteur*, qui passa à Arbois la plus grande partie de son enfance.

[Excurs. (1/2 j.) aux *Planches* (sources de la Cuisance) et à *la Châtelaine* (ruines d'un château, sur un haut promontoire, belle vue).]

56 k. *Grozon* (anc. salines).

61 k. **Poligny** *, 4,090 hab., ch.-l. d'arr., à l'entrée du vallon

de la Glantine ou Culée de Vaux, entre les hauteurs de *Grimont* (débris d'un château) et du *Dam*, grand rocher au pied duquel naît l'Orain. *Eglises Saint-Hippolyte*, de 1429, *du Montivillard* (clocher roman; retable en pierre, de 1534, très mutilé) et *des Jacobins* (XIIIe s.; elle sert de halle); *hôtel de ville*, avec petit musée; *statue du général Travot*, né à Poligny (1767-1836), par Maindron; *buste de* l'historien *Chevalier*, par Max Claudet; *monument* de Wladimir Gagneur, anc. député; école de laiterie; bons vins.

[Promenade dans la *Culée de Vaux*, cluse fraîche et charmante au fond de laquelle (2 k.) un petit *séminaire* (chap. moderne, style du XIIIe s.) a remplacé un prieuré clunisto (derrière, cascade dans un beau parc).]

On traverse la forêt de Vaivre.

67 k. *Saint-Lothain*, au flanc de la colline du Calvaire (392 m.) dominant la Brêne. Dans l'*église*, en partie du XIIe s. : Conversion de St Hubert, bas-relief en albâtre du XVIe s.; Vierge en pierre ancienne et crypte romane. — 72 k. *Passenans*. — Tunnel; on traverse la Seille.

77 k. *Domblans-Voiteur*.

[Excurs. : — (5 k. O.) *Arlay*, 1,068 hab. (ruines d'un *château* et château du XVIIIe s.; maisons anciennes); — (1 k. 5 S.-E.; omnibus, 25 c.) *Voiteur**, 1,056 hab., sur la rive g. de la Seille, à 264 m., au pied d'un grand escarpement qui porte, à 467 m. (4 k. 5 de Voiteur), *Château-Chalon*, où existait une abbaye (ruines d'un château; *vin jaune* renommé). — De Voiteur, promenade recommandée aux (9 k.) **Roches de Baume**, ensemble de curiosités comprenant l'église et autres restes de l'abbaye de Baume, des grottes et des rochers superbes formant un hémicycle grandiose de murailles abruptes, constituant un site dont on peut apprécier l'originalité dans toute son amplitude en y accédant par les Echelles de Crançot, desservies en été par des voit. d'excursion partant de Lons-le-Saunier (*V.* p. 72). **Baume**, à 278 m., à la réunion de la source du Dard avec la Seille, entre les hautes falaises du plateau de *Sermu* (510 m.) et les falaises (505 m.) des *Granges-sur-Baume*, a possédé une abbaye, fondée à la fin du VIe s. par St Colomban et qui eut, au XVIIe s., pour abbé le fameux aventurier Jean de Watteville. De ce monastère il reste l'église et des bâtiments auj. propriétés particulières. **L'église**, du XVe s., est flanquée d'un clocher du XIIe s. Au trumeau de la porte principale, statue de Dieu le Père. A l'int. : en haut du bas-côté dr., statue en pierre de *la Madeleine*, du XVe s.; dans le bas-côté g., *saint sépulcre*; entouré d'une statue de St Michel en pierre, d'un St Paul de Tarse probablement de Claus Sluter, d'une Pleureuse analogue à celles du tombeau de Philippe Pot (au musée du Louvre); statue (XVe s.) de la *Vierge* en pierre; statue en bois de *Ste Catherine*, 1re moitié du XVIe s.; *tombeaux* ou débris de tombeaux de Renaud de Bourgogne, comte de Montbéliard (XVe s.), de la dame de Villars, veuve de Hugues, sire de Vienne, d'Amé de Chalon, abbé de Baume (XVe s.), de Jean de Watteville et de plusieurs autres prieurs, de Mahaut, fille de Jean de Chalon l'Antique, 1re abbesse de Sauvement, de l'ordre de Fontevrault. Au bas de la nef, superbe bénitier à torsades. Mais la principale curiosité de l'église est le **triptyque** du maître-autel, haut de plus de 3 m., avec peintures (commenc. du XVIe s.) d'Holbein ou de son école. — 9 k. *Sources de la Seille* et *grottes de Baume* (entrée, 1 fr.), qu'avoisinent 2 restaurants. La source principale s'échappe de l'orifice des grottes; d'autres forment des cascatelles au flanc de roches moussues. On accède à l'orifice par une galerie d'où l'on pénètre dans les cavernes en passant sous la cascade. Par un long couloir on parvient dans les diverses salles, éclairées à l'électricité (visite en 45 min.). — Au fond du vallon, escalier taillé dans le roc, appelé *Echelles de Crançot*, par lequel on pourrait aller joindre la route de Lons-le-Saunier (*V.* ci-dessous).]

83 k. *Montain-Lavigny*. A 1 k. S.-O., *château du Pin*, en partie de 1242 (donjon et tour du XVe s.; chambre où logea Henri IV en 1595). — A g., *Pannessières* (*Pierre-à-Dieu*, aiguille de rocher haute de 30 m.).

90 k. **Lons-le-Saunier*** (buffet), 12,935 hab., ch.-l. du départ. du Jura, à 250 m., dans un bassin de vignobles parcouru par la Vallière. De la gare, on se rend, soit par l'*avenue Gambetta* et la *rue Saint-Désiré* (*église* avec crypte romane), soit par l'*avenue de la Gare* et la *rue Rouget-de-l'Isle*, à la *place de la Liberté* (*théâtre*; *statue*, par Etex, *du général Lecourbe*, né à Lons-le-Saunier, 1760-1815). De là la *rue du Commerce*, bordée de maisons à arcades, conduit à la *place Perraud* (*buste* du sculpteur *Perraud*, par Max Claudet), où sont l'*hôpital* (XVIIIe s.; belle grille; dans la cour, *buste*, par Huguenin, du célèbre physiologiste *Bichat*, 1771-1802), et l'*hôtel de ville*, renfermant le **musée**.

REZ-DE-CHAUSSÉE. — Œuvres du statuaire jurassien *Perraud* et du sculpteur *Max Claudet*, de Salins; *Pro Patria* (guerrier mort), marbre par *Seysses*; mosaïque gallo-romaine, etc.

1er ÉTAGE. — Tableaux : 3. *L. Giordano* (attribué à). Enlèvement d'Europe. — 188. *G. Courbet*. Mort du cerf. — 24. *Largillière*. Le peintre Perrin. — 78. *Heinsius*. Laplace. — 146 et 150. *Inconnus*. Beaux portraits d'hommes (l'un de 1577, l'autre du XVIIe s.). — 192. *Cabanel*. Beau portrait du sculpteur Perraud. — 162. *Baudry*. La Fortune et l'Enfant. — 55. *Lobrichon*. Piard. — 203. *Pointelin*. Fonds de Brézin. — 5 et 6 (très curieux). *P. Brueghel*. Dénombrement du peuple juif et Massacre des Innocents (signé). — Dans la salle principale de peinture, belle carte en relief du départ. du Jura au 1/40000[e], par *Clos*.

La dernière salle est consacrée surtout à l'hist. naturelle et à l'archéologie du Jura (antiquités préhistoriques, gallo-romaines et mérovingiennes); Baigneuse, statuette par *Falconet*; statuettes de Tanagra.

De la place Perraud, la *rue Sébile*, puis la *rue des Cordeliers* (à g., *église*, avec belles boiseries, chaire sculptée et orgue provenant de l'abbaye de Gigny) conduisent à la promenade de *la Chevalerie* (**statue**, par Bartholdi, **de Rouget de l'Isle**, né à Montaigu, 1760-1836, *V.* ci-dessous), séparée par la Vallière du *parc* renfermant le *casino* et l'*établissement des bains* (eaux salées et eaux mères).

[ENVIRONS : — Salines de *Montmorot*, 1,887 hab., quoique com., faub. de Lons-le-Saunier; — (30 min. S.-O.) *Montciel* (chap., pèlerinage), colline dont le sommet (357 m.) forme un gracieux plateau aux superbes ombrages, avec une belle vue; — (3 k. S.-S.-E.) *Montaigu*, à 441 m. (vue magnifique); — (6 k. N.) l'*Etoile* (vins blancs mousseux réputés; ruines d'un château); — *Grottes de Baume*. En été une voit. d'excurs. part à 8 h. 30 matin les dim., mardi, jeudi et sam. (3 fr. aller et ret.), dépose en haut des Echelles de Crançot les promeneurs, qui descendent à pied aux grottes, visitent l'église de Baume et reprennent dans ce village, où, par un grand détour, est venue les attendre, la voiture qui les ramène par Voiteur (déjeuner), et par le château du Pin (on visite; *V.* ci-dessus), à Lons-le-Saunier pour les trains du soir. Pour Baume, les grottes et Voiteur, *V.* p. 71.

De Lons-le-Saunier a Chalon (68 k., ch. de fer, en 2 h. 30 ; 7 fr. 60, 5 fr. 15, 3 fr. 35). — Plaine de la Bresse. — 13 k. *Savigny-Beaurepaire.* — 30 k. Louhans (R. 9), où l'on croise la ligne de Dijon à Saint-Amour. — 40 k. *Montret*, 960 hab. — 46 k. *Saint-Etienne-en-Bresse*, 1,144 hab. — 51 k. *Saint-Germain-du-Plain*, 1,526 hab., à la bif. du ch. de fer de Bourg (*V.* ci-dessous). — 63 k. Saint-Marcel (*V.* p. 36), stat. reliée par un embranch. (18 k., en 48 min.; 1 fr. 85 et 1 fr. 10) à *Saint-Martin-en-Bresse*, 2,017 hab. — On franchit la Saône. — 68 k. Chalon-sur-Saône (R. 5).

De Lons-le-Saunier a Champagnole (45 k. ; ch. de fer, en 1 h. 30; 5 fr. 05, 3 fr. 40, 2 fr. 20). — Montée pittoresque. — 7 k. Conliège (*V.* ci-dessous). — Tunnels ; on parvient sur le premier plateau du Jura, à plus de 500 m. d'altit. — 15 k. *Publy-Vévy* (à 3 k. 5 S.-E., ruines du *château de Binans*). — La voie descend vers l'Ain. — 22 k. *Châtillon*, à 499 m. A 5 k., *Doucier*,* d'où excurs., par *Fontenu*, au (4 k. 5) *lac de Châlin*, et, par (7 k.) le moulin *Jacquand* (on peut y déjeuner), aux **cascades du Hérisson** (en été, voit. publique d'excursion). — 28 k. *Mirebel*, v. à 2 k. (ruines, avec Vierge colossale, d'un *château*, que représente une curieuse peinture à l'église). — 31 k. *Pont-du-Navoy* (forges ; tumulus appelé *Tertre des Squelettes*). — 45 k. Champagnole (p. 68).

De Lons-le-Saunier a Saint-Claude (68 k. ; ch. de fer, en 4 h. 30 ; 7 fr. 05 et 4 fr. 90). — On remonte la vallée de la Vallière. — 5 k. *Conliège*, 853 hab., à 324 m. (*église* de 1393, agrandie au XVIIe s. ; sur le promontoire dominant la gare, anc. camp romain et église très ancienne de *Saint-Etienne de Coldres*). — 8 k. *Revigny*, à 355 m. (église du XVIIe s.) ; à peu de distance, la *source de la Vallière* jaillit au fond du beau cirque de falaises du *Creux de Revigny* (grottes ayant servi de refuges pendant les guerres). — Tunnel courbe ; beau viaduc ; vues très pittoresques. — 12 k. *Revigny-Saint-Maur*, à 530 m. A 1,800 m. O., *Saint-Maur* (église romane et du XIVe s.) est dominé par la *Croix de Rochette* (631 m.), offrant un des plus beaux panoramas du Jura. — 13 k. *Bifurcation*, station de corresp. d'où se détache au S. la ligne d'Orgelet et d'Arinthod (*V.* ci-dessous). — La voie franchit par un défilé le chaînon de l'Heute, dont un sommet (667 m.) porte au N. les ruines du *château de Beauregard* (XIIIe s.). — On descend vers l'Ain. — 20 k. *Pont-de-Poitte**, à 473 m., sur la rive dr. de l'Ain, qui forme, aux *Forges de la Saisse*, la belle chute dite **Saut de la Saisse.**

25 k. *Clairvaux* *, 940 hab., à 540 m., sur une croupe dominant le confl. du Drouvenant et du bief de la Joux, émissaire de deux *lacs* (tour et chap. d'un anc. château ; promenade du *Parterre* ; à l'église, *stalles* du XVe s. et tableaux de maîtres). A 6 k. 3 E.-S.-E., en remontant la vallée du Drouvenant, magnifique *Creux* et v. *de la Frasnée*, à 546 m., au confl. du ruisseau de Châtel-de-Joux et du ruisseau *du Drouvenant*, dont la *source* s'échappe de la paroi à pic des Biefs, haute de 150 m., et forme une belle cascade ; lors des grandes pluies ou de la fonte des neiges, l'orifice de la source ne suffit plus au passage des eaux, qui montent alors dans un conduit naturel nommé le *Trou des Gangônes* et viennent jaillir au sommet d'un rocher appelé le *Grand-Dard*.

44 k. *Moirans*, 1,406 hab., à 610 m. — 46 k. *Villard-d'Héria*. Dans le vallon supérieur de l'Héria, vestiges d'une cité antique, la *Ville d'Antre*, *lac* (à 824 m.) et *Roche* (964 m.) *d'Antre*. — La voie débouche sur le flanc des montagnes qui dominent la profonde vallée de la Bienne (vue grandiose). — 53 k. *Pratz*, à 572 m. (ruines d'un château). A 25 min. S.-O., *Saint-Romain-de-Roche* (*église* du XIVe s., avec châsse du XIIIe s., et autres restes d'un prieuré), sur la *crête de Balme*, qui tombe de 267 m. sur la Bienne (vue magnifique), vers laquelle on descend. — 57 k. *Saint-Lupicin* (*église* du XIe ou du XIIe s.

et bâtiment du XVe s., restes d'un prieuré). — On franchit la Bienne sur un pont biais. — 68 k. Saint-Claude (R. 10, *B*).

De Lons-le-Saunier a Orgelet et a Arinthod (41 k.; ch. de fer, en 2 h. 50; 4 fr. 30 et 2 fr. 95). — 13 k. de Lons-le-Saunier à la bif. de la ligne de Saint-Claude (*V.* ci-dessus). — 17 k. *Marnézia*. — On franchit la Torreigne.

24 k. *Orgelet* *, 1,502 hab., au pied du *mont Ogier* (651 m.; Vierge colossale) : *église* des XIIIe-XVIe s., avec clocher haut de 55 m. et stalles Renaissance; *promenade de l'Orme*, avec *tilleul* de 12 m. de circonf.; à 4 k. N.-N.-O., *Présilly* et ruines du *château de la Baume*. Excurs. (16 k. 8 aller et ret.; en été voit. publique): *la Tour-du-Meix*, v. adossé à une falaise (ruines d'un *château*; *mur des Sarrasins*), le défilé ou *cluse de la Pile* et *pont de la Pile* sur l'Ain; (16 k. 3) *Onoz* (petit lac; à l'église, tombes du baron d'Arnans, défenseur de la Franche-Comté au XVIIe s., et de Dom Arsène Odoardy, stalles sculptées) et **Chartreuse de Notre-Dame de Vaucluse**, dans la combe boisée de l'Ain. — On domine la vallée de la Valouze.

41 k. *Arinthod* *, 982 hab. (à l'église, *Christ* par Rosset et chaire sculptée; dans le mur extér. de la sacristie, autel antique du dieu Mars; curieuses aiguilles de rochers; à 3 k. 5 S., *grotte de Saint-Hymetière*).]

96 k. *Gevingey*. — 100 k. *Sainte-Agnès*. A 6 k. E., pittoresque v. de *Saint-Laurent-de-la-Roche*. — 105 k. *Beaufort*, 1,164 hab. (ruines d'un château). — 111 k. *Cousance*, 1,066 hab. — 115 k. *Cuiseaux*, 1,432 hab. (tours des anc. remparts; ruines du *château de Chevreaux*).

124 k. **Saint-Amour***, 2,109 hab., lieu de villégiature, à 303 m. (promenade de *la Chevalerie*; scieries de marbre).

[Excurs. : — (6 k. N.-E.) *Montagna* (cascades; carr. de marbre); — (15 k. E.) *Gigny*, ayant possédé une abbaye dont l'*église* (XVe s.) est auj. paroissiale.]

De Saint-Amour à Louhans, Seurre, Saint-Jean-de-Losne et Dijon, R. 9.

130 k. *Coligny*, 1,662 hab., ancien apanage d'une famille illustre (restes d'un château). — On remonte la rive dr. du Solnan. — 137 k. *Moulin-des-Ponts*. — 142 k. *Saint-Etienne-du-Bois*. — On franchit la Reyssouze.

154 k. **Bourg*** (buffet; jonction des lignes de Mâcon, Trévoux, Lyon, Genève et Chambéry, Nantua et Bellegarde, Lons-le-Saunier et Besançon, Chalon), 18,887 hab., ch.-l. du départ. de l'Ain, à 243 m., sur le versant de la rive g. de la Reyssouze. Ses volailles sont renommées. En sortant de la gare (cars ripert, 15 c.) on prend l'*avenue Alphonse-Baudin*, continuée par l'*avenue d'Alsace-Lorraine* (à dr., dans la cour de la *Préfecture*, *statue du général Joubert*, par Aubé; à g., *place Joubert*, avec pyramide en l'honneur de l'illustre soldat, et contiguë à la *promenade des Quinconces*, où se voit la *statue*, par Aimé Millet, de l'écrivain *Edgar Quinet*, né à Bourg, 1803-1875). L'avenue aboutit à un carrefour d'où partent les *rues Notre-Dame*, *Mercière* et *Gambetta* (à l'angle de la *rue du Gouvernement*, *maison* de la fin du XVe s.), centre commerçant, ainsi que la *rue Bichat*, sur laquelle donne l'entrée du *musée Lorin* (peinture, notamment la Vie de St Jérôme par *Wohlgemuth*, hist. naturelle, meubles). A l'extrémité de la rue *Notre-Dame* est l'église (1505-1545; beau maître-autel mo-

derne, stalles du XVIe s., vitraux; 2 tableaux de l'éc. allemande et christ en ivoire dans la sacristie). En contournant l'église on arrive à la *place Bernard*, se continuant à g. par la *place Carriat* et la *place de la Comédie* (théâtre et halle) qu'encadre au N. la promenade du *Bastion*, en avant de laquelle est la **statue**, par David d'Angers, **de Bichat**, qui fit à l'hôpital de Bourg ses premières études médicales. Une courte rue relie la place Bernard au *boulevard de Brou*, par lequel on gagnera (1,200 m. env.) l'église de Brou, en laissant à g., à l'angle de la *rue Charles-Robin*, le *buste* (par Aubé) *de Charles Robin*, médecin et physiologiste (1821-1885), né à Jasseron (Ain).

L'église de Brou (1506-1532) a été fondée pour servir de nécropole princière par Marguerite d'Autriche, fille de l'empereur Maximilien et veuve de Philibert le Beau, qui chargea de son exécution l'architecte dijonnais Colomban et le sculpteur flamand Conrad Meyt. Sa valeur architecturale est éclipsée par les admirables œuvres d'art qu'elle renferme.

Nef: statue de St Vincent de Paul, par Cabuchet; cuve baptismale du XVe s.; **jubé**.

Chœur (billet d'entrée, 15 c.; on est accompagné) : **stalles**; *autel* moderne, avec statues par Legendre-Héral; **mausolées de Marguerite de Bourbon**, femme du duc Philippe II, **de Philibert le Beau** et **de Marguerite d'Autriche**. *Chapelle de la Vierge*, avec un **tabernacle**, dont les sculptures représentent les mystères de la Vierge, et un *vitrail* (l'Assomption).

[DE BOURG A SAINT-GERMAIN-DU-PLAIN (62 k.; ch. de fer, en 2 h. à 2 h. 15; 6 fr. 95, 4 fr. 70, 3 fr. 05). — 11 k. *Attignat* (*château* moderne). — 17 k. *Montrevel*, 1,483 hab. (château du XVIIIe s.). — 31 k. *Saint-Trivier-de-Courtes*, 1,341 hab., d'où part à dr. un ch. de fer pour Pont-de-Veyle (*V.* R. 10, p. 77) et Mâcon. — 36 k. *Romenay*, 3,558 hab. (restes des murs de la ville, XIVe s.). — 45 k. *Cuisery*, 1,535 hab., près de la Seille (tour d'un anc. château). — 62 k. Saint-Germain-du-Plain, où l'on joint la ligne de Lons-le-Saunier à Chalon (*V.* R. 8, p. 73).

DE BOURG A TRÉVOUX (54 k., ch. de fer, en 3 h.; 5 fr. 55 et 3 fr. 60). — 3 k. *Saint-Denis-le-Ceyzériat*, 1,075 hab. (dans le verger du presbytère, statue de St Vincent de Paul, par Chinard). — On franchit la Veyle. — 25 k. *Châtillon-sur-Chalaronne*, 2,902 hab., centre commercial de la Dombes (église du XVe s. qui eut pour curé St Vincent de Paul, dont la *statue*, par Cabuchet, se voit sur une place; halle, construite par Mlle de Montpensier). A Marlieux, *V.* ci-dessous. — 32 k. *Saint-Trivier-sur-Moignans*, 1,483 hab. — 43 k. **Ars***, v. illustré par les vertus du vénérable curé Vianney, mort en odeur de sainteté (1858) et enterré dans une chapelle de l'*église*, édifice consacré à Ste Philomène et dont le chœur a été reconstruit par Bossan. — 47 k. Jassans, et 7 k. de Jassans à (54 k.) Trévoux (*V.* p. 77).]

De Bourg à Nantua, Bellegarde, Divonne et Genève, R. 10.

Le ch. de fer de Bourg à Lyon parcourt la *Dombes*, vaste plateau parsemé d'étangs. — 158 k. *Servas-Lent*. — 168 k. *Saint-Paul-de-Varax*.

174 k. *Marlieux-Châtillon*, stat. d'où un embranch. à dr. (12 k., en 30 min.; 1 fr. 25 et 80 c.) conduit à Châtillon-sur-Chalaronne (*V.* ci-dessus).

181 k. *Villars-Chalamont*. A *Villars*, 1,482 hab., près de la Chalaronne, église du XIIIe s. A 12 k. E., *Chalamont*, 1,699 hab., en passant par *le Plantay* (à

2 k. 5 N., couvent de Trappistes de *N.-D. de Dombes*). — 188 k. *Saint-Marcel-en-Dombes*. — 192 k. *Saint-André-de-Corcy*. — 196 k. *Mionnay*. — 199 k. *Les Echets*. — 206 k. *Sathonay-Rillieux*, et 7 k. de Sathonay à (213 k.) Lyon (*V.* R. 5, p. 56). La gare est située sur le boulev. de la Croix-Rousse, d'où l'on peut descendre à la place des Terreaux par un funiculaire appelé « la Ficelle ».

ROUTE 9

DE DIJON A SAINT-AMOUR

113 k. — Ch. de fer, en 3 h. 45 à 4 h. 15. — 12 fr. 65; 8 fr. 55; 5 fr. 55.

9 k. *Ouges*, sur le canal de Bourgogne. — 14 k. *Saulon*. — 18 k. *Longecourt* (*château* des XVIe et XVIIIe s., avec chap. à double étage, curieuse cuisine et lucarnes Renaissance). — 21 k. *Aiserey*. — 27 k. *Brazey-en-Plaine*.

31 k. **Saint-Jean-de-Losne*** (buffet), 1,450 hab., à la jonction du ch. de fer d'Auxonne (*V.* p. 56), sur la rive dr. de la Saône (*pont* du XVIIIe s.), au point de jonction du canal de Bourgogne et près de l'embouch. du canal du Rhône au Rhin (*église* en partie de la Renaissance). — On franchit la Saône.

39 k. *Pagny-le-Château*. A 400 m. N.-O., *chapelle* Renaissance, reste du château de la famille de Vienne, dont on y voit les tombeaux.

46 k. *Seurre**, 2,286 hab., sur la rive g. de la Saône (château du XVIIIe s.), à la jonction du ch. de fer de Chalon (*V.* p. 56). — On franchit le Doubs. — 53 k. *Navilly*.

60 k. *Saint-Bonnet-en-Bresse*, au croisement du ch. de fer de Dôle, Allerey, Chagny et Chalon (*V.* p. 58). — 68 k. *Mervans*, 1,904 hab. (église du XVe s.). — 74 k. *Saint-Germain-du-Bois-Devrouze*. — 77 k. *Simard*. — 82 k. *Saint-Usuges*.

88 k. **Louhans*** (buffet), 4,469 hab., ch.-l. d'arr., au croisement de la ligne de Lons-le-Saunier à Chalon (*V.* p. 73), sur la Seille, au confl. du Solnan. *Clocher* du XVe s.; *hôpital* du XVIIe s. (poteries anciennes); restes de remparts. — On remonte la vallée du Solnan.

92 k. *Bruailles*. — 95 k. *Sainte-Croix*. — 99 k. *Frontenaud*. — 105 k. *Dommartin-lès-Cuiseaux*. — 113 k. Saint-Amour (R. 8).

ROUTE 10

DE PARIS A GENÈVE

A. Par Dijon, Bourg et Culoz.

626 k. (viâ Dijon-Mâcon); 606 k. (viâ Dijon-Louhans). — Trajet en 10 h. 5 et 11 h. 41, par trains express; 12 h. 39 par trains directs (1re, 2e, 3e cl.). — 70 fr., 47 fr. 25, 30 fr. 80 (viâ Dijon-Mâcon); 67 fr. 75, 45 fr. 65, 29 fr. 75 (viâ Dijon-Saint-Amour).

440 k. de Paris à Mâcon (R. 5, *A*). — On franchit la Saône.

448 k. *Pont-de-Veyle**, 1,167 hab., dans une île de la Veyle (anc. château de la famille de Lesdiguières; beffroi du XVIe s. sur une porte du XIIIe s.; *maison de Savoie*, XVIe s.).

[De Pont-de-Veyle a Saint-Trivier-de-Courtes (32 k.; ch. de fer, en 3 h. 10 et 3 h. 45; 3 fr. 30 et 2 fr. 15). — 7 k. *Saint-Laurent-lès-Mâcon* (*V.* p. 36). — 20 k. *Pont-de-Vaux**, 2,483 hab., près de la Reyssouze (à l'*église*, 2 tableaux de Lagrenée et 2 anges attribués à Coysevox; petit *musée*, à la mairie; *promenade* conduisant à l'anc. établissement de l'Arquebuse; *statue* du général *Joubert* et *buste* du peintre *Chintreuil*, nés tous deux, 1769-1799 et 1814-1873, à Pont-de-Vaux), est aussi desservi par (5 k. O.) la gare de Pont-de-Vaux-Fleurville, stat. du ch. de fer de Paris à Lyon (*V.* p. 36). — 32 k. St-Trivier-de-Courtes (p. 75).

De Pont-de-Veyle a Trévoux (46 k.; ch. de fer, en 2 h. 30 à 3 h.; 4 fr. 75 et 3 fr. 10). — 14 k. 5. *Saint-Didier-sur-Chalaronne*, 2,178 hab. — 16 k. *Thoissey*, 1,356 hab., sur la Chalaronne qui, canalisée, va se jeter dans la Saône au (1 k.) *port de Thoissey*, auquel on parvient par une route ombragée de superbes platanes (collège, fondé en 1680 et qui fut célèbre au XVIIIe s.). — On suit la vallée de la Saône. — 20 k. *Mogneneins* (*croix* sculptée; belle vue). — 25 k. 5. *Pont de Belleville*, stat. desservant (2 k. O.) Belleville-sur-Saône (p. 38). — 28 k. *Montmerle*, 1,641 hab.; V. pittoresque à mi-côte. — 35 k. *Fareins* (*château* bâti au commenc. du XVIIe s. sur les plans de B. Androuet-Ducerceau). — 36 k. 5. *Beauregard*, sur un coteau (belle vue; ruines d'un château et château moderne). — 39 k. *Jassans*, stat. d'où part à g. le ch. de fer de Saint-Trivier, Châtillon-sur-Chalaronne et Bourg (*V.* p. 75). — 46 k. Trévoux (p. 39).]

La voie suit la vallée de la Veyle.— 458 k. *Vonnas*, 1,629 hab. — 462 k. *Mézériat*, 1,427 hab. — 468 k. *Polliat*.

478 k. Bourg (buffet; R. 8). — Forêt de *Seillon*. — 487 k. *La Vavrette-Tossiat*. — 490 k. *Saint-Martin-du-Mont*. — La voie franchit le Surand.

497 k. *Pont-d'Ain**, 1,722 hab., V. industrielle, près du confl. de l'Ain et du Surand. *Maison de retraite* pour ecclésiastiques dans un château (XVe s.) des souverains de la Savoie, reconstruit par la famille de Coligny et dans lequel naquirent Louise de Savoie, mère de François Ier, et le duc Philibert II; maisons du XVe s.

[De Pont-d'Ain a Jujurieux (9 k.; ch. de fer, en 30 min.; 90 c. et 60 c.). — 6 k. *Saint-Jean-le-Vieux*, 1,471 hab., est desservi également par le ch. de fer de Cerdon à Ambérieu (*V.* ci-dessous). — A dr., *château de Varey*. — 9 k. *Jujurieux*, 2,652 hab. (fabr. de soieries).]

On franchit l'Ain. — 502 k. *Ambronay*, 1,278 hab. (ruines d'une abbaye; à l'*église*, précédée de 2 cloîtres, tombeau d'un abbé, vitraux du XVIe s., stalles et bénitier curieux).

509 k. **Ambérieu-en-Bugey** * (buffet; jonction des lignes de Paris et de Lyon à Genève, de Cerdon et de Montalieu-Sablonnières), 4,023 hab., V. industrielle, sur les pentes du mont Luisandre (842 m.), au débouché de la belle cluse de l'Albarine dans la vallée de l'Ain. *Statue* du chirurgien *Amédée Bonnet*, né à Ambérieu, 1809-1858.

[Ch. de fer : — d'Ambérieu à (23 k., en 1 h. 20 à 1 h. 30; 2 fr. 35 et 1 fr. 55) Saint-Jean-le-Vieux (croisement de l'embranch. de Pont-d'Ain à Jujurieux, *V.* ci-dessus), à *Poncin*, 1,675 hab., sur la rive g. de l'Ain et du Veyron (*château* des XIVe-XVIIe s.; anc. portes fortifiées; maisons anc.) et *Cerdon* *, b. industriel, 1,352 hab., sur le Veyron; — à (37 k.; 3 fr. 55, 2 fr. 50, 1 fr. 75) *Lagnieu*, 2,332 hab., *Saint-Sorlin* (ruines de deux châteaux forts), *Villebois*, 1,519 hab. (carr. de pierres dures); puis, après avoir traversé le Rhône, à *Montalieu-Vercieu*, 2,125 hab., gare terminus de la Cie P.-L.-M. où se fait la corresp.

avec la ligne de Sablonnières, et Soleymieu-Sablonnières, gare à la jonction du ch. de fer de Lyon à Aoste-Saint-Genix (R. 12). De Lagneu, excurs. à (7 k. 5) la **grotte de Balme** *, à l'entrée de laquelle se voit une église du XIIe s.]

Quittant la vallée de l'Ain, on remonte la *cluse de l'Albarine* ou *des Hôpitaux*. — 515 k. *Torcieu.*

520 k. *Saint-Rambert*, 5,028 hab., V. industrielle, au confl. du Brevon (cascades) et de l'Albarine (ruines du château de *Cornillon*; crypte romane et débris d'une anc. abbaye). — On longe l'Albarine, dominée par les murailles du Cirque de *Nerva*.

527 k. *Tenay* *, 3,770 hab., V. industrielle, dans la gorge de l'Albarine.

[HAUTEVILLE (11 k. N.; route en 2 h. 15 à la montée, 50 min. à 1 h. de desc.; service public, 2 fr.). — On remonte une admirable vallée au fond de laquelle on admire la **chute de l'Albarine**: *Hauteville* *, 908 hab., séjour d'été, à 781-820 m., possède un *sanatorium*.]

La voie parcourt la gorge des Hôpitaux (petits lacs), puis la vallée du Furans. — 537 k. *La Burbanche.* — 540 k. *Rossillon* (ruines d'un château; beau tilleul près de l'église). — Tunnel de 572 m.; on débouche dans la vallée de l'Arène au delà du lac de *Puginet*.

547 k. *Virieu-le-Grand*, 1,207 hab.

[DE VIRIEU A RUFFIEU (23 k.; ch. de fer, en 1 h. 40; 2 fr. 35 et 1 fr. 55). — 13 k. *Champagne*, 525 hab., point central et marché de *Valromey*, région naturelle formée du bassin supérieur du Séran, qui au moyen âge eut pour capitale *Vieu*, auj. simple v. situé à 500 m. S.-E. (*église* du XIIIe s.; château de *Machuzat*, XVIe s., avec vignoble renommé), sur l'emplacement d'une V. antique dont il subsiste dans les environs de nombreux vestiges (ruines d'un temple, de bains, d'un aqueduc, etc.). — 23 k. *Ruffieu*, v. au-dessous duquel le Séran coule sur une série de cavités circulaires appelées *les Tonnes*.

DE VIRIEU A SAINT-ANDRÉ-LE-GAZ (57 k.; ch. de fer en 2 h., 2 h. 40 ou 3 h. 45; 6 fr. 40, 4 fr. 30, 2 fr. 80). — On suit la vallée de l'Arène, puis celle du Furans. — 15 k. **Belley** *, 6,467 hab., ch.-l. d'arr., évêché (*cathédrale*, avec chœur de 1413 et Vierge de Chinard; *collège*, avec collection d'antiquités). — On gagne les bords du Rhône, et l'on franchit le Furans. A g., lac de *Puvis*. — 32 k. *Brégnier-Cordon* (aux environs, *cascade du Glandieu*). — On franchit le Rhône à dr. du pont suspendu de la route de terre, puis la Bièvre. — 36 k. *Saint-Didier-d'Aoste*, où l'on croise le ch. de fer de Lyon à Aoste-Saint-Genix (R. 12). — 38 k. *Aoste*, 1,298 hab., anc. colonie romaine d'*Augustum* (découverte d'antiquités réunies dans le musée communal). — 47 k. Pressins, et 10 k. de Pressins à (57 k.) Saint-André-le-Gaz (R. 21).]

551 k. *Artemare* (à 30 min. aller et ret., *cascade de Cerveyrieu*, qu'avoisine la *source du Groin*). — A g., château de *Machurat* (XVIe s.), restauré; à dr., marais de *Lavours*.

559 k. **Culoz** (buffet; bif. pour Aix, Chambéry et Turin), 1,567 hab.

[Ascension en 8 h. 30 aller et retour (on va en voit. légère jusqu'à 1,239 m. d'alt.) du *Grand-Colombier* (1,534 m.).]

De Culoz à Aix-les-Bains, R. 15; — à Chambéry, Modane et Turin, R. 17.

Le ch. de fer remonte la rive dr. du Rhône. — 567 k. *Anglefort*. — A dr., gorge du Fier.

573 k. *Seyssel**, ch.-l. de c. (Ain) de 1,056 hab., sur la rive dr. du Rhône (pont suspendu), en face de Seyssel, b. savoisien, 1,444 hab., sur la rive g. Mines d'asphalte; bon vin blanc.

580 k. *Pyrimont*. — Au delà du tunnel de *Surjoux* on franchit la Vézeronce, dont on a à peine le temps d'apercevoir la cascade à g. 3 tunnels, dont l'un de 1,025 m.

592 k. **Bellegarde*** (buffet; visite de la douane pour les voyageurs venant de Suisse), où se joignent les lignes de Bourg par Ambérieu, de Nantua et de Genève, b. industriel de 3,183 hab., près de l'embouch. dans le Rhône de la Valserine, que le ch. de fer y franchit sur un *viaduc* de 11 arches. Promenades recommandées à (20 min. env.) la *Perte du Rhône* et à (1 h. aller et ret.) la *Perte de la Valserine*. De Bellegarde à Mijoux, *V.* ci-dessous, *B*, p. 81.

[De Bellegarde a Divonne (47 k.; ch. de fer, en 1 h. 50 à 3 h.; 5 fr. 25, 3 fr. 55, 2 fr. 30). — 11 k. de Bellegarde à Collonges (*V.* ci-dessous). — Le ch. de fer longe le pied de la grande chaîne du Jura. — 24 k. *Thoiry*, 1,290 hab., à 494 m. (belle source), d'où l'on peut monter en 3 h.45 au sommet du *Reculet* (1,720 m.).

39 k. **Gex***, 2,822 hab., ch.-l. d'arr., à 600 m., sur la rive g. du Journan, au pied de la grande chaîne du Jura, échancrée par le col de la Faucille (ascens. en 3 h. par le *Creux-de-l'Envers* et l'hôt.-pens. du Pailly, *V.* p. 81), par où passe la route de Mijoux, Septmoncel et Saint-Claude *V.* ci-dessous, *B*, p. 81). De Gex à Genève par Ferney-Voltaire, *V.* p. 83.

47 k. **Divonne-les-Bains***, 1,665 hab., stat. balnéaire, à 470 m., au pied d'un mamelon (530 m.) que couronne un château et que domine le *Mont-Mussy* (757 m.; ascens. en 1 h. 15). Grand *établissement hydrothérapique*; avec parc où jaillissent des sources remarquables par leur limpidité et leur frigidité (6°,5).]

De Bellegarde à Bourg, par Nantua, *V.* ci-dessous, *B*; — à Annemasse, Thonon, Évian et le Bouveret, R. 13; — à Bonneville, Sallanches et Chamonix, R. 14.

Tunnel du Crédo, long de 3,900 m. — 603 k. *Collonges-Fort-l'Ecluse*. Le *défilé de l'Ecluse*, creusé par le Rhône entre le Grand-Crédo (1,624 m.) et le Vuache (1,111 m.), coupe la chaîne du Jura. Défendu par un *fort* à 100 m. au-dessus du fleuve, c'est la grande porte de communication entre la France et la Suisse. — 2 tunnels. — 605 k. *Pougny-Chancy*. — On sort de France pour entrer en Suisse. — 610 k. *La Plaine*. — La voie s'éloigne du Rhône. — 616 k. *Satigny*. — 620 k. *Vernier-Meyrin*. — On aperçoit : à g., au loin, le Jorat et les Alpes des cantons de Vaud et du Valais; à dr., le Crédo et le fort de l'Ecluse; derrière soi, le Jura; en face, les Salèves dominés par le Mont-Blanc. On entre dans la longue *tranchée de Châtelaine*, au sortir de laquelle on découvre tout à coup, à dr., la ville et le Rhône.

626 k. Genève (*V.* ci-dessous).

B. Par Bourg et Nantua.

64 fr. 40, 43 fr. 45, 28 fr. 35.

De Paris à Bourg, *V.* ci-dessus, *A*.

DE BOURG A BELLEGARDE

65 k. — Ch. de fer, en 2 h. 35 à 2 h. 40. — 7 fr. 30; 4 fr. 90; 3 fr. 20.

Pont sur la Reyssouze. — 10 k. *Ceyzériat*, 939 hab., près

de la Vallière, dominée par le mont *Jully* (444 m.). — Tunnel. — 13 k. *Senissiat.* — Pont sur le Suran. — 19 k. *Villereversure.* — On remonte la vallée du Suran.

23 k. *Simandre.* A 2 h. (aller et ret.), chartreuse du *Val Saint-Martin de Sélignat*, fondée en 1202, refaite au XVIIe s. — Tunnel de 1,700 m. à travers le *Mont-Racouse* (512 m.); *viaduc de Cize*, haut de 53 m. au-dessus de l'Ain (vue saisissante). — 26 k. *Cize-Bolozon.* — La voie passe par 3 tunnels, dont l'un de 2,700 m., de la vallée de l'Ain dans celle de l'Oignin. — 33 k. *Nurieux.*

37 k. *La Cluse*, stat. d'où se détache à g. la ligne d'Oyonnax et de Saint-Claude.

[DE LA CLUSE A SAINT-CLAUDE (44 k.; ch. de fer, en 1 h. 10 à 2 h.; 4 fr. 95, 3 fr. 35, 2 fr. 15). — On remonte la vallée de l'Ange. — 3 k. *Montréal* (ruines d'un château). — 13 k. *Oyonnax**, 6,140 hab., V. industrielle, à 557 m., au pied de monts boisés de 900 à 1,097 m., sur la rive dr. de l'Ange et sur la Sarsouille. A 2 h. 30, *lac de Viry*, dans un beau site. — La voie descend dans la belle vallée de la Bienne. — 21 k. *Dortan*, b. industrieux (articles de Saint-Claude), au confl. du Maissiat et du ruisseau d'Arbent. — 27 k. *Jeurre-Vaux.* — 32 k. *Molinges* (carr. de *marbres*, grotte d'où l'*Enragé* sort en cascades). — Pont sur la Bienne. — 38 k. *Lavans-St-Lupicin*, v. desservis également par le tram de Lons-le-Saunier (*V.* p. 73-74). — Vue magnifique sur Saint-Claude et ses abords.

44 k. **Saint-Claude***, 10,449 hab., ch.-l. d'arr., évêché, est étagé (388-418 m.) sur les pentes inférieures du *Mont Bayard* (956 m.), au-dessus de la rive g. de la Bienne et au confl. du Tacon. Célèbre jadis par son abbaye propriétaire de biens immenses constituant une véritable souveraineté dont les serfs ne durent leur affranchissement qu'à la campagne généreuse entreprise par Voltaire et l'avocat Christin, cette ville est connue auj. par une industrie spéciale comprenant la fabrication des tabatières, pipes, mesures linéaires, tabletterie, tournerie, dont l'ensemble est désigné sous le nom d'*articles de Saint-Claude.* De la gare, par le *viaduc de la Bienne* (30 m. de haut.), on gagne la *promenade du Truchet* (*statue de Voltaire*, œuvre de Syamour, avec médaillon de *Christin*). Tournant à dr., on s'engage dans la Grande-Rue, à dr. de laquelle dégringole la pittoresque *rue de la Poyat* et qui aboutit à la *place de l'Abbaye*, reliée par un **pont suspendu** (belle vue), à 50 m. au-dessus du Tacon, au faub. des *Etappes*, où se trouve la gare du tram de Lons-le-Saunier.

Sur la place s'élève la **cathédrale Saint-Pierre** (1340-1726), seul reste de l'abbaye. A l'int. : *retable* Renaissance sculpté (Vie de St Pierre); *stalles* du XVe s.; *maître-autel* moderne. — A 1 k. N., *cascade des Combes*; à 1 h. E., *cascade de la Queue-de-Cheval*; à 2 k. S.-E., *cirque des Foules* (grotte; sources qui alimentent Saint-Claude).

De Saint-Claude à la Faucille et à Gex (40 k.; route et serv. de voit.; en 7 h. 25, 6 fr.). — A dr., pont suspendu de *Rochefort.* On remonte la *gorge du Flumen* (*cascades*). — 4 k. *La Roche-Percée*, tunnel de 60 m. dans la mont. de *Sur-les-Grès* (1,091 m.). — Un lacet de la route s'enfonce dans le ravin latéral de *Montépile*, dont on croise le torrent en face de la *cascade du Chapeau de Napoléon Ier.* — 11 k. *Septmoncel**, com. de 1,414 hab., une des plus industrieuses du Jura (lapidairerie, fabr. de fromage façon gruyère et de fromage bleu), disséminée sur un plateau de 1,000 à 1,176 m. d'altit. (fontaine avec *buste* du jurisconsulte *Dalloz*, 1795-1869). — 20 k. *Lajoux**, stat. estivale à 1,180 m. — La route descend par des lacets au fond de la vallée de la Valserine.

26 k. *Mijoux** (douane française), gros ham. à 983 m., sur les deux rives de la Valserine, est relié à

Bellegarde (p. 79) par une route de 38 k. qui passe à (8 k.) *Lelex* (ascens. en 3 h. 45, par le *col de Crozet*, 1,387 m., du *Crêt de la Neige*, 1,723 m., cime culminante du Jura), (20 k.) *Chézery*, 997 hab. (église et bâtiments, occupés par l'hôt. Millet, restes d'une *abbaye* de Bénédictins fondée vers 1140; ascens. en 3 h. du *Crêt de Chalam*, 1,548 m.), et (30 k.) *Confort** (en 2 h. 30 au *Crêt de la Goutte* ou *Grand-Crédo*, 1,624 m., superbe belvédère pour le panorama du Mont-Blanc, des Alpes de Savoie et du Dauphiné). — De Mijoux à la Faucille la différence de niveau est de 340 m.; aussi la grande route (3 k. 3) est fort raide, et les voit. suivent de préférence, quoique le traj. soit de 9 k., la nouvelle *route des Cerisiers*.

29 k. 3. **Col de la Faucille***, l'un des principaux passages de la grande chaîne du Jura, ouvert à 1,323 m. entre le *Mont-Rond* (1,600 m.; ascens. en 2 h. 30 aller et ret.) et la Vieille-Maison (1,514 m.). Vue admirable des Alpes, surtout du Mont-Blanc. Ascens. : (1 h. 30 aller et ret.) le *Turet* (1,371 m.); (2 h.) le *Colomby de Gex* (1,691 m.); (1 h. 30) la Dôle (*V.* p. 69). — Descente vers Gex en laissant à dr. l'hôt.-pens. du Pailly et en passant devant la *fontaine Napoléon*. — 40 k. Gex (p. 79).

De Saint-Claude à Morez, R. 7, p. 68; à Moirans, Clairvaux et Lons-le-Saunier, R. 8, p. 73.]

Au delà de la Cluse, le ch. de fer de Bellegarde passe à l'extrémité O. du **lac de Nantua**, long de 2,700 m. sur 500 à 700 m. de larg.), formé par l'Oignin.

41 k. **Nantua***, 2,989 hab., ch.-l. d'arr., à 480-500 m., sur les pentes de la montagne de Neyrolles (909 m.), est dominé par les roches du *Mont* (741-904 m.) et les *Monts d'Ain* (769-1,031 m.; montée en 2 h. à la cime culminante), formant ensemble une haute muraille entourant le lac. Ses coulis d'écrevisses sont réputés. A l'*église* (XIIe s.) : retable du XVIe s.; boiseries, lutrin et anges provenant de la chartreuse de Meyriat; *tableau* d'Eugène Delacroix figurant le Martyre de St Sébastien. Sur la *place d'Armes*, *statue*, par Lebègue, du député *Baudin*, né à Nantua en 1811, tué sur une barricade du faub. Saint-Antoine en déc. 1851. Promenade du *Champ de foire*.

[Excurs. : — (10 k.) *Izernore* (3 colonnes d'un temple, reste de la ville romaine d'*Izarnodurum*), (14 k. 5) *Samognat* et (15 min. de ce v.) *Saut de Charmine*, série de cascades formées par l'Oignin; — (34 k. aller et ret.) restes de la *chartreuse de Meyriat*, fondée en 1116; — (25 k.) *lac Génin*, par le *col* (623 m.) et le *lac de Silan*, à 505 m., long de 2,000 m. sur 250 de larg.]

On passe un tunnel pour déboucher sur une rive du lac de Silan. — 50 k. *Charix-Lalleyriat*. — La voie suit la rive g. du Combet.

54 k. *Saint-Germain-de-Joux*, au débouché de la vallée supérieure de la Semine. — Viaduc sur le ravin du Tacon; 2 tunnels.

60 k. *Châtillon-de-Michaille**, 973 hab., lieu de villégiature, à 525 m., sur le bord d'une terrasse rocheuse (vue magnifique) dominant le confl. de la Semine et de la Valserine. — Vallée de la Valserine; 2 tunnels.

65 k. *Bellegarde*, stat. à 378 m. formant terrasse au-dessus de la gare P.-L.-M., avec laquelle elle communique par une passerelle vitrée et un escalier.

34 k. de Bellegarde à Genève (*V.* ci-dessus, *A*).

Genève*, cap. du cant. suisse de ce nom, V. de 87,000 hab., occupe deux collines séparées par le Rhône à sa sortie du Léman (375 m.). Au sortir de la gare, on descend à dr., à la *rue du Mont-Blanc* (à dr., *église Notre-Dame*) que l'on suit; à dr., *buste de Louis Favre* (l'entrepreneur des travaux du tunnel du Saint-Gothard); à g., *chapelle anglicane* (1853). Tournant à g., on traverse la *place* et le *square des Alpes*, avec le **monument du duc de Brunswick** († 1873), qui a légué sa fortune à Genève.

Laissant à g. la partie du quai du Mont-Blanc où s'élève le **Cursaal** (café-concert), on suit le *quai du Mont-Blanc* (belle vue sur les Alpes), puis on laisse à g. le **pont du Mont-Blanc,** pour suivre le *quai des Bergues*; on franchit le Rhône sur le *pont des Bergues,* qu'une passerelle relie à l'**île de J.-J. Rousseau** (*statue de J.-J. Rousseau,* par Pradier). On traverse la *place du Rhône,* et, prenant à dr. la *rue du Rhône,* on atteint la *place Belair,* à g. de laquelle la *fontaine de l'Escalade* a été érigée en 1857 en mémoire de la tentative inutile faite le 12 déc. 1602 par le duc de Savoie pour s'emparer de Genève.

La *rue de la Corraterie* (beaux magasins) débouche sur la **place Neuve** (*statue équestre du général Dufour,* par Lanz), où sont plusieurs édifices.

Le **Musée Rath** est ouvert les lundi, mercredi, jeudi et vendr. de 1 h. à 4 h., le dim. de 11 h. à 4 h.; les autres j. et h., s'adresser au concierge.

Tableaux des peintres suisses : Calame, Diday, Tœpffer, Castan, Girardet, Hornung, Saint-Ours, Vauthier, etc.; tableaux de P. Véronèse, du Caravage, de Salvator Rosa, de Velasquez (portraits), de Rubens, Teniers, Berghem, etc. — Sculptures de Houdon, Canova, Pradier, Chaponnière, David d'Angers, etc. — *Cabinet des estampes* (16,000 pièces; épreuves originales de Rembrandt; portraits rares).

A côté du Musée se dressent le **Théâtre,** reproduction réduite de l'Opéra de Paris, et le *Conservatoire de musique.* — En face du Musée s'étend la **promenade des Bastions** (à dr. de l'entrée, statue de *David triomphant,* par Chaponnière; curieux bloc de gneiss, dit la *Pierre-aux-Dames*; au delà des Bâtiments académiques, à dr., monument en l'honneur du naturaliste *Gosse*), séparant le *jardin botanique* (*buste de Pradier*) des **Bâtiments académiques** renfermant le *musée d'histoire naturelle,* l'*Université,* la *salle Ami-Lullin* (jeudi et dim. de 1 h. à 4 h.; portraits historiques, autographes, manuscrits de J.-J. Rousseau), le *musée archéologique* et la *bibliothèque publique.*

A g. de la place Neuve (en venant de la Corraterie) commence la promenade de la **Treille** (vue étendue). Remontant la rue de la Treille, on passe devant l'*hôtel de ville* (escalier du XVIe s., en plans inclinés, sans marches), en face duquel l'ancien *Arsenal* renferme le *Musée historique genevois* (jeudi et dim., de 1 h. à 4 h.; les autres j., s'adresser au concierge). En descendant à g. la *Grande-Rue* (J.-J. Rousseau est né au n° 40), on trouve à dr. le *Musée Fol* (dim. et jeudi, de 1 h. à 4 h.; t. l. j., en s'adressant au concierge, 50 c.), collection de sculptures antiques (Apollon Sauroctone attribué à Praxitèle), de faïences, tableaux, ivoires, etc. — De l'hôtel de ville, remontant la *rue du Puits-Saint-Pierre*, on parvient, à dr. par la rue Saint-Pierre, devant la **Cathédrale** ou *Saint-Pierre* (s'adresser au concierge; 50 c.), rebâtie du xe au xvie s. (nef et bas-côtés du xe ou du xie s.; tour S. de 1510; façade de style grec, par Alfieri, 1749).

A l'int. : à dr. de la grande porte, *tombeau d'Agrippa d'Aubigné* (+ 1603); dans le bas-côté dr., belles *stalles*; dans la 1re chap. à dr. du chœur, *tombeau du duc de Rohan* (statue moderne), chef des protestants français sous Louis XIII; *chaire*, avec le siège de Calvin; grand *orgue* (1866) de Merklin-Schütze (concerts les lundi, mercr. et sam., entre 7 h. 30 et 8 h. du s.; 1 fr.; billets chez le concierge et aux hôtels). — A dr. de l'entrée, une porte donne accès dans la *chapelle des Macchabées* (1408), fondée par le cardinal Jean de Brogny.

En contournant vers la g. le chevet de la cathédrale, derrière laquelle s'élève le *Temple de l'Auditoire* (style du xve s.), on arrive par une ruelle (à dr.) à la *rue Fontaine*, que l'on descend à g. pour atteindre le **Grand-Quai**, devant lequel s'étend la **Promenade du Lac** (*bustes de Calame* et *de Diday; plan en relief* du massif du Mont-Blanc, 50 c., gratuit le dim. de 8 h. à 4 h.), à l'extrémité de laquelle s'élève le **monument National**, commémoratif de l'admission de Genève dans la Confédération en 1814. — De l'extrémité du pont du Mont-Blanc, on atteint à dr. le **quai du Lac** (cafés, beaux magasins).

A 10 min. env. de la rue du Mont-Blanc, sur la rive dr. du lac, **Musée Ariana** (lundi, mardi, jeudi et vendredi, de 1 h. à 5 h.), dans un bel édifice style Renaissance italienne, légué à la V. de Genève par M. Revilliod. — A 15 min. du quai des Eaux-Vives, sur la rive g. du lac, **parc des Eaux-Vives** (entrée, 50 c.), avec hôt.-restaurant, théâtre, concerts, sports divers.

Le **lac Léman**, formé par le Rhône, qui le traverse dans sa longueur, et par 41 rivières qui s'y jettent, a la forme d'un croissant dont les deux extrémités sont tournées vers le S. Ses rives appartiennent aux cantons suisses de Genève, de Vaud et du Valais, et à la France. Sa longueur est d'env. 83 k. sur la rive N. et 72 k. sur la rive S.; son pourtour, de 152 k. 300; sa plus grande largeur est de 13,935 m., entre Morges et Evian; sa plus grande profondeur, de 350 m., près de Meillerie. Il s'y produit quelquefois une élévation, puis un abaissement rapide du niveau des eaux, par un phénomène qu'on nomme les *seiches*. Les localités des deux rives sont desservies par des bat. à vapeur.

[De Genève a Gex, par Ferney Voltaire (15 k.; tram électr. jusqu'à Ferney, à vap. au delà). — 3 k. *Grand-Sacconnex* (vue magnifique sur le lac et le Mont-Blanc). — 6 k. *Ferney-Voltaire* *, 1,269 hab., b. fondé par Voltaire, dont on y voit la *statue* (par M. Lambert) et le *château* (visible le mercredi de 2 h. à 6 h. du 1er juin au 15 oct.). — 15 k. Gex (*V.* p. 79).

Trams pour : — (90 c.) *Hermance* * (tour d'un ancien château fort), près d'un torrent qui marque la frontière française; — (2 fr. aller et ret.) *Douvaine*, 1,380 hab.]

De Genève à Lyon, R. 11.

ROUTE 11

DE LYON A GENÈVE

168 k. — Ch. de fer (gare de Perrache), en 4 h. 5 à 7 h. — 18 fr. 80; 12 fr. 70; 8 fr. 30.

Le Rhône franchi, la voie passe entre plusieurs forts, dessert la *gare des Brotteaux*, puis croise de nouveau le fleuve sur 2 viaducs (16 arches) longs de 304 et 132 m. 55.

9 k. *Gare de Saint-Clair*. — 12 k. *Rillieux-la-Pape* (château de 1643, sur l'emplacement d'un anc. manoir du jurisconsulte Guy Pape). — 15 k. *Neyron*.

17 k. *Miribel**, 3,406 hab., sur la rive dr. du Rhône (belle vue de la plate-forme de l'anc. château). — A dr., plaine de *la Valbonne*. — 19 k. *Saint-Maurice-de-Beynost*. — 21 k. *Beynost*. — 24 k. *La Boisse*.

26 k. *Montluel*, 2,664 hab., b. industriel, situé sur la Sereine (ruines d'un château; de la promenade de *Saint-Barthélemy*, belle vue). — 31 k. *La Valbonne* (camp).

39 k. *Meximieux*, 2,340 hab. (château), en vue de la grande plaine ou vallée de l'Ain. A 1 k. 8 O., ancienne V. forte de *Pérouges*.

43 k. *Villieux-Loyes*. — On franchit l'Ain. — 47 k. *Leyment*. — Après avoir traversé *Saint-Denis-le-Chosson* (vieille tour), la voie ferrée franchit l'Albarine.

52 k. Ambérieu, et 116 k. d'Ambérieu à (168 k.) Genève (R. 10, *A*).

ROUTE 12

DE LYON A AOSTE-SAINT-GENIX

72 k. — Ch. de fer, en 2 h. 35 à 3 h. 15. — 5 fr. 95; 4 fr. 45; 3 fr. 25.

3 k. *Villeurbanne*, 29,220 hab. — 8 k. *Décines*. — 12 k. *Meyzieux*, 1,597 hab. — 18 k. *Pusignan*. — 21 k. *Janneyrias*. — 26 k. *Pont-de-Chéruy* (usine de câbles desservie par un tram électrique). — 29 k. *Saint-Romain-Barens*.

32 k. *Crémieu* * (buffet), 1,893 hab., petite V. du moyen âge, au pied du *mont d'Anoisin* (429 m.). Anc. *enceinte* fortifiée (*portes de Lyon* et *François Ier*); *hôtel de ville*, anc. couvent dont le cloître sert de jardin; *halles* du XVe s.; ruines du *château de Saint-Laurent* (belle vue); *hôpital*, avec escalier monumental et stalles du XVIIe s.; promenade des Tilleuls.

[Excurs. : — (10 k. N.-E.) château de *Saint-Jullin*, qu'habita François Ier (collection d'armes), *Optevoz* et les *gorges d'Amby*; — (30 min. E. aller et ret.) *tours Saint-Hippolyte*; — (4 k. 5, E.) château de *Dizimieu* et gorges de la Fusa; — (4 k. S.) *lac de Moras* (1 h. 50 aller et ret., S.-O.) châteaux de *Ville*, de *Mallein* (XIVe s.), de *Bienassis* célébré par Lamartine, de *Poisieu* (tour du XIVe s.) et de *Montiracle*.]

Au delà d'un petit tunnel on pénètre dans les gorges de la Fusa. — 37 k. *Dizimieu-les-Tronches*.

39 k. *Saint-Hilaire-de-Brens*, stat. qu'un embranch. (11 k.,

en 25 min.; 90 c., 70 c., 50 c.) relie à *Flosailles* (à 6 k. O., église romane de *Saint-Chef*, avec façade du XVe s.) et à Jallieu (*V.* R. 21). — 42 k. *Trept* (fours à chaux).

46 k. *Soleymieu-Sablonnières*; embranch. pour Ambérieu (R. 10, *A*, p. 78). — 5 k. *Passins* château de *Montolivet*).

56 k. *Morestel*, 1,331 hab. — A dr., *Vézeronce*, près duquel Clodomir remporta en 524 une victoire sanglante sur les Burgondes, mais resta parmi les morts; un tumulus appelé *tombeau du roi Argoth* serait, dit-on, sa sépulture. — 61 k. *Thuelin*. — 65 k. *Les Avenières*, 4,015 hab. (tourbières).

70 k. *Saint-Didier-d'Aoste*, halte où l'on croise la voie ferrée de Virieu à Saint-André-le-Gaz (R. 10, *A*, p. 78). — On débouche dans la vallée du Guiers.

72 k. *Aoste-Saint-Genix*, stat. desservant Aoste (*V.* p. 78) et *Saint-Genix* *, 1,935 hab., sur la rive dr. du Guiers. Gâteaux renommés.

[Un tram (16 k., en 1 h.; 1 fr. 50 et 90 c.) relie Saint-Genix à Pont-de-Beauvoisin et à Saint-Béron, stations du chemin de fer de Saint-André-le-Gaz à Chambéry (R. 21) et du tram de Voiron (R. 21).]

ROUTE 13

DE PARIS A ÉVIAN

670 k. — Ch. de fer, en 11 h. 40 par le train express du soir (service d'été) avec voit. directes de 1re et de 2e cl. — 75 fr. 05; 50 fr. 70; 33 fr. 05.

On peut aussi se rendre de Paris à Evian par ch. de fer P.-L.-M. et Jura-Simplon jusqu'à Lausanne : *V.* R. 7 (58 fr. 50; 39 fr. 65; 26 fr. 05). De Lausanne, on descend par le funiculaire (40 c. et 20 c.) à Ouchy, d'où l'on se rend par le bateau à vapeur (2 fr. et 1 fr.) à Evian. Mais il faut faire visiter ses bagages à Vallorbe (douane suisse) et pourvoir à leur transport à Lausanne de la gare J.-S. au funiculaire (en face) et du terminus du funiculaire à Ouchy au ponton des bateaux à vapeur; de plus, il n'y a pas de franchise de bagages sur le parcours suisse par voie ferrée. Les bagages sont enregistrés à Paris pour Lausanne.

592 k. de Paris à Bellegarde (R. 10, *A*). — Après avoir suivi 6 k. la ligne de Genève, jusqu'au delà du tunnel du Crédo (*V.* p. 79), on la laisse à g. pour franchir le Rhône sur un viaduc haut de 60 m. Tunnel de 325 m. dans le mont Vuache.

605 k. *Valleiry*. — 611 k. *Viry*, 1,570 hab. (ruines d'un château).

616 k. *Saint-Julien-en-Genevois* *, 1,432 hab., ch.-l. d'arr., sur la front. franco-suisse (ruines du château de *Ternier*).

[Ch. de fer à voie étroite pour (10 k., en 50 min.; 75 c.) Genève (p. 81).]

619 k. *Archamps*. — 624 k. *Bossey-Veyrier*. — Halte d'*Etrembières-Salève*.

[LE SALÈVE. — Le Salève est la montagne calcaire (1,379 m.) dans une dépression de laquelle est situé Monnetier. Le sommet offre une très belle vue sur les Alpes, la vallée du Rhône, le Léman et la chaîne des Alpes. On y monte par deux ch. de fer électriques sur lesquels Monnetier-Mornex a plusieurs stations : *Bas-Mornex* *, *Haut-Mornex*, *Monnetier-Mairie* et *Monnetier-Eglise*. Ces ch. de fer (traj. en 1 h.; 3 fr. 20; 5 fr. aller et ret.), qui se réunissent à Monnetier-Mairie, partent des stations d'Etrembières et de *Veyrier*, reliées par des voies ferrées à Genève, ville d'où se fait le plus ordinairement l'excursion. La station terminus du ch. de fer électrique (1,175 m. d'altit.) est celle des *Treize-Arbres* (restaurant; un peu au-dessus, chalet-restaurant des Treize-Arbres).]

Pont-viaduc sur l'Arve.

631 k. **Annemasse** * (buffet; douane française), 2,811 hab., point de jonction des lignes de Bellegarde-Evian-Thonon-Bouveret, de Genève et du Fayet-Chamonix, et point de dép. des lignes de trams pour Genève (Molard) et pour Etrembières (corresp. avec le ch. de fer électr. à crémaillère du Salève) ainsi que des ch. de fer économiques pour Samoëns (avec embranch. de Saint-Jeoire pour Marignier) et pour Bonneville.

[Ch. de fer (6 k., en 17 min.; 60 c., 45 c., 30 c.) pour Genève (R. 10), par *Chêne-Bourg*.

D'Annemasse a Samoëns et a Sixt (51 k.; ch. de fer à voie étroite jusqu'à Samoëns, en 3 h., 3 fr. 55 et 2 fr. 20; route et serv. de voit. de Samoëns à Sixt, en 45 min., 1 fr.). — 3 k. *Malbrande* (belle vue sur le Môle). — A g., les Voirons, à dr. le Salève. — 7 k. *La Bergue* (512 m.), un des points de dép. pour l'ascension des Voirons (*V.* p. 87). — 9 k. *Bonne-sur-Menoge* (497 m.), à la jonction du Foron de Boëge avec la Menoge (ruines d'un château; église anc., restaurée en 1581, devant laquelle sont un gros tilleul, des maisons Renaissance et une pierre creusée pour servir de mesure), est l'un des points de dép. pour la montée aux Voirons; il est relié par un tram à vap. (13 k., en 50 min., 1 fr. 05 et 75 c.) à *Contamine-sur-Arve* (église du XIIIe s.), *la Perrine* (château baronial, Xe ou XIe s., de *Faucigny*, qui a donné son nom à la province dont Bonneville était la capitale) et Bonneville (*V.* p. 89). — 21 k. *Saint-Joire* *, 1,654 hab., à 588 m., au pied du Môle (*V.* p. 90; ascens. en 4 h.). *Statue de Germain Sommeiller*, l'un des ingénieurs qui ont accompli le percement du tunnel de Fréjus; montée en 1 h. à *Sur-le-Mont* et, en 3 h., à la *Pointe des Braffes* (1,507 m.). Un tram à vap. (7 k., en 30 min.; 60 c. et 35 c.) relie Saint-Jeoire à Marignier (*V.* p. 90). — 22 k. *Pont-du-Risse* (vue admirable sur la vallée du Risse et le Mont-Blanc). — Le tram s'élève au-dessus des gorges où bouillonne le Risse avant de s'unir au Giffre, dont on remonte ensuite la rive dr. — 27 k. *Mieussy* *, 1,949 hab., stat. d'été à 678 m., est dominé par les *pâturages de Soman* (bétail et fromages renommés). En 5 h. 15, par la *Pointe de Haut-Fleury* (1,942 m.), à la Pointe de Marcelly (*V.* ci-dessous).

34 k. *Taninges* *, 2,249 hab., V. industrielle à 641 m., sur le Foron. *Abbaye de Mélan*, auj. séminaire, fondée en 1293. En 3 h. à l'hôt. du *Praz-de-Lys* *, séjour d'altit., à 1,530 m. (vue admirable), d'où l'on peut gravir en 1 h. 30 la *Pointe de Marcelly* (2,009 m.).

44 k. **Samoëns** *, 2,505 hab., séjour d'été, à 695 m. et à l'entrée du *Val de Clévieux*, dans un superbe cadre de sommets parmi lesquels trône le *Criou* (2,250 m.), possède 1,500 hect. de forêts et 3,000 hect. d'excellents pâturages nourrissant un bétail renommé. A l'*église* (XVIe s.), bénitier sculpté; sur la place, *tilleul* planté en 1438; château de *la Tour*, anc. résidence des seigneurs de Gex. Excurs. : (20 min. S.) *cascade du Nant-Dant*; (2 h.) *les Hautes* (1,780 m.); (2 h. aller et ret.) *grotte de l'Ermoë*; (2 h. 30) mont. de *Mapellet* (1,772 m.); (4 h. 30) *Pointe Rousse* (2,590 m.); (3 h. 30) *Pointe de Ressachat* (2,203 m.). — On parcourt un défilé pour pénétrer dans la vallée de Sixt.

51 k. **Sixt** *, 1,089 hab., à 757 m., ch.-l. d'une belle vallée alpestre, au pied du Roc Planay et sur la rive dr. du Grand-Giffre, auquel s'unit le Petit-Giffre sous un pont d'où la vue est grandiose (fromages dits *gratairons*, carr. d'ardoises, de pierre et de grès), est un centre

exceptionnel de promenades et d'excursions. De l ancienne *abbaye* il reste l'*église* (mausolée du bienheureux Ponce) et des bâtiments occupés par un hôtel.

Excurs. : — (5 h. env. aller et ret.) *cirque du* **Fer-à-Cheval** et *Fond de la Combe* (nombreuses cascades); — (2 h. 30) la *Croix de Porte* (1,525 m.); (3 h. E.) la *Croix de Commune* (1,932 m.); (4 h. 30) *Pointe de Sambet* ou *de Salvadon* (2,234 m.); (5 h.) *Pointe de l'Avaudruz* (2,672 m.); — à Magland (*V.* p. 90), soit (9 h.) par les *lacs de Gers* et *de Flaine* (à 1,430 m.), soit (8 h. 40) par le *col de Platé* (2,150 m.), d'où l'on peut monter en 30 min. à la *Pointe Pelouse* (2,475 m.); — à Sallanches (p. 90), soit (10 h.) par le col de Platé et le *col de Monthieux*, soit (8 h.) par les *chalets de Salles* (1,890 m.; en deçà, *cascades de la Chauffa et de la Pleureuse*), le *Désert de Platé*, le *col de la Portettaz* (2,384 m.) et les *Escaliers de Platé*; — à Servoz (p. 91), soit (6 h. 45) par le *col du Dérochoir* (2,150 m.), soit (8 h. 30) par les *chalets des Fonds* (1,381 m.), le *lac* (2,040 m. d'altit.) et le *col d'Anterne* (2,263 m.); — à Chamonix (R. 14), soit (10 h. 30) par le *chalet-hôtel du col d'Anterne* (2,000 m.) et le *col du Brévent* (2,419 m.); soit (12 h.) par le col d'Anterne, le *lac Cornu* (2,275 m. d'altit.) et le *col de la Flégère* (2,400 m.), soit (12 h.) par le *col de Léchaux* (2,283 m.) et le *Belvédère* (2,966 m.); — à la Poyaz et à Vallorcine (p. 92), soit (10 h. 30) par le col de Léchaux et le *col de Bérard* (2,563 m.); soit (9 h. 45) par le col de Léchaux et le *col de Salenton* (2,445 m.); soit (8 h.) par le *col du Genévrier* (2,819 m.); — à Fins-Hauts (p. 92), soit (9 h.) par le col du Genévrier et le *col de la Gueulaz* (1,945 m.), soit (10 h. 30) par le *col du Cheval-Blanc* (2,600 m., dominé par la *Pointe de Finive*, 2,877 m., asc. en 45 min.), soit (10 h. 40) par le *col de Tanneverge* (2,497 m.), d'où l'on monterait en 3 h. à la *Pointe* du même nom (2,988 m.); — (12 h.) Champéry (p. 88) par le *col de Sagerou* (2,413 m.).]

D'Annemasse à Bonneville, Cluses, Sallanches et Chamonix, R. 14; — à Annecy, R. 16.

637 k. *Saint-Cergues*. — 641 k. *Machilly*. — 645 k. *Bons-Saint-Didier*.

[Omnibus en été (4 fr.), en 3 h. pour les hôt. des **Voirons** *, montagne (fort belle vue) dont les deux sommets, le *Calvaire* et le *Pralaire*, ont l'un 1,480, l'autre 1,412 m. On y monte aussi de Boëge (p. 88) en 3 h. 15 en voit. et 2 h. à pied, de Bonne (p. 86) en 2 h. 30 à 3 h., de la Bergue (p. 86) en 2 h. 45.]

651 k. *Perrignier*. — 654 k. *Allinges-Mésinges*.

661 k. **Thonon-les-Bains** *, 6,268 hab., ch.-l. d'arr., stat. balnéaire, anc. capitale du Chablais, sur une terrasse dominant de 60 m. le lac Léman. Le pays exporte des fromages dits *vacherins*, du kirsch, des cerises et des biscuits de Savoie. L'*avenue de la Gare* aboutit à la *rue des Arts* (restes de la *maison des Arts*, fondée en 1677 pour l'établissement de diverses manufactures), qui tombe dans la *Grande-Rue*, dans laquelle, à dr., l'*église* s'accole de la **basilique de Saint-François de Sales.** La Grande-Rue débouche sur la **place Château** (vue admirable), d'où un funiculaire (10 c. et 15 c.) descend à *Rives*, port de Thonon (petit *jardin public*, avec *établissement de pisciculture*). De Rives, une montée rapide va aboutir à la place de la sous-préfecture et au *boulevard des Bains*, sur lequel le *Casino* occupe l'entrée d'un parc au fond duquel s'élève **l'établissement thermal**, dans lequel sont employées des eaux alcalines, bicarbonatées calciques, provenant des *Sources*

de la Versoie (2 k.). *Musée* à l'hôtel de ville.

(Excurs. : — (20 min.) *Ripaille*, anc. commanderie où se retira et mourut (1451) le duc de Savoie Amédée VIII, qui fut pape sous le nom de Félix V ; — (1 h. S.) chapelle (pèlerinage) et ruines du château des *Allinges* ; — (37 k. 5) Bonne (p. 86), par le *col de Coux*, (20 k.) *Habère-Poche*, à 968 m., la plus haute com. de la vallée de la Menoge, (22 k. 5) *Habère-Lullin*, à 947 m., et (27 k. 5) *Boëge* *, 1,248 hab., à 760 m., au confl. de la Menoge et du Raffort, descendu des Voirons (*V.* p. 87) ; à l'église, Vierge noire, pèlerinage ; — (38 k. 5 ; voit. publiques) Saint-Jeoire (p. 86), par (22 k.) *Bellevaux*, 1,627 hab., à 915 m., sur la rive dr. de la Dranse de Bellevaux (à l'église, stalles Renaissance), (25 k.) le *col de Dorjon* (1,058 m.), (29 k. 5) *Mégevette*, 1,007 hab., à 882 m., sur la rive dr. du Risse (vastes *grottes*), et (33 k. 5) *Onion* (belle vue sur le Mont-Blanc) ; — (28 k. 6 ; voit. publique, 2 fr. 50) par les superbes *gorges de la Dranse*, à *Abondance**, 1,456 hab., à 909-930 m., charmant séjour d'été, ayant possédé une abbaye fondée en 595 par St Colomban et dont il reste l'*église*, refaite en 1314 et agrandie en 1604, des bâtiments affectés à divers usages et un cloître avec *fresques* des XVe et XVIe s. ; le *Pas de Morgins* (1,411 m.) fait communiquer ce b. avec *Morgins*, stat. climatique et stat. balnéaire à 1,314-1,343 m. (*V.* la *Suisse*) ; — (34 k. ; voit. publique) *le Jotty* (*pont* naturel et *gorges du Diable*, entrée : 1 fr.), *Saint-Jean-d'Aulph*, 1,455 hab. (ruines d'une abbaye), et *Morzine* *, charmante station d'été (à 1 h. 30 N.-E., gracieux *lac de Montriond* *), communiquant par le *col de Coux* (1,986 m.) avec (4 h. 30) *Champéry*, autre stat. climatique à 1,052 m. (*V.* la *Suisse*).]

On franchit la Dranse.

668 k. *Amphion-les-Bains**. Sources minérales et établissement thermal ; villa *Bessaraba* ; à 5 min. N.-O., poirier phénoménal.

670 k. **Evian-les-Bains***, 3,105 hab., en amphithéâtre, à 378 m., sur la rive S. du lac Léman, en face d'Ouchy et de Lausanne, est une station balnéaire très fréquentée, une villégiature mondaine et un excellent centre d'excursions. Il subsiste 5 *tours* de l'ancienne enceinte fortifiée.

L'*avenue de la Gare* aboutit à la *rue Nationale* (*hôtel de ville*), d'où plusieurs rues à g. descendent à l'*église* (fin du XIVe s. ; dans le voisinage, *maisons* anciennes), à l'*Etablissement thermal et hydrothérapique* (6 *sources* bicarbonatées calciques), au *casino*, au port et à l'embarcadère des bateaux à vapeur. Au *collège* et au *pensionnat* des Dames de Saint-Joseph se voient 2 petits musées ; à l'*école supérieure*, un herbier spécial de la région. A côté du port s'étend le *jardin anglais* (*monument* du prince *Brancovan*), auquel fait suite le *lawn-tennis* et qui se termine par une pointe surmontée d'un *phare* avec indication de l'altit. des principales montagnes de la Savoie et de la Suisse. L'*avenue du Général-Dupas* est ornée de la *statue du général Dupas* (né à Evian), par Louis Noël.

[Environs : — (15 min. E.) *chemin des Grottes* (futaies de châtaigniers) ; — (20 min. E.) le *Rond-Point* ; — (10 min. S.-E.) *Neuvecelle* (châtaignier phénoménal) ; — (3 k. 5 et 4 k. 7 E.) *Maxilly* (ruines d'un château au milieu de houx et de châtaigniers séculaires) et *Lugrin*, 1,733 hab. (magnifiques châtaigniers) ; — (16 k. 6) Saint-Gingolph (*V.* ci-dessous), le *château de Blonay*, centre féodal de l'anc. pays de *Gavot*, la *Tour-Ronde*, *Meillerie*, v. de pêcheurs dont les rochers ont été célébrés par J.-J. Rousseau et Byron, mais auj. exploité en carrières, et *Bret*, au débouché d'un admirable vallon; — (11 k. par la route, 2 h. 50 à pied) *Thollon*, à 950 m., d'où l'on peut, soit monter au *Pic de Mémise*, soit faire le tour (3 h. 35) du *Mont-Bénant* (1,413 m.); — (14 k.) *Saint-Paul*, 1,288 hab., et *Bernex*, 1,060 hab., d'où se fait en 5 h. l'ascens. de la *Dent d'Oche* (2,434 m.); — (5 k. S.) ruines du château de *Larringes*, transformé en hôt.-pension; — (bateau à vap., en 35 min., 2 fr. et 1 fr.) *Ouchy* et (funiculaire, 40 c. et 20 c.) *Lausanne* (*V.* la *Suisse*); — *tour du Haut-Lac* : billet circulaire d'Evian à Evian, 4 fr. 80 et 2 fr. 10.

D'Evian au Bouveret (23 k.; ch. de fer, en 45 min. à 1 h. 15; 2 fr. 55, 1 fr. 75, 1 fr. 15). — 1 k. *Bains d'Evian*. — Tunnel de 217 m. — 11 k. Meillerie (*V.* ci-dessus). — Tunnel de 805 m.; ponts sur le Locon et le Trélon. — 17 k. *Saint-Gingolph* *, lieu de villégiature, à 384 m., est divisé par la Morge en deux parties, l'une française, l'autre suisse. — 23 k. Le Bouveret (*V.* la *Suisse*).]

ROUTE 14

DE PARIS A CHAMONIX

713 k. — Ch. de fer, en 14 h. par le train express (1re et 2e cl.) qui quitte Paris vers 8 h. 50 s. et par lequel on arrive à Chamonix le lendemain vers 11 h. mat. — 81 fr. 65; 54 fr. 15; 36 fr. — On change de voit. au Fayet, où la traction à vapeur est remplacée par la traction électrique.

631 k. de Paris à Annemasse (R. 13). — La ligne du Fayet rétrograde jusqu'à Etrembières (p. 85), où elle laisse à dr. celle de Bellegarde, pour remonter sur la rive g. la vallée de l'Arve.

634 k. *Monnetier-Mornex*, stat. desservant ces deux localités (*V.* p. 85), situées à dr. sur les pentes du Petit-Salève (ch. de fer électrique), non loin de l'embouch. de la Menoge dans l'Arve. — On franchit le Viaison, près de son confl. avec l'Arve, sur un *viaduc* courbe de 17 arches, haut de 37 m., puis le Foron de Reignier sur un viaduc de 6 arches, haut de 29 m.

640 k. *Reignier*, 1,796 hab. La voie parcourt la *plaine des Rocailles*, couverte de blocs erratiques charriés par la grande débâcle de l'époque glaciaire (*Pierre-aux-Fées*, seul dolmen connu en Savoie). — 643 k. *Pers-Jussy-Chevrier*.

647 k. **La Roche** * (bif. pour Annecy, R. 16), 3,377 hab., à 540 m., sur la rive g. du Foron (tour, XIIe s., d'un ancien château, belle vue; *la Bénite-Fontaine*, pèlerinage). — Viaduc sur le Foron; tunnel; vallée du Borne.

653 k. *Saint-Pierre-de-Rumilly*, 1,122 hab.

[Corresp. pour (8 k.; voit., en 1 h. 30; 1 fr. 50) *le Petit-Bornand* *, 1,457 hab., à 750 m. (à l'église, tableau de l'éc. italienne; dans une grotte, source sulfureuse du *Beffay*).]

La voie franchit le Borne et la vallée de l'Arve. A dr., *Pontchy* (*cascade du Bronze*).

657 k. **Bonneville** *, 2,144 hab., ch.-l. d'arr., à 450 m., sur la rive dr. de l'Arve, près de l'embouch. du Borne, à la base du Môle. A l'entrée du pont (vue magnifique) qui franchit l'Arve, on remarque à dr. le *monument* « à la mémoire des

enfants de la Haute-Savoie morts pendant la guerre (1870-1871)», et, en face, la *statue de M. Chardon*, sénateur. A l'autre extrémité, *colonne*, haute de 22 m., surmontée d'une statue du roi de Sardaigne Charles-Félix. — Au centre de la ville, *promenade* aux arbres séculaires. — Prison dans l'ancien *château de Bonne*. — A l'hôtel de ville, *musée* d'histoire naturelle. — *Villa des Abeilles*, bel établissement de pisciculture. — *Château des Tours* (vue étendue). — Bon vin blanc.

[Ascens. du **Môle** (1,869 m.) en 3 h. 35; guide, 5 fr.; chalet du Club Alpin à 45 min. du sommet.]

De Bonneville à Annecy par le Petit-Bornand et Thônes, R. 16.

A g., *Ayse* (vin blanc renommé). On s'éloigne de l'Arve pour remonter la rive dr. du Giffre (à dr., belle vue sur le Buet). — 665 k. *Marignier*, 1,775 hab., est relié par un tram à Saint-Jeoire (*V.* p. 86). — 669 k. *Le Nanty*.

671 k. **Cluses***, 2,208 hab., à 485 m., au pied de la *Pointe de Chevran* (1,228 m.) et au débouché du défilé de l'Arve qui lui a valu son nom. Bénitier de 1500 à 1530 dans l'*église* (XVIe s.), anc. chapelle d'un couvent dont les bâtiments (1702) sont occupés par la mairie; *école d'horlogerie*.

[Excurs. (12 k. S.-O.) dans la **vallée du Reposoir*** (*chartreuse* fondée en 1151 : portail de l'ancienne église et cloître du XVe s.).]

Tunnel de 298 m. — 674 k. 4. *Balme-Arâches* (*grotte de Balme*: entrée, 2 à 4 fr. par pers. suivant le nombre des visiteurs). — 677 k. 5. *Magland*, 1,748 hab., à 512 m. (belle source; montagne découpée en forme d'un profil humain appelé *Tête de Louis-Philippe*).

De Magland à Sixt, *V.* p. 87.

681 k. 3. *Oëx*, à 516 m. — Pont sur l'Arve; à g., *cascade du Nant d'Arpenaz* (260 m.); pont sur la Dière; au fond de la vallée apparaît le sommet du Mont-Blanc.

686 k. 7. **Sallanches***, 2,032 hab., à 550 m., sur la Sallanche, dominé à l'E. par l'*Aiguille de Varan* (2,488 m.; ascens. en 6 h. 30), est le point le plus favorable pour voir le Mont-Blanc et jouir de son illumination au coucher du soleil. A l'*hôtel de ville*, *musée* d'ornithologie et salle ornée de fresques par les Ferraris et Viccario, qui ont aussi décoré l'*église* (ciborium du moyen âge); autre musée à l'école des Frères; sur la place, *statue de la Paix*, érigée pour le centenaire de la Révolution française.

[Excurs. : — (8 k.) *Combloux* (vue magnifique); — (à l'O.; 2 h.) *Tête-Noire* (1,693 m.); — (11 h.) *Pointe-Percée* ou *Mont-Fleuri* (2,752 m.); on peut coucher au *Refuge Sauvage* du Club Alpin; — (N.-O.; 6 h.) *Pointe d'Arreu* (2,468 m.); — (N.-E.; 11 h. aller et ret.) *Pointe du Colloney* (2,692 m.), par le Désert de Platé (*V.* p. 87).]

De Sallanches à Sixt, *V.* p. 87.

689 k. 9. *Passy-Domancy* (château de M. Delaperche, au-dessous d'une forêt dans laquelle se voit l'ancienne moraine du glacier de l'Arve).

693 k. **Le Fayet-Saint-Gervais** (buffet), à 581 m., stat. desser-

vant Saint-Gervais-les-Bains (voit. publique, 1 fr. 25).

[**Saint-Gervais-les-Bains** * est composé de deux localités : les *Bains de Saint-Gervais* (630 m.) et Saint-Gervais-le-Village. La première est formée de 3 hôt. et d'un établissement thermal utilisant des sources d'eaux chaudes sulfurées calciques, ou chlorurées sodiques, ou ferrugineuses. *Saint-Gervais-le-Village* (807 m.), situé à l'entrée de la belle vallée de Montjoie, sur la rive dr. du Bon-Nant, est un très agréable séjour d'été (sur la place de l'Église, statue de la République ; fabr. d'objets en jaspe).

Excurs. : — *cascade des Bains* ; — (1 h. aller et ret.) *pont du Diable* et *Fontaine-Froide* ; — (20 min.) *Cheminées des Fées*, colonnes taillées par les eaux pluviales dans une anc. moraine ; — (3 ou 4 h. aller et ret.) *Passy*, 2,366 hab., à 696 m. (vin blanc, pruneaux) et pavillon de *Charousse* (café-rest. ; vue magnifique) ; — (4 k. env.) *cascade de Chedde* ; — (4 h. 30 à 5 h.) *Mont-Joly* (2,527 m.) ; — (3 h.) le *Prarion* (1,968 m. ; chalet-hôt.) ; — (6 à 7 h.) *pavillon de Bellevue* (1,781 m. ; chalet-hôt.), glacier (à 3,132 m.) et *chalet-hôt.* (3,167 m.) de *Tête-Rousse*, dont l'édification facilite beaucoup l'asc. du Mont-Blanc par l'Aiguille du Goûter (*V.* p. 92) et d'où l'on va (15 min.) visiter un tunnel construit pour faciliter l'écoulement des eaux, à la suite de la catastrophe du 11 juillet 1892 (inondation occasionnée par la rupture d'une digue de glace retenant un lac intérieur qui s'était formé dans le glacier de Tête-Rousse).]

Du Fayet à Mégève, Flumet, Ugines et Albertville, R. 18.

Le ch. de fer électrique franchit le Bon-Nant, puis l'Arve. — 696 k. *Chedde*, à 599 m., stat. près de *l'usine Corbin* (fabr. de produits chimiques par l'électrolyse), alimentée de force motrice par les chutes de l'Arve, comme les usines de la Cie P.-L.-M. situées en amont. — Pont sur l'Arve dans une rampe de 90 millim. ; 2 tunnels, l'un à l'entrée, l'autre au milieu de la vallée du *Châtelard* (à dr., hôt. du même nom).

700 k. **Servoz** * (813 m.), stat. d'été (truites renommées), dominée par les Rochers des Fiz.

[Excurs. : — **Gorges de la Diosaz** (1 fr. par pers.) ; — (2 h. aller et ret.) *cascades de la Joux de la Crosse* ; — (3 h. 30 aller et ret.) *éboulement des Fiz* et *lac de Plaine-Joux* ; — (4 h.) *Pointe-Noire de Pormenaz* (2,323 m.).]

De Servoz à Sixt, *V.* p. 87.

Tunnel ; *viaduc de Sainte-Marie* (vue exceptionnelle sur les gorges de l'Arve et l'Aiguille du Goûter), haut de 50 m., sur l'Arve. — 705 k. *Les Houches* * (980-1,009 m.), 2,069 hab., près de l'embouch. du Nant de la Griaz dans l'Arve. — A dr., vue admirable du Mont-Blanc et des glaciers qui en forment les satellites. — 709 k. *Les Bossons* (1,012 m.), au pied du glacier du même nom. — On franchit l'Arve sur le pont de *Perralottaz*.

713 k. **Chamonix** *, 2,729 hab., à 1,039 m., ch.-l. de la *vallée de Chamonix* (excellent miel), centre alpin, station d'été et stat. d'hiver, sur les deux rives de l'Arve, dominé par le Brévent et le Mont-Blanc. *Casino-Cursaal* ; *Relief du Mont-Blanc* (1 fr. par pers.) ; *Exposition de peintures alpestres de Gabriel Loppé* ; *monuments de De Saussure* et *de Jacques Balmat*, les premiers ascensionnistes du Mont-Blanc, et *de Charles Durier*, ancien président du Club Alpin Français ; promenade horizontale du *Bois du Bouchet*.

[Promenades, Excursions et Ascensions : — (5 h. 30 à 6 h. aller et ret.) **Hôtel du Montenvers**, séjour climatique à 1,921 m., au-dessus de la **Mer de Glace**, le *Mauvais-Pas* et *le Chapeau* (restaurant); — (5 h. aller et ret.) hôt.-pension de la **Flégère** (1,877 m.; vue de toute la chaîne du Mont-Blanc); — (4 h. à 4 h. 15) le **Brévent** (2,525 m.; chalet-rest.), le belvédère par excellence de la vallée, soit par *Plan-Lachat* (1,574 m.; buvette-rest.) et le pavillon de *Bel-Achat* (2,154 m.; rest.), soit par l'hôt. de *Planpraz* (2,064 m.); — (50 min. de la gare des Bossons, p. 91) **glacier des Bossons** (café-rest.; *grotte du Mont-Blanc*); — (30 min.) *cascade de Blaitière* ou *du Folly*; — (6 h. 15 aller et ret.) *cascades du Dard* et *des Pèlerins*, **Pierre-Pointue** (2,058 m.; pavillon-rest.) et *Aiguille de la Tour* (2,332 m.); — (2 h. 40 à 3 h.) *Plan de l'Aiguille* (2,202 m.; chalet-hôt.); — (1 h. 30 de la stat. des Bossons) pavillon de Bellevue (p. 91); — (14 h.; on couche au Montenvers) *le Jardin*; — (2 j.) le **Mont-Blanc** (4,810 m.), la plus haute mont. de l'Europe, par (3 h. 40) la *Pierre-à-l'Echelle*, (6 h. 30 à 7 h.) les **Grands-Mulets** (3,057 m.; auberge) et le *Rocher des Bosses* (4,362 m.; *observatoire du Mont-Blanc*, érigé par M. Vallot). Au sommet, *observatoire Janssen*. L'ascens. peut se faire aussi par (9 h. 15) le *Dôme du Goûter* (4,331 m.); on peut coucher aux pavillons de Bellevue et de Tête-Rousse (p. 91), ainsi qu'à la cabane Vallot; — (9 h. 30) Courmayeur (*V.* l'*Italie*) par le col du *Géant* (3,370 m.; chalet-hôt. du Club Alpin Italien); — *tour du Mont-Blanc*, en voit. en 7 j. par Albertville, Bourg-Saint-Maurice, Courmayeur, Aoste, le Grand-Saint-Bernard et Martigny, à travers une succession de paysages dont la variété égale la beauté : vallées de l'Arve, de l'Arly et de l'Isère, col du Petit-Saint-Bernard, vallée de la Doire-Baltée, col du Grand-Saint-Bernard, vallées de la Dranse et du Rhône, col de la Forclaz, passage de la Tête-Noire, col des Montets et desc. sur Chamonix par Argentière.

De Chamonix a Martigny : — *A, par Argentière, le Châtelard, Fins-Hauts et Vernayaz* (38 k. 4 ou 9 h. à pied jusqu'à la stat. de Vernayaz, où l'on prend le train pour Martigny; en été, serv. de breaks, 15 fr.). — On franchit l'Arve au ham. des *Praz*. — 8 k. 6. *Argentière*, villégiature charmante, à 1,254 m., au-dessous d'un des plus vastes et des plus beaux glaciers de la chaîne des Alpes. — On passe à *Tréléchamp* en deçà du (11 k. 9) *col des Montets* (1,462 m.; hôt.-pension). — 3 h. 20. *Hôtel-pension du Buet* : asc. (5 h. 15), par la *cascade de Bérard* et la *Pierre-à-Bérard* (1,930 m.), du **Buet** (3,109 m.), dont le panorama est un des plus beaux de la chaîne des Alpes. — 3 h. 40. *Vallorcine**, à 1,212 m., dernière paroisse de la Savoie du côté du Valais. — 4 h. 15. *Barberine*, près de la jonction de l'Eau-Noire avec la Barberine, torrent qui forme, à 30 min. env., une *cascade* de 100 m. (1 fr. pour la voir d'une plate-forme). — On passe l'Eau-Noire sur le *pont* de l'Ile, qui forme la limite entre la France et la Suisse.

18 k. 4 (4 h. 20). *Grand-Hôtel suisse du Châtelard* (télégr. et téléph.), en face de la douane suisse. — 4 h. 30. Ruines de l'*hôtel Royal du Châtelard*; à dr., chemin de la Tête-Noire (*V.* ci-dessous, *B*). — 23 k. 4 (6 h. 20) *Fins-Hauts*, stat. d'été à 1,237 m. — 6 h. 40. A un détour du chemin on découvre la vallée du Trient jusqu'à son débouché dans la vallée du Rhône. — 7 h. 10. *Triquent*. — 7 h. 15. On franchit sur un pont avec chapelle la *gorge du Triège* (cascades). — 33 k. 4 (7 h. 55). *Salvan*, 1,806 hab., à 925 m., station d'été. — 38 k. 4 (8 h. 50). Vernayaz, station de ch. de fer à 7 k. de Martigny (*V.* la *Suisse*).

B, par le Châtelard, la Tête-Noire et la Forclaz (40 k. 7 ou 9 h. à pied; en été, serv. de cars alpins, 15 fr.). — 4 h. 30 de Chamonix aux ruines de l'hôtel Royal du Châtelard (*V.* ci-dessus, *A*). — Tunnel de *la Roche-Percée*. — 22 k. 4 (5 h. 5). *Hôtel de la Tête-Noire*, à 1,194 m. (*gorges mystérieuses de la Tête-Noire*, entrée 1 fr.). — 25 k. 4 (9 h. 45). *Trient*, à 1,295 m., à la jonction des chemins de la Tête-Noire, du col de Balme et de la Forclaz. — 27 k. 4 (6 h. 30).

G. Thuillier, del.t

Imp. Dufrénoy _ Paris.

3-03

ol de la Forclaz (1,523 m.; hôt.-pension), entre le Mont-Arpille (2,082 m.) et la Pointe Ronde (2,655 m.). — 40 k. 7 h.). Martigny (V. la Suisse).

C, par le Tour, les cols de Balme et de la Forclaz (8 h.; route de voit. jusqu'au Tour, ch. de mulets du Tour à Trient, route de voit. au delà). — h. Argentière (V. ci-dessus, A). — On remonte la rive g. de l'Arve. — h. 30. Le Tour, ham. à 1,462 m., au pied du glacier du Tour. — 4 h. Col de Balme (2,202 m.), près de la front. entre la Savoie et le Valais, et hôtel Suisse du col de Balme; vue admirable. — 4 h. 20. Chalets des Herbagères, à 2,030 m. — 5 h. 15. Trient, et de Trient à (8 h. à 8 h. 30) Martigny, V. ci-dessus, B.]

De Chamonix à Sixt, V. p. 87; — à Ugines, Flumet, au col des Aravis, à Thônes et Annecy, R. 18.

ROUTE 15

DE PARIS A AIX-LES-BAINS

Ch. de fer. — 581 k. par Mâcon (quelques trains passent par Saint-Amour). — Traj. en 9 à 10 h. par trains express. — 65 fr. 15; 44 fr.; 28 fr. 75.

559 k. de Paris à Culoz (R. 10, A). — La voie franchit le Rhône; à dr., canal de Savières, par lequel le lac du Bourget s'écoule dans le Rhône. — 566 k. *Chindrieux*. — A dr., château de *Châtillon*, qui fut le berceau du pape Célestin IV (fin du XIIIe s.). La voie côtoie le lac du Bourget, dont la rive opposée (abbaye de Hautecombe, p. 94) est dominée par la Dent du Chat. 3 tunnels dont l'un de 1,300 m. à la sortie duquel on a une vue magnifique à dr. Après un 4e tunnel la voie s'éloigne du lac.

581 k. **Aix-les-Bains***, 8,120 hab., célèbre station thermale et villégiature mondaine, à 258 m., dans une vallée luxuriante, remarquable par la douceur de son climat. L'*avenue de la Gare* conduit à la *place du Revard* (voit. et tram de Marlioz) en longeant à g. les grilles des deux *Casinos*, le *Cercle* et *villa des Fleurs*. Au fond de la place la *rue du Parc* va aboutir à la place de l'Etablissement en contournant à g. l'*hôtel de ville*, anc. château du XVIe s. (*musée Lepic* dans les restes du *temple de Diane*), et l'*église* et en longeant à dr. le *parc de la ville* (gare du ch. de fer du Revard; *Institut* médical *Zander*). Sur la place de l'Etablissement se voit l'*arc de Campanus*, reste d'un tombeau antique. L'*Etablissement thermal* sert à l'emploi, contre certaines maladies, notamment le rhumatisme, d'*eaux thermales* fournies par les *sources de Soufre* et *d'Alun* ou *Saint-Paul* (V. ci-dessous), auxquelles, dans certains cas, est mélangée l'eau d'une source froide. Dans la *rue du Bain-d'Henri IV*, qui monte à dr. de l'établissement, se trouve la pension Chabert, dont la cave est un *bain romain* qui faisait partie des thermes antiques. Au-dessus de l'établissement est l'hôpital, en face duquel sont des *grottes* (visite 50 c.) que remplissait autrefois l'eau du puits naturel de la source Saint-Paul, auquel aboutit la *galerie de captage*. A g. de l'Etablissement, la *rue Davat* se continue par le *boulevard des Côtes*, à l'origine duquel est l'*église de l'Assomption*; en face, la *rue des Bains* mène à la

place Carnot, puis, à dr., à la *rue de Genève*, d'où se détache à g. l'*avenue du Petit-Port* et qui, à partir du *square Gigot*, se continue par l'*avenue du Lac* (tram à air comprimé, 30 c.), route du Grand-Port.

A 1 k. 5 S. (omnibus et tram, 50 c.), l'établissement de *Marlioz* est situé dans un *parc* de 33 hect. où jaillissent 3 sources sulfurées sodiques dont les eaux sont un adjuvant au traitement d'Aix dans certaines affections.

Le **lac du Bourget** (lavaret, poisson renommé) étend sa nappe bleue, longue de 18 k. avec une largeur variable de 1,500 à 3,500 m., à 3 k. d'Aix, qui possède 2 ports, le *Grand-Port* ou *port Puer* et le *Petit-Port* ou *port Cornin*. Le lac est desservi par deux compagnies de bateaux à vapeur ayant toutes deux leur ponton au Grand-Port et dont les services n'ont lieu que l'été : la Cie des *Parisiens*, dont les bateaux, *Hautecombe* et *La Savoie*, ont seuls le droit d'aborder à Hautecombe, et qui dessert aussi Chanaz, par le canal de Savières; la Cie du *Touriste*, qui dessert Bourdeau et le Bourget et qui va à Chanaz, sans arrêt à Hautecombe. Dans la saison, les « Parisiens » vont 3 fois par j., à 1 h., 2 h. et 3 h., à Hautecombe; les 2 premiers départs continuent jusqu'à Chanaz (all. et ret., 3 fr. pour Hautecombe, 4 fr. pour Chanaz avec faculté d'arrêt à Hautecombe, pour la visite de l'abbaye, à l'aller ou au ret.). Le « Touriste » va à Chanaz les lundi, mercredi, jeudi et samedi après-midi (3 fr. all. et ret.); à Bourdeau et au Bourget 2 fois chaque après-midi du mardi, du vendredi et du dimanche (en partant par le 1er bateau, on peut descendre à Bourdeau, visiter le château, et venir prendre le second bateau au Bourget; 2 fr. all. et ret.). — 30 min. Abbaye de **Hautecombe**, ancien lieu de sépulture des princes de la maison de Savoie, fondée au XIIe s. par St Bernard et le comte Amédée III (dans l'église, mausolées des princes de Savoie, des rois de Sardaigne et d'autres personnages; nombreux objets d'art). — 1 h. *Chanaz* (café-rest.), près du confl. du Rhône et du canal de Savières. — 20 min. du Grand-Port. Château de *Bourdeau*. — 20 min. de Bourdeau. *Le Bourget*, 1,309 hab., à l'embouch. de la Leysse dans le lac (ruines d'un *château* du XIIIe s.; *église* des XIIe et XVe s., avec vitraux aux armes de Savoie, sculptures du chœur du XIIIe s. et crypte, qui dépendait d'un prieuré dont il subsiste une portion de cloître, XVe s.).

[Environs d'Aix : — (1 h. 45 à 2 h. aller et ret.) *Tresserve* (observatoire, entrée 50 c.); — (3 k. N.-O.; tram, 30 c., et serv. de breaks, puis bateau à vap., 1 fr. 50 aller et ret.) *gorges du Sierroz* et *cascade de Grésy*; — (9 k. 2; ch. de fer à crémaillère en 1 h. 15, 5 fr. 15) mont. du Revard, par *Mouxy* (châtaigneraies), *Pugny* (sanatorium-hôtel à 610 m.) et la *gare du Revard* (hôt.-chalet-rest., à 1,545 m., d'où un chemin facile monte en quelques min. au sommet du **Grand-Revard** (1,568 m.; observatoire), d'où l'on découvre un admirable panorama; on pourrait desc. à pied par le délicieux *sentier du Garde*; — (36 k. O. all. et ret.) *col du Chat* (613 m.), dominé à g. par la *Dent du Chat* (1,400 m.; 4 h. aller et ret.); — (30 k. S.-S.-O. aller et ret.) *châteaux de la Serraz* et *de la Motte-Servolex*; — (50 min.) *Saint-Innocent* (fabr. de tricots en poils de lapin angora); — (5 h. en voit. aller et ret.) *la Chambotte* (hôt.-restaurant); — (6 h. 30 à 7 h. en voit. aller et ret.) *col de Cessens* (852 m.; chalet-rest.) et *Tours de César*, restes d'un château; — le *Semnoz* : d'Aix on se rend en voit. à *Leschaux*, d'où l'on monte (à pied ou à âne; un âne, 5 fr.) coucher au **Semnoz** (1,704 m.); — (1 j.; voit. publique 15 fr. aller et ret.) la Grande-Chartreuse (V. R. 23); — *les Bauges*, région naturelle constituée par un plateau d'une altit. moyenne de 1,000 m. traversé par le Chéran; région à laquelle la race comme les mœurs et l'industrie de

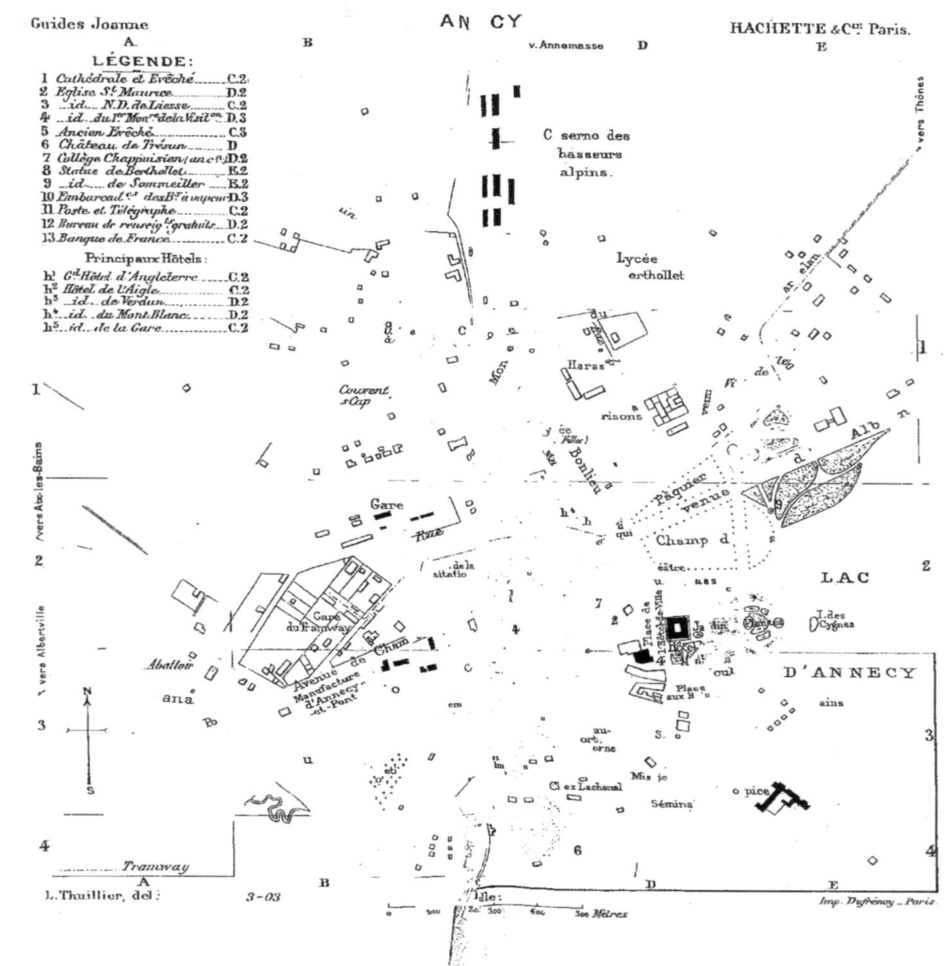

Guides Joanne
AN CY
HACHETTE &Cie Paris.
LÉGENDE:
1 Cathédrale et Évêché C.2
2 Église St Maurice D.2
3 id. N.D. de Liesse C.2
4 id. du 1er Monre de la Visiton D.3
5 Ancien Évêché C.3
6 Château de Trésun D
7 Collège Chappuisien (anc.) D.2
8 Statue de Berthollet E.2
9 id. de Sommeiller E.2
10 Embarcadère des Bts à vapeur D.3
11 Poste et Télégraphe C.2
12 Bureau de renseigts gratuits D.2
13 Banque de France C.2
Principaux Hôtels:
h1 Gd Hôtel d'Angleterre C.2
h2 Hôtel de l'Aigle C.2
h3 id. de Verdun D.2
h4 id. du Mont Blanc D.2
h5 id. de la Gare C.2
v. Annemasse
vers Thônes
vers Aix-les-Bains
vers Albertville
Lycée
Haras
Gare
Gare du Tramway
Avenue de Cham
Manufacture d'Annecy-et-Pont
Abattoir
Champ
Pâquier
Place de l'Hôtel de Ville
LAC
D'ANNECY
I. des Cygnes
Séminaire
Tramway
L. Thuillier, del.
3-03
Imp. Dufrénoy - Paris.
Mètres

son peuple forment une curieuse individualité. Le ch.-l. est *le Châtelard* *, 817 hab., à 757 m., où l'on parvient d'Aix par une route de 29 k. 5 (serv. public, en 4 h., 2 fr. 50) qui passe au *pont* et près de la *grotte de Bange*.]

D'Aix à Genève, par Annecy, R. 16; — à Chambéry, Modane et Turin, R. 17.

ROUTE 16

D'AIX-LES-BAINS A GENÈVE

PAR ANNECY

100 k. — Ch. de fer, en 3 h. 40 et 4 h. 5. — 11 fr. 15; 7 fr. 55; 4 fr. 95.

Le ch. de fer remonte puis franchit le Sierroz. — 5 k. *Grésy-sur-Aix* (tour, reste d'un manoir du XIIe s., entourée de jardins), desservi aussi par un tram (*V.* p. 94). — Tunnel. — 13 k. *Albens*, 1,640 hab. — On pénètre dans la belle vallée de Rumilly. — 17 k. *Bloye*.

21 k. **Rumilly** *, 4,252 hab., anc. capitale de l'Albanais, à 334 m., au confl. du Chéran (*pont Saint-Joseph*) et du Néphaz. *Eglise* avec clocher du XIIe s.; à l'*hôtel de ville*, peintures (histoire de Rumilly); au *séminaire*, cloître du XVIIe s.; dans la Grande-Rue, 2 *tours* (XVIe s.) de l'ancien hôtel des Maillard de Tournon; *chapelle de l'Aumône* et, à côté, chapelle moderne avec statue miraculeuse et tombeau d'un évêque-prince de Genève, XVIIe s.

[Excurs. à (16 k. 6; serv. de cars alpins, 2 fr. 50) Seyssel (p. 79) par le **Val de Fier**, gorge par laquelle le Fier emmène au Rhône les eaux du lac d'Annecy et de toutes les montagnes formant le bassin de cette partie de la Savoie. On y remarque : le *pont* (naturel) *Navet*; la *chambre légendaire de la Dame-Blanche*, l'*autel des Sacrifices*, les restes d'une voie romaine et les *Portes du Val*.]

La voie franchit le Chéran sur un viaduc haut de 34 m. — 28 k. *Marcellaz-Hauteville* (ruines du château d'Hauteville). — On côtoie le Fier dans un défilé profond (plusieurs viaducs et 2 tunnels).

34 k. *Lovagny-Gorges du Fier*.

[Excurs. (1 h. aller et ret.) à la **galerie des gorges du Fier**, éloignée de 400 m. env. à g. Près du *chalet-restaurant des Gorges* (c'est là qu'il faut prendre son billet : 1 fr.), commence la partie la plus curieuse du défilé rocheux traversé par le torrent. Ce défilé s'ouvre dans une paroi de rochers calcaires haute de 90 m., où le torrent s'est creusé un canal long de 250 m., d'une largeur variant de 4 à 10 m., presque droit, mais dont les parois abruptes présentent les formes les plus variées. La galerie, longue de 256 m., est établie le long de la paroi de g., à 27 m. au-dessus des basses eaux, mais à 1 m. à peine au-dessus des hautes eaux. — Dans le voisinage, *Fosse de Montrottier*, gorge où passait autrefois le Fier, au-dessous du *château de Montrottier* (XIVe, XVIe s.), que l'on peut visiter.]

Au delà du tunnel de *Brossilly* (1,155 m.), on repasse le Fier sur un viaduc de 11 arches (beau panorama du bassin d'Annecy). A g., v. de *Cran* (papeterie et hauts fourneaux), à l'embouch. dans le Fier du canal du Thiou (belles chutes d'eau), déversoir du lac d'Annecy.

40 k. **Annecy** *, 13,611 hab., ch.-l. du dép. de la Haute-Savoie, évêché, à 448 m., à la base du Crêt du Maure, premier escarpement du Semnoz, et à

l'extrémité d'un lac dont les eaux la traversent par deux canaux principaux appelés le *Thiou* et le *Vassé*, en y mettant en mouvement les roues d'un grand nombre d'usines. C'est un centre d'excursions très important.

La *rue de la Gare* conduit à la *rue Royale*, que l'on suit à g. et qui passe devant le couvent de la *Visitation*, dont l'église (maître-autel en marbre) possède les corps de St François de Sales et de Ste Jeanne de Chantal. A dr., dans la rue Notre-Dame, église *N.-D. de Liesse* (clocher penché). La rue Royale, continuée par la *rue du Pâquier* (à g., *maison* de la famille de Sales, avec bustes des Saisons), aboutit au canal du Vassé, que l'on franchit pour gagner la *place* et la *promenade du Pâquier*. En face, l'*avenue d'Albigny* longe le *Champ de Mars* et la *Préfecture*, précédée de la *statue* (par Becquet) *de Germain Sommeiller*, ingénieur promoteur de la percée des Alpes, qui fut élève du collège Chappuisien.

Revenu à la place du Pâquier, on suit à g. le *quai Eustache-Chappuis* (à dr., jardin de l'anc. *collège Chappuisien*) jusqu'à la place de l'*Hôtel-de-Ville*, édifice renfermant le *musée lapidaire* et le *musée-bibliothèque* (collections régionales d'archéologie préhistorique, romaine et burgonde, d'anthropologie et d'histoire naturelle).

La mairie donne de deux côtés sur le *Jardin public*, où se voient la *statue* (par Marochetti) *de Berthollet*, chimiste né à Talloires, 1748-1822, et le *monument* (par Guimberteau) du président *Sadi-Carnot*, qui avait séjourné à Annecy comme ingénieur des ponts et chaussées. — A l'O. et au S., la place de l'Hôtel-de-Ville est bordée par l'*église Saint-Maurice* (XVe s.) et celle de l'anc. couvent de *la Grande-Visitation*, le premier monastère de l'ordre qui ait été fondé par St François de Sales et Ste Jeanne de Chantal.

Traversant le canal du Thiou, on aperçoit l'*église Saint-Joseph*, d'où l'on peut monter par les *rues des Annonciades* et *Perrière* (ainsi nommée d'une *tour* du moyen âge), puis une rampe, à l'anc. *château* fort des ducs de Nemours (XIVe-XVIe s.), converti en caserne. Revenu à la rue Perrière, on croise la *rue Sainte-Claire* pour franchir deux bras du Thiou enveloppant une île où subsistent les anciennes prisons, appelées *palais de l'Isle*. La *rue de l'Evêché*, parallèle au canal sur la rive dr., conduit à la *cathédrale* (1523) et à l'*évêché* (1784).

Le **lac d'Annecy** (14 k. de long., 3 k. 5 de larg. maxima, 65 m. de profond.; 446 m. d'altit.) est desservi par des bateaux à vap. (restaurant à bord) qui font escale à Chavoire, Veyrier, Menthon, Saint-Jorioz, Talloires, Duingt et Bout-du-Lac. Tour du lac en 2 h. à 2 h. 30; 1re 3 fr. 50, 2e 2 fr. 50. La rive O. est aussi desservie par le ch. de fer d'Annecy à Albertville (*V.* R. 18).

A dr., colline de la Puya et le Semnoz; à g., montagne de Veyrier, Roc de Chère et la Tournette; au bout du lac, beau panorama des mont. de Faverges. — Rive E. : *Chavoire*; *Veyrier* * (château des comtes de Fésigny; *grotte du Mont*; en 3 h. 30 aller et ret., ascens. du *mont Baron* ou montagne de Veyrier, 1,300 m.); *Menthon* *, dans un vallon verdoyant bien abrité, petite stat. de bains avec *établissement* utilisant une source sulfureuse qui fut jadis employée dans des *bains romains* dont il subsiste des restes (*château*, des XIIIe-XVIe s., qui a vu naître St Bernard de Menthon, fondateur des hospices du Grand et du Petit-Saint-Bernard; en 4 h. 30 ascens. de la *Dent du Cruet*, 1,836 m., par *Bluffy*). — Rive O. : *Saint-Jorioz*, 1,014 hab. A 45 min. N., *Sévrier*, dans un beau site, à la bif. des routes des Bauges et de Faverges. — On s'approche du *Roc de Chère* (643 m.), promontoire sur l'extrémité duquel se voit le *tombeau de Taine*, le célèbre critique et historien.

Rive E. : **Talloires** *, station d'automne et d'été, au fond d'une petite anse, au pied d'un coteau couvert de vignobles (ancienne *abbaye* de Bénédictins, fondée au XIe s. et dont une partie est convertie en hôtel-pension; mairie dans la *maison natale de Berthollet*; *villa des Cyclamens*, au littérateur André Theuriet). Excurs. : à (30 min. E.) l'*église Saint-Germain*, pèlerinage, avec les reliques d'un anachorète qui vécut (XIe s.) dans une *grotte* voisine (du jardin de l'ermitage, vue admirable); à (30 min.) la *cascade d'Angon*. Ascens. en 6 h. de **la Tournette**, dont le sommet est une vaste plate-forme au milieu de laquelle se dresse le *Fauteuil* (2,357 m.), auquel on monte par une cheminée assez facile.

Rive O. : *Duingt* (dans une presqu'île, *château* ayant remplacé un vieux manoir dont il subsiste une tour; à 15 min. O., *château d'Héré*, XVe s.). — 1 h. *Bout-du-Lac*, terminus de la navigation, d'où un chemin conduit en 3 min. à la gare de Lathuile du ch. de fer d'Annecy à Albertville (p. 104).

[ENVIRONS D'ANNECY. — 2 k. 5 N.-E. (tram) *Annecy-le-Vieux*, 1,262 hab. (clocher du XIe s.; fonderie de cloches d'où est sortie « la Savoyarde », offerte par les Savoyards à l'église du Sacré-Cœur de Montmartre). — 2 h. S. aller et ret. en voit. *La Jeanne*, *la Puya* et le *Crêt du Maure*, première pente du Semnoz, couverte d'une forêt de pins, chênes, mélèzes, cèdres du Liban, et sillonnée de sentiers offrant de ravissantes perspectives sur le lac et la chaîne accidentée qui forme son bassin. — 1 h. 30 S. à pied. *Vallon de Sainte-Catherine*. — Le **Parmelan** (1,855 m.), dont le panorama a pour caractéristique une vue saisissante de la chaîne du Mont-Blanc. Tramway en 43 à 55 min. d'Annecy à Dingy; 1 h. 45 en voit. de Dingy à *la Blonnière*, ham. à 900 m. d'où part un chemin praticable à cheval ou en petite charrette; 2 h. 30 à 3 h. de la Blonnière au *chalet-hôtel du Parmelan* (1,835 m.), situé à 20 min. du sommet. — Le *Charbon* est une montagne revêtue de sapinières, flanquée de deux masses rocheuses comme de tours gigantesques et entourée vers sa cime d'une ceinture de pierre, ce qui la fait ressembler à une immense citadelle. Les deux principaux sommets sont le Banc-Plat et le Trélod, reliés par un sentier. Après avoir gagné Doussard (p. 104) par le ch. de fer d'Albertville, on prend à dr. le chemin d'*Arnand*, puis on remonte l'étroite vallée de l'Ire appelée la *Combe-Noire* (cascades). On passe (1 h. 40 de Doussard) au *Martinet*, puis (3 h. 40) au *chalet du Planay*, d'où un sentier conduirait, en moins de 3 h., par le *col du Charbonnet*, au sommet du *Trélod* (2,186 m.), dont le panorama embrasse la partie la plus âpre des montagnes des Bauges. Du chalet on atteint en 45 min. la Pointe du *Banc-Plat* ou *Pierre-à-Bailly* (1,915 m.; panorama très accidenté; la vue sur le Mont-Blanc est plus complète que celle que l'on a du Parmelan et du Semnoz). — Le **Semnoz** (16 k. 3 d'Annecy à Leschaux; 1 h. 30 de Leschaux au sommet). Par la route du Châtelard (p. 95) et (4 k. 4) Sévrier (*V.* ci-dessus), on se rend au *col de Leschaux* (904 m.), formant le point de partage des eaux entre le lac d'Annecy et les Bauges, et d'où l'on monte à l'*Hôtel du Semnoz-Alpes*, bâti à 10 min. au-dessous du *Crêt de Châtillon* (1,704 m.), point culminant de la montagne. Cette cime, surnommée sans trop d'exagération le Righi de la Savoie, offre une vue admirable, telle que peu de sommets à cette altitude peuvent en offrir une semblable. — 14 k. N.-N.-O. (voit. publique) *Bains de la Caille* * (eaux sulfureuses), par le château de *Monthoux*, où St François de Sales passa les premières années de son enfance, et le *pont* suspendu *de la Caille*, sur la *gorge des Usses*. — 8 k. N.-O. *Bains de Bromines* (eau sulfureuse).]

D'Annecy à Albertville, Flumet, Mégève, Thônes, le col des Aravis et Chamonix, R. 18.

Au delà d'un tunnel, le ch. de fer traverse le Fier sur un viaduc de 10 arches. — 45 k. *Pringy*. — On longe à dr. la route de la Roche, qui parcourt un beau défilé du Fier appelé la *Bornalla*, près duquel le Fier reçoit la Fillière, dont le ch. de fer domine ensuite la vallée.

50 k. *Saint-Martin-Charvonnex*. — On franchit sur un viaduc de 6 arches le ravin du Grand-Nant, profond de 22 m.

56 k. *Groisy-le-Plot-la-Caille*. A 8 k., Bains de la Caille (*V.* ci-dessus).

[Voit. publique pour (6 k. 5 E.) *Thorens*, 2,315 hab., au bord de la Fillière, dont le *château*, assis sur un tertre à l'entrée d'une vallée encaissée entre deux montagnes hérissées de sapins gigantesques, et ayant appartenu à la famille de Sales, renferme des tableaux de maîtres, et divers objets ayant appartenu à St François, qui naquit dans une chambre remplacée auj. par une chapelle.]

Viaducs en deçà et au delà d'un tunnel; à dr., vallée du Daudens. — 63 k. *Evires*. — *Tunnel de la Borne*, long de 1,577 m., dans lequel le ch. de fer, qui a monté continuellement depuis Annecy (449 m. d'altit.), atteint son point culminant (767 m.). La voie débouche alors, à plus de 750 m., au-dessus de la vallée de l'Arve, en vue d'un panorama grandiose, et descend, par un immense lacet qui contourne Saint-Laurent, vers la Roche. Viaduc à 30 m. au-dessus du Foron; tunnel. — 72 k. *Saint-Laurent*, dans un site superbe, à 650 m., sur un plateau qui domine les gorges du Borne et la plaine de l'Arve. — Viaduc de 7 arches sur le Foron.

78 k. La Roche, et 16 k. de la Roche à Annemasse (R. 14). — 84 k. Annemasse, et 6 k. d'Annemasse à (90 k.) Genève (R. 13).

ROUTE 17

DE PARIS A TURIN

799 k. — Ch. de fer, en 15 h. par le train de luxe « Rome-Express », 16 h. par l'express du soir (1re et 2e cl.; wagons-lits; wagon-rest. entre Modane et Turin), 17 h. 20 par l'express de 2 h. soir (1re et 2e cl.; wagons-lits). — 90 fr. 85; 61 fr. 70; 40 fr. 30.

581 k. de Paris à Aix-les-Bains (R. 15). — 586 k. *Viviers*.

595 k. **Chambéry** [1], autrefois la capit. du duché de Savoie, auj. ch.-l. du départ. de la Savoie, archevêché, V. de 22,108 hab., est traversée par la Leysse et l'Albane, dans une riante vallée dominée par la chaîne de l'Epine et de la Dent du Chat, le Mont Grelle, le Mont de Joigny, le Granier et la Dent du Nivolet.

A l'extrémité de la *rue Som-*

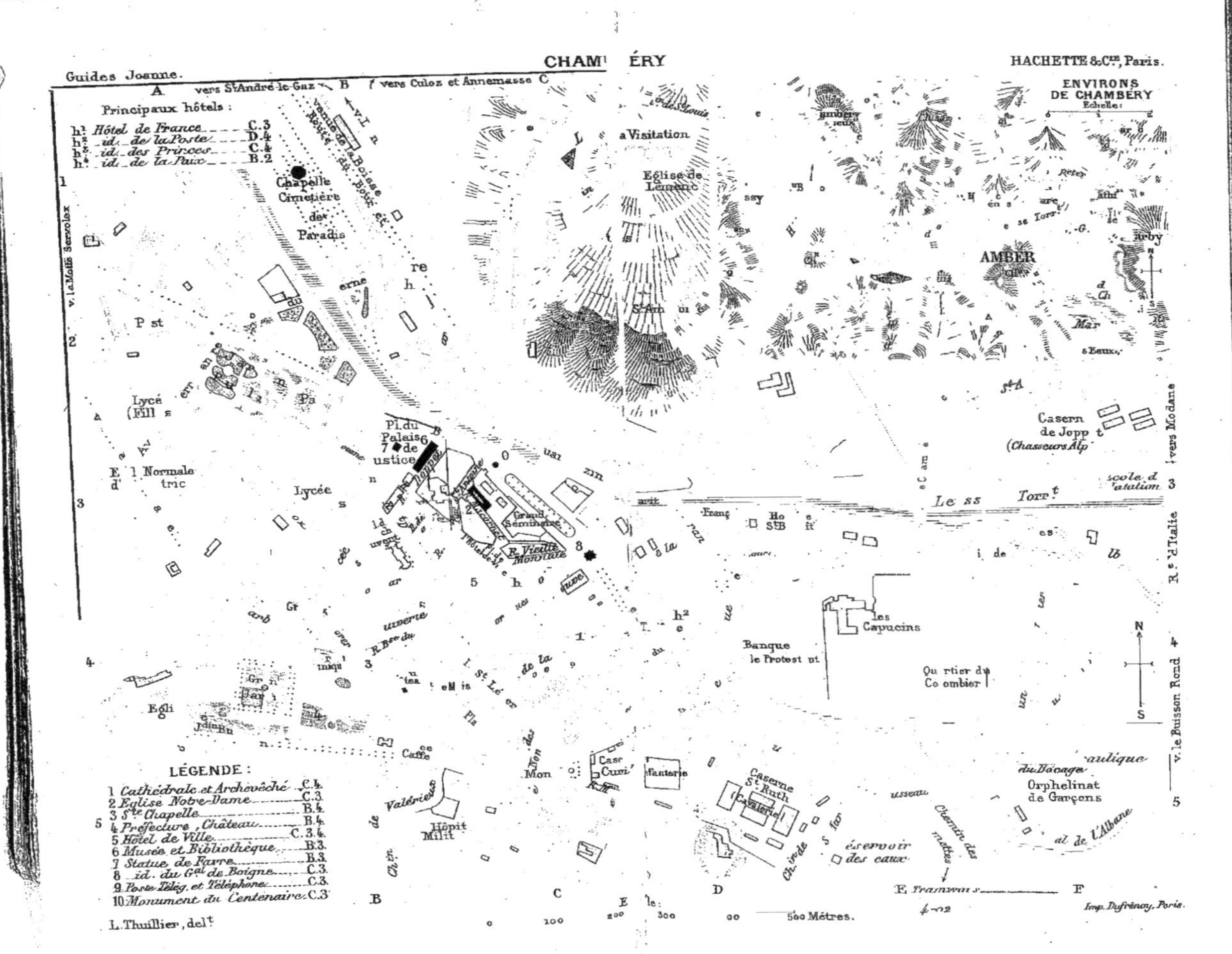
Guides Joanne.
CHAMBÉRY
HACHETTE & Cie, Paris.
vers St André-le-Gaz
vers Culoz et Annemasse
Principaux hôtels :
h.1 Hôtel de France C.3
h.2 id. de la Poste D.4
h.3 id. des Princes C.4
h.4 id. de la Paix B.2
Chapelle
Cimetière
Paradis
a Visitation
Église de Lémenc
ENVIRONS DE CHAMBÉRY
Echelle :
AMBER
v. la Motte Servolex
Lycée
Pl. du Palais de Justice
Grand Séminaire
R. Vieille Monnaie
Banque
les Capucins
Casern de Jopp
(Chasseurs Alp
vers Modane
R.te d'Italie
v. le Buisson Rond
Orphelinat de Garçons
al. de l'Albane
Caserne St Ruth
Cavalerie
Hôpit Milit
Caffe
LÉGENDE :
1 Cathédrale et Archevêché ..... C.4.
2 Eglise Notre-Dame ..... C.3.
3 Ste Chapelle ..... B.4.
4 Préfecture, Château ..... B.4.
5 Hôtel de Ville ..... C.3.4.
6 Musée et Bibliothèque ..... B.3.
7 Statue de Favre ..... B.3.
8 id. du Gal de Boigne ..... C.3.
9 Poste Télég. et Téléphone ..... C.3.
10 Monument du Centenaire C.3
L. Thuillier, delt
500 Mètres.
Imp. Dufrénoy, Paris.

meiller on franchit la Leysse, pour déboucher sur le *boulevard de la Colonne* près du *monument* (par Falguière et Pujol) commémoratif de la réunion de la Savoie à la France en 1792, et en face de la *rue Saint-Antoine* (église *Notre-Dame*, de 1636). Entre le boulevard et la rivière est l'hospice de la Charité, en face duquel a été transférée la *porte de l'ancien Hôtel-Dieu.*

Le boulev. de la Colonne est séparé de celui du Théâtre par la *fontaine des Eléphants*, érigée par la reconnaissance publique, d'après les dessins de Sappey, au général De Boigne (1741-1830), qui consacra à la création d'établissements charitables une partie de son immense fortune acquise, aux Indes, au service d'un roi des Mahrattes.

En face de la fontaine s'ouvre la *rue de Boigne*, en partie bordée d'arcades et allant aboutir au château en traversant la *place Octogone*, d'où, à g., la *rue Saint-Réal* conduit à la *Cathédrale* (XIVe et XVe s.; tombeaux du jurisconsulte Ant. Favre, 1557-1624, et du cardinal Billiet, archev. de Chambéry, † 1873).

Le **château**, précédé du *monument* (par Ernest Dubois) des frères *De Maistre*, littérateurs et publicistes (1753-1821 et 1763-1852), fut fondé en 1232 et plusieurs fois restauré ou remanié. Il reste deux tours de la construction primitive. Autrefois résidence du gouverneur, le château est occupé auj. par la Préfecture, le général commandant la subdivision, etc. Dans l'enceinte, une terrasse plantée de marronniers séculaires, autrefois promenoir privé des princes de la maison de Savoie, est appelée le *Grand-Jardin*; on y monte de la rue du Lycée par un escalier en haut duquel a été restauré le vieux *portail* (XVe s.) de l'église Saint-Dominique.

A côté du château, la **Sainte-Chapelle** (XVe s.) est un beau vaisseau ogival, avec porche construit dans le style Renaissance par Philippe de Juvara (à l'int., grisailles et vitraux anciens). — Au-dessous du château, le *jardin botanique* renferme le *musée d'histoire naturelle.*

Du Grand-Jardin on descend par la *rue du Lycée* (chapelle Renaissance du lycée, anc. église du second monastère de la Visitation) à la *place Grenette* (*statue* du président *Favre*, par Gumery et le marquis A. Costa de Beauregard), encadrée par le *palais de justice* (derrière, jardin public ou *promenade du Vernay*) et le *musée* (au rez-de-chaussée, musée d'antiquités, notamment celles des stations lacustres de la fin de l'âge du bronze, provenant du lac du Bourget; au 1er étage, *bibliothèque* de 40,000 vol., avec le bréviaire d'Amédée VIII, le testament de J. J. Rousseau, etc.; au 2e étage, collection de peintures). En face de la place s'ouvre la *rue de la Gare.*

Chambéry fabrique des *gazes* dont la réputation est européenne.

[ENVIRONS. — 45 min. N. aller et ret. en voit. *Rochers de Lémenc* (très ancienne *église* sur l'emplacement de l'antique *Lemincum* des Romains, avec crypte du XIe s. renfermant un beau *ciborium* et tombeaux d'un évêque d'Irlande, † 1176, et du général De Boigne). — 1 h. 15 N. *Chapelle de St-Saturnin*. — 1 h. N.-E. (voit. publique jusqu'à Leysse, 30 c.). Le *Bout-du-Monde*, ravin terminé par une paroi à pic, à la base du Roc de Saint-Jean-d'Arvey et de la Dent du Nivolet. — 25 min. E. Le *Buisson-Rond*, beau parc de la famille De Boigne, où les étrangers sont admis. — 6 k. S.-E. (tram, en 35 min.; 45 c.) **Challes-les-Eaux** *, station thermale, à 327 m., dans une vallée riante plantée de vignobles (2 sources d'eau sulfurée sodique, iodo-bromurée, employée dans un établissement; casino; anc. *château* seigneurial, transformé en hôtel, avec parc de 4 hect. précédé d'une belle terrasse). — 1 h. S. aller et ret. à pied. **Les Charmettes**, maison de campagne que le séjour (1736-1740) de J.-J. Rousseau et de Mme de Warens a rendue célèbre. — 30 min. S. *Cascades de Jacob*. — 5 à 6 h. N.-N.-E. La *Dent du Nivolet* (1,553 m.), par la route du Châtelard, (8 k.) *Saint-Jean-d'Arvey* et (14 k.) *les Déserts*, 1,044 hab., à 940 m. — Au S., 4 h. env. (route de voit. jusqu'à l'hôtel Bellevue), *Mont de Joigny*, dont le sommet (1,578 m.) offre une vue d'un caractère tout à fait alpestre. — *Mont Grelle* (1,426 m.), dont l'ascens. (sentiers muletiers) s'effectue soit (montée 5 h. 5, desc. 3 h. 30) en partant des Echelles (*V.* ci-dessous), soit (3 h. 50 et 3 h.) des Bains de la Bauche (R. 21), soit (3 h. 45 et 2 h. 30) de la cascade de Couz (R. 21), soit (3 h. 20 et 2 h. 30) de Saint-Thibaud-de-Couz (*V.* ci-dessous). — Lac d'Aiguebelette (R. 21), soit par le ch. de fer (R. 21), soit par la route (4 h.; 3 h. au ret.), Cognin (*V.* ci-dessous) et le *col d'Aiguebelette* (vue splendide), ouvert à 848 m. dans la chaîne du *Mont de l'Epine* (1,088 m.).

De Chambéry a la Grande-Chartreuse : 1° *par le ch. de fer jusqu'à Saint-Laurent-du-Pont* (49 k.; 40 k. jusqu'à Saint-Laurent, 4 fr. 20, 3 fr. 20 et 2 fr. 10; 9 k., par la route, de St-Laurent à la Chartreuse, voit. publique, 1 fr. 50, 2 fr. 50 aller et ret.). — De Chambéry à Saint-Béron, *V.* R. 21). — Le tram à vapeur domine le Guiers, qui parcourt une gorge imposante appelée *Portes de Challes*. — 30 k. *Chailles-la-Bauche-les-Bains*. Pour la Bauche, *V.* R. 21. — On entre dans un bassin verdoyant où s'unissent le Guiers-Mort et le Guiers-Vif. — 31 k. *Les Echelles* *, 828 hab., villégiature fréquentée, à 380 m., sur la rive dr. du Guiers-Vif (Savoie), qui le sépare du v. d'Entre-Deux-Guiers (Isère). — 35 k. *Entre-Deux-Guiers*. — On franchit l'Aigue-Noire, puis le Guiers-Mort. — 40 k. St-Laurent-du-Pont, et 9 k. de St-Laurent à (49 k.) la Chartreuse (*V.* R. 23).

2° *Par le col de Couz, les Echelles et Saint-Laurent-du-Pont* (38 k.; route de voit. de 23 k. de Chambéry aux Echelles par le col de Couz; 6 k. en ch. de fer des Echelles à Saint-Laurent-du-Pont : 55 c. ou 35 c.; 9 k. en voit. de là à la Grande-Chartreuse : voit. publ. 1 fr. 50, 2 fr. 50 aller et ret.). — Après avoir franchi l'Hyère près de (2 k.) *Cognin* (anc. château), la route en remonte la rive g. — 6 k. 6. A g., cascade de Couz (R. 21). — 10 k. S. *Saint-Thibaud-de-Couz*, à 530 m. — 16 k. *Col de Couz* (612 m.). — 18 k. 4. Grande paroi de rochers que l'on traverse par un tunnel long de 308 m. à l'entrée duquel est la maison du gardien où l'on peut se procurer un guide pour visiter les *grottes des Echelles*. — 22 k. S. Les Echelles, et 6 k. des Echelles à Saint-Laurent-du-Pont (*V.* ci-dessus, 1°). — De Saint-Laurent à la Chartreuse, *V.* R. 23.

3° *Par les Echelles, le Frou, Saint-Pierre-d'Entremont et le col du Cucheron* (61 k. 7; 50 k. 3 seulement, si l'on va de Chambéry aux Echelles par la route décrite ci-dessus, 2°; 34 k. par le ch. de fer de Chambéry aux Echelles, *via* Saint-Béron : 3 fr. 65, 2 fr. 75, 1 fr. 80; voit. du Syndicat d'initiative, l'été, des Echelles, 6 fr., dép. à 10 h. 30 mat. par le Frou, pour Saint-Pierre-d'Entremont [arrivée à midi 10; déj.; dép. à 1 h.], le col du Cucheron, Saint-Pierre-de-Chartreuse, le couvent [30 min. d'arrêt pour la visite] et Saint-Laurent-du-Pont). — 34 k. par le ch. de fer de Chambéry aux Échelles (*V.* ci-dessus, 1°). — On franchit le Guiers-Mort. — 36 k. *Saint-Christophe-entre-Deux-Guiers.* — Parvenu en haut d'une rampe, on parcourt le plateau de Berland (556 m.). — 38 k. 2. *Le Châtelard*, ham. à la sortie des gorges du Guiers-Vif; montée du Petit-Frou parmi des rochers. Vue sur la gorge boisée au fond de laquelle roule le Guiers. — 40 k. 6. On franchit en *tunnel* le gigantesque promontoire *du Frou*, au sortir duquel la route débouche dans une forêt. — 41 k. 1. *Pont du Rioubrigoud.* — 43 k. 2. *Le Serme* (belle vue, à dr., sur le vallon de la Ruchère). — On franchit le torrent des Eparres. La route court en un encorbellement pratiqué dans la Roche du Buis. — 45 k. 8. *Saint-Pierre-d'Entremont* * (640 m.), à la rencontre des routes du col du Frêne, du col du Cucheron et des Échelles par le Frou, au confl. du Cozon et de l'Herbetan avec le Guiers-Vif, est divisé en deux parties : l'une, rive dr. (Savoie), 744 hab., l'autre (Isère), 1,004 hab. C'est un bon centre d'excurs. dans la partie N. du massif de la Chartreuse. On peut en partir pour monter en 5 à 6 h. au *Granier* (1,938 m.), vaste plateau de calcaire suspendu au-dessus de colossales falaises. — 15 k. 9 de Saint-Pierre au couvent (*V.* ci-dessous, 4°).

4° *Par le col du Frêne, Saint-Pierre-d'Entremont et le col du Cucheron* (41 k.; voit. du Syndicat d'initiative du 1er juillet au 15 sept., 12 fr. 70 ou 11 fr. 20; dép. 7 h. matin, déj. à Saint-Pierre, arrivée au couvent 3 h. 30, Saint-Laurent-du-Pont 5 h., où l'on prend le ch. de fer arrivant à Chambéry à 7 h. 5; c'est l'itinéraire le plus pratique pour faire en une journée l'excurs. de la Grande-Chartreuse). — La route s'élève au-dessus de la ville (beau panorama en se retournant). — 9 k. 8. *Tunnel du Pas-de-la-Fosse* (867 m.), par lequel on franchit un contrefort du *mont Pollar* (1,497 m.), pour entrer dans le vallon d'Apremont. — 12 k. 6. *Hôtel Bellevue.* — A g., le mont Granier. — 15 k. (3 h. 50) *Col du Frêne* (1,164 m.). — 20 k. 2. *Entremont-le-Vieux* (840 m.). — 25 k. Saint-Pierre-d'Entremont (*V.* ci-dessus). — 29 k. 7. *Cloître*, ham. sur une terrasse dominant le torrent de Malissard. — 33 k. 4. *Col du Cucheron* (1,080 m.), dominé à l'O. par le Grand-Som. — 36 k. 6. Saint-Pierre-de-Chartreuse (R. 23). — 37 k. 7. *La Diat*, à la rencontre de la route du Sappey. — 41 k. Couvent de la Grande-Chartreuse (R. 23).]

De Chambéry à Courmayeur, par Albertville, Moutiers-Salins et le Petit-Saint-Bernard, et à Brides-les-Bains, Val de Tignes, R. 19; — à Saint-André-le-Gaz et à Lyon, R. 21.

Au delà de Chambéry, le ch. de fer de Modane traverse dans une profonde tranchée la base rocheuse de la montagne de Lémenc, puis franchit la Leysse, pour remonter la rive dr. de l'Albane.

605 k. *Chignin-les-Marches* (tours de l'anc. château de Chignin, dont l'une a été convertie par les Chartreux en chap. de St-Anthelme; château des Marches, orné de fresques, transformé en orphelinat).

[A 2 k. O., *N.-D. de Myans*, pèlerinage dans une contrée parsemée de petits lacs qui ont été formés en 1248 par la chute d'une partie du mont Granier.]

609 k. **Montmélian** (buffet), à la bif. de la ligne de Grenoble (R. 22), 1,093 hab., sur la rive dr. de l'Isère, à 264 m., doit son nom (*mons Emelianus*) à un rocher fortifié d'où l'on découvre une belle vue. — Sur la rive g. de l'Isère, château de *Saint-Jean-Pied-Gautier* (chapelle du XVe s.), que dominent les tours de l'ancienne forteresse féodale de *Montmayeur*.

613 k. *Cruet.* A 6 k. E., source

bicarbonatée sodique, iodo-bromurée, de *Coise*.

620 k. **Saint-Pierre-d'Albigny*** (à g., embranch. d'Albertville-Moutiers, R. 19), 2,981 hab., petite V. à l'aspect original (bon vin). A 5 k. N.-E., *château de Miolans*, sur un rocher élevé de plus de 300 m. au-dessus de l'Isère (vue magnifique). — La voie franchit l'Isère et, après un tunnel, le canal du Gelon.

624 k. *Chamousset* (309 m.), près du confl. de l'Arc et de l'Isère. — On pénètre dans la partie de l'étroite et sauvage vallée de l'Arc appelée la *Maurienne*, aux pentes revêtues de vignobles et de forêts. A dr., fort de *Montgilbert*, desservi par un funiculaire; à g., fort de *Montperché*, dominant *Aiton* (château des évêques de Maurienne).

633 k. *Aiguebelle*, 898 hab., à 325 m. (fabr. de produits chimiques). — 643 k. *Epierre*, à 368 m. (ruines d'un château). — Tunnel. — 651 k. *Les Chavannes-Saint-Remy*.

656 k. *Saint-Avre*, station de *la Chambre*, 705 hab. (curieux portail de l'église).

[A 12 k., *Saint-Colomban-des-Villards**, 1,143 hab. (curieux costume des femmes), station d'été à 1,104 m. dans un site riant et abrité, et principal centre de la *vallée des Villards*, dont la population mâle émigre l'hiver pour se livrer au colportage des toiles et des draperies.]

Au delà du large bassin dans lequel le Glandon vient se mêler à l'Arc, on voit à dr. la mont. du Grand-Châtelard. Au delà d'un tunnel la voie croise le torrent de *Pontamafrey* et contourne à g. le rocher portant la *tour de Bérold de Saxe*, dont le fils, l'empereur Conrad, donna l'investiture à Humbert-aux-Blanches-Mains comme premier comte de Maurienne.

666 k. **Saint-Jean-de-Maurienne***, 3,081 hab., ch.-l. d'arr., évêché, à 566 m., sur un plateau dominant le confl. de l'Arc et de l'Arvan. — Sur une place à l'entrée de laquelle une *tour* carrée sert de clocher, *cathédrale*, des XII° et XV° s., restaurée de nos jours dans le style « chartreusin ».

Sous le portique, modèle en plâtre du tombeau du comte Humbert, chef de la maison de Savoie, tombeau auquel était destiné un *bas-relief* en marbre auj. incrusté dans le mur. — A l'int., nef de dr. : autel et *mausolée* en marbre, or et mosaïque, élevés par les Chartreux à l'évêque St Ayrald, qui appartenait à leur ordre. — Nef de g. : *tombeaux* d'Oger de Conflans († 1441) et de 2 évêques; *trésor* au-dessus de la petite sacristie, derrière la chap. du Sacré-Cœur, par laquelle il faut sortir pour aller voir le *cloître* (1452), à arcades en albâtre. — Chœur : *boiseries* du XV° s., stalles et siège épiscopal; à g. du maître-autel, *ciborium* en albâtre, avec reliquaire contenant 3 doigts de St Jean-Baptiste, apportés, selon la tradition, en Savoie par Ste Tigre ou Ste Thècle, au commencement du VI° s.; en face, tombeau d'un évêque, † 1580. — *Crypte*.

Tour Bossue, ancien hôtel des monnaies des évêques de Maurienne. — *Musée Vulliermet*, collection d'antiquités mauriennaises. — *Statue du docteur Fodéré* (1764-1835), par L. Rochet. — En face de l'hôt. de l'Europe, *porte* (XVI° s.) de l'ancien collège Lambertin.

[A 20 min. E., sources de *l'Echaillon*, chlorurées, sulfatées sodiques. — Route de voit. très pittoresque,

23 k. 5 (courrier jusqu'au Chambon, 22 k.), de Saint-Jean-de-Maurienne à *Saint-Jean-d'Arves**, à 1,550 m., centre alpin très recommandable : promenade en 2 h. 30 à la *cascade du Travers*; ascens. de (au S.-E.; 7 à 8 h. des chalets du Rieu-Blanc, que l'on gagne en 4 h. et où l'on peut coucher) l'*Aiguille méridionale d'Arves* (3,511 m.); des (6 à 7 h. S.-E.) *Aiguilles de la Saussaz* (3,321 et 3,304 m.) et (même itinéraire) du *Signal du Goléon* (3,429 m.); du (11 h. S.-O.; 6 h. jusqu'au refuge César-Durand, situé à 2,200 m. env., un peu au-dessus des granges de la Balme, 5 h. de là au sommet) *Pic de l'Etendard* (3,473 m.; panorama extrêmement étendu), principal sommet du massif des *Grandes-Rousses*.]

La voie ferrée franchit l'Arvan, et, parcourant la plaine dite *les Plans*, s'engage dans un défilé (3 tunnels) de l'Arc. Sur la rive dr. un torrent débouche en formant un énorme cône de déjection, sous lequel le ch. de fer passe en tunnel pour pénétrer dans une gorge entre des rochers à pic dont le plus haut porte le *fort du Télégraphe*, au-dessus de la fissure profonde par laquelle débouche la Valloirette, dont les chutes font mouvoir les turbines d'importantes usines, notamment une fabr. d'aluminium, situées dans l'*île de Calypso*.

678 k. *Saint-Michel**, 2,045 hab., à 712 m. (vieilles tours; exploit. d'anthracite et de chaux).

[DE SAINT-MICHEL AU LAUTARET, PAR VALLOIRE ET LE COL DU GALIBIER (42 k. 5; superbe route, la plus haute de France; 8 h. 45 par les cars alpins, 12 fr.; excurs. très recommandée). — 5 k. *Monument du capitaine De France*, disparu le 15 juillet 1900, au cours d'une excurs. et dont la dépouille mortelle ne fut retrouvée que trois mois plus tard, sur les pentes de la mont. du Télégraphe. — La route parcourt une superbe forêt de sapins. — 11 k. 8. Cantine précédant un tunnel à la sortie (1,537 m. d'altit.) duquel la route débouche sur la vallée de la Valloirette. A dr., route du fort du Télégraphe.

16 k. 5. *Valloire**, 1,092 hab., lieu de villégiature à 1,384 m., dans un charmant bassin de prairies, au confl. de la Valloirette et de la Neuvachette. — 22 k. *Bonnenuit*, à 1,700 m. — 32 k. 280. *Tunnel du Grand-Galibier*, long de 380 m., au-dessous du *col du Galibier* (2,658 m.; vue d'ensemble du massif du Pelvoux). — Descente. — On joint la route de Grenoble à Briançon. — 42 k. 5. Le Lautaret (R. 27, *B*).]

La voie remonte une gorge sauvage (nombreux tunnels). — 688 k. *La Praz* (cascades).

693 k. **Modane*** (buffet; visite des douanes française et italienne), 2,603 hab., à 1,074 m., sur la rive g. de l'Arc, dans un bassin formé par de hautes montagnes, dans une ceinture d'usines et d'ouvrages défensifs qui font de cette ville double, Modane et le b. de Fourneaux qui l'avoisine, « un des panoramas des plus saisissants de la Savoie ».

[EXCURSIONS. — 5 h. aller et ret. *Cascade, chapelle de Saint-Benoît* et *Avrieux* (église avec crypte, fresques et bénitier remarquables), *pont du Diable*, forts de *l'Esseillon* et *Aussois*, à 1,439 m. — 1 h. 30 S.-S.-O. Chapelle *N.-D. du Charmaix* (1,508 m.), pèlerinage célèbre dans toute la Maurienne depuis Charlemagne. — 4 h. 15 S.-O. (route stratégique). *Col du Fréjus* (2,551 m.). — A l'O., 2 h. aller et ret. *Fourneaux*, 1,767 hab. (papeterie), *le Freney*, l'usine de la Société électro-métallurgique (fabr. d'aluminium et de carbure de calcium) et la Praz (*V.* ci-dessus). — Montée 7 h. 15, desc. 6 h. **Mont-Thabor** (3,192 m.), par N.-D du Charmaix (*V.* ci-dessus) et le *col de la Muande*. — 46 k., cars alpins, en

6 h., 6 fr. 50. *Bonneval-sur-Arc* *, à 1,835 m., la com. la plus élevée de la Savoie, au pied S. du col du Mont-Iseran, sur la rive dr. de l'Arc : en passant par *Villarodin* (1,240 m.), *Bramans*, *Termignon* (1,280 m.; fresques dans l'église, à clocher roman), au confl. de l'Arc et de la Leisse, *Lanslebourg* *, 974 hab., à 1,398 m. (clocher roman), *Lanslevillard*, à 1,499 m. (dans la chap. Saint-Sébastien, peintures murales), le *col de la Madeleine* (1,765 m.) et *Bessans* * (fromages renommés). De Bonneval à Tignes par le Mont-Iseran, R. 19.

De Lanslebourg à Suse, 37 k. (route de voit., serv. publics, 6 fr.) par l'*hospice du Mont-Cenis*, situé à 1,930 m., près d'un lac long de 2 k. sur 1 de larg., et dans une des régions botaniques les plus riches des Alpes. Pour Suse, *V.* l'*Italie*.]

La voie ferrée, quittant la vallée de l'Arc, pour remonter celle de Rieux-Roux, décrit une grande courbe autour de Modane, passe dans un tunnel et s'élève au flanc de la montagne pour atteindre, à 100 m. au-dessus du fond de la vallée, l'entrée du **tunnel du Fréjus** ou *du Mont-Cenis*, long de 13,052 m. et dont l'entrée est à 1,130 m. d'altit., la sortie à 1,291.

En sortant du tunnel, on aperçoit les Alpes au delà de la vallée de la Doire (Dora Riparia). La voie ferrée débouche dans la vallée de Bardonnèche.

712 k. *Bardonnèche*, à 1,258 m. — 717 k. Beaulard. — 723 k. Oulx. — 729 k. Salbertrand. — 739 k. Chiomonte. — 745 k. Meana. — 752 k. Bussoleno, d'où un embranch. conduit à Suse. — 760 k. Borgone. — 763 k. Sant' Antonino. — 767 k. Condove. — 771 k. Sant'Ambrogio. — 775 k. Avigliana. — 781 k. Rosta. — 786 k. Alpignano. — 790 k. Collegno.

799 k. Turin. (Pour la description de cette ville et de la route depuis le tunnel, *V.* l'*Italie*.)

ROUTE 18

D'ANNECY A ALBERTVILLE ET A CHAMONIX

D'ANNECY A ALBERTVILLE

46 k. — Ch. de fer, en 1 h. 52 à 2 h. 30. — 5 fr. 15; 3 fr. 50; 2 fr. 25.

La voie traverse la colline de la Puya par un long tunnel pour déboucher au bord du lac d'Annecy, qu'elle longe ensuite à g. A dr., le Semnoz (*V.* p. 97).

7 k. Sévrier (p. 97). — 10 k. Saint-Jorioz (p. 97). — 13 k. Duingt (p. 97). — Court tunnel. — 17 k. *Lathuile*.

20 k. *Doussard*, 1,174 hab., à l'entrée de la sauvage *Combe-Noire* ou *Combe d'Ire*, dans laquelle subsistent quelques ours bruns. — 23 k. *Giez* (*château*, style Renaissance; carr. de marbre).

26 k. **Faverges** *, 2,449 hab., V. industrielle, dans une plaine bien cultivée (château converti en manuf. de soieries; belle source; à 2 k. 6 S., cascade et grottes, éclairées à l'électricité, de *Seythenex*).

[DE FAVERGES A ALBERTVILLE PAR TAMIÉ (22 k.; route de voit.). — On remonte la *gorge de Tamié*, tapissée de forêts et de prairies. — 8 k. *Abbaye de Tamié*, à 898 m., sur le flanc de la *Sambuy* (2,203 m.) et dominée par la mont. de la *Belle-Etoile* (1,846 m.); fondée en 1132, elle est occupée par des Trappistes qui possèdent près du col un bel établissement agricole où se fabriquent d'excellents fromages. — 16 k. *Col de Tamié* (908 m.; belle vue sur la vallée de l'Isère), plateau entre la mont. de la Belle-Étoile, la *Tête-Noire* (1,701 m.), le *Parc du Mouton* (1,803 m.) et le *fort de Tamié*. — Descente à (14 k.) *Plancherine* (fruits et kirsch renommés). — La route, fort sinueuse, se développe dans la fertile *Combe de Savoie* (vignobles), franchit un affl. de l'Isère et passe au-dessous du *fort du Villard*, d'où l'on domine le beau bassin d'Albertville et le confl. de l'Isère et de l'Arly. — 22 k. Albertville (R. 19).]

La voie franchit le lit de la Chaise. — 30 k. *Marlens* (reinettes renommées).

37 k. **Ugines***, 2,325 hab. (ruines d'un château), b. à 460 m. d'altit., à 1 k. 3 de la gare, située aux *Fontaines-d'Ugines*, près du confl. de la Chaise avec l'Arly, dont les merveilleux défilés sont remontés par une des plus belles routes des Alpes françaises, desservie l'été par des cars alpins, la route de Flumet, Mégève et Saint-Gervais (*V.* ci-dessous, *B*). — La Chaise franchie, on descend la vallée de l'Arly.

40 k. *Marthod*. — Tunnel.

46 k. Albertville (buffet-hôt. dans la cour extér. de la gare; R. 19).

D'ANNECY A CHAMONIX

A. **Par le chemin de fer.**

105 k. — Traj. en 4 h. 30 à 5 h. 30. — 13 fr. 90; 8 fr. 25; 6 fr. 05.

38 k. d'Annecy à la Roche (R. 16). — 67 k. de la Roche à (105 k.) Chamonix (R. 14).

B. **Par Ugines, Flumet, Mégève, Saint-Gervais-le-Village et le Fayet.**

96 k. — Ch. de fer d'Annecy à Ugines et du Fayet à Chamonix. — Route de voit. et serv. de car alpin d'Ugines au Fayet. — Durée totale du parcours, 10 h. (on déj. à Flumet).

37 k. d'Annecy à Ugines (*V.* ci-dessus). — La route, remontant la gorge boisée de l'Arly, passe au ham. de *Metro* (rest.), au-dessous de *Héry-sur-Ugines* (cascade). 2 tunnels; ponts sur l'Arly et son affluent le Flon.

49 k. 5. *Saint-Nicolas-la-Chapelle*, à 975 m.; en face, à dr., le Nant-Rouge (truites renommées) descend de Bellecombe par une gorge boisée; sur le promontoire qui domine son confl. avec l'Arly, v. de *N.-D. de Bellecombe*, dont l'église (litre funèbre) faisait jadis partie d'un prieuré. On franchit l'Arondine.

51 k. **Flumet*** (douane), b. très pittoresque (ruines d'un château des barons de Faucigny), 873 hab., villégiature à 917 m., en amont du confl. de l'Arondine et de l'Arly (beau *pont* en granit). A 8 k., *Crest-Voland*, d'où l'on monte en 3 h. au *mont Bisanne* (1,947 m.; vue splendide). — 56 k. *Les Praz*.

61 k. **Mégève***, 1,770 hab., à 1,125 m., agréable station d'été sur un beau plan de pâturages et de sapins (belle vue). Importants marchés de mulets; miel renommé. — La route est bordée par 15 oratoires, stations du Rosaire. — 62 k. *Demi-Quartier*. — A g., route de (10 k.) Sallanches (p. 90) par (2 k.) *Com-*

bloux (vue admirable). Après avoir traversé la forêt des *Amérans* on franchit le Bon-Nant sur le pont du Diable (p. 91).

72 k. Saint-Gervais-le-Village. — 76 k. Gare du Fayet, et 20 k. du Fayet à (96 k.) Chamonix (R. 14).

C. Par Thônes, le col des Aravis et Flumet.

124 k. — Tram à vap. d'Annecy à Thônes, en 1 h. 15 à 1 h. 30 ; 2 fr. et 1 fr. 45. — Cars alpins de Thônes à Flumet et au Fayet. — Ch. de fer du Fayet à Chamonix. — Traj. total en 11 h.

5 k. Annecy-le-Vieux (*V.* p. 97). — On contourne la mont. de Veyrier en abordant sur le plateau des *Glaisins*. A g., belle vue sur le lac et la ville d'Annecy, ainsi que sur le Semnoz. — 7 k. *Sur-les-Bois*. — Après avoir atteint son point culminant (630 m.), la ligne descend vers le *défilé de Dingy*, où elle est comme suspendue au-dessus de la gorge du Fier.

11 k. *Dingy-Parmelan*, stat. près du *pont Saint-Clair* et à 1,500 m. S.-O. de *Dingy-Saint-Clair*, près du point d'intersection des quatre charmantes vallées de Nâves ou du Fier, de Thônes, de Menthon et de Dingy. En 4 h. à 4 h. 30, ascens. du Parmelan (*V.* p. 97). — 15 k. *Alex* (ancien château converti en ferme). — Arrêt de *La Belle-Inconnue* (cascade). — On franchit le Fier.

19 k. *Morette* (belle *cascade*), d'où l'on pourrait monter en 4 h. 30 à la Tournette (p. 97) par le *ravin* fantastique *des Mormons*.

22 k. **Thônes***, 2,871 hab., à 626 m., dans une vallée pittoresque et fertile (fromages renommés), au confl. du Fier et du Nom. Les hab. de la région émigrent volontiers à l'étranger, et quelques-uns reviennent au pays natal avec des fortunes considérables : c'est à l'un de ces privilégiés, M. J. Avet, qu'est dû l'*hôpital* de la ville de Thônes, qui a élevé une *statue* à son bienfaiteur. — Clocher de 1562 ; école d'horlogerie ; manoir de *la Tour* (XVIe s.).

[Excurs. — 2 h. 15. Promenade du *Mont*. — 5 k. *Manigod*, 1,225 hab., station de cure d'air à 925 m. — 12 k. (serv. public, 1 fr. 50). *Le Grand-Bornand* *, par le *col de Saint-Jean-de-Sixt* (1,012 m.), qui sépare la vallée du Nom de celle du Borne. Ce b. 2,019 hab., au confl. du Borne et du Chenaillon, est le rendez-vous de prédilection des chasseurs de chamois qui sont les plus riches montagnards de la Savoie ; c'est aussi un lieu de villégiature très fréquenté, un centre d'excurs. ou d'ascens. : à (3 h. aller et ret.) la *cascade Pehau* ; (1 h. 30) *les Bouts* ; (6 h.) la Pointe-Percée (p. 90) ; (5 h. à 5 h. 30) le Reposoir (p. 90), par le *col des Annes* (1,710 m.). — 18 k. Le Petit-Bornand (p. 89) par *Entremont*, à 791 m. (presbytère dans les restes d'une abbaye).]

La route traverse la *chaîne des Aravis* et remonte la vallée du Nom. — 26 k. 5. *Les Villards-sur-Thônes*, à 712 m., dominé par le *mont Lachat* (2,028 m.).

30 k. *Saint-Jean-de-Sixt*. — On s'engage dans un défilé (beaux sapins). A g., *chapelle Sainte-Marie-des-Voyageurs* fondée en 1615.

34 k. 5. *La Clusaz* *, 925 hab., villégiature fréquentée, au confl. du Nom et du Nant de Fernuy, à 1,040 m., à l'entrée

une gorge ou « cluse » hérissée de beaux sapins.

42 k. **Col des Aravis** * (1,498 m.), d'où l'on a la vue des glaciers du Mont-Blanc depuis l'Aiguille d'Argentière jusqu'au col du Bonhomme. — Descente; tunnel courbe.

50 k. *La Giettaz*, à 1,110 m., au confl. du ruisseau des Aravis et de l'Arondine; la route suit la rive g. de cette dernière rivière (à g., cascade du *Dard*), en franchissant plusieurs petits affluents dont le principal est le Mânant, qui tombe en cascade dans l'Arondine au pont de Mânant; petit tunnel.

57 k. Flumet, et 67 k. de Flumet à (124 k.) Chamonix (V. ci-dessus, *B*).

ROUTE 19

DE CHAMBÉRY A COURMAYEUR

PAR ALBERTVILLE, MOUTIERS ET LE PETIT-SAINT-BERNARD

162 k. 5. — Ch. de fer de Chambéry à Saint-Pierre-d'Albigny (25 k. en 35 à 40 min.; 2 fr. 80, 1 fr. 85, 1 fr. 25) et de Saint-Pierre à Moutiers-Salins (52 k., en 2 h. env.; 5 fr. 80, 3 fr. 95, 2 fr. 55). — Voit. publiques de Moutiers à Bourg-Saint-Maurice (27 k., en 3 h. 30; 3 fr. et 4 fr.), de Bourg-Saint-Maurice à l'hospice du Petit-Saint-Bernard (32 k. 3; 14 fr. de la gare de Moutiers à l'hospice) et de l'hospice à Courmayeur (26 k. 2, en 3 h.).

25 k. de Chambéry à Saint-Pierre-d'Albigny (R. 17).

35 k. *Grésy-sur-Isère*, 953 hab., au pied de hautes roches boisées dont l'une est appelée *Roche Torse*. — 41 k. *Frontenex*. — La voie ferrée s'approche de l'Isère.

49 k. **Albertville** * (buffet-hôtel), ch.-l. d'arr. de 6,164 hab., dans un bassin fertile, au confl. de l'Isère et de l'Arly, à l'ouverture de la plantureuse *Combe de Savoie* (vignobles), qui s'étend d'Albertville à Montmélian, au débouché des vallées de Flumet, de Beaufort et de Tarentaise, se divise en deux parties séparées par l'Arly: *Albertville*, proprement dit (*monument*, par Weitmen, commémoratif de 1870-1871), V. moderne aux rues régulières, dans la plaine, à 345 m.; en face, sur un roc, à 422-454 m., *Conflans*, l'anc. V. forte (à l'*église*, chaire sculptée et fonts baptismaux provenant de l'abbaye de Tamié; anc. couvent du XIIe s. servant de caserne; le *Château Rouge*, XIIe s., anc. résidence des princes de Savoie; belle vue, de la *terrasse de la Roche*). C'est un point stratégique très important, entouré de forts, batteries et blockaus, dont les routes d'accès forment de jolies promenades avec des vues variées.

[A 2 k. 5 env. E., *Farette* (sources minérales de *la Rossa*). — Ascens.: (8 h.) la *Roche-Pourrie* (2,045 m.); (11 h.) le *Mirantin* (2,465 m.); le *Grand-Mont* (2,698 m.); (14 h.) *Mont Bellachat* (2,488 m.). — A l'E.-N.-E. (voit. publique, 2 fr.), vallée du Doron ou de (20 k.) *Beaufort* *, 2,235 hab., à 758 m. (à 2 h. aller et ret., *château* occupé par une institution religieuse).]

D'Albertville au col de Tamié et à Annecy, R. 18.

On franchit l'Arly, pour remonter la vallée médiane de l'Isère, appelée *Tarentaise*.

55 k. *Tours*. — A g., ruines du château de la Bâthie, anc. manoir des archevêques de Tarentaise. — 58 k. *La Bâthie*, 1,324 hab. — 62 k. *Cevins* (ardoisières). — Tunnel percé dans un rocher surmonté d'une chap. moderne avec statue colossale de la Vierge. Ponts sur l'Isère en deçà et au delà du tunnel des Côtes. A g., *Feissons-sous-Briançon*, au-dessous des ruines d'un *château*. A dr., château de *Briançon*, qui dominait le défilé appelé *Pas de Briançon*. A g., *cascade de la Glaise*.

69 k. *Notre-Dame-de-Briançon* (petit établiss. thermal de *la Léchère*), à 450 m., au confl. de l'Isère et du torrent de Celliers. — A g., *Petit-Cœur* (carrières d'ardoises remarquables par leurs fossiles). La vallée s'élargit, et l'on entre dans un bassin appelé le *Jardin de la Tarentaise*. — 75 k. *Aigueblanche*. — *Tunnel des Essarts*, long de 1,464 m.

77 k. **Moutiers** *, 2,602 hab., anc. capitale de la Tarentaise, ch.-l. d'arr., évêché, à 480 m., à la jonction des vallées de la Haute-Isère, du Doron et de la Basse-Isère. — *Cathédrale* : chœur roman; porche de 1461; crypte; trésor intéressant. — Petit *musée* dans la maison Crud.

[Ascens. — 6 h. *Mont-Jovet* (2,563 m.; chalet-hôt. au-dessous du sommet). — 5 h. 30. Le *Quermoz* (2,304 m.). — 5 h. 30. *Crève-Tête* (2,347 m.). — 2 h. *Roc du Diable* (1,450 m.). — 7 h. *Le Cheval-Noir* (2,834 m.).

De Moutiers a Salins et a Brides (2 et 6 k.; tram électrique, en 30 min.; 75 c. et 50 c.; 25 c. et 15 c. pour Salins). — **Salins** *, 287 hab., station thermale, à 492 m., dans une gorge, sur la rive dr. du Doron un peu en aval du confl. de cette riv. avec le torrent de Belleville. *Etablissement de bains d'eaux thermales* (35° à 36°), salines, chlorurées sodiques.

Brides-les-Bains *, 271 hab., station thermale et villégiature, près de la jonction du Doron de Bozel et du Doron des Allues, est dominé par de hautes montagnes au-dessus desquelles se dressent les cimes neigeuses de la Vanoise. Ses *eaux thermales* (35° à 36°), sulfatées sodiques et calcaires, chlorurées sodiques, sont utilisées dans un établissement avec *casino*. — Excurs. : (30 min. S. aller et ret.) *bois de Cythère*; (2 h. 30 S. aller et ret.) *les Allues*, v. à 1,128 m., dans la *combe des Allues*, remarquable par ses sapinières et ses pâturages; (45 min. N.) *Gorge aux Pigeons*; (5 h. 30 S.-E.) *lac Bleu* ou *de la Loze*, etc.

De Brides à Pralognan (20 k.; serv. de cars alpins, 3 fr.). — 6 k. *Bozel* *, 1,172 hab., station d'été, centre d'excurs., d'où l'on pourrait aller (promenade recommandée), par (4 k. 5) *Champagny-le-Bas*, à 1,200 m. (curieux costume des femmes), et par les *gorges de Champagny*, (10 k.) au *Bois* ou *Champagny-le-Haut* * (1,480 m.), centre d'excursions. — 9 k. *Villard-de-Pralognan*, à 895 m., au confl. des vallées de Prémou et de Pralognan. A 1 h. 30 aller et ret., *gorges* grandioses *de Ballendaz*, où le Doron forme plusieurs cascades. — 20 k. **Pralognan** *, v. à 1,424 m., au milieu d'un cadre grandiose, près du confl. de la Glière avec le Doron. C'est le quartier général (beurre et miel excellents) des touristes qui veulent explorer les Alpes du centre de la Tarentaise, particulièrement le *massif de la Vanoise* (cime culminante, 3,861 m.).]

Au delà de Moutiers, on passe la gorge de *la Saulcette*. — 82 k. *Saint-Marcel*, v. dominé par le *rocher de Saint-Jacquemoz*. — On parcourt le *défilé du Saix* (tunnels; cascade où descend un sentier). Bientôt on com-

DE LYON À MONTÉLIMAR

Guides Joanne.

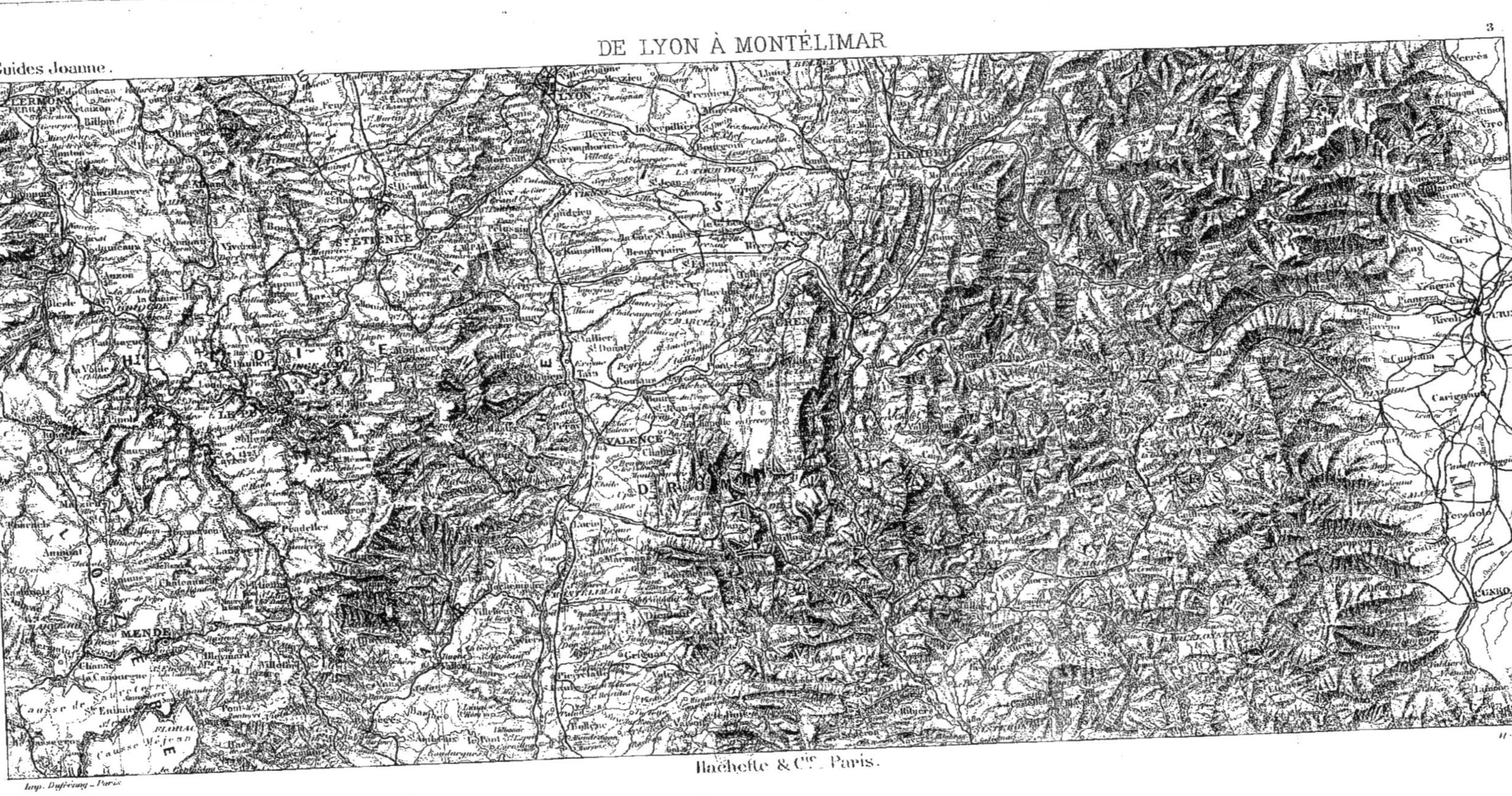

H. 08

Hachette & Cie Paris.

Imp. Dufrénoy, Paris

nce à apercevoir les glaciers Mont-Pourri.

9 k. *Villette*, près des rochers *Saut de la Pucelle*, au pied squels l'Isère coule dans un ilé. Dans la vallée, sur un cher de marbre rouge, maison s missionnaires de Ste-Anne.

92 k. *Aime* *, 1,052 hab., à m., au confl. du torrent Ormente, est l'antique *Axima*, ne des principales villes des ntrones, dont des débris ont vi à la construction de glise romane *de Saint-Martin* intures murales du XIIe s., ypte du XIe s.), au-dessous de quelle sont les ruines du *châu* des seigneurs de Montayeur et qui est reliée par un uterrain à la *tour* romaine *Saint-Sigismond*.

97 k. *Bellentre*. — A dr., val de *Peisey*. On traverse la rge d'Arbonne.

104 k. **Bourg-Saint-Maurice** *, 327 hab., à 815 m., près du nfl. de l'Isère et de plusieurs urs d'eau, notamment le tornt des Glaciers, l'Arbonne et Charbonnet, au centre d'un ssin dominé à l'E. par le Petit int-Bernard. Restes d'un châu et vieille tour. Miel réputé, aux vergers de pommiers, lle race bovine dite la *Tarine*.

[Ascens. : en 11 h. 20, par le che in Poccard, du **Mont-Pourri** ou *Thua* (3,788 m.; vue grandiose); en h. 30, du *Dôme de la Sache* ou *ande-Parei* (3,611 m.), une des ontagnes les plus belles et les plus cilement accessibles de la Savoie.

VAL DE TIGNES (33 k. jusqu'à Valisère; cars alpins en été, traj. en h.; excurs. recommandée). — 3 k. ez (*V.* ci-dessous). — La route monte la rive dr. de l'Isère. — k. *Longefoy*. — A dr., *Villaroger*, 1,100 m. — 11 k. *Sainte-Foy-Tarentse*, 935 hab. (curieuse coiffure des femmes appelée « frontière »; bon miel), à 1,051 m., à la base O. de la *Pointe d'Ormelune* (3,283 m.). — 15 k. *La Thuille-de-Sainte-Foy*, à 1,272 m. — 17 k. Chalets de *La Rey* (cascades du torrent des Clous). A dr., glacier de *la Gurra*. — 19 k. Chalets des *Pigettes*, à 1,477 m. — A dr., ham. de *la Savine* (cascades). — 20 k. *La Balme*, à 1,518 m. — On franchit le Nant Cruet (cascade), et, sortant de la forêt, on entre dans un bassin verdoyant. — 23 k. *Les Brévières de Tignes*, à 1,572 m. — La route rencontre la *gorge* grandiose *de Boissières* (mélèzes gigantesques). On franchit l'Isère pour entrer dans le magnifique bassin de prairies dit *Val de Tignes*.

26 k. *Tignes* *, 558 hab., à 1,659 m., au pied du Mont-Pourri, sur la rive g. de l'Isère, qui reçoit le ruisseau du *lac de Tignes* (situé à 1 h. 15 du v., à 2,088 m.) et le ruisseau de la Sassière (*cascade*), est un excellent point de départ pour une foule d'excurs. dans les Alpes Graies, notamment à l'*Aiguille de la Grande-Sassière* (3,756 m.; montée 6 h. 20). — La route parcourt une gorge sauvage de l'Isère. — 31 k. *Daille*, à 1,801 m.

33 k. *Val-d'Isère* *, v. à 1,849 m., sur la rive g. de l'Isère, dans un large bassin environné par un amphithéâtre de montagnes neigeuses, est une station très favorable pour explorer les montagnes et les glaciers de l'Iseran à la Levanna, entre les sources de l'Isère et de l'Arc, ainsi que les sommités des vallées de Cérésole, de Savaranche et de Rhêmes.

On peut se rendre en 5 h. de Val-d'Isère à Bonneval (*V.* p. 104) par un chemin muletier qui passe au (2 h. 30) *col du Mont-Iseran* (2,769 m.), ouvert entre la *Pointe de Lessières* (3,107 m.) et le *Signal du Mont-Iseran* (3,241 m.).]

Au delà de Bourg-Saint-Maurice on remarque à g. les forts du *Truc* et du *Vulmix*. — 106 k. Près de la tour du *Châtelard*, à 960 m., on franchit le Versoyen, et plus loin la Recluse (cascade).

107 k. 3. *Séez*, 1,214 hab., à 904 m. (ancien château occupé

par la douane; dans le mur de l'église, romane, tombe curieuse). De Séez, on monte généralement (en 4 h. 20) à l'hospice du Petit-Saint-Bernard par le chemin de mulets, anc. voie romaine, qui passe par (1 h. 45) *Saint-Germain*, à 1,274 m. — La route de voit., beaucoup plus longue, ne traverse que des ham. À mi-chemin de Séez à l'hospice, à 1,420 m., on rencontre *Belvédère-Hôtel*.

136 k. 3. **L'Hospice du Petit-Saint-Bernard**, à 2,157 m., fondé vers la fin du xe s. par St Bernard de Menthon, est desservi par l'ordre militaire et religieux de Saints-Maurice-et-Lazare; bien que situé sur le territoire français, il est resté à l'Italie, et la frontière passe à 50 pas à peine au delà des bâtiments. En hiver il n'est habité que par le directeur, assisté de deux domestiques et de deux chiens du Grand-Saint-Bernard. Les voyageurs aisés doivent donner, en échange de l'hospitalité offerte, 2 fr. 50 par repas et 50 c. pour le petit déj. et la ch.; de plus, il est d'usage de déposer dans le tronc une offrande. Observatoire météorologique; poste et télégraphe; jardin alpin d'acclimatation.

137 k. *Col du Petit-Saint-Bernard* (2,188 m.), dominé à g. par la masse du Mont-Blanc; à dr., *colonne de Joux*, monolithe antique surmonté depuis 1886 d'une statue de St Bernard, et restes d'un cromlech appelé *Cirque d'Annibal*. — Descente; à g., *lac Verney*, à 2,085 m., au pied O. du pic de *Lancebranlettes* (2,933 m.). On rencontre 3 cantines en deçà du ham. de *Pont-Serrand*, où l'on franchit sur un pont élevé de plus de 30 m. la crevasse où bondit la Doire.

148 k. 3. *La Thuile* (douane italienne), à 1,441 m. — 159 k. *Pré-Saint-Didier*, à 990 m.; 3 k. 5 de Pré-Saint-Didier à (162 k. 5). Courmayeur (*V.* la *Savoie*).

ROUTE 20

DE LYON A MARSEILLE

352 k. — Ch. de fer. — Traj. en 4 h 25 par le « Méditerranée-Express » 4 h. 35 à 5 h. 15 par les rapides 5 h. 15 à 7 h. par les express 13 h. et 13 h. 45 par les trains omnibus. — 39 fr. 40; 26 fr. 60 17 fr. 35. — Wagon-restaurant au rapide de 5 h. 19 soir.

On peut aller de Lyon à Avignon par un bateau à vap. partant du quai de la Charité, en amont du pont du Midi, les mercredi et samedi à 6 h matin : traj. en 12 h. env.; 11 fr. 50 ou 6 fr. 50; déj. à bord, 3 fr. 50.

On franchit le Rhône. — 5 k *Saint-Fons*. — 11 k. *Feysin*. — On traverse l'Ozon. — 16 k. *Sérézin*.

21 k. *Chasse* est relié à Givors (R. 34) par un embranch. qui franchit le Rhône. — 29 k. *Estressin*. — 2 tunnels et pont sur la Gère.

32 k. **Vienne** *, 24,619 hab. anc. capitale des Allobroges et cité prospère à l'époque gallo-romaine, auj. ch.-l. d'arr., sur la rive g. du Rhône, qui la sépare de Sainte-Colombe. On prend en face de la gare le *cours Brillier*. Au delà de la caserne, à g., la *rue d'Avignon* conduit au *boulevard de la Pyramide*, au milieu duquel se dresse le **Plan de l'Aiguille**

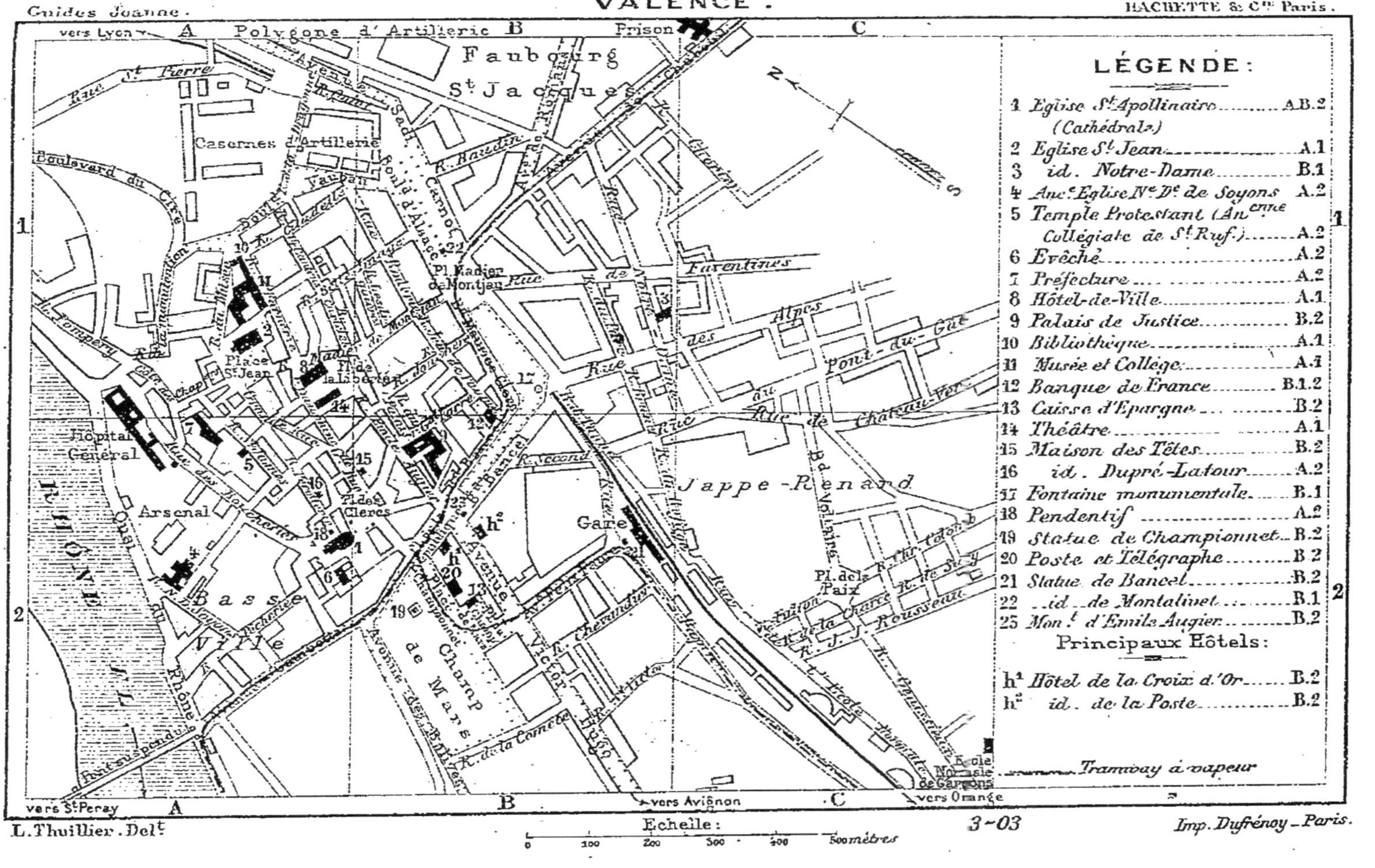
Guides Joanne.
VALENCE.
HACHETTE & Cie Paris.
LÉGENDE:
1 Eglise St Apollinaire (Cathédrale) A.B.2
2 Eglise St Jean A.1
3 id. Notre-Dame B.1
4 Anc. Eglise Ne De de Soyons A.2
5 Temple Protestant (Anc.ne Collégiale de St Ruf.) A.2
6 Evêché A.2
7 Préfecture A.2
8 Hôtel-de-Ville A.1
9 Palais de Justice B.2
10 Bibliothèque A.1
11 Musée et Collège A.1
12 Banque de France B.1.2
13 Caisse d'Epargne B.2
14 Théâtre A.1
15 Maison des Têtes B.2
16 id. Dupré-Latour A.2
17 Fontaine monumentale B.1
18 Pendentif A.2
19 Statue de Championnet B.2
20 Poste et Télégraphe B.2
21 Statue de Bancel B.2
22 id. de Montalivet B.1
23 Mon.t d'Emile Augier B.2
Principaux Hôtels:
h1 Hôtel de la Croix d'Or B.2
h2 id. de la Poste B.2
Tramway à vapeur
vers Lyon
Polygone d'Artillerie
Prison
Faubourg St Jacques
Casernes d'Artillerie
Boulevard du Cire
Place St Jean
Hôpital Général
Arsenal
Quai du Rhône
Basse Ville
Pont suspendu
Champ de Mars
Pl. Madier de Montjau
Jappe-Renard
Gare
Pl. de la Paix
Rue de Château-Vert
Rue du Pont-du-Gât
Rue des Alpes
Farentines
Ecole Normale de Garçons
vers St Peray
vers Avignon
vers Orange
L. Thuillier. Delt
Echelle:
0 100 200 300 400 500 mètres
3-03
Imp. Dufrénoy - Paris.

c. *spina* d'un cirque. Reve-nt sur le *Champ de Mars* par rue d'Avignon, on traverse le *rdin public* (fragment de voie maine; colonne milliaire).

On remontera le *quai du hône*, où la première rue à dr. nduit à l'*église abbatiale Saint-ierre*, du IXe s., renfermant le **usée lapidaire.** On reviendra ır le quai jusqu'au pont sus-endu, d'où l'on a une bonne ıe d'ensemble de la cathédrale.

L'église Saint-Maurice, an-ennement cathédrale métro-olitaine et primatiale, s'élève ır une terrasse qui domine le hône. Réédifiée en 1052, sa onstruction dura jusqu'en 1515. a façade a conservé de beaux estes de la riche ornementa-ion primitive.

A l'int. : bas-côté g. du chœur, oile de Desgoffes (*St Maurice*) et itrail du XVIe s.; dans le chœur, ıausolée du cardinal A. de Mont-ıorin; chap. du bas-côté N. du hœur, verrière moderne et tombeau u XVIe s.; à l'int. de la porte N., as-reliefs curieux (XIIe ou XIIIe s.).

Revenant sur le quai du Rhône, on le suivra jusqu'au ruisseau de la Gère. De l'extré-mité S. de la *place du Jeu-de-Paume*, par la *rue de la Table-Ronde*, on accède à l'*église Saint-André-le-Bas* (XIIe s., moins la façade). On prend à dr. la *rue des Clercs*, puis la *rue Teste-du-Bialler* (la 1re rue à g.) et ensuite à dr. la *rue Marchande* et la *rue des Orfèvres* (nos 7 et 11, maisons anciennes, entrer dans la cour), et enfin à dr. la *rue Péroullière*, qui conduit à l'*Hôtel de Ville* (sur la place, *statue de Ponsard*, par Geoffroy-Dechaume).

La *rue de la Chaîne*, à l'O. de l'hôtel de Ville, conduit à la *place du Palais*, où se dresse, près du *Palais de Justice*, le **Temple antique d'Auguste et de Livie.** De la place, par sa suite la rue Clémentine, on aboutit au **musée des tableaux,** bronzes, statues et objets d'art (le Plan du Lac et la Dernière messe, peintures de *Guétal* et *Clairin*; Tête de femme, scul-pture, sur ivoire, de la bonne époque romaine).

La principale industrie de Vienne est la *draperie*, dont la production annuelle est de 20 millions.

[A l'E. (1 h. aller et ret.), *mont Pipet* (restes d'un château avec tour surmontée d'une statue colossale de la Vierge; belle vue). — A 500 m. O., *Sainte-Colombe*, 1,217 hab. (tour du XIVe s.; dans l'église, groupe en marbre du XVe s.).

De Vienne au Grand-Lemps (tram à vap.; 53 k., en 3 h. 7; 3 fr. 80 ou 4 fr. 75). — Stat. de la *Place de la Demi-Lune*, d'où un embranch. de 1 k. 5 conduit à Estressin (*V.* ci-dessus). — 8 k. 6. *Estrablin*, 1,243 hab. — 24 k. 1. *Saint-Jean-de-Bournay*, 3,285 hab. (ruines d'un donjon), centre industriel, sur la Gervonde. — Au delà du *Mottier* (église du XIe s.), la voie parcourt la région des *Terres-Froides*. — 52 k. 4. Le Grand-Lemps (R. 21).

De Vienne a Roybon (68 k., tram à vap., en 4 h. 46; 5 fr. 40 ou 3 fr. 50). — 24 k. jusqu'à Saint-Jean-de-Bournay (*V.* ci-dessus), où l'on change de tram. — 42 k. *La Côte-Saint-André*, 3,900 hab., à la lisière N. de la grande plaine de Bièvre (château de 1600, belle vue; église des XIVe-XVe s.; liqueurs renommées), est relié par un tram à vap. (14 k., en 54 min.; 1 fr. 15 ou 70 c.) au Grand-Lemps (R. 21). — 48 k. *La Côte-Saint-André-P.-L.-M.*, stat. où l'on croise la voie de Saint-Rambert à Grenoble (*V.* ci-dessous). — 51 k. *Saint-Siméon-de-Bressieux* (tour anc.; grotte du Trou des Fées; à 1 k. S.-E., ruines du *château de Bressieux*). — 64 k. *Chambaran* (champ de tir). — 68 k. *Roybon*, 1,800 hab., centre industriel et agricole, dominant le confl. du ruisseau de Grignan et de l'Aiguenoire, qui forment la Galaure.]

36 k. *Vaugris*. — 43 k. *Les Roches-de-Condrieu*.

52 k. *Le Péage-de-Roussillon*, 1,657 hab. A 1 k. O., *Roussillon*, 1,263 hab. (château bâti en 1533 par le cardinal de Tournon; église des XIVe-XVe s.; maisons du XVIe s.). — 56 k. *Salaise* (église avec crypte romane).

61 k. **Saint-Rambert-d'Albon** (buffet), 2,142 hab., d'où part la ligne de Grenoble, est relié par un embranch. qui franchit le Rhône à Peyraud, station du ch. de fer de Lyon à Nîmes par la rive dr. du fleuve.

[DE SAINT-RAMBERT A GRENOBLE (92 k.; ch. de fer, en 2 h. 32 à 4 h. 47; 10 fr. 40, 6 fr. 95, 4 fr. 55). — On parcourt la *Valloire*. — 10 k. *Epinouze* est relié par une voit. publique (60 c.) à (5 k.) *Moras*, v. qui a conservé son aspect féodal. — 15 k. *Manthes* (église du XIe s.; restes d'un prieuré; sources de la Venze). — 21 k. *Beaurepaire*, 2,881 hab., au pied d'un coteau dominant la vallée où coulent la Suzon et l'Auron (église du XVe s.; maisons anciennes). — A dr., v. pittoresque de *Beaufort*. — — 37 k. *La Côte-Saint-André-P.-L.-M.*, stat. où l'on croise le tram de Vienne à Roybon (*V.* p. 111). — 44 k. *Saint-Etienne-de-Saint-Geoirs*, 1,615 hab., sur le Rival (maison seigneuriale et tour du XVe s.; donjon de Saint-Cierge, XIVe s.; chap. du XIVe s. près de la belle église moderne; maison où naquit Mandrin en 1724). — 50 k. *Izeaux*. A 1 h. S.-E., chap. de *N.-D. de Parménie*, fondée au IXe s., but de pèlerinage le 8 sept., jour où se tient dans le voisinage une foire très fréquentée. — On joint la ligne de Lyon à Grenoble. — 56 k. Rives, et 36 k. de Rives à (92 k.) Grenoble (R. 21).]

67 k. *Andancette*. A 45 min. E., *Saint-Romain-d'Albon* (sur une hauteur, belle vue, *tour d'Albon*, reste du château d'où sont sortis les Dauphins du Viennois).

73 k. *Saint-Vallier*, 4,286 hab., en amphithéâtre au confl. de la Galaure et du Rhône (ancien château gothique de *Chabrillan*; fabr. de faïence à feu).

[DE SAINT-VALLIER AU GRAND-SERRE (31 k.; tram à vap., en 2 h. 15; 3 fr. 20 et 2 fr. 40). — Vallon de la Galaure. — 5 k. *Rochetaillée*, gorge sauvage ouverte de main d'homme dans un rocher. — 6 k. *Saint-Uze*, 1,646 hab. — 16 k. *Châteauneuf-de-Galaure*, 1,271 hab. — 22 k. *Hauterives* (1,773 hab.). — 31 k. *Le Grand-Serre*, 1,407 hab. (anciennes *murailles* percées de 5 portes; église du XIIIe s.), centre commercial des produits de la Galaure.]

On franchit la Galaure. — 80 k. *Serves-Erome* (ruines d'un château).

88 k. **Tain** *, 3,148 hab., sur la rive g. du Rhône, en face de Tournon (Ardèche; *V.* R. 34), avec lequel il communique par deux ponts. — *Eglise* romane moderne. — Sur la place de l'Hôtel-de-Ville, *taurobole* de l'an 184. — Etablissement de bains thermo-résineux. — Vignobles renommés de *l'Hermitage*; fabr. d'objets en terre réfractaire.

[DE TAIN A ROMANS ET A SAINT-DONAT (tram à vap. : pour Romans, 18 k., en 1 h. 5, 1 fr. 40 et 1 fr.: pour Saint-Donat, 20 k., en 1 h., 1 fr. 45 et 1 fr.). — De *Tain-Transit*, on vient passer sous le P.-L.-M. — 10 k. *Bifurcation de Clérieux*, où on laisse la ligne de St-Donat (*V.* ci-dessous). — 18 k. Romans (R. 22, *A*).

Guides Joanne — **VIENNE** — HACHETTE & Cie Paris

Environs de VIENNE

Principaux hôtels:

- h.1 *Hôtel du Nord* .... B.3.
- h.2 *id. de la Poste* .... B.3.
- h.3 *id. des Voyageurs* .... B.3.

LÉGENDE

1. *Cathédrale St Maurice* B.3
2. *Eglise St André-le-Bas* B.2
3. *id. St André-le-Haut* C.2
4. *id. St Martin* C.1
5. *Musée Lapidaire (Anc. Egl. St Pierre)* A.3
6. *Sous-Préfecture* B.3.4
7. *Hôtel de Ville (Stue de Ponsard)* B.2
8. *Palais de Justice* B.2
9. *Collège* C.2
10. *Bibliothèque Musée* B.3
11. *Poste et Télégraphe* B.3
12. *Pont de Gère* B.1
13. *id. St Martin* C.1
14. *id. de la Roche* C.1
15. *Voie Romaine* A.4
16. *Temple d'Auguste et de Livie* B.2
17. *Théâtre et Portique du Forum* B.2
18. *Plan de l'Aiguille (Pyramide)* A.5
19. *Abattoir (Murs romains)* C.2

L. Thuillier Delt. — Echelle 0 100 200 300 400 500 Mètres — *Imp. Dufrénoy*

3-03

Pour Saint-Donat on ne change s de train. — 10 k. de Tain à la urc. de Clérieux (V. ci-dessus). — k. *Clérieux-Ville*, 1,209 hab., v. lustriel (château ruiné). — 20 k. *int-Donat*, 2,749 hab., près du nfl. de l'Herbasse et du ruisseau s Verrières (château des rois de urgogne, x^{e} et xie s.; ancienne lise collégiale du xie s.).]

A g., asile de *la Teppe* (traiment des épileptiques). La ie s'éloigne du Rhône. A dr., ines de Crussol (R. 34).

97 k. *La Roche-de-Glun*. — On anchit l'Isère. Tunnel sous alence.

106 k. **Valence*** (buffet), ,946 hab., ch.-l. du départ. la Drôme, siège d'un évêché, t situé en amphithéâtre, à 8 m., sur la rive g. du Rhône. En arrivant on aperçoit la *atue de Bancel* (par Amy), reésentant du peuple. On suivra *avenue Félix-Faure*, conduiant au *Champ de Mars* (*monuent* du littérateur *Louis Gal-l*), qui se prolonge par l'*eslanade Championnet* (*statue du énéral Championnet*, par Sapey). Revenant vers l'angle N.-E., n traverse la *place de la République*, et, laissant à g. l'avenue ambetta, qui descend au pont uspendu, on prend la *rue aunière*, puis la 1re rue à g., a *rue Saint-Dizier*, qui aboutit l'évêché près de la cathédrale.

La cathédrale de Saint-Apollinaire, rebâtie au xie s. dans le tyle roman auvergnat, a été uinée en partie pendant les uerres de religion et restaurée u remaniée depuis. Une tour noderne, haute de 57 m., surnonte le beau *porche* en marbre le Crussol. A l'int. : cénotaphe contenant le cœur et les enrailles du pape Pie VI, avec buste du pontife, par Le Laboureur; lutrin Louis XIV en fer forgé.

En sortant par le portail N. on rencontre *le Pendentif*, petit édifice de la Renaissance, érigé en 1538 dans l'ancien cloître de Saint-Apollinaire, pour servir de sépulture à l'anc. famille parlementaire De Mistral. En face, rue Pérollerie, n° 7, la *maison Dupré-Latour* (on laisse visiter; sonner) présente une porte avec allée et cage d'escalier Renaissance d'un grand intérêt. Revenant sur ses pas, on atteint, par la *rue Championnet*, la *place des Clercs*, au N. de laquelle on voit dans la Grande-Rue la **maison des Têtes** (1532). La Grande-Rue se prolonge par la *rue Dauphine*, qui aboutit à la *place de la Liberté* (*hôtel de ville* : on peut visiter). On suit à dr. en sortant la rue de l'Hôtel-de-Ville, au bout de laquelle, en face, dans la *rue Saint-James*, s'élève le *temple protestant*, autrefois chapelle de l'*abbaye de Saint-Ruf*. On suit à dr. la rue Saint-James; à g., *préfecture*, anc. hôtel de l'abbé de Saint-Ruf. On arrive à dr. sur la *place Saint-Jean*, où l'*église Saint-Jean-Baptiste* n'a guère conservé de l'époque de sa fondation que son antique clocher.

Dans la *rue du Musée*, formant prolongement de la Grande-Rue, à l'extrémité de la place Saint-Jean, se trouve à dr. le **Musée** : sculptures tirées de l'anc. collégiale de Saint-Barnard de Romans; antiquités romaines, tableaux (*David*, Mort d'Ugolin; *E. Devéria*, Mort de Jane Seymour; *Abraham Janssens*, L'Oiseleur; *In-*

connu, XIVe s., Couronnement de la V.; *Feyen-Perrin*, Vanneuse bretonne), dessins de *Hubert Robert*, etc.

On longe la *place* et le *boulevard Vauban*, puis le *boulevard d'Alsace* (*statue de Montalivet*, par Crauk) et le *boulevard Maurice-Clerc* (au carrefour du *boulevard Bancel*, *fontaine* monumentale), d'où par la *rue Papin* à la gare. A l'intersection de l'*avenue Victor-Hugo* et de la *rue Emile-Augier*, **monument d'Emile Augier**, poète dramatique (1820-1889), œuvre de Mme la duchesse d'Uzès.

[A 1 h. S., établissement thermo-résineux et hydrothérapique de *Baume-les-Bains*. — A 4 k. 5, Saint-Péray, d'où en 50 min. aux ruines de Crussol (*V.* R. 34).

DE VALENCE A SAINTE-EULALIE (62 k.; tram à vap.; 5 fr. 10 et 3 fr. 85). — On franchit le canal de la Bourne. — 11 k. *Chabeuil*, 3,100 hab., V. industrielle, sur la Véoure (vieux château; porte féodale). — 28 k. *Bourg-de-Péage*, 4,958 hab. — A g., château de *Pizançon*. — On franchit le Riousset, pour longer le canal de la Bourne, puis le torrent de Bièvre, pour côtoyer l'Isère. Après avoir croisé deux fois le canal, on laisse à g. le pont sur l'Isère conduisant à la station du P.-L.-M. — 46 k. Saint-Nazaire-en-Royans (R. 22, p. 142). — 54 k. Saint-Jean-en-Royans (R. 22, *B*, p. 142). — Viaduc à 33 m. au-dessus du ruisseau du Cholet. — 60 k. *Saint-Laurent-en-Royans*, 1,042 hab., à l'entrée du cirque de Laval (institution de sourds-muets). — 62 k. Ste-Eulalie-en-Royans (R. 22, *B*).]

113 k. *Portes*. — 116 k. *Etoile*, 2,890 hab. (château ruiné). — On franchit la Véoure et le canal de la Lauze.

124 k. **Livron** (buffet), V. industrielle de 4,320 hab., à 2 k. 5 E. (ruines d'un château), est relié à Lavoulte, stat. du ch. de fer de Lyon à Nimes par la rive dr. du Rhône (*V.* R. 34), par un embranch. qui franchit le fleuve.

[DE LIVRON A VEYNES PAR DIE (117 k.; ch. de fer, en 4 h. 6 à 6 h. 19; 13 fr. 20, 8 fr. 85, 5 fr. 75). — On remonte la rive dr. de la Drôme. — 6 k. *Pont-de-Livron*. — 9 k. *Allex-Grâne*. A *Allex*, 1,419 hab., *château* du XVIIIe s.

18 k. **Crest** *, 5,579 hab., V. industrielle. **Donjon** du XIIe s., un des plus grands qui existent en France (20 m. sur 32 m. 50 de côté, 49 m. de haut. maxima); à l'hôtel de ville, gravée sur la pierre, charte de la commune de Crest accordée en 1188 par Adhémar de Poitiers, comte de Valentinois. Excurs. à (14 k.) *Saou* (ruines de l'abbaye de *Saint-Tiers*, fin du IXe s.; anc. *hôtel d'Eurre*; donjon polygonal de *Lastic*, XIVe s.), v. à 3 k. duquel s'ouvre le *Pertuis de la Forêt*, portail naturel par lequel sort le ruisseau de Vèbre, servant d'écoulement aux eaux qui tombent dans la *Forêt de Saou*, colossale corbeille, longue de 12 à 13 k. et large de 5 à 6, formée extérieurement de rochers à pic, et garnie à l'int. de pentes inclinées, tapissées de prairies et de forêts; vers les deux extrémités de son grand axe se dressent à l'E. *Roche-Courbe* (1,592-1,562 m.; ascens. en 4 h.), à l'O. *Roche-Colombe* (888 m.).

On franchit la Drôme. — 22 k. *Aouste*, 1,219 hab. — 33 k. *Saillans*, 1,728 hab., dans une gorge, au débouché de la vallée de Riousset. — La vallée de la Drôme devient une gorge tortueuse; tunnel; on traverse le torrent. — 40 k. *Vercheny* (vin blanc mousseux). A 4 k. 5, sources minérales d'*Aurel* (eau de table). — On croise de nouveau la Drôme au *défilé de Pontaix*, v. pittoresque à l'entrée d'une gorge (pont ancien d'une arche; ruines d'un château).

54 k. **Die** *, 3,638 hab., ch.-l. d'arr., à 410 m., au pied d'une colline où se

DE MONTÉLIMAR À MARSEILLE

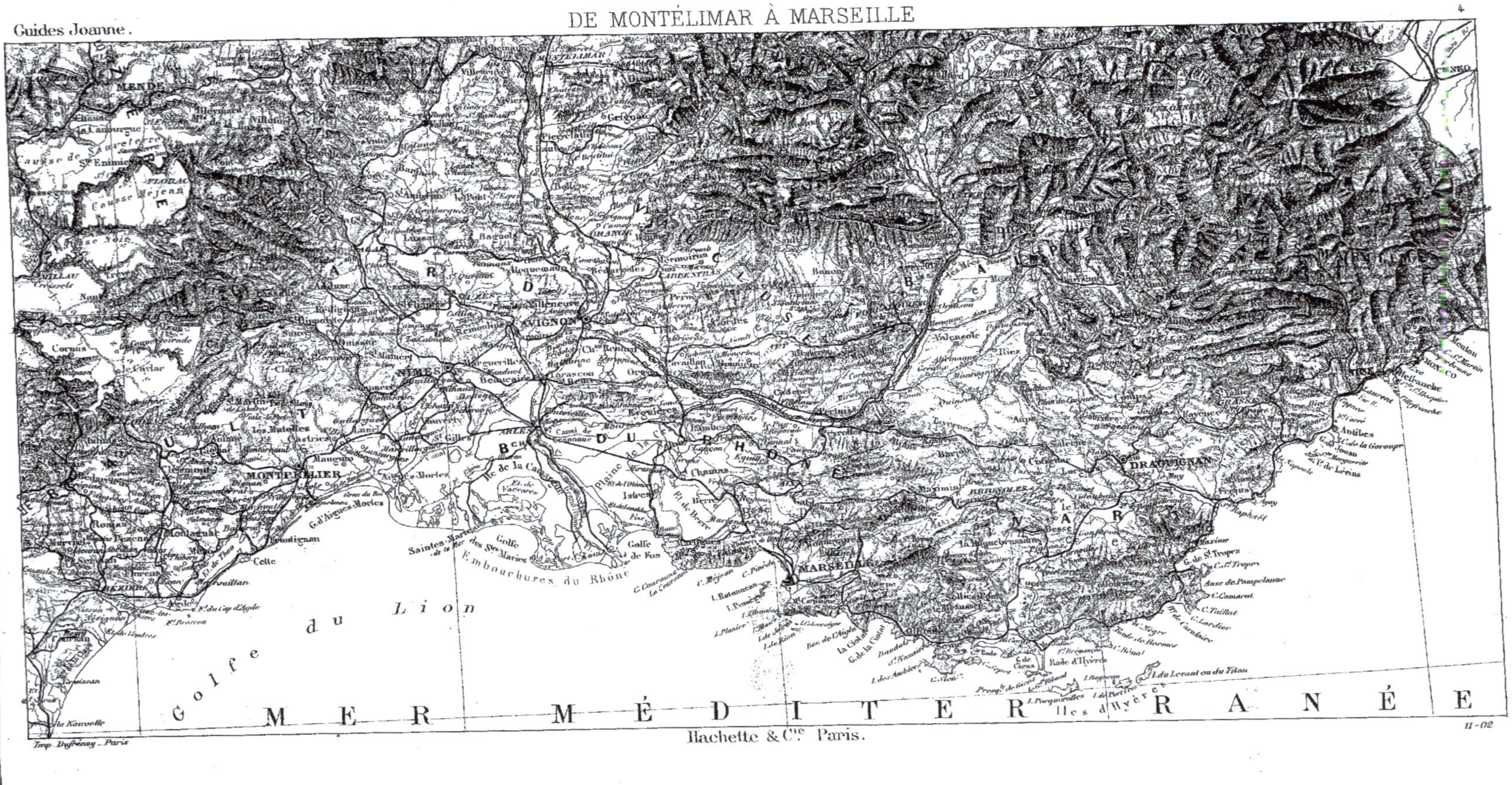

Imp. Dufrénoy, Paris
Hachette & Cie Paris.
11-02

trouvait l'anc. ville, près du confl. de la Drôme et du Meyrosse, est abrité par des montagnes dont la principale est le *mont Glandasse* ou *Glandaz* (2,025 m.). C'est un centre industriel et commerçant (scieries, ciments, magnifiques noyers du Diois), renommé pour ses vins champanisés dits *clairette de Die*. — De la gare, par l'*avenue Sadi-Carnot*, on va joindre la *rue Nationale*, qui traverse toute la ville. On continue jusqu'au *viaduc* (jolie vue) sous lequel passe le torrent de Meyrosse; puis, revenant sur ses pas, on prend la *rue Saint-Marcel* (1re à dr.), à l'extrémité de laquelle est la *Porte Saint-Marcel*, anc. arc de triomphe romain. En continuant à revenir sur ses pas dans la rue principale, il faut prendre la seconde rue à g. jusqu'à la *place de l'Horloge* et à la cathédrale, près de laquelle, rue de Villeneuve, 32, l'*hôtel de M. de Fontgalland* renferme une remarquable collection d'antiquités et une importante bibliothèque (demander par lettre la permission de visiter). La *cathédrale* offre un porche (XIe s.) supporté par des colonnes de granit ayant appartenu à un temple de Cybèle (au portail, restes d'une Passion du XIIe s.; à l'int., chaire Renaissance et *Cène* curieuse dans le bas-côté g.). Sortant par le portail S., appelé *porte Rouge* et revenant près du porche, on prend la rue à g., où se trouve le *temple protestant* (en face, maisons Renaissance). On aboutit à la *promenade de la Mairie* (à la *mairie*, *mosaïque* gallo-romaine), anc. jardin de l'évêché (*buste* en bronze coloré, par Mme Clovis Hugues, *de la comtesse de Die*, érigé par les Cigaliers et les Félibres). — Aux environs, Bains thermo-résineux du *Martouret* (2 k. S.-E.) et de *Saillères* (3 k. E.-S.-E.); à 7 k. E., ancienne *abbaye de Valcroissant*, fondée en 1188.

Au delà de Die le ch. de fer franchit le Bez. — 68 k. *Recoubeau*. — 74 k. *Luc-en-Diois*, 920 hab., à 581 m., l'anc. *Lucus Vocontiorum* (découvertes d'antiquités). Au S. du b., *rochers du Claps*, éboulement d'une montagne qui, en barrant la Drôme, avait formé deux lacs auj. desséchés. — La voie ferrée passe le *viaduc du Claps*, construit à 44 m. au-dessus de la Drôme. — 5 tunnels; on quitte la vallée de la Drôme pour remonter celle de la Maravel. — 88 k. *Beaurières*, au confl. de la Maravel et de la Chauranne; la voie ferrée s'élève par la vallée de cette dernière (8 tunnels) vers une crête que l'on franchit à l'altit. de 885 m. par un *tunnel* de 3,764 m., en dessous du *col de Cabre* (1,180 m.). — 98 k. *La Beaume-des-Arnauds*, à 882 m. (*cascade* de 60 m.). — 104 k. *Saint-Pierre-d'Argençon* (777 m.), près duquel se trouve une des anciennes merveilles du Dauphiné, la *Fontaine Vineuse* (eau ferrugineuse). — 110 k. Aspres-sur-Buech; — 117 k. Veynes (buffet-hôt.; R. 26).]

Au delà de Livron le ch. de fer de Lyon à Marseille franchit la Drôme. — 127 k. *Loriol*, 3,108 hab. — 134 k. *Saulce-sur-Rhône*, 1,107 hab.

140 k. *Lachamp-Condillac.*

[Une route qui passe au-dessous de *Condillac* (sources gazeuses et bicarbonatées calciques employées comme eau de table) dessert (10 k. E.) *Marsanne*, 1,227 hab., où est né M. Emile Loubet, Président de la République française, et (10 k. 6) le Sanctuaire de *N.-D. du Fresneau* (pèlerinage le 8 sept.; à 1 k. N., *source* curieuse *de Rabouin*).]

151 k. **Montélimar** * (buffet), 13,351 hab., ch.-l. d'arr. (industrie de la soie; *nougat* réputé), sur la rive dr. du Roubion. — En sortant de la gare on traverse le *jardin public*, au delà duquel se trouve le *Champ de Mars* (théâtre à l'extrémité S.), puis la *place d'Armes* (*fontaine* monumentale), bordée par l'*hôtel de ville* (*bibliothèque* et *musée*, avec table de marbre sur laquelle furent gravées en 1198 les franchises de la cité). De là on

monte à l'ancien château, auj. prison (débris de la *chapelle* romane *de Sainte-Agathe; tour de Narbonne*, XIVe s.; vue splendide). Avant de regagner la gare on pourra faire le tour des anciens remparts, dont il subsiste 4 *portes*. — 2 *maisons* intéressantes *rues des Taules* et *de Diane-de-Poitiers*.

[A 4 k. S.-E., Bains de *Bondonneau* (2 sources sulfureuses gazeuses et une ferrugineuse), avec hôt.-établissement et petit casino.

DE MONTÉLIMAR A DIEULEFIT (29 k.; tram à vap., en 1 h. 40; 3 fr. et 2 fr. 25). — On remonte la vallée du Jabron. — 9 k. *Puygiron* (château ruiné), sur un mamelon. — 17 k. *La Bégude-de-Mazenc*, 1,517 hab. Etablissement hydro-électrothérapique de *Mazenc-les-Bains*, dans le parc d'un château du XVIIe s. converti en hôtel. — 23 k. *Poët-Laval* (ancien *donjon*).

29 k. *Dieulefit* *, 3,545 hab., à 389 m., au pied de la montagne de *Dieu-Grâce* et à l'issue de la gorge du Jabron (fabr. de draperie et de poterie; sources minérales).]

La voie franchit le Roubion grossi du Jabron. — 160 k. *Châteauneuf-du-Rhône*, 1,103 hab., sur la rive g. du Rhône (restes de remparts et porte fortifiée; château de *Montpensier*), est relié par un pont suspendu à Viviers (R. 34). — La voie passe au-dessous des belles falaises de Donzère.

164 k. *Donzère* *, 1,582 hab. (ruines d'un château, XIIIe-XVIe s.; église romane; villa de la Renaissance, construite vers 1500 par Claude de Tournon, prince de Donzère).

[A 15 k. E.-N.-E., *Trappe d'Aiguebelle* (les hommes seuls visitent l'intérieur), fondée au XIIe s. (importante chocolaterie).]

La voie, s'éloignant du Rhône, franchit la Berre.

172 k. **Pierrelatte** *, 3,121 hab. (sur la place, *buste* du tribun *Madier de Montjau*, par Enderleng), communique par un pont suspendu avec (5 k.; omnibus) Bourg-Saint-Andéol (R. 34).

[A 5 k. E.-N.-E., sur un haut promontoire, *La Garde-Adhémar* possède une curieuse *église* romane; à 2 k. plus loin, *chapelle* ruinée *du Val des Nymphes* (XIe s.), un des types les plus purs du style roman.

DE PIERRELATTE A NYONS (42 k.; ch. de fer, en 2 h.; 4 fr. 70, 3 fr. 20, 2 fr. 05). — 7 k. *Saint-Paul-Trois-Châteaux*, 2,185 hab., d'abord colonie romaine d'*Augusta Tricastinorum*, puis évêché (restes de la cité gallo-romaine; anc. *cathédrale*, XIe et XIIe s., avec nombreux détails imités de l'antique et nef haute de 24 m.; anc. *porte* de ville surmontée d'une Vierge; anc. couvent de Dominicains devenu école normale de Petits-Frères de Marie). A 3 k., *Saint-Restitut*, où s'élève, appliqué à une *église* du XIIe s., un *monument* carré du XIe s., qui recouvrait le tombeau de St Restitut, le 1er évêque de Saint-Paul.

14 k. *Montségur*, sur un rocher. A 3 k. S., sur une colline dominant le Lez (pont de 6 arches), *Baume-de-Transit* : église romane formée de 4 absides (chapiteaux d'un bel effet) dont l'une a été remplacée au XVIIe s. par une petite nef; ruines d'un château.

19 k. *Grignan-Chamaret*, gare qui dessert *Chamaret* (tour du XIIIe s.) et (5 k.; voit. publique) **Grignan** *, 1,503 hab., où se voient les restes d'un château du XVIe s. (visible le jeudi, de 1 h. à 5 h., les jeudis de fête et de foire exceptés), possédé au XVIIe s. par le comte de Grignan, qui avait épousé la fille de Mme de Sévigné, dont les « lettres » célèbres sont dues à la séparation de la marquise et de la comtesse de Grignan. Autour du château (magnifique collection de tulipes) règne une grande terrasse (vue étendue) au-dessous

Principaux hôtels

h1	*Hôtel de la Poste*	A.1
h2	*– id. – de la Mule Blanche ou du Commerce*	B.2

LÉGENDE

1	*Cathédrale Notre Dame*	B.1
2	*Eglise St Florent*	B.2
3	*– id. – des Pères St Jean*	A.2
4	*Temple Protestant*	A.2
5	*Sous-Préfecture*	B.2
6	*Hôtel de Ville*	B.1
7	*Statue de Raimbaud II*	B.1
8	*– id. – du Cte de Gasparin*	A.1
9	*– id. – de Caristie*	B.2
10	*Poste et Télégraphe*	B.2

L. Thuillier delt — 1/10 000. — Echelle 0 100 200 300 Mètres — Impies Lemercier, Paris.

de laquelle l'*église Saint-Sauveur* (xvie s.; au maître-autel, *la Transfiguration*, par Mignard; remarquables boiseries des orgues), anc. collégiale, renferme les sépultures des comtes de Grignan et de Mme de Sévigné. Au *presbytère*, tapisseries d'Aubusson.—Dans la *chapelle Saint-Roch*, *Les Anges dans le sépulcre du Christ*, toile d'A.Carrache.— A l'*hôtel de ville*, acte de célébration du mariage du marquis de Simiane avec Pauline de Grignan et acte de baptême de François Pelapras dont Mme de Sévigné fut la marraine, tous deux revêtus de la signature de Mme de Sévigné, et acte de décès de celle-ci (18 avril 1696). — Porte surmontée de la tour de l'Horloge. — *Statue de Mme de Sévigné*, par les frères Rochet. — A 15 min. S.-O., *grotte de Rochecourbière*, où Mme de Sévigné avait l'habitude d'aller se reposer et d'où elle aimait à dater ses lettres.

28 k. *Valréas* *, 5,408 hab., ch.-l. d'un cant. de Vaucluse enclavé dans la Drôme, près de la Coronne, sur une colline (belle vue). *Porte* et *tour* des anc. remparts; *Château-Robert*, en ruines; *tour de l'Horloge*; *église* des xiie et xiiie s., avec vases sacrés et ornements sacerdotaux donnés par le cardinal Maury (né à Valréas, 1746-1817); anc. hôtel de Simiane (xvie-xviiie s.) occupé par l'hôtel de ville; à 1,500 m. S., château de *Montplaisir* (collection de céramiques); fabr. de cartonnages.

42 k. **Nyons** *, 3,638 hab., ch.-l. d'arr., sur la rive dr. de l'Eygues et en partie dans la gorge du *Col de Devès*, est réputé pour la douceur de son climat et sa bonne chère. Le centre vivant de la ville est la place du *Champ de Mars*, que la *rue Nationale* relie à la *place Carnot* (maisons à arcades), d'où l'on monte dans le quartier des *Forts* (anc. *tours* des fortifications), dominé par la chapelle *N.-D. de Bon-Secours*, installée dans l'ancienne *tour de Randonne*. L'Eygues est traversé par un *pont* du xive s. s'appuyant au *Rocher de Guard* (ruines d'une citadelle). Huileries, distilleries de lavande et térébenthine, commerce de fruits et de vendange; truffes excellentes. Promenade au (40 min.) sommet du *Devès* (518 m.; panorama superbe), où se voit le *Trou de Pontias*, abîme affectant l'aspect d'un ancien cratère. A 5 k. N.-E. (voit. publique, 90 c. aller et ret.), établissement de bains d'eaux minérales de *Condorcet*, d'où l'on va visiter la *gorge de Trente-Pas*.]

181 k. *Lapalud*, 1,629 hab.

184 k. *Bollène-la-Croisière* (buffet), station reliée par des omnibus à (5 k.; 20 c., 50 c. la nuit) Pont-Saint-Esprit (R. 34) et (4 k. E.; 30 c.) **Bollène** *, 5,568 hab., un des spécimens les mieux conservés des petites villes fortifiées du moyen âge, entourée de magnifiques platanes, sur la rive g. du Lez (ancienne prison appelée *la Tour*, xve s.; *maison Cardinale*, romane; restes du château de *Bauzon*; mines de terre réfractaire uniques en France).

[A 12 k. (voit. publique, 1 fr., *Suze-la-Rousse*, 1,246 hab., b. à l'aspect féodal sur la rive g. du Lez (*château* du xvie s., restauré; anciens remparts).]

La voie ferrée franchit le Lez. — 188 k. *Mondragon*, 2,139 hab., au pied d'un rocher portant les ruines d'un château. — 193 k. *Mornas*, 1,150 hab., dominé par un rocher escarpé portant les ruines d'un château. — 196 k. *Piolenc*, 1,596 hab. — L'Eygues franchi, la voie s'engage dans la superbe plaine d'Orange. A g., à l'horizon, le Ventoux.

203 k. **Orange** *, 10,096 hab., ch.-l. d'arr., sur la Meyne, à 46 m., au pied d'une colline de 109 m. portant une statue de la Vierge, est l'anc. V. gauloise d'*Arausio*, la capitale des Cava-

res. — Pour aller de la gare à la ville (tram jusqu'au cours Saint-Martin, 10 c.), on prend à dr. l'*avenue de la Gare*, puis, après avoir passé la Meyne, le *boulevard de la Meyne* et (à dr.) l'*avenue de l'Arc-de-Triomphe*, menant à l'**Arc de triomphe** (22 m. de haut., 21 m. de larg., 8 m. de profond.), érigé probablement l'an 21 à Tibère pour la défaite du chef gaulois Sacrovir et dont trois faces se font remarquer par leurs sculptures.

A l'avenue de l'Arc-de-Triomphe fait suite la *rue Victor-Hugo*, sur laquelle s'embranche à g. la *rue Notre-Dame*, conduisant à l'*église Notre-Dame*, anc. cathédrale, remarquable par la largeur de sa nef (1085-1126). En sortant par la porte latérale on a devant soi la *place de l'Hôtel-de-Ville* (*statue du comte Raimbaud II*, par Daniel Dulocle), d'où les *rues de la Grande* et *de la Vieille-Fusterie* conduisent à la *place du Théâtre-Romain* (groupe en marbre du sculpteur Injalbert : *l'Art antique et le Génie moderne*).

Le **Théâtre** (pour le visiter, s'adresser au gardien, à la petite porte à dr. de la grande), adossé à la colline, remonte probablement au règne de l'empereur Adrien. La façade, haute de 36 m. 82, a 103 m. 15 de long. et 4 m. d'épaisseur. Dans le *postscenium* sont disposés des fragments lapidaires. L'édifice est en restauration sous la direction de M. Formigé. Des représentations y sont organisées tous les ans au mois d'août par le Félibrige.

A dr. de la place, la *rue du P ntillac*, passant sous un portique romain qui faisait partie de l'hippodrome, conduit au *cours Saint-Martin*, où l'on a à g. le *théâtre municipal*, et à l'extrémité opposée la statue *de l'agronome de Gasparin*, par Pierre Hébert. — Il ne faut pas manquer de faire, par des sentiers partant du cours, l'ascension de la colline (vue admirable) que surmonte une *statue* colossale *de la Vierge*. — Du cours, la *rue de la Conque* ramène au boulevard de la Meyne.

[A 6 k. S.-O., *Caderousse*, 2,657 hab. (*château* des ducs de Grammont), près de la rive g. du Rhône, contre lequel le protègent de magnifiques chaussées, vis-à-vis de l'*île de la Piboulette*, renommée par sa fertilité.

D'ORANGE A L'ISLE-SUR-LA-SORGUE (38 k. ; ch. de fer, en 1 h. 48 à 3 h. ; 4 fr. 25, 2 fr. 85, 1 fr. 85). — On franchit l'Ouvèze. — 14 k. *Sarrians-Montmirail*, gare desservant *Sarrians*, 2,590 hab. (restes de remparts) et (6 k. ; omnibus, 1 fr. 50, 2 fr. 50 aller et ret.) les *Bains de Montmirail*, établissement avec hôtel, café-casino et 3 sources, sulfureuse, ferrugineuse et source saline dont l'eau purgative est très connue sous le nom *d'eau Verte*, jaillissant dans une grotte dominée par la vieille *tour* à signaux *des Sarrasins* (XIe ou XIIe s.) et par une étrange crête rocheuse appelée *Dentelles de Montmirail*.

18 k. *Aubignan-Loriol* (dans l'église d'Aubignan, *la V. et St Jean*, peinture de N. Mignard ; tour de l'Horloge ; ruines du château de *Loriol*). — La voie franchit l'Auzon.

22 k. Carpentras (*V.* p. 119).

28 k. *Pernes*, 3,880 hab., sur la Nesque (église *Notre-Dame*, XIe s., avec cuve baptismale du XVIe ; *tour Ferrande*, avec fresques du XIIIe s. ; 3 anc. *portes* de ville ; anc. *château*, servant d'école, dont la tour renferme une horloge de 1486 ; *mairie* dans l'anc. hôtel Brancas ; *chapelle des Pénitents-Blancs*, à coupole, XIe s. ;

la *Croix-Couverte*, xve s.). — La voie franchit la Nesque.

34 k. *Velleron*, 1.156 hab., sur la Sorgue de Velleron (2 anc. maisons seigneuriales dont l'une sert de presbytère et d'école). A 2 k. E., établissement de bains de *N.-D. de Santé* (sources bicarbonatées sodiques). — La voie franchit 2 fois la Sorgue de Velleron, puis la Sorgue de l'Isle.

38 k. L'Isle-sur-la-Sorgue (*V.* p. 164).

D'ORANGE A VAISON (26 k.; voit. publique, 1 fr. 60). — **Vaison** *, 2,814 hab., sur l'Ouvèze, est divisé par la rivière (*pont* construit par les Romains) en ville moderne, sur la rive dr., et en ville haute ou du moyen âge sur un rocher (anc. *château* des comtes de Toulouse; remparts et porte fortifiée; *hôtel de ville* et *église* paroissiale). Une des deux capitales des Voconces dans l'antiquité, puis cité romaine opulente, Vaison a possédé depuis le IIIe s. jusqu'à 1796 un évêché, dont la *cathédrale* (parties du IXe s.) est une des basiliques les plus intéressantes du Comtat (chapiteau antique servant de bénitier; autel primitif de Saint-Quenin, devenu maître-autel). Sur le côté g., *cloître* du XIe s. transformé en *musée lapidaire*. De la cathédrale, un chemin monte à *Saint-Quenin*, monument carolingien remanié. Aux abords de la ville, *théâtre* antique *de Puymin*.]

241 k. *Courthézon*, 3,030 hab. (remparts et portes du XIVe s.; beau château moderne). — 217 k. *Bédarrides*, 2,062 hab., au confl. de l'Ouvèze et de la Sorgue; on franchit cette dernière.

221 k. **Sorgues**, 4,248 hab., V. industrielle reliée par un tram à Avignon et d'où part l'embranchement de Carpentras.

[DE SORGUES A CARPENTRAS (17 k.; ch. de fer, en 45 min.; 1 fr. 90, 1 fr. 30, 85 c.). — 4 k. *Entraigues*, 1,905 hab., b. industriel. — La voie franchit l'Isle, puis la Sorgue de Velleron. — 12 k. *Monteux*, 4,036 hab., dans la plaine de l'Auzon (ruines d'un *château* papal; *murailles* du moyen âge; fontaine surmontée du *buste*, par Amy, du noëliste *Saboly*, né à Monteux en 1614.

17 k. **Carpentras** *, 10,443 hab., ch.-l. d'arr., autrefois siège d'un évêché, sur une colline de 102 m. dominant de 20 à 25 m. l'Auzon et le canal d'irrigation de Carpentras, est renommé par ses bonbons appelés « berlingots ». — L'*avenue de la Gare* conduit à la *place de l'Hôpital*, où s'élèvent la *statue* (par Daumas) *de Malachie d'Inguimbert* et l'*Hôtel-Dieu*, fondé (1750-1760) par cet évêque et dont la chapelle (tableaux par N. Mignard et L. Parrocel) renferme son tombeau. En tournant à g. on trouve le *boulevard du Musée* (musée et bibliothèque). De la place la *rue de la République*, continuée par la *Grande-Rue*, conduit au palais de justice et à l'église *Saint-Siffrein* (XVIe s.), anc. cathédrale, ayant remplacé une basilique romane dont il subsiste de beaux restes (s'adresser au sacristain) visibles dans une salle s'ouvrant sur le chœur (Vierge du temps de Louis XIV; *la Visitation*, peinture de N. Mignard; châsses contenant le corps de St Siffrein et le *Saint-Mors*, clou de la Passion dont l'empereur Constantin avait fait faire le mors de son cheval).

Le *palais de justice* (peintures par Mignard; on visite) est l'anc. évêché (1640). Au fond de la cour à dr., *arc de triomphe*, qui se trouvait à l'entrée de la ville gallo-romaine. La Grande-Rue, après avoir dépassé à dr. la *rue des Halles* (mairie; *fontaine de l'Ange*, avec statue en plomb doré par Bernus, XVIIIe s.), aboutit à la *porte d'Orange* (37 m. de haut.), reste des remparts construits au XIVe s. par le pape Innocent VI. En dehors de la ville, église de *l'Observance* et *aqueduc* (1720-1734) amenant les eaux de plusieurs sources.

EXCURSIONS. — A 11 k. S.-E., *Vénasque*, l'antique *Venasca*, qui fut momentanément le siège de l'évêché de Carpentras, est situé sur une hauteur abrupte : *Temple* ou baptistère du Xe s. (à l'int., colonnes antiques);

église à coupole du XIIe ou XIIIe s. et crypte du XIe; 3 tours d'un anc. château. — A 7 k. S.-E. (voit. 50 c.), établissement hydrothérapique de *Saint-Didier* dans un *château* du temps de François Ier. — A 8 k. 5 N., *Beaumes-de-Venise*, 1,405 hab. (ruines d'un château; établissement thermal, eau magnésienne ou saline). — A 46 k. N.-E. (voit. 3 fr. 60), *Bains de Propiac* avec hôtel (sources magnésienne et séléniteuse, sulfatée, chlorurée et sodique). — A 51 k. 5 N.-E. (voit. 5 fr.), *Montbrun-les-Bains*, 1,032 hab., sur une colline dominant le confl. du Toulourenc et de l'Hanary (ruines d'un *château* où naquit en 1530 le célèbre chef protestant Dupuy-Montbrun; porte de l'Horloge, XIVe s.; dans un parc de 5 hect., *établissement thermal*, eau sulfatée calcaire). — A 18 k. N.-E. (voit. 1 fr. 25), *Malaucène* *, 2,093 hab., au pied du mont Ventoux (belle vue depuis le Calvaire), b. d'où l'on va (1 h. 30 aller et ret.), en passant près des restes d'un palais papal, visiter la *chapelle du Groseau*, reste d'un monastère fondé en 684, et la magnifique *source du Groseau*. De Malaucène on peut monter au Ventoux (6 h. 30 à pied; voit. de louage, 15 fr.) par une pittoresque route forestière, d'où l'on pourrait s'écarter un peu pour visiter en passant la source du *Puits du Mont Serein*, dans un fort beau site.

De Carpentras au mont Ventoux (37 k.; route de voit.; service public jusqu'à Bédoin; voit. partic. de Bédoin au sommet, 12 à 20 fr. suivant le nombre de pers.). — 15 k. *Bédoin* *, 1,927 hab., à 290 m., au pied du versant S. du Ventoux. — La route parcourt une campagne fertile (beaux chênes truffiers). — 19 k. *Sainte-Colombe*. — 21 k. *Saint-Estève*. — 27 k. (4 k. 30 de Bédoin) *Fontaine de la Grave*, à 1,500 m.

37 k. (6 h. de Bédoin) Sommet du **Ventoux** (1,912 m.), où s'élèvent la *chapelle Sainte-Croix* (pèlerinage le 14 sept.), un hôtel et un *observatoire* météorologique (télégraphe). De ce point le regard plane comme sur un océan de montagnes; la nuit, par un temps clair, les feux du phare du Planier, en avant de Marseille, sont visibles.

De Carpentras à Orange et à l'Isle-sur-Sorgue, V. p. 118.]

224 k. *Le Pontet*.

231 k. **Avignon** * (buffet), 46,896 hab., ch.-l. du départ. de Vaucluse et siège d'un archevêché, sur la rive g. du Rhône, est surnommée « la ville des papes » parce que les pontifes, chassés d'Italie par les séditions, y séjournèrent au XIVe s. — En venant de la gare, précédée d'un square avec la *statue*, par Guillaume, *de Philippe de Girard* (1775-1845), inventeur de la filature mécanique du lin, on aperçoit d'abord les **remparts**, construits par la papauté et dont plusieurs portes ont été transformées ou détruites; ils ont été restaurés par Viollet-le-Duc.

En suivant le *cours de la République* on parvient au *jardin de Saint-Martial* (groupe des *Lutteurs*, par Charpentier; *buste* du botaniste *Esprit Requien*; *monument* du félibre *Joseph Roumanille*, 1818-1891), qu'avoisine l'*église* du même nom (XIVe-XVe s.), convertie en temple protestant. Suivant la *rue de la République* (*lycée* dont la chap. possède 2 tableaux de N. Mignard), on rencontre le *monument du Dr Pamard* (anc. maire), derrière lequel la *rue Prévôt* conduit à la place (*monument du félibre Théodore Aubanel*) et à l'*église Saint-Didier* (Pl. 4, C, 3).

A l'int. : retable exécuté en 1481 par Francesco Laurana, une des plus anciennes œuvres de la Renaissance en France; *Descente du St-Esprit* et *Couronnement d'épines*, tableaux sur bois de Simon de Châlons; maître-autel par Béru, 1750; tableaux

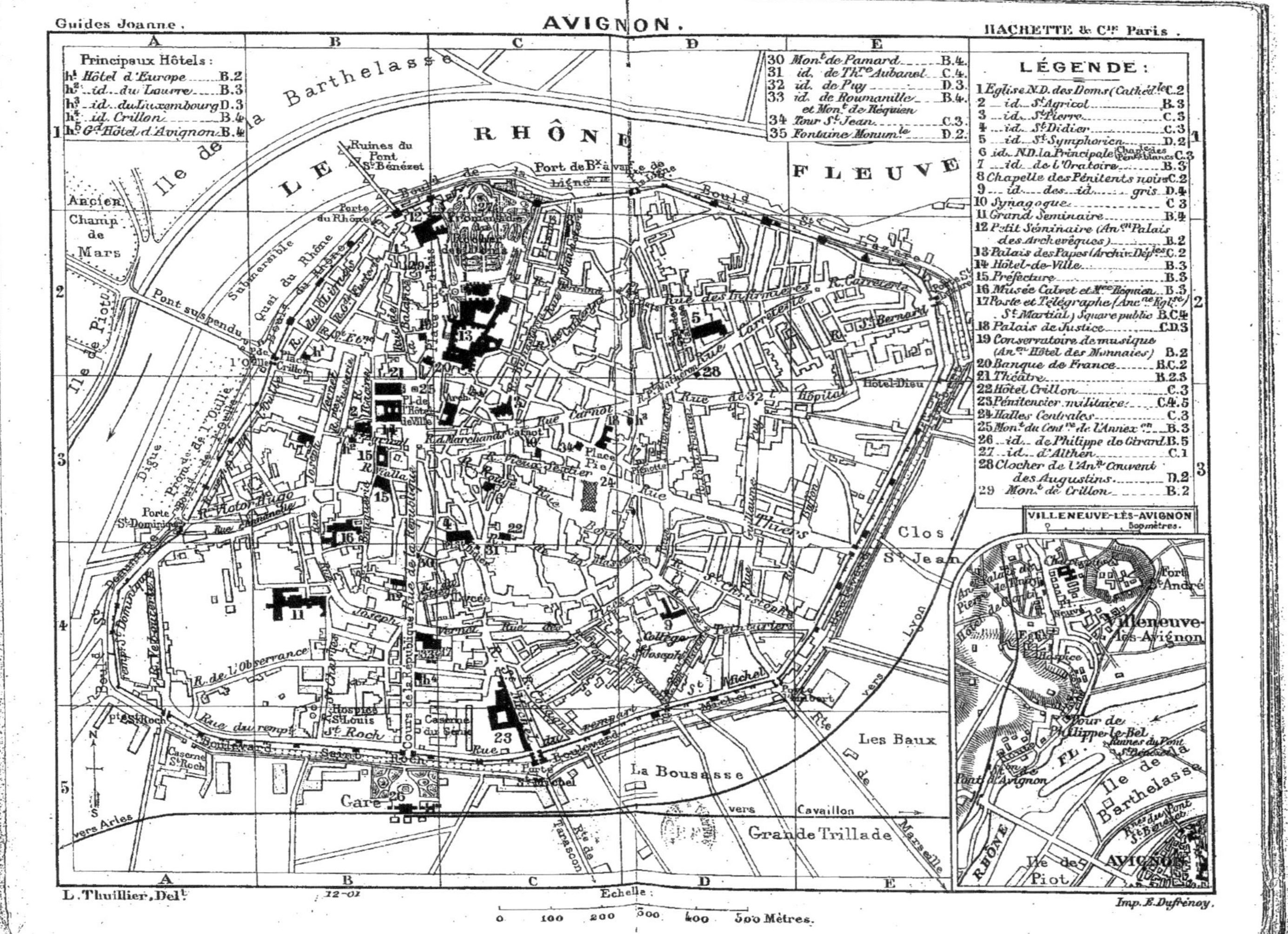
Guides Joanne.
AVIGNON.
HACHETTE & Cie Paris.
Principaux Hôtels:
h1 Hôtel d'Europe ... B.2
h2 id. du Louvre ... B.3
h3 id. du Luxembourg D.3
h4 id. Crillon ... B.4
h5 Gd Hôtel d'Avignon B.4
30 Mont. de Pamard ... B.4.
31 id. de Thre Aubanel C.4.
32 id. de Puy ... D.3.
33 id. de Roumanille et Mont. de Réquien ... B.4.
34 Tour St Jean ... C.3.
35 Fontaine Monumle ... D.2.
LÉGENDE:
1 Eglise N.D. des Doms (Cathédle) C.2
2 id. St Agricol ... B.3
3 id. St Pierre ... C.3
4 id. St Didier ... C.3
5 id. St Symphorien ... D.2
6 id. N.D. la Principale (Chapelle des Pénitents blancs) C.3
7 id. de l'Oratoire ... B.3
8 Chapelle des Pénitents noirs C.2
9 id. des id. gris D.4
10 Synagogue ... C.3
11 Grand Séminaire ... B.4
12 Petit Séminaire (Ancn Palais des Archevêques) ... B.2
13 Palais des Papes (Archiv. Dépales) C.2
14 Hôtel-de-Ville ... B.3
15 Préfecture ... B.3
16 Musée Calvet et Mée Réquien B.3
17 Poste et Télégraphe (Ancne Eglise St Martial) Square public B.C.4
18 Palais de Justice ... C.D.3
19 Conservatoire de musique (Ancn Hôtel des Monnaies) B.2
20 Banque de France ... B.C.2
21 Théâtre ... B.2.3
22 Hôtel Crillon ... C.3
23 Pénitencier militaire ... C.4.5
24 Halles Centrales ... C.3
25 Mont. du Centre de l'Annexion ... B.3
26 id. de Philippe de Girard B.5
27 id. d'Althen ... C.1
28 Clocher de l'Ancn Couvent des Augustins ... D.2
29 Mont. de Crillon ... B.2
LE RHÔNE FLEUVE
Ile de la Barthelasse
Ile de Piot
Ancien Champ de Mars
Ruines du Pont St Bénézet
Pont suspendu
Quai du Rhône
Digue
Porte du Rhône
Porte St Dominique
Cours de la République
Rue de la République
Rue Carnot
Place Pie
Place du Palais
Rue des Infirmières
Rue Carreterie
Gare
Porte St Michel
Boulevard
Clos St Jean
Les Baux
La Bousasse
Grande Trillade
vers Arles
vers Lyon
vers Cavaillon
Rte de Marseille
Rte de Tarascon
Hôtel-Dieu
VILLENEUVE-LÈS-AVIGNON
Fort St André
Villeneuve-lès-Avignon
Tour de Philippe-le-Bel
L. Thuillier, Delt
Echelle:
0 100 200 300 400 500 Mètres.
Imp. E. Dufrénoy.

e P. Parrocel et Sauvan; statue e *St Bénézet*, par Bernus.

Au N. de l'église on peut aller, par la *rue des Fourbisseurs* et la *place Principale*, visiter la *chapelle des Pénitents-Blancs* (Pl. 6, C, 3), du XVe s. tableaux des Parrocel et des Mignard), et de là, par la *rue Rouge* et la *place du Change*, gagner la *place de l'Hôtel-de-Ville* (*monument du Centenaire de l'annexion du Comtat Venaissin à la France*, par F. Charpentier, Pl. 25, B, 3; *tour de l'Horloge*, XIVe et XVe s.; *théâtre*, avec statues de Corneille et de Molière, par les frères Brian, Pl. 21, B, 2-3). Derrière l'hôtel de ville est l'*église Saint-Agricol* (Pl. 2, B, 3), rebâtie de 1321 à 1420.

A l'int. : bénitier en marbre du XVe s.; tombeau de l'architecte Pierre Mignard; statues par Coysevox et Péru; *tombeau des Doni*, Renaissance; maître-autel, de Péru, etc.

En face de l'hôtel de ville, la *rue de Mons* laisse voir l'*archevêché*, près duquel on visite l'*église Saint-Pierre* (Pl. 3, C, 3), de 1358-1525, avec une belle façade gothique, et une Vierge en pierre entre les portes (vantaux de la Renaissance).

A l'int. : tableaux de P. Parrocel, Simon de Châlons, N. Mignard; Mise au tombeau du XVe s.; boiseries du XVIIe s.; chaire en pierre du XVe s.

De la place de l'Hôtel-de-Ville, la *rue du Bon-Parti* conduit à la *place du Palais* (*statue de Crillon*, par Louis Veray), entourée par le *Conservatoire de musique* (Pl. 19, B, 2), ancien hôtel des Monnaies, par le *petit séminaire*, anc. palais archiépiscopal bâti en 1315, restauré au XVe s., et par le Palais des Papes, N.-D. des Doms et les jardins du Rocher des Doms.

Le **Palais des Papes** (Pl. 13, C, 2; pour visiter, s'adresser au casernier) est un des plus magnifiques spécimens de l'architecture militaire au XIVe s. La plus haute des tours, celle de *Trouillas* (75 m.), est le plus élevé des donjons du moyen âge. La chapelle pontificale de Benoît XII, restaurée en 1878 par H. Révoil, sert de dépôt aux *Archives* départementales et communales. Des fresques exécutées par Matteo de Viterbe sont le principal attrait de la visite intérieure.

Notre-Dame des Doms (Pl. 1, C, 2) a été reconstruite au XIIe s. (sur le clocher, statue de la V.; porche roman, avec fresques de Simon Memmi au tympan). Le chœur date de 1671, les chap. latérales du XIVe s., les tribunes du XVIIe.

A l'int. : statues par Puget, Bernus et Pradier; tableaux de N. et P. Mignard; *tombeau de Jean XXII*, † 1334; tombeau du brave Crillon; peintures d'Eug. Devéria, etc.

Le **Rocher des Doms** (Pl. C, 1-2) est recouvert par un jardin public (belle vue) où se voient le *Départ des Hirondelles*, de F. Charpentier, et la *statue*, par les frères Brian, du Persan *Althen* (Pl. 27, C, 1), qui, en 1766, propagea dans le Comtat la culture de la garance. — Près du petit séminaire (*V.* ci-dessus) la *rue Balance* mène aux quais dont l'un passe sous une des arches qui subsistent du **pont** (Pl. B, 1) célèbre construit de

1177 à 1185 par St Bénézet et sur lequel s'élève une chapelle. Ce pont a été remplacé en aval par un *pont suspendu*, qui se continue par une chaussée sur l'île de la Barthelasse et par un pont en bois sur le second bras du Rhône. Le pont suspendu est dans l'axe de la trouée des remparts qui a remplacé la porte de l'Oulle et qui donne accès sur la *place Crillon*, d'où la *rue Joseph-Vernet* conduit au musée Calvet.

Le **Musée Calvet** (Pl. 16, B, 3), occupant l'anc. hôtel du marquis de Villeneuve-Martignan (1742), doit surtout son importance aux collections léguées par le Dr Calvet à sa ville natale.

Rez-de-chaussée. — 1re SALLE : antiques; buste de Calvet, par Péru, — 2e SALLE : antiquités égyptiennes, grecques (*Jupiter Héliopolitain,* pièce capitale) et romaines ; sculpture moderne. — 3e SALLE : monuments du moyen âge, de la Renaissance, jusqu'à la fin du XVIIIe s. (admirable suite de chapiteaux, tombeaux, etc.). — BIBLIOTHÈQUE : 130,000 vol., 900 incunables et plus de 4,000 manuscrits. — SALLE DES ILLUSTRATIONS VAUCLUSIENNES, avec mosaïque romaine. — MUSÉE D'HISTOIRE NATURELLE, créé par Esprit Requien.

Escalier. — Tableaux et gravures.

1er étage. — 1re SALLE (GALERIE DE PEINTURE). — Ec. française : Les primitifs. Retable (mutilé) de Vénasque. Le bienheureux Pierre de Luxembourg. La Fontaine de sang. — *Simon de Châlons* Nativité. Descente de croix. — *Ph. de Champaigne.* Portrait. — *N. Mignard.* St Bruno. St Jean l'Evangéliste. Le vice-légat Frédéric Sforza met Avignon sous la protection de Pierre de Luxembourg. Le Christ mort. A.-L. du Plessis de Richelieu, archevêque de Lyon. — *P. Mignard.* Enfants caressant un agneau. La Madeleine, d'après le Guide. Les enfants de Mme de Montespan. — *S. Bourdon.* Baptême du Christ. Portrait de l'artiste. — *Reynaud Levieux.* Le Christ. Zacharie et St Jean. L'Ange apparaissant à Zacharie. — *Ant. Coypel.* Arrivée de Bacchus auprès d'Ariane, dans l'île de Naxos. — *G. Poussin.* Paysages. — *Les frères Lenain.* La marquise de Forbin. Un membre de la famille de Pérussis. — *P. Parrocel.* St François d'Assise. La V. et l'Enf. Annonciation. — *J. Parrocel.* Halte d'officiers. — *N. Largillière.* Une nièce du cardinal Mazarin. François d'Aubusson, duc de la Feuillade et maréchal de France. — *P. Subleyras.* St Ambroise. St Benoît ressuscitant un enfant. — *Vien.* Le Centenier aux pieds du Christ. — *Girodet-Trioson.* Turc. — *Mme Vigée-Lebrun.* Mme Grassini. — *L. David.* Mort de Joseph Bara. — *Baron Gérard.* La Reine Hortense, enfant. — *Claude-Joseph Vernet.* 15 marines et paysages. — *C. Vernet.* Cosaque. Le Corso, à Rome, pendant le carnaval. — *H. Vernet.* Joseph Vernet se faisant attacher à un mât pour étudier les effets de la tempête. Mazeppa. — *Daubigny.* Les îles Vierges, à Bezons. — *Granet.* Réception de Jacques de Molay dans l'ordre du Temple, en 1295. — *Gudin.* Le Havre. — *Devéria.* Bretons en prière. — *Antigna.* L'Orage. — *Géricault.* Combat de Nazareth, d'après Gros. — Au fond de la salle : *P. Huet.* Avignon. Paysages. — *Caminade.* Le Lévite d'Ephraïm. — *P. Vayson.* Le Berger et la mer. — Sur la paroi de g., en revenant vers la porte d'entrée : *Corot.* Paysage. — *P. Vayson.* Retour du marché. — *Rapin.* Paysage du Doubs. — *Chassériau.* Nymphe endormie. — *Géricault.* Etude.

Ecole italienne. — *Jacobello del Fiore.* Madones. — *Vasari.* Ambassadeurs offrant des présents à Paul III. — *Lorenzo di Credi.* La V. et l'Enf. — *L. Carrache.* Ste Famille. Le Christ pleuré par les Anges. — *A. Veronèse.* Noces de Cana. Jésus chez Simon le Pharisien. — *An. Carrache.* Polyphème et Galatée. — *Le Guerchin.* Agonie de St Jérôme. André Doria. — *Sassoferrato.* Vierge. — *Salvator Rosa.* Paysages. — *Piazzetta.* Enfant soufflant dans des bulles de savon. — *Canaletto.* Venise.

Ecole espagnole. — *Ricci.* Bohémiens. — *Herrera le Vieux.* Pénitence de St Pierre. Un niais. — *Zurbaran.* Bohémienne. — *Careño da Miranda.* Spinola Guzman, archevêque de Séville. — *Ribera.* St Pierre sauvé des eaux.

Ecole allemande. — J.-C. montant au calvaire (réplique ou copie d'un tableau d'A. Dürer). Résurrection.

Ecoles flamande et hollandaise. — *Mabuse.* Ecce homo. — *J. Bosch.* Adoration des Mages. — *Holbein le Jeune.* Portrait. — *Franck Floris.* Crésus et Solon. — *Miereveld.* Portrait. — *Brueghel le Vieux.* Kermesse. Cortège précédé de deux joueurs de cornemuse. — *P. Neefs.* Intérieur d'église. — *Van der Neer.* Effet de lune au crépuscule. — *Ad. Brauwer.* Une chambre basse. — *Van Craesbeke.* Le Joueur et la Mort. Buveur et sa femme. — *D. Teniers.* Une chambre basse. — *Van Tol.* St Antoine en méditation. — *Van Goyen.* Village des Pays-Bas. — *Van Steen.* Fête des Rois. — *Van den Eeckhout.* Calvaire. — *Brueghel de Velours.* Les Quatre Eléments.

2e SALLE : *Christ* d'ivoire sculpté par J.-B. Guillermin en 1659; peintures et dessins; émaux, faïences d'Urbino, miniatures, objets religieux, bijoux provençaux. — 3e SALLE : collections archéologiques (collection de verres romains, batterie de cuisine et lampes romaines, croix en argent du pape Jean XXII). — 4e SALLE : ethnographie; médaillier de 25,000 pièces (série remarquable des monnaies de bronze romaines).

[Excurs. à (3 k. N.-O.; tram, 15 c.) Villeneuve-lès-Avignon (*V.* R. 31).]

D'Avignon à Vaucluse, Forcalquier, Volx et Miramas, R. 29.

La voie ferrée, s'éloignant du Rhône, passe sur le viaduc de *Champfleury*, puis franchit la Durance sur un pont de 23 arches, long de 534 m., d'où l'on aperçoit à g. le pont suspendu de la route de terre.

236 k. *Barbentane*, 2,681 hab., à 3 k. O. (remparts, porte de *la Calendrale*, XVe s.), est dominé par une *tour* bâtie en 1365 sur un rocher accessible seulement au N.-O.

[DE BARBENTANE A ORGON (28 k.; ch. de fer, en 1 h. 12 à 1 h. 25; 2 fr. 90, 2 fr. 15, 1 fr. 60). — 7 k. *Châteaurenard-Provence*, 7,398 hab. (2 tours d'un anc. château; grand marché de primeurs). — 11 k. *Noves*, 2,260 hab., patrie de Laure, que les poésies de Pétrarque ont immortalisée (*remparts* avec portes et tours; église du IXe s.). A 3 k. N.-E., anc. *abbaye de Bompas* (peintures du XVIIe s.; église du XIIe s., à abside polygonale et sur crypte). — 15 k. *Cabannes.* — 18 k. *Saint-Andiol*, 1,276 hab. — 23 k. *Plan-d'Orgon*, où l'on joint le ch. de fer de Saint-Remy et Tarascon (*V.* ci-dessous). — On franchit le canal des Alpines. — 28 k. Orgon, où l'on joint la ligne de Miramas à Cavaillon (*V.* p. 164).]

242 k. *Graveson*, 1,684 hab. A 4 k. S.-E., *Maillane*, 1,373 hab., est habité par le poète Frédéric Mistral. — A dr., abbaye (Prémontrés) de *Frigolet* (on ne la voit pas).

252 k. **Tarascon*** (buffet), 8,885 hab., sur le Rhône, en face de Beaucaire. Le *cours National*, à dr., conduit à l'*avenue de la République*, par laquelle on aboutit au *pont suspendu*, long de 450 m., et, en prenant à dr., à l'église et au **château** (XIVe-XVe s.) du roi René, servant auj. de prison.

L'église Sainte-Marthe, reconstruite de 1379 à 1449, a conservé d'un édifice roman un porche et le portail S. (vantaux remarquables), flanqué de colonnes de marbre, aux chapiteaux historiés.

A l'int. : tableaux de Parrocel Vien, Van Loo, A. Carrache, Mignard et Sauvan; châsse de Ste Marthe dans la sacristie ; *crypte* (second tombeau de Ste Marthe) où l'on descend par un escalier, avec le tombeau de Jean de Cossa, xve s.

La pittoresque *rue des Arcades* conduit à l'*hôtel de ville* (xviie s.). — Saucissons renommés.

[De Tarascon a Orgon (35 k. : ch. de fer, en 2 h. à 2 h. 25; 3 fr. 60, 2 fr. 70, 2 fr.). — 15 k. **Saint-Remy***, 6,009 hab., au pied de la petite chaîne de mont. des *Alpilles* (492 m.), a remplacé vers la fin du ve s. la ville de *Glanum*, dont il subsiste un **arc de triomphe** et un **mausolée**, où l'on arrive en 18 min. depuis l'église (*clocher* de 1330) par un chemin qui laisse à g. l'anc. prieuré de *Saint-Paul-de-Mausole*, auj. asile d'aliénés (église du xiie s.: cloître roman). Saint-Remy exploite d'importantes carrières; il s'y tient un marché international pour la vente des graines industrielles, florales et maraîchères, cultivées en grand sur le territoire, qui est traversé par le canal des Alpines ou Alpilles; tout autour de la ville s'étendent de vastes champs de fleurs. A 9 k. S.-O. (une voit., 10 fr.), au sommet (vue superbe) d'un rocher, site étrange nommé les **Baux***, ancien repaire féodal, auj. cité déchue et mutilée n'ayant plus que la population d'un modeste village (ruines grandioses du *château* d'une des plus célèbres familles seigneuriales de la Provence, château taillé, comme les *remparts* et une partie de la ville elle-même, dans une roche friable, exploitée auj. par des carriers; *maisons* du moyen âge et de la Renaissance; *stèles* antiques, sculptées sur des rochers; aux environs, *pavillon de la Reine Jeanne*, de la Renaissance, *grotte des Fées* et gorge appelée *Val d'Enfer*). On se rend plus commodément aux Baux en partant d'Arles par le ch. de fer de Salon pour descendre à la station de Paradou (*V.* p. 126).

25 k. *Mollèges-Eygalières*. — 30 k. Plan-d'Orgon, et 5 k. de là à (35 k.) Orgon (*V.* ci-dessus).]

De Tarascon à Beaucaire, Nimes, Montpellier et Cette, R. 41.

257 k. *Ségormaux*. — Le ch. de fer entre dans la plaine d'Arles, au milieu de laquelle on aperçoit au sommet d'un rocher, les ruines de Montmajour (*V.* p. 126).

265 k. **Arles*** (buffet), l'antique *Arelas* ou *Arelate*, d'origine peut-être phénicienne, qui fut dès le vi^e ou le ve s. av. J.-C. la plus puissante colonie de Marseille, puis la capitale du royaume d'Arles et le siège d'un archevêché, supprimé en 1790, est auj. ch.-l. d'arr. et une V. de 15,506 hab. (29,314 dans la com.), dont la principale agglomération s'étend sur la rive g. du Grand-Rhône. Sur la rive dr. est le faub. de *Trinquetaille*, auquel on accède par un *pont tubulaire* long de 220 m.

Par la *place Lamartine*, le Jardin, la porte et la rue de *la Cavalerie*, la place (*fontaine Amédée-Pichot*, Pl. 17, F, 2, beau monument d'après J. Flandrin et A. Véran) et la rue du *Saint-Esprit* on parvient, en laissant à dr. la *rue du 4-Septembre* (*église Saint-Antoine*, Pl. 7, E. 3, du xviie s., avec tableaux de Finsonius et de Parrocel), à l'**amphithéâtre**, dit **les Arènes** (140 m. sur 103), dont la construction remonte probablement aux Antonins (iie s.). Tous les dim. pendant la belle saison, on peut y voir des courses de taureaux et surtout les costumes gracieux des Arlésiennes.

La *place de la Major* sépare l'amphithéâtre de l'église *N.-D. la Major* (Pl. 6, E, 4), consacrée en 453 (statue de la Vierge, par Monti; ornements sacerdotaux

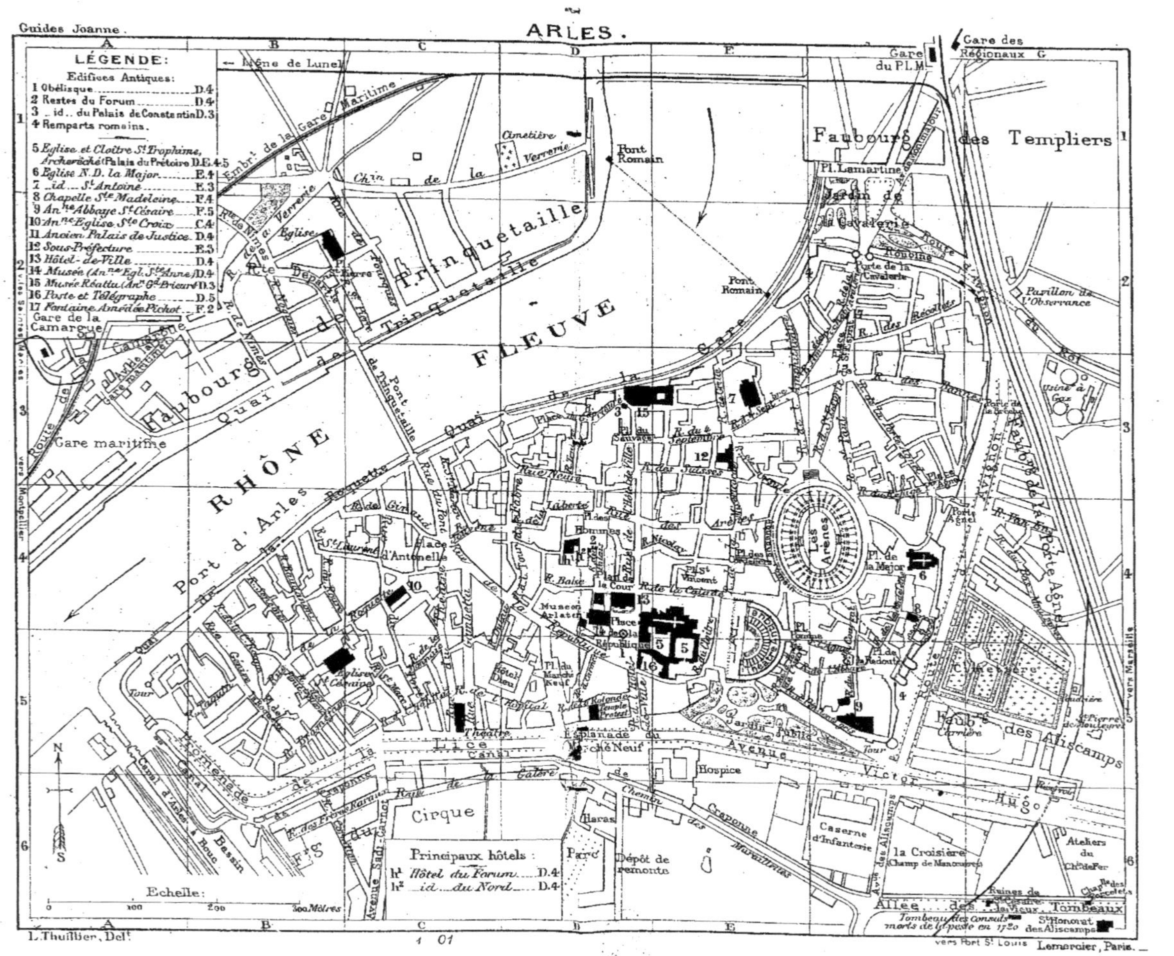
Guides Joanne.
ARLES.
LÉGENDE:
Edifices Antiques:
1 Obélisque D.4
2 Restes du Forum D.4
3 id. du Palais de Constantin D.3
4 Remparts romains.
5 Eglise et Cloître St Trophime, Archevêché (Palais du Prétoire) D.E.4.5
6 Eglise N.D. la Major E.4
7 id. St Antoine E.3
8 Chapelle Ste Madeleine F.4
9 Anne Abbaye St Césaire F.5
10 Anne Eglise Ste Croix C.4
11 Ancien Palais de Justice D.4
12 Sous-Préfecture E.3
13 Hôtel-de-Ville D.4
14 Musée (Anne Egl. Ste Anne) D.4
15 Musée Réattu (Anc Gd Prieuré) D.3
16 Poste et Télégraphe D.5
17 Fontaine Amédée Pichot F.2
Principaux hôtels:
h1 Hôtel du Forum D.4
h2 id. du Nord D.4
Echelle:
0 100 200 300 Mètres
RHÔNE
FLEUVE
Faubourg de Trinquetaille
Faubourg des Templiers
Port d'Arles
Gare maritime
Gare de la Camargue
Gare du P.L.M.
Gare des Régionaux
Pont Romain
Les Arènes
Cirque
Hospice
Caserne d'Infanterie
Jardin de la Cavalerie
Faubg des Aliscamps
Allée des Tombeaux
L. Thuillier, Delt
Lemercier, Paris.

ayant appartenu à St Césaire) et derrière laquelle s'étend la ligne la plus intéressante des *remparts*, en partie gallo-romains. La *rue de la Bastille* conduit, au S.-O., de l'amphithéâtre au **Théâtre** (Pl. E, 4-5), où 2 belles colonnes corinthiennes avec entablement marquent l'ancien emplacement de la scène.

Au S.-O. du théâtre, la *rue du Cloître* donne accès à l'entrée du **cloître de Saint-Trophime** (XIIe-XIIIe s.) et sur la **place de la République** (au centre, *obélisque* en granit de l'Esterel, haut de 15 m. 28, reste d'un grand cirque; *hôtel de ville* du XVIIe s., renfermant la *bibliothèque*, avec missels ornés à la plume et au pinceau par les moines de Montmajour), sur laquelle donne la façade de **Saint-Trophime** (Pl. 5, D-E, 4-5), jadis l'église cathédrale ou primatiale d'Arles et la plus belle des cathédrales romanes de la Provence (XIIe s.; chœur agrandi au XVe s.; au **portail**, statues de St Trophime et d'Apôtres, Lapidation de St Etienne et le Jugement dernier).

A l'int. : entre nef et croisée, *Lapidation de St Etienne*, tableau de Finsonius; bas-côté dr., *tombeau* du XVIe s. et chap. avec *Adoration des Mages*, de Finsonius, et restes de tombeaux d'évêques, XVe s. et Renaissance; croisillon S., *Concile d'Arles présidé par la Ste Vierge*, tableau curieux; chœur, chapelle du Saint-Sépulcre, avec tombeaux et *Ensevelissement du Christ* du XVIe s.; à g. du chœur, chap. avec mausolée de St Trophime; chap. Saint-Genès, admirable sarcophage avec bas-relief du *Passage de la Mer Rouge*; croisillon N., *Annonciation*, peinture du XVe ou du XVIe s.; bas-côté g., peinture du XVe s. (*Concile provincial* présidé par St Césaire), *fonts baptismaux* (remarquables sculptures en marbre d'un tombeau antique); contre le mur à g. du portail, *Christ en croix*, œuvre notable d'un peintre inconnu.

Sur la place, en face de Saint-Trophime, le **Musée lapidaire** (Pl. 14, D, 4) est fort riche en antiquités gallo-romaines, principalement en sarcophages. De la place de la République, la rue du même nom mène au **Museon Arlaten** (Pl. D, 4), curieux musée ethnographique régional fondé sur l'initiative du poète Frédéric Mistral. Derrière l'Hôtel de Ville la *rue du Palais* conduit à la **place du Forum**, centre vivant de la ville (2 colonnes antiques, Pl. 2, D, 4), et d'où l'on se rend par la *rue de l'Hôtel-de-Ville* au **Musée Réattu** (Pl. 15, D, 3), installé dans les bâtiments d'une anc. commanderie de Malte et formé de collections acquises par la ville de la fille du peintre Réattu.

Au S.-E. du cloître de Saint-Trophime s'étend en contre-bas le *jardin public*, que borde du côté opposé l'*avenue Victor-Hugo*, d'où l'*avenue des Aliscamps*, à dr., conduit aux **Aliscamps** ou Champs-Elysées, vaste nécropole, célèbre dans l'antiquité et au moyen âge, mais qui n'est plus qu'une avenue plantée d'arbres, des deux côtés de laquelle sont disposés quelques sarcophages, le tombeau des consuls d'Arles, morts de la peste en 1720, les chapelles de *Saint-Accurse*, de *N.-D. des Guerres*, l'*oratoire des Porcelets* et l'*église de Saint-Honorat* (XI s. et Renaissance). Près des Aliscamps se trouvent les grands ateliers de construction et de réparation de machines et du matériel de la Cie P.-L.-M.

A l'O. du jardin public, la *promenade de la Lice* (beaux cafés) est la promenade favorite des Arlésiens les soirs d'été. A dr. et au N. de ce boulevard, par les *rues du Plan-du-Bourg*, *Bramefam* et *Th.-Rives*, on va visiter l'*église Saint-Césaire* (Pl. B-C, 5), des XVe et XVIIe s. (tombeaux de la famille de Quiquéran de Beaujeu). La *rue de la Roquette* mène de là à l'*église Sainte-Croix* (Pl. 10, C, 4), en partie du XIIe s. (beau *clocher* gothique). On revient au ch. de fer par la *rue du Pont* et le *quai de la Gare*.

[D'ARLES A SALON ET MEYRARGUES (85 k. ; ch. de fer, en 3 h. 20 à 5 h. 30 ; 8 fr. 75, 6 fr. 60, 4 fr. 80). — 4 k. *Montmajour*, dont l'*abbaye*, fondée à l'époque de Charlemagne au sommet d'un monticule dans le flanc S. duquel est la chapelle souterraine de Saint-Pierre (curieux pilastre sculpté ; siège en pierre appelé « confessionnal de St Trophime »), est remarquable par son église romane, sa crypte, son cloître roman et par sa tour de défense, bâtie en 1369. A 200 m. E., *chapelle de Sainte-Croix* (XIe s.), entourée de tombeaux creusés dans le roc. A 3 k. S., *Montagne de Cordes* (grotte du *Trou aux Fées*). — 9 k. *Fontvieille*, 2,515 hab. (tour d'un anc. château ; importantes carrières). — 15 k. *Paradou-les-Baux*, stat. d'où l'on pourrait aller visiter (3 k. 7) les Baux (*V.* p. 124). — 17 k. *Maussane*, 1,426 hab. — 23 k. *Mouriès*, 1,648 hab. — 31 k. *Aureille*.

38 k. *Eyguières**, 2,333 hab. (huileries et savonneries), d'où un embranch. de 8 k. conduit à Salon (*V.* p. 164). Ascens. en 2 h. 20 de l'*Aupiho* (492 m.), point culminant de la chaîne des Alpilles. — La voie franchit le canal de Craponne et celui des Alpines, et passe sous la ligne de Miramas à Cavaillon (*V.* p. 164). — 45 k. Lamanon (p. 164). — 47 k. *Cadarache* (ruines d'un château du XVe s.). — 50 k. *Alleins*, gare de (5 k. S.-E.) *Vernègues* (temple antique de *la Maison-Basse*, contre lequel est appliquée la *chapelle Saint-Césaire*, Xe s.). — On franchit le canal de Craponne. — 53 k. *Mallemort*, 2,059 hab., sur la pente d'un rocher conique au-dessus de la Durance (vieux château des évêques de Marseille ; édifice de la Renaissance appelé *la Synagogue*), est relié par un pont suspendu à (2 k. 5) la stat. de Mérindol de la ligne de Cavaillon à Pertuis (*V.* p. 165). — On franchit de nouveau le canal de Craponne. A dr., canal de Marseille. — 64 k. *La Roque-d'Anthéron*, 1,452 hab. (*château* de 1605). A 2 k. 5 E.-N.-E., anc. abbaye de Silvacane (*V.* p. 165). — 68 k. *Saint-Christophe*, halte près du grand bassin de décantation des eaux de la Durance créé dans le *vallon de Saint-Christophe* afin de purifier l'adduction dérivée pour l'alimentation de la ville de Marseille. — 76 k. *Le Puy-Sainte-Réparade*, 1,250 hab. — 85 k. Meyrargues (R. 26).

D'ARLES AUX SAINTES-MARIES (38 k. ; gare des ch. de fer de la Camargue au faub. de Trinquetaille ; traj. en 1 h. 25 à 1 h. 35 ; 3 fr. 90, 2 fr. 95, 2 fr. 35). — La ligne traverse la **Camargue**, vaste delta compris entre les deux bras principaux du Rhône. Sur ses 75,000 hect., 20,000 sont en prairies, vignobles et cultures diverses ; le reste est occupé par des marais, des étangs et des terres dévorées par le sel. La Camargue nourrit 200,000 bêtes à laine, des « manades » de taureaux destinés aux courses et des milliers de chevaux blancs. — A g., *étang de Vaccarès*, long de 14 k. sur 7 de larg.

38 k. *Les Saintes-Maries-de-la-Mer**, com. de 1,531 hab. (614 agglomérés), sont célèbres par les pèlerinages (24-25 mai et 2e dim. après le 22 oct.) dus aux traditions d'après lesquelles Marie Jacobé, sœur de la Ste-Vierge, Marie Salomé, mère des apôtres Jacques (le Majeur) et Jean, leur servante noire Sara, Lazare, Marthe, Marie-Madeleine et St Maximien, chassés de la Judée par la per-

sécution, auraient débarqué en ce lieu : Marie Jacobé et Salomé y seraient ensevelies dans l'*église* (XIIe s.), édifice fortifié avec crypte. Belle plage de bains de mer.

D'ARLES AU SALIN-DE-GIRAUD (même gare, même distance et mêmes prix que pour les Saintes-Maries). — 18 k. *L'Armeillère-Giraud* (château de l'Armeillère et chapelle de l'Assomption, de 1606). — 38 k. *Le Salin-de-Giraud*, gare à l'extrémité du salin de Giraud, dans l'île du Plan-du-Bourg (fabr. de carbonates de soude).

D'ARLES A NIMES (32 k.; ch. de fer de la Camargue, en 1 h. 10 à 1 h. 20; 3 fr. 40 et 2 fr. 20). — La voie passe au-dessus de la ligne de Lunel du P.-L.-M. et franchit le Petit-Rhône. — 2 k. 6. *Fourques*, 1,304 hab. (château du XVIe s.), à la fourche du Rhône, qui se divise en Grand-Rhône et Petit-Rhône. — On croise le canal de Beaucaire à Cette. — 12 k. 9. *Bellegarde*, 2,729 hab. — 23 k. 4. *Bouillargues*, 2 372 hab., d'où un embranch. de 15 k. conduit à Saint-Gilles (*V.* ci-dessous). — On passe sous la ligne P.-L.-M. — 32 k. Nîmes, gare de la Camargue, desservie par des trams électr. (*V.* R. 33).

D'ARLES A SAINT-LOUIS-DU-RHONE (41 k.; ch. de fer, en 1 h. 17 à 1 h. 35; 4 fr. 60, 3 fr. 10, 2 fr.). — La ligne passe sous un aqueduc et dans un tunnel, puis franchit le canal de Port-de-Bouc, pour le longer à g. jusqu'au (20 k.) *Mas-Thibert*. — 41 k. *Saint-Louis-du-Rhône* * ou *Port Saint-Louis*, 1,800 hab., sur la rive g. du Grand-Rhône, communique avec l'anse du Repos, dans le golfe de Fos, par un *canal* maritime long de 3,300 m. qui y débouche dans un avant-port de 100 hect. Ce canal a été créé pour éviter la remonte difficile du Rhône aux navires, qui trouvent à Saint-Louis un bassin de transbordement d'où les marchandises sont portées à Arles par les bateaux de rivière. *Tour Saint-Louis*, bâtie en 1737 pour la défense de la côte et auj. éloignée de plus de 10 k. de la mer par les atterrissements du fleuve.

D'ARLES AU CAILAR (36 k.; ch. de fer, en 1 h.; 4 fr. 05, 2 fr. 70, 1 fr. 75). — La voie franchit le Grand-Rhône, le Petit-Rhône, puis le canal de Beaucaire. — 18 k. *Saint-Gilles* *, 6,381 hab., fut au moyen âge le siège d'une puissante abbaye, dont l'*église* offre une *façade* dont le rez-de-chaussée est une merveille de l'architecture romane. Le chœur, de style ogival naissant, est rasé à la hauteur de 1 m., sauf le massif renfermant le célèbre escalier dit *la Vis de Saint-Gilles*; crypte du XIIe s. *Maison romane* servant de presbytère. — 25 k. *Franquevaux* (ruines d'une abbaye de Cisterciens fondée en 1140). — 29 k. *Gallician*. — 36 k. Le Cailar (R. 33).]

La voie passe sur le *viaduc d'Arles* (31 arches), long de 769 m., et laisse à g. l'anc. *pont de Crau* (57 arches), au-dessus duquel un aqueduc de 94 arcades, long de 662 m., reçoit les eaux du canal de Craponne, qui descend vers le Rhône. Puis on entre dans la plaine caillouteuse et monotone de **la Crau**, vaste de 53,000 hect.

274 k. *Raphèle*, 1,250 hab. — 281 k. *Saint-Martin-de-Crau*, 1,863 hab. — 293 k. *Entressen*. — On franchit le canal d'Istres.

298 k. **Miramas** (buffet), 2,324 hab., d'où partent les lignes de Cavaillon et de Port-de-Bouc. Ruines d'un château sur un rocher percé de grottes.

[DE MIRAMAS A PORT-DE-BOUC (26 k.; ch. de fer, en 1 h.; 2 fr. 65, 2 fr., 1 fr. 45). — 10 k. *Istres*, 3,517 hab. (salines et fabr. de soude), près de l'embouch., dans l'étang de Berre, des canaux des Alpines et de Craponne, au S. de l'*étang de l'Olivier* (2 k. de long. sur 1 k. 5 de larg.), relié à l'étang de Berre par un canal long de 600 m., dont 200 en tunnel. — 12 k. *Rassuen*, près du canal du même nom, qui passe en siphon sous la voie et se continue à g. sur un long aqueduc. Salines, fabr. de prod. chimiques. — 15 k. *Lavalduc*, sur les bords d'un *étang* de 380 hect. — 18 k. *Plan d'Arenc*, près de l'*étang d'Engrenier* (107 hect.). — 21 k. *Fos*, 1,393 hab., à 3 k. O.-N.-O., sur un monticule rocheux entre l'*étang de l'Estouma*, le grand marais de la Basse-Crau et le golfe de Fos (belle plage de sable). Château du XIVe s.; salines et fabr. de prod. chimiques.

26 k. *Port-de-Bouc**, 2,230 hab., sur le golfe de Fos, est formé de deux b. distincts: *Bouc* ou *le Canal*, au débouché dans la rade du même nom du canal d'Arles à Port-de-Bouc; et *la Lègue*, sur un mamelon. Le port, uni à l'étang de Berre par l'étang de Caronte et le canal de Martigues, est dominé par un *fort* (tour du XIIe s.; remparts élevés par Vauban). Salines, fabr. de briquettes, sècheries de morues; constr. de navires; importation de pétroles et de minerais d'Afrique et d'Espagne. A 6 k., Martigues (*V.* ci-dessous).]

303 k. *Saint-Chamas*, 2,373 hab., petit port sur l'étang de Berre, est divisé en deux par une colline rocheuse (grottes), que surmonte une chapelle érigée après la peste de 1720. *Poudrerie nationale*. A 1 k. 5 S.-E., *pont Flavien*, jeté sur la Touloubre par les Romains, avec un arc de triomphe, à chaque extrémité. — La voie côtoie à dr. l'étang de Berre, puis franchit la Touloubre sur un *pont-viaduc courbe*, de 49 arches, long de 385 m. et haut de 26. — Halte de *Calissanne* (oppidum dit *Constantine*). — La voie ferrée entre dans la vallée de l'Arc.

317 k. *Berre*, 938 hab., petit port (marais salants, fabr. de prod. chimiques), sur l'*étang de Vaine*, a donné son nom à l'**étang de Berre**, long de 22 k. sur 6 à 14 de larg. — Viaduc de *la Bastianne*.

324 k. **Rognac** (buffet).

[DE ROGNAC A AIX (26 k.; ch. de fer, en 1 h.; 2 fr. 70, 1 fr. 95, 1 fr. 30). — 12 k. *Roquefavour* *, ham. célèbre par son **pont-aqueduc**, construit par De Montricher, au-dessus de la vallée de l'Arc pour amener à Marseille les eaux de la Durance (long. 375 m., haut. 82 m. 65; 3 rangs d'arcades). — 26 k. Aix-en-Provence (R. 26).]

328 k. *Vitrolles* (*tour* d'un anc. château), à 2 k. N.-E., domine d'importantes salines formées dans l'*étang du Lion*.

333 k. **Pas-des-Lanciers.**

[DE PAS-DES-LANCIERS A MARTIGUES (19 k.; ch. de fer, en 52 min.; 1 fr. 95, 1 fr. 45, 1 fr. 10). — On côtoie le ruisseau le Merlançon. — 5 k. *Marignane*, 1,898 hab., à 1 k. de l'*étang de Bolmon*, qu'une chaussée naturelle, appelée *le Jaï*, sépare de l'étang de Berre, avec lequel il communique (à l'église, retable curieux; château du XVIIe s.). — 10 k. *Châteauneuf-lès-Martigues*, 1,073 hab. — 15 k. *La Mède* (dans l'étang de Berre, rochers des *Trois-Frères*). — 19 k. *Martigues* * ou *les Martigues*, b. de pêcheurs, 6,280 hab., sur l'étang de Berre et à l'extrémité E. de l'étang de Caronte, se divisent en 3 quartiers : *Jonquières*, *l'Ile* et *Ferrières*; entre les deux derniers est compris le *port*, où aboutit le canal de Bouc (*V.* ci-dessous).]

On traverse une chaîne rocheuse par le **tunnel de la Nerte**, long de 4,638 m., au débouché duquel on découvre une belle vue sur la mer.

340 k. *L'Estaque*, 4,685 hab., b. industriel et centre de pêche (bains de mer); à dr., embranch. de la Joliette. — Le ch. de fer passe aux gares de *Séon-Saint-Henry* (château des Tours), *Séon-Saint-André* (après laquelle, au delà du tunnel de *Saint-Louis*, on entre dans le vallon des *Aygalades* : château

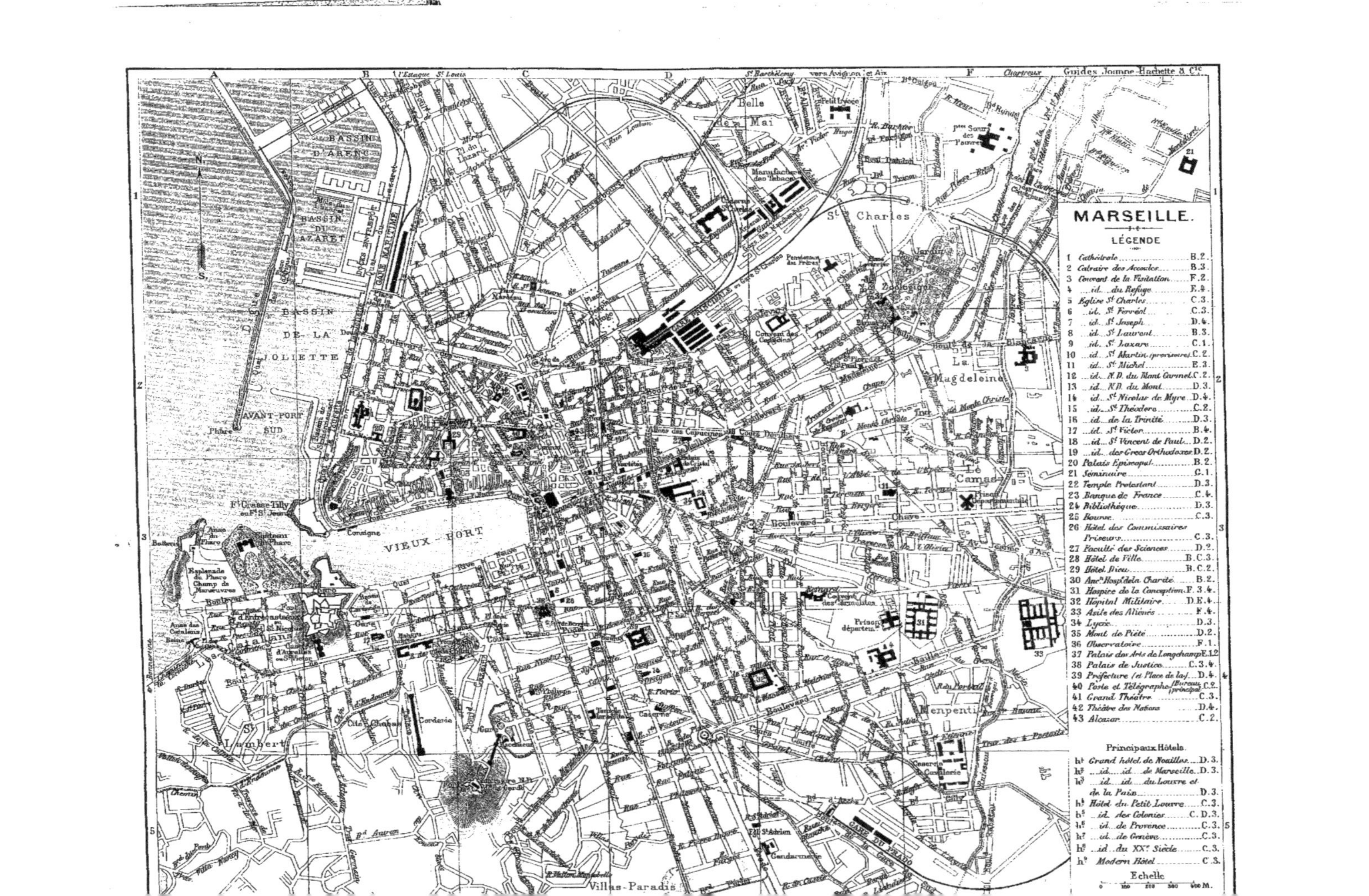
Guides Joanne Hachette & Cie
MARSEILLE.
LÉGENDE
1 Cathédrale B.2.
2 Calvaire des Accoules B.3.
3 Couvent de la Visitation F.2.
4 id. du Refuge F.4.
5 Eglise St Charles C.3.
6 id. St Ferréol C.3.
7 id. St Joseph D.4.
8 id. St Laurent B.3.
9 id. St Lazare C.1.
10 id. St Martin (provisoire) C.2.
11 id. St Michel E.3.
12 id. N.D. du Mont Carmel C.2.
13 id. N.D. du Mont D.3.
14 id. St Nicolas de Myre D.4.
15 id. St Théodore C.2.
16 id. de la Trinité D.3.
17 id. St Victor B.4.
18 id. St Vincent de Paul D.2.
19 id. des Grecs Orthodoxes D.2.
20 Palais Episcopal B.2.
21 Séminaire G.1.
22 Temple Protestant D.3.
23 Banque de France C.4.
24 Bibliothèque D.3.
25 Bourse C.3.
26 Hôtel des Commissaires Priseurs C.3.
27 Faculté des Sciences D.2.
28 Hôtel de Ville B.C.3.
29 Hôtel Dieu B.C.2.
30 Ancn Hospice de la Charité B.2.
31 Hospice de la Conception F.3.4.
32 Hôpital Militaire D.E.4.
33 Asile des Aliénés F.4.
34 Lycée D.3.
35 Mont de Piété D.2.
36 Observatoire F.1.
37 Palais des Arts de Longchamp E.1.2.
38 Palais de Justice C.3.4.
39 Préfecture (et Place de la) D.4.
40 Poste et Télégraphe (Bureau principal) C.2.
41 Grand Théâtre C.3.
42 Théâtre des Nations D.4.
43 Alcazar C.2.
Principaux Hôtels
h1 Grand hôtel de Noailles D.3.
h2 id. id. de Marseille D.3.
h3 id. id. du Louvre et de la Paix D.3.
h4 Hôtel du Petit Louvre C.3.
h5 id. des Colonies C.D.3.
h6 id. de Provence C.3.
h7 id. de Genève C.3.
h8 id. du XXe Siècle C.3.
h9 Modern Hôtel C.3.
Echelle
0 100 200 300 400 M.
VIEUX-PORT
BASSIN DE LA JOLIETTE
AVANT-PORT SUD
BASSIN D'ARENC
BASSIN DU LAZARET
GARE MARITIME
St Charles
La Magdeleine
Le Camas
Menpenti
Belle de Mai
St Lambert
Villas-Paradis

ti par le maréchal de Villars; stide du roi René), *Saint-uis*, *Saint-Joseph* (château du IIIe s.), *le Canet* et *Saint-Barélemy*, toutes desservies seument par des trains de banue.

351 k. **Marseille*** (buffet; Termis-Hôtel P.-L.-M.), *gare Saint-harles*, reliée, par la Blancarde, la gare de (7 k. S.-E.) *Marille-Prado*, 491,161 hab., fonée 600 ans av. J.-C. par une conie de Phocéens, la première lle maritime de la France, 1.-l. du départ. des Bouches-u-Rhône, est située au fond 'un golfe que limitent le cap ouronne au N. et le cap Croiette au S. Bâtie sur plusieurs ollines, Marseille se divise en ieille et nouvelle ville. La *ieille ville* est circonscrite ntre la Cannebière et le Port-'ieux, la mer et les nouveaux assins, le boulev. des Dames, a rue d'Aix et le cours Belunce. La *nouvelle ville* s'appuie la colline de N.-D. de la Garde t aux plateaux de la Plaine et le Longchamp. Le périmètre le la ville présente la forme l'un fer à cheval. Deux artères principales la sillonnent de part en part en se croisant à angle droit. L'une, longue de 3 k., se dirige du N.-N.-O. au S.-S.-E., de la gare d'Arenc à Mazargues, sous les noms de boulev. de Paris, place d'Aix, rue d'Aix, cours Belsunce, cours Saint-Louis, rue de Rome, place Castellane, Prado et boulevard Michelet. L'autre (2 k.) part du Port-Vieux pour aboutir au quartier de la Madeleine, à côté du jardin de Longchamp, sous les noms de Cannebière, rue Noailles, allées de Meilhan (ces trois voies sont les plus belles et les plus animées de Marseille), boulev. de la Madeleine. Marseille est alimentée et sa banlieue fertilisée par le canal de Marseille, qui leur amène les eaux de la Durance.

Rues Cannebière et Noailles, les Allées, Palais Longchamp. — De la gare on descend par les *boulevards de la Liberté*, *d'Athènes* et *Dugommier* à la **Cannebière,** la plus belle rue de Marseille, d'une renommée proverbiale, très animée, bordée de belles maisons et de nombreux cafés. Elle passe devant la **Bourse** (Pl. 25, C, 3). L'attique est surmonté des armes de Marseille, soutenues par l'*Océan* et la *Méditerranée*. De chaque côté de l'avant-corps, dans le bas : le *Génie de la Navigation*, le *Génie du Commerce et de l'Industrie*, par Guillaume; dans le haut, *Pythéas* et *Euthymène*, par Ottin.

A l'int. : vestibule, grand bas-relief (*Marseille recevant les produits des peuples*) par Toussaint; grande salle, avec sculptures allégoriques par Gilbert; Chambre de commerce, peintures murales par Magaud.

La Cannebière se termine à l'intersection du *cours Saint-Louis* et du *cours Belsunce*, qui se continue par la *rue d'Aix*, à l'extrémité de laquelle s'élève l'*arc de triomphe* (Pl. C, 2), moderne, avec sculptures par David d'Angers et Ramey. La **rue Noailles,** prolongement de la Cannebière, se fait aussi remarquer par la beauté de ses maisons, la richesse de ses magasins et son animation. Au delà d'une longue ligne de boulevards commencent les **Allées de Meilhan** (beaux platanes), promenade favorite des Marseillais (concerts en été). Les Allées de Meilhan, rejoignant à g. les *Allées des Capucines* (à l'intersection, *Faculté des Sciences*), aboutissent à la place des Réformés, où se voient le *Monument des Enfants des Bouches-du-Rhône*, par Tureau, et l'*église Saint-Vincent-de-Paul* (Pl. 18, D, 2), bel édifice moderne en style du XIIIe s. De la place, le *cours du Chapitre* et le *boulevard Longchamp* conduisent au Palais Longchamp.

Le **Palais Longchamp** (Pl. 37, E, 1-2) a été construit de 1862 à 1870 sur les plans de Henri Espérandieu, inspirés par le projet primitif du statuaire Bartholdi. Il se compose de deux corps de bâtiments dont l'un, à g., renferme le musée de peinture, l'autre, à dr., le musée d'histoire naturelle; ils sont reliés par une colonnade en hémicycle, d'ordre ionique. Au centre, un arc de triomphe, d'ordre corinthien, surmonte le **Château-d'Eau**, de chaque côté duquel s'ouvrent les grilles du palais. Barye a modelé le tigre, la panthère et les lions qui décorent ces entrées; Cavelier, le groupe central de *la Durance, la Vigne et le Blé*; Lequesne, les deux tritons, les génies de l'arc triomphal et les armes de la ville; Gilbert, les griffons, les têtes de Faunes et les Termes. Dans le mur sont enchâssés les médaillons en bronze de *Puget, Poussin, Aristote* et *Cuvier*, par Poitevin et Maurel; près du bassin de l'hémicycle on a placé les *bustes* de l'ingénieur *de Montricher* et du maire *Consolat*, créateurs du canal de Marseille.

Le **Musée des Beaux-Arts** ou musée de peinture et de sculpture est ouvert t. l. j., sauf lundi et vendredi, de 9 h. à midi et de 2 h. à 5 h. en été, jusqu'à 4 h. en hiver.

Rez-de-chaussée. — GRANDE GALERIE CENTRALE. — Sculpture : *Delaplanche.* Enfant à la tortue. — *Poitevin.* Joueur de billes. Enfant à la toupie. — *Truphème.* Le Moineau de Lesbie. — *Croisy.* Fondation de Marseille. — *Turcan.* Enlèvement de Ganymède. — *Delaplanche.* Pecoraro. — *Mathurin-Moreau.* Studiosa. — *Carrier-Belleuse.* Psyché. — *Préault.* Ophélie. — *Bosio.* Louis XVIII. — Collection de médailles de *Chaplain, Chapu* et *Roty.*

Peinture : *P. Parrocel.* Scènes de la Vie de Tobie. — *Baron Gros.* Philoctète blessé.

SALLE DU FOND à dr. — Sculpture : *Ducommun du Locle.* Cléopâtre. — *Ramus.* Première pensée d'amour. — *Hughes.* Ajax foudroyé. — *Etex.* Hyacinthe mourant. — *Truphème.* Le peintre Granier. — *Lenoir.* Le caricaturiste Daumier.

Peinture : *Debon.* Défaite d'Attila dans les plaines de Châlons. — *Baron Gérard.* Louis XVIII. — *Castelnau.* J.-C., la V. et Marie-Madeleine.

SALLE DU FOND à g. ou SALLE DE PIERRE PUGET, en l'honneur de l'illustre artiste et de ses élèves et plus spécialement consacrée aux vieux maîtres provençaux. — Sculptures : moulages et originaux d'œuvres de Puget.

Peinture. — **Puget.** Le Sauveur du monde; Baptême de Clovis; Baptême de Constantin; Portrait de l'artiste; Sommeil de l'Enf. J. (attribué); La V. et l'Enf. (attribué). — **François Puget** (son fils). Visitation. — *Michel Serre.* St Hyacinthe, de l'Ordre de St Dominique; Présentation au Temple; Jésus parmi les docteurs. — *P. Parrocel.* Couronnement de la V. — *Et. Parrocel.* St François Régis priant pour la cessation de la peste. — *Faudran*. Allégorie de la ville de Marseille. — *Verdussen*. Choc de cavalerie, etc.

Aquarelles et dessins. — Aquarelles de **Pierre Puget** (Education d'Achille); dessins composés en vue d'une place royale à construire à Marseille; projets de décoration navale; dessin à la plume représentant des vaisseaux dans la rade de Marseille.

Escalier somptueux, avec peintures de *Puvis de Chavannes* (Marseille colonie grecque et Marseille porte de l'Orient), *Cavelier*, *Poitevin*, *Truphème*.

1er **étage**. — GRANDE GALERIE D'HONNEUR (éc. anciennes de peinture françaises et étrangères). — Ec. française, à dr. : *Finsonius*. Madeleine mourante.— *Greuze*. Portrait d'homme. — *Fragonard*. Allégorie de la ville de Marseille. — *Girodet-Trioson*. M. Fabrega. — *Baron Gros*. Mme Fabrega. — *Lagrenée*. L'Amour et les Grâces. — *Natoire*. St Jérôme. — *Nattier*. Portrait de femme. — *Raoux*. Jeune fille surprise par sa grand'mère. — *Rigaud*. Un magistrat. — *Tocqué*. Le comte de Saint-Florentin. — *Robert Tournières*. Portraits. — *J. de Troy*. Le chevalier Roze faisant enlever par des forçats les pestiférés de la Tourette. — *Vien*. Jésus guérit un paralytique. — *Vouet*. La V. et l'Enf. J. — *Desportes*. Chasseur indien.

Ec. italienne : *L. Carrache*. L'Assomption. — *A. Carrache*. David vainqueur de Goliath. — *P. Véronèse*. Princesse vénitienne.—*L. Giordano*. Flore. — *Maratta*. Le cardinal Cibo. — *Le Guerchin*. Adieux d'Hector à Priam. — *Pérugin*. Famille de la Vierge. — *Raphaël*. St Jean écrivant l'Apocalypse. — *Calabrèse*. St Jérôme. — *Le Guide*. Les Saints protecteurs de Milan. — *Le Caravage*. Le Christ mort soutenu par des anges. — *Panini*. Architecture. — *Tintoret*. Le Doge Morosini; les Vertus théologales. — *Trevisani*. Le Christ au Jardin des Oliviers.

Ec. espagnole : *Ribera*. Joan de Procida; Scène de cabaret. — *Zurbaran*. Saint François. — *Inconnu*. Les Œuvres de miséricorde.

Ec. française : *Ingres*. Copie des trois femmes du tableau du Poussin : Eliezer et Rebecca. — *Monsiau*. Dévouement de Mgr de Belsunce. — *Baron Regnault*. Iphigénie en Tauride. — *Vien*. Jésus guérit le fils d'un officier de Capharnaüm. — *P. Mignard* (?). Mlle de la Vallière; portrait de femme; Mme de Maintenon. — *Natoire*. Cléopâtre à Tarse. — *Desportes*. Chasseurs et Pêcheurs italiens. — *Hubert Robert*. Ruines d'architecture.

Ec. française, hollandaise et allemande : *Fr. Porbus le Vieux*. Un gentilhomme. — *Fr. Porbus le Jeune*. Philippe-Guillaume de Nassau, prince d'Orange. — *P. Breughel*. Environs d'Anvers. — *G. de Crayer*. L'Homme entre le Vice et la Vertu. — *Rubens*. Adoration des bergers; Résurrection; Flagellation. — *Snyders*. Animaux et Fruits. — *Jordaëns*. Pêche miraculeuse. — *Ph. de Champaigne*. Apothéose de la Madeleine; Assomption. — *Rubens*. Chasse au sanglier. — *Ph. Wouwerman*. Paysage. — *Ruysdael*. Paysage. — *Van Goyen*. Paysage; Rivière. — *Bol*. Portrait de femme.

SALLE DU FOND à dr. — Ec. provençale.

SALLE DU FOND à g. (éc. modernes française et étrangères). — *E. Isabey*. Marine. — *Philippoteaux*. Mort de Turenne. — *C. Daubigny*. Les Graves au bord de la mer, à Villerville. — *Ary Scheffer*. Madeleine. — *Bellangé*. Prise de Malakoff. — *Thomas Couture*. Portrait. — *J.-F. Millet*. Une mère donnant la soupe à son enfant. — *Corot*. Vue du Tyrol. — *Courbet*. Le Cerf à l'eau. — *Philippoteaux*. Les Girondins. — *A. Stevens*. Le Mercredi des Cendres. — *Henri Regnault*. Judith et Holopherne. — *Puvis de Chavannes*. Retour de chasse. — *Hanoteau*. Le Paradis des oies. — *Régamey*. Tirailleurs algériens. — *Bouguereau*. Inondation de Tarascon en 1856.

Le **Museum d'histoire naturelle** (de 2 h. à 5 h. en été, et en outre de 9 h. à midi le dim.)

occupe plusieurs salles ornées de peintures par Durangel (*les Animaux antédiluviens*) et Raphaël Ponson (*Productions de la Provence*).

Derrière le palais Longchamp s'étendent le jardin du plateau et le *Jardin zoologique* (Pl. F, 1), ouvert de 8 h. du matin à la nuit (musique militaire dim. et jeudi). Dans une annexe de ce jardin on remarque l'aqueduc où vient aboutir le **canal de Marseille**, long de 152 k., qui apporte l'eau de la Durance au château d'eau et à la ville. Au N. s'élève l'*Observatoire*.

VIEILLE VILLE ; CATHÉDRALE ; LES PORTS. — Le *quai de la Fraternité* borde à l'E. le **Port-Vieux** (28 hect. 54), dont l'entrée est défendue au S. par le *fort Saint-Nicolas* ou *d'Entrecasteaux*, construit d'après les plans de Vauban, au N. par le *fort Saint-Jean* ou *Grasse-Tilly*, anc. château des chevaliers de Malte (tour de 1447). Au N. s'étend le *quai du Port*, avec la *place Victor-Gelu* (buste de ce félibre) et l'**Hôtel de Ville** (Pl. 28, B-C, 3), du XVIIe s. (à l'E., *buste du comte de Villeneuve*, anc. préfet), qu'avoisine le quartier le plus pittoresque mais aussi le plus mal famé de Marseille.

Au delà de l'Hôtel de ville, la *rue de la Prison* (aux n°s 13 et 15, la *maison Diamantée*, fin du XVIe s.) mène à la *place Daviel*, sur laquelle se trouvent le clocher gothique de l'anc. *église des Accoules* (Pl. 2, B, 3) et un calvaire moderne recouvrant une chap. souterraine. Au N. de la place, dans la *rue Montée-Saint-Esprit*, se trouve le *Musée maritime et de pêche*, ouvert jeudi et dim. de 10 h. à midi et de 2 h. à 6 h. en été. A l'extrémité O. du quai du Port, **la Consigne** ou *Santé* (Pl. B, 3) est un édifice du XIIIe s. (au-dessus de la façade, *St Roch*, par Chardigny).

A l'int. : — *La Peste de Milan*, bas-relief de P. Puget ; *Mgr de Belsunce pendant la peste de Marseille en 1720*, tableau de Gérard ; *St Roch*, peint par David ; *Christ* de Robert ; *le Choléra à bord de la Melpomène*, par Horace Vernet ; *le Chevalier Roze faisant, en 1720, inhumer les pestiférés à Marseille*, par P. Guérin ; *la Peste à bord de la frégate la Justice, l'an IV de la République*, par Tanneur.

Au delà de la Consigne, le quai passe entre le fort Saint-Jean à g. et l'*église Saint-Laurent* (Pl. 8, B, 3), à dr., située à l'extrémité S. de l'*esplanade de la Tourette* (*buste du chevalier Roze* ; beau panorama), où furent inhumées les victimes de la peste de 1720.

Cette esplanade et l'*avenue Vaudoyer*, qui monte du *quai de la Tourette*, aboutissent à la **place de la Major**, avec la *statue de Mgr de Belsunce*, par Ramus, le *palais épiscopal*, l'anc. cathédrale et la nouvelle.

La **Nouvelle Cathédrale** (Pl. 1, B, 2) a été bâtie de 1852 à 1893 dans le style byzantin, mais avec le plan des églises gothiques et de nombreux détails empruntés à l'architecture romane, sur les plans de Léon Vaudoyer, à qui succédèrent Henri Espérandieu, puis Henri Révoil. Surmontée de 5 coupoles, elle a la forme d'une croix latine avec déambulatoire et chap. rayonnantes. La façade est flanquée de 2 tours également terminées en coupoles.

L'édifice est construit en assises alternativement vertes (pierre de Florence) et blanches (pierre de Calissanne). Les dallages en mosaïques de la grande nef et du chœur ont été dessinés par Errard.

L'*ancienne cathédrale, la Major* (XIIe et XIVe s.), est flanquée à g. de la *chapelle Saint-Lazare*, l'une des œuvres les plus anciennes qui aient été exécutées en France dans le style de la Renaissance.

Dans la pièce qui flanque l'abside à g., *saint-sépulcre* du XVIe s., *autel roman* et *bas-relief* en faïence blanche, de Lucca della Robbia.

La terrasse (belle vue) sur laquelle s'élève la basilique domine les **nouveaux ports** (immenses *docks*; *jetée* longue de 4,140 m.). La *place de la Joliette* (Pl. B, 1), où est *l'hôtel des Docks*, est réunie au quai de la Fraternité et à la Cannebière par la **rue de la République**, qui croise le *boulevard des Dames* (au n° 63, *musée colonial*) et à l'E. de laquelle *l'église N.-D. du Mont-Carmel* (Pl. 12, C, 2) renferme (au chœur et à la chaire) des sculptures exécutées sur les dessins de Puget.

RUE SAINT-FERRÉOL; PROMENADE DE LA COLLINE; ÉGLISE SAINT-VICTOR, N.-D. DE LA GARDE. — De la Cannebière se détache au S. la **rue Saint-Ferréol** (beaux magasins), allant aboutir à la **Préfecture** (Pl. 39, D, 4). Parallèle à la rue Saint-Ferréol, la *rue Paradis* se détache au S. de la Cannebière, en face de la Bourse. Dans le quartier à g. se trouvent la *rue Beauvau* (colonie grecque; bars et restaurants grecs; *café Turc*) et le *Grand-Théâtre* (Pl. 41, C, 3). A dr. de la rue Paradis, près de la *place Estrangin-Pastré* (*fontaine* par Allar; *Caisse d'épargne*, à façade Louis XVI, moderne; *Banque de France*, Pl. 23), se détache à dr. le **cours Pierre-Puget**, quartier aristocratique. A dr., sur la *place Monthyon* (*statue de Berryer*, par Barre), s'élève le **Palais de Justice** (Pl. 38, C, 3-4).

Au fronton, la *Justice*, par Guillaume; aux frontons des façades latérales, les *Tables de la Loi*, la *Fermeté* et la *Modération*, par Travaux. — Sous le péristyle, bas-reliefs par Guillaume : la *Justice répressive* et la *Justice protectrice*. — Salle des Pas-Perdus, 16 colonnes en marbre rouge de Languedoc; grandes figures assises : *Solon*, *Justinien*, *Charlemagne* et *Napoléon*, et autres sculptures par Gilbert. — Dans 4 salles, bas-reliefs de Truphème, Ferrat et Chabaud.

Le cours Pierre-Puget aboutit, à l'O., à une colline transformée en jardin anglais : c'est ce qu'on appelle la **promenade de la Colline** (Pl. B-C, 4; très belle vue). Une conduite dérivée du canal de Marseille forme une cascade. Sur le point culminant s'élèvent une *colonne* (buste de P. Puget) et la *statue de l'abbé Dassy*, fondateur de l'Institut des Jeunes Aveugles.

A l'O. de la promenade de la Colline, **l'église Saint-Victor** (Pl. 17, B, 4) est le reste d'une abbaye, fondée vers 410 par St Cassien, réédifiée en 1040 et au XIIIe s., et munie d'ouvrages fortifiés. Elle s'élève sur deux étages de cryptes remontant en partie aux premiers siècles chrétiens, en partie à l'époque carolingienne, en partie au XIe s., et dans lesquelles, suivant la tradition provençale, St Lazare aurait habité et où St Victor aurait été enseveli avec plusieurs de ses compagnons de martyre.

A l'int., *Vierge noire* du XIIIe ou du XIVe s., que le peuple attribue à St Luc, et tableau de Papéty (St Urbain).

De la promenade de la Colline on peut monter par l'**ascenseur** (en sem. 60 c., desc. 30 c., aller et ret. 80 c.; dim., 40 c., 20 c., 50 c.) à la **chapelle de N.-D. de la Garde**, construite, sur une colline (superbe panorama) abrupte et dénudée (150 m. d'altit.), par Espérandieu dans le style byzantin tempéré par de nombreux motifs romans et de la Renaissance. Le clocher (bourdon de 8,234 kilogr.), haut de 45 m., est surmonté d'une *statue* dorée *de la Vierge*, haute de 9 m., exécutée par Lequesne. A l'int., la chapelle (peintures murales de Müller) et sa crypte sont revêtues de marbres.

Dans la partie de la ville qui s'étend à g. de la rue Saint-Ferréol est l'**Ecole des Beaux-Arts** (Pl. D, 8), bel édifice (sur la place d'accès, *l'Aveugle et le Paralytique*, bronze de Turcan) construit par Henri Espérandieu, dont le buste orne la cour (à l'int., peintures par Magaud). Elle a pour annexes le *Conservatoire* et la *Bibliothèque* (113,000 vol., 2,900 cartes, 1,680 manuscrits), avec *médaillier* fort riche.

RUE DE ROME; LE PRADO; CHATEAU BORÉLY; CHEMIN DE LA CORNICHE; LES CATALANS. — De la Cannebière se détache au S. le *cours Saint-Louis*, que prolonge la **rue de Rome** (au n° 25, *maison de Puget*, précédée d'une *fontaine* avec le buste du grand artiste), qui aboutit à la *place Castellane*, d'où part le **Prado** (Pl. D-E, 3), magnifique avenue longue de 5 k. qui se continue jusqu'à la mer et au **Château Borély** (XVIIIe s.), renfermant le **musée archéologique**, ouvert jeudi et dim. de 2 h. à 6 h.

Musée lapidaire (triptyque en marbre grec, inscription chrétienne du Ier s., sarcophages païens et chrétiens), musée égyptien; musée égypto-grec, grec et phénicien, curiosités et objets d'art, céramique, galerie chinoise, etc.

Le **parc** (50 hect.) comprend un jardin anglais et un jardin français. A g. du château, sur une terrasse plantée de pins-parasols, *statue de Pierre Puget*, par Ramus. A g. de l'entrée du parc, *jardin botanique*.

En sortant du parc par la grille à g. du champ de courses, on débouche sur le bord de la mer à *Bonneveine*, près de la *plage du Prado* et du **chemin de la Corniche** (trams), long de 7 k., bordé de villas, restaurants, établissements de bains de mer, notamment **le Roucas-Blanc** (hôt.; bains; source minérale, café-rest.), le **Palace-Hôtel** et les **bains de mer des Catalans**. C'est par la Corniche que l'on se rend au *Laboratoire de zoologie marine d'Endoume*.

On rentre en ville par le *boulevard de la Corderie*, laissant à g. le *château du Pharo* (Pl. A, 3), anc. palais impérial, construit par Vacher sur les plans de Lefuel, et donné par l'impératrice Eugénie à la ville, qui y a établi une *école de médecine et de pharmacie*. Le *parc du Pharo* est ouvert au public.

Les ports de Marseille, administrés par l'Etat, sont le principal instrument de son commerce. La construction et l'entretien du matériel nécessaire au port constituent une des premières industries de la ville, qui possède d'importantes savonneries, de nombreuses minoteries, des fabr. de pâtes alimentaires, huileries, les hauts fourneaux de Saint-Louis, etc.

[A 20 min. (serv. de bateaux), **château d'If**, anc. prison d'Etat, construit par François Ier en 1530 et rendue célèbre par Alexandre Dumas dans son roman de *Monte Cristo*. On visite à l'int. les cachots des personnages de marque qui y furent enfermés. En arrière du Château d'If on aperçoit les *îles Ratonneau* et *Pomègues*, réunies par la jetée du *port du Frioul*, où les bateaux font quarantaine et où sont groupés un hôpital, une chapelle et le lazaret. Les fortifications des îles forment le centre de la défense de la rade consistant en 22 forts ou batteries disséminés le long de la côte, du cap Croisette au cap Couronne. — Ascens. en 2 h. 40 (tram jusqu'au Lancier, 10 c.) du sommet de *Marseille-Veyre* (398 m.; vue splendide). — A 12 k. 7 (tram en 1 h. pour Saint-Marcel, 10 c.; omnibus au delà), *Camoins-les-Bains* (dans un beau parc, établissement thermal d'eau sulfureuse, avec hôtel).]

De Marseille à Aix, Pertuis, Manosque, Digne, Sisteron, Gap et Grenoble, R. 26; — à Toulon, Hyères, Draguignan, Grasse, Nice, Monaco, Menton et Vintimille, R. 30.

ROUTE 21

DE PARIS A GRENOBLE

633 k. — Ch. de fer, en 10 h. 22 à 14 h. 21. — 71 fr.; 47 fr. 95, 31 fr. 20. — Wagon-rest. au rapide du matin; wagons-lits au rapide du soir (30 fr. de suppl. entre Paris et Lyon).

512 k. de Paris à Lyon (R. 5, *A*). — La voie franchit le Rhône et traverse la gare de marchandises de la Mouche. A g., ligne de Genève; à dr., ligne de Marseille.

520 k. *Vénissieux*, 3,867 hab. — 524 k. *Saint-Priest*. — 530 k. *Chandieu-Toussieu*. — A dr., château de Chandieu (XIVe s.).

534 k. *Heyrieux*, 1,505 hab. — On débouche dans la vallée de la Bourbre. — 539 k. *Saint-Quentin-Fallavier*, 1,543 hab.

543 k. *La Verpillière*, 1,328 hab. — 546 k. *Vaulx-Milieu* (*temple de Vaulx*, anc. commanderie de Templiers; *manoir de Montbaly*, XVe-XVIe s., restauré).

550 k. *La Grive* (fabr. de velours, filat. de coton).

554 k. **Bourgoin** * (brioches renommées), 7,279 hab., dans la vallée de la Bourbre (tourbières), forme une agglomération industrielle (soieries, impressions sur étoffes) avec *Jallieu*, 4,710 hab., b. relié par un embranch. à Saint-Hilaire-de-Brens, stat. du ch. de fer de Lyon à Aoste-Saint-Genix (*V.* p. 84-85). — 563 k. *Cessieu*, 1,300 hab.

569 k. **La Tour-du-Pin** *, 3,803 hab., ch.-l. d'arr., V. industrielle, sur la rive g. de la Bourbre, au pied du coteau de *Saint-Clair*, surmonté d'une *statue de la Vierge* en bronze doré. De la place de l'Hôtel-de-Ville on monte par la route d'Italie (n° 62, anc. faisanderie; n° 74, anc. maison de chasse des dauphins) à l'*église*.

A l'int. : sculptures et boiseries par P. Aubert, de Lyon, et Fabisch; verrières de Laurent-Gsell; dans la sacristie, *triptyque* (1541-1542) attribué à Jacob Binck, qui reçut les soins de l'hôpital de la Tour-du-Pin.

La voie monte sur un plateau (belle vue).

576 k. **Saint-André-le-Gaz** (buffet), 1,334 hab.

[De Saint-André-le-Gaz a Chambéry (43 k.; ch. de fer, en 1 h. 17 à 1 h. 28; 4 fr. 80, 3 fr. 25, 2 fr. 10). — On franchit la Bourbre, pour se diriger vers la vallée de la Bièvre. — 9 k. *Pressins*, gare commune aux lignes de Chambéry et de Belley (V. p. 78). — 13 k. **Pont-de-Beauvoisin** *, 3,613 hab., est partagé par le Guiers-Vif en deux parties, dont l'une forme un ch.-l. de c. de l'Isère et l'autre un ch.-l. de c. de la Savoie. — 19 k. *Saint-Béron* est relié à (16 k.) Saint-Genix (R. 12) par un tram (traj. en 1 h.; 1 fr. 50 et 90 c.) qui dessert aussi Pont-de-Beauvoisin. De Saint-Béron aux Echelles par la gorge de Chailles et les Echelles, à Saint-Laurent-du-Pont et Voiron, V. R. 17, p. 100. — 24 k. *Lépin-Lac-d'Aiguebelette* : voit. (2 fr. 50) pour (7 k. S.) les Bains de la Bauche, à 560 m., dans un anc. château (source ferrugineuse bicarbonatée). — Tunnel. — 28 k. *Aiguebelette*, lieu de villégiature, à 600 m. S.-E. du lac **d'Aiguebelette** (4 k. de long., 2 k. de larg.). — *Tunnel du Mont-de-l'Epine* (3,062 m.). On débouche dans la vallée de l'Hyère. — 32 k. *Cascade de Couz*, stat. ainsi nommée d'une cascade haute de 50 m., un peu au delà, à dr. — 43 k. Chambéry (R. 17).]

584 k. *Virieu-sur-Bourbre*, 1,058 hab. (*château* féodal des XIVe et XVIe s., avec tapisseries remarquables; *église* romane, remaniée au XVe s.). — A g., *château de Pupetière*, construit par Viollet-le-Duc. — 592 k. *Chabons*, 1,756 hab., près des sources de la Bourbre. — A dr., petit lac.

595 k. *Le Grand-Lemps*, 1,848 hab. (fabr. de liqueurs).

[Tram à vap. (en 50 min.; 1 fr. 15 et 70 c.) pour (14 k.) la Côte-Saint-André (V. p. 111). — Un tram à vap. (53 min.; 1 fr. 10 et 75 c.), qui remonte la vallée de la Fure, aux nombreux établiss. industriels (soieries principalement), conduit à (15 k.) *Charavines-les-Bains*, 1,111 hab., situé à 500 m. S. du *lac Paladru* (5 k. 5 de long. sur 1 k. de larg.) et d'où l'on peut visiter (55 min.) la *chartreuse de Silve-Bénite*, fondée en 1160, et (1 h. 5) la *tour de Clermont*, située sur un monticule (640 m.; fort belle vue) et reste de la forteresse qui fut le berceau de la famille de Clermont-Tonnerre. — De Charavines à Voiron, V. ci-dessous, p. 137].

La voie passe au-dessus du tram de Charavines et parcourt le plateau de Bièvre.

597 k. **Rives** * (embranch. de la ligne de Saint-Rambert-d'Albon, V. p. 112), 3,110 hab., V. industrielle (aciéries, papeteries, métiers à soie), au confl. du Réaumont et de la Fure, est dominé par une colline haute de 389 m. portant les ruines du manoir de *Châteaubourg*. La *papeterie Blanchet et Kléber* est entourée d'un parc dominé par une chapelle romane moderne (peintures murales). — Après avoir passé le *viaduc de la Fure*, haut de 42 m. (jolis paysages), la voie descend dans le *vallon de Saint-Cassien*. Tunnel.

608 k. **Voiron** *, 12,625 hab., sur la Morge, est une V. industrielle importante par ses tissages de toiles et de soieries, ses fabr. de papier et de liqueurs. Les Chartreux y possèdent un entrepôt chargé de toutes les expéditions de liqueur, élixir, etc. Les *rue de la Gare* et *Montgolfier* mènent sur la *place de la République* (*fontaine* monumentale). A dr., *église Saint-Bruno*, moderne, style du XIIIe s. (tours

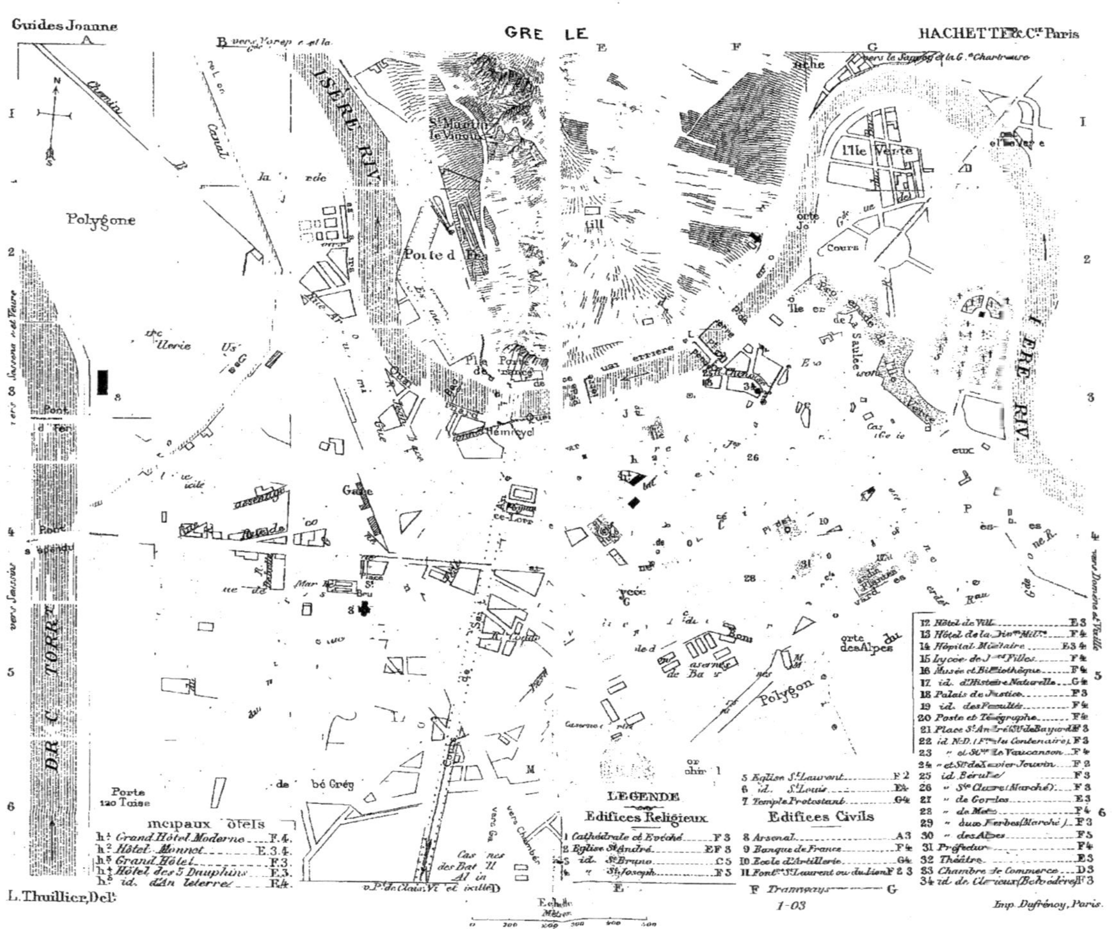

Guides Joanne
GRE LE
HACHETTE & Cie Paris
Chemin
Polygone
Canal
ISERE RIV
St Martin le Vinoux
Porte d Fr
l'Ile Verte
Cours
Gare
Pont
DR C TORR^t
Polygon
orte des Alpes
I ERE RIV
vers Domène et Vizille
vers Sassenage et Veurey
vers Seyssins
vers le Sappey et la G^de Chartreuse
Porte
120 Toise
mcipaux ôtels
h.1 Grand Hôtel Moderne ... F.4.
h.2 Hôtel Monnet ... E.3.4.
h.3 Grand Hôtel ... F.3.
h.4 Hôtel des 3 Dauphins ... E.3.
h.5 id. d'An leterre ... E.4.
LEGENDE
Edifices Religieux
1 Cathédrale et Evêché ... F 3
2 Eglise St André ... EF 3
3 id. St Bruno ... C 5
4 " St Joseph ... F 5
5 Eglise St Laurent ... F 2
6 id. St Louis ... E4
7 Temple Protestant ... G4
Edifices Civils
8 Arsenal ... A 3
9 Banque de France ... F4
10 Ecole d'Artillerie ... G4
11 Font^ne St Laurent ou du Lion ... F 2 3
12 Hôtel de Vill ... E 3
13 Hôtel de la Div^on Mil^re ... F 4
14 Hôpital Militaire ... E3 4
15 Lycée de J^nes Filles ... F 4
16 Musée et Bibliothèque ... F 4
17 id. d'Histoire Naturelle ... G 4
18 Palais de Justice ... F 3
19 id. des Facultés ... F 4
20 Poste et Télégraphe ... F 4
21 Place St André ... F 3
22 id. N.D. ... F 3
23 " et S^ue de Vaucanson ... F 4
25 id. Bérulle ... F 3
26 " Ste Claire (Marché) ... F 3
27 " de Gordes ... E 3
28 " de Metz ... F 4
29 " aux Herbes (Marché) ... F 3
30 " des Alpes ... F 5
31 Préfecture ... F 4
32 Théâtre ... E 3
33 Chambre de Commerce ... D 3
34 id. de Clercieux (Belvédère) ... F 3
F Tramways ... G
Echelle
Mètres
0 100 200 300 400 500
L. Thuillier, Del^t
1-03
Imp. Dufrénoy, Paris.

hautes de 72 m. ; au trumeau du portail, statue du Christ enseignant, par P. Viricux). A l'*hôtel de ville*, portraits des illustrations locales. *Cours Sénozan*, planté de platanes. Pittoresque défilé des *Gorges*, au-dessous du *château de Barral.*

[A 1 h. 30, *Roche de Vouise* (735 m.), où une tour est surmontée d'une statue de la *Vierge*, haute de 7 m., en cuivre repoussé, d'après une maquette de Bonnassieux. A 30 min. de la tour, un chemin à dr. conduit, vers l'E., au v. de *Vouise*, d'où l'on peut monter à *Tolvon* (657 m. ; ruines d'un château). — A 6 k. de Voiron, *Défilé du Bret*, pittoresque coupure entre des falaises calcaires. — Tram à vap. (en 1 h. 3 ; 1 fr. 25 et 90 c.) de Voiron à (17 k.) Charavines (*V.* ci-dessus).]

De Voiron à Saint-Laurent-du-Pont et à la Grande-Chartreuse, R. 23.

La voie descend pour passer de la vallée de la Morge dans celle de l'Isère. — 610 k. 5. *Saint-Jean-de-Moirans.*

604 k. **Moirans** * (embranch. pour Valence, R. 22), 3,479 hab., entre deux bras de la Morge (ancienne tour ; château Renaissance). — Tunnel de 350 m. sous le lit de la Roise.

620 k. *Voreppe* * (tram pour Grenoble : 14 k., en 1 h. ; 1 fr. 15 et 75 c.), à la bifurc. de la route de la Placette à la Grande-Chartreuse, au-dessus de la vallée de l'Isère, au pied d'un cirque grandiose que la Roise franchit par une haute cascatelle.

[Voreppe peut être un agréable centre d'excurs., notamment à (5 h. 50) la *Grande-Sure* (1,924 m.) et à (2 h. 20) l'ancien couvent de *Chalais*, dans une admirable situation. à 940 m.]

A g., la *Grande-Aiguille.*

627 k. *Saint-Egrève-Saint-Robert*, 2,660 hab. (asile d'aliénés).

A la Grande-Chartreuse, R. 23.

On franchit la Vence, puis l'Isère.

633 k. **Grenoble** * (buffet), 64,002 hab., ch.-l. du départ. de l'Isère, siège d'un évêché, place forte, est situé à 214 m. d'altit., dans la plaine du Grésivaudan, au pied du mont Rachais, dernier promontoire, au S., du massif de la Chartreuse, sur les deux rives de l'Isère. — Le centre de Grenoble est **la place Grenette** (fontaine avec dauphins de bronze, par Sappey), où l'on parvient depuis la gare soit par l'*avenue de la Gare*, les *rues de France* et *Montorge*, soit par l'*avenue d'Alsace-Lorraine*, **la place Victor-Hugo** (à l'E. de laquelle est la *place Vaucanson*, avec la *statue de Vaucanson*, Pl. 23, F, 4), la *rue Molière* et la *rue Félix-Poulat* (*église Saint-Louis*, Pl. 6, E, 4, de 1699). La place Grenette communique par la *Grande-Rue* avec la *place Saint-André* (*statue de Bayard*, Pl. 21, F, 3, par Raggi), bordée au N. par le **Palais de Justice** (Pl. 18, F, 3). Les parties les plus anciennes de cet édifice, la porte d'entrée et le passage voûté de la Cour d'appel, la *chapelle* et son absidiole en encorbellement furent construits dans le style flamboyant sous Charles VIII ou sous Louis XII. La façade E. (1539-1562), du style Renaissance, fut achevée de 1600 à 1609. Le reste du palais a été exécuté de 1890 à 1897 sur les plans de MM. Daumet et Riondel.

On entre par le passage de dr. (bustes des Dauphins), conduisant au *Tribunal civil*, dont la **salle historique** est décorée de splendides sculptures exécutées par **Paul Jude** de 1521 à 1524. — Le portail g. donne accès dans la *cour d'appel* (*salle des Audiences solennelles*).

En face du palais est l'*église St-André* (Pl. 2, E-F, 3), du XIIIe s.

A l'int. : verrières modernes, par Bégule; croisillon dr., *Martyre de St André*, tableau de Restout; chap. de la Vierge, peintures murales de Diodore Rahoult et de Blanc-Fontaine; dans le transept, **tombeau de Bayard.**

La *rue Hector-Berlioz* conduit au *Jardin de ville* et à l'**Hôtel de Ville** (Pl. 12, E, 3), ancien hôtel du connétable de Lesdiguières, dont on voit dans cette promenade la statue, œuvre de Jacob Richier, sous les traits d'*Hercule au repos*. On revient à la place Saint-André, pour atteindre, par les *rues du Palais* et *Brocherie* la *place Notre-Dame* (Pl. 22, F, 3), où se voient le *monument du Centenaire* de la Révolution en Dauphiné, par H. Ding, et la **cathédrale** (à g., *évêché*), dont les parties les plus anciennes sont du XIe s.

A l'int. : **ciborium ou tabernacle** (1455-1457) en pierre sculptée haut de 11 m. 34 et à g. duquel est le *tombeau* élevé en 1407 par l'archevêque Aymon de Chissé.

En face de la cathédrale, belvédère de la *tour de Clérieux* (entrée 35 c.), offrant une belle vue sur les environs de Grenoble. Par la *rue Frédéric-Taulier* et la *place de Lavalette* on va déboucher sur le *quai Claude-Brosse*, où l'on franchit le *pont de la Citadelle*; en face, *place Xavier-Jouvin* (Pl. 24, F, 2), avec la *statue* (œuvre de H. Ding) *de Xavier Jouvin* (1800-1844), rénovateur de la ganterie à Grenoble.

En suivant le *quai Xavier-Jouvin*, on rejoint à g. la porte Saint-Laurent, près de laquelle s'élève **l'église Saint-Laurent** (Pl. 5, F, 2), dont le chœur remonte au XIe s. (à l'int., *J.-C. servi par des anges*, tableau du dominicain frère André; **crypte** mérovingienne). Revenant sur ses pas jusqu'au quai Claude-Brosse, on le remonte à g. pour aboutir à la *Porte* et au **Jardin de l'Ile-Verte.**

On rentre en ville par la *Porte des Adieux*, pour aboutir, par les *rues Lesdiguières* et *Villars* à la *rue Dolomieu*, où est le **Musée d'histoire naturelle** (Pl. 17, G, 4), ouvert t. l. j. en été de 11 h. à 4 h., excepté le lundi : la salle la plus intéressante est celle des collections zoologiques locales (1er étage à g.); la collection de minéraux (2e étage) est d'une très grande richesse. Derrière le muséum est le *Jardin des Plantes*.

Par les *rues Villars* et *Malakoff*, on arrive sur la **place de la Constitution** (Pl. F, 4; musique militaire), entourée par l'hôtel de la *Division militaire*, le palais de l'*Université* et le **Musée-Bibliothèque** (décoration en style pompéien par Denuelle); dans le vestibule (bustes antiques; peintures de Diodore Rahoult et Blanc-Fontaine) s'ouvrent à dr. la porte de la bibliothèque, à g. celle du musée. Au 1er étage sont les galeries Genin et L. de Beylié, au 2e étage la *salle des gravures*.

Le **Musée de peinture** est ouvert t. l. j. en été de 8 h. à 5 h., les lundi et jours de fêtes légales exceptés; les salles du haut ne sont ouvertes que les dim. et jeudi.

1re SALLE (éc. française ancienne). — 94. 95. *Rigaud.* Portraits. — 50. *Jouvenet.* Martyre de St Ovide. — 111. 112. *Simon Vouet.* Tentation de St Antoine. Repos en Egypte. — 116. *Ec. française.* Le connétable de Lesdiguières. — 2. *S. Bourdon.* Continence de Scipion. — 79. *Monnoyer.* Fleurs. — 68. *Le Sueur.* Famille de Tobie. — 24. 25. *François Desportes.* Cerf aux abois. Fleurs, fruits et animaux. — 86. *Pater.* Baigneuses. — 32. *Fragonard.* Tête de vieillard. — 65. *Largillière.* Portrait. — 35. *Cl. Gellée,* dit *le Lorrain.* Effet de matin.

2e SALLE. — Ec. italienne : 420. *Palmezzano.* Ste Famille. — 450. *Le Pérugin.* St Sébastien. — 372. *Bartolo.* Retable. — 383. *P. Véronèse.* J.-C. guérissant la femme hémoroïsse. — 411. *Licino.* La V., St J.-B., St Antoine et St Jacques. — 433. *Le Tintoret.* Ex-voto de Matteo Soranzo. — 408. *Guardi.* Le Doge de Venise et la Place Saint-Marc. — *Zurbaran.* Annonciation. Adoration des Mages. Circoncision. Adoration des bergers.

Ec. espagnole : *Ribera.* St Barthélemy près de souffrir le martyre.

Ec. allemande, flamande et hollandaise : 585. *Inconnu.* Episode de la vie de Ste Ursule. — 498. 491. *Ph. de Champaigne.* Portrait de l'auteur. Résurrection de Lazare. — 486. 487. *Bloemen.* Paysages. — 526. *Cornelis Janssens.* Portrait de femme. — 571. *Van Thulden.* La Trinité. — 501. 502. *G. de Crayer.* Ste Elisabeth de Hongrie devant la V.; Martyre de Ste Catherine. — 557. *Rubens.* St Grégoire, pape, entouré de saints. — 520. *Hobbema.* Paysage. — 493. 497. *Ph. de Champaigne.* Louis XIV reçoit chevalier du Saint-Esprit Monsieur, duc d'Anjou. L'Abbé de Saint-Cyran. — 536. *Van der Meulen.* Cortège de Louis XIV pour un *Te Deum* à Notre-Dame. — 482. *Berchem.* Le troupeau.

3e SALLE (éc. française, surtout peintres dauphinois). — 357. *Vayson.* Gardeuse de moutons. — 206. *Detaille.* Episode de la bataille de Champigny. — 274. 282. *Hébert.* Portrait de l'auteur. Les Cervarolles, campagne romaine. — 346. *Rochegrosse.* La Curée. — 163. *Binet.* Matinée d'été. — 270. 271. *Harpignies.* Ecluse à Saint-Privé. Paysage d'automne. — 340. 341. *Ravier.* Soleil levant. Soleil couchant. — 134. *Achard.* Vue à Saint-Egrève. — 205. *Delacroix.* St Georges. — 219. *Fantin Latour.* Anniversaire de Berlioz. — 262. *Guétal.* Lac de l'Eychauda.

4e SALLE (éc. française moderne). — 190. *Couture.* Mlle Florentin, de l'Opéra. — *Ary Scheffer.* Le Pont de Hersent. — 210. *Gustave Doré.* Vue d'Ecosse. — 292. *Lecomte du Nouy.* Homère (triptyque). — 260. *J. Guédy.* Le Grésivaudan. — 197. *Debelle.* Entrée de Napoléon à Grenoble. — 288. *Lansyer.* Falaises au bord de la mer.

3 salles latérales, côté N., renferment les dessins, aquarelles et pastels, les médailles et le musée de sculpture.

1re ET 2e SALLES DE SCULPTURE. — Dessins, aquarelles et pastels : *Beaudoin.* Le Coucher de la mariée. — 39. *Corot.* Femme nue tenant un arc, un Amour à ses pieds. — 41-43. *Daumier.* Le Socialisme d'autrefois. — 60-61. *G. Doré.* Moines. Paysage. — 63. *Alexandre Dumas père.* Château de Bayard. — 126-127. *Puvis de Chavannes.* Personnages. — 137-139. *Ravier.* Environs de Crémieu. — 213. *Le Pérugin.* Rois Mages. — 231. *A. Dürer.* Têtes de Marie et Joseph. — 238. *Jordaens.* La Vérité devant le Temps. — 245-248. *Rubens.* Têtes de femmes.

Sculpture et médailles : 2. *Barrias.* La Nature se découvre devant la Science. — 3. *Barye.* Panthère. — 13. *Chaplain.* 49 médailles ou plaquettes d'artistes contemporains. — 29. *Ding.* La Muse de Berlioz. — 34. *Etchelo.* François Villon. — 38. *Frémiet.* Napoléon Ier à cheval. — 41. *G. Gardet.* Ours assis. — 54. *Loiseau-Rousseau.* Les Adieux de Cléopâtre. — 57-59. *Meissonier.* Le Héraut de

Murcie. Le Général Duroc à Castiglione. Cheval blessé. — 68. *Rambaud*. Berlioz mourant. — 69 *ter*. *Rodin*. Main d'homme.

3e SALLE (sculpture ancienne). — 108-109. *Inconnus*. Amours fumants. Le Pape Benoît XIV. — 115. *Mugiano*. 12 bustes d'empereurs romains. — 117. *Ec. espagnole*. Christ bénissant. — 125. Stèle funéraire. — 145. Danseuse (terre cuite de Tanagra).

1er **étage. — Musée des Arts décoratifs** (ouvert mardi, jeudi et dim. de 11 h. à 4 h.), composé des SALLES GENIN, JOURDAN (belle collection minéralogique) et DE BEYLIÉ (curiosités d'Orient), ainsi nommées en souvenir des donateurs.

La **Bibliothèque** possède 7,000 manuscrits, 640 incunables, 176,411 ouvrages formant 234,354 vol, de riches collections de médailles, des objets de l'époque préhistorique trouvés dans le Dauphiné, des bronzes antiques et des poteries étrusques.

On traverse la place de la Constitution, pour prendre à l'O. la *rue Lesdiguières*, puis les *rues Casimir-Perier*, *Vicat* et *du Lycée*, pour revenir sur la place Grenette et de là à la gare.

La fabrication des *gants de peau* (95 fabricants, 3,500 ouvriers et 20,000 couseuses ou brodeuses) produit par an plus d'un milion de douzaines de gants, d'une valeur de 30 millions de fr. Grenoble possède aussi des fabr. considérables de plâtre, chaux, carreaux pour mosaïques et surtout de *ciments* renommés, de *liqueurs* (génepy des Alpes, ratafia, china), de pâtes alimentaires, des papeteries, etc. Un mouvement industriel considérable se manifeste dans la région par suite de l'utilisation des chutes d'eau à la production de l'électricité.

PROMENADES ET EXCURSIONS. — 1° A l'O. de l'anc. *Porte de France* (Pl. D, 3), promenade de *l'Esplanade*, d'où l'on aperçoit à dr. la mont. dite *le Casque de Néron* et à g. le funiculaire servant au transport de la roche des carrières des fameux *ciments de la Porte de France*, établies sur les flancs du *Mont-Jalla*, au sommet (650 m.) duquel on peut monter en 1 h. 50 de Grenoble par un chemin partant de la Tronche (*V.* ci-dessous) et par lequel on pourrait poursuivre (bons sentiers) jusqu'au (3 h. 10) *Mont-Rachais* (1,057 m.).

2° Si, partant du pont suspendu (en face, *fontaine du Lion*, Pl. 11, F, 2-3, par Sappey), on gravit la montée de Chalemont, on va passer sous l'anc. portail du *couvent de la Visitation* (Pl. E, 2), fondé par St François de Sales, avant de rencontrer *l'église Sainte-Marie-d'en-Haut* (1622; vantaux sculptés; peintures murales de 1662; magnifique retable et chaire en chêne), puis on parvient (25 min.) au *Belvédère* (vue magnifique) établi à l'entrée du *fort Rabot*, d'où en 40 min. au *fort de la Bastille* (483 m.; vue du Mont-Blanc).

3° A 3 k. N.-E. aller et ret., soit par le tram de la Tronche (place Grenette; en 27 min., 15 c.), soit par celui de Chapareillan (place Notre-Dame; 10 min., 20 c. et 10 c.), *la Tronche* (à l'église, *Vierge de la Délivrance*, tableau d'Hébert), faubourg industriel de 2,887 hab.

4° A 5 k. N.-E. *Corenc* (du portail de l'église, vue magnifique), en passant par (tram) la Tronche (*V.* ci-dessus) et (4 k.; voit. publ. place Grenette, 75 c.) le château de *Bouquéron* (XIe s.), auj. établiss. hydrobalsamique d'où l'on pourrait monter en 3 h. par le *col de Vence* (950 m.) à la *galerie du Saint-Eynard*, à 1150 m.

5° *Tram électrique de Chapareillan* (41 k. 2, en 2 h. 30; 3 fr. 90 et 2 fr. 15; on peut revenir par la voit. publique de Chignin-les-Marches et le ch. de fer de Chambéry à Grenoble), un des trajets les plus pittoresques des Alpes, par : la Tronche (*V.* ci-dessus); (7 k. 1) *Montbonnot-Saint-Martin*; (10 k.) *Saint-Ismier* (église avec portail du XIe s.), après lequel on franchit le torrent du Manival (à g., magnifiques escarpements de la Dent de Crolles; à dr., Belledonne); (12 k.)

Saint-Nazaire, au-dessous du plateau (1,000 m.) de *Saint-Pancrasse* et avec un admirable panorama de la vallée du Grésivaudan ; (15 k.) *Bernin* (cascade de *Craponoz*) ; (17 k.) *Crolles*, 1,150 hab., au pied de la *Dent de Crolles* (2066 m.) ; (23 k.) *la Terrasse* (ruines du château de *Beaumont*) ; (27 k. 5) *le Touvet*, 1,299 hab., à l'issue de la curieuse gorge du Bresson ; (30 k.) *Saint-Vincent-de-Mercuze* ; (33 k. 1) *la Flachère*, point culminant (424 m.) de la ligne ; (37 k. 1) *Barraux* (fort). *Chaparcillan**, 2,061 hab., est une com. composée de 10 ham.

6° Par le tram de Sassenage jusqu'à (3 k.) la stat. des Balmes, d'où l'on gagne (55 min.) *Seyssinet*, dans une jolie situation dominant la vallée du Drac, (1 h. 25) le *château de Beauregard* (une des plus belles vues des environs de Grenoble), (1 h. 35) le *Désert de Jean-Jacques*, fraîche solitude où J.-J. Rousseau vint jadis herboriser, (2 h. 35) les charmants *bois de Vouillant* et la formidable coupure dans les calcaires appelée le *Coup-de-Sabre*, d'où l'on va prendre à (3 h.) Fontaine le tram de (3 h. 35) Grenoble. Du château de Beauregard on pourrait se rendre en 1 h. 10 à la *Tour-Sans-Venin* (750 m.), une des sept merveilles du Dauphiné (très beau panorama).

7° A 15 k. N.-O. Veurey (tram en 1 h. ; 1 fr. 10 et 75 c.), par (6 k.) **Sassenage***, 1,587 hab. (dans l'église, sépulture du connétable de Lesdiguières ; fromages renommés), où l'on visite un *château* du temps de Louis XIII, les *gorges du Furon* et les *Cuves de Sassenage*. De *Veurey*, on peut monter, en 1 h. 45, à *Saint-Ours* et au *Bec de l'Echaillon* (400 m.), extrémité des escarpements calcaires de la chaîne de Lans. A 3 k. N. de Veurey, *l'Echaillon* est célèbre par ses carrières de pierres dures et de marbres.]

De Grenoble au couvent de Chalais et à la Grande-Aiguille, *V.* p. 137 ; — à Belledonne, *V.* p. 144 ; — à Valence et à Chambéry, R. 22 ; — à Pont-en-Royans, par les gorges d'Engins et les Goulets, R. 22, *B* ; — à la Grande-Chartreuse, R. 23 ; — à Uriage et à Vizille, R. 24 ; — à Allevard, R. 25 ; — à Digne, Aix-en-Provence et Marseille, R. 26 ; — à Briançon, Barcelonnette, au Bourg-d'Oisans, le Grave et au Lautaret, R. 27 ; — à Gap par la Mure et Corps (la Salette), R. 28.

ROUTE 22

DE VALENCE A CHAMBÉRY

PAR GRENOBLE

DE VALENCE A GRENOBLE

A. Par le chemin de fer.

99 k. — Traj. en 2 h. 53 à 3 h. 7. — 11 fr. 20 ; 7 fr. 50 ; 4 fr. 90.

On traverse *Bourg-lès-Valence*, 4,336 hab., faub. industriel.

8 k. *Saint-Marcel-lès-Valence*, 1,029 hab. — 12 k. *Alixan*, 1,480 hab. — On franchit l'Isère.

20 k. **Romans***, 17,140 hab., au confl. de la Savasse et de l'Isère. — **Eglise Saint-Barnard**, anc. abbatiale : portail roman ; chœur et transept du XIIIe s. — *Musée Devès*. — *Maison romane*, rue Fuseau.

A Tain et à Saint-Donat, *V.* p. 112.

27 k. *Saint-Paul-lès-Romans*, sur la rive g. de la Joyeuse.

32 k. *Saint-Lattier*. — On franchit le Furand.

37 k. **Saint-Hilaire-Saint-Nazaire**, stat. entre (3 k. S.) *Saint-Hilaire-du-Rosier* et (2 k.) Saint-Nazaire (*V.* ci-dessous, *B*). — La voie domine l'Isère de plus de 100 m. — 44 k. *La Sône*.

48 k. *Saint-Marcellin**, 3,237 hab., ch.-l. d'arr., sur la Cumane. Restes (XIIIe s.) de remparts et d'un château. Clocher roman. Fromages réputés.

[A 5 k. S., ruines du *château de Beauvoir* (XIIIe s.). — A 15 k. S.-E., *gorges de Malleval*, creusées par le Nan. — A 11 k. N. (voit. publ. 75 c.), abbaye de **Saint-Antoine**, dont l'église (XIIIe-XIVe s.; au portail, *Vie de St Antoine* et *Jugement dernier*) offre des fresques intéressantes, de magnifiques reliquaires, un maître-autel de 1667, une suite de tapisseries d'Aubusson de 1623 et (dans la sacristie) un joli christ en ivoire.]

La voie franchit la Cumane.

58 k. *Vinay*, 2,668 hab. A 4 k. N., sanctuaire de *N.-D. de l'Osier*, pèlerinage. — 62 k. *L'Albenc*. — 2 tunnels. — 67 k. *Poliénas*.

72 k. *Tullins**, 4,541 hab. (restes des remparts et d'un château; commerce de noix; à 1 k. 5 N.-E., bains d'eau bicarbonatée sodique). — 75 k. *Vourey*. — On franchit la Morge.

80 k. Moirans, et 19 k. de Moirans à (99 k.) Grenoble (R. 21).

B. Par Pont-en-Royans, les Goulets et Villard-de-Lans.

112 k. Ch. de fer (37 k.) jusqu'à Saint-Hilaire. — Route de voit. au delà. — Tram à vap. de Saint-Nazaire à Sainte-Eulalie.

37 k. de Valence à Saint-Hilaire-Saint-Nazaire (*V.* ci-dessus, *A*). — On traverse l'Isère sur un pont suspendu en aval de son confl. avec la Bourne.

39 k. *Saint-Nazaire-en-Royans*, sur un rocher dominant la Bourne, que franchit l'aqueduc du canal d'arrosage de la vallée du Rhône (*grotte du Tai*, 1 fr. d'entrée; le *ruisseau Rouge*).

De Saint-Nazaire à Bourg-de-Péage et à Valence, *V.* p. 114.

On franchit la Bourne, pour en remonter la rive dr.

42 k. A dr., *Pont-de-Mane* (péage), route de (6 k.) *Saint-Jean-en-Royans**, 2,959 hab., sur la rive dr. de la Lyonne, au pied des mont. de Lente (à l'église, boiseries provenant de la chartreuse de Bouvantes; carr. de marbres), d'où l'on pourrait aller visiter (5 k. O.) les ruines du *château de Rochechinard* (XIVe s.), faire l'excursion de (34 k.) *Plan-de-Baix*, par *Léoncel* (*église* et autres restes d'une abbaye fondée en 1137), les *gorges d'Omblèze*, creusées par la Gervanne, et la cascade du *Saut de la Druise*, ou monter à (16 k. 6 N.) la maison forestière et au chalet-hôt. de *Lente*, bâtis près d'une magnifique prairie au milieu de laquelle disparaît le ruisseau le Brudour, dans la *forêt de Lente* (3,290 hect. de hêtres et de sapins).

44 k. *Auberives*. A dr., barrage de la Bourne, destiné à alimenter le canal d'arrosage, long de 49 k. 5, qu'on a côtoyé jusqu'ici.

48 k. **Pont-en-Royans***, 1,056 hab., anc. capitale du pays de Royans ou Royannais, est situé sur deux murs de rochers escarpés, séparés par un gouffre au fond duquel la Bourne roule ses belles eaux (excellentes truites), un peu en amont du confl. de la Vernaison. A 4 k. 5, villégiatures de *Choranche* et de *Chartreux-les-Bains* (eaux chlorurées sodiques et sulfureuses).

50 k. 5. *Sainte-Eulalie*, sur un plateau couvert de vergers.

De Ste-Eulalie à Bourg-de-Péage, Chabeuil et Valence, *V.* p. 114.

On se dirige à l'E. vers les Petits-Goulets, fente ouverte dans les calcaires au fond d'un cirque de falaises et d'où la Vernaison s'élance en une petite cascade. Ce défilé est suivi par une route construite de 1843 à 1851 pour relier directement le Vercors et le Royans, distants de 10 à 12 k., et dont les hab. ne communiquaient entre eux qu'en escaladant les montagnes séparatives.

51 k. Entrée des **Petits-Goulets**; 5 tunnels; de la route, taillée en encorbellement, on voit la Vernaison à 150 m. au-dessous de soi. A g., *montagne de l'Allier* (1,275 m.), où s'ouvre la *grotte de Pabro*. A la sortie du dernier tunnel, on se trouve dans la vallée riante d'*Echevis*. — 53 k. 5. Pont sur la Vernaison. — Quand on commence à apercevoir l'entrée des **Grands-Goulets**, le paysage prend un caractère alpestre. D'immenses parois diversement colorées dominent la route, au-dessous de laquelle la Vernaison se brise en écume à une grande profondeur. De nombreux tunnels et travaux d'art permettent le passage de la route, courant sous des galeries séparées par des espèces de portiques naturels. Au sortir du défilé, où règne une faible clarté, la route débouche dans une vallée lumineuse et spacieuse : c'est le *Vercors*.

61 k. *Les Baraques-en-Vercors*, groupe d'hôtels à 700 m. env., d'où part la route de (44 k. 5) Die (p. 144) par (6 k.) *la Chapelle-en-Vercors**, 1,068 hab., à 945 m. (ascens. en 8 h. du *Grand-Veymont*, 2,346 m., point culminant du massif du Vercors), (10 k.) *Saint-Agnan-en-Vercors*, (78 k.) le *tunnel* (600 m. de long.) et le *col* (1,411 m. d'altit.) *de Rousset*. — 62 k. Confl. du *Buez*. — 63 k. 5. *Chavary* (grande laiterie modèle).

65 k. 5. *Saint-Martin-en-Vercors**, à 780 m. — 68 k. 5. *Saint-Julien-en-Vercors**, à 901 m. — Au delà de 2 tunnels on s'engage dans la vallée de la Bourne.

75 k. *Pont de la Goule-Noire* (730 m. d'altit.), à 35 m. au-dessus du torrent. — Le défilé que l'on remonte forme la partie la plus intéressante des **gorges de la Bourne**. — 76 k. *Pont du Gouffre-du-Moulin* ou *de Valchevrière*. — Grotte de *la Goule-Blanche*. — 2 tunnels.

79 k. *Pont du Méaudret* : à g., route de *Méaudre*, v. à 1,012 m., et ham. des *Jarrands* (900 m.). — Après avoir dépassé à g. *la Bonnettière* (scieries et moulins dans un joli site), on entre dans le large bassin de prairies où se trouve

83 k. 5. **Le Villard-de-Lans***, 1,801 hab., à 1,040 m., centre de villégiature (fromages et miel excellents), d'où l'on monte en 4 h. 30 au sommet (2,289 m.) de *la Moucherolle*, sommité la plus élevée de la chaîne de calcaire urgonien qui va de Grenoble jusqu'aux mont. de la Drôme.

90 k. *Les Eymards*, ham. au point culminant (1,006 m.) de la route, près des nombreuses sources de la Bourne.

92 k. *Les Vernes* (970 m.).

93 k. 5. *L'Olette*, ham. — On entre dans les **gorges d'Engins**.

97 k. 5. *Engins* (850 m.). — 98 k. 5. *Les Brets*. — On longe le flanc escarpé de la rive g. du Furon (belle cascade), pour descendre par de nombreuses sinuosités. Puis le Grésivaudan apparaît dans toute sa beauté dominé en face par le massif

de la Chartreuse, à dr. par ceux de Belledonne et de Taillefer.

106 k. Sassenage, desservi par un tram et 6 k. de Sassenage à (112 k.) Grenoble (*V.* p. 141).

DE GRENOBLE A CHAMBÉRY

62 k. — Ch. de fer, en 1 h. 19 à 2 h. 44. — 6 fr. 95; 4 fr. 65; 3 fr. 05.

A dr., ligne de Gap. On franchit le Sonnant.

7 k. *Gières-Uriage*, stat. desservant les Bains d'Uriage (R. 24).

11 k. *Domène*, 1,853 hab., à l'entrée de la gorge du Doménon, est aussi relié à Grenoble par un tram qui joint à Gières celui d'Uriage (ruines d'une *église* prieurale du XIe s., qu'avoisine une chapelle du XIIIe s.; papeteries).

[Belledonne. — Montée en 6 h. 45, par (1 h. 30) *Revel** (ruines d'un château), (3 h.) les *granges de Freydières*, à 1,125 m., (4 h. 5) *Pré-Rémont*, (5 h. et 5 h. 5) la *Pierre* et le *chalet du Mercier*, le *Refuge Bergès*, le *lac du Crozet* (à 1,968 m.) et (6 h. 25) le *col de la Pra* (2,200 m.), au *chalet-hôtel de la Pra* (2,145 m.), créé par le Club Alpin Français (téléphone pour Domène). Du chalet ascens. des 3 pics de Belledonne : en 3 h. 45, de la *Croix* (2,913 m.), par les *lacs du Petit* et *du Grand-Doménon*, le col du même nom et le *col de Belledonne* (2,800 m.; petit lac glacé); en 4 h. 30, traversée des 3 pics, la Croix, le *Pic Central* (2,938 m.) et le *Grand-Pic* (2,981 m.). On accède à la Pra par plusieurs autres itinéraires, notamment d'Allemont (*V.* p. 160) en 8 h. 40, en passant par (5 h.) le *Refuge de Belledonne* (2,165 m.), construit par la Société des Touristes du Dauphiné, au N.-O. du lac de Belledonne. — La Pra est également un point de départ favorable pour l'escalade de (5 h. 30) la *Grande-Lance d'Allemont* (2,844 m.), de la (2 h. 45) *Grande-Lance de Domène* (2,813 m.), etc.]

16 k. 5. *Lancey* (papeterie et fabr. de pâte de bois), à l'issue de la combe de Lancey. — 20 k. *Brignoud* (ancienne tour de *Laval*; papeterie).

26 k. *Tencin* (*château* du XVIIIe s. ayant remplacé celui de Mme de Tencin, tour à tour religieuse, femme du monde et auteur, et mère de D'Alembert, qu'elle abandonna et voulut en vain reconnaître quand il fut célèbre). — Sur la rive de l'Isère, belle *cascade*.

30 k. 7. *Goncelin**, 1,355 hab. (tour féodale de *Montpansard*). — 36 k. 6. *Le Cheylas-la-Buissière*. — A dr., sur un mamelon, *château Bayard* (XIIIe-XVIe s.), où le chevalier naquit en 1476; à g., fort Barraux.

41 k. 4. *Pontcharra-sur-Bréda*, d'où part le tram d'Allevard (R. 25). — On franchit le Bréda.

46 k. 8. *Sainte-Hélène-du-Lac*, au bord d'un lac de 39 hect. — On franchit l'Isère pour joindre la ligne de Turin par le tunnel de Fréjus.

49 k. 7. Montmélian, et 12 k. 3 de Montmélian à (62 k.) Chambéry (R. 17).

ROUTE 23

DE GRENOBLE A LA GRANDE-CHARTREUSE

Le massif de la Grande-Chartreuse comprend toutes les montagnes calcaires bornées : à l'E., au S.-E. et au S., par la vallée de l'Isère, depuis Chapareillan jusqu'à Voreppe; au N.-E., par la Cluse de Notre-Dame de-Myans, depuis Chapareillan jusqu'à Chambéry; au N., par la vallée de l'Hière, le Guiers-Vif et la dépression des Echelles; à l'O., par les vallées de la Roise, de l'Hérétang et du Guiers-Mort, depuis Voreppe jusqu'aux Echelles. La circonférence de ce massif est d'env. 120 k. Les principaux sommets de ces montagnes, presque toutes couvertes de magnifiques forêts, portent les noms de *Chamechaude* (2,087 m.), *Petit-Som* ou *Dent de Crolles* (2,066 m.), *Grande-Sure* (1,924 m.), *Grand-Som* (2,033 m.) et *Granier* (1,938 m.).

La Grande-Chartreuse, construite à 975 m. d'alt., dans l'une des vallées supérieures de ce massif, est accessible par trois routes carrossables : Saint-Laurent-du-Pont, col de Porte, col du Cucheron (*V.* p. 101); en outre, de nombreux sentiers, praticables pour la plupart aux mulets, y aboutissent de divers côtés. Le mieux est d'y monter par Saint-Laurent-du-Pont et de redescendre par le Sappey. Ces deux routes sont desservies par des voitures publiques.

A. Par Voiron et Saint-Laurent-du-Pont.

53 k. — Ch. de fer de Grenoble à (26 k.) Voiron; 2 fr. 90, 1 fr. 95, 1 fr. 30. — Tram à vap. de Voiron à (18 k.) Saint-Laurent-du-Pont; 1 fr. 65, 1 fr. — Route de voit. de Saint-Laurent-du-Pont à (9 k.) la Grande-Chartreuse; cars alpins du Syndicat d'initiative (2 fr. à la montée, sens inverse, 1 fr. 50; traj. total en 3 h.). — Se placer à dr.

26 k. de Grenoble à Voiron (*V.* p. 136-137). — Le tram croise le P.-L.-M. sur un viaduc. — *La Buisse*. — On parcourt un plateau (vue superbe sur la plaine de l'Isère). — 30 k. *Coublevie*. A g., couvent des Dominicains. — 32 k. *La Croix-Bayard*.

34 k. *Saint-Etienne-de-Crossey*. — On passe le *défilé du Grand-Crossey*. — 38 k. *Pont-de-Demay*. — 40 k. *Saint-Joseph-de-Rivière*.

44 k. **Saint-Laurent-du-Pont***, 2,842 hab., à 412 m., sur la rive g. du Guiers-Mort. *Eglise* moderne style du XIIIe s., avec statue colossale de St Bruno, et stalles du XIVe s., provenant de la chartreuse de Curière. Magnifique *hôpital*, construit, comme l'église, aux frais des Chartreux.

De Saint-Laurent aux Echelles, à Saint-Béron et Chambéry, *V.* p. 100.

On remonte la rive g. du Guiers-Mort. — 48 k. 8. A dr., route forestière de la *chartreuse de Curière* (institution de sourds-muets).

45 k. 9. **Fourvoirie** (à dr., laboratoire et entrepôt de liqueurs des Chartreux; à g., ancien haut fourneau), *entrée* du **Désert**, cluse d'une beauté incomparable, dont les arbres sont malheureusement ternis par la poussière d'usines à ciment.

48 k. 6. **Pont-Saint-Bruno** (562 m. d'altit.), arche biaise de 20 m. d'ouverture, jetée à 42 m. au-dessus du torrent, à 100 m. en aval du vieux *pont Parant*, où passait l'ancienne route. — Au delà du *Rocher de l'Œillette*, on traverse plusieurs tunnels; puis la route, s'éloignant du Guiers, s'enfonce dans une forêt. En face, un peu à dr., se montre le *pont* courbe *de Saint-Pierre*, sur lequel passe la route du Sappey.

51 k. 4. *La Croix-Verte*. — Devant soi, on aperçoit le Grand-Som.

53 k. 1. La Grande-Chartreuse (*V.* ci-dessous).

B. Par le Sappey.

29 k. 7 (5 h. env.). — Route de voit. — Serv. public (6 fr.) à 6 h. matin et 2 h. soir. — Il vaut mieux faire le trajet en sens inverse, la descente du col de Vence sur Grenoble étant une des plus belles du Dauphiné.

La route, se détachant de celle de Chambéry à l'extrémité de la Tronche, monte par Corenc (très belle vue), puis, contournant la base du Saint-Eynard, passe le *col de Vence* (750 m.) et domine à g. le vallon pittoresque de la Vence.

11 k. 4. *Le Sappey**, à 1,000 m., 363 hab., lieu de villégiature.

17 k. *Col de Porte* (1,354 m.).

[Ascensions (4 à 5 h., aller et retour) de *Chamechaude* (2,087 m.; vue admirable) et du (2 h. 15) *Charmant-Som* (1,871 m.).]

On descend aux *Cottaves*.

25 k. 3. *La Diat*, ham. (plusieurs hôtels) de *Saint-Pierre-de Chartreuse**, com. de 1,242 hab., à 849 m., lieu de villégiature et centre d'excursions : au (3 h. 15) *Trou du Glaz*, par la *cascade du Guiers*, la *Fontaine-Noire* et la *grotte du Guiers-Mort*; à (4 h. 30) la *Dent de Crolles* (2,066 m.), etc.

De Saint-Pierre-de-Chartreuse à Chambéry, par le col du Cucheron, Saint-Pierre-d'Entremont et le col du Frêne, *V.* p. 101.

A g., *église Saint-Hugues*, bâtie par les Chartreux. Plus loin, à g., *chapelle* et, en face, bâtiment appelé le *Grand-Logis*. La route bifurque : le bras de dr. traverse le Guiers-Mort. Après avoir franchi la *deuxième entrée du Désert* ou *Porte de l'Enclos*, entre deux rochers hauts de près de 100 m., très rapprochés l'un de l'autre, on côtoie la rive dr. du Guiers-Mort. On atteint la *Courrerie*, vaste édifice servant d'hôpital. — On cesse de suivre la vallée du Guiers et l'on monte à la Grande-Chartreuse par un chemin de mulets. Les voit., longeant la rive dr. du Guiers, vont rejoindre au pont Saint-Pierre la route de Saint-Laurent-du-Pont à la Chartreuse.

29 k. 7 (5 h. env.). La Grande-Chartreuse (*V.* ci-dessous).

C. Par Voreppe et la Placette.

38 k. 2. — Route desservie par les voit. du Syndicat d'initiative, en 5 h.; 4 fr. 50. — On peut venir jusqu'à Voreppe par le ch. de fer P.-L.-M. (*V.* p. 137) ou par le tram électrique (en 1 h.; 1 fr. et 75 c.).

On sort de Grenoble par la porte de France. — 5 k. 4. Pont sur la Vence. — 6 k. Saint-Robert (p. 137). — 9 k. *Le Fontanil*, à l'entrée de la gorge de Mont-Saint-Martin.

14 k. Voreppe (p. 137). — La route, franchissant la Roise, s'élève dans un paysage tantôt riant, tantôt sauvage. — 17 k. 5. *Les Barniers*, ham.

19 k. 5. Col (596 m.) et ham. de *la Placette*.

[D'ici on pourrait se rendre à la Chartreuse par le *Pas de la Miséricorde*, les pâturages de la Grande-Sure et le couvent de Curière (p. 145): c'est une charmante excursion de 10 à 11 h. en y comprenant le temps de repos et l'ascens. de la *Grande-Sure* (1,924 m.), d'où l'on jouit d'une des plus belles vues panoramiques du Dauphiné.]

La route descend la rive g. de l'Hérétang. — 20 k. 6. *Le Martinet.* — 22 k. *Les Jalas.* — 23 k. 6. Pont-de-Demay, où l'on joint la route de Voiron. — 5 k. 5 du pont à Saint-Laurent, et 9 k. 1 de là à (38 k. 2) la Grande-Chartreuse (*V.* ci-dessus, *A*).

[On peut encore aller de Grenoble à la Grande-Chartreuse par les *cols de la Charmette* (1,280 m.) et *de la Cochette* (1,400 m.) : 7 k. de Grenoble à Saint-Égrève, par le ch. de fer; 7 à 8 h. de marche de Saint-Égrève à la Chartreuse, par un chemin de mulets.]

La **Grande-Chartreuse** *, bâtie à 977 m. d'altit., dans une prairie inclinée vers le S.-O., et entourée de forêts et de rochers escarpés, a été fondée au XIe s. par St Bruno; mais les bâtiments actuels ne datent que de 1676. Par suite de la loi de 1901, dite des Congrégations, le nombre des religieux ayant été très réduit, les étrangers ne sont plus admis au couvent que pour le visiter (à 8 h. et 10 h. matin, 1 h. et 4 h. soir; le dim., à 10 h., 1 h., 2 h. et 4 h.). La bibliothèque a été transportée à l'étranger.

La visite se fait dans l'ordre suivant : tribune de l'*église* (XVe et XVIIe s.); *allée des Cartes* (plans et vues de maisons de l'ordre); *salle du Chapitre général* (tableaux représentant la Vie de St Bruno, réplique, légèrement modifiée, des toiles de Lesueur au musée du Louvre; portraits des généraux de l'ordre depuis sa fondation; statue de *St Bruno*, par Foyatier); autre salle, avec la suite des portraits des généraux et celui du cardinal de Bourbon, oncle de Henri IV, acclamé roi par les Ligueurs sous le nom de Charles X; couloir (plan du Désert, fait, en perspective cavalière, vers 1700); *grand cloître*; *chapelle Saint-Louis*, du temps de Louis XIII; cimetière; *chapelle des Morts* (1386). — Outre la *chapelle domestique*, il existe une quatrième chapelle, celle de *N.-D. de la Salette*, où les dames peuvent entendre la messe.

Outre la liqueur à laquelle les Chartreux ont donné leur nom ils fabriquent une pâte dite boule d'acier, pour les blessures, un élixir et une eau balsamique pour les dents.

[ENVIRONS. — 1 h. 30 aller et ret. *Chapelle de N.-D. de Casalibus* (XVe s.) et, à 1,175 m. d'altit., sur un roc, *chapelle de Saint-Bruno*, occupant l'emplacement du premier ermitage du saint fondateur. — 3 h. 45. *Le Grand-Som* (2,033 m.). — 1 h. 25. *Col de la Ruchère* (1,400 m.). — 2 h. 20. *Col de Bovinant* (1,666 m.), d'où l'on pourrait descendre en 2 h. 15 à Saint-Pierre-d'Entremont (p. 101).]

De la Chartreuse aux Echelles, à Saint-Béron, aux cols de Couz, du Cucheron et du Frêne, à Saint-Pierre-d'Entremont et à Chambéry, R. 17, p. 100-101.

ROUTE 24

DE GRENOBLE A URIAGE

13 k. — Tram électrique, en 1 h.; 1 fr. et 75 c.

On sort par la porte Très-Cloîtres, pour traverser la plaine du Grésivaudan. — 3 k. *La Croix-Rouge.* — A dr., *couvent* des Minimes *de la Plaine*, où fut inhumé Bayard, et *pépinière Ginet* (on peut visiter). — 5 k. On croise le ch. de fer de Chambéry. — 6 k. *La Galochère*, au pied de la colline du Mûrier. — On longe des coteaux couverts de châtaigneraies.

7 k. *Gières*, 1,031 hab. (restes

d'un château), d'où un embranch. du tram conduit, par *Murianette*, à Domène (p. 144). — On remonte la gorge du Sonnant (cascades). — Ham. de la *Combe-de-Gières*. — 11 k. 5. *Sonnant*, ham.

13 k. Uriage.

[Au delà d'Uriage le tram se prolonge, par (16 k.) *Vaulnaveys-le-Haut*, jusqu'à (22 k.) Vizille (R. 27).]

Uriage*, station thermale dépendant de la com. de *Saint-Martin-d'Uriage* (1,784 hab.), est situé à 414 m., dans un riant bassin de la vallée du Sonnant, au pied d'une colline couronnée par un vieux château. Sources saline et sulfureuse (27°,25) ou ferrugineuse, utilisées dans un *établissement thermal* (avec *casino*) construit, ainsi que les hôtels, dans un joli parc. *Fontaine*, par Sappey. A 507 m. d'altit. (montée 20 min.), **château** élevé par les Alleman, une des plus anciennes familles du Dauphiné, et appartenant au comte G. de Saint-Ferriol : les parties les plus anciennes sont deux tourelles du XIIIe s. réunies par une galerie du XVIe s.; à l'int., collections d'antiquités, d'art, d'ethnographie et d'histoire naturelle.

[EXCURSIONS. — 50 min. S. *Vaulnaveys-le-Haut*, au centre d'une riante vallée. — 3 à 4 h. O. aller et ret. *Villeneuve* et *montagne des Quatre-Seigneurs* (943 m.; fort). — 2 h. N. *Combeloup* (982 m.; belle vue sur le Grésivaudan et le massif de la Chartreuse). — 4 h. 30 E.-N.-E. *Cascade de l'Oursière*, au-dessous de laquelle est le *chalet de l'Oursière*, à 1,480 m., d'où 2 h. 10 suffisent pour monter au chalet-hôtel de la Pra, point de départ pour l'ascens. de Belledonne (*V.* p. 144). — 2 h. 30 E. *Le Marais*. — 6 h. 10 S. **Chamrousse** (2,255 m.), par (2 h. 30) la chartreuse de *Prémol**, à 1,095 m., et (4 h. 40) le *chalet-hôtel de Roche-Béranger**.]

ROUTE 25.

DE GRENOBLE A ALLEVARD

A. Par Pontcharra.

56 k. — Ch. de fer et tram à vap. en 1 h. 59 à 2 h. 53. — 6 fr.; 3 fr. 95; 2 fr. 85.

41 k. de Grenoble à Pontcharra (R. 22). — 43 k. *Pontcharra-Ville*, 2,307 hab., V. industrielle, sur les deux rives du Bréda. — On remonte la gorge du Bréda. — 45 k. *Les Bretonnières*. — 47 k. *La Chapelle-Blanche*. — 48 k. *Les Millières*.

49 k. *Détrier*, d'où part l'embranch. de (3 k.) *la Rochette*, 1,323 hab. (débris d'un château), centre commercial de la vallée du Gelon. — 50 k. *Le Moularet*. — 52 k. *La Chapelle-du-Bard*.

56 k. Allevard (*V.* ci-dessous).

B. Par Goncelin.

41 k. 2. — Ch. de fer de Grenoble à Goncelin, en 51 min. à 1 h.; 3 fr. 95, 2 fr. 25, 1 fr. 45. — Route de voit. de Goncelin à Allevard; serv. public, en 1 h. 10; 1 fr. 50.

30 k. 7 de Grenoble à Goncelin (*V.* p. 144). — 35 k. 5. *Morétel* (anc. château). — La route longe l'âpre gorge du *Fay*. A g., ruines du château de *Mailles*. — 36 k. 7. *Saille*, ham. — La route suit la base E. du massif

de Brame-Farine. On croise le ch. de fer industriel d'Allevard.

38 k. 2. *Saint-Pierre-d'Allevard*, 1,690 hab. (église romane; *tour d'Aquin* et château de *Roche-Commiers*). — La route suit la rive g. de la vallée du Flumet. A dr., sur le flanc O. de la Taillat, gigantesque plan incliné des mines de fer.

41 k. 2. **Allevard** *, 2,546 hab., station balnéaire à 475 m., sur les deux rives du Bréda. *Source minérale* d'eau sulfurée calcique, utilisée dans un *établissement thermal* (jolie fontaine; buste du Dr Niepce; *casino*). Dans l'*église*, groupe par Fabisch. *Château* de la fin du XVIIIe s., avec parc pittoresque. A l'école, collections d'œuvres du statuaire *Pierre Rambaud*, né à Allevard (1852-1893). *Hauts fourneaux* et *forges* (fer et manganèse), appartenant à la Cie Schneider, du Creusot; tissage de soierie.

[EXCURSIONS. — 20 min. S.-E. Le *Bout-du-Monde*, solitude dans un entourage de rochers avec cascade. — 30 min. S. *Les Châtaigniers*, *Pierre-à-l'Artiste* et *Montouvrard*. — 2 h. 45 S. *La Taillat* (1,359 m.) et *lac de Bens*. — 30 min. S.-O. Restes du *château de la Bâtie*. — 2 h. 45 O. *Brame-Farine* (1,210 m.; chalet-hôtel); desc. « à la ramasse » en 30 min., prix 4 fr. — 5 k. N. *Le Moutaret* (clocher roman; petit déj. à la fruitière), par la *tour du Treuil* (xe s.). — 12 k. N.-E. *Chartreuse de Saint-Hugon*, fondée en 1175 par St Hugues et reconstruite au XVIIe s. — 9 h. S. Vallée des **Sept-Laux** (2,141-2,277 m.; à 2,190 m., chalet-hôtel de la Société des Touristes du Dauphiné), d'un aspect grandiose, dont le fond est occupé en grande partie par sept lacs (quatre autres sont plus élevés), et que domine le *Pic de la Pyramide* (2,931 m., admirable panorama).]

ROUTE 26.

DE GRENOBLE A MARSEILLE

305 k. — Ch. de fer, en 10 h. 30 et 11 h. 20. — 34 fr. 25; 23 fr. 15; 15 fr. 15. — Il y aussi pour Pont-de-Claix un tram électrique partant de la place Grenette, 45 c. — Fort beau trajet (entre Vif et le Monestier se placer à dr., et à g. pour le reste du parcours).

8 k. *Pont-de-Claix* (sur le Drac, ancien pont d'une arche de 46 m., bâti de 1608 à 1611; à côté, nouveau pont d'une arche de 52 m.). — Remontant la rive dr. du Drac, on croise un canal industriel. Tunnel du *Saut-du-Moine*. A dr., confl. de la Romanche et du Drac; à g., château de *Bon-Repos* (xve s.).

14 k. *Jarrie-Vizille*, station à 3 k. O. de Vizille.

A Vizille, au Bourg-d'Oisans, à la Grave et à Briançon par le Lautaret, R. 27, *B*; — à Laffrey, Corps et la Salette, R. 28.

On franchit la Romanche près de l'anc. *chapelle de la Madeleine*. A g., *Champ* (église avec portail roman; maisons du xve s.; tour féodale, XIIIe s.).

19 k. *Saint-Georges-de-Commiers*, point de départ du ch. de fer de la Mure (R. 27). — On franchit le Drac; tunnel.

21 k. *Vif*, 2,707 hab., sur la Gresse (mairie et justice de paix dans un anc. prieuré du XIe s.; à l'*église*, des VIIIe, XIIe et XVIIe s., vitraux et peintures par A. Debelle, maître-autel par Irvoy, marbre antique avec inscription). — La voie, revenant deux

fois sur elle-même par de forts méandres, passe dans le tunnel de *la Rivoire*, sur le viaduc de *la Font-Jailly* (18 arches), haut de 26. m., et dans le tunnel du *Haut-Brion* (1,148 m.), percé dans le massif qui sépare de la vallée du Drac celle de la Gresse, que l'on remonte en dominant d'assez haut la rivière (magnifique panorama, au N. et à l'O.). — Viaduc de la *Merlière*; à dr., *cascade du Sert* et *château* ruiné *de Bernas*.

33 k. *Saint-Martin-de-la-Cluze*, à 622 m. A l'O.-S.-O. (2 h. aller et ret.), la *Fontaine-Ardente*, jadis l'une des sept merveilles du Dauphiné. — 4 tunnels.

43 k. *Le Monestier-de-Clermont*, 574 hab., à 846 m. — Tunnel de 892 m. sous le *col du Fau*. On descend dans le *Trièves*, vaste plateau en forme de cirque, bien cultivé, sillonné de torrents et dominé par de hautes montagnes, parmi lesquelles on remarque surtout le Mont-Aiguille et l'Obiou.

48 k. *Saint-Michel-les-Portes* (817 m.), point de départ habituel pour l'ascens. (difficile) du *Mont-Aiguille* (2,097 m.), énorme rocher calcaire. — On pénètre dans la gorge de *Pellas*. Un viaduc, 5 tunnels; viaduc de 15 arches, haut de 45 m., sur le ravin de *Torannes*; 2 tunnels et 2 viaducs; autre viaduc, haut de 45 m., sur l'Orbanne; tunnel de 630 m.

57 k. *Clelles-Mens* (830 m.), stat. de (1 k. E.) *Clelles*, 602 hab., et (14 k.) *Mens*, 1,738 hab., anc. capitale du Trièves (école normale protestante d'instituteurs; à 3 k. O., établissement thermal d'*Oriol*). — La voie ferrée serpente sur le flanc E. du *Charbonnier* et du *Platary* (1,582 m.). Viaduc. Gorge pittoresque de *la Cassère*. Viaduc de 300 m., haut de 50 m. La voie, s'élevant jusqu'au col de la Croix-Haute, dessert la gare du *Percy*. Tunnel.

67 k. *Saint-Maurice-en-Trièves* (buffet), à 980 m. — Viaduc; 3 tunnels, 2 viaducs; gorge tapissée de sapins; 4 tunnels, de 65 à 704 m., les deux derniers séparés par la gorge pittoresque du Bruyant. Enfin on atteint, à 75 k. de Grenoble et à 1,166 m. d'alt., le **col de la Croix-Haute**, ouvert entre le *Jocon* (2,056 m.), à l'O., et la montagne d'*Avers* (1,851 m.), à l'E., contrefort du *Grand-Ferrand* (2,761 m.), qui appartient au massif du Dévoluy. Viaduc.

82 k. *Lus-la-Croix-Haute* * (1,043 m.), bon centre d'excurs. — Quand on a contourné le *Roc Bernon* (1,430 m.), à dr., on entre dans le *Plan des Roses*, plateau de 965 m. On franchit le Buech.

89 k. *Saint-Julien-en-Beauchêne*. A 5 k. E., ruines de la *chartreuse de Durbon*, fondée en 1116. — On franchit plusieurs fois le Buech.

95 k. *La Faurie*, à 840 m. (près de la gare, *croix* de 1682; à l'église, autel Renaissance). — Belles gorges.

103 k. *Aspres-sur-Buech* *, 659 hab., à 761 m., à l'entrée de la vallée de Chaurane et à la bif. de la ligne de Die et Livron (*V.* p. 115). Eglise du XVIe s., avec autel provenant de la Chartreuse de Durbon; ruines du prieuré de *Saint-Géraud d'Aurillac*. — On quitte la vallée du Buech (tunnel de 200 m.) pour celle du Petit-Buech.

110 k. *Veynes* (buffet-hôtel),

2,344 hab., à 813 m., sur le torrent de Glaisette, à la bif. de la ligne de Gap et Briançon. Châteaux de *la Villette* (XVIe s.) et *de Revillasc* (XVe s.).

De Veynes à Gap, Embrun et Briançon, la Vallouise, massif du Pelvoux, le Queyras, le Mont-Genèvre, R. 27, *A*.

117 k. *Pont-de-Chabestan.* — A g., *la Bâtie-Mont-Saléon.* On franchit le Petit-Buech près de son embouchure pour longer la rive g. du Buech et passer dans deux tunnels.

125 k. *Serres* *, 1,244 hab., pittoresquement bâti en amphithéâtre, à l'entrée d'un bassin riant où se réunissent le Buech et la Blême, entre le *Rocher d'Arambre* (1,437 m.), à l'E., et le *Roc de Jardanne* (1,363 m.) à l'O. *Eglise* romane. Ancienne maison de Lesdiguières (XVIe s.) servant de *mairie*. Ruines d'un château sur la montagne.

[De Serres à Nyons (*V.* p. 117), 65 k. (route de voit.) par les curieuses *gorges de l'Aygues*.]

On franchit la Channe. — Tunnel percé dans la colline de *Montrond* (vieille tour). On traverse plusieurs torrents, notamment le Riou.

135 k. *Eyguians-Orpierre.* — 140 k. *Laragne*, 1,163 hab. (maison du XVe s.). — On franchit la Véragne. — 147 k. *Mison.* — Viaduc de 11 arches sur le Buech, puis tunnel de 666 m. percé dans la colline de Sisteron.

159 k. **Sisteron** *, 3,874 hab., près du confl. de la Durance et du Buech, à 480 m. d'alt., au-dessus d'un étroit défilé creusé par la Durance et que domine l'ancienne *citadelle*. — **Notre-Dame**, ancienne cathédrale, du XIIe s. (grand retable avec peinture de N. Mignard), qu'avoisinent plusieurs *tours* (XVe s.) de l'ancienne enceinte, dont il reste aussi la *porte du Dauphiné*. — Jolies *fontaines*. — *Buste* du littérateur *Paul Arène*, par Injalbert. — *Hôtel Ventavon*, Renaissance. — La ville communique par un *pont* hardi avec son faubourg de *la Baume*, adossé à un rocher bizarre, feuilleté et tailladé (église et maison romanes; ruines de l'*église Saint-Dominique*, XIIIe s.).

[A 12 k. E.-N.-E., dans un défilé, curieux rocher de **Pierre-Ecrite** (inscription romaine du Ve s.). — Ascens. en 4 h. 30, par le *Pas des Portes*, de la *Montagne de Lure* (1,827 m.).]

Longeant la rive dr. de la Durance, on franchit l'embouchure du Jabron. — 165 k. *Peipin.*

171 k. *Château-Arnoux* (château du XVIe s.). — Un pont suspendu relie la station à *Volonne*, 761 hab. (château ruiné).

176 k. **Saint-Auban** (buffet).

[De Saint-Auban a Digne (22 k.; ch. de fer, en 40 à 55 min.; 2 fr. 45, 1 fr. 65, 1 fr. 10). — Pont (3 travées) sur la Durance; on remonte la rive dr. de la Bléone.

22 k. **Digne** *, ch.-l. du départ. des Basses-Alpes, évêché, V. de 7,238 hab., sur la rive g. de la Bléone. — En venant de la gare, on traverse la Bléone pour gagner le *cours Gassendi*, ombragé de platanes (principaux hôtels et cafés, *casino*; poste et télégraphe), sur lequel s'élève la *statue* du savant *Gassendi* et qui conduit au *Musée départemental*, installé dans un ancien couvent de Visitandines, dont l'église sert d'*école de musique*. Le boulevard Gassendi (à l'extrémité, château d'eau très original) sort de la ville par la route

de la Javie, bordée à g. par l'*ancienne cathédrale* romane (crypte renfermant des cadavres momifiés). A dr. du cours, des ruelles montent à l'*hôtel de ville* et à la *cathédrale*, reconstruite de nos jours, à l'exception d'une tour. — A 3 k. E.-S.-E. (omnibus, 50 c.), *établissement de bains*, utilisant d'importantes *sources thermales.*

De Digne à Saint-André-de-Méouilles (44 k.; ch. de fer, en 1 h. 55; 3 fr. 70 et 2 fr. 70). — La voie franchit la Bléone; tunnel. — 13 k. *Mezel*, 651 hab. — La voie longe la rive dr. de l'Asse, puis, après un tunnel de 460 m., pénètre dans la *clue de Chabrières*, desservie par une halte; 2 tunnels.

32 k. *Barrême* *, 820 hab., d'où une voit. publique transporte à *Senez*, 472 hab. (*ancienne cathédrale* du XIIIe s.), et à (25 k.) *Castellane* *, 1,625 hab. (vieux remparts; *église* romane *Saint-Victor*), adossée à un *Roc* haut de 180 m. couronné par une chapelle et dominant la rive dr. du Verdon. 45 k. de Castellane à Moustiers-Sainte-Marie (*V.* p. 153) par les admirables *gorges du Verdon.*

La voie franchit l'Asse de Clumanc près de son confl. avec l'Asse de Moriez; tunnel. — 41 k. *Moriez*. — On franchit par un tunnel de 1,150 m., au *col de Moriez* (1,004 m.), le faîte entre l'Asse et le Verdon.

44 k. *Saint-André-de-Méouilles* *, 654 hab., au confl. du Verdon et de l'Issole, est relié à (48 k.) Puget-Théniers (R. 30) par des diligences, qui passent par (17 k.) le *col de Toutes-Aures* (1,124 m.), faîte entre Verdon et Var, la *clus de Rouaine*, au-dessous de *Saint-Benoît* (belle *grotte*), (28 k.) le hameau des *Scaffarels*, franchissent le Var au (35 k.) *pont de Gueydan* et traversent (41 k.) la curieuse petite ville forte d'*Entrevaux*, 1,657 hab. A 2 k. des Scaffarels, *Annot* *, sur la Vaire, à 627 m., entre des monts de 1,000 à 1,600 m., est très fréquenté comme séjour d'été; la vieille ville, conservée presque intacte du moyen âge, est d'un effet saisissant.]

Au delà de Saint-Auban on continue à descendre la rive dr. de la Durance. A g., confl. de la Durance et de la Bléone.

181 k. *Peyruis-les-Mées* : à dr. (1 k.), *Peyruis* (ruines de 3 châteaux et de fortifications); à g. (3 k.; omnibus, 50 c.; on y arrive par un pont suspendu sur la Durance), *les Mées*, 1,924 hab., au pied des fantastiques *rochers des Mées.*

[A 6 k. S.-S.-O., château de *Paillerols*, et ferme-école où Pasteur appliqua dès le début ses découvertes sur le traitement des maladies des vers à soie. — A 6 k. S., *Ganagobie* (ruines d'un prieuré), sur une montagne (panorama grandiose).]

189 k. *Lurs*. — 194 k. *La Brillanne-Oraison*. A 2 k. (omnibus, 50 c.), *Oraison*, b. industriel, 1,944 hab. (école pratique d'agriculture). A 3 k. 5 N.-O., chapelle de *N.-D. des Anges*, lieu de pèlerinage célèbre. — 200 k. *Villeneuve.*

202 k. *Volx* (buffet), d'où part la ligne de Forcalquier, Apt et Cavaillon (R. 29, p. 165).

209 k. **Manosque** *, 5,098 hab., au pied du *Mont-d'Or* (tour ruinée au sommet, 528 m.). — *Portes de Soubeiran* et *de la Saunerie*, du XIVe s., très originales, restes des remparts. — *Eglise Saint-Sauveur* (clocher surmonté d'un campanile en fer ouvragé). — *Eglise Notre-Dame* (Vierge du XIIIe s. et sarcophage du Xe s.). — *Hôtel de ville* (buste en argent, par Puget, de Gérard Tenque, fondateur de l'ordre des Hospitaliers; clef de voûte, provenant d'une maison de Templiers, dont il subsiste des restes).

[Corresp. pour : — (23 k. S.-E.; route et serv. de voit.; 2 h. 15; 2 fr.)

Gréoulx *, à 360 m. d'alt. : grottes; *château* ruiné du XIIIe s.; **établissement de bains** avec 2 *sources* d'eau thermale, sulfurée calcique, chlorurée sodique, iodo-bromurée, employée en boisson, bains, douches, etc.; — (35 k. E.; route de voit.; 3 h. 40; 4 fr.) **Riez** *, 1,813 hab., ville déchue, l'anc. *Albece Reiorum Apollinarium*, dont l'évêché, fondé à la fin du IVe s., fut supprimé à la Révolution, sur le penchant du *mont Saint-Maxime* (641 m.; chapelle moderne renfermant des colonnes romaines). Beaux restes de monuments romains: 4 *colonnes* corinthiennes en granit; *temple* ou *Panthéon* (à l'int., 8 colonnes antiques).

De Riez on peut se rendre à (14 k. E.-N.-E.) *Moustiers-Sainte-Marie*, 907 hab., b. adossé à une curieuse alcôve de rochers (grottes) dont les parois sont réunies par la *chaîne* (227 m. de long.) *de l'Étoile* (ex-voto du moyen âge) et dans laquelle se cache la chapelle (XIIe, XIVe et XVIe s.) *N.-D. de Beauvoir*.]

213 k. *Sainte-Tulle* (à l'église, *antiphonaire* du XIIIe s.). — 217 k. *Corbières*. — Tunnel au-dessus duquel s'ouvre une grotte qui fut habitée au Ve s. par St Eucher. — 220 k. *Mirabeau* (château du célèbre orateur de la Révolution). — Tunnel de 280 m.

244 k. **Pertuis** (buffet), 4,838 hab., à 3 k. de la Durance, que franchit un pont suspendu près duquel est la prise d'eau du canal de Marseille. — Eglise des XIVe et XVIe s. — *Tour de l'Horloge*, reste d'un château du XIIIe s. — Restes de *remparts* (tour du XIVe s.). Maison où naquit le père de Mirabeau. — *Fontaine Morel*, œuvre de M. Chauvet.

[A 5 k. N.-E., à *la Tour-d'Aigues*, sur le Lez, ruines du magnifique château des barons de Cental (fin du XVIe s.), avec un donjon roman.]

De Pertuis à Avignon, R. 29.

Pont sur la Durance.

250 k. *Meyrargues* (restes de l'aqueduc romain de *Traconnade*).

[DE MEYRARGUES A DRAGUIGNAN (98 k.; ch. de fer, en 3 h. 43 et 4 h. 32). — 5 k. *Peyrolles*, 927 hab. (*tour* féodale; château du XVIIe s. servant de mairie; *chapelle du Saint-Sépulcre*, du XIVe s., avec tableau sur bois attribué au roi René). — S'éloignant de la plaine de la Durance, la voie pénètre dans la vallée des Roques. — 9 k. *Jouques*, 1,344 hab. (papeteries; ruines d'un château; ermitage et *chapelle de Sainte-Bâche*, jadis temple de Bacchus; sur la colline de *la Langoute*, beau type d'habitat ligure, puis oppidum romain; au ham. de *Traconade*, sources des *Bouillidous*). — 20 k. *Rians*, 1,811 hab. — La voie remonte la vallée de la Plaine. — 37 k. *Varages*, sur une terrasse en tuf (à l'extrémité du Cours, belle *source* alimentant des faïenceries). — 2 tunnels.

43 k. *Barjols* *, 2,268 hab., en amphithéâtre sur une colline au pied de laquelle coulent les riv. de Fauvéris et des Ecrevisses, doit à ses gracieux alentours le surnom de « Tivoli de la Provence ». — 52 k. *Rognette*, station de (5 k. N.) *Fox-Amphoux*, patrie de Barras, et de (5 k. S.-E.) *Cotignac*, 1,953 hab., au pied d'un banc de tuf en encorbellement haut de 82 m. (*N.-D. de la Grâce*, pèlerinage jadis très célèbre). — 60 k. *Aups-Sillans* (cascade de la Bresque, 50 m.). A 8 k. N.-E., *Aups*, 1,806 hab. (2 tours d'un anc. château; église ogivale, avec portail Renaissance; promenade plantée de magnifiques trembles; sources de *Vallauris* et de *Cresson*; à 18 k. env., **Fontaine-l'Evêque**, l'une des plus belles de la France).

68 k. *Salernes*, 2,653 hab., près du confl. de la Bresque et de la Braque (ruines d'un *château* du XIIIe s.; église du XIVe s.; sur la place, *ormeau* de 1583; fabr. de « tomettes » ou carreaux d'appartement). — 75 k. *Entrecasteaux*, 1,205 hab. (à l'église, *Ste Anne instruisant la Vierge*, peinture de Van Loo; *N.-D. de Grâce*,

de 1519, pèlerinage jadis célèbre; château du fameux navigateur Brun d'Entrecasteaux).

82 k. *Lorgues*, 3,197 hab., au pied de la colline boisée de Saint-Ferréol, appelée *la Chèvre d'or* (porte du XIVe s.; à l'église, *Vierge* de Puget; *fontaine* en marbre, dédiée au roi de Naples Louis II, qui avait accordé à Lorgues une charte de privilèges en 1402; cours planté d'ormeaux séculaires). — La voie franchit le *col de Saint-Ferréol*; 3 tunnels. — 91 k. *Flayosc*, 2,103 hab. (*pont d'Arnigaud*, du moyen âge, sur la Florièyes). — Au delà du *col de l'Ange* on franchit la Nartuby. — 98 k. Draguignan (R. 30, p. 171).]

De Meyrargues à Salon, Eyguières et Arles, (R. 20, p. 126.

On quitte la vallée de la Durance pour s'engager dans la gorge du Grand-Vallat au delà d'un tunnel de 450 m. — 253 k. *Reclavier*. — 261 k. *Venelles*. — On suit la Touloubre naissante. — 265 k. *Puyricard* (*château* de 1657). — Pont sur la Touloubre. — 268 k. *La Calade*. — Tunnel de 700 m. — 271 k. *Pey-Blanc*.

276 k. **Aix-en-Provence** * (buffet), 29,418 hab., anc. capitale de la Provence, ch.-l. d'arr., siège d'un archevêché, centre universitaire, est situé dans une plaine au N. de l'Arc. Elle fabrique des *calissons* et des *biscotins* renommés. — L'*avenue Victor-Hugo* mène à la *place de la Rotonde* (*fontaine*, haute de 12 m., œuvre de Tournadre et Sylvestre, avec statues allégoriques par Ramus, Chabaud, Ferrat et Truphème), d'où part le *cours Mirabeau*. A dr. et à g. du cours, l'*Industrie* et l'*Art décoratif*, les *Sciences* et les *Lettres*, groupes par Truphème. Trois autres fontaines s'élèvent sur le cours : la *fontaine des Neuf-Canons*; la *fontaine Chaude*, qui verse de l'eau minérale, et une surmontée de la *statue du roi René*, par David d'Angers.

Au S. de la fontaine Chaude s'ouvre la *rue du Quatre-Septembre* (*fontaine des Quatre-Dauphins*), d'où la *rue Cardinale* mène à g. au **Musée**, dans un ancien prieuré de Malte.

Rez-de-chaussée, musée archéologique (célèbres *bas-reliefs* gaulois trouvés à Entremont; bas-reliefs grecs; statue colossale de Priape; sarcophages chrétiens; mosaïques; statue du roi René, par David d'Angers) et galeries de sculpture. — 1er étage : galeries de peinture (nombreux tableaux, études et dessins de *Granet*, né à Aix et dont on voit les portraits par *Ingres* et *L. Coignet*; collections de Bourguignon de Fabregoules.

A g. du musée, *église Saint-Jean-de-Malte* (XIIIe-XVe s.; tableaux de Jouvenet et Mignard, sculptures de Veyrier). La *rue d'Italie*, puis la *rue Thiers* conduisent au **Palais de Justice** (bel escalier; statues, par Ramus, de Siméon et Portalis, célèbres jurisconsultes d'Aix). Au N. s'étend la *place des Prêcheurs* (fontaine surmontée d'un aigle, œuvre de Chastel), bordée par l'**église de Sainte-Marie-Madeleine**, de 1703, avec façade Renaissance moderne par Révoil (Vierge par Chastel; tableaux de Vien, Levieux, C. Van Loo, A. Dürer, Mignard).

A dr. de l'église la *rue des Arts-et-Métiers* aboutit à la jonction du boulevard Saint-Louis à g. et du *cours Saint-Louis* en face (*fontaine* avec colonne antique et buste de St Louis; à dr., *école des Arts-et-Métiers*, construite par Vauban et agrandie par Isabelle; à g., *jardin Rambaud*). Le *boulevard Saint-Louis* finit à la *place Bellegarde* (*fontaine* avec buste du peintre Granet), d'où par le *boulevard Notre-Dame* on parvient au *cours de l'Hôpital* (à dr., *tombeau de Joseph Sec*, construit en 1792 par Chastel ou par Chardigny), en face duquel, à g., la *rue Jacques-de-la-Roque* conduit à la *place de l'Université*, que bordent la cathédrale, l'*archevêché* (bas-reliefs en marbre par Puget et Veyrier) et l'*Académie*.

La partie la plus intéressante de la **cathédrale Saint-Sauveur** est la nef S., à coupole octogonale, qui paraît avoir formé d'abord le noyau d'une église romane de la fin du XIe s.; la nef du milieu offre un beau spécimen du style ogival secondaire (1285). Le clocher (XVe s.) a 64 m.

Vantaux en noyer sculpté (1476) de la porte principale. — *Baptistère* du VIe s., restauré en 1577. — Tombeau de Mgr Chalandon, dessiné par Révoil. — Nef : au-dessus du banc-d'œuvre, triptyque du XVe s.; en face, *l'Incrédulité de St Thomas*, toile de L. Finsonius; triptyque (*le Buisson ardent*), de Van der Meire. — Chœur : *tapisseries* de 1511, attribuées à Quentin Metsys. — Abside : sarcophage (Ve s.) de St Mitre. — A côté de la cathédrale, petit *cloître* roman.

La *rue Gaston-de-Saporta* conduit à la *place* (*fontaine* antique; *halle* avec fronton orné d'un bas-relief de Chastel où la Provence est figurée par le Rhône et Cybèle) de l'**Hôtel-de-Ville** (1668; dans la cour, *statue de Mirabeau*, par Truphème), à côté duquel est la *tour de l'Horloge* (1505).

Dans l'escalier, statue du maréchal de Villars, par *Coustou*; salle des Archives, *boiseries* par Toro. — Au 1er étage, **Bibliothèque Méjanes** : *Heures* du roi René enluminées par lui-même; buste du marquis de Méjanes, fondateur de la bibliothèque, par Houdon; mosaïque antique (*Thésée domptant le Minotaure*); bustes de Vauvenargues, de Peiresc, de Tournefort et d'Adanson, par Ramus. — *Musée d'histoire naturelle.*

La rue du Bon-Pasteur conduit, à l'O., à l'**établissement thermal**, dont les eaux, connues des Romains, valurent à la ville son nom d'*Aquæ Sextiæ*, et qui a été bâti en 1705 près des anciens Thermes de Sextius. Deux *sources* thermales, bicarbonatées calciques, y sont employées en boisson et en bains.

De l'établissement, on regagne la *place de la Rotonde*, par le *cours Sextius* (*église Saint-Jean-Baptiste*, de 1694, avec belle chaire et *Vision de St François de Paule* attribuée à Mignard), le *boulevard de la République* et la *place Jeanne-d'Arc* (*buste* du compositeur *Félicien David*). Sur la place donne la *rue Espariat*, dans laquelle on voit une *fontaine* avec colonne en granit, une *tour* qui était le clocher *des Augustins* (1494) et l'*église de Saint-Jérôme*, de 1716 (dans le transept g., *Assomption* attribuée à F. Francia). — L'avenue Victor-Hugo ramène à la gare.

[Ascens. de la *Montagne de Sainte-Victoire*, par (12 k.) *les Cabassols*, ham. d'où l'on monte en 2 h. à l'*ermitage* et à la *chapelle de N.-D. de la Victoire*, but de pèlerinage, bâtie sur une terrasse d'où la vue est fort belle, mais moins étendue que de (30 min.) la *Croix de Provence*, érigée à la pointe O. (993 m. d'altit.)

de la montagne (le point culminant, 1,011 m., est à l'extrémité E., au *Roc Sainte-Victoire*).]

De Rognac à Aix, R. 20, p. 128.

Au delà d'Aix la voie franchit l'Arc sur un viaduc de 37 arches; 2 tunnels. — 282 k. *Luynes*. — Tunnel.

287 k. **Gardanne** * (buffet), 3,593 hab. (mine de lignite; école d'agriculture dans l'ancien château de *Valabre*, XVIIe s.).

[DE GARDANNE A CARNOULES (79 k.; ch. de fer, en 2 h. 22 à 3 h. 37: 8 fr. 85, 5 fr. 95, 3 fr. 90). — 8 k. *La Barque-Fuveau* (lignite), gare reliée à Valdonne (R. 30, p. 166) par un embranch. de 13 k. 5. — La voie entre dans la vallée de l'Arc.

20 k. *Trets*, 2,722 hab., au flanc de l'*Olympe*, qui porte l'ermitage de *Saint-Jean-Baptiste*, pèlerinage (remparts du XIVe s.; vieux château; à l'église, beau maître-autel et retable en marbre, sculpté par Voyrier, élève de Puget; grotte ou *Baume de Onze-Heures*). Voit. pour (8 k. N.-E.) *Pourrières*, 1,165 hab., où, l'an 102 av. J.-C., Marius vainquit les Ambro-Teutons (sur la colline du *Pain de Mounition*, habitat ligurien considérable).

29 k. *Pourcieux* (débris romains; restes du château des *Cabannes*). — Tunnel.

37 k. **Saint-Maximin** *, 2,489 hab., près de la source de l'Argens (**église** des XIIIe-XVe s., sur une crypte plus ancienne qui renferme les tombeaux, sarcophages romains sculptés, de St Maximin, Ste Marie-Madeleine, St Sidoine et Ste Marcelle, ainsi qu'une châsse moderne contenant le chef de Ste Madeleine, des reliques de Ste Madeleine, de son frère St Lazare et de sa sœur Marthe; dans l'église: *maître-autel* exécuté en 1683 par J. Léotaud, élève de Bernin et de Puget; *retable* du XVIe s.; *chaire* de 1756; *stalles* sculptées de 1692; *trésor*).

43 k. *Tourves*, 1,515 hab. (ruines du *château de Valbelle*). — On descend dans la jolie vallée du Carami.

56 k. **Brignoles** *, 4,748 hab., ch.-l. d'arr. A l'église, vêtements sacerdotaux de St Louis d'Anjou, évêque de Toulouse; anc. *palais des comtes de Toulouse*; *maison* du XIIe s.; belle *fontaine*. Ascens. de *la Loube* (831 m.; admirable panorama), où se voient les ruines d'un habitat de l'époque néolithique et un massif de calcaires dolomitiques ruiniformes d'un caractère étrange.

On descend la vallée de l'Issole. — 74 k. *Besse*, 1,167 hab., au bord d'un lac. — 79 k. Carnoules (R. 30).]

294 k. *Simiane* (donjon du XIIIe s.). Ascens. en 2 h. du *Pilon du Roi* (710 m.), superbe colonne dolomitique. — 294 k. *Bouc-Cabriès*. — 298 k. *Septèmes*, 1,742 hab. (restes d'aqueducs antiques). — 3 tunnels; on franchit le canal de Marseille; *tunnel de Notre-Dame* (3,300 m.). — 302 k. *Saint-Antoine*, 1,743 hab. — La voie franchit le vallon des Aygalades sur un viaduc courbe haut de 31 m. — 304 k. *Les Aygalades-Accates*. — 305 k. *Sainte-Marthe*, 1,402 hab. (jolie chapelle moderne de *Tour-Sainte*).

305 k. Marseille (buffet-hôtel; R. 20).

ROUTE 27

DE GRENOBLE A BRIANÇON

A. Par le chemin de fer.

218 k., en 7 h. 20 et 8 h. 10. — 24 fr. 65; 16 fr. 65; 10 fr. 90.

110 k. de Grenoble à Veynes (R. 26). — On franchit la Béoux, torrent descendu des monts du Dévoluy. — 116 k. *Montmaur* (*château* du XIVe s., avec belle salle d'armes). — On passe entre

le *pic de Bure* (2,712 m.), à g., point culminant du *mont Aurouse*, nœud du massif du Dévoluy (*V.* R. 28), et la *montagne de Céuse* (2,019 m.), à dr.

122 k. *La Roche-des-Arnauds.* — A g., *montagne de Charance* (1,902 m.). — On quitte la vallée du Petit-Buech.

130 k. *La Freyssinouse.* — *Viaduc* haut de 52 m. sur la Selle; tunnel.

136 k. **Gap***, 11,018 hab., ch.-l. du départ. des Hautes-Alpes, siège d'un évêché, à 739 m., sur le ruisseau de la Luye. — Par l'*avenue de la Gare* on va déboucher sur l'*avenue d'Embrun* (noyers séculaires) en face du jardin public de *la Pépinière* (belle vue; concerts militaires). Tournant à dr., on arrive sur la *place Ladoucette* (*statue de Ladoucette*, anc. préfet, par Marcellin), d'où la *rue Carnot* (principaux hôtels et cafés; chez les bijoutiers, « étoiles des Alpes », montées sur bijoux d'argent, spécimens de l'art local) conduit à la *place Sainte-Colombe* et à la **Préfecture** (*mausolée du connétable de Lesdiguières*, † 1626, par Jacob Richier; collections ornithologique et minéralogique), dont une dépendance est affectée au *musée archéologique départemental.* De la place Sainte-Colombe on pourrait aller, par la route de Sainte-Marguerite, visiter les *collections ornithologiques Olphe-Gaillard.*

De la préfecture, on contourne l'*évêché* pour déboucher sur la *place Saint-Arnoux*, où s'élève la **cathédrale,** moderne, style romano-gothique. Les rues s'ouvrant à g. de l'église mènent à la *rue de Provence* (*mairie* avec *Bibliothèque*), finissant à la *place J.-Marcellin* (*statue* du sculpteur de ce nom né à Gap, 1822-1884), communiquant par la *rue de France* avec la place Ladoucette, d'où l'on revient à la gare.

[A 55 min. O., *château de Charance* (beau parc; lac). — A 4 h. O., *montagne de Charance* (1,902 m.). — A 14 k. S. (voit. publique, 1 fr. 60), *Tallard*, 851 hab., sur la rive dr. de la Durance (ruines imposantes d'un *château* du XIIe s.).

Corresp. pour (46 k.; route de voit.; 6 h.; 5 fr.) *Seyne* *, 1,715 hab., à 1,262 m., dans un site alpestre, sur une terrasse dominant de 110 m. la rivière la Blanche et dominée elle-même par la montagne de ce nom (2,763 m.; *église* du XIIe s., avec curieux chapiteaux; ancienne porte fortifiée).]

De Gap à Grenoble, par Corps et Lamure, R. 28.

145 k. *La Bâtie-Neuve-le-Laus*, 656 hab. (restes d'un *château* des évêques de Gap), station reliée par une voit. publique (1 h. 30; 1 fr. 25) à l'église et au couvent de *N.-D. du Laus,* pèlerinage. — Pentes schisteuses. A l'E., le *Morgon* (2,326 m.); au N., le *Roc de Chabrières* (2,405 m.).

152 k. *Chorges*, 1,377 hab. (à l'église, croix processionnelle du XVe s.; anc. porte de ville). — *Viaduc* haut de 45 m. A dr., belle vue sur la Durance. 2 tunnels.

159 k. *Prunières.*

[De Prunières a Barcelonnette (41 k.; route de voit.; corresp. en 4 h., 3 fr. 50). — Pont sur la Durance en amont du confluent de l'Ubaye, dont on remonte la vallée. — 20 k. *Le Lauzet*, 653 hab., près d'un petit lac. — On franchit plusieurs torrents.

41 k. **Barcelonnette***, V. de 2,286 hab., à 1,133 m., sur la rive dr. de l'Ubaye (*tour Cardinalis*, XVe s., anc. clocher d'un couvent de Dominicains; *fontaine* avec le médaillon, par David d'An-

gers, de Manuel, né au ham. de la Conchette; *musée Chabrand*). — A 29 k. E., *col de Larche* (2,019 m.), sur la frontière de l'Italie; célèbre par le passage de l'armée française en 1515.

De Barcelonnette à Nice (route de voit., puis chemin de mulets). — 9 h. 30, *Saint-Etienne*, 1,789 hab. — 13 k. de Saint-Etienne. *Isola*, dans un des plus beaux sites des Alpes Maritimes. — 30 k. *Saint-Sauveur*, 759 hab. — On descend la vallée de la Tinée, puis celle du Var. — 88 k. Pont de Saint-Laurent, qu'on laisse à dr. pour suivre le littoral. — 96 k. Nice (R. 30).]

165 k. *Savines*, 932 hab., à la base N. du *Morgon* (2,326 m.; ascension en 6 h.), sur la Durance et à l'embouchure du Réallon. — Pont sur le Réallon (belle vue); 2 tunnels.

174 k. **Embrun** *, 3,505 hab., l'*Ebrodunum* des Romains, à 870 m., au pied du *Mont-Saint-Guillaume* (2,628 m.; ascens. en 5 h. 50), sur un roc qui domine la rive dr. de la Durance d'env. 100 m. — La rue principale est la *rue Grande*, à dr. de laquelle l'anc. église des Cordeliers sert de halle; à g., *place Saint-Pierre* (mairie), *maison de Jeanneau Lagrave* (XIVe s.), anc. hôtel des gouverneurs, puis *rue de la Détention* (anc. collège des jésuites, auj. caserne) menant à l'**église Notre-Dame**, anc. cathédrale, de la fin du XIIe s., avec débris du IXe, notamment dans le chœur; clocher moderne, copie de l'ancien (XIVe s.); à la façade N., portail roman avec péristyle de colonnes en marbre rose supportées par des léopards (au tympan, le Christ et les Evangélistes).

A l'int.: orgues et vitraux du XVe s.; maître-autel (XVIIIe s.) en marbres précieux; à la sacristie, autel avec superbe cuir de Cordoue, Vierge attribuée à Puget, triptyque de 1518; *trésor* fort riche en ornements sacerdotaux.

En face de l'église, anc. *maison du Prévôt du Chapitre* (XIVe s.). — *Promenade du Roc* ou *de l'Archevêché* (belle vue). — *Tour Brune* (XIe s.), dominant les bâtiments de l'ancien archevêché occupés par le tribunal et la gendarmerie. — Le Mont-Saint-Guillaume est surmonté d'une *chapelle*, but de pèlerinage le 2e dim. de juillet.

[En 6 h. 10, ascens. du *Grand-Morgon* (2,326 m.), par (4 h. 50) le *lac du Morgon*, à 1,900 m.]

Viaduc, puis tunnel. — Viaduc courbe de 12 arches sur le lit du Bramafan.

180 k. *Châteauroux*, 1,489 hab. — Pont sur le Rabious. — Deux petits tunnels; le second, sur le flanc du défilé de la *Serre-du-Buis*, au fond duquel coule la Durance.

186 k. *Saint-Clément* (vieille *tour*). A 3 k. N.-E. (route de voit.), *Plan-de-Phasy* (établissement thermal). — A dr., vallée du Guil. On franchit la Durance.

191 k. Station de *Mont-Dauphin-Guillestre*, au pied du rocher abrupt portant la forteresse de **Mont-Dauphin** : *fortifications*, construites en marbre rougeâtre, sur les plans de Vauban et de Catinat (1693); *promenades* ombragées.

[A 4 k. E.-S.-E. de la station, *Guillestre*, 1,399 hab. (*église* du XVIe s., avec porche analogue à celui d'Embrun; *musée* minéralogique *de la Valette*; *fontaine* en l'honneur du général Albert, 1771-1822), situé, comme Mont-Dauphin, dans le Queyras, région comprenant le bassin du Guil, descendu du mont Viso, et de ses affluents, où se trouvent *Château-Queyras* (fort), à 1,340 m., *Aiguilles*, 512 hab., à 1,450 m. (fruitière modèle), et *Abriès*, 654 hab., à 1,552 m., et que de hautes montagnes, échancrées de nombreux cols, séparent, à l'E., de l'Italie, des vallées de l'Ubaye et du Briançonnais.]

194 k. *Saint-Crépin*, sur un roc de marbre rose (église de 1454; ruines d'un château). — On longe la rive g. de la Durance. — 198 k. *La Roche-de-Rame*, à la base d'un rocher, près du confluent de la Durance et de la Biaisse ou de *Freyssinières*. A l'entrée du v., petit *lac*.

205 k. *L'Argentière-la-Bessée*. A 25 min., *l'Argentière*, 977 hab. (*église* du XVe s., avec fresque curieuse à l'extérieur; mines de galène argentifère).

[Excursion dans la **Vallouise**, vallée (longue de 20 k.) arrosée par la Gyronde et qui offre les paysages les plus charmants des Alpes dauphinoises. Elle est célèbre par les luttes que ses habitants vaudois eurent à soutenir contre les catholiques devenus leurs persécuteurs. — De (10 k.; voit. publique, 1 fr. 50) *Ville-Vallouise* *, ascension en 10 h. env.; par *les Claux*, le chalet-hôtel d'*Ailefroide* (à 1,505 m.; à 1 h. 20, *Pré de Madame Carle*), les refuges *Puiseux* et *Lemercier* (2,700 m.), du **mont Pelvoux** (3,954 m.), qui a donné son nom à un remarquable massif montagneux (magnifiques glaciers) compris entre la vallée du Vénéon, à l'O., celle de la Romanche et le col du Lautaret, au N., la Guisane et la Durance, à l'E., la Vallouise au S.-E., le Valgaudemar au S.-O. Points culminants du massif : la *Barre des Ecrins* (4,103 m.), la *Meije* (3,987 m.), etc. Plusieurs refuges ont été créés par les Clubs Alpins dans le massif du Pelvoux pour en faciliter l'exploration aux touristes : les refuges du *Carrelet* (2,070 m.; 1 h. 35 de la Bérarde, sur la rive dr. du Vénéon), *Cézanne* (1,850 m.; à 3 h. 30 de Vallouise), *Tuckett* (près du glacier Blanc, à 2,504 m.; 5 h. 45 de Vallouise), du *Châtelleret* (2,250 m.; à 2 h. de la Bérarde, sur la rive g. du torrent des Etançons), *Evariste-Chancel* (3 h. de la Grave), de *la Selle* (2,685 m.; à 4 h. de Saint-Christophe, rive dr. du glacier de la Selle), de *la Lavey* (1,780 m.; à 2 h. 30 de Saint-Christophe-en-Oisans), du *lac Noir* (2,820 m.; au N.-E. de la Tête du Toura), de l'*Alpe de Villar-d'Arêne* (à 2,120 m.; 3 h. du Lautaret) et *Lemercier* (*V.* ci-dessus).]

La voie s'élève dans un très beau défilé. Pont sur la Gyronde, puis tunnel. A g., restes du *mur des Vaudois*. 3 tunnels; viaduc de *Combal* (vue sur les gorges de la Durance); 2 tunnels.

213 k. *Prelles* (peintures du XVIe s. dans la chapelle Saint-Jacques). — Au delà d'un pont sur la Durance, la vallée s'élargit : au fond on aperçoit Briançon. Pont sur la Cerveyrette.

218 k. Briançon (*V.* ci-dessous, *B*).

B. Par le Lautaret.

115 k. 5. — Ch. de fer et tram à vap. de Grenoble au Bourg-d'Oisans en 3 h. 15 env.; 5 fr. 15, 3 fr. 75, 3 fr. 40. — Du Bourg-d'Oisans à Briançon, voit. publ., en 8 h. 45; 12 fr. — On peut aussi (plus long de 1 h.) prendre le tram d'Uriage (*V.* R. 24), qui joint à Vizille-Ville l'itinéraire ci-dessous.

14 k. de Grenoble à la gare de Jarrie-Vizille (R. 26). — La voie parcourt un défilé de la Romanche au débouché duquel on voit à g. le château de *Cornage*.

17 k. **Vizille** *, 4,951 hab., V. industrielle, à la jonction des vallées de la Romanche et de

Vaulnaveys. — **Château**, construit (visible mardi, jeudi et samedi) par Lesdiguières. C'est là que, le 21 juillet 1788, dans une réunion des députés des municipalités dauphinoises, se produisit la première manifestation de la Révolution française. A la porte principale, *statue équestre* du connétable, par Jacques Richer. Beau *parc* (ouvert les jeudis et dim.; les autres jours, 50 c.), avec une vaste pièce d'eau, une cascade et la belle fontaine de la Dhuis. — Sur la place du Château, *statue de l'Immortalité*, par Ding, érigée, le 21 juillet 1888, pour le centenaire de l'Assemblée de Vizille.

A Uriage par la vallée de Vaulnaveys, R. 24; — à Laffrey, la Mure, Corps, la Salette et Gap, R. 28.

A dr., canal de dérivation de la Romanche. — 20 k. *Le Péage-de-Vizille*. — 25 k. *L'Isle-Séchilienne* (château). — On pénètre dans la *gorge de Livet*, pour franchir le pont de Séchilienne. — 29 k. *Gavet*. — 31 k. *Les Clavaux*.

33 k. *Rioupéroux* (papeterie).

36 k. *Livet*, 1,761 hab., à la base N.-O. du *Grand-Galbert* (2,565 m.). — On franchit la Romanche. A dr., escarpements de la *Cime de Cornillon* ou *Pointe de l'Infernet* (2,494 m.); après avoir dépassé le confl. de la Romanche et du torrent de Voudène, on franchit de nouveau la Romanche. A g., gorge remontant vers Belledonne, *cascade de Bâton* et puis pont de Liveton.

42 k. *Rochetaillée-Allemont*, stat. près du confl. de la Romanche et de l'Eau-d'Olle, dont la vallée renferme la com. d'*Allemont*, un des points de départ pour l'ascens. de Belledonne (*V.* p. 144) par (5 h.) le *Refuge de Belledonne* et le chalet de la Pra. — On entre dans la plaine de l'Oisans.

46 k. *La Paute-Ornon*, au pied des pentes N.-E. de Taillefer, au débouché du vallon de la Lignarre.

49 k. **Le Bourg-d'Oisans** *, 2,618 hab., à 719 m., près de la rive g. de la Romanche, dans une plaine cultivée.

L'Oisans se trouve compris dans la région S.-E. du dép. de l'Isère (les com. de la Grave et du Villar-d'Arène appartiennent seules au dép. des Hautes-Alpes), au centre des Alpes Dauphinoises, entre deux grandes chaînes qui relient le Mont-Blanc au Pelvoux. On évalue sa superficie à 660 k. carrés, sa principale longueur à 60 k., sa largeur moyenne à 12 ou 15 k. Il ne se compose pour ainsi dire que d'une grande vallée, celle de la Romanche, à laquelle aboutissent des vallons latéraux. L'élévation du sol y varie de 4,103 m. (la Barre des Écrins) à 680 m. (le bas de la plaine).

[Le Bourg-d'Oisans est un centre d'excursions, dont les principales sont : — 15 min., la *cascade de la Sarennes*; — 5 h. 10, les *mines de la Gardette*; — 5 h. 10, le *lac du Lovitel*, à 1,800 m. (chalet-refuge); — 1 j., le *lac Blanc* (2,548 m.) et les *Grandes-Rousses* (3,475 m.); — 8 h., *la Bérarde* * (1,738 m.), v. d'où l'on peut faire l'ascension de la *Tête de la Maye* (2,522 m.; 3 h. 30 aller et retour; plaques du C. A. F.; panorama splendide), et aux environs duquel trois *refuges* du Club Alpin Français sont établis pour l'exploration du massif de Pelvoux (*V.* ci-dessus).]

On franchit la Romanche (à g., cascade de Sarennes) et ensuite, près des *Alberges*, le *pont Saint-Guillerme*, en laissant à dr. l'embouch. du Vénéon. On s'enfonce dans la gorge du Frêney par la *rampe des Commères*. Au delà du 1er tunnel on remarque le pont rustique qui conduit à *Auris*. Le ham. des *Garcins* dépassé, la route descend au *Châtelard* vers la *gorge de l'Infernet*, où mugit la Romanche (tunnel).

60 k. 5. *Le Fréney-d'Oisans.* — Défilé (à g., torrent du Ferrand) dont on sort par la *galerie du Chambon*, pour pénétrer dans la plaine verdoyante du même nom, où le ruisseau de la Pisse vient tomber dans la Romanche.

64 k. *Le Dauphin.* — Pont sur la Romanche. — 65 k. *Combe de Malaval*; au N., *cascade de la Pisse* ou du Rif-Fort (200 m. de haut.). — 68 k. 6. A dr., sur la rive g., ruine de l'*hospice de l'Oche.* — Quand on a passé la galerie de *la Maison-Neuve* (cascade au-dessus) on voit la vallée s'élargir. — 74 k. 4. *Les Fréaux*, à 1,386 m. — On franchit le torrent du Gua au pied du *Saut de la Pucelle*, cascade haute de 80 m.

76 k. 3. **La Grave** *, 1,013 hab., à 1,526 m., à 100 m. au-dessus de la Romanche, en face de beaux glaciers, est un des centres de tourisme les plus fréquentés.

[Si l'on n'y séjourne pas on doit au moins aller : à pied (35 min. aller et ret.) à la *cascade de la Meije*; — à mulet (3 h. 30 all. et ret.) au *glacier de la Meije* ou (5 h. 25) au *plateau de Paris*; — enfin au (5 h.) *lac de Puy-Vacher*. On ne devra pas quitter la Grave sans avoir vu un coucher de soleil sur le pic fameux de la Meije.]

2 tunnels et pont de Maurian. — 80 k. *Le Villar-d'Arène*, à 1,651 m. — La route décrit des lacets dans des prairies alpestres aux plantes rares.

87 k. 3. **Col du Lautaret** * (2,075 m.), centre important de villégiature alpestre, entre le *Pic de Combeynot* (3,163 m.) et celui des *Trois-Evêchés* (3,120 m.). Refuge National et Hôtel des Glaciers; jardin alpin (la flore du Lautaret est une des plus riches et des plus connues des Alpes).

A Saint Michel, par le col du Galibier, R. 17, p. 103.

Descendant (beaux paysages) la rive g. de la Guisane, on franchit le torrent de Roche-Noire; 2 tunnels; à dr., anc. *hospice de la Madeleine.* — 95 k. *Le Lauzet*, à 1,687 m., au bord du Rif de Chardonnet (mine d'anthracite; source saline de la *Liche*). — 99 k. *Le Casset*, au pied du *Pic du Vallon-de-Combeynot* (2,651 m.) et à l'entrée de la *Combe du Petit-Tabuc*, sur laquelle vient mourir le glacier du Casset.

101 k. *Le Monêtier-les-Bains* *, 1,912 hab., stat. balnéaire (*eaux thermales*), à 1,493 m., au pied de la mont. de Sainte-Marguerite. A l'*église* (XVe s.; flèche du XVIIe s.), belle croix processionnelle. — On franchit le Guibertin, canal d'irrigation. — 103 k. 5. *Les Guibertes* (à l'église, beaux vases sacrés). — 107 k. *Villeneuve*, ham. de *la Salle* (*église* avec porche de 1469). — 108 k. *La Chirouze.* — 109 k. 5. *Chantemerle*, à 1,352 m.

111 k. *Saint-Chaffrey*, 1,148 hab., à 1,320 m. (à l'église, croix du XVIe s.).

115 k. 5. **Briançon** (buffet-hôtel) *, 7,426 hab., ch.-l. d'arr., place forte, aux rues étroites et

rapides, à 1,326 m. d'alt. (1,203 la gare), sur un plateau qui domine le confluent de la Durance et de la Guisane, est adossée, du côté N., à la montagne de la *Croix-de-Toulouse* (1,973 m.), laquelle est dominée par le *Saint-Chaffrey* (2,570 m.). Les hauteurs environnantes sont couronnées de forts (une permission est nécessaire pour les visiter) dont les principaux sont reliés à la ville par le *pont d'Asfeld*, haut de 56 m. et de 40 m. d'ouverture, jeté sur la Durance. *Eglise* construite par Vauban (tableaux intéressants). A la *mairie*, portrait de l'intendant D'Angervilliers et Bibliothèque de 6,000 vol. *Maison* de la Renaissance.

[Ascens. du (4 h. 35) *Signal de Prorel* (2,572 m.), par (3 h. 40) *N.-D. des Neiges* (2,297 m.), pèlerinage.

DE BRIANÇON A OULX (29 k.; dilig.: 4 h. 30; 6 fr.). — 11 k. **Mont-Genèvre**, v. à 1,860 m. d'alt. (douane française), sur un plateau de pâturages qui forme le *col du Mont-Genèvre*, dominé par de hautes cimes (*obélisque* près de la frontière d'Italie). — 19 k. Césanne. — 29 k. Oulx (*V.* l'*Italie*).]

ROUTE 28

DE GRENOBLE A GAP

PAR LA MURE ET CORPS

DE GRENOBLE A LA MURE

A. Par Saint-Georges-de-Commiers.

50 k. — Ch. de fer, en 2 h. 33 à 4 h. 42. — 5 fr. 60; 3 fr. 60; 2 fr. 50. — Le traj. de St-Georges à la Mure est un des plus curieux parcours en ch. de fer de France.

19 k. de Grenoble à Saint-Georges-de-Commiers (R. 26). — La voie, remontant le versant de la rive dr. du Drac, gravit une forte rampe jusqu'au col de la Festinière; tunnels.

27 k. *Notre-Dame-de-Commiers* (église et bâtiments d'un prieuré. XVIe s.; tour féodale). — Dans des sites d'une grande sauvagerie se succèdent de nombreux tunnels et viaducs dont l'un, le *viaduc de la Rivoire*, domine un précipice profond de 300 m. S'éloignant de la gorge du Drac, on pénètre dans la jolie vallée de la Vaulx.

36 k. **La Motte-les-Bains** *, établissement thermal dans un *château* du XIVe s., reconstruit en 1830; 2 *sources* thermales (à 1 k. 5), chlorurées sodiques, employées en boisson, bains, douches, etc. — La voie franchit sur des viaducs les ravins de *Vaulx* et de *Loulla*; tunnel.

42 k. *La Motte-d'Aveillans*, 3,035 hab., centre de l'exploit. d'*anthracite* du bassin de la Mure, est relié par un embranch. aux mines de *N.-D.-de-Vaulx*. — *Tunnel* de 1,071 m. sous le *col de la Festinière*. — 46 k. *Peichagnard*. — On suit un affl. du Drac, la Jonche.

50 k. La Mure (*V.* ci-dessous, *B*).

B. Par Vizille et les lacs de Laffrey.

38 k. — Ch. de fer de Grenoble à Jarrie-Vizille, en 20 min.; 1 fr. 55, 1 fr. 05, 70 c. — Voit. publ. de Jarrie-Vizille à la Mure.

17 k. de Grenoble à Vizille-Ville (R. 27, *B*). — On traverse la Romanche sur une arche de 1753, pour s'élever sur le flanc

E. du Mont Conex (1,364 m.). A g., *église* romane *de Saint-Firmin*, qui appartint aux Templiers; à dr., *chapelle Saint-Sauveur* (pèlerinage), de la même époque. — 21 k. *Les Traverses*. — On domine le déversoir du grand lac de Laffrey (cascatelles).

25 k. *Laffrey*, à 925 m., sur un plateau (belle vue), avec deux *lacs*. *Eglise* romane, bâtie par les Templiers. — On longe le Grand-Lac. — 28 k. *Petichet*, ham., non loin d'un lac. — On atteint le seuil (948 m.) de la *Matheysine*, haute et froide vallée qui s'étend de Laffrey à la Mure. On côtoie le *lac* de Pierre-Châtel. — 33 k. *Pierre-Châtel*, 1,293 hab.

38 k. **La Mure** *, 3,377 hab., sur le bord de la Jonche, à 873 m., à l'E. de la Mont. de Senepé (1,772 m.). — *Hôtel de Ville* moderne. — Eglise et clocher en ciment comprimé. — *Château de Beaumont* (pensionnat). — Du *Mont-Simon* (1,243 m.; montée 1 h. 5), belle vue.

DE LA MURE A GAP

62 k. — Route et serv. de voit. publiques.

54 k. 5 de Grenoble (par le ch. de fer). On franchit la Bonne sur le *Pont-Haut*. — La route monte sur le *plateau du Beaumont*, prolongement de la Matheysine. — 62 k. *La Salle*, au S.-O. du *Signal de Saint-Michel* (1,497 m.). — La route s'approche du Drac, qu'elle domine d'env. 300 m., et contourne la *Montagne* assez nue *de Sainte-Luce*. Après avoir franchi le canal du Beaumont on passe la gorge de la Salette.

75 k. **Corps** *, 1,201 hab., sur une terrasse à 962 m.

[De Corps a la Salette (9 k.; 2 h. 40 env., petite route de voit.; voit. à 3 places, 15 fr.; mulet, 4 fr.). — Laissant à g. la route de Grenoble, on s'engage dans une vallée étroite. — 1 h. On franchit un torrent, en face de la *chapelle de N.-D. de Gournier*, et l'on entre dans un cirque dominé par de hauts escarpements (cascade) et dont les ham. forment la com. de *la Salette-Fallavaux*.

2 h. 40. **Eglise de la Salette**, célèbre but de pèlerinage, à 1,804 m., sur un petit col large de 150 m., bâtie dans le style roman (1852-1861); deux tours. — Vastes bâtiments (couvent et hôtel pour les pèlerins). — *Chapelle* et *fontaine* entourée d'une grille; *groupes* en bronze.

67 k. *Aspres-lès-Corps* (à g.), communiquant avec *Beaufin* par le *pont du Saut-du-Loup*, sur le Drac, encaissé entre deux rochers. — On franchit le torrent de Brudour.

82 k. *Pont de la Trinité*, sur la Séveraisse. — A dr., ruines du *château des Diguières* (chapelle avec les tombeaux de la famille de Lesdiguières, entre autres celui du duc de Créqui).

87 k. *Chauffayer*.

89 k. *Pont d'Aubessagne* sur le Drac. — A dr., *montagne du Glaizil*, couronnée de tours et de bastions.

90 k. *La Guinguette*. — La route longe la rive g. du Drac.

97 k. *Les Baraques*, ham. communiquant, par un pont jeté sur le Drac, avec *Saint-Bonnet*, 1,515 hab. (maison où naquit Lesdiguières), situé à g., au pied du massif de *Chaillol-le-Vieux* (3,183 m.), dans la région naturelle dite le *Champsaur*. — On gravit la pente aride et nue de la chaîne qui

sépare la vallée du Drac de celle de la Durance.

101 k. 5. *Laye*. — 103 k. 5. *Les Fareaux*, patrie du réformateur Guillaume Farel. — On franchit le *col Bayard* (1,246 m.; maison de cantonnier servant d'auberge), à la limite du *Dévoluy*, pays désolé dont on a entrepris le reboisement et dont le point culminant est l'*Obiou* (2,793 m.). — La route s'engage dans la vallée de la Bonne, puis rejoint la route de Briançon.

112 k. de Grenoble (62 k. de la Mure), Gap (R. 27, *A*).

ROUTE 29

D'AVIGNON A PERTUIS

77 k. — Ch. de fer, en 3 h. env. — 8 fr. 60; 5 fr. 80; 3 fr. 80.

On franchit le canal de la Durançole. — 6 k. *Montfavet* (*église* du XIVe s., avec le tombeau de P. de Cohorn, chambellan de Christian Ier, roi de Danemark). — 9 k. *Morières*, 1,154 hab. — Tunnel de 1,000 m.

13 k. *Saint-Saturnin-lès-Avignon*, 1,190 hab. — On franchit un bras de la Sorgue. — 16 k. *Gadagne* (château ruiné).

19 k. *Le Thor*, 2,739 hab., sur la rive g. de la Sorgue (*église* du XIIe s.; à 2 k. N.-N.-O., *grotte* et ruines féodales de *Thouzon*).

24 k. **L'Isle-sur-la-Sorgue** *, 6,266 hab. (**église** du XVIIe s., somptueusement décorée, avec des tableaux de maîtres).

[DE L'ISLE A VAUCLUSE (8 k.; omnibus, 1 fr. 50 aller et ret.). — 8 k. *Vaucluse* * (église du XIe s., avec le tombeau de St Véran; *colonne* en l'honneur de Pétrarque). — A 10 à 15 min., dans un site étrange et grandiose formé d'un hémicycle de rochers hauts de 200 m., dont l'un porte les ruines d'un *château* dit *de Pétrarque*, **Fontaine de Vaucluse**, sortant d'une grotte, pour former l'abondante rivière de la Sorgue (truites et anguilles renommées).]

Vaste plaine; pont sur le Calavon.

33 k. **Cavaillon** * (buffet), 9,850 hab., au pied du Mont-Saint-Jacques (au sommet, anc. *ermitage de Saint-Véran*). — **Porte triomphale** antique. — *Cathédrale* romane des XIIe et XIIIe s. (tableaux de N. Mignard; tombeau de Mgr de Sade, † 1707), avec cloître. — Belle façade (XVIIe s.) de l'*église Saint-Benoît*. — *Buste* du compositeur *Castil-Blaze* († 1857), par Viau. — Melons renommés.

[DE CAVAILLON A MIRAMAS (36 k.; ch. de fer, en 1 h. 10 à 1 h. 25; 4 fr. 05, 2 fr. 70, 1 fr. 75). — 4 k. Cheval-Blanc (*V.* ci-dessous). — Pont-treillis en biais long de 330 m. 63 sur la Durance. — 6 k. *Orgon* *, 2,624 hab. (restes de remparts et d'un château). D'Orgon à Barbentane, Saint-Remy et Tarascon, R. 20, p. 124. — 12 k. *Sénas*, 2,055 hab. — 17 k. *Lamanon* commande le *Pertuis de Lamanon*, curieux étranglement entre roches par où les canaux des Alpines et de Craponne passent de la vallée de la Durance dans la plaine d'Arles. *Grottes de Calès*. De Lamanon à Eyguières, Arles et Meyrargues, R. 20, p. 126. — 24 k. *Salon* *, 12,872 hab. (*église Saint-Laurent*, avec saint-sépulcre de 1344 et *tombeau* du célèbre astrologue *Michel Nostradamus*, † 1566; porte de ville du XVe s.; *fontaine* avec la *statue* du célèbre ingénieur *Adam de Craponne*, 1519-1559; *maisons* anciennes). De Salon à Eyguières et à Arles, R. 20, p. 126. — 28 k. *Grans*,

1,740 hab., sur la Touloubre. — 36 k. Miramas (R. 20, p. 127).

De Cavaillon a Volx (79 k.; ch. de fer, en 3 h. et 3 h. 45; 8 fr. 85, 5 fr. 95, 3 fr. 90). — 7 k. *Robion*, 1,523 hab. — La voie franchit le canal de Carpentras et remonte la vallée du Calavon.

11 k. *Maubec*, d'où une voit. publ. (75 c.) monte à (8 k. N.-E.) *Gordes*, 1,562 hab. (mairie dans un *château* Renaissance; à 3 k. N.-O., *abbaye de Sénanque*, XIIe s.). — 18 k. *Goult-Lumières*, stat. près du sanctuaire de *N.-D. des Lumières*, célèbre pèlerinage. — 21 k. *Bonnieux*, 1,783 hab. (remparts du XIIIe s.; à l'*église*, du XIIe s., située sur une hauteur d'où la vue est fort belle, retable du XVe s. et bons tableaux). Viaduc de 15 arches sur la route de Sault.

32 k. **Apt** *, 5,948 hab., ch.-l. d'arr., sur le Calavon. Anc. *cathédrale* des XIe, XIVe et XVe s. (chapelle de Sainte-Anne, bâtie par Mansart, avec tableaux de Parrocel et de Mignard, tombeau des ducs de Sabran, autel en marbre du XIIe s.; châsse de sainte Anne, chef-d'œuvre d'émaillerie du XIIe s.; sarcophage gallo-romain du Ve s.; Vierge en bois doré attribuée à Puget; *crypte* romane très curieuse). Anc. évêché occupé par la *sous-préfecture* et la *mairie* (l'Oracle et l'Impie, statue marbre par Max. Bourgeois). 2 *tours* des anc. remparts. — Ascens. en 2 h. 30 à 3 h. du *Grand-Luberon* (1,125 m.; vue superbe); on peut aller en voit. jusqu'à Auribeau, 10 à 15 fr.

38 k. *Saignon*, à 2 k. 5 à dr. (*fontaine* par Sollier, élève de David d'Angers; ruines d'un château; église romane ombragée de marronniers séculaires; restes de l'*abbaye de Saint-Eusèbe*, fondée en 546). — Tunnel. — 52 k. *Céreste* est l'antique *Catuiaca*, station de la voie romaine d'Apt à Manosque (2 ponts romains; la *Tourré d'Embarbo*, d'origine romaine; restes de fortifications).

58 k. *Reillanne*, 1,306 hab. (anc. porte fortifiée). — La voie descend dans la vallée du Largue. — 64 k. *Lincel-Saint-Martin*. A 2 k. à dr., petite stat. thermale (eaux sulfureuses) de *Saint-Martin-de-Renacas*. — 71 k. *Saint-Maime-Dauphin*, stat. d'où un embranch. de 7 k. conduit à **Forcalquier** *, 3,023 hab., au versant d'une colline dont le sommet, couronné par une chapelle octogonale moderne, offre une fort belle vue (*N.-D. du Marché*, XIe, XIIIe et XVIIe s.; *porte des Cordeliers*, reste des remparts; *fontaine Gothique*, XVe s.). — 79 k. Volx (R. 26).]

On remonte la rive dr. de la Durance au pied du Luberon. — 37 k. *Cheval-Blanc*, 1,706 hab. — 40 k. 8. *La Grande-Bastide*. — 46 k. *Le Logis-Neuf*. — 49 k. *Mérindol* (à 3 k. N.-O., curieuses *gorges du Régalon*). — 54 k. *Les Borrys*. — 57 k. *Puget-de-Lauris*. — 60 k. *Lauris*, 1,594 hab.

65 k. *Cadenet*, 2,688 hab. (dans l'église, *vasque* antique en marbre servant de fonts baptismaux; *statue*, par Amy, *d'André Étienne*, l'héroïque tambour d'Arcole, 1774-1838). A 6 k. 5 S.-O., anc. *abbaye* cistercienne *de Silvacane*, fondée en 1147. — 71 k. *Villelaure*, 1,177 hab. — Pont sur la Lèze.

77 k. Pertuis (R. 26).

ROUTE 30

DE MARSEILLE A VINTIMILLE

PAR TOULON, CANNES, NICE, MONACO ET MENTON

260 k. — Ch. de fer, en 6 h. 10 à 9 h. 35. — 29 fr. 30; 19 fr. 85; 13 fr.

Tunnel; pont sur le Jarret. — 6 k. *La Blancarde*; à dr., embranch. (4 k.) de la *gare du Prado*. — La voie croise l'aqueduc de Saint-Pierre. — 7 k. *La*

Pomme. — On suit la vallée de l'Huveaune.

9 k. *Saint-Marcel*, b. industriel, sur l'Huveaune (château moderne, style Renaissance). — Pont sur le canal de Marseille. — 12 k. *Saint-Menet.* — 13 k. *La Penne* (ruines de *la Pennelle*, édifice romain). — 15 k. *Camp-Major.*

17 k. **Aubagne***, 8,724 hab. (*fontaine* élevée en mémoire de l'abbé Barthélemy, auteur du « Voyage du jeune Anacharsis en Grèce »), d'où un embranch. conduit à *Auriol*, *Roquevaire*, 2,973 hab., et à (17 k.) *Valdonne* (mine de houille). — 2 tunnels, dont l'un de 2,600 m.

[D'Auriol, excurs. à (20 k.; omnibus jusqu'à *St-Zacharie**, 50 c.; au delà, voit. particulière, 10 à 20 fr.) la **Sainte-Baume** (forêt de 138 hect.), où est, à 650 m., une *hôtellerie* (à 25 min., *grotte des Œufs*; à 45 min., *grotte de Ste-Madeleine* et *couvent*, dans la montagne appelée le *Baou de Bretagne*, 1,013 m.; pèlerinage; 35 à 40 min. de la grotte au *Saint-Pilon*, à 994 m. d'altit.).]

2 tunnels, dont l'un de 2,600 m.

27 k. *Cassis*, 1,972 hab., port au fond d'une petite baie de la Méditerranée. Château du XIIIe s. Bon vin blanc. — 2 tunnels.

37 k. **La Ciotat**, 11,622 hab., est reliée à la gare par un embranch. de 5 k. qui dessert *Ceyreste*, anc. *Cezerista*, colonie massaliète (remparts romains; ruines d'un *castrum*; *fontaine* que l'on croit d'origine grecque). La Ciotat, au pied du superbe roc appelé *Bec de l'Aigle*, doit son importance aux *ateliers* (en face de l'entrée, *buste d'Armand Béhic*) de la Cie *des Messageries maritimes* pour la construction et la réparation des machines à vapeur et pour la construction des coques de navires. — On contourne le *golfe des Lèques*. — 44 k. *Saint-Cyr*, 1,944 hab. — Tunnel.

51 k. *Bandol**, 2,077 hab., station hivernale et de bains de mer, dans un site ravissant sur la baie du même nom, port de pêche et de commerce (ruines d'un château; culture de l'immortelle; commerce de primeurs, notamment d'artichauts). — Viaduc haut de 27 m., sur l'Aram.

58 k. *Ollioules-Sanary*, station desservant (2 k. S.-O.; omnibus) *Sanary**, 2,755 hab., port sur la baie de même nom, station hivernale et de bains de mer (vieille *tour*, haute de 40 m.), et (3 k. 3 N.-E.; omnibus) *Ollioules**, 4,006 hab., dans la charmante vallée de la Reppe (à l'église, bénitier avec Ange par Puget, et Vierge remarquable; restes de *remparts* et d'un *château* du XIIIe s.).

[Les **gorges d'Ollioules**, situées au N. de la ville, forment, sur une longueur de 2 kil., un défilé étroit, tortueux, aride, sauvage, dont les rochers offrent les formes les plus bizarres. Ces gorges sont dominées au N. par le v. d'*Évenos* (*grotte* à stalactites), à 4 ou 5 k. duquel sont les **Grès de Sainte-Anne**, remarquables par leur composition et leurs formes étranges (série de grottes et de cellules; du sommet, beaux points de vue).]

Pont sur la Reppe.

62 k. *La Seyne-Tamaris-sur-Mer.* A 1 k. 2 S.-E., **la Seyne-sur-Mer***, 21,002 hab., port sur le rivage O. de la petite rade de Toulon, V. dont elle forme un faub. industriel, et sur la côte E. de la *presqu'île de Cicié* (su

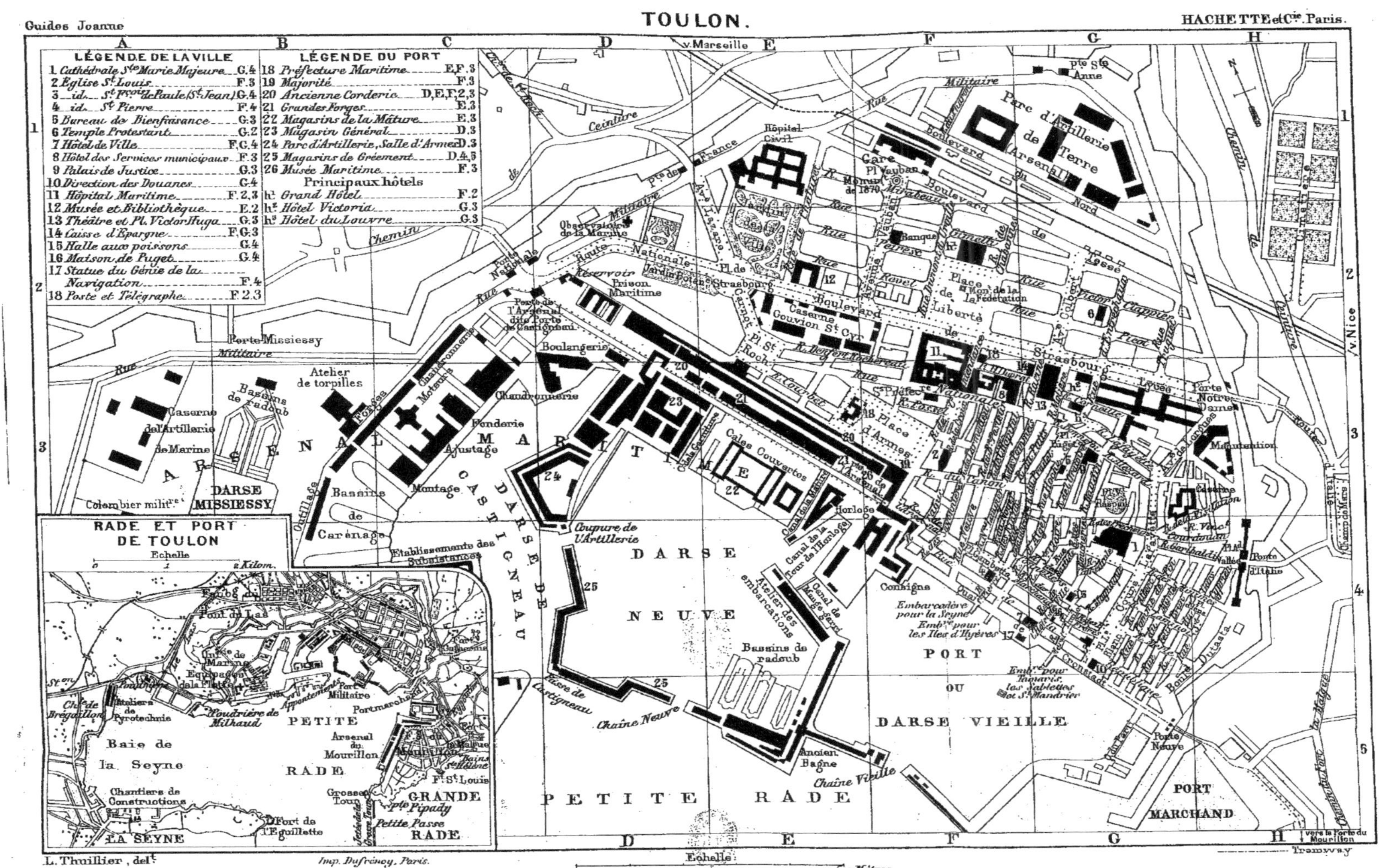

Guides Joanne
TOULON.
HACHETTE et Cie Paris.
LÉGENDE DE LA VILLE
1 Cathédrale Ste Marie Majeure G.4
2 Église St Louis F.3
3 id. St F^cois de Paule (St Jean) G.4
4 id. St Pierre F.4
5 Bureau de Bienfaisance G.3
6 Temple Protestant G.2
7 Hôtel de Ville F.G.4
8 Hôtel des Services municipaux F.3
9 Palais de Justice G.3
10 Direction des Douanes G.4
11 Hôpital Maritime F.2.3
12 Musée et Bibliothèque E.2
13 Théâtre et Pl. Victor Hugo G.3
14 Caisse d'Épargne F.G.3
15 Halle aux poissons G.4
16 Maison de Puget G.4
17 Statue du Génie de la Navigation F.4
18 Poste et Télégraphe F.2.3
LÉGENDE DU PORT
18 Préfecture Maritime E.F.3
19 Majorité F.3
20 Ancienne Corderie D.E.F.2.3
21 Grandes Forges E.3
22 Magasins de la Mâture E.3
23 Magasin Général D.3
24 Parc d'Artillerie, Salle d'Armes D.3
25 Magasins de Gréement D.4.5
26 Musée Maritime F.3
Principaux hôtels
h^1 Grand Hôtel F.2
h^2 Hôtel Victoria G.3
h^3 Hôtel du Louvre G.3
RADE ET PORT DE TOULON
Echelle
2 Kilom.
Baie de la Seyne
PETITE RADE
GRANDE RADE
LA SEYNE
DARSE MISSIESSY
DARSE NEUVE
DARSE DE CASTIGNEAU
PORT OU DARSE VIEILLE
PETITE RADE
PORT MARCHAND
ARSENAL MARITIME
Parc d'Artillerie de Terre (Arsenal)
Porte Missiessy
Porte Nationale
Porte Notre Dame
Porte d'Italie
Porte Neuve
Pte Ste Anne
Pte de France
Gare
Hôpital Civil
Place de la Liberté
Boulevard de Strasbourg
Place d'Armes
Cours Lafayette
Chaîne Neuve
Chaîne Vieille
Cimetière
v. Marseille
v. Nice
Tramway
Echelle
L. Thuillier, del^t
Imp. Dufrénoy, Paris.

cap Cicié, à 360 m., chap. *N.-de la Garde*, pèlerinage). La ciété des Forges et Chantiers la Méditerranée possède à Seyne un *chantier de con-uctions navales* employant 00 ouvriers. *Tamaris** (châu en style oriental, avec au parc et aquarium) est une ation d'hiver et une station été.

67 k. **Toulon*** (buffet), 101,602 ib., ch.-l. d'arr. et du 5e arrond. aritime, port militaire, est ué au pied de hautes collines au bord d'une baie profonde nt l'entrée est fermée par la esqu'île de Cépet. Cette baie t dominée au N. par des mongnes élevées qui lui forment abri; à l'E., par la route Italie; au S., par le cap Cépet la presqu'île du cap Cicié; à O., par les montagnes qui forent les gorges d'Ollioules. est de la *batterie du Salut*, au de la petite rade, que le anorama de Toulon, des forts, es arsenaux et de la rade, est plus complet et le plus beau.

En sortant de la gare on a evant soi la *place Vauban* (moument commémoratif de la uerre de 1870, du sculpteur L. uglielmo), continuée par l'*aveue Vauban*, qui aboutit au bouleard de Strasbourg; mais il vaut nieux suivre à g. le *boulevard essé*, puis à dr. la *rue Dumont-l'Urville*, sur laquelle s'ouvre à g. la *place de la Liberté* (beaux lattiers; *monument de la Fédération*, par Allar, élevé en l'honneur du centenaire de la Révoution française). Après avoir traversé la place on se trouve sur le *boulevard de Strasbourg*, en face de l'*hôpital de la Marine*. Suivant à g. ce boulevard, animé par de beaux cafés, on passe devant le *Casino* et le *Théâtre*, orné de sculptures par Klagmann, Daumas et Montagne.

En continuant à suivre le boulevard de Strasbourg, on arriverait au *lycée* à dr., et, en face, à l'*école municipale Rouvière*, puis aux remparts, en face de la *porte Notre-Dame*, par laquelle on peut se rendre au *Champ de Mars*; en suivant, à dr. de la porte, par l'*avenue de Lorgues* et le *cours Lafayette*, on arriverait, en dépassant à g. la *rue des Minimes*, à l'entrée de laquelle se voit une *fontaine* avec le buste du sculpteur Hubac, à la *place Louis-Blanc*, que borde l'*église* moderne *Saint-François-de-Paule* ou *Saint-Jean* (à l'int., *Nativité* par Michel Serres et statue de St François par Hubac).

Suivant le *quai de Cronstadt*, qui longe le port, on atteint l'*hôtel de ville* (cariatides par Puget; bustes des *Saisons*, par Hubac), en face duquel se dresse une statue du *Génie de la Navigation*, par Daumas. Prenant la *rue de l'Hôtel-de-Ville* (obélisque-fontaine avec statue de Janus), on voit à dr., à l'angle de la *rue de la République*, la *maison de Puget*, puis on atteint la *Poissonnerie*, d'où les *rues des Orfèvres* et *de la Cathédrale* conduisent à l'*église Sainte-Marie-Majeure*, ancienne cathédrale, des XIe, XIIe, XVIIe et XVIIIe s.

A l'int. : *chaire* par Hubac; tabernacle par Puget; *Jéhovah au milieu des Anges*, admirable composition du sculpteur Veyrier; Vierge par Canova; tableaux de maîtres.

A g. de l'église, la *rue des Boucheries*, continuée par la *rue*

Baudin, va joindre près du *Palais de Justice* la *rue Bonnefoi*, qui, à g., mène à la **place Puget** (charmante *fontaine*, de 1780, par Toscal). A l'angle S.-E. on descend par la *rue Hoche*, la place *Camille-Ledeau* et la *rue d'Alger*, très fréquentée (beaux magasins), jusqu'à la *place Gambetta* (*église Saint-Pierre*, avec deux statues de Sts par Hubac). A dr. de cette place, la *rue de l'Arsenal* donne accès à la porte de l'Arsenal et à la *Place d'Armes* (beaux platanes), sur laquelle se trouve la *Préfecture maritime*.

On peut visiter les arsenaux t. l. j. à 2 h., avec une permission qui se délivre aux visiteurs présents à 2 h. précises aux bureaux du major général de la flotte situés place d'Armes, sur présentation d'une pièce d'identité et en justifiant de la nationalité française.

La **rade** de Toulon se divise en grande et petite rade, cette dernière fermée par une jetée gigantesque. Ville, rades et ports sont protégés par une *enceinte fortifiée* et par de nombreuses batteries, des redoutes et des forts établis sur les hauteurs voisines et reliés à Toulon par de belles routes stratégiques.

Le *port* ou *Darse Vieille*, que se partagent la marine marchande et la marine militaire, communique avec la Petite Rade par un chenal appelé la *Chaîne Vieille*. A l'E. de cette Darse s'étend le port marchand ou *port de la Rhode*. L'**arsenal maritime** ou **port militaire** se compose de 3 parties : la *Darse Neuve*, qu'entourent les constructions de l'anc. arsenal bâti en 1680 d'après les plans de Vauban, la *Darse de Castigneau* et la *Darse de Missiessy*. Ces divers établissements se développent sur une ligne de 7 k. On entre dans l'arsenal par une *porte* monumentale (1738), décorée de quatre colonnes de marbre cipolin et des statues de *Mars* et de *Minerve*. La *tour de l'Horloge* attire l'attention.

Le *musée naval* contient une collection variée de modèles de navires et de machines. — On visite ensuite : la *corderie*, galerie voûtée, longue de 320 m. sur 20 m. de largeur; — l'atelier des *forges* (marteau-pilon pesant 2,500 kilogr.); — les deux *cales couvertes* (35 m. de hauteur chacune, sur 22 m. de largeur et 82 m. de longueur); — le *magasin général*, vaste bâtiment à 3 étages dans la construction duquel il n'est entré aucune pièce de bois; — la *salle d'armes* (50 m. de longueur sur 11 m. de largeur), dont l'entrée est décorée de deux cariatides colossales et d'un aigle gigantesque sculpté par Puget (à l'int. : *statue* de Bellone; *Renommée*, par Puget; *statues* de Forbin, de Jean Bart, de Suffren, de Tourville); les *trois bassins de radoub*, etc.

L'*arsenal du Mourillon* est situé au S.-E. et en dehors de la ville.

A l'angle N.-E. de la place d'Armes s'ouvre la *place Saint-Louis*, où s'élève l'*église* de ce nom. Cette place communique par la *rue Courbet* avec la *place Saint-Roch* (gracieuse fontaine), d'où par l'*avenue Lazare-Carnot* on parvient à la *place de Strasbourg*, que borde à dr. le *Jardin de la Ville* (*buste de Pierre Puget*, par Injalbert; statue tombale en marbre, par Houdon, provenant de la chartreuse de Montrieux). Sur le jardin donent l'*hôpital-hospice de la Charité* et le **Musée-Bibliothèque.**

Au rez-de-chaussée, *musée d'histoire naturelle*, statue colossale du apon par *Aizelin* et *musée de sculpture* (sculptures sur bois par Puget: a Force étouffant le Génie, groupe par *Godebski*; moulage du portique e Puget); au 1er étage, *musée de peinture* et *bibliothèque* (32,000 vol.; ollection de monnaies).

On revient à la gare par le boulevard de Strasbourg et 'avenue Vauban.

[On ne doit pas manquer de visiter a rade et un des navires de guerre qui y sont à l'ancre (bateaux, ou *ufiots*, au quai du Port, prix à débattre; pour visiter un vaisseau, l faut, en accostant, faire demander a permission à l'officier de quart). — Au S. de la rade, sur la côte N. le la presqu'île Cépet, **hôpital Saint-Mandrier** (un permis du directeur du service de santé est nécessaire; service de bateaux à vapeur, 25 c. et 20 c.; *chapelle*, *jardin botanique*, magnifique *citerne* produisant un écho remarquable). — A 5 h. en voit. aller et ret., le *Faron* (546 m.; plusieurs forts). — Au N.-E. (demi-journée, aller et retour, en voit.), le **Coudon** (702 m.; magnifique panorama).

De Toulon a Hyères (21 k.; ch. de fer, en 36 à 53 min.; 2 fr. 35, 1 fr. 60, 1 fr. 05). — On suit jusqu'à la Pauline (*V.* ci-dessous) la ligne de Nice. — 14 k. *La Crau*, 3,321 hab.

21 k. **Hyères** *, 17,659 hab., station hivernale, à 4 k. de la mer, au versant S. d'une colline escarpée (204 m.) dont le sommet est couronné d'une enceinte de murailles en ruine et dominant une campagne féconde où se fait en grand la culture des primeurs et des fleurs. L'*avenue de la Gare* se continue par l'*avenue Gambetta*, à dr. de laquelle s'ouvrent l'*avenue des Palmiers*, sur laquelle s'embranche le *boulevard du Casino* (*Casino municipal*), et l'*avenue Alphonse-Denis*, l'artère la plus vivante de la ville. Celle-ci conduit à la *place de la Rade*, que borde la promenade publique du *Jardin Denis* (*musée* et *Bibliothèque*; *statue de Massillon*), derrière laquelle le *boulevard d'Orient* forme la voie principale du quartier E. (belles villas, avec des vues magnifiques). A l'O. de la place, l'anc. *porte des Salins* s'ouvre sur la vieille ville. Au N.-O. la place de la Rade communique avec la *place de la République*, où l'*église Saint-Louis* renferme notamment des vitraux par Maréchal et un retable par Fabisch. La *rue de la Rade*, continuée par la *rue Massillon* monte à l'*hôtel de ville*, anc. chapelle des Templiers, derrière lequel la *rue du Vieux-Cimetière*, prolongée par la *rue du Repos*, conduit à la *place Saint-Paul*, d'où un escalier Renaissance, dominé par une tour en encorbellement, donne accès à l'*église Saint-Paul* (XIIe s.), qu'avoisinent des *maisons* anciennes. Au N. de l'église s'ouvre la *rue Saint-Bernard*, qu'il faut suivre si l'on veut voir ce qui reste du château, du donjon et des *remparts* du moyen âge. On descend par le *chemin du Château*, les *boulevards de la Pierre-Glissante* et *des Iles-d'Or* à la *place des Palmiers*, plantée de dattiers (obélisque à la mémoire du baron Stulz), dominant un jardin public.

Au delà d'Hyères le ch. de fer se prolonge, par la stat. de *la Plage* (belle plage du *Ceinturon*), jusqu'aux (8 k., en 16 à 22 min.; 1 fr., 70 c., 45 c.) *Salins-d'Hyères* (salines), où le *port Pothuau* a été créé pour les besoins de l'escadre qui vient fréquemment évoluer dans la rade, protégée au S. par les **îles d'Hyères** (*Porquerolles*, *Porteros*, *île du Levant*, etc.), desservies par des bateaux.

D'Hyères à Saint-Raphaël (83 k.; ch. de fer, en 3 h. 40 à 3 h. 54; 6 fr. 40 et 4 fr. 70). — La voie longe à g. le flanc S. des *montagnes des Maures* en parcourant un pays très pittoresque. — 21 k. *Bormes*, 2,070 hab. (ruines d'un château). — 23 k. *Le Lavandou* *, petit port de pêche et bain de mer. — 40 k. *Cavalaire* *, une des plus belles plages du littoral méditerranéen. — 46 k.

La Croix, halte qui dessert le magnifique *domaine de la Croix-de-Cavalaire*, station d'hiver et d'été (2 sanatoriums; superbe pensionnat). — 54 k. *La Foux* (champ de courses), stat. d'où un tram à vap. (4 k. 2, en 16 min.; 60 c. et 40 c.) conduit à *Cogolin*, 2,304 hab. (église, XIe et XVIe s.; tour d'un anc. château; à 11 k. 5 N., *la Garde-Freinet*, anc. place forte des Sarrasins). Un autre tram partant de la Foux dessert *Bertaud* (*pin* phénoménal) et (5 k. 1, en 24 min.; 75 c. et 45 c.) **Saint-Tropez** *, 3,704 hab., *port* sur la rive S. du beau golfe du même nom (*statue du bailli de Suffren*; citadelle, vieilles *tours*; *château du bailli de Suffren*; *maison des Corsaires*, Renaissance; dans la *rue Allard*, *porte* en serpentine, de la fin du XVIe s.; *promenade des Lices*, ombragée de platanes; à l'église, buste de St Tropez, porté processionnellement les 16-18 mai de chaque année aux *fêtes de la Bravade*; à l'*hôtel de ville*, peintures représentant la levée du siège par les Espagnols en 1637). 56 k. *Grimaud*, 1,094 hab., b. pittoresque étagé au-dessous d'importantes ruines féodales. — 62 k. *Sainte-Maxime* *, 1,122 hab., dans une position idéale, est la station hivernale la plus importante des Maures, fréquentée aussi l'été pour les bains de mer. — 75 k. *Saint-Aygulf* (villa du peintre Carolus Duran). — 80 k. Fréjus (p. 171). — 83 k. Saint-Raphaël (p. 171).]

75 k. *La Garde*, 2,794 hab. (à l'église, buste de St Maur attribué à Puget), au penchant d'un monticule de basalte que dominent les ruines d'un château et d'une église.

78 k. *La Pauline* (à dr., embranch. d'Hyères : *V.* ci-dessus). *Chapelle* moderne, style du XIVe s., avec sculptures par Pradier. — 84 k. *La Farlède* ou *Solliès-Farlède*. — On remonte la vallée du Gapeau.

84 k. *Solliès-Pont*, 2,784 hab. (château du XVIIe s.). — 90 k. *Cuers-Pierrefeu*. A 1 k. O., *Cuers*, 3,098 hab. (Vierge et chapelle moderne sur l'emplacement de l'anc. château, dont il reste un souterrain et un puits). A 5 k. E., *Pierrefeu*, 2,865 hab., sur un morne abrupt que couronnent des rochers de quartzite.

98 k. *Puget-Ville*, 1,679 hab.

102 k. *Carnoules* (buffet), d'où se détache la ligne de Gardanne (R. 26, p. 156). — 105 k. *Pignans*, 1,840 hab. En 2 h. 15, ascens. de *N.-D. des Anges* (779 m.), l'un des deux principaux sommets des Maures. — On passe le petit *col de Gonfaron* (200 m. env.), faîte entre les bassins du Gapeau et de l'Argens.

110 k. *Gonfaron*. — La voie parcourt la fertile plaine du Luc.

121 k. *Le Luc-et-le-Cannet*.

[A 15 min. S.-S.-E., station thermale de *Pioule-les-Eaux* * (4 sources d'eau sulfatée calcique froide). — A 13 k. N.-N.-O., anc. abbaye cistercienne du *Thoronet*, fondée au commenc. du XIIe s. et remarquable par l'état exceptionnel de conservation de ses bâtiments claustraux.]

A g., *chapelle de la Trinité* construite en pierres tumulaires; à dr., *chapelle Ste-Brigitte* sur une butte de grès rouge.

130 k. *Vidauban*, 2,650 hab. sur la rive dr. de l'Argens (restes de fortifications appelés *fort des Mures*). — La voie franchit l'Argens près de son confl. avec la Floriéyes, que domine le château d'*Astros*.

136 k. **Les Arcs** (buffet), 2,94[illegible] hab.

[DES ARCS A DRAGUIGNAN (13 k. ch. de fer, en 24 à 37 min.; 1 fr. 4[illegible] 1 fr., 65 c.). — 5 k. *La Motte-Sainte-Rossoline* (pèlerinage de *Sainte Rosseline*). — 9 k. *Trans* (chutes pittoresques de la Nartuby).

3 k. **Draguignan** (buffet) *, 9,671 h., ch.-l. du départ. du Var, sur la Nartuby. — *Église* ogivale moderne, avec tableau de J.-B. Van Loo. — *Chapelle des Observantins*, avec cloître du XVIe s. Restes (XIVe s.) de l'*église des Augustins*. — *Musée* (2 toiles de *D. Teniers*, armure du XVIe s., 4 vases de la Chine et du Japon, herbier, médaillier de 4,432 pièces) et *Bibliothèque* dans l'anc. évêché. — *Tour de l'horloge*. — *Maison de la Reine-Jeanne* Renaissance; *hôtel Raimondis-Cassaux*, style Louis XIII. — A 35 min. S.-O. aller et ret., dolmen de la *Pierre-des-Fées*. — De Draguignan à Meyrargues, R. 26, p. 153.

De Draguignan à Colomars par Grasse (100 k.; ch. de fer, en 5 h. env.). — Tunnel. — 16 k. *Callas*, 1,210 hab. — Tunnel. — 19 k. *Bargemon*, 1,656 hab. — 22 k. *Claviers* (de la *chapelle Sainte-Anne*, à 625 m., vue admirable). — 33 k. *Seillans*, 1,393 hab. — 37 k. *Fayence*, 1,421 hab. (à 1,200 m. E., curieux *château du Muy*). — 42 k. *Callian*. — 45 k. *Montauroux*, 1,005 hab. — Au delà de *Auneron* la voie franchit la Siagne sur un magnifique *pont*, haut de 7 m., dans un paysage grandiose. — Plusieurs tunnels; pont sur le vallon des Ribes.

64 k. Grasse (*V.* p. 173). — Pont sur le ravin de Font-Laugière; 2 tunnels. — 72 k. *Le Bar*, 1,294 hab. (au presbytère, *Danse macabre*, peinture sur bois du XIVe s.; château féodal). — 75 k. *Le Loup*, halte d'où l'on va visiter la magnifique *gorge du Loup* (restaurants; cascades), parcourue par une rivière que le chemin de fer franchit sur un *viaduc* de 10 arches, haut de 56 m. — 82 k. *Tourrette-sur-Loup*, 1,049 hab., sur des rochers entourés de précipices (tours et remparts du moyen âge). — Viaducs fort élevés, dont l'un sur la jolie vallée du Malvau.

87 k. **Vence** *, 3,124 hab., anc. cité romaine de *Ventium* (anc. *cathédrale*, des VIe, X[e], XIIe et XVe s., avec sarcophage antique dit de St Véran, retable du XVIe s., bons tableaux, stalles du XVe s., etc.; auprès, 2 colonnes antiques; enceinte fortifiée de la ville). — Viaduc sur la Lubiane; tunnels; *viaduc* (belle vue) haut de 35 m. sur la Cagne, qui se précipite en cascades; tunnel. — 92 k. *Saint-Jeannet-la-Gaude*, d'où l'on aperçoit l'énorme muraille rocheuse appelée *Baou de Saint-Jeannet* (801 m.). — Tunnel de 800 m.; ravin de Fougerie. — 100 k. Colomars (buffet), station du ch. de fer de Nice à Pugot-Théniers (*V.* p. 176).]

La voie franchit la Nartubie à son confl. avec l'Argens.

144 k. *Le Muy*, 3,062 hab. (nef de l'église du XVIe s.; *tour de Charles-Quint*). — La voie franchit l'Endre.

150 k. *Roquebrune*, 1,982 hab., curieuse petite ville ancienne (à l'église, peinture du *Jugement dernier*) à 2 k. de la station (omnibus), est blotti au pied du sommet de la Roque, qui se termine par trois pics appelés les *Croix de Roquebrune*. — 154 k. *Puget-sur-Argens*, 1,251 hab.

158 k. **Fréjus** *, l'antique *Forum Julii*, 4,156 hab., siège d'un évêché, sur une éminence qui domine la mer, est célèbre par le nombre de ses **monument antiques** : les *arènes*, longues de 113 m. 85; les *remparts*, aboutissant, à l'O., aux arènes; la *porte des Gaules*, près de la station, et la *porte Dorée*, du côté E. de l'enceinte; le *théâtre*, au N. de la ville; l'*aqueduc*, suivant au N. de Fréjus la rive g. du Reyran. — La *cathédrale* Saint-Etienne date du XIe ou XIIe s. A g. du porche, *chapelle* octogonale *du Baptistère* (huit colonnes corinthiennes antiques). — *Grand séminaire* (*Bible* manuscrite du VIIIe ou du IXe s.). — *Musée*. — Belle vue du *Cours*.

162 k. **Saint-Raphaël** *, 4,865 hab., port, séjour d'hiver et

station de bains de mer (église moderne du style byzantin; l'ancienne date des XIe et XIIe s.; monument commémoratif du débarquement de Bonaparte), relié par un boulevard de 1,400 m. (omnibus, 50 c.) à *Valescure** (villas).

[En 3 h. 30, ascens., par la maison forestière du *Malpey*, du *Vinaigre* (616 m.), point culminant des mont. de l'**Estérel**, massif porphyrique couvert de forêts.]

A St-Tropez et à Hyères, *V*. p. 170.

On longe la côte; à dr., sur un promontoire, vieille *tour de Dramont*. — 165 k. *Boulouris**, station d'hiver.

170 k. *Agay**, l'antique *port Agathon*, station hivernale et balnéaire sur une petite rade bien abritée. — On franchit la rivière d'Agay, puis on longe dans des tunnels ou des tranchées la base de l'Estérel. Tunnel; à g., le *cap Roux* (453 m.).

180 k. *Le Trayas** est le meilleur centre pour les promenades dans le merveilleux massif de l'Estérel. — Tunnel des *Saoumes* (810 m.); à dr., anse de Théoule.

185 k. *Théoule*, dans un site d'une grande beauté, au bord d'une petite anse (anc. château transformé en hôtel-pension) et à l'origine de la route côtière de l'Estérel, dite **route de la Nouvelle-Corniche**, merveilleuse promenade entre Cannes et Saint-Raphaël. — On franchit le ravin de la Rague.

187 k. *La Napoule**, station de bains de mer dont la vaste plage s'étend entre l'embouch. de la Siagne et un *château* dont une tour remonte au XIVe s. — On traverse le torrent de l'Argentière, puis le lit de la Siagne, pour contourner le *golfe de la Napoule*. — 191 k. *La Bocca*. — Après avoir laissé à g. l'embranch. de Grasse, on passe en tunnel sous la ville de Cannes.

194 k. **Cannes***, 30,420 hab., station d'hiver très fréquentée. V. renommée par la douceur de son climat, située dans une charmante position, autour d'une petite anse et sur le penchant du *Mont-Chevalier*, qui se prolonge dans la mer par un promontoire étroit, et que couronnent une *tour* (1070-1395) et l'église *Notre-Dame d'Espérance* (XVIIe s.; reliquaire de St Honorat, de 1491). De la terrasse que dominent ces constructions on découvre une vue magnifique sur la ville, qui s'étend le long de la plage sur plus de 6 k., de la Bocca à l'O., jusqu'au promontoire de la Croisette à l'E.; sur les îles de Lérins, le golfe de la Napoule, etc.

La *rue de la Gare* aboutit à la *rue d'Antibes*, la principale de la ville, qui, à dr., prenant le nom de *rue Félix-Faure*, conduit aux **allées de la Liberté** (fontaines; statue de lord Brougham, le bienfaiteur de Cannes; marché aux fleurs). L'*hôtel de ville* (1876), sur les Allées, renferme : les *musées Lycklama* (archéologie : collection d'inscriptions cunéiformes latines et françaises) et *Rothschild* (sculpture, peinture et gravure), le *musée d'histoire naturelle* (collection de coquilles vivantes et fossiles, minéralogie de l'Estérel, herbier des Alpes-Maritimes) et la *Bibliothèque* (30,000 vol.). De l'hôtel de ville on monte en ou 40 min. à la *tour du Mont-evalier* (belle vue).

.e *boulevard de la Croisette* ands hôtels, belles villas, *cle Nautique*; *jardin des Hes-ides*), long de 2,350 m., s'étend l'E. de Cannes, au bord de mer (bains de mer), jusqu'au *o de la Croisette*. A l'O., le *ulevard du Midi*, sur lequel nne le *square Brougham*, ige le golfe de la Napoule. — magnifique *boulevard Carnot*, ge de 22 m., monte en pente uce, de la mer jusqu'au Can-t (*V.* ci-dessous).

Excursions. — Au N.-E. (1 h. 10 pied), *promenade de la Californie*, lle route sur une colline (175 m.; lvédère-observatoire; buffet). — N.-O. (45 min.), colline de la *oix-des-Gardes* (163 m.) et (13 k.) *rges de la Siagne*, près du v. *Auribeau*. — Au N. (3 k.), *le Cannet*, 097 hab., dans un charmant vallon en abrité (*maison du Brigand*, tour xvie s.; *villa Sardou*, où mourut achel en 1858; belle vue de *Grand-in* et surtout du *Pezou*, 266 m.).

De Cannes dépend l'**archipel de rins**, qui se compose de deux îles incipales, Sainte-Marguerite et aint-Honorat (bat. à vapeur; 2 dép. ar j.; 15 min. pour Sainte-Margue-te, 30 min. pour Saint-Honorat; al-r et retour, 2 fr. et 3 fr.) et de quel-ues îlots rocheux qui sont inhabités.

A *Saint-Honorat* * : monastère au-refois célèbre, occupé auj. par des oines de l'ordre des Bernardins; *hâteau* (xie, xiie et xive s.).—A *Sainte-Marguerite* * : belle forêt de pins; *ort* dans lequel furent détenus au viie s. le Masque de fer et de nos ours l'ex-maréchal Bazaine.

De Cannes a Grasse (20 k.; chem. le fer, 40 min.; 2 fr. 25, 1 fr. 50, 1 fr.).

20 k. **Grasse** *, station d'hiver très abritée, V. de 15,429 hab., célèbre par ses fabr. de **parfums**, bâtie en amphithéâtre, à 325 m., au-dessus du uisseau de Roquevillon. — De la pro-menade du **Cours** (*casino*), à l'O. de la ville, panorama étendu; au-dessous, *square* renfermant le *buste de Bellaud de la Bellaudière*, poète du xvie s. — A l'extrémité du Cours, à g., **hôpital** (dans la chapelle, tableaux de Rubens, Natoire, etc.). — *Tour* romaine ou du moyen âge, près de l'*hôtel de ville* (dans la *bibliothèque*, archives de l'abbaye de Lérins), ancien évêché, et de l'ancienne *cathédrale*, du xiie s. (tableaux de Subleyras et de Fragonard). — Source de **la Foux**, au haut du *boulevard du Jeu-de-Ballon*. — Superbe *avenue Thiers*, continuée par l'*avenue Victoria* (villas luxueuses). — *Jardin* public (*buste de Fragonard*). — De Grasse à Draguignan et à Colomars, V. p. 171.]

A g., quartier de *Cannes-Eden*; à dr., *cap de la Croisette*.

200 k. *Golfe-Jouan-Vallauris* (*colonne* commémorative du débarquement de Napoléon en 1815; important établissement de céramique). — A 3 k. N.-O., *Vallauris*, 6,729 hab. (fabrication de terres cuites et poteries artistiques).

203 k. *Juan-les-Pins* *. — A dr., presqu'île du cap d'Antibes.

205 k. **Antibes** *, l'antique *Antipolis*, 10,947 hab., au N.-E. de la presqu'île de la Garoupe, qui sépare le golfe Jouan du golfe de Nice, entre deux échancrures de la côte, dont l'une est protégée au N. par le *fort Carré* renfermant le tombeau du général Championnet, dont le buste se voit à l'*hôtel de ville*, édifice au mur duquel est encastrée une inscription romaine. Une autre inscription antique se voit à la face S. du clocher, voisin de l'ancien *château des Grimaldi* (vieille tour), occupé par l'intendance. — Au centre de la place Nationale, *colonne* (transformée en une gracieuse fontaine) commémorative de la belle résistance d'Antibes à l'ar-

mée austro-sarde en 1815. — Du *boulevard des Fronts-de-Mer*, vue admirable. — Port protégé par deux môles.

[A 45 min. S., *colline de la Garoupe*, (75 m.; chapelle et phare; admirable panorama), point culminant de la charmante presqu'île du **cap d'Antibes** (villas et *Grand-Hôtel du Cap*; *jardin Thuret*, jardin botanique de 7 hect., succursale du Muséum de Paris; merveilleux jardin de la *villa Eilen-Roc*).]

Longeant la Méditerranée (magnifique panorama), on franchit le Loup (sur une colline de la rive g., beau château féodal restauré de *Villeneuve-Loubet*, au marquis de Panisse).

213 k. *Cagnes* * (à 2 k. à g.), 3,381 hab., sur une colline (**château** du XIVe s. avec escalier en marbre du XVIe s.; fresques attribuées à Carlone; belle cheminée). — La voie franchit la Cagne.

214 k. *Cros-de-Cagnes*, port de Cagnes (près de l'embouch. du Loup, ruines du monastère de *Saint-Véran*). — On parcourt, à l'E., une campagne couverte d'oliviers. — 217 k. *Saint-Laurent-du-Var*, 1,530 hab. (vins muscats). — On franchit le Var sur un beau *pont-viaduc*.

219 k. *Le Var*, stat. desservant le champ de courses de Nice.

225 k. **Nice** * (buffet), 105,209 hab., ch.-l. du départ. des Alpes-Maritimes, siège d'un évêché, station d'hiver très fréquentée (surtout aux fêtes du carnaval), port sur la Méditerranée et à l'embouch. du Paillon, au pied d'un monticule rocheux, à l'extrémité N. de la *baie des Anges*.

De la gare, dominée à l'O. par les hauteurs de *Saint-Philippe* (luxueux *hôtel Impérial*, avec parc de 13 hect.; *chapelle commémorative* en souvenir du tsarevitch † à Nice en 1865), on suit l'*avenue Thiers*, puis à dr. l'*avenue de la Gare* (beaux magasins, hôt., restaurants, cafés), dans laquelle on voit à dr. l'église moderne *N.-D. de Nice* et, en face, l'*avenue Notre-Dame*, où est le *musée municipal*. L'avenue de la Gare va aboutir sur la place Masséna, après avoir laissé à dr. la *rue de Longchamp* (*église russe*) et la *rue Masséna*, qui se continue par la *rue de France*, où l'on remarque la *Croix-de-Marbre*, qui a donné son nom à tout le quartier (colonne commémorative du passage du pape Pie VII à Nice, en 1809 et 1814; croix érigée en mémoire de l'entrevue de Charles-Quint et de François Ier en 1538), et (n° 121) la *villa Furtado-Heine*, donnée à l'Etat en 1895 par Mme Furtado-Heine pour servir de résidence de repos à 50 officiers convalescents.

La **place Masséna**, le centre de Nice pour les étrangers (point de départ ou d'arrêt de tous les trams), est bordée par le **Casino municipal**, dont le 1er étage est occupé par le *Cercle Masséna* (escalier monumental) et derrière lequel s'étend le *square Masséna* (*statue de Masséna*, par Carrier-Belleuse). Sur la place s'ouvre l'*avenue Félix-Faure*, où le lycée possède le plus beau *Melaleuca linearifolia* de l'Europe.

A dr. commence l'*avenue Masséna*, qui borde à dr. le **Jardin Public**, recouvrant le Paillon et rendez-vous du monde élégant quand la musique se fait entendre au kiosque. A l'extrémité

Raccord avec le plan en A.A

LÉGENDE.

1 Eglise Ste Réparate (Cathéd^le) D.2.
2 id. St François de Paule C.2.
3 id. St Jean Baptiste D.2.
4 id. Notre Dame C.1.2.
5 id. St Jacques (Gésu) D.2.
6 id. du Port E.2.
7 Oratoire de la Miséricorde D.2.3.
8 id. du St Sépulcre D.2.
9 Chapelle de la Croix D.2.
10 Temple Anglais C.2.
11 id. Russe C.2.
12 id. Israélite C.2.
13 Croix de Marbre B.2.
14 Préfecture (et Place de la) D.2.
15 Hôtel de Ville C.2.
16 Palais de Justice D.2.
17 Bibliothèque C.D.3.
18 Musée Municipal C.1.
19 Muséum d'Hist^re Nat^lle D.2.
20 Hospice de la Charité C.2.
21 Lycée National D.2.
22 Casino Municipal C.2.
23 Cercle de la Méditerranée C.2.
24 Théâtre Municipal (Opéra) C.2.3.
25 Cirque C.2.
26 Manufacture des Tabacs E.2.
27 Poste et télég. (B^eau Central) D.2.
28 St^ue de Ch^es Félix ... D.3.
29 Square et St^ue de ... D.2.
30 Pont, Squ^re et Mon^t ... D.2.
31 Jard^n Publ^c, Mon^t ... C.2.
32 Monum^t Carnot ... E.2.
33 Escalier Lesage ... D.3.
34 Poste et télégr... D.2.
35 Bureaux de la ... et de l'Electricité ... C.2.

Principaux ...

h1 Grand Hôtel ... D.2.
h2 Hôtel de la Paix ... C.2.
h3 id. Cosmopol... C.2.
h4 Hôtel de France C.2.
h5 id. d'Angleterre C.2.
h6 id. des Anglais C.2.
h7 id. du Luxembourg C.2.
h8 id. de la Méditerranée B.2.
h9 id. Westminster B.2.
h10 id. de Rome et du West End B.2.
h11 id. des Iles Britanniques C.2.
h12 Grand Hôtel de Nice D.1.
h13 Hôtel des Etrangers C.2.
h14 Hôtel Riviera Palace AA.1.
h15 Hôtel Regina Palace AA.1.
h16 Hôtel Grande Bretagne C.2.
h17 Alhambra Hôtel AA.1.2.
h18 Parc Impérial Palace B.1.

Tramw s

0 — 1000 Mètres.

L. Thuillier, del. Imp. Dufrénoy _ Paris. 10-02

d'après le plan de Mr Bérard, Ing^r municipal

du Jardin, devant la mer, s'élève le **Monument commémoratif de la réunion de Nice à la France** (par J. Febvre et A. Allar), en face duquel s'avance en mer une *Jetée-Promenade* qui porte un *Casino* (café-restaurant).

L'avenue Masséna donne accès sur la **Promenade des Anglais**, le « salon de Nice » dans les belles matinées hivernales (beaux hôtels; *Cercle de la Méditerranée*), magnifique boulevard qui longe la mer à l'O. sur 4 k. de l'embouch. du Paillon au *square Magnan*. A l'E., la Promenade se continue, au delà du Jardin Public, par le *quai du Midi*, à l'entrée duquel s'étend la *place des Phocéens* (gracieuse *fontaine*, œuvre de sculpture grecque). Sur cette place commence la *rue Saint-François-de-Paule*, la plus belle du vieux Nice, où se voient : l'*hôtel de ville* (dans la cour, *Oreste et Minerve*, groupe par Hugoulin); l'*église Saint-Dominique* ou *Saint-François-de-Paule* (*Communion de St Benoît*, attribuée à Carle Van Loo); l'*Opéra municipal* et la *bibliothèque* de la ville. Au delà, la rue se continue par le *Cours Saleya*, où se tient en hiver un marché quotidien. Sur le Cours s'ouvre à g. la *place de la Préfecture*, où l'*église de la Miséricorde* renferme un diptyque du XVIe s., par Johannes Miratheti.

Le Cours est séparé du *quai du Midi* (au n° 1, bel escalier à colonnes) par des maisons basses au-dessus desquelles se prolongent deux *terrasses* bitumées (belle vue) servant de promenades. A l'E. de ces terrasses s'étend le *quartier des Ponchettes*, qui se termine à une falaise abrupte qui portait le **Château**, remplacé auj. par des allées de cactus, d'aloès, d'agaves américains, et au sommet (93 m.) de laquelle on parvient : par la *rue du Château* (à g., *cimetière*, avec le *tombeau de Gambetta* et le monument des victimes de l'incendie du théâtre en 1881); l'*escalier Lesage* (*tour Bellanda*, Ve s.); la *montée de Montfort* et l'*avenue Eberlé*. Du sommet du rocher du Château, où sont amenées les eaux de la Vésubie, qui forment une superbe cascade, on peut contempler un panorama d'une beauté peu commune.

A la base E. du rocher s'étend le faub. du *Port*, où le *buste du Président Carnot* a été érigé à l'intersection du *quai Lunel*, allant à la *place Bellevue* (*statue du roi Charles-Félix*), et de la *rue Cassini*, conduisant à la *place Garibaldi*, où s'élève, au milieu d'un bassin, le *monument de Garibaldi*, exécuté par Deloye, d'après la maquette d'Etex. Sur cette place on peut visiter la *chapelle du Saint-Sépulcre* (peintures de Van Loo, Hauser et Miratheti) et le *Museum d'histoire naturelle* (collection exceptionnelle de champignons).

La place Garibaldi est à l'extrémité N. de la *vieille ville*, dans laquelle on remarque : rue Pairolière, la *tour de l'Horloge*, ancien clocher du couvent de Saint-François; place Saint-François, l'*ancien hôtel de ville* (façade du XVIIIe s.), affecté à la Bourse du Travail, au tribunal des Prud'hommes et à la Caisse d'épargne; rue Droite, le *palais des Lascaris* (XVIIe s.; plafonds peints par les frères Carlone;

belles cariatides dans une alcôve; beaux escaliers de marbre); rue de la Loge, l'*église de la Croix* (à l'int., une tête du Père Eternel, par Van Loo); sur la *place Rossetti*, la *cathédrale de Sainte-Réparate* (1650; restaurée).

L'olivier et l'oranger forment la principale richesse de Nice, qui fait un commerce considérable d'huile d'olive, de fleurs et de vins. Les principales fabriques sont les distilleries et les huileries. Une manufacture de tabacs est située en dehors de la ville.

[EXCURSIONS. — Au N.-N.-E., 2 h. all. et ret., tram électrique. *Cimiez* (ruines d'un *amphithéâtre* romain; *couvent* que l'on visite) et *Jardin zoologique* (entrée 1 fr.). — A l'E., *Montboron*, par le *boulevard de Montboron* et la *route forestière* (vue admirable), ret. par Villefranche et le boulevard Carnot. — 1/2 j. en voit. (12 à 20 fr.). *Cascade de Gairaut*, formée par la Vésubie, *Falicon*, v. sur un roc, *grotte de Saint-André* (entrée 50 c.) et *abbaye de Saint-Pons*, fondée en 775. — 1 h. 20 N.-E. Le *Mont-Gros* (à 372 m., dans un parc de 40 hect., *observatoire* dû à la générosité de M. Bischoffsheim et bâti par Ch. Garnier). — 60 k. all. et ret. (breaks t. l. mat. à 9 h.; 10 fr.) *Menton* par la *route de la Corniche*; ret. par *Monte Carlo* et la route du bord de la mer.

DE NICE A PUGET-THÉNIERS (59 k.; ch. de fer, en 2 h. 56 à 3 h. 13; 4 fr. 95 et 3 fr. 65). — Tunnels. — 3 k. 5. *La Madeleine* (excurs. à la gorge du *Puits des Etoiles*). — La voie remonte la rive g. du Magnan; tunnel de 956 m.; on descend par le vallon de *Saint-Isidore* (scieries) vers la vallée du Var.

13 k. *Colomars* (buffet), à la bif. de la ligne de Grasse (*V.* p. 171). — Après un tunnel on remonte la rive g. du Var. — 23 k. *Pont Charles-Albert*, halte d'où l'on peut faire une belle excurs. dans la *vallée de l'Estéron*. — La vallée devient fort étroite. — 25 k. *Levens-Vésubie*, près du confl. de la Vésubie, que l'on franchit pour s'engager dans le *défilé du Ciaudan*; tunnel. De Levens-Vésubie à Saint-Martin-Vésubie, à Valdieri et à Coni, R. 31, *B*. — 29 k. *La Tinée*. — On parcourt les *gorges* grandioses *de la Mescla*. Pont sur le Var; tunnel. — 32 k. *La Mescla*, halte près du confl. du Var et de la Tinée. — Tunnel; pont sur le Var. La voie coupe en galerie couverte la pointe de Suvet près du *pont* romain de *Sainte-Pétronille*.

49 k. *Touët-de-Beuil* *, v. plaqué à une paroi de roche d'où jaillissent des cascades. Excurs. par les *gorges du Cians* et (25 k.) Beuil au (3 h. de Beuil) *mont Monnier* (2,818 m.; observatoire; vue admirable). — 51 k. *Le Cians*, halte desservant les gorges du Cians.

59 k. *Puget-Théniers* *, 1,337 hab., ch.-l. d'arr., sur les deux rives de la Roudoule. A Entrevaux, Saint-André et Digne, R. 26, p. 152.]

De Nice à Barcelonnette par la vallée de la Tinée, R. 27, *A*, p. 158; — à Sospel, au col de Tende, à Saint-Martin-Vésubie, Valdieri et Coni, R. 31.

Tunnel de 600 m. sous la colline de Cimiès; pont sur le Paillon.

227 k. *Nice-Riquier*. — Tunnel sous la colline de Mont-Alban.

229 k. **Villefranche** *, 5,042 hab., V. pittoresque (tram électrique pour Nice), fondée au commenc. du XIVe s. par Charles II d'Anjou, au fond d'une anse du golfe de Nice, sur une belle rade bien abritée. — A l'O., *fort*, et plus loin, *arsenal*, ancien *bagne* et *lazaret*.

[La *rade de Villefranche* se termine, au S.-O., au *cap du Mont-Boron* (183 m.); à l'E., elle est fermée par la *presqu'île de Saint-Jean* ou *de Saint-Hospice*, longue de 3 à 4 k. N.-S., depuis le chemin de fer de Menton jusqu'au *cap Ferrat*, et qui projette à l'E. une presqu'île secondaire terminée par le *cap Saint-Hospice*. Entre les deux presqu'îles, au N.-E., est creusé le petit port de *Saint-Jean* (bouillabaisse renommée).]

Petit tunnel. — A dr., péninsule de Saint-Jean.

231 k. *Beaulieu**, 1,394 hab., à l'extrémité d'un promontoire ombragé par des oliviers (belles villas). Au N., rochers escarpés dits *la Petite Afrique*. — Petit tunnel.

234 k. *Eze*, station au pied de la colline qui porte le v. (très pittoresque) de même nom, bâti au sommet d'un rocher et où conduit un chemin très raide (1 h. 15).

Cinq tunnels. — A dr., *fortin* sur le *cap d'Aglio*.

237 k. *Cap-d'Ail-la-Turbie*, station d'où un chemin conduit en 1 h. 15 env. (il est bien préférable d'y monter de Monte Carlo par le ch. de fer à crémaillère) à **la Turbie***, 7,566 hab. (*tour d'Auguste*, construite par les Guelfes avec les débris du trophée qu'Auguste avait fait élever pour commémorer sa victoire sur les peuples des Alpes; vue magnifique), à 500 m. env. d'alt., sur l'arête qui réunit le Mont-Agel à la *Tête de Chien* (573 m.; fort).

[Au N.-E. du v. de la Turbie (asc. en 3 h.), *Mont-Agel* (1,149 m.; fort; vue incomparable).]

Deux tunnels.

240 k. **Monaco***, V. de 3,300 hab. env., siège d'une principauté indépendante, sur un rocher escarpé dominant le petit port auquel on donna dans l'antiquité le nom d'Hercule *Monœcus*. — *Place du Palais* (buste du prince Charles III; belle vue). — **Palais** de diverses époques (les étrangers peuvent visiter, de 2 h. à 5 h., en l'absence du Prince, la cour d'honneur, les appartements et les jardins); cour d'honneur avec un bel escalier de marbre blanc; galeries à arcades ornées de fresques; appartements somptueux avec cheminée de la Renaissance, portraits par C. Van Loo, Mignard et Largillière, et fresques par Annibal Carrache; magnifiques jardins dont les terrasses descendent jusqu'au bord de la mer. — *Cathédrale Saint-Nicolas*, reconstruite dans le style romano-byzantin. — *Musée océanographique*, sur la *promenade Saint-Martin* (plantes tropicales).

Au pied du rocher, et au fond de l'anse qui forme le port, *établissement de bains de mer* (*thermes Valentia*), et quartier de *la Condamine* (villas et hôtels). De là, une belle route monte à Monte Carlo. Un tram électrique relie la gare de Monaco à celle de Monte Carlo.

La voie franchit sur un viaduc de 6 arches le vallon de *Gaumates* (*chapelle de Sainte-Dévote*, pèlerinage) et passe dans un petit tunnel.

242 k. **Monte Carlo***, station desservant (ascenseur, 25 c.; aller et ret. 35 c.) le **Casino** (à la façade, groupes de *la Musique*, par Sarah Bernhardt, et de *la Danse*, par G. Doré; salons de jeu ornés de peintures par Clairin, Boulanger, Lenepveu et Saintin, avec des tables de roulette et de trente et quarante; salons de conversation et de lecture; vaste promenoir; *salle des Fêtes*, richement décorée de peintures par Feyen-

Perrin, G. Boulanger, Lix, Saintin, Monginot, etc., construite par Charles Garnier, ainsi que la belle façade, flanquée de deux tours, qui regarde la mer; **terrasse** et **jardins** très bien entretenus et d'où l'on jouit d'une vue féerique; tir aux pigeons). Sur la *place du Casino* s'élèvent le *Palais des Beaux-Arts*, l'*hôtel* et le *café de Paris*. — *Monument de Berlioz*, par Bernstamm et Paul Roussel. — A 20 min. E., *grotte de Saint-Roman*.

[On peut monter à la Turbie (*V.* ci-dessus) par un *chemin de fer à crémaillère* (1re cl. 3 fr. 10, 2e cl. 2 fr. 30; 1 fr. 55 et 1 fr. 15 à la desc.; 4 fr. 65 et 3 fr. 45 aller et ret.; recommandé), ou se rendre en break soit à Nice (3 fr.; aller et ret., 5 fr.), soit au cap Martin (*V.* ci-dessus).]

La voie ferrée longe le littoral (trajet pittoresque).

245 k. *Cabbé-Roquebrune*, 2,744 hab., station bâtie au bord de la mer, bien au-dessous de *Roquebrune*, autrefois possession des princes de Monaco (à l'église, beau *Christ* dans la sacristie; *château des Lascaris*, en ruine).

Tunnel de 560 m. dans le promontoire du cap Martin. On passe dans des futaies d'oliviers et l'on traverse les torrents du Gorbio et du Borrigo.

249 k. **Menton***, 9,944 hab., est une ville d'hiver qui jouit d'un climat délicieux et admirablement située en amphithéâtre au bord de la mer, sur un promontoire qui coupe en deux segments égaux une baie semi-circulaire de 8 k. de développement, limitée à l'E. par les falaises de la Murtola, à l'O. par la colline allongée du cap Martin. — Les omnibus suivent l'*avenue de la Gare* jusqu'au pont du Careï, qu'ils franchissent pour prendre la *rue Partouneaux* (*buste*, par Stecchi, *du D*[r] *Bennet*, le véritable fondateur de la station hivernale), puis déboucher sur la *place Saint-Roch* (*monument*, par Puech et Vaudremer, *commémoratif de la réunion de Menton à la France*), l'*avenue Félix-Faure* (beaux magasins) et sur la *promenade du Midi*, en bordure de la mer. En suivant à dr. l'avenue F.-Faure on arrive au *Jardin public*, en face des *Jardins du Careï*, établis sur des voûtes recouvrant le torrent. L'avenue F.-Faure se prolonge, sous les noms d'*avenues Carnot* et *de la Madone*, jusqu'au *palais Carnolès*, anc. palais des princes de Monaco. Revenu sur ses pas jusqu'au delà de la place Saint-Roch, on trouve à g. la *rue Villarey* allant au *Casino*, puis l'*hôtel de ville*, renfermant le *Musée* (crâne du nouvel homme préhistorique de Menton), une collection de tableaux et gravures, ainsi que la *bibliothèque* (herbier du botaniste mentonais Ardoino). L'hôtel de ville donne sur la *place Nationale*, où se trouve l'anc. *palais Trenca*, que précède une *fontaine* surmontée d'une colonne avec un buste de la République. A l'extrémité de la *rue Saint-Michel*, prolongement E. de l'avenue Félix-Faure, on monte à g. dans la *vieille ville* par la *rue des Logettes*, qui se termine à une voûte sous laquelle on passe pour pénétrer dans la *rue Longue*, où se trouve, près de la *porte Saint-Julien*, seul reste des fortifications, l'anc. *palais*

des princes de Monaco (XVIIe s.). Sans monter aussi haut on trouve à g. un escalier menant à l'*église Saint-Michel* (à l'int., *croix* processionnelle dont la hampe est formée d'une lance turque prise par le prince Honoré Ier de Monaco à la bataille de Lépante). Un escalier relie St-Michel à l'*église de la Conception* ou *des Pénitents-Blancs*, à dr. de laquelle un chemin encaissé monte au vieux cimetière (vue admirable), séparé du nouveau par le *boulevard de Garavan* (vues splendides), d'où l'on descend par l'*avenue de la Frontière* à la *fontaine Hanbury*, élevée par un Anglais en commémoration de la 60e année de règne de la reine Victoria. Là on peut prendre le tram pour revenir à l'avenue de la Gare. A 10 min. de la fontaine on pourrait aller visiter le *Museum Præhistoricum*.

La principale industrie des Mentonais est la culture des *citrons*, exportés dans toute l'Europe. L'olivier alimente de nombreux moulins à huile, et les *mandarines* sont l'objet d'un commerce très important.

[EXCURSIONS. — A 1 h. S.-O., aller et retour en voit., *cap Martin* (hôtel somptueux; *colonne funéraire* élevée en souvenir du séjour au cap Martin de l'impératrice Elisabeth d'Autriche, assassinée à Genève en 1898; *villa Cyrnos*, propriété de l'ex-impératrice Eugénie), couvert d'une forêt de pins et d'oliviers séculaires. — 5 k.N.-O. (route de voit.) *Sanatorium de Gorbio*. — 2 h. N.-O., aller et retour. *L'Annonciade* (chapelle; vue magnifique). — 3 h. N. (2 h. 30 à la descente; chemin de mulets). *Sainte-Agnès* (ruines d'un château), v. pittoresque à 670 m., contre des rochers. — 2 h. N. all. et ret. (route de voit.). *Castellar*, v. à la physionomie féodale (ancien palais des Lascaris), par le joli *val de Menton*. — 1 h. 20 N.-N.-O. *Gourg dell' Ora* et *grotte de l'Ermite*. — 5 à 6 k. E. *Jardins Hanbury à la Mortola* (visibles lundi et vendredi après midi) entourant le *palazzo Orengo* (XVe s.).

Diligence en 4 h. DE MENTON A SOSPEL (p. 180) par *Monti* et le *col de Castillon*.]

Le chemin de fer franchit le Careï et passe en tunnel sous la vieille ville de Menton.

254 k. *Menton-Garavan*.

On franchit le torrent de Saint-Louis, limite de la France et de l'Italie.

260 k. Vintimille, gare internationale avec buffet et douane (*V. l'Italie*).

ROUTE 34

DE NICE A CONI

A. Par le col de Tende.

133 k. — Route de voit. de Nice à (101 k.) Limone, desservie par la diligence partant 1 fois par j. de la place Saint-François pour Tende, où les voyageurs trouvent une dilig. italienne corresp. pour Coni; trajet en 10 h. 30 jusqu'à Tende, en 15 h. jusqu'à Coni; prix pour Tende, 9 fr. en coupé, 7 fr. à l'int.; pour Coni, 16 fr. et 12 fr. Les voyageurs descendent généralement de la dilig. à la gare de Limone, où ils prennent le train pour (32 k.; 1 h. 18 à 1 h. 50; 3 fr. 65, 2 fr. 55, 1 fr. 65) Coni.

On remonte le Paillon (rive g.); à dr., le mont Gros. — 7 k. *La Trinité*, 1,338 hab. — 9 k. *Drap* (eaux sulfureuses de *Lagarde*). — 12 k. *Pont de Peille*. — La route pénètre dans la combe de Blausasc, puis franchit (19 k. 5) le *col de Nice* (377 m.), pour redescendre dans la vallée de la Peille.

20 k. 5. *L'Escarène*, 1,281 hab. — La route est extrêmement pittoresque jusqu'au col de Tende. — 22 k. *Touët-de-l'Escarène*.

30 k. 5. *Col de Braus*, 999 m. — On descend en contournant le *Mont Barbonet* (fort).

42 k. **Sospel***, 3,570 hab., dans un joli bassin qu'arrose la Bevera et dans lequel vient déboucher le vallon de Castillon. Sur la Bevera, *pont* ancien dominé par une vieille tour. *Eglise Saint-Michel*, de 1641.

De Sospel à Menton, *V.* p. 179.

On monte en lacets vers le

54 k. *Col de Brouis* (838 m.; aub.). — On descend vers la Roya. A dr., sentier de (1 h. 30) *Breil*, 2,728 hab., sur la Roya, dont la curieuse vallée est parcourue par une route descendant de Breil à (28 k.) Vintimille.

62 k. *La Giandola*, sur la Roya. — On parcourt la magnifique *gorge de Saorge*, où passe la Roya.

68 k. 5. A dr., route de (1 k.) *Saorge*, 1,094 hab. — 70 k. *Fontan*, 1,184 hab. (douane française), à 434 m. — Belle gorge de *Berghe* ou *défilé de Gaudarena*.

73 k. Frontière italienne. — 77 k. Saint-Dalmas-de-Tende. — 82 k. Tende (douane italienne). — **Tunnel** long de 3,360 m., passant sous le **col de Tende**, dont il évite la montée. — 121 k. Borgo-San-Dalmazzo. — 133 k. Coni (*V.* la *Provence*).

B. Par la vallée de la Vésubie et Valdieri.

Ch. de fer (25 k.) de Nice à Levens-Vésubie, en 1 h. 17 à 1 h. 31; 2 fr. 10 et 1 fr. 55. — Route splendide de la gare de Levens à (33 k.) Saint-Martin-Vésubie; serv. public, en 4 h. 30; 2 fr. 90. — 10 k. env. de Saint-Martin à Valdieri: ch. de mulets. — 24 k. de Valdieri à Coni; voit. publique, en 4 h.; 7 fr. et 6 fr.

25 k. de Nice à Levens-Vésubie (*V.* p. 176). — La route, après avoir franchi la Vésubie, en remonte la magnifique gorge. — 28 k. A dr., route de *Levens*, 1,310 hab., à 584 m. — Au delà d'un cirque d'oliviers interrompant un instant le défilé, on passe deux tunnels, avant de franchir la rivière sur un magnifique pont d'une arche.

34 k. 5. *Saint-Jean-la-Rivière*, ham. de (9 k. 1) *Utelle*, 1,531 hab. (à l'église, retable du XVIe s.; anc. fortifications). — 39 k. *Le Suchet* (scieries), au confl. du Figaret et de l'Infernet avec la Vésubie. — 44 k. *Bas-Lantosque*. A g., sur la hauteur, *Lantosque*, 1,994 hab. — A dr., route de *la Bollène**, séjour d'été (ruines d'un château). Ici le pays commence à prendre l'aspect alpestre qui a fait donner à Saint-Martin et à ses environs le nom de *Suisse Niçoise* : partout de l'eau jaillissante, de grands sapins, de beaux mélèzes et de verts pâturages. La route franchit la Gordolasque. A dr., sur la hauteur, *Belvédère**, 1,148 hab., à 830 m.

50 k. *Roquebillière*, 1,699 hab., à 578 m. — A dr., embranch. des (7 k.) Bains d'eau minérale

C. Corse
I. Capraia
C. Bianco
Rogliano
G. de St Florent
Nonza
Brando
St Florent
Sn Martino
BASTIA
Ile Rousse
G. de Calvi
P. Revellata
C. Cavallo
Calenzana
C. de la Morsella
G. de Galeria
G. de Focolare
I. de Gargalo
Pte Rossa
G. de Girolata
Golfe de Porto
Capo Rosso
Pte alla Loccia
Pte d'Orchino
G. de Chioni
G. de Pero
Pte de Cargese
G. de Sagone
G. de Lava
Cap de Fino
AJACCIO
Is Sanguinaires
G. d'Ajaccio
Pte della Castagna
Capo di Muro
C. Nero
Pte de Porto Pollo
G. de Valinco
Pte de Campo Moro
Pte d'Eccica
Capo Senetosa
C. de Zinia
G. de Roccapina
G. de Ventilègne
Bonifacio
C. Pertusato
I. de Lavezzi
I. Rassoli
I. Ste Marie
I. de Cavallo
I. de Ratino
BOUCHES DE BONIFACIO
G. de Ste Manza
G. de Ste Giulia
Iles Cerbicale
Pte Chiappa
G. de Porto Vecchio
Porto Vecchio
G. de Pinarello
Et. de Biguglia
Borgo
Vescovato
Pero-Casavecchio
Sn Nicolao
Cervione
Et. d'Aleria
Et. d'Urbino
Murato
Oletta
Campitello
Sartene
Olmeto
Corte

e *Berthemont**, à 830 m., séjour d'été. On franchit le ravin de la Madone.

58 k. (de Nice) **Saint-Martin-Vésubie***, 1.979 hab., à 960 m., station d'été, sur un promontoire entre le Boréon et le ruisseau de la Madone. *Promenade*, ombragée de platanes (vue splendide), sur laquelle sont la *mairie* et les principaux hôtels. C'est un centre favorable d'excursions (bons guides; *jardin alpin*).

3 h. de Saint-Martin. *Madone des Fenêtres**, station d'été à 1,886 m. *Chapelle*, but de pèlerinage; jolie source. — 4 h. *Lac de la Madone*. — 4 h. 40. *Col des Fenêtres*, 2,471 m. — 10 h. 40. Bains de Valdieri. — 24 k. des Bains à Coni (*V.* la *Provence*).

ROUTE 32

LA CORSE

SERVICES DE BATEAUX. — *De Marseille à Ajaccio* : dép. lundi et vendredi, 4 h. s.; le bateau du vendredi continue le dim. sur *Propriano*, une fois par quinzaine sur *Propriano* et *Bonifacio*; prix : de Marseille à Ajaccio, 34 fr. en 1re cl., 23 fr. en 2e cl., nourriture comprise, 12 fr. sur le pont, sans nourriture; de Marseille à Propriano, 41 fr., 29 fr. et 17 fr., nourriture comprise jusqu'à Ajaccio en 1re et 2e cl.; de Marseille à Bonifacio, 44 fr., 31 fr. et 18 fr., nourriture comprise jusqu'à Ajaccio en 1re et 2e cl.

D'Ajaccio à Marseille : dim. 4 h. s. et mercr. 3 h. 30 s.; le bateau du mercr. part le mardi de *Propriano*, et, une fois par quinzaine, de *Bonifacio* par *Propriano*, le mardi à 5 h. mat.

De Marseille à Bastia : dim. et jeudi à 11 h. mat.; 1re cl. 34 fr. 50, 2e cl. 23 fr. 50, nourriture comprise; 12 fr. 50 sur le pont sans nourriture.

De Bastia à Marseille : lundi et jeudi à 1 h. s.

De Marseille à Calvi et à l'Ile-Rousse : mardi à 11 h. mat., une semaine pour Calvi, l'autre pour l'Ile-Rousse; prix pour Calvi ou pour l'Ile-Rousse, 34 fr. en 1re cl., 23 fr. en 2e cl., nourriture comprise; 12 fr. sur le pont, sans nourriture.

De l'Ile-Rousse et de Calvi à Marseille : dép. une semaine de Calvi, le mercredi à 11 h. s., une semaine de l'Ile-Rousse, le mercredi à 10 h. s.

De Nice à Ajaccio : samedi 6 h. s., traj. direct du 1er octobre au 31 mars; du 1er avril au 30 sept., le vapeur fait escale une semaine à Calvi, où il arrive le dim. à 3 h. mat., pour en repartir à 6 h. mat., l'autre semaine à l'Ile-Rousse (mêmes heures d'arrivée et de départ); prix : de Nice à Ajaccio, par le service direct d'hiver, 30 fr., 20 fr. et 15 fr., sans nourriture; par le service d'été, 34 fr., 23 fr., nourriture comprise, et 15 fr. sans nourriture; de Nice à Calvi ou à l'Ile-Rousse, 30 fr., 20 fr. et 15 fr. sans nourriture.

D'Ajaccio à Nice : dép. du 1er octobre au 31 mars, le mardi à 7 h. s., traj. direct; du 1er avril au 30 septembre, le mardi à 1 h. s., avec escale une semaine à Calvi, l'autre semaine à l'Ile-Rousse (arrivée à Calvi ou à l'Ile-Rousse à 6 h. 30 et 6 h. s. respectivement, pour en repartir à 10 h. 30 s.).

De Nice à Bastia : dép. le mercredi à 5 h. s.; 34 fr. 50 en 1re cl. 23 fr. 50 en 2e cl., nourriture comprise; 15 fr. 50 sur le pont, sans nourriture.

De Bastia à Nice : dép. le vendredi à 8 h. 30 s.

La Corse, située au S.-E. de la France, à l'O. de l'Italie, au N. de la Sardaigne, à 160-170 k. de la France, a pour limites : au N. et à l'O., la Méditerranée, qui la sépare de la France et de l'Italie; au S., le détroit de Bonifacio (11 k.), qui la sépare de la Sardaigne; à l'E., la mer de Toscane, qui la sépare aussi de l'Italie, située à 82 k. Sa superficie totale est de 877,800 hect. Elle a la forme d'une ellipse irrégulière, dont le grand axe est dirigé du N. au S. Sa plus grande longueur, de l'extrémité du cap Corse aux Bouches de Bonifacio, est de 183 k.; sa plus grande largeur, du cap Rosso, près de la Piana, à l'O., à la Tour d'Alistro, à l'E., est de 84 k. Son pourtour, très sinueux, très découpé sur les côtes O. et S., plus régulier sur la côte E., est de 480 à 490 k.

La population de la Corse est de 295,589 hab., répartis entre 364 communes, 62 cantons et 5 arrondissements.

Une haute chaîne de montagnes divise la Corse dans sa longueur en deux versants d'étendue inégale. Elle commence, au N., par le **cap Corse**, presqu'île étroite, longue de 40 k. env. sur une largeur moyenne de 12 à 15 k.: le sommet le plus élevé du cap Corse est le *Monte Stello* (1,305 m.), entre Brando et Nonza. Les sommets principaux sont, en allant vers le S.-O. : le *Monte Grosso* (1,941 m.), le *Monte Ladroncello* (2,144 m.), le *Monte Vagliaorba* (2,525 m.). — Un des nombreux rameaux de cette chaîne se dirige du S.-O. au N.-E., et forme le **Monte Cinto** (2,710 m.), le point culminant de toute la Corse. — Dans la partie centrale de l'île, les sommets principaux sont : le *Monte Rotondo* (2,625 m.), le *Monte d'Oro* (2,391 m.), au-dessous duquel se trouve le *col de Vizzavona* (1,162 m.), entre Bocognano et Vivario, point culminant de la route d'Ajaccio à Bastia; le *Monte Renoso* (2,357 m.) et le *Monte Incudine* (2,136 m.). C'est sur cette chaîne ou sur ses contreforts que prennent naissance les plus grandes rivières.

Le climat de la Corse est très agréable et se divise en trois zones suivant l'altitude : depuis le niveau de la mer jusque vers 600 m. d'élévation, le climat est chaud; de 600 à 1,800 m., il est tempéré, vivifiant et très salubre. Le climat de la région supérieure est froid comme celui des hautes montagnes du Midi.

Le sol de la Corse est des plus fertiles, mais en très grande partie inculte; la majeure partie est recouverte par les « maquis », fourrés épais de broussailles où les arbrisseaux et les arbustes atteignent la taille de petits arbres. Le châtaignier est la principale ressource de l'île. Les forêts occupent une étendue de 149,000 hect. Les richesses minéralogiques ne sont pas moins considérables. Les sources minérales, nombreuses, peuvent rivaliser avec celles du continent.

A. Ajaccio et ses environs.

Ajaccio *, 21,779 hab., ch.-l. du départ. de la Corse, une des plus jolies villes de la Méditerranée, avec un *port* vaste et profond, au pied d'une colline dominant un golfe magnifique (vue panoramique très étendue sur un vaste amphithéâtre de montagnes), est de plus en plus fréquentée comme station d'hiver. Ses rues, larges, régulières, sont pavées de granit et bordées de maisons dans le goût italien.

On débarque sur le *quai Napoléon*, en face de la *place des Palmiers* (*fontaine des Quatre Lions*, œuvre de Maglioli, avec la *statue* en marbre *du Premier Consul*, par Laboureur), que borde l'*Hôtel de Ville* (*Musée Napoléonien*). De la place se détache à g. la *rue Napoléon*, sur laquelle s'ouvre à dr. la *rue Saint-Charles*, où l'on visite la *maison de Napoléon I*[er] et qui conduit à la *cathédrale*. Au delà on débouche sur la **place du Diamant**, où a été érigé, d'après les plans de Viollet-le-Duc, le

Monument de la famille Bonaparte (statues de Napoléon et de ses frères, par Barye). Au N. de la place commence le *cours Napoléon*, planté d'orangers, la rue la plus large et la plus fréquentée de la ville, où se voient plusieurs édifices publics et l'*hôtel Sebastiani*. A l'extrémité du cours s'ouvre à dr. la *place Abbatucci* (*statue* du général de ce nom, œuvre de Vital-Dubray); un peu avant d'arriver à cette place on laisse à dr. la *rue Fesch*, où le **Palais Fesch** contient le *collège Fesch* (dans la cour, *statue du cardinal Fesch*, oncle de Napoléon, par Vital Dubray), la *chapelle impériale*, nécropole de la famille Bonaparte, le *Musée* et la *Bibliothèque*.

De la place du Diamant part aussi le *cours Grandval*, bordé de divers édifices, des maisons les plus belles et les plus luxueuses de la ville; il aboutit à la *place du Casone*, d'où un sentier monte à une *grotte* qui, d'après la légende, était l'endroit de prédilection de Napoléon enfant.

[ENVIRONS. — 1 h. 30 N.-O. *Fontaine du Salario*. — 1 h. 45 N.-O. *Promenade des Pins* et *la Serra* ou montagne des Casetti (295 m.). — 3 h. 30 à 4 h. O. all. et ret. en voit. *Route de la Parata*, « la corniche d'Ajaccio », par la *chapelle des Grecs*, la *Nécropole* et le chalet de *Barbicaja*, jusqu'à la *tour* de la Parata, anc. fortin génois. — 7 k. 4 O.-N.-O. *Chapelle Saint-Antoine* (à 259 m.), pèlerinage, et *Pénitencier de Castelluccio*. — 13 k. 8 N.-O. *Château de la Punta*, à 660 m., construit sur une terrasse, avec des matériaux provenant de la démolition du palais des Tuileries (on peut visiter l'int.). — 34 k. 1 N. all. et ret. *Alata* et *col de Carbinica* (301 m.). — 1 j. (location d'une barque, 15 fr.). Les *îles Sanguinaires*, ainsi nommées de leurs rochers de granit rouge.]

D'Ajaccio à Bastia, par Corte ou par Calvi, *V*. ci-dessous, *B*; — à Corte, par Vico, les forêts d'Aïtone et de Valdoniello, *C*; — à Bonifacio, par Sartène, *D*.

B. D'Ajaccio à Bastia.

1° PAR CORTE

158 k. — Chem. de fer, en 7 h. 20 et 7 h. 40. — 17 fr. 80; 13 fr. 35; 9 fr. 75.

On remonte la sauvage vallée de la Gravona. Tunnel. — Arrêt de *Campodiloro*.

9 k. *Caldaniccia* (*établissement thermal* d'eaux sulfurées sodiques).

13 k. *Mazzana*, à 56 m. d'altit. — Le tracé du ch. de fer n'est qu'une succession d'ouvrages d'art (viaducs et tunnels).

22 k. *Carbuccia*, à 207 m. — 31 k. *Ucciani*. — 35 k. *Tavera*.

42 k. *Bocognano**, 1,598 hab., à 672 m., sur les deux rives du ruisseau de Bronco, est disséminé en plusieurs ham. dans les châtaigneraies. — On traverse un magnifique paysage de montagnes et de forêts. — *Tunnel de Vizzavona*, long de 3,916 m.

51 k. *Vizzavona* (906 m.), dont le *col* ou *foce* (1,162 m.), lieu de villégiature (hôtel), est le point culminant de la route d'Ajaccio à Bastia. *Forêt de Vizzavona* (1,382 hect.); belle vue sur le Monte d'Oro.

55 k. *Tattone*.

62 k. *Vivario* (buffet), 1,395 hab., à 617 m. — On franchit le Vecchio sur un *viaduc* haut de 96 m. — 68 k. *Vecchio*.

73 k. *Venaco*, 1,884 hab. — 76 k. *Poggio-Riventosa*.

84 k. **Corte***, 5,425 hab., V. forte échelonnée de 396 m. à 500 m. d'altit., est adossée à un rocher qui, du côté de l'O., se termine par un escarpement dominant de 110 m. le confl. du Tavignano et de la Restonica. Elle est divisée en deux parties : la haute ville, où est la *citadelle* (XVe s.), et *la ville* proprement dite, que traverse, sous le nom de *cours Paoli*, la route d'Ajaccio à Bastia. — *Maison de Paoli* (auj. collège), que ce citoyen occupa pendant sa dictature de 14 ans (1755-1769). — *Maison Gaffori*, célèbre par le siège qu'y soutint Mme Gaffori contre les Génois (1750). — Sur la place Paoli, *statue de Paoli*, par Huguenin (1854). — *Statue* du général *Arrighi de Casanova*.

[Belle excursion, recommandée, à la gorge du Tavignano (chemin muletier).

Le **Monte Rotondo** (2,675 m.). — 8 h. à la montée, 6 h. à la descente; chemin muletier jusqu'aux bergeries de Timozzo (où l'on couche); de là il faut monter à pied.]

De Corte à Ajaccio, par le Niolo, les forêts de Valdoniello et d'Aïtone, Evisa et Vico, *V.* ci-dessous, *D*.

Le chemin de fer s'élève au-dessus du Tavignano pour prendre la direction du N. Viaducs de l'*Aghili* (13 arches) et de *Traloncа* (5 arches); souterrain sous le *col de San Quilico* (569 m.), qui met en communication les bassins du Tavignano et du Golo.

93 k. *Soveria*. — Viaducs de *Valle alle Tane* (7 arches), de *la Foce* (5 arches) et de *Pinteculle* (8 arches).

97 k. *Omessa*, 793 hab. (ruines d'un château ; bons tableaux dans l'église). — Tunnel et viaduc (4 arches) de *Monte Pollino*. On gagne la vallée du Golo, pour la suivre presque jusqu'à son embouchure.

103 k. *Francardo*.

110 k. **Ponte-Leccia** (buffet-buvette), à 195 m., gare d'embranch. de la voie ferrée de la Balagne.

[De Ponte Leccia a Calvi (72 k. ; ch. de fer; 8 fr. 30, 6 fr. 20, 4 fr. 55). — Vallée de l'Asco. — 6 k. *Pietralba*. — Vallée de la Navaccia; 2 tunnels. — 19 k. *Novella*. — 4 tunnels. — 29 k. *Palasca*. — 2 tunnels. — 37 k. *Belgodere*, 941 hab., dans une admirable situation, au-dessus de la vallée du Regino (à 10 k. S.-O., grottes et beau site de *Speloncato*). — 52 k. L'Ile-Rousse (*V.* p. 186). — 60 k. *Algajola* (p. 186). — On franchit le Secco. — 69 k. *Lumio* (p. 186). — On franchit le Bambino. — 74 k. Calvi (*V.* ci-dessous, 2°).

De Ponte Leccia a Orezza (32 k. ; route de voit., service public). — Le Golo franchi, on monte sur le versant S. de la *Serra Debbione*. — 14 k. *Morosaglia**, 957 hab. (*maison* où naquit Paoli ; *école Paoli* dans un anc. couvent de Franciscains). — La route monte dans de magnifiques châtaigneraies. — 18 k. *Col de Prato* (974 m. ; vue admirable), dominé par les rochers de *San Pietro d'Accia* (1,075 m.). — La route descend dans la *Castagniccia* (pays de la châtaigne). — 29 k. *Piedicroce*, 533 hab. — 32 k. *Etablissement des eaux d'Orezza* (sources froides, ferrugineuses).]

On franchit le Golo sur le pont de *Muzzelle*. — 117 k. *Ponte-Nuovo*. — Viaduc de *Bisinchi*; pont d'*Albano* sur le Golo. — 127 k. *Barchetta*. — Pont sur le Golo. — 131 k. *Prunelli*. — Court tunnel d'*Agazza*;

aduc de *Girone*. — On traverse Golo pour la dernière fois.

125 k. **Cazamozza** (buffet), où 1 laisse à dr. la ligne de Ghi-naccia. A 6 k. E., la *Cano-ica*, ancienne cathédrale (XIe s.) e l'évêché de Mariana.

A Bastia, V. ci-dessous, *F*.

La voie ferrée, sortie des mon-agnes, domine désormais la er. — 128 k. *Olivella*.

140 k. *Borgo*, 959 hab. — A r., vaste *étang de Biguglia* 1,500 hect.; belles anguilles). - 147 k. *Biguglia*. — 151 k. *uriani*. — 155 k. *Lupino*. — Tun-el de *la Torretta* (1,422 m.).

158 k. Bastia (*V.* ci-dessous).

2° Par Calvi, l'Ile-Rousse et Saint-Florent.

266 k. — Diligence d'Ajaccio à (37 k. 5) Sagona; courrier en voit. de Sagona à (79 k.) la Piana; pas de service public entre la Piana et Calvi. — Ch. de fer de Calvi à l'Ile-Rousse.

6 k. 5. Mezzavia (*V.* ci-des-sus, 1°). — On passe sous l'aque-duc de la Gravona. — Au (13 k. 5) *col de Listincone* (239 m.), un chemin conduit, à dr., au v. d'*Appietto*. — Après une série de lacets, la route s'élève jus-qu'au (19 k. 2) *col de San Bas-tiano* (415 m.; vue admirable).

23 k. *Calcatoggio*, dans une magnifique situation, au-des-sus de la mer. — La route descend à la mer par de nom-breux lacets, franchit la Liscia, côtoie le golfe du même nom et traverse ensuite la fertile plaine du Liamone, à l'embouchure de cette rivière, qu'elle franchit.

37 k. 5. *Sagona*, ham. et poste de douaniers. — A dr., route de Vico (*V.* ci-dessous, *D*). On franchit la Sagona et l'on côtoie, à g., jusqu'à Cargèse, le *golfe de Sagona*.

51 k. 5. *Cargèse*, * 1,138 hab. (deux églises : l'une latine, l'autre grecque). — La route contourne les *golfes de Pero* et *de Chioni*, et traverse une con-trée sauvage (à dr., belle vue). Elle s'élève jusqu'au (70 k.) *col de la Croix* (498 m.; vue splen-dide sur Piana, le golfe de Porto et les falaises qui l'encadrent).

71 k. **Piana** *, 1,311 hab., en amphithéâtre au-dessus du golfe de Porto. — La route, taillée à pic, contourne les **Calanche**, immenses falaises de granit rouge, aux formes bizarres et d'un aspect des plus grandioses. On descend par de nombreux lacets (à g., magnifique vue sur le golfe de Porto). — A dr., une route monte à (20 k.) Evisa (R. *D*).

84 k. *Porto* (usines; belles plantations de cédratiers; vieille *tour* génoise), au fond du mer-veilleux *golfe de Porto*, petit port où sont embarqués les bois des forêts d'Aïtone et de Val-doniello. — Entre Porto et Calvi s'étend une région déserte et sauvage; les villages y sont rares et la culture presque nulle. La route continue à dominer le golfe.

90 k. A dr., un chemin conduit à *Serriera*. — A g., admirable vue sur le golfe. — 97 k. A dr., *Partinello*. — 101 k. A g., *Osani*, dans un bas-fond, près de la mer. — La route s'élève jusqu'au (122 k.) *col de la Croix* (272 m.), d'où un sentier, à g., descend à *Girolata*, au bord du pittoresque golfe du même nom.

A quelques k. de là, la route abandonne le bord de la mer pour s'enfoncer dans une contrée montagneuse et s'élever jusqu'au (134 k.) *col de Parma* (374 m.). Au sortir du défilé de la Parma, elle débouche dans la large plaine du Fango. On franchit la Parma et le Fango. A g., sur le bord de la mer, le v. de *Galeria*, sur les pentes boisées du *Capo Tondo* (840 m.), sert de port d'embarquement aux bois de la *forêt de Filosorma* (25 k. à dr.).

Après avoir passé le Fango, la route contourne les sinuosités du *golfe de Galeria*, et s'élève jusqu'au *col de la Bocca-Bassa* (120 m.). A g., la mer est dominée par de superbes falaises. On côtoie l'*étang de Crovani*, puis on s'éloigne de la mer, laissant à g. les baies d'*Alusi*, de *Nichiareto*, d'*Agro* et de *Recisa*, et le magnifique promontoire de *Revellata*, qui forme l'extrémité O. du *golfe de Calvi*.

174 k. **Calvi***, 1,998 hab., pittoresquement situé sur un promontoire qui s'avance dans la mer, est divisé en deux parties : la *Marine*, au bord de la mer, et la *Citadelle* (les prisonniers arabes y sont internés) ou haute ville, à laquelle on arrive par une route caillouteuse. — *Palais des anciens gouverneurs*, auj. caserne. — *Maison* où serait né Christophe Colomb. — *Buste* du Dr *Marchal de Calvi*. — Du *fort du Mozzello*, vue magnifique.

Le ch. de fer franchit le Bambino. — 184 k. *Lumio*, dans une situation ravissante, au-dessus du golfe. — On franchit le Secco. — 190 k. *Algajola*, anc. V. fortifiée (à l'église, *Descente de croix* attribuée au Guerchin). — A dr., vue magnifique sur les collines de la *Balagne*, la contrée la plus riche de la Corse.

198 k. **L'Ile-Rousse***, V. de 1,847 hab., au bord de la mer, fondée en 1769, par Paoli. *Fontaine* surmontée du buste de Paoli. A 4 k. 1 S.-S.-O., *couvent de Corbara* (Dominicains), fondé en 1456.

La route franchit le Regino, puis l'Ostriconi, et s'élève par de nombreux lacets jusqu'au *col Cerchio* (312 m.), qui sépare la fertile Balagne du Nebbio (beau panorama). On traverse le *Désert des Agriates*, où n'existent que quelques bergeries et qui fait partie de la région appelée le *Nebbio*. Au delà de *Bocca Morella*, d'où une route de 11 k. conduit à *Santo-Pietro-di-Tenda*, 1,080 hab. (dolmens; à 2 ou 3 h., Bains d'eau thermale de *Campo-Cardeto*), on descend jusqu'à une plaine marécageuse formée par les débordements de l'Aliso, qu'on franchit.

243 k. **Saint-Florent***, 660 hab., au fond d'un vaste golfe, un des plus sûrs de la Méditerranée.

[A 1 k. E., anc. cathédrale, de style byzantin, et ruines d'un évêché fortifié, restes de la ville de *Nebbio* détruite par les Sarrasins. — A 18 k. S.-E., *Murato*, 1,182 hab. (à l'église, *Madeleine* attribuée à Titien), d'où l'on peut partir pour aller visiter l'*église de Saint-Michel*, de construction pisane (XIIe ou XIIIe s.).]

La route s'élève; on laisse à g. la route qui va rejoindre Bastia en faisant le tour du Cap Corse; on atteint le *col de Teghime* (541 m.; belle vue) et l'on descend à travers de ignes, des amandiers et des ardins.

266 k. d'Ajaccio. **Bastia***, V. de 25,425 hab., la plus importante de la Corse, assise sur un promontoire escarpé, se divise en 3 parties : *Terra Vecchia* ou basse ville, construite par les Génois autour du *vieux port*; *Terra Nuova*, autour de la citadelle; les nouveaux quartiers du côté de la gare et du *nouveau port*. Les rues, pavées de dalles de marbre jaspé, sont bordées de maisons fort élevées.

De la gare, l'*avenue Carnot*, qui croise la *rue de l'Opéra* (*nouveau théâtre*), conduisant au *palais de justice*, et le *boulevard Paoli*, va à la **place Saint-Nicolas** (vue admirable), où se voit la *statue*, par Bartolini, *de Napoléon Ier* en empereur romain. De la place, par la *rue Napoléon*, on parvient à l'église de *la Conception* et à l'*église Saint-Jean-Baptiste* (chaire en marbre corse; tombeau du comte de Montélégier, gouverneur de la Corse), voisine de l'*hôtel de ville* et à l'E. de laquelle la *rue du Lycée* renferme la *bibliothèque* (30,000 vol.). — Dans l'enceinte de la *citadelle* (*donjon* du XIVe s.) se trouvent l'*église Sainte-Marie* (1604; tombeau du poète Jérôme Biguglia) et l'*église Sainte-Croix*, dont le magnifique *crucifix* noir est en grande vénération parmi les pêcheurs de Bastia. — Bastia fait un important commerce d'exportation; elle est renommée par ses confiseries de *cédrats*.

[Aux environs, charmantes excursions; la plus agréable est celle du cap Corse (*V.* ci-dessous, *C*).]

De Bastia à Bonifacio, *V.* ci-dessous, *F*.

C. De Bastia à Saint-Florent

PAR LE CAP CORSE.

108 k. — Route en partie desservie par des voit. publiques.

Au delà du faub. de Toga, on laisse à g. *Cardo* (magnifique paysage). A g., sur les collines, ham. de *Ville di Pietrabugno*.

2 k. *Pietranera* (tram pour Bastia, 20 c.), ham. servant de marine à *San Martino di Lota*, 833 hab.

6 k. *Lavasina*, ham. de **Brando**, 1,826 hab. (cascade). — A g., *N.-D. de Lavasina*, pèlerinage. — 7 k. 3. A g., chemin de la *grotte de Brando* (entrée 1 fr. 50). — 8 k. *Erbalunga** (vieille tour; ruines d'un château; *villa Valery*), marine de Brando. — On dépasse le *cap Sagro*.

14 k. Marine de *Sisco* (*couvent de Sainte-Catherine*, avec chapelle de style byzantin, 1355-1469, sur une crypte fort ancienne).

18 k. *Marine de Pietra-Corbara*. — A g., *tour* génoise *de Losse*. — 23 k. *Porticciolo*, marine de *Cagnano*.

25 k. 5. *Santa Severa*, ham. servant de port à (5 k. 5) *Luri*, 1,726 hab. — La route, taillée en corniche, domine la mer.

32 k. 5. *Marine de Meria*, port de (3 k. 4) *Meria* (mines d'antimoine). — 36 k. A g., route de (3 k. 9) *Tomino* (vin renommé). — On contourne la baie de Macinaggio. — 36 k. 5. *Marine de Macinaggio*. — 41 k. *Campiano*, principal ham. de *Rogliano*, 1,660 hab., joli v. dont les ham. sont disséminés dans

la verdure. — La route tourne vers l'O. et laisse à dr. la pointe N. du cap Corse. On aperçoit l'îlot de *Giraglia*, à 2 kil. en mer.

46 k. *Col de St-Nicolas* (300 m.).

47 k. 5. *Botticella*, ch.-l. de la com. d'*Ersa* (à l'église, St Etienne, peinture italienne). — La route s'élève à l'O.

49 k. *Col de la Serra* (361 m.; en montant à 5 min. au N., admirable panorama). — On descend vers la côte O. du Cap Corse, qui diffère absolument d'aspect avec la côte E.

51 k. *Camera*, ham. de *Centuri*. — 53 k. 5. *Pecorile*, com. de *Morsiglia* (bon vin blanc). — 63 k. *Mettino* et *Taverna*, ham. de *Pino*. — 69 k. *Minervio*, ham. de *Barretali*. — A dr., *marine de Giottani*.

77 k. 5. *Marinca*, ch.-l. de la com. de *Canari*, 1,035 hab. (dans l'église de l'Assomption, bonnes peintures, tombeau en marbre du XVIe s.). — Au delà de Marinca, la côte est déserte (hautes falaises).

88 k. 7. *Nonza*, 508 hab., à g. sur un haut rocher. — Belle vue sur le golfe de St-Florent.

On laisse à g. *Olmeta di Capo Corso*, puis (97 k. 5) *Farinole*. — 104 k. 5. *Pont de Patrimonio*. — On rejoint, à l'E. de Saint-Florent, la route de Calvi à Bastia (*V.* ci-dessus, *B*).

108 k. Saint-Florent (R. *B*, 2°).

D. D'Ajaccio à Corte

PAR VICO, EVISA, LES FORÊTS D'AÏTONE ET DE VALDONIELLO.

129 k. — Route de voit. desservie jusqu'à Vico (52 k.; 5 fr. et 4 fr.). — La route la plus pittoresque, mais plus longue de 15 k., passe par Cargèse et Piana (*V.* ci-dessus, *B*), pour rejoindre à Evisa la route décrite ci-dessous.

37 k. 5 d'Ajaccio à Sagona (*V.* ci-dessus, *B*, 2°). — A g., route de Cargèse (*V.* ci-dessus, *B*). La route de Vico s'élève en lacets au-dessus du *vallon* verdoyant *de Balogna*.

50 k. 4. *Col de Saint-Antoine* (496 m.; vue magnifique sur la vallée de Vico), où on laisse à g. la route d'Evisa (*V.* ci-dessous). — Une rapide descente conduit à

52 k. **Vico***, 1,690 hab., sur les pentes d'une colline qui domine la vallée du Liamone, dans une contrée des plus pittoresques.

[A 15 min., par des bois de châtaigniers, *couvent de Saint-François* (beau jardin potager; châtaigniers gigantesques; beau panorama). De là, ascension en 1 h. 30 (2 h. aller et retour) de la *Cuma* (911 m.; vue splendide).

A 11 k. E., *Bains de Guagno*, dans le vallon de Grosso, 2 *sources* thermales (37° et 52°), sulfurées sodiques; *établissement thermal*.]

On remonte au col de Saint-Antoine et l'on tourne à dr., en suivant la route qui vient de Sagona (belle vue).

54 k. 1. *Chapelle de St-Roch de Renno* (755 m.), pèlerinage. — A dr., *Renno*. La route atteint, par de nombreux lacets, le (58 k. 8) *col de Sevi* (1,094 m.; magnifique panorama), puis descend à travers des bois de châtaigniers et d'yeuses.

65 k. *Cristinacce*.

68 k. **Evisa***, 894 hab., à 849-835 m., dans un site incomparable de beauté et de grandeur, sur un promontoire rocheux

u-dessus du gouffre où la rivière de Porto reçoit le ruisseau d'Aïtone. *Fontaine* surmontée du buste du Dr Ceccaldi.

A 2 k. env. d'Evisa on se trouve au milieu du cirque de montagnes renfermant la **forêt d'Aïtone** (1,708 hect.), composée de pins laricios, de chênes verts et de hêtres avec quelques sapins. — 72 k. 5. *Maison forestière d'Aïtone.*

77 k. *Calagnone*, maison de cantonniers à 1,155 m.

82 k. *Col de Vergio* (1,464 m.), qui sépare la vallée du Golo de celle du ruisseau de Porto. En se retournant, splendide vue sur Aïtone et les montagnes d'Evisa; devant soi, l'aride plateau du Niolo, immense arène close de tous côtés par de hautes montagnes dénudées.

A 20 min. du col, on découvre les masses profondes de la **forêt de Valdoniello** (4,638 hect.). La route décrit de nombreux lacets à travers des futaies de pins, dont quelques-uns atteignent jusqu'à 45 m. de hauteur.

87 k. *Maison forestière de Sciattarina.* — On descend dans la vallée du Golo; on franchit le torrent de Valdoniello, puis on suit la rive dr. du Golo, que l'on traverse à (97 k.) Ponte-Alto, pour entrer dans la région de pâturages du **Niolo**, le bassin le plus élevé de la Corse. — Avant Ponte-Alto, un chemin muletier conduit, à dr., à (3 k.) *Casamaccioli*, où se tient, le 8 sept., la célèbre *foire du Niolo*, rendez-vous de l'île entière.

98 k. 5. *Albertacce*, 1,302 hab., à 867 m.

103 k. *Calacuccia*, 972 hab., à 845 m., entouré de noyers et de châtaigniers.

[Ascens. en 7 h. 15 (desc. 4 h. 30 à 5 h.) du **Monte Cinto** (2,710 m.), point culminant de la Corse.]

La route côtoie la rive g. du Golo, passe à *Corscia*, puis décrit de nombreux lacets et s'engage dans le pittoresque défilé appelé *Scala di Santa Regina*, dont la traversée dure 2 h. env.

113 k. 2. *Pont de Santa Regina.* — 119 k. *Pont du Diable*, sur le Golo, où on laisse à l'E. une route qui rejoint à Ponte-Francardo la route de Corte à Bastia (*V.* ci-dessus, *B*).

120 k. *Castirla.* — 124 k. 8. *Col d'Ominanda* (659 m.). — La route descend sur la rive g. d'un affluent du Tavignano, en vue de la *forêt de Forca.* — 129 k. Corte (p. 184).

E. D'Ajaccio à Bonifacio

PAR SARTÈNE.

139 k. 5. — Route de voit. — Services quotidiens de dilig. (9 fr. et 7 fr. d'Ajaccio à Sartène; 7 fr. 30 et 5 fr. de Sartène à Bonifacio).

A 2 k. d'Ajaccio, on laisse à g. la route de Corte (*V.* ci-dessus, *B*, 1°), et l'on contourne le golfe. Laissant à dr. le lazaret et le *fort d'Aspretto*, on traverse la fertile plaine du *Campo dell' Oro*, puis on franchit la Gravona et le Prunelli. De là on monte par de nombreux lacets.

21 k. *Cauro*, à 376 m., dans une admirable position, domine le golfe d'Ajaccio.

[Une route forestière conduit à (20 k.) *Bastelica*, 3,582 hab., patrie de *Sampiero*, le héros corse, dont on y voit la *statue*, œuvre de Vital Dubray.]

La route côtoie des maquis et s'élève jusqu'au (28 k.) *col de Saint-Georges* (762 m.; splendide panorama). A la descente, on laisse à dr. (5 k.) *Albitreccia*.

32 k. *Moulin d'Apa*. A g., route des (23 k.) *Bains de Guitera* (eau thermale, sulfurée sodique).

34 k. *Grosseto Prugna*, à 441 m. — A dr., *Urbalacone* (eaux thermales sulfureuses). — Pont sur le Taravo. — On s'élève par de nombreux lacets.

48 k. *Petreto-Bicchisano*, 1,540 hab. (belle vue). — 57 k. *Casalabriva* (607 m.). — 59 k. *Bocca Celaccia* (594 m.). — Belle vue sur le *golfe de Valinco*; nombreux lacets à la descente.

62 k. 8. *Olmeto*, 1,614 hab., à 325 m., en amphithéâtre sur une colline plantée de vignes (en face, sur un rocher, ruines d'un château). — On descend au bord de la mer.

72 k. *Propriano* *, 1,809 hab., port où se concentrent la plupart des produits de l'arrond. de Sartène. A 3 k. E., eaux thermales, sulfureuses et salines, de *Baracci*. — On franchit le Rizzanese; on laisse à g. la route de Sainte-Lucie (*V.* ci-dessous), et l'on s'élève par de nombreux lacets.

85 k. **Sartène** *, 5,098 hab., à 299 m., V. pittoresquement bâtie sur une hauteur qui domine la vallée du Rizzanese. Beau *dolmen de Fontanaccia*.

[Une route conduit à (18 k. 5) *Santa-Lucia-di-Tallano* *, 1,557 hab. (excellent vin de *Tallano*; source thermale sulfureuse de *Caldane*).]

La route, tracée en corniche, laisse à dr. le *couvent de San-Damiano*. — Belle vue.

94 k. A g., *Giuncheto*.

96 k. 5. *Bocca d'Orasi* (234 m.). — On passe dans le bassin de l'Ortolo; à l'E.-N.-E., belle montagne appelée l'*Homme de Cagna* (1,215 m.).

101 k. 3. *Pont d'Ortolo* (beaux vignobles). — 108 k. *Roccapina* (maison de cantonniers). — La route traverse une grande plaine malsaine, en été, mais très fertile. — 119 k. 4. *Pianottoli*.

122 k. *Pont de Figari*, en amont d'un petit golfe marécageux. — 132 k. 7. *Col d'Arbia* (128 m.), d'où l'on découvre subitement à l'E. Bonifacio, à 7 k. de distance.

139 k. 5. **Bonifacio** *, 4,188 hab., place forte (vieilles fortifications), à 64 m. d'alt., une des villes les plus curieuses de l'Europe, sur la plate-forme d'une presqu'île formée de strates horizontales de calcaire blanc formant un front de falaises, en face de la Sardaigne, dont la sépare l'étroit canal des *Bouches de Bonifacio* (11 k. de larg).. Le port est un havre naturel des plus remarquables.

De la *place de Fondaco*, où aboutit la rue d'entrée, partent deux longues rues : — celle de g. conduit à l'église *Sainte-Marie-Majeure*, de construction pisane (relique de la vraie croix); — celle de dr., à la *citadelle* (de la terrasse, vue splendide) et aux églises *Saint-Dominique*, construite à la fin du XIIIe s. par les Templiers (élégant clocher octogonal couronné de créneaux; jubé du XVIIIe s.; tableaux italiens), et *Saint-François* (fin du XIVe s.; tombeaux de Raphaël Spinola, évêque d'Ajaccio, † 1457, et de Philippe Cattaciolo, qui fut l'hôte de Charles-

Quint pendant que l'empereur séjourna à Bonifacio). Près de Saint-Dominique est une grosse tour, le *Torrione*, ancienne poudrière, d'où l'*escalier du Roi d'Aragon* descend à la mer. — Importante fabrique de bouchons.

[La grande curiosité de Bonifacio, ce sont les **grottes marines**, accessibles seulement du côté de la mer (une barque pour la demi-journée, 4 fr.; 3 h. pour visiter toutes les grottes). A g., au sortir du port, on voit la *grotte de Saint-Antoine* et le *Monte Pertusato*; à dr. sont *le Camere* (chambres creusées dans le roc) et la *Dragonetta* ou *Dragonale*, qui est une merveille.]

De Bonifacio à Bastia, *V.* ci-dessous, *F.*

F. **De Bonifacio à Bastia.**

179 k. — Route de voit. de Bonifacio à Ghisonaccia. Serv. public, 10 fr. 50 et 8 fr. — Ch. de fer de Ghisonaccia à Bastia, en 3 h. 30; 9 fr. 65, 7 fr. 20, 5 fr. 30.

Cette route, une des moins pittoresques de la Corse, est quelquefois dangereuse à cause de la fièvre qui règne sur la côte E. De Bonifacio à Porto Vecchio, il n'y a pas de villages.

28 k. **Porto Vecchio***, 3,353 hab., au fond d'un vaste golfe, un des plus beaux de la Méditerranée, et au milieu de vignes et d'oliviers. — La route longe la mer et traverse des maquis. — Pont sur l'Oso.

43 k. *Col de Lecci* (110 m.). — 42 k. *Sainte-Lucie de Porto Vecchio* (plantations d'eucalyptus). — Pont sur le Cavo.

69 k. 9. *La Solenzara*, ham. de *Sari di Porto-Vecchio* (forêt d'eucalyptus). — Ponts sur la Solenzara et sur le Travo. — A dr., *étang de Palo*.

86 k. *Migliacciaro* (établissement agricole).

[A 9 k. O. (route de voit.), *Pietrapola*; 3 *sources* thermales, sulfurées sodiques; *établissement de bains*.]

On franchit le Fium' Orbo.

88 k. *Ghisonaccia*, où commence le ch. de fer.

[A g., une route forestière conduit, par le *défilé de l'Inzecca*, dominant le lit du Fium' Orbo, à (28 k.) *Ghisoni*, 1,928 hab., sur les flancs du *Monte Calvi* (1,071 m.), en face des magnifiques escarpements et des grandioses rochers du **Kyrie** et du **Christe Eleïson** (1,584 m.).]

A dr., *étang d'Urbino*.

100 k. *Puzzichello*.

[A 2 k. 5 N.-O., *Bains de Puzzichello* : 2 *sources* froides, sulfureuses, salines, employées en boisson, bains et douches; établissement thermal.]

A dr., *domaine national de Casabianda* (belles cultures).

105 k. **Aleria**, sur les deux rives du Tavignano.

Elle occupe l'emplacement d'une ville phocéenne, repeuplée par une colonie romaine envoyée par Sylla, et qui fut, jusqu'à sa destruction par les Sarrasins au IVe s., pendant le moyen âge, la capitale de l'île. Il ne reste de cette ancienne ville que les vestiges d'une maison prétoriale et les débris d'un cirque.

[A 2 k. N. env., *étang de Diana*, le port d'Aleria sous les Romains (*île des Pêcheurs*, formée d'une immense accumulation d'écailles d'huîtres).]

On croise le Tavignano (arrêt de *Pont du Tavignano*) et une route conduisant par la vallée de cette rivière à (51 k. 5) Corte (*V.* ci-dessus, *B*, 1°).

La plaine se rétrécit; à dr., la mer; à g., de riantes collines cultivées ou couvertes de bois; de nombreux villages s'étagent en amphithéâtre au milieu de la verdure.

111 k. *Tallone.* — Le ch. de fer franchit de nombreux cours d'eau dont le plus important est la Bravone (halte). — 120 k. *Bravone* (halte).

125 k. *Alistro* (phare). — Pont sur la rivière d'Alesani.

132 k. *Prunete-Cervione. Cervione*, 1,647 hab., est à 6 k. env. O.

138 k. *Padulella*, petit port. — Ponts sur le Fium' Olmo et le Fium' Alto.

146 k. *Folelli-Orezza.* Les bains d'Orezza sont à 28 k. O. (*V.* ci-dessus, *B*, 1°). — A g. s'étend la contrée pittoresque appelée la *Casinca*.

149 k. *Saint-Pancrace.*

153 k. *L'Arena*, station de (3 k. O.) *Vescovato*, 1,570 hab. — On rejoint la ligne de Corte (*V.* ci-dessus, *B*).

157 k. Cazamozza, et 22 k. de Cazamozza à (179 k.) Bastia (*V.* ci-dessus, *B*).

ROUTE 33

DE PARIS A NIMES

PAR BRIOUDE

724 k. — Ch. de fer, en 18 h. — 81 fr. 10; 54 fr. 75; 35 fr. 70.

355 k. de Paris à Saint-Germain-des-Fossés (R. 5, *C*). — A g., ligne de Roanne (R. 5, *C*), et, au delà du Mourgon, embranchement de Vichy-Ambert (R. 35). — Viaduc de 13 arches sur l'Allier.

361 k. *Saint-Remy-en-Rollat*, 1,120 hab.

373 k. *Monteignet-Escurolles.* — On franchit deux fois l'Andelot et l'on rejoint la ligne de Montluçon.

379 k. **Gannat** *, 5,324 hab., sur l'Andelot. — *Eglise Sainte-Croix*, des XIIe-XVIe s.; aux portes latérales, vantaux du XIIIe ou du XIVe s.; tableau de l'éc. italienne; à la sacristie, christ en ivoire du XVIIe s. — Au cimetière, anc. église *Saint-Etienne*, milieu du XIe s. — *Maisons* anciennes. — *Château* de la 1re moitié du XVe s. servant de prison. — *Monument* des victimes de la guerre de 1870-1871. — *Buste de J. Hennequin*, maire de Gannat en 1789.

De Gannat à Montluçon, *V.* le Réseau *Orléans*, *Midi*, *Etat*.

On entre dans la fertile plaine de la **Limagne.**

390 k. **Aigueperse,** 2,257 hab. — **Eglise Notre-Dame**, du XIIIe s., avec belle *chapelle des morts*, double (1415), tableaux de Ghirlandajo et de Mantegna. — *Sainte-Chapelle*, de 1475 (anciennes boiseries d'une tribune; la Vierge et Louis XII, belles statues en marbre). — *Hôtel de ville* (colonne milliaire; statue du chancelier de l'Hospital, né près d'Aigueperse).

[A 3 k. E.-N.-E., au pied d'une butte calcaire (441 m.), *Montpensier*, berceau de la famille du même nom et où Louis VIII mourut en 1226. — A 6 k. E. *Effiat* : *château* de la célèbre famille d'Effiat, avec belle pièce d'eau dans le parc; à côté de l'*église* (sé-

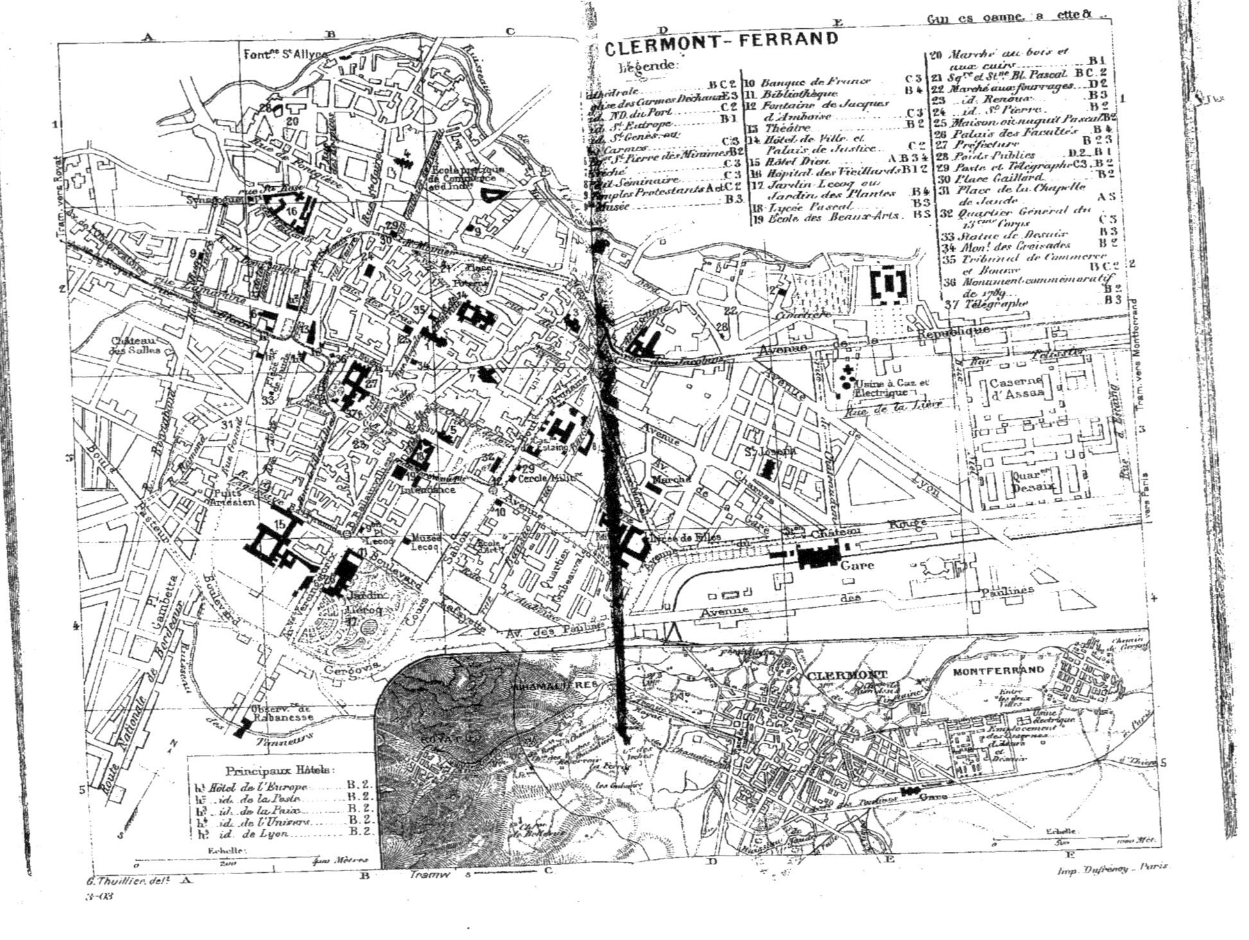

CLERMONT-FERRAND
Légende:
10 Banque de France C3
11 Bibliothèque B4
12 Fontaine de Jacques d'Amboise C3
13 Théâtre B2
14 Hôtel de Ville et Palais de Justice C2
15 Hôtel Dieu A B 3 4
16 Hôpital des Vieillards B 1 2
17 Jardin Lecoq ou Jardin des Plantes B4
18 Lycée Pascal B3
19 École des Beaux-Arts B3
20 Marché au bois et aux cuirs B1
21 Sq.re et St.ue Bl. Pascal B C 2
22 Marché aux fourrages D2
23 id. Renoux B3
24 id. St Pierre B2
25 Maison où naquit Pascal B2
26 Palais des Facultés B4
27 Préfecture B 2 3
28 Poids Publics D 2 B 1
29 Poste et Télégraphe C3 B2
30 Place Gaillard B2
31 Place de la Chapelle de Jaude A3
32 Quartier Général du 13ème Corps C3
33 Statue de Desaix B3
34 Mon.t des Croisades B2
35 Tribunal de Commerce et Bourse B C 2
36 Monument commémoratif de 1789 B2
37 Télégraphe B3
Principaux Hôtels:
h.1 Hôtel de l'Europe B.2.
h.2 id. de la Poste B.2.
h.3 id. de la Paix B.2.
h.4 id. de l'Univers B.2.
h.5 id. de Lyon B.2.
Echelle
Fontne St Allyre
Tram. vers Royat
Synagogue
Château des Salles
Ecole pratique de Commerce et d'Indie
Pl. Gambetta
Route Nationale de Bordeaux
Puits Artésien
Intendance
Cercle Milit.re
Musée Lecoq
Jardin Lecoq
Boulevard
Cours Sablon
Quartier Fontgiève
Av. des Paulines
Gergovia
Observ.re de Rabanesse
Lycée de Filles
St Joseph
Marché
Gare
Avenue des Paulines
Château Rouge
Avenue de Charras
Avenue de la République
Usine à Gaz et Electrique
Caserne d'Assas
Quar.er Desaix
Rue d'Estaing
Tram. vers Montferrand
vers Paris
CLERMONT
MONTFERRAND
CHAMALIÈRES
ROYAT
Gare
G. Thuillier, del.t
Imp. Dufrénoy - Paris

pulture du maréchal d'Effiat; Christ par Lebrun), bâtiments d'une ancienne école militaire dont fut élève le général Desaix.]

395 k. *Aubiat*, 1,056 hab. (château). — On franchit la Morge; à dr. on aperçoit les monts Dôme. — 403 k. *Pontmort*, sur la Morge.

407 k. **Riom** *, 11,061 hab., siège d'une cour d'appel, sur une éminence dominant l'Ambène. — **Eglise Saint-Amable,** des XIIe et XIIIe s.; belles boiseries dans la sacristie. — *N.-D. du Marthurel*, des XVe et XVIIe s. au portail, curieuse *Vierge à l'oiseau*; à l'int., l'*Entrée de J.-C. à Jérusalem*, peinture de Muller, et *J.-C. devant Pilate*, tableau du XVIe s.). — *Sainte-Chapelle*, des XIVe et XVe s. (vitraux de 1450; abside surmontée d'une horloge du XVe s. en fer ouvragé). — *Palais de justice*; tapisseries du XVIe s.; dans le jardin, *statue* du chancelier *de l'Hospital*. — *Maison centrale*, édifice de grand caractère, XVIIe s. — *Tour de l'Horloge*, du XVIe s.; dôme de 1738. — *Maisons* des XVe et XVIe s., dont la plus remarquable est la *maison des Consuls*. — *Musée F. Mandet*. — *Fontaines* des XVIe et XVIIe s. — Manufacture de tabac.

[A 1 k. 5 O., *Mozac*, 1,056 hab., dont l'*église* (XIe et XVe s.), reste d'une abbaye fondée au VIe s., possède plusieurs reliquaires, notamment la *châsse de St Calmin*, du XIIIe s., et une croix en argent de la même époque. Omnibus (50 c.) pour (6 k. N.-O.) **Châtelguyon** *, 1,741 hab. : 26 *sources* thermales, chlorurées sodiques, ferrugineuses, gazeuses, employées en boisson, bains et douches; *établissements thermaux*, théâtre-casino, parc.

De Riom à Volvic (8 k.; ch. de fer, en 25 à 30 min. : 60 c. et 45 c.). — **Volvic**, 3,615 hab., au pied du *puy de la Bannière*, 761 m. (*église* avec chœur du XIe s.; statue colossale de la Vierge; importantes carrières de pierres de lave). — A 1,500 m. N. de Volvic, belles ruines du *château de Tournoël* (XIIIe et XVIe s.); 3 k. 5 plus loin, *gorges d'Enval*, formées par l'Ambène.]

413 k. *Gerzat*, 2,059 hab., relié par un embranch. de ch. de fer (1 fr. 55 et 1 fr. 15) à (20 k.) *Maringues*, 2,924 hab., V. industrielle au bord de la Morge. — Belle vue sur les monts Dôme. Près de la voie, à dr., Montferrand (*V.* ci-dessous); à g., ligne de Montbrison.

420 k. **Clermont-Ferrand** * (buffet), anc. capitale de l'Auvergne, auj. ch.-l. du départ. du Puy-de-Dôme, V. de 52,933 hab., située à 407 m. d'alt., sur un monticule, au bord d'un vaste bassin semi-circulaire formé par des puys d'Auvergne.

Des trams électriques relient la gare à la **place de Jaude,** quartier central que bordent ou qu'avoisinent les principaux hôtels et cafés. On y voit la *statue de Desaix* (Pl. 33, B, 3), le **théâtre** et l'*église Saint-Pierre des Minimes* (Pl. 6, B, 2), bâtie en 1630 (coupole récente; au maître autel, *Adoration des Mages*, copie d'après Véronèse par Rome, peintre de Brioude). Prenant entre ces deux édifices la *rue de l'Ecu*, la plus belle de Clermont, on rencontre bientôt à dr. la *rue des Gras*, menant à la cathédrale et où se voit, au n° 34, la *maison des Architectes* (1560), avec une magnifique cage d'escalier de la Renaissance. La *rue des Chaussetiers*, parallèle à la précédente et aboutissant comme elle à la cathédrale, a conservé aussi des habitations curieuses : au n° 3, la *maison de la famille Savaron* (1513; bel escalier); à l'angle de la *rue des Petits-Gras*, deux *maisons romanes* du XIIe s.; en haut de la rue, la *maison natale de Blaise Pascal* (Pl. 25), avec façade (buste du grand écrivain) sur le passage Vernines.

La **cathédrale** (Pl. 1, B-C, 2), commencée en 1248, fut consacrée en 1346, mais sans être achevée. Quelques chapelles sont du XVe s.; les 2 premières travées de la nef et le portail avec ses tours (108 m.) ont été construits au XIXe s. par Viollet-le-Duc.

A l'int. : *vitraux* des XIIIe-XVe s.; retable en bois peint et doré (XVIe s.) représentant la vie des Sts Crépin et Crépinien; tombeaux; dans les chapelles du chœur, fresques du XIIIe au XVe s.; croisillon g., jacquemart qui fut enlevé aux habitants d'Issoire pendant les guerres de religion.

Le *palais épiscopal* (XVIIe s.) est l'anc. hôtel de M. de Chazerat, dernier intendant d'Auvergne. — A g. de la cathédrale, dans le voisinage de l'*hôtel de ville* (dans la cour, *statue* du jurisconsulte *Domat*, XVIIe s., par Chalonnax), la *Bourse* renferme un *musée commercial*. Sur la place au S. de l'église est le *monument des Croisades* (statue du pape Urbain II). A g. de la cathédrale la *rue de l'Hôtel-de-Ville* conduit à la *place de la Poterne*, dominant le *square Blaise-Pascal* (*statue de Pascal*, Pl. 34, C, 2, par M. Guillaume).

Avant de continuer la visite de la ville, il faut aller voir l'un des deux établissements de pétrifications des eaux de Saint-Alyre. On y parvient en prenant sur la place du Poids-de-Ville, voisine de la place Saint-Hérem, la *rue Sainte-Claire* (*église Saint-Eutrope*, Pl. 4, B, 1, vaste édifice ogival moderne, avec statues par Fabish; à g., dans la *rue Fontgiève*, façade de maison dans laquelle sont encastrés les débris du beau jubé gothique de la cathédrale, XVe s.), continuée par la *rue du Pont-Naturel*, dans laquelle sont les bains, l'établissement *du Pont-Naturel* et la **fontaine pétrifiante de Saint-Alyre**, une des nombreuses sources dont les eaux ont la vertu de recouvrir d'une croûte calcaire les objets soumis à leur action (magasins de vente); trois ponts remarquables ont été ainsi formés près de là, sur la Tiretaine.

Un autre établissement de pétrifications, appelé *grottes du Pérou*, est situé dans la rue Gaultier de Biauzat, qui communique avec la rue Saint-Alyre par la *rue Saint-Georges*.

Revenu à la place de la Poterne, on s'engage dans la *rue du Port*, où l'église **N.-D. du Port** (XIe et XIIe s.) est considérée par les archéologues comme l'un des prototypes existants de l'art roman auvergnat. Le chœur (vitraux provenant de la manufacture de Sèvres) est, à l'ext., la plus belle partie de l'édifice; sur le nu des murs des pierres noires et blanches forment marqueterie. La porte latérale S. est décorée de sculptures en bas ou en haut relief. La *crypte* renferme une Vierge vénérée du XIVe s.

La rue du Port aboutit sur la *place Delille*, d'où le *boule-*

vard Trudaine, à dr., conduit à la **fontaine d'Amboise**, charmant monument de la Renaissance (1515) en pierre de Volvic. A dr. de la fontaine s'ouvre l'*avenue Centrale*, par laquelle on peut aller visiter l'*église Saint-Genis* ou *des Carmes* (Pl. 2, E, 3), des XIVe et XVe s.

Par le cours Sablon on gagne le **jardin Lecoq** (Pl. 17, B, 4; *buste* de son fondateur; curieux cadran solaire), jardin botanique et jardin d'agrément, ainsi que les **Musées** et la *Bibliothèque* (50,000 vol., 1,110 manuscrits; statue de Pascal, par *Ramey*; buste de Delille, par *Flatters*), installés dans l'anc. bâtiment des Charitains, d'où ils seront prochainement transférés dans le nouveau bâtiment élevé dans le voisinage, *place Lecoq*, sur laquelle se trouve déjà le musée d'histoire naturelle ou *musée Lecoq*.

Musée lapidaire très intéressant.

Tableaux. — *Berthon*. Une Procession à Saint-Bonnet. Paysane d'Auvergne. — *Biard*. Proclamation de la liberté des noirs aux colonies françaises en 1848. — *Coignard*. Bestiaux au pâturage. — *Debat-Ponsan*. Une Porte du Louvre le jour de la Saint-Barthélemy. — *Degeorges*. Etudes et portraits. — *Henry-E. Delacroix*. La Lutte pour la vie. — *Desbrosses*. La Vallée du Mont-Dore. Les Gorges de Chaix. — *Ehrmann*. Vercingétorix. — *J. Fyt*. Gibier. — *Ch. Frère*. Un Pressoir à Châtelguyon. — *Gambard*. Intérieur de paysan pauvre à Royat. — *Le Garofalo*. Ste-Famille. — *Géricault*. Etude. — *Le Guide*. Le Sommeil de Jésus. — *Hillemacher*. Scène d'invasion en 1814. — *Isembart*. Paysage. — *Franck Lamy*. Le Conseil de révision. — *J.-P. Laurens*. Etudes pour son tableau du siège de Toulouse. — *L. Leloir*. Lutte de l'Ange et de Jacob. — *Moreau de Tours*. Fillette. — *Nattier*. Chanteuses. — *E. Pail*. Le Chemin de Quedames. — *Pelouse*. Vue du Mont-Dore. — *Poelemburg*. Baigneuses. — *J. Romain*. Copie réduite de la Bataille de Constantin. — *Rombouts*. L'Arracheur de dents. — *P. Saïn*. Fin d'automne. — *Sassoferrato*. La Vierge. — *Ary Scheffer*. Françoise de Rimini (esquisse peinte). — *P. Schmitt*. Ravin de Say. — *Van Steen*. Sac et incendie d'une ville. — *Ec. de Valentin*. Diseuse de bonne aventure. — *Verserpuy*. Intérieur de basse-cour à Royat.

Sculpture. — *Chinard*. Buste en marbre de la comtesse Desaix enfant. — *Aug. Paris*. Buste en marbre de Barra. — Masque de Pascal moulé sur son cadavre. — « Bouclier du Pèlerin », exécuté au repoussé sur fer et argent, avec ornements d'or incrusté, œuvre de *Morel-Ladeuil*.

Archéologie; curiosités. — Poteries étrusques; statuettes égyptiennes et romaines; cachet d'oculiste gallo-romain; monnaies romaines. — Porte de la sacristie d'Ennezat (peintures du XIIIe s.); bas-relief en albâtre du XIVe s. (la Résurrection); Danse des morts allemande du XVe s. — Croix, encensoirs et objets divers du moyen âge (crosse du XIIIe s.); émaux; *olifant* en ivoire du XIe ou du XIIe s. — Casques, armes, armures et coulevrines des XVe-XVIIe s.; collections de clefs et cuillers; poids de la livre d'Albi de 1505; astrolabe de mer du XVIe s. — Coffre de chartrier en cuir; boîte de messager du XIVe s.; coffre en cuir gauffré et doré (XVe s.). — Faïences de la fabrique de Clermont (XVIIIe s.). — « La Foire de l'Impruneta », d'après la gravure de Callot. — Pascal, Bossuet, Corneille, statuettes en biscuit de Sèvres par Pajou et Caffieri.

M. Vimont, directeur du musée, a réuni dans une salle spéciale des costumes anciens, dentelles, objets usuels, quenouilles, lampes en fer, sabots, etc., noyau d'un futur *musée ethnographique de l'Auvergne*.

Des musées on revient à la place de Jaude par le *boulevard de la Pyramide* (*obélisque* consacré à la mémoire de Desaix), en laissant à g. l'*avenue Vercingétorix* (**Palais des Facultés** des sciences et des lettres, en briques et en pierre de Volvic, dans la cour duquel est déposée provisoirement la *statue équestre de Vercingétorix*, par Bartholdi), par la *rue de l'Hôtel-Dieu* et le *boulevard Desaix* (*monument du Centenaire* de 1789, avec statue du Génie de la Liberté, œuvre de Gourgouillon), que borde la *Préfecture* (Pl. 27, B, 2-3), installée dans l'anc. couvent des Cordeliers, dont la *chapelle* (XIIIe s.) renferme les *Archives* (collection de sceaux, reliures anciennes et quelques dessins, notamment un projet de façade pour la cathédrale de Clermont, en style flamboyant, 1496, et le dessin du reliquaire du chef de St Bonnet exécuté pour le chapitre cathédral par l'orfèvre Cottard, de Paris, en 1756).

Près de la route de Montferrand se trouvent l'église *Sainte-Marie de la Visitation* (2 tombeaux du XIVe s.) et *l'église des Carmes-Déchaux* (Pl. 2, E, 3), qui a pour autel central un sarcophage chrétien, en marbre, du Ve s., passant pour celui du poète latin Sidoine Apollinaire, qui fut évêque de Clermont.

Clermont est renommée pour ses pâtes d'abricots et de fruits. Sa principale industrie est la fabr. du caoutchouc, des pneus, vêtements caoutchoutés. Il s'y fabrique aussi des vêtements confectionnés, des pâtes alimentaires et des produits chimiques.

[A 2 k. N.-E. (tram électrique, place de Jaude, 20 c.), *Montferrand*, V. de 3,526 hab., com. de Clermont (église, XIVe et XVe s.; *maisons* du XIIe au XVIIe s.; restes des remparts).

A 2 k. S.-O. (tram, place de Jaude, 20 c.; une voit. 1 fr. 50 à 2 fr.; on peut s'y rendre aussi par le chem. de fer de Limoges, 6 k.), par (1 k.) *Chamalières* (église des XIe, XIIe et XVIIe s.) et en laissant à g. la *grotte du Chien*, **Royat** *, 1,580 hab., station balnéaire très fréquentée, dans une situation pittoresque, sur la Tiretaine, au pied du *puy de Gravenoire* (823 m.; asc. en 1 h. 30), se compose de deux quartiers distincts : le groupe balnéaire, appelé plutôt *Saint-Mart*; en amont, le bourg proprement dit, Royat, bâti autour de l'église et de la mairie. L'activité balnéaire de la station est centralisée dans le **Parc**, divisé en 2 parties : dans celle de dr. se trouvent le *pavillon de la source Eugénie*, le kiosque de concerts, le *Casino* (cercle, *Restauration*, théâtre); dans la partie g., la plus vaste, parcourue par la Tiretaine (cascatelles), sont l'*établissement thermal*, les *Bains et sources de César*, la *source Saint-Mart* et les ruines des *thermes gallo-romains*. 4 sources principales (eaux, 20° à 35°5, alcalines mixtes, lithinées, chlorurées sodiques, ferro-arsenicales et gazeuses employées en boisson, bains et douches). — A 1 k. au delà, v. de *Royat*, au fond d'une gorge couverte d'arbres magnifiques (église fortifiée des XIe et XIIe s. sur crypte; *croix* sculptée de 1486 sur la place; *grotte des Sources*, formée par des rochers basaltiques).

ENVIRONS DE CLERMONT ET DE ROYAT (services de « cars » d'excursions du Syndicat d'initiative, place de Jaude, 4, et de M. Bal, rue Blatin, permettant de visiter rapidement et économiquement les environs. Les deux journaux de Clermont, « le Moniteur » et « l'Avenir », publient t. l. j. en été le programme de l'excursion du lendemain avec le prix de la place). — 30 min. de Royat. *Parc Bargoin*, d'où l'on peut monter au *puy de Montaudou* (belle vue de Clermont). — 2 h. 30 à 3 h. S.-O. de Royat avec ret. par Gravenoire.

Puy Charade (902 m.). — A l'O., 1/2 j. *La Pépinière* et *bois de la Pause*. — 15 min. de l'église de Royat. *Puy de Chateix* (688 m.). — 6 k. S.-S.-O. de Clermont. *Beaumont*, 1,302 hab., b. ayant gardé son aspect du moyen âge, et *Mont-Rognon* (573 m.; ruines d'un château). — 12 k. S. de Clermont. *Plateau de Gergovie*, à 799 m., qui portait la principale place de guerre des Arvernes, où Jules César fut battu par Vercingétorix (*monument* commémoratif, par M. J. Teillard). — Montée 3 h. 20 par le ham. de *la Baraque* et le *col de Ceyssat** (ret. par la *Font-de-l'Arbre* et le joli val de *Fontanat*). Le **Puy de Dôme** (1,465 m.) : *observatoire* météorologique; ruines d'un *temple de Mercure;* magnifique panorama dont la caractéristique est la vue d'ensemble des **monts Dôme**, formés de 70 à 80 cônes volcaniques émergés d'un plateau de 800 à 1,000 m. d'alt., que recouvrirent de trachyte les éruptions des volcans des monts Dore. Ces cônes, qui ressemblent à de gigantesques furoncles, forment, dans la direction du N. au S., une bande d'une trentaine de k. de largeur; ils s'élèvent en général de 100 à 200 m. au-dessus du plateau qui leur sert de base.

Le Mont-Dore. — On s'y rend généralement en ch. de fer par la ligne d'Ussel. Au ret. on pourrait choisir la route de voit. (44 k.; serv. publics en 6 h.; 8 fr. 50, 7 fr. 50 et 6 fr. 50), fort pittoresque, qui passe à *Ceyrat*, près du *lac d'Aydat* et à *Randanne* (château).]

De Clermont à Billom, Ambert, Arlanc, la Chaisé-Dieu, Thiers, Montbrison, Saint-Bonnet-le-Château, Craponne et Sembadel, Saint-Etienne, R. 38; — à la Bourboule et au Mont-Dore, à Ussel et Limoges, *V.* le Réseau *Orléans*, *Midi*, *Etat*.

428 k. *Sarliéves-Cournon* (château du XVIIIe s., auj. sucrerie). — 430 k. *Le Cendre-Orcet*. — Pont sur l'Auzon. — On entre dans la vallée de l'Allier dont on remonte le cours. Au delà de la rive dr., *Saint-Georges-sur-Allier* (*église* avec un beau portail du XIIIe s.). — Au S.-E., *puy de Saint-Romain* (779 m.; petite chapelle au S.).

435 k. *Martres-de-Veyre*, 1,671 hab. — On traverse le plateau de *Saint-Martial*. A dr., *puy de Monton* (585 m.; *Vierge* colossale, haute de 21 m.); puis on franchit l'Allier.

438 k. **Vic-le-Comte***, V. de 2,346 hab., située à égale distance (4 à 5 k.) de sa station et de celle de Coudes. — Eglise dont le chœur est l'ancienne *Sainte-Chapelle* des comtes d'Auvergne, bâtie vers 1510 (retable et vitraux remarquables). — A l'O., au-dessus de la rive g. de l'Allier, *puy de Corent*. On remonte la rive dr. de l'Allier, étroitement encaissé.

445 k. *Coudes* (à *Montpeyroux*, tour du XIIIe s.), station desservant (voit. publique) les Bains de Saint-Nectaire (*V.* le Réseau *Orléans*, *Midi*, *Etat*). — A g., imposante ruine de *Buron*, sur un sommet de 685 m. Plus loin, joli vallon latéral de *Saint-Yvoine*. L'Allier franchi, on entre dans la plaine d'Issoire.

455 k. **Issoire*** (buffet), 5,791 hab., l'antique *Iciodorum*, sur la Couse d'Issoire. — **Eglise St-Austremoine**, bâtie au XIIe s. et imitation agrandie de N.-D. du Port, à Clermont (à l'ext., bas-reliefs figurant les signes du zodiaque; à l'int., magnifiques chapiteaux de l'abside).

[En été des cars alpins conduisent de la gare d'Issoire à Saint-Nectaire, Murols et aux Bains du Mont-Dore par une admirable route, l'une des plus belles de l'Auvergne (*V.* le Réseau *Orléans*, *Midi*, *Etat*).]

Franchissant la Couse, on remonte la rive g. de l'Allier. A g., château de *la Grange*. A dr., *château* ruiné (XIIIe s.) du Broc. — 460 k. *Broc-Beaurecueil*.

464 k. *Le Breuil*.

[A 14 k. S.-O., *Ardes*, 1,431 hab. (à 2 k. O., sur un pic de 945 m., ruines du *château de Mercœur*; à 2 k. S., *sanatorium de Bonmorin*), par (2 k. 5) *Saint-Germain-Lembron*, 2,029 hab.]

On franchit la Couse de Vodable.

468 k. *Le Saut-du-Loup*, ham. au confl. de l'Allier et de l'Alagnon. — On franchit l'Alagnon. Petit tunnel.

474 k. *Brassac-les-Mines*, 2,532 hab. (église romane), centre d'un bassin houiller. — On s'éloigne de l'Allier.

480 k. **Arvant** (buffet).

A Figeac, par Murat et Aurillac, *V.* le Réseau *Orléans, Midi, Etat*.

A dr., ligne d'Aurillac. — 484 k. *Laroche-Faugère* (château ruiné sur un dyke volcanique). — A dr., *Paulhac* (tour féodale; château du XVe s.).

490 k. **Brioude** *, 4,841 hab., à 2 k. de l'Allier. — **Eglise Saint-Julien**, des XIIe et XIIIe s., restaurée (portail du style roman; à dr., joli porche avec d'anciennes portes; deux clochers modernes; au-dessus d'une crypte, charmant chœur roman du commenc. du XIIIe s., avec chapelles rayonnantes; fresque, XIIe s., de la chapelle Saint-Michel, au-dessus du narthex). — *Etablissement hydrothérapique*.

Pont sur l'Allier, que l'on quitte. — 495 k. *Fontannes*.

501 k. *Frugères-le-Pin*. — On franchit 3 fois la Sénouire. A dr., château ruiné (XVe s.) de *Domeyrat*.

508 k. *Paulhaguet*, 1,641 hab.

514 k. *Saint-Georges-d'Aurac*, à 4 k. S.-E., station où s'embranche la ligne du Puy (R. 39). — On se rapproche de l'Allier, que l'on franchit sur 18 arches.

521 k. **Langeac** *, 4,574 hab., sur la rive g. de l'Allier (église du XVe s.).

Au Puy et à Saint-Étienne, R. 39.

La voie s'engage dans les admirables **gorges de l'Allier** supérieur, encaissées entre de curieuses roches basaltiques (colonnades); on s'élève constamment en côtoyant et en croisant souvent le torrent, jusqu'à la Bastide, point culminant de la traversée des Cévennes. La ligne n'est qu'une succession d'ouvrages d'art : sur le parcours de 154 k. de Langeac à Alais, elle n'offre pas moins de 98 tunnels (long. totale 24,916 m.) et de 46 viaducs.

527 k. *Chanteuges*, sur un promontoire basaltique entre l'Allier et la Desge (restes d'une abbaye : *église* avec chapiteaux romans et stalles du XVIe s., *chapelle de l'Abbé* du XVIe s.). — Jolie vue sur *Saint-Arcons*, puis sur l'église (XIe ou XIIe s.) isolée de *Sainte-Marie-des-Chazes*.

534 k. *Prades-Saint-Julien*. — Au-dessus de la rive dr., sur un pic granitique, *tour de Rochegude*.

545 k. *Monistrol-d'Allier*, 1,017 hab., au confl. de l'Ance et de l'Allier. — 555 k. *Alleyras*.

569 k. *Chapeauroux*, au confl.

de l'Allier et du Chapeauroux.

576 k. *Jonchères* (*château* ruiné du xve s., avec donjon plus ancien).

588 k. **Langogne*** (buffet), 3,552 hab., dans un frais bassin de prairies qu'arrose le Langouyron. Restes de l'anc. enceinte. *Eglise* romane avec chapiteaux historiés. *Couvent de Notre-Dame*, avec belle façade surmontée d'une grande statue de la Vierge. Restes d'un *pont* gothique, sur l'Allier.

600 k. *Luc* (château ruiné).

607 k. *La Bastide-Saint-Laurent-les-Bains*, station d'où part la ligne de Mende (*V.* le Réseau *Orléans, Midi, Etat.*)

[A 9 k. E. (voit. publ. 1 fr.), **Saint-Laurent-les-Bains***: *sources* thermales (53°,5), bicarbonatées sodiques, employées en boisson, bains, douches et étuves dans deux *établissements*. — A 7 k. O. de Saint-Laurent, *Trappe de N.-D. des Neiges*. — A l'O. de la Bastide, *forêt de Mercoire* et sources de l'Allier.]

Tunnel de *la Bastide* (893 m.), à 1,030 m. d'alt., entre les bassins de la Loire et du Rhône. La descente est magnifique.

617 k. *Prévenchères* (*église* romane précédée d'un magnifique *tilleul; château* des xiie et xve s.), à 725 m., sur le Chassezac. — La voie suit la rive g. du Chassezac (tunnel d'*Albespeyres*, 1,507 m.), puis descend par un ravin vers la gorge de l'Altier, qu'elle franchit sur le *viaduc* courbe *de l'Altier*, à 2 étages d'arcades, haut de 72 m.

628 k. **Villefort** (buffet), 1,439 hab. (maison du xive s.).

[A l'O., massif du mont **Lozère**, partie N. des Cévennes dont le point culminant est le *pic de Finiels* (1,702 m.). — De Villefort on peut, le 1er j., monter en 4 h. au *Roc de Malpertus* (1,683 m.), et descendre en 3 h. à *Pont-de-Montvert**, dans la vallée du Tarn; le 2e j., monter en 3 h. 45 au pic Finiels et au *Signal des Laubies* (1,660 m.) et descendre en 6 h. à Villefort par *Cubières*.

De Villefort a Mende (59 k.; route de voit.; corresp. en 7 h. 10; 8 fr. 75 et 7 fr. 75). — 38 k. **Bagnols-les-Bains*** (6 *sources* thermales, sulfurées sodiques, employées en boisson, bains, douches, etc., dans un *établissement*). — 59 k. Mende (*V.* le Réseau *Orléans, Midi, Etat*).

De Villefort aux Vans. — 28 k.; merveilleuse route de voit. qui suit toutes les sinuosités des vallées de l'Altier et du Chassezac, à travers la région appelée *la Borne*, un des points les plus pittoresques, les plus curieux et les moins connus du Gévaudan et du Vivarais. — Pour les Vans, *V.* p. 222.]

634 k. *Concoules*.

641 k. *Génolhac**, 1,184 hab., sur la Gardonnette. — La voie passe dans la vallée du Luech, qu'elle franchit sur un viaduc à 2 étages d'arcades, haut de 60 m.

648 k. *Chamborigaud*, d'où se détache l'embranch. industriel de (4 k. S.-E.) *la Vernarède*, 2,373 hab., dans le vallon de l'Oguègue (houillères). — La voie remonte le vallon de la Ribeyrette et passe dans celui de l'Andorge, qui descend au Gardon.

653 k. *Sainte-Cécile-d'Andorge*, au confl. de l'Andorge et du Gardon d'Alais, dont on doit suivre la rive g. jusqu'à Vézenobres. — 658 k. *La Levade*. — La voie traverse les éboulements détachés de la *montagne du Gouffre*.

661 k. *Grand'Combe-la-Pise*. La Pise forme, comme la Le-

vade, une section de la **Grand'-Combe**, 11,484 hab. (houillères considérables desservies par un embranch. remontant un vallon au N.-E. de la Pise). — Sur la rive dr. du Gardon, donjon de *la Tour* (XIIe s.), puis, au confl. du Galeizon, tour de *Cendras* (château de *la Fare*; restes d'une abbaye, avec grottes).

672 k. *Tamaris* (usines métallurgiques; pont suspendu sur le Gard). — A g., ligne du Teil (R. 40).

675 k. **Alais** * (buffet), 24,940 hab., dans une boucle du Gardon, au pied des Cévennes. — Ancienne *cathédrale Saint-Jean*, curieux monument de style Louis XV, avec façade du XIIe s. (tableaux par Mignard et Devéria); dans le voisinage, *buste de* l'abbé *Boissier de Sauvages* (1710-1795). — A l'*hôtel de ville*, anc. salle des Etats du Languedoc et *bibliothèque*. — *Musée* dans l'anc. évêché. — *Ecole des mines*. — Belle *promenade de la Maréchale* (magnifiques points de vue; ancienne *citadelle* servant de caserne et de prison). — *Statue* du fabuliste *Florian* (1755-1794), par A. Gaudez, sur une fontaine monumentale décorée d'un gracieux groupe d' « Estelle et Némorin ». — Jardin public dit *le Bosquet*, avec le *buste* du poète marquis *de la Fare-Alais* (1791-1846). — *Monument*, par Tony Noël, à la gloire de *Pasteur*, qui vint à Alais étudier la maladie des vers à soie. — *Statue* du chimiste *J.-B. Dumas* (1800-1884), par G. Pech. — Importantes houillères de *Rochebelle*.

[D'Alais a l'Ardoise (59 k.; ch. de fer en 2 h. à 2 h. 50; 6 fr. 60, 4 fr. 45, 2 fr. 90). — 10 k. *Colas*, ham. où l'on croise le ch. de fer de Tarascon au Martinet. — 15 k. *Brouzet*. — La voie, remontant le cours de l'Alauzène, traverse le *défilé des Angoustrines*, avant de parcourir le plateau désert des *Garrigues de Lussan*. — 42 k. *Cavillargues* (houillères). — On suit la rive g. de la Tave, puis on croise la ligne de la rive dr. du Rhône. — 59 k. L'Ardoise (R. 34), d'où la voie se prolonge jusqu'au (800 m.) bord du fleuve.

D'Alais a Remoulins (59 k.; ch. de fer). — 10 k. Colas (*V.* ci-dessus). — 21 k. *Euzet-les-Bains* : sources minérales froides sulfuro-bitumineuses, calciques, magnésiennes, et établissement thermal dans un beau parc; forêt de chênes verts de 200 hect.

39 k. **Uzès** *, 4,889 hab., ch.-l. d'arr., sur une éminence isolée, à pentes très escarpées à l'E. sur la vallée de l'Alzon. De la gare, on accède par l'*Esplanade* aux boulevards, sur lesquels (à g.) se trouve l'*hôtel de ville*. En traversant la cour intérieure on parvient devant le *Duché* (pourboire), château des anc. seigneurs, datant en grande partie des XIIe (donjon), XIVe et XVIe s. (chapelle gothique). Derrière le Duché, un passage voûté mène à la *tour de l'Horloge*. Plus loin, dans la prison, est englobée la *tour du Roi* (XIVe s.). Revenu à la mairie, on continue de suivre le boulevard jusqu'à la *statue de l'amiral Brueys* (par Duret), placée à l'entrée de la *promenade des Marronniers* (belle vue). A 40 m. env. de là, en tournant à g., on voit s'ouvrir l'ancien *parc des évêques* (pourboire), descendant vers l'Alzon (observatoire sur une aiguille calcaire; *tour du Tournal*, XVe s.). Au delà de la promenade on longe l'ancien évêché avant de parvenir au *pavillon Racine* et à l'anc. *cathédrale* (belle *tour Fenestrelle*, XIIe s.; tombeau d'un évêque d'Uzès; 2 tableaux de Simon de Châlons). A côté, l'anc. palais épiscopal (2 cheminées remarquables) sert de *sous-préfecture* et de *tribunal*. En descendant un perron, on va par l'hôpital et l'église *Saint-Etienne* à la *place de la République*

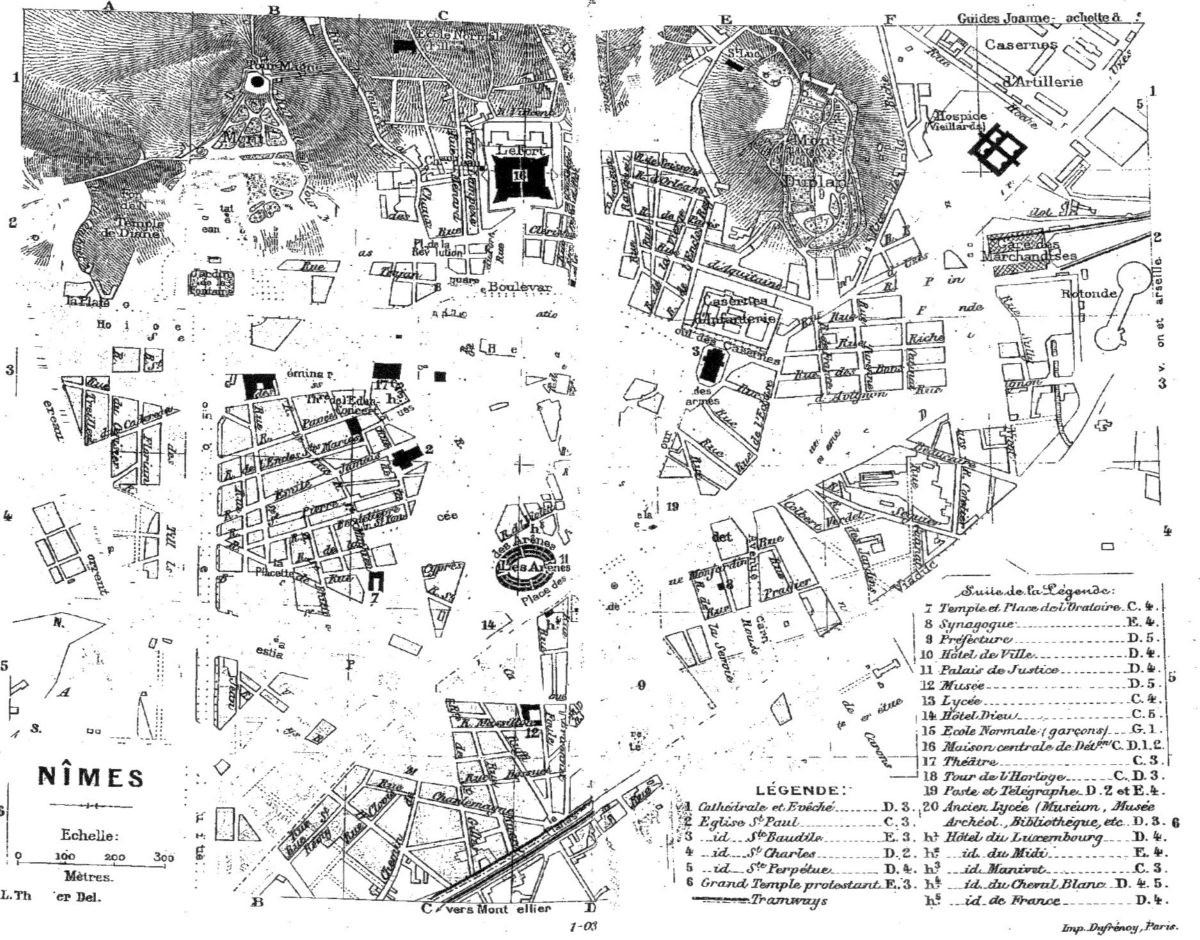
NÎMES
Echelle:
0 100 200 300
Mètres.
L. Th er Del.
Guides Joanne achette &
Casernes d'Artillerie
Hospice (Vieillards)
Gare des Marchandises
Rotonde
École Normale Filles
Tour Magne
Le Fort
Temple de Diane
Jardin de la Fontaine
Mont Duplan
St Luc
Casernes d'Infanterie
Boulevar
Pl. de la Révolution
Les Arènes
Place des Arènes
Viaduc
Rue de l'Eglise
d'Aquitaine
d'Avignon
Placette
C vers Montpellier
LÉGENDE:
1 Cathédrale et Evêché D. 3.
2 Eglise St Paul C. 3.
3 id. Ste Baudile E. 3.
4 id. St Charles D. 2.
5 id. Ste Perpétue D. 4.
6 Grand Temple protestant E. 3.
Tramways
Suite de la Légende:
7 Temple et Place de l'Oratoire C. 4.
8 Synagogue E. 4.
9 Préfecture D. 5.
10 Hôtel de Ville D. 4.
11 Palais de Justice D. 4.
12 Musée D. 5.
13 Lycée C. 4.
14 Hôtel Dieu C. 5.
15 Ecole Normale (garçons) G. 1.
16 Maison centrale de Détion C. D. 1. 2.
17 Théâtre C. 3.
18 Tour de l'Horloge C. D. 3.
19 Poste et Télégraphe D. 2 et E. 4.
20 Ancien Lycée (Muséum, Musée Archéol. Bibliothèque, etc. D. 3. 6
h1 Hôtel du Luxembourg D. 4.
h2 id. du Midi E. 4.
h3 id. Manivet C. 3.
h4 id. du Cheval Blanc D. 4. 5.
h5 id. de France D. 4.
1-03
Imp. Dufrénoy, Paris.

ontaine monumentale), entourée de vieilles arcades et de maisons anciennes. Près de la ville, *fontaine d'Eure*, dont les eaux étaient, à l'époque romaine, conduites à Nimes par l'aqueduc dont faisait partie le Pont du Gard. D'Uzès à Nozières, V. ci-dessous. — Après avoir suivi la vallée de l'Alzon, on débouche dans celle du Gard.

53 k. **Pont du Gard**, d'où l'on gagne en 10 min. à pied le célèbre aqueduc antique, une des merveilles, en France, de la voirie romaine, merveilles bien dépassées de nos jours; il a 269 m. de long. et une haut. totale de 49 m. au-dessus de la rivière, sur 3 rangs d'arcades.

59 k. Remoulins (R. 34).]

D'Alais à Largentière, Vals, Aubenas et au Teil, R. 40.

Au delà d'Alais, la ligne de Nimes, définitivement sortie des montagnes, continue de courir sur la rive g. du Gardon, dans la riche plaine de *la Gardonnenque*. — 681 k. *Saint-Hilaire-de-Brethmas*.

686 k. *Le Mas-des-Gardies*.

[A dr., ch. de fer de (31 k.) Quissac (R. 42) par *Lézan*, d'où se détache l'embranch. de (6 k.) *Anduze* *, 3,686 hab., à l'issue d'une pittoresque cluse du Gardon d'Anduze, dominé par le *mont Saint-Julien* (324 m.; ruines d'un château). *Tour de l'Horloge*; porte de ville contiguë à un *château* construit par Vauban; poteries renommées.]

A dr., jonction du Gardon d'Alais et du Gardon d'Anduze, qui forment le Gard.

688 k. *Vézénobres*, 914 hab. (château de *Calvières*), à 2 k. N. de la station. — 690 k. *Ners*. — 694 k. *Boucoiran*.

696 k. *Nozières*, d'où un embranch. conduit à Uzès (*V.* ci-dessus).

700 k. *Saint-Geniès-de-Malgoirès* (vieille tour). — 705 k. *Fons-outre-Gardon*. — A dr., *Gajan* (vieux château).

La voie parcourt la curieuse région des *Garrigues de Nimes*, désert de calcaire blanc fissuré, couvert de taillis de chênes verts. — 714 k. *Le Mas-de-Ponge*. — La solitude aride des Garrigues se peuple, en approchant de Nimes, d'une foule de *mazets*, petites maisons de campagne des Nimois, dans des enclos de pierre sèche où poussent des oliviers rabougris, des cyprès et des pins d'Alep. Le Cadereau franchi, on passe en tunnel sous le Mont-Cavalier, qui porte la tour Magne.

724 k. **Nimes** * (buffet), l'antique *Nemausus*, auj. ch.-l. du départ. du Gard et siège d'un évêché, cité industrielle (10,000 ouvriers) et très commerçante (surtout vins et trois-six), est une ville de 80,605 hab., située entre le plateau accidenté et stérile des *Garrigues* au N., et la grande plaine du Languedoc, au S. C'est la localité de France la plus riche en beaux débris romains. La gare est située sur un *viaduc* de 194 arches, long de 1,569 m. — De la gare l'*avenue Feuchères* (Pl. D-E, 5) conduit à **l'Esplanade** (Pl. D, 4), bordée par l'*église Sainte-Perpétue* et le *palais de justice* et qui est ornée d'une **fontaine monumentale**, dont les statues sont de Pradier. A g. de l'Esplanade, *monument de* l'explorateur *Paul Soleillet* (1842-1886), par Amy, et place des Arènes.

L'Amphithéâtre ou les **Arènes** (s'adresser au concierge), un des monuments de ce genre les mieux conservés qui existent, a 133 m. 38 sur son grand axe, deux rangs d'arcades séparées par des pilastres et au nombre total de 60, donnant une ordonnance de 21 à 22 m.; la restauration complète en a été entreprise, et il s'y donne souvent des courses de taureaux.

Au S.-O. de la place des Arènes la *rue de Montpellier* conduit à la *Porte de France*, arcade romaine; au S., dans la *rue Cité-Foule*, est installé provisoirement le musée de peinture, ouvert t. l. j. de 9 h. à midi et de 1 h. à 4 ou 5 h.

VESTIBULE. — *Brian*. Buste de Sigalon.

SALLE CENTRALE. — *Pradier*. Maquettes des statues de l'Esplanade. La Poésie légère.

Les SALLES A DR. (*mosaïque* romaine) et A G., ou de peinture, sont suivies des SALLES DE CHAZELLES-CHUSCLAN (gravures, reliures), SALLES WAGNER et GOWER (tableaux).

Toiles principales : — 2. 3. *Allemand*. L'Automne et le Printemps. — 33. *Cordouan*. Marine. — 37. *Paul Delaroche*. Cromwell découvrant le cercueil de Charles Ier. — 50. *Greuze*. Tête de vieille. — 64. *Largillière*. Le maréchal de Berwick. — 68. *C. Van Loo*. Son portrait. — 70. *P. Mignard*. Portrait. — 81. 82. *Rigaud*. Portraits. — 89. *Sigalon*. Locuste faisant l'essai d'un poison sur un esclave. — 97. *Lesueur*. Mise au tombeau. — 100. *De Troy*. Faucheuse endormie. — 105. 107. *J. Vernet*. Marine. Baigneuses. — 135. *Van Dyck*. Un maréchal de France. — 142. *David de Heem*. Fruits. — 155. *Ruysdael*. Paysage. — 171. *Le Guerchin*. Mort de Didon. — 176. *Le Guide*. Judith.

Des Arènes, en suivant les *boulevards Alphonse-Daudet* et *Victor-Hugo* (à g., place d'Assas, avec le *monument des Enfants du Gard morts pour la Patrie*), entre lesquels on laisse à g. l'**église Saint-Paul** (Pl. 2, C, 3), moderne (style roman), ornée de peintures des deux Flandrin, on aboutit à la *place de la Comédie*, où l'on voit à dr. la **Maison-Carrée** (Pl. C, 3; ouverte t. l. j. de 7 h. à 11 h. 30 et de 1 h. 30 à 6 h.), temple d'ordre corinthien, à colonnade rectangulaire, à cella carrée, érigé sous Auguste à deux fils adoptifs de cet empereur. Elle renferme le **musée des antiques**.

Le *théâtre* est à g. ou à l'O. de la place. En prenant à l'angle N.-O. de cet édifice la *rue Antonin* (sur le *square Antonin*, *statue*, par Bosc, *d'Antonin*, originaire de Nimes), on arrive, en inclinant à g., à la célèbre **Fontaine de Nimes** (pour la bien voir et pour voir aussi le temple de Diane, s'adresser au gardien), à laquelle peut-être la ville a dû son origine, et dont les bassins à colonnades, entourés d'un charmant jardin (Pl. B, 2), datent les uns de l'époque romaine, les autres d'une restauration générale exécutée au XVIIIe s. Au N.-O. des bassins, le **temple de Diane**, édifice rectangulaire voûté, aurait été un nymphée. Près de la Fontaine, *statue* du poète *Jean Reboul*, par Bosc.

Du jardin de la Fontaine on monte au N. en 6 ou 7 min. à la **Tour Magne**, mausolée romain du Ier ou du IIe s., englobé plus tard dans les fortifications et devenu au moyen âge le donjon de Nimes. On peut, par un escalier moderne, monter jusqu'au sommet, qui domine la ville d'une centaine de m. Au pied de la colline de la Tour

Magne, près de la *maison centrale de détention*, anc. citadelle construite en 1687, subsiste l'antique *Castellum divisorium* ou Château d'eau (Pl. C, 1).

Si l'on veut éviter un itinéraire compliqué, on redescend au jardin, et l'on suit de l'O. à l'E. le *quai de la Fontaine*, le *square Bouquerie*, le *boulevard Gambetta*. A g., rues montant au *fort*, construit par ordre de Louis XIV; à dr., en face de la *place Saint-Charles* où est l'*église* de ce nom, *rue des Lombards*, conduisant à la *cathédrale* (tombeaux du cardinal de Bernis et de Fléchier; sarcophage sculpté du IVe s.; *Baptême du Christ*, par Sigalon), dans le voisinage de laquelle est la *maison romane de la rue de la Madeleine*. Par le boulevard Gambetta on arrive à *Saint-Baudile* (Pl. 3, E, 3), belle église gothique moderne avec deux flèches, à côté de laquelle sont la **porte d'Auguste**, érigée en l'an 16 av. J.-C., et le *Grand-Temple* protestant.

En revenant à l'Esplanade par le *boulevard Amiral-Courbet*, on trouve à dr. l'*ancien lycée* (Pl. 20), renfermant auj. la *bibliothèque publique* (80,000 vol.), le *musée épigraphique*, *la galerie des Arts décoratifs* et le *muséum d'histoire naturelle*, un des plus riches du Midi; ces collections sont ouvertes t. l. j. de 9 h. à midi et de 1 h. à 4 ou 5 h.

[De Nimes a Aigues-Mortes (40 k.; ch. de fer, 1 h.; 4 fr. 50, 3 fr., 1 fr. 95; excurs. très recommandée). — 4 k. *Saint-Césaire* (église romane). — 22 k. *Vauvert*, 4,621 hab. — 25 k. *Le Cailar*, 1,516 h. A g., ligne d'Arles à Lunel (R. 20). — 27 k. *Aimargues*, 2,813 hab. A dr., ligne de Lunel — 32 k. *Saint-Laurent-d'Aigouze* (beaux vignobles), 2,310 hab. — La voie traverse le canal de la Roubine, en laissant à g. le *Mas de Psalmody*, métairie bâtie sur l'emplacement d'un monastère auquel appartenait le territoire qu'acheta en 1246 le roi St Louis pour y créer le port d'Aigues-Mortes et se ménager un lieu d'embarquement sur la Méditerranée; puis la *tour Carbonnière*, élevée par St Louis, en même temps que les remparts d'Aigues-Mortes, sur l'ancien cours du Vistre, dont les eaux sont auj. absorbées par le canal d'Aigues-Mortes à Beaucaire. La route se rapproche du canal d'Aigues-Mortes à Beaucaire, qu'elle franchit, ainsi que celui du Bourgidou, avant d'entrer dans la ville, dont les remparts sont entourés d'une ceinture de pins d'Italie.

40 k. **Aigues-Mortes** *, V. de 4,511 hab., ancien port de la Méditerranée (auj. à 6 k.), où St Louis s'embarqua en 1248 et en 1270, est situé au N. de l'*étang de la Ville* et à l'origine de 4 canaux. Ses **remparts** (parallélogramme rectangle de 545 m. sur 136), construits par Philippe le Hardi, sont une des curiosités de la France. De **la tour de Constance** on a une bonne vue d'ensemble. La ville (sur la place, *statue de St Louis*, par Pradier), avec ses rues larges et tirées au cordeau, a un aspect inanimé. Depuis l'invasion du phylloxera, des plantations de vigne ont été faites avec succès dans les sables des environs. — A 5 kil. 5 S.-O. (omnibus, 50 c.; l'été, bateau à vapeur, 50 c.), le *Grau-du-Roi* *, 1,279 hab., v. de pêcheurs et station balnéaire, est relié à Aigues-Mortes par le canal de la *Grande-Roubine*.

De Nimes à Privas et à Lyon, R. 34; — à Tarascon, Montpellier et Cette, R. 41; — au Vigan, R. 42.

ROUTE 34

DE LYON A NIMES

PAR LA RIVE DROITE DU RHÔNE

280 k. — Ch. de fer, en 6 h. à 9 h. 40. — 31 fr. 35; 21 fr. 15; 13 fr. 80. — Se placer à g.

La voie traverse l'extrémité de la presqu'île de Perrache et franchit la Saône près de son confl. avec le Rhône sur le pont de *la Mulatière*, suivi d'un *tunnel* sous ce village. — 5 k. *Oullins* (ateliers de la Cie P.-L.-M.; *V.* p. 55). — 7 k. 5. *Pierre-Bénite*. — 10 k. *Irigny*. — 12 k. *Sellettes*. — 14 k. *Vernaison*. — 16 k. *La Tour de Millery*. — 17 k. *Grigny*. — 18 k. *Le Sablon*. — A g., ligne de raccordement qui franchit le Rhône et joint à Chasse la grande ligne de la rive g. — Pont sur le Garon.

21 k. *Givors-Canal* (buffet), station à la bifurcation de la ligne de Saint-Etienne (R. 36). — Viaduc de 20 arches et 2 travées métalliques, au-dessus du Gier, de la gare d'eau de Givors et de la ligne de Saint-Etienne; tunnel (1,074 m.).

26 k. *Loire*, 1,184 hab.

33 k. *Sainte-Colombe*, b. industriel, relié à Vienne par un pont suspendu (*V.* R. 20, p. 110).

39 k. *Ampuis*, 1,722 hab. (château du XVIIe s.).

44 k. *Condrieu*, 2,144 hab., au débouché de l'Arbuel (ruines d'un château; église du XIIIe s.; *maison de la Gabelle*, XVe s.; bon vin blanc). — Tunnel.

50 k. *Chavanay*, 1,708 hab. (en face de l'église, *croix* de 1550).

[Du 15 mai au 15 sept., voit. publ. (5 fr. all. et ret.), par (7 k.) *Pélussin*, 3,111 hab. (*église* romane moderne sur une crypte ancienne renfermant une Vierge vénérée; anc. *château*, XVe et XVIIe s.), pour (17 k.: 3 h. 30) le *Grand-Hôtel du Mont-Pilat*, établissement de 1er ordre situé à 1,200 m. d'altit. et d'où l'on monte facilement aux deux cimes (admirable panorama) du **Mont-Pilat** : (30 min.) le *Crest de l'Œillon* (1,365 m.) et (2 h.) le *Crest de la Perdrix* (1,434 m.).]

53 k. *Saint-Pierre-de-Bœuf*. — Tunnel. — 64 k. *Serrières*, 1,558 hab. (à l'église, curieux ossuaire). — Viaduc de 67 arches et 2 travées au-dessus de Serrières; tunnel.

65 k. **Peyraud** (buffet). Le v. (beau clocher; ancien *château* des sires de Roussillon) est à 1 k. N.

[DE PEYRAUD A ANNONAY ET FIRMINY (82 k.; ch. de fer, en 3 h. 30; 8 fr. 85, 6 fr., 3 fr. 90). — 17 k. **Annonay***, 17,490 hab., V. industrielle (mégisserie, papeterie, moulinage de la soie, meunerie), est bâtie sur un promontoire escarpé entre les ravins de la Cance et de la Déôme. *Chapelle de Trachin* (1320); *monument des Frères Montgolfier*, qui firent à Annonay leur première expérience aérostatique. A 2 k. N., *papeteries de Vidalon*, appartenant depuis le XVIIe s. aux familles de Montgolfier, Canson et Séguin, célèbres dans l'industrie du papier. Voit. publ. (3 fr.), en 5 h., pour *Lalouvesc*, 1,098 hab., célèbre par le pèlerinage de St-François Régis (*basilique* construite par l'architecte lyonnais Bossan).

La voie remonte la vallée de la Déôme. — 24 k. *Saint-Marcel-lès-Annonay* (à 2 k. 5, *barrage du Ternay*, servant à l'alimentation des usines d'Annonay). — Tunnel. — 30 k. *Bourg-Argental*, 4,673 hab., V. industrielle, anc. place forte du Forez (*église* moderne, avec beau portail du XIe s.). — La voie s'élève rapidement vue de beaux paysages. — 39 k. Saint-Sauveur-en-Rue, 2,246 hab. — Tunnel de Tracol (2,390 m.), percé dans la ligne de faîte des Cévennes et à la sortie duquel la ligne atteint son point culminant (917 m.), pour descendre ensuite sur le versant de la Loire dans la vallée de la Dunières. — 49 k. Riotord (église à coupole romane). — Tunnel. — 55 k. Dunières-Montfaucon. — On quitte la vallée de la Dunières (tunnels) pour passer dans celle de la Sumène. — 68 k. Saint-Didier-la-Séauve, 5,891 hab. (anc. abbaye de la Séauve, occupée par une rubanerie). — Tunnel de Saint-Ferréol, suivi d'un viaduc sur la Gampille. — 82 k. Firminy (R. 39).]

De Peyraud à St-Rambert, p. 112.

A g., *Champagne* (*église romane* construite avec les débris d'un temple de Bacchus), situé sur la colline du *Châtelet* (373 m.) que traverse un tunnel.

72 k. *Andance*, au débouché du Thorrençon, en face d'Andancette (pont suspendu; R. 20, p. 112). — On franchit la Cance et l'Ay. — 77 k. *Sarras*. — Sur la rive g., Saint-Vallier (R. 20); à dr., sur une colline, ruines du château d'*Arras*, et, dans une gorge, restes du château d'*Yzerand*.

86 k. *Vion* (église romane). — On franchit le Doux. — Tunnel de 616 m.

93 k. **Tournon** *, V. de 5,174 hab., sur le Rhône, en face de Tain, avec lequel elle communique par deux *ponts suspendus*. Sur un roc escarpé, ancien *château* (chapelle gothique), où sont installés le tribunal, l'hôtel de ville et la prison. 2 *tours* du moyen âge, dont l'une porte une statue de la Vierge. Anc. *porte de ville* attenante à des restes de remparts. *Lycée* fondé en 1542 par le cardinal de Tournon, et dont la plus grande partie est du style de la Renaissance; à côté, vaste *lycée de jeunes filles*. *Statue du général Rampon* (1759-1843).

[De Tournon a Lamastre (33 k.; chem. de fer, en 1 h. 30; 3 fr. 70, 2 fr. 75, 2 fr. 05), par le val sauvage du Doux. — *Lamastre*, 3,759 hab. (moulinages et filat. de soie).]

95 k. *Mauves*. — A dr., *Châteaubourg* (château féodal).

106 k. **Saint-Péray**, 2,603 hab. (vins mousseux renommés), dans le vallon du Mialan (omnibus, 25 c., pour Valence : R. 20), est dominé par l'anc. château de *Beauregard* (auj. café-restaurant) et par le promontoire qui porte (50 min. à la montée) les ruines du **château de Crussol**, à 390 m. (vue magnifique sur la vallée du Rhône, le Ventoux, les Alpes, les monts du Vivarais et le Pilat).

113 k. *Soyons* (ruines d'une abbaye et d'une tour penchée; grottes préhistoriques).

117 k. *Charmes-Saint-Georges-les-Bains*. A 3 k. O., établissement hydrothérapique et source thermale de Saint-Georges. — 121 k. *Beauchastel*. — On franchit l'Erieux.

126 k. **Lavoulte-sur-Rhône** (buffet), V. de 2,738 hab., au pied d'un rocher qui porte un *château* des XIVe et XVIe s. (belle chapelle du XIVe s.). Monument des mobiles de l'Ardèche tués en 1870-1871.

[De Lavoulte au Cheylard (48 k.; chem. de fer, en 1 h. 15; 5 fr. 40, 4 fr. 05, 2 fr. 95), par la curieuse et pittoresque vallée de l'Erieux. — *Le Cheylard* *, 3,373 hab., dans le bassin fécond où se réunissent la Dorne et l'Erieux.]

De Lavoulte à Livron, R. 20, p. 114.

On franchit l'Ouvèze.

131 k. **Le Pouzin**, 2,332 hab. (ruines féodales; forges et hauts fourneaux).

[Du Pouzin a Privas (21 k.; ch. de fer, 38 min.; 2 fr. 45, 1 fr. 65, 1 fr. 10). — Pont de 12 arches sur la Payre. — 12 k. *Chomérac*, 2,143 hab. — Pont de 12 arches sur la Muldarie. — On traverse l'Ouvèze.

21 k. **Privas** *, 7,561 hab., ch.-l. du départ. de l'Ardèche, sur une colline à la jonction de 3 petites rivières : l'Ouvèze, le Chazalon et le Mezayon. — *Maisons* gothiques. — Promenade de l'*Esplanade*.]

On franchit la Payre. — 136 k. *Baix*. — Tunnel.

143 k. **Cruas**. Restes d'une abbaye, fondée au IXe s., d'un donjon et de fortifications. Au château, chap. romane et salle avec fresques. *Eglise* romane avec crypte du IXe s. et mosaïque du XIe. Dans la rue principale, belle colonne milliaire.

145 k. *Meysse*, où l'on franchit le Lavaison.

151 k. **Rochemaure**, 983 hab. (église romane; anc. remparts), aux flancs d'un rocher basaltique portant les ruines d'un *château*, séparées par un abîme du *donjon*, qui se dresse sur un dyke volcanique. Pont suspendu sur le Rhône, route de (5 k. S.-E.) Montélimar (R. 20).

[A 2 k. O., au delà de la *chapelle Saint-Laurent* (XIIe s.; curieuse inscription), volcan de **Chenavari** (508 m.), dont le plateau supérieur (1 h. 30 du château) est soutenu par une chaussée de basalte, dite *Pavé des Géants*.]

A dr., château de *Joviac*.

156 k. **Le Teil** (buffet), 5,582 hab., dominé par un château ruiné et relié par un pont suspendu à (5 k. E.; omnibus, 25 c.) Montélimar (R. 20), est célèbre par ses *carrières de pierre à chaux*, dont la plus importante est celle de *Lafarge*.

A Vals, Largentière et Alais, R. 40.

A dr., ligne d'Alais-Nîmes (R. 40). Pont sur le Frayol; tunnel (685 m.); pont sur l'Escoulay; tunnel (786 m.).

165 k. **Viviers** *, évêché, V. de 3,416 hab., comprenant la ville neuve et la vieille ville, construite au pied et sur les pentes d'un rocher qui porte la *cathédrale* (XVe et XVIIe s.; tapisseries des Gobelins; clocher roman et carré dans sa partie inférieure, octogonal et du XVe s. dans le haut; chœur du XIVe s.; tableau de Mignard) et d'anciennes fortifications. *Palais épiscopal* (XVIIe s.). Sur la place de l'Hôtel-de-Ville, *hôtel d'Albert de la Noé*, Renaissance. Dans la chapelle du *séminaire*, Annonciation par P. Mignard. *Maisons* anciennes. Un pont suspendu relie Viviers à Châteauneuf-du-Rhône (R. 20).

172 k. *Saint-Montant* (château ruiné).

178 k. *Bourg-Saint-Andéol*, 4,165 hab. (*tour* féodale et restes de remparts; *église* du XIIe s., avec un *sarcophage* gallo-romain; au *Champ de Mars*, *fontaine* portant une statue de Dona Vierna, bienfaitrice de la ville au XIIIe s., et *monument* à la mémoire du tribun *Madier de Montjau*; *maisons* des XVe et XVIe s.; grottes), relié par un pont suspendu à Pierrelatte (R. 20). Aux environs, *fontaine de Tournes*.

186 k. *Saint-Just-Saint-Marcel*. — On franchit l'Ardèche.

193 k. **Pont-Saint-Esprit** *, 4,798 hab., au pied d'une colline. — Vieux **pont**, long de 840 m., bâti sur le Rhône, de 1265 à 1309, par une corporation de Frères Pontifes (19 grandes arches et 3 petites; les deux premières arches ont été remplacées par une seule arche en fonte). — Au milieu de la *place d'Armes* (vue sur la plaine de Vaucluse et le Ventoux), *fontaine* avec statue en bronze représentant la ville de Pont-Saint-Esprit. — *Citadelle* (1595-1627); jolie chapelle (1365). — *Eglises du Saint-Esprit* (XIVe-XVe s.) et *Saint-Saturnin* (portail du XVe s.). — *Hospice* (riche dépôt d'archives, belle collection de faïences). — *Maison du Roi*, du XVe s. (fresque). — *Maison* dite *des Chevaliers*, XIe s. (plafond peint du XVe s.).

[A 10 k. O., *Saint-Martin*, sur la rive g. de l'Ardèche, où l'on trouve à louer des bateaux (prix à débattre) pour remonter cette rivière, bordée de rochers pittoresques; à 7 k. O. de Saint-Martin (2 h. en bateau), immense **grotte de Saint-Marcel**; de Saint-Martin il faut 10 h. (7 h. à la descente) pour remonter l'Ardèche jusqu'à Vallon (R. 40).]

A Villefort et à Mende, R. 33.

Tunnel. — 198 k. *Vénéjan*. — Pont sur la Cèze.

205 k. *Bagnols-sur-Cèze*, 4,461 hab., au pied de la *Dent de Signac* et du *Camp de César* (beau clocher; intéressant *musée cantonal*; mines de houille). A 10 k. O., **cascade du Sautadet**, formée par la Cèze. — On suit la Cèze, dominée à g. par la montagne boisée et le château ruiné de *Gicon*, à dr. par la *Dent de Signac*. — 210 k. *Orsan-Chusclan*. A *Chusclan*, *église* moderne, avec peintures de Sublet, et *statue* du célèbre prédicateur *Bridaine*.

215 k. *L'Ardoise*, où l'on croise le ch. de fer d'Alais au Rhône (p. 200). — A dr., vieux *château de Lascours*, où se sont tenus les Etats du Languedoc.

219 k. *St-Geniès-Montfaucon*.

223 k. *Roquemaure*, 2,304 hab. (château ruiné où mourut en 1314 le pape Clément V). — Tunnel (335 m.).

233 k. *Villeneuve-Pujaut*, station desservant *Pujaut* et **Villeneuve-lès-Avignon**, 2,922 hab., en face d'Avignon. C'était une ville prospère à l'époque où les papes résidaient à Avignon; on y voit de nombreux hôtels d'évêques et de cardinaux, des chapelles du moyen âge et des maisons anciennes. Sur le rocher du *mont Andaon*, *fort Saint-André*, vaste édifice du XIVe s. (belles murailles flanquées de *tours*), renfermant dans son enceinte la chap. romane de *N.-D. de Belvezet* et l'anc. *abbaye de Saint-André* (*grotte de Sainte-Casarie*). — Dans la Grande-Rue, entrée de l'ancienne *chartreuse du Val-de-Bénédiction*, fondée en 1356 par Innocent IV (dans une chapelle, fresques du XIVe s., attribuées à Simon de Lyon). — *Eglise* du XIVe s. (au-dessus du beau maître-autel, les Saintes Femmes au pied du Christ, toile remarquable; tableaux de N. Mignard, Renaud Levieux, Ph. de Champaigne, Simon Vouet), à laquelle est attenant un cloître ogival. — *Hospice-hôpital* (dans la chapelle, *tombeau d'Innocent VI*, du XIVe s.; dans le **musée** : très beau portrait de la marquise

de Ganges, par P. Mignard; toiles de Ph. de Champaigne, L. et N. Mignard, Renaud Levieux, etc.; nombreux objets d'art et de curiosité). — Sur le bord du Rhône, belle *tour* dite *de Philippe-le-Bel* (XIVe s.).

Tunnel. — 235 k. *Pont d'Avignon*, stat. reliée par des omnibus à Avignon (R. 20). A g., embouchure de la Durance. — 246 k. *Aramon*, 2,615 hab. (*pont suspendu* sur le Rhône). — Tunnel.

251 k. *Théziers* (ruines féodales au *Castellas*; église de Saint-Amans, du XIe s.).

259 k. **Remoulins** (buffet), 1,362 hab. (ruines féodales), est relié à (20 k.) Beaucaire (R. 41) par un embranch. qui dessert *Montfrin*, 2,145 hab., sur la rive g. du Gardon (*église* du XIIe s., avec tableaux de Mignard et Sigalon; château bâti par Mansart).

Au Pont du Gard, à Uzès et Alais, *V.* p. 200-201.

On franchit le Gard.

260 k. *Lafoux-les-Bains** (établissement hydrothérapique). — A dr., *Saint-Bonnet* (*église* du XIIe s.). — 265 k. *Lédenon*. — 269 k. *Saint-Gervasy-Bezouce*. — 273 k. *Marguerittes*, 1,637 hab., sur le Vistre (*église* romane moderne, œuvre de M. Révoil). — 276 k. *Grezan*, station de la ligne de Tarascon à Cette (R. 41).

280 k. Nimes (R. 33).

ROUTE 35

DE PARIS A VICHY

PAR NEVERS, MOULINS ET SAINT-GERMAIN-DES-FOSSÉS

365 k. — Ch. de fer, en 6 h. 25 à 8 h. 35 par trains express, en 11 h. à 12 h. 25 par trains omnibus. — Wagon-restaurant, entre Paris et Nevers, au train partant de Paris vers 9 h. 30 matin.

254 k. de Paris à Nevers (R. 2). — 59 k. de Nevers à (355 k.) Saint-Germain-des-Fossés (R. 5, *B*). — On remonte la rive dr. de l'Allier.

365 k. **Vichy** *, 14,254 hab., ch.-l. de c., célèbre ville de bains, est situé à 264 m., sur la rive dr. de l'Allier, au débouché du vallon du Sichon. La gare, précédée d'une place ornée d'un groupe figurant « la Station thermale de Vichy accueillant ses visiteurs », est reliée par la *rue de Paris* (*Cercle du Commerce*; *Jardin de Vichy*) à un carrefour où s'ouvrent la *rue Lucas* (*source Prunelle*; *Eden-Théâtre*; *hôpital militaire*) et la *rue de Nimes*, la grande voie commerçante, par laquelle on parvient à l'*église* moderne *Saint-Louis* (style du XIIe s.), en laissant à dr. les *rues Sornin* et *Burnol*, ainsi que le *passage Giboin*, conduisant au **Parc** ou *Vieux-Parc*, le centre mondain de Vichy. Le Parc est compris entre la *Restauration*, le **Casino**, le **Palais des Sources**, la *rue du Parc* et la *rue Cunin-Gridaine* (*cercle International*; beaux hôtels). L'établissement appartient à l'Etat, qui possède

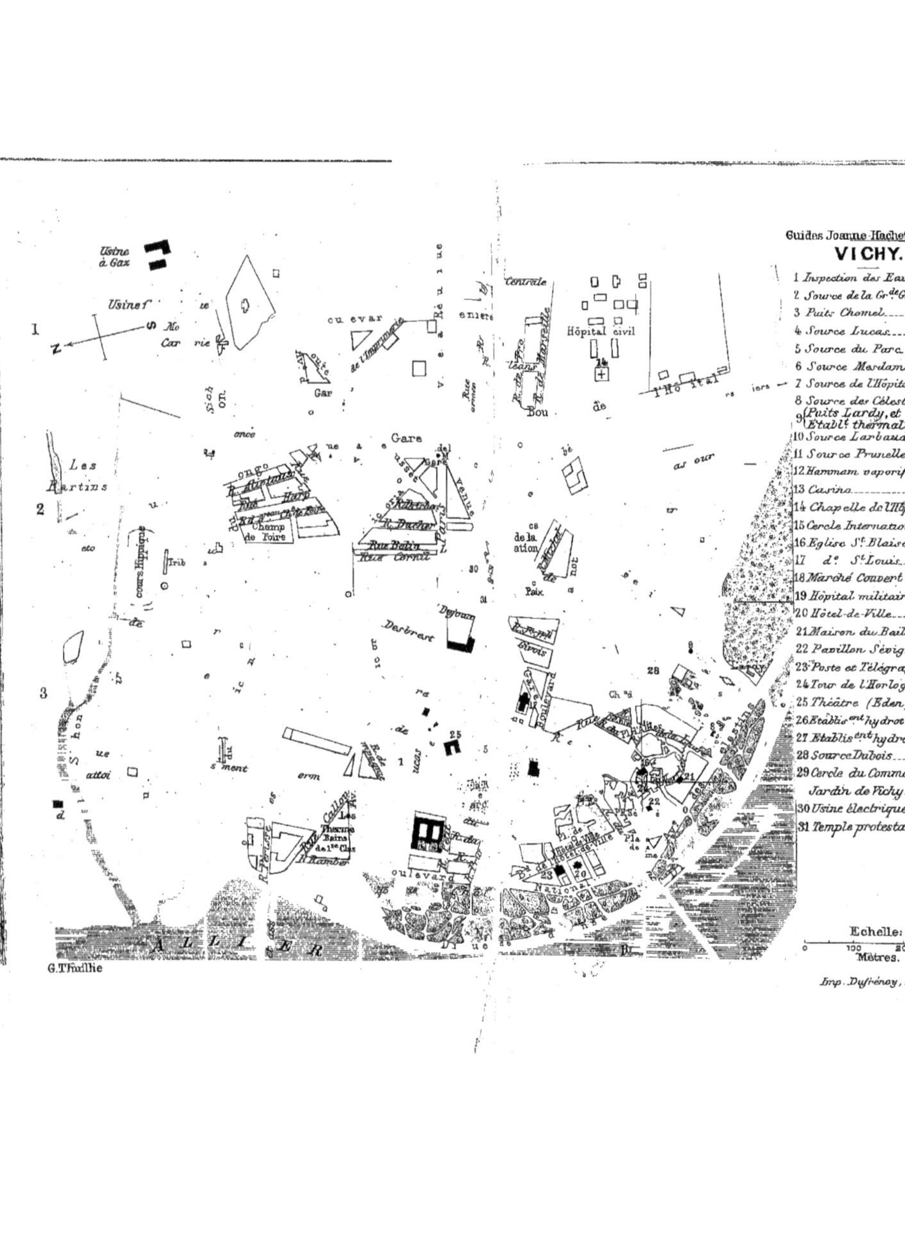
Guides Joanne-Hachette & Cie
VICHY.
1 Inspection des Eaux … C.3
2 Source de la Gde Grille … C.4
3 Puits Chomel … C.4
4 Source Lucas … C.4
5 Source du Parc … C.4
6 Source Mesdames … C.4
7 Source de l'Hôpital … D.4
8 Source des Célestins … E.3
9 Puits Lardy, et Établt thermal … E.3
10 Source Larbaud … E.4
11 Source Prunelle … C.3
12 Hammam vaporifère … C.3
13 Casino … D.4
14 Chapelle de l'Hôpital … D.1
15 Cercle International … C.3
16 Eglise St Blaise … D.E.3
17 do St Louis … D.3
18 Marché Couvert … C.D.3
19 Hôpital militaire … C.3
20 Hôtel-de-Ville … D.4
21 Maison du Bailliage … E.3
22 Pavillon Sévigné … E.
23 Poste et Télégraphe … D.4
24 Tour de l'Horloge … D.3
25 Théâtre (Eden) … C.3
26 Établisent hydrotque … B.3
27 Établisent hydrotque … B.3
28 Source Dubois … E.3
29 Cercle du Commerce et Jardin de Vichy … C.3
30 Usine électrique … C.2
31 Temple protestant … C.2
Usine à Gaz
Hôpital civil
Champ de Foire
Gare
ALLIER
Echelle:
0 100 200
Mètres.
G.T. Fouillie
Imp. Dufrénoy, Paris. 5-03

11 **sources** (12° à 45°), bicarbonatées sodiques, gazeuses thermales ou athermales : *Grande-Grille, Puits Carré* et *Chomel*, sources *Lucas, des Célestins, de Mesdames, du Parc* et *d'Hauterive*. Le groupe hydrominéral de Vichy comprend en outre les *sources Lardy* et *Larbaud aîné*, celle de *Vesse*, appartenant à la Cie des Eaux minérales et Bains de mer, plus quantité de sources qui sont la propriété de la Société d'eaux minérales du bassin de Vichy ou celle de particuliers.

A l'angle S.-O. du Parc s'ouvre la gracieuse *place de l'Hôtel-de-Ville*. La rue du Parc communique par plusieurs rues perpendiculaires avec le **Nouveau Parc**, auquel aboutit aussi la charmante *avenue Victoria* et qui borde l'Allier, traversé par un beau *pont* et sur la rive g. duquel est le *champ de courses*. En parcourant le Nouveau Parc jusqu'à son extrémité S. on parvient à l'*établissement thermal de la source Lardy*. Le parc Lardy est séparé par une rue du *parc des Célestins*.

Entre les Célestins, les deux Parcs et la rue de Nîmes est compris le **Vieux-Vichy** (maisons anciennes), bâti sur un monticule, et où se voient l'*église Saint-Blaise*, anc. chapelle du château de Louis II de Bourbon, un donjon du XIVe s. appelé *tour de l'Horloge*, et la *maison de Mme de Sévigné*, derrière laquelle est l'*établissement thermal Larbaud*. La place Sévigné est voisine de la *place de la Marine*, reliée par la *rue du Pont* à la *place Rosalie*, où la *source de l'Hôpital* jaillit en face des *Bains de l'Hôpital*. De la place on aperçoit le Casino, d'où l'on revient au ch. de fer par l'*avenue de la Gare*, partant de l'église Saint-Louis, et la *place de la République*. A dr. de la gare, le vaste *hospice-hôpital* possède une belle chapelle du style roman.

[Environs. — 3 k. E.-N.-E., tram 20 c. *Cusset*, 6,598 hab. (sources froides bicarbonatées sodiques, ferrugineuses; *établissement thermal; église* moderne, style de transition, construite par Lassus, près d'une place dans un entourage pittoresque de maisons anciennes). — 5 k. S.-E. *Côte-Saint-Amand* (433 m.; restaurant; entrée 1 fr.). — 6 k. O. et S. *Source intermittente de Vesse* (entrée 50 c.) et *Hauterive* (sources minérales et joli parc). — 3 k. 5 N. La *Montagne-Verte* (396 m.; restaurant; entrée 1 fr.). — 6 k. N.-O. Château de *Charmeil* (hôt.-restaurant). — 5 k. N. *Creuzier-le-Vieux*, 1,348 hab. (église romane) et restes du château de *Lauzet*. — 7 k. E. *Les Malavaux* (restaurant), ravin où coule le Guyon. — 8 k. O. Le *Puy Grenier* (357 m.), dont le sommet est occupé par un beau parc. — 10 k. S.-E. L'*Ardoisière* (restaurant; entrée 50 c.) et le *Gour Saillant*, où le Sichon se précipite en rapides. — 13 k. S.-E. *Château de Busset* (XIIIe-XVe s.), par *Saint-Yorre* (nombreuses sources minérales). — 15 k. N. Ruines féodales de *Billy*. — 28 k. S. et S.-O. Par le *pont de Ris*, près duquel la Dore se joint à l'Allier, et par le *château de Maulmont*, construit par Mme Adélaïde, sœur du roi Louis-Philippe, *Randan*, 1,032 hab. (église du XVe s.), dont le *château*, en partie du XVIe s., appartient à Mme la comtesse de Paris.

De Vichy a Thiers (42 k.; ch. de fer, en 1 h. 30 et 1 h. 40). — 9 k. Saint-Yorre (*V.* ci-dessus). — 16 k. *Ris-Châteldon*. A *Ris*, 1,512 hab., *église* romane et restes de remparts. A 5 k. S.-E., *Châteldon*, 1,984 hab., au bord du Vauziron (pittoresques maisons anciennes, notamment la *maison Sergentale*, de 1480; *tour de l'Horloge*, XIIIe s.; *château* des XIIe, XIIIe et XVe s.; 2 tours des anc. remparts; sources minérales). — La voie, remontant la vallée de la Dore, franchit le Vauziron. — 21 k. *Puy-Guillaume*, 1,844 hab., au débouché du vallon de la Credogne. — A g., châteaux de *Chabanne* et de *Barante*. — 34 k. *Courty*, et 8 k. de Courty à (42 k.) Thiers (R. 38).]

ROUTE 36

DE ROANNE A LYON

PAR SAINT-ÉTIENNE

137 k. — Ch. de fer, en 4 h. 30 à 5 h. 45. — 15 fr. 35; 10 fr. 35; 6 fr. 75.

Ponts sur la Renaison et la Loire. — 2 k. *Le Coteau*, faub. industriel de Roanne. — A g., ligne de Tarare.

10 k. *Saint-Cyr-de-Favières*. — 3 tunnels. — 16 k. *Vendranges-Saint-Priest*. — 2 tunnels. — 21 k. *Saint-Jodard*. — Tunnel; viaduc sur la Revoute. — 34 k. *Balbigny*, 1,738 hab. — A dr., monts du Forez.

41 k. *Feurs* *, 3,766 hab., l'antique *Forum Segusiavorum*, la première capitale du Forez, au confluent de la Loire et de l'Oise. *Monument* à la mémoire des victimes de la Révolution à Feurs, en 1793. *Statue* du colonel *Combe*, par Foyatier.

52 k. **Montrond**, gare où l'on croise la ligne de Lyon à Montbrison (R. 37). Ruines d'un **château** des XIVe et XVIe s., dominant la Loire. Source bicarbonatée sodique gazeuse (établissement).

61 k. **Saint-Galmier** *, 3,104 hab., à 4 k.N.-E., sur une colline (belle vue) au bas de laquelle coule la Cise. **Eaux minérales** de table (exportation considérable). *Eglise* ogivale (XVe et XVIe s.). *Maisons* du XVe s. et de la Renaissance. Verrerie à bouteilles.

66 k. *La Renardière*.

67 k. *Saint-Just-sur-Loire*, 2,577 hab. (à 3 k. S.-O.). Ruines féodales de *Grangent*.

[DE SAINT-JUST A FIRMINY (19 k.; ch. de fer, en 35 à 45 min.; 2 fr. 15, 1 fr. 45, 95 c.). — 2 k. *Saint-Just-Saint-Rambert*. A 2 k. S.-O., *Saint-Rambert*, 3,240 hab., l'antique *Occiacum*, sur la rive g. de la Loire. L'*église* (2 clochers, dont l'un forme coupole), bâtie sur les restes d'un édifice romain, dépendait d'un prieuré dont il subsiste des restes. — Au delà, on parcourt les grandioses **gorges de la Loire** (tunnels). — 10 k. *Saint-Victor-sur-Loire*, 1,328 hab. — On s'éloigne de la Loire pour remonter la rive dr. de l'Ondaine. — 17 k. Fraisse-Unieux; 19 k. Firminy (R. 39).]

De Saint-Just à Montbrison, Thiers et Clermont, R. 38.

On suit la vallée du Furens.

70 k. *La Fouillouse*, 2,173 hab. (manuf. d'armes). — Pont sur le Furens. — 74 k. *Villars*, 2,787 hab. — 76 k. *La Terrasse*. — A dr. et à g., divers embranch. industriels.

79 k. **Saint-Etienne** * (gare Châteaucreux, buffet), ch.-l. du dép. de la Loire, grande V. industrielle de 146,559 hab. et centre du plus riche bassin houiller de France après celui du Nord, est bâtie à 517 m. (à l'hôtel de ville), sur le Furens ou Furan, affl. de la Loire. L'industrie houillère existait à Saint-Etienne dès le XIVe s.;

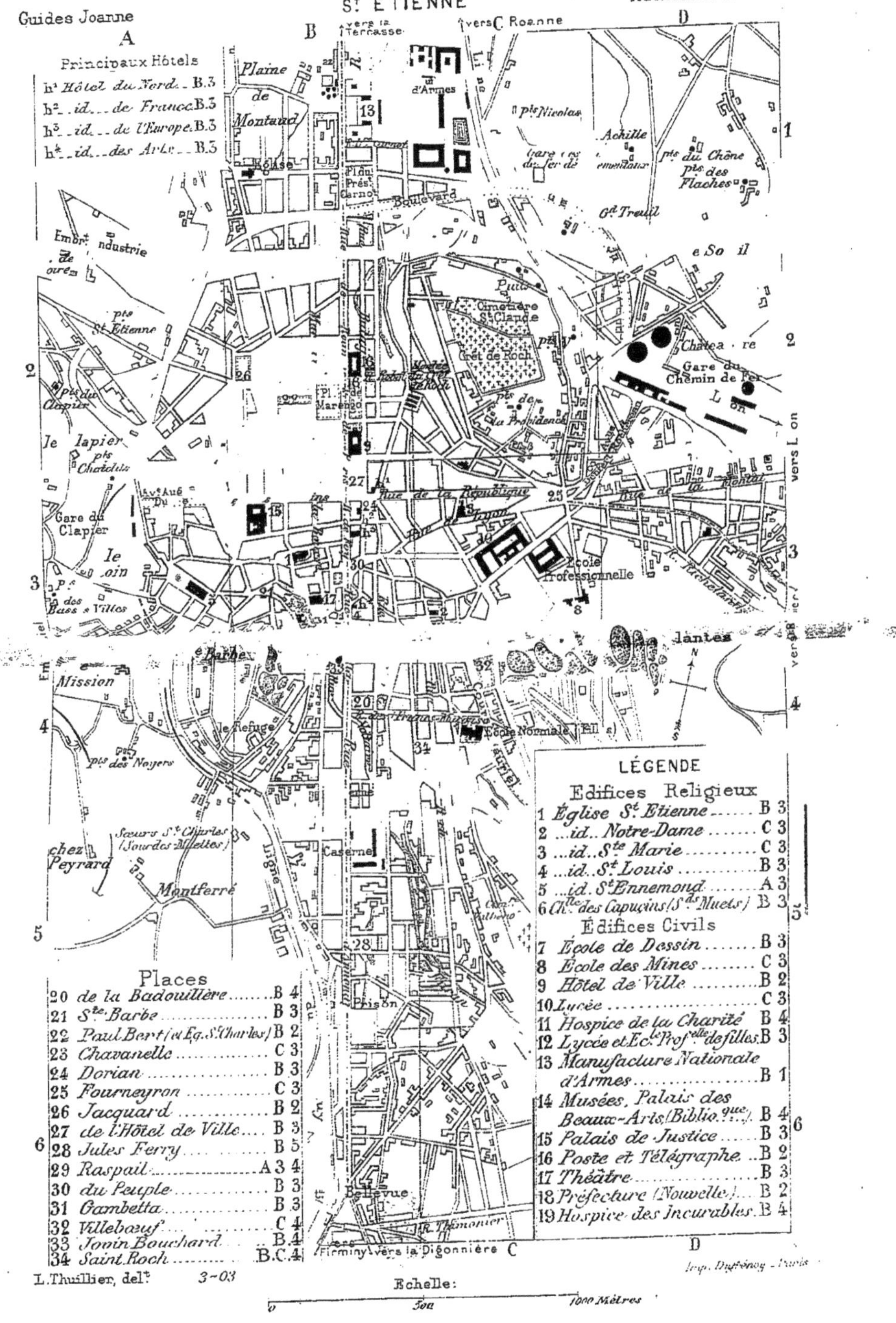
Guides Joanne
S.t ETIENNE
Hachette et C.ie - Paris.
Principaux Hôtels
h.1 Hôtel du Nord .. B.3
h.2 .. id. .. de France B.3
h.3 .. id. .. de l'Europe B.3
h.4 .. id. .. des Arts .. B.3
Plaine de Montaud
d'Armes
Boulevard
Cimetière St Claude
Crêt de Roch
Gare du Chemin de Fer
Rue de la République
Gare du Clapier
École Professionnelle
Mission
le Refuge
École Normale
Montferré
Caserne
Prison
Bellevue
Firminy vers la Digonnière
R. Thimonier
LÉGENDE
Edifices Religieux
1 Église St Etienne ..... B 3
2 ..id.. Notre-Dame ..... C 3
3 ..id.. Ste Marie ..... C 3
4 ..id.. St Louis ..... B 3
5 ..id. St Ennemond ..... A 3
6 Ch.lle des Capucins (Sds Muets) B 3
Édifices Civils
7 École de Dessin ..... B 3
8 École des Mines ..... C 3
9 Hôtel de Ville ..... B 2
10 Lycée ..... C 3
11 Hospice de la Charité B 4
12 Lycée et Éc.le Prof.elle de filles B 3
13 Manufacture Nationale d'Armes ..... B 1
14 Musées, Palais des Beaux-Arts (Biblio.que) B 4
15 Palais de Justice ..... B 3
16 Poste et Télégraphe ..... B 2
17 Théâtre ..... B 3
18 Préfecture (Nouvelle) ..... B 2
19 Hospice des Incurables B 4
Places
20 de la Badouillère ..... B 4
21 Ste Barbe ..... B 3
22 Paul Bert (et Eg. St Charles) B 2
23 Chavanelle ..... C 3
24 Dorian ..... B 3
25 Fourneyron ..... C 3
26 Jacquard ..... B 2
27 de l'Hôtel de Ville ..... B 3
28 Jules Ferry ..... B 5
29 Raspail ..... A 3 4
30 du Peuple ..... B 3
31 Gambetta ..... B 3
32 Villebœuf ..... C 4
33 Jovin Bouchard ..... B 4
34 Saint Roch B.C.4
L. Thuillier, del.t 3-03
Echelle:
0 500 1000 Mètres
Imp. Dufrénoy - Paris

industrie des armes y est aussi très ancienne et celle des rubans naquit au commenc. du XVIe s. Cependant le grand essor industriel de Saint-Étienne est récent et la ville a l'aspect d'une grande cité toute moderne, bien bâtie dans les quartiers du centre, mais sans intérêt et enveloppée d'agglomérations usinières tristes et noires.

La route nationale de Roanne à Annonay traverse toute la ville en ligne droite, du N. au S., formant, sous divers noms, une grande rue centrale, large et régulière, longue de 6 kil., parcourue par un tram à vapeur. Il y a en outre plusieurs lignes de trams électriques dont une aboutit à la gare.

De la gare Châteaucreux, on gagne la grande artère centrale et les *places Dorian* et *de l'Hôtel-de-Ville* (principaux hôtels), par l'*avenue Denfert-Rochereau*, la *place Fourneyron* et la *rue de la République*, en laissant à g. le *lycée* et l'*église Sainte-Marie*, bel édifice moderne, à trois coupoles, de style romano-byzantin.

L'*hôtel de ville*, somptueux et massif édifice moderne, a un perron orné de deux statues, par Montagny : *la Métallurgie* et *la Rubannerie*. Derrière l'hôtel de ville s'étend la belle **place Marengo**, ornée de parterres et de bassins (hôtel des *postes et télégraphes; préfecture*; à g., sur la *place Paul-Bert, église Saint-Charles*).

Les quartiers de la ville situés au N. de la place Marengo n'offrent rien d'intéressant, sauf la *manufacture nationale d'armes* (fermée au public; 10,000 ouvriers), vaste construction moderne précédée d'une place. Il vaut mieux suivre au S. la grande voie centrale de la ville appelée successivement *rue de Paris, rue du Général-Foy, rue Gambetta* et *rue d'Annonay*.

On laisse à dr. la *rue des Jardins* (*palais de Justice*, au S.-O. duquel est l'*église Saint-Ennemond*, édifice de style classique, bâti sous la Restauration), puis la *rue Sainte-Catherine*, où s'élève **Saint-Etienne-la-Grand**, vieille église pittoresque du XVe s., et la seule ancienne de la ville (toile peinte en témoignage du vœu fait pendant la peste de 1628). A côté de l'église Saint-Etienne subsistent quelques *maisons* du XVIe s.

Plus loin on rencontre la *place du Peuple*, communiquant, à dr., avec la *place Gambetta*, où sont le *théâtre* et l'*école de dessin*, du style Louis XIII, bâtie à mi-côte de la colline Sainte-Barbe, et entourée d'un square (grotte en rocaille). Sur la colline (belle vue d'ensemble de la ville), la *chapelle de Bon-Secours* est surmontée d'une Vierge.

Au delà de la place du Peuple, la rue Gambetta est bordée à g. par l'*église Saint-Louis* (XVIIe et XIXe s.); auprès se trouve l'*ancien lycée*.

Puis on voit s'ouvrir à dr. la place du **Palais des Arts**, édifice précédé d'un square (*monument des Enfants de la Loire* morts pour la Patrie, par Vermare et Varinard des Côtes) et renfermant le musée et la bibliothèque.

Le **musée** (public les dim., mardi, jeudi, de 10 h. à midi et de 2 h. à 4 h. ou 5 h.; visible t. l. j. pour les étrangers) renferme au rez-de-chaussée, à g. du vestibule (sculptures et moulages), un intéressant *musée d'armurerie* (3 salles); un escalier (tableaux et sculptures) conduit au 1er étage où se trouvent une *galerie de tableaux*, une *galerie de la rubannerie*, la *salle de l'orfèvrerie*, la *salle lyonnaise* (soieries et broderies), une *salle de céramique et d'ameublement*, la *salle des soieries orientales*; au 2e étage, *musée d'histoire naturelle* (belle collection minéralogique).

La rue qui s'ouvre en face du palais des Arts, la *rue de la Badouillère*, mène au *Jardin des Plantes*, promenade en terrasse mal entretenue, d'où l'on revient à la gare en passant entre le lycée et l'*école professionnelle*, qu'avoisine l'*école des mines*, fondée en 1816 (belle collection de minéralogie et de géologie).

Avant d'atteindre le lycée, on laisse à g., près de la *place Chavanelle*, l'*église Notre-Dame* (1670; remarquable *chaire* du XVIIe s.).

[A 3 k. S.-E., anc. église abbatiale de *Valbenoite*, de 1222 (façade moderne). — Voit. publique (50 c.) pour (7 k. S.-E.) *Rochetaillée*, vieux b. très pittoresque, suspendu à 800 m. d'altit. au-dessus de la vallée du Furens, sur une crête faisant partie de la ligne de partage des eaux entre la Loire et le Rhône (ruines d'un *château* sur un rocher blanc quartzeux), et pour (9 k.) le *Barrage du Gouffre d'Enfer*, qui retient dans un immense réservoir les eaux du Furens pour l'alimentation de la ville et des usines de Saint-Etienne.]

De Saint-Etienne à Craponne et Saint-Bonnet, Montbrison, Thiers, Ambert, Billom et Clermont, R. 38; — à Firminy, Yssingeaux, le Puy, Langeac et Brioude, R. 39.

Tunnel de 1,298 m. — 83 k. *Terre-Noire*, 5,264 hab. — Vallée du Janon; on franchit le Gier.

91 k. **Saint-Chamond***, 15,469 hab., V. industrielle, au confl. du Gier et du Janon (églises St-Pierre, XVIe-XVIIe s., et N.-D., moderne, style du XIIIe s.; au jardin public, derrière la mairie, *buste du Président Carnot*). — On descend le Janon, sur lequel est établi un immense *barrage* pour l'alimentation des fontaines de Saint-Chamond et l'amélioration du régime du Gier. On descend le Gier (rive dr.) jusqu'à Givors. A g., forges et haut fourneau de *l'Horme*, et *Saint-Julien-en-Jarrel* (église du XIVe s.).

96 k. *Grand'Croix*, 4,928 hab.

98 k. *Lorette*, 4,522 hab. (*église* de 1856).

101 k. **Rive-de-Gier***, 16,087 hab. (buffet), V. industrielle (houillères, verreries, etc.), sur le Gier et le canal de Givors. — Tunnel de 500 m.; à g., tunnel abandonné.

102 k. *Couzon* (forges; au S., réservoir du canal de Givors, avec belle chute d'eau). — 2 tunnels. — A g., *Châteauneuf* (ruines d'un château).

106 k. *Trèves-Burel*. A g., embranchement des mines de *Tartaras* (restes d'un prieuré). — 5 tunnels; à g., souterrain du canal de Givors.

110 k. *Saint-Romain-en-Gier*. — Tunnel. — A g., château de *Manevieux* (XVe s.).

115 k. **Givors***, V. industrielle de 12,132 hab., au pied d'une colline couverte des débris d'un château (vue magnifique),

confluent du Rhône et du er, et à l'embouchure du nal de Givors (21 k. de long.), eusé le long du Gier, pour le ansport des houilles. — Verries.

A Chasse, R. 20, p. 110; — à Nimes, . 34.

Franchissant le Gier et le nal de Givors, on passe sous ligne de Nimes (R. 34), puis n remonte le Rhône (rive dr.) squ'à Lyon.

117 k. Givors-Canal, et 20 k. e Givors-Canal à (137 k.) Lyon R. 34).

ROUTE 37

DE LYON A MONTBRISON

) k. — Ch. de fer, en 3 h. 10 à 4 h. 5. — 8 fr. 85; 5 fr. 95; 3 fr. 90.

Tunnel de la Loyasse (1,400 m.). - 2 k. *Lyon-Gorge-de-Loup*. — près avoir croisé la ligne de 'aris à Lyon, on passe un tunel. — 4 k. *Ecully-la-Demi-Lune* école d'agriculture). — 5 k. 6. *'assin*. — La voie remonte le allon du ruisseau de Charbonières. — 8 k. *Le Méridien*.

9 k. *Charbonnières*, charmant . but de promenade des Lyonnais (sources d'eau ferrugineuse utilisée dans un établissement, vec casino). — 12 k. *La Tour-le-Salvagny*, sur une hauteur 355 m.; vue du Mont-d'Or). — 6 k. *Lentilly* (château de *Cruols*, xv° s.). — Viaduc de 13 rches sur le ruisseau du Buvet. — 19 k. *Fleurieux-Lozanne*. — La voie descend dans la vallée le la Brevenne; tunnel.

23 k. L'Arbresle, localité desservie également par le ch. de fer de Roanne à Lyon (*V.* p. 44). — Laissant à l'E. la vallée de la Turdine et la ligne de Tarare, le ch. de fer de Montbrison remonte la charmante *vallée de la Brevenne*.

26 k. *Sain-Bel*, 1,819 hab. (château ruiné; à 2 k. O.-N.-O., restes de l'*abbaye de Savigny*). — 31 k. *Bessenay*, 2,039 hab. (église dans l'enceinte d'un ancien château). — 34 k. *Courzieu-la-Giraudière*. — La voie franchit la gorge du Rossant; puis la vallée de la Brevenne se change en un défilé où les travaux d'art se succèdent rapidement. On franchit la rivière en face de Saint-Genis-l'Argentière (restes de *remparts*).

43 k. *Sainte-Foy-l'Argentière*, 1,221 hab. — 50 k. *Meys*. — *Tunnel de Viricelles* (625 m.), point culminant (514 m.) de la ligne, creusé dans la mont. de *la Croix-des-Rampeaux* (650 m.), ligne de partage des eaux entre le bassin de la Méditerranée par la Brevenne et celui de l'Océan par l'Anzieux, affl. de la Loire.

53 k. *Viricelles-Chazelles* (buffet), station (voit. publiques) de (3 k. S.-E.) *Chazelles-sur-Lyon*, 5,607 hab., V. industrielle, et (11 k. E.-S.-E.) *Saint-Symphorien-sur-Coise*, 2,459 hab., curieuse petite V. ancienne (*porte de Riverie*) sur un promontoire dominant la Coise et l'Orzon. — Par la gorge d'Anzieux la voie va déboucher dans la plaine de la Loire. — 60 k. *Bellegarde-Saint-Galmier*.

63 k. Montrond, où l'on croise le ch. de fer de Roanne à Saint-Etienne (R. 36). — On franchit

la Loire sur un viaduc de 20 arches, au-dessous des ruines du château de Montrond. — 67 k. 5. *Boisset-le-Cerizet*. — 72 k. 5. *Grézieux-le-Fromental*. — 79 k. Montbrison (R. 38).

ROUTE 38

DE CLERMONT A SAINT-ÉTIENNE

137 k. — Ch. de fer, en 5 h. 25 à 5 h. 40. — 15 fr. 35; 10 fr. 35; 6 fr. 75.

A dr., *puys* bitumineux *de la Sault* (340 m.) et *de la Poix* (349 m.). — 6 k. *Aulnat*, 1,244 hab. (sucrerie et distillerie de *Bourdon*). — On franchit l'Allier.

13 k. *Pont-du-Château* *, 3,093 hab. (*église Sainte-Martine*, beau type du style roman auvergnat; *N.-D. de Paulhac*, XVIe s.; *hôtel de ville*, ancien château du XVIIIe s.; mines de bitume).

16 k. *Vertaizon*, 1,909 hab., à 2 k. S. (*église* du XIIIe s. et *château* ruiné du XIe).

[De Vertaizon a Billom (9 k.; ch. de fer, en 20 min.; 90 c., 60 c., 50 c.). — 9 k. **Billom** * 4,275 hab.; *église Saint-Cerneuf*, XIe, XIIIe et XIVe s. (tombeau d'Aycelin de Montaigu, archevêque de Narbonne, ✝ 1318); sur une vieille tour, *beffroi* du XVIe s.; maisons anciennes.]

A g., sur une colline isolée, *tour de Courcour*. — 20 k. *Seychalles-Moissat*. Seychalles est remarquable par sa production intense de choux, d'aulx, de graines potagères, exportés dans toute la France. — A dr., beau *château* féodal *de Ravel*.

25 k. *Lezoux*, 3,641 hab. (beaux vitraux dans l'église; fabr. de poteries). — A dr., *Peschadoire* (tour ruinée).

35 k. *Pont-de-Dore* (buffet).

[De Pont-de-Dore a Darsac (114 k.; ch. de fer, en 4 h. 15 et 4 h. 40; 12 fr. 80, 8 fr. 65, 5 fr. 65). — On aperçoit à 5 k. à g. la V. de Thiers. A dr., *Peschadoires*, 1,087 hab. (*croix* Renaissance). — 5 k. *Néronde* (église romane). — Au delà de la Dore, châteaux (XVe s.) de *la Barge* et de *Bélime*. — 10 k. *Courpière*, 3,665 hab. (*église* romane, fortifiée au XVe s., avec saint-sépulcre de cette époque; maisons curieuses). — On remonte l'étroite vallée de la Dore (tunnels). — 27 k. *Olliergues*, 1,737 hab. — Tunnels. — 35 k. *Vertolaye*, au débouché d'un beau vallon. — Au delà de 2 tunnels on entre dans la plaine du *Livradois*.

48 k. **Ambert** *, 7,648 hab., ch.-l. d'arr. *Eglise* de 1471-1518; *maisons* des XVe et XVIe s.; belle *fontaine* en granit; fabr. de chapelets et de dentelles. A 9 k. 1, *Job*, 2,440 hab. (église du XVe s.; croix moderne sculptée; château moderne d'*Hautpoul*, style Louis XIII), d'où se fait en 3 h. l'ascens. de *Pierre-sur-Haute* (1,640 m.), sommet principal des monts du Forez.

56 k. *Marsac*, 2,751 hab. (église du XIe s.). — A g., *Beurières*, 1,064 hab. (*église* des XIIe et XVe s.). — On franchit la Dolore près de son confluent avec la Dore.

64 k. *Arlanc*, 3,247 hab. (*église* romane; petit établissement d'eaux ferrugineuses et gazeuses). — La voie remonte par une forte pente les magnifiques gorges de la Dore, que suivent les gorges de son affl. le torrent de Saint-Alyre. — 69 k. *Magres* (*église* du XVe s.). — Tunnel. — 73 k. *Saint-Sauveur*.

89 k. **La Chaise-Dieu** *, 1,774 hab (fabr. de dentelles), sur un plateau à 1,100 m., est célèbre par son abbaye, fondée en 1044 et dont il reste l'*église* (XIVe s.), qui est, après la cathédrale de Clermont, l'édifice gothique le plus important de l'Auvergne (*tombeau de Clément VI*, qui avai

été religieux au monastère, *stalles* du XVe s., tapisseries du XVIe, peinture de *la Danse des morts*), la *tour Clémentine*, le *cloître* et des bâtiments du XVIIIe s., affectés à divers services municipaux (à l'hospice, *salle de l'Echo*). *Maison romane*.

94 k. *Sembadel*, station à la jonction du ch. de fer de Craponne (*V.* ci-dessous, p. 217). — 104 k. *Allègre*, 1,777 hab. (ruines d'un *château* du XIVe s.; *N.-D. de l'Oratoire*, chap. de 1630, avec litre funèbre; porte de l'Horloge). Ascens. en 25 min. du *mont de Bar* (1,167 m.), anc. volcan boisé de hêtres. — 114 k. Darsac (R. 39).]

De Pont-de-Dore à Vichy, R. 35.

On franchit la Dore.

37 k. *Courty*, à la jonction de la ligne de Vichy (R. 35). — Tunnel.

39 k. **Thiers** *, l'antique *Tigernum*, 17,625 hab., une des villes les plus pittoresques (nombreuses maisons du XVe s.), les plus curieuses et les plus industrieuses de France, montant de la rive dr. de la Durolle sur le rapide versant d'une montagne. En sortant de la gare, on prend l'*avenue de la Gare*, continuée par la *rue des Grammonts*, à dr. de laquelle la *rue Nationale* descend à la *terrasse du Rempart* (vue magnifique) et à la *place de la Mairie*, reliée par la *rue du Bourg* à la *place du Piroux* (*château du Piroux*, XVe s.). De là par la *rue du Château* on parvient à l'*église Saint-Genès*, bel édifice roman, à l'E. duquel une rue mène à l'*église Saint-Jean* (XIIe et XVe s.); à l'O. ou au S., des rues rapides aboutissent à la longue *rue de la Durolle*, habitée par des ouvriers et des artisans, par laquelle on descend au bord de la rivière pour la franchir. Le pont (XVe s.) franchi, on trouve à g. une avenue allant à l'*église* romane *du Moûtier* (beaux chapiteaux). A g. de l'église, la route du *Cordon* remonte la rive g. de la Durolle, le long de laquelle on voit les principales usines de Thiers, coutelleries ou papeteries. A mi-côte, on trouve le *pont Saint-Jean* (XIIIe s.), qui débouche sur un chemin pierreux montant à l'église Saint-Jean (*V.* ci-dessus).

[Ascens. en 5 h. (en voit. jusqu'à 1 h. du sommet) du *Puy de Montoncel* (1,292 m.; vue magnifique).]

On remonte jusqu'à Noirétable la vallée de la Durolle (nombreux tunnels et viaducs).

44 k. *Saint-Rémy-sur-Durolle*, 5,332 hab. (2 k. 5 N.). — 47 k. *Celles*. — A g., puy de Montoncel.

52 k. *Chabreloche*. — On quitte la Durolle naissante, pour passer en tunnel du bassin de l'Allier dans celui de la Loire.

64 k. *Noirétable* *, 2,214 hab., à 727 m. (*église* ogivale du XVe s.). — On descend la gorge de l'Auzon.

68 k. *Saint-Julien-la-Vêtre*. — 3 tunnels. — 73 k. *Saint-Thurin*. — 3 tunnels. — 79 k. *L'Hôpital-sous-Rochefort*.

83 k. **Sail-sous-Couzan** *, station thermale (sources froides, bicarbonatées mixtes ou ferrugineuses bicarbonatées gazeuses), à 2 k. 5 S., au confl. du Chagnon et du Lignon que domine un promontoire escarpé (647 m.) portant les ruines du *château de Couzan* (XIIe et XIVe s.). — La voie ferrée franchit le Lignon.

94 k. *Boën*, 2,808 hab., pittoresquement bâti à 461 m., sur la rive g. du Lignon (truites).

Eglise du xve s. Château du xviiie s.

[A 6 k. E., **château de la Bâtie**, antique manoir féodal où Honoré d'Urfé écrivit, à la fin du xvie s., son roman de l'*Astrée*.

De Boën a Roanne (53 k. ch. de fer, en 3 h. à 3 h. 15; 5 fr. 45 et 3 fr.). — 7 k. *Bussy-Albieux*. — 12 k. *Saint-Germain-Laval*, 2,052 hab. (château en partie ruiné; maisons de la Renaissance). — 26 k. *Saint-Polgues*. — 34 k. *Saint-Jean-Saint-Maurice*, stat. desservant 2 v. dont les ruines féodales dominent le cours de la Loire, qui coule au fond de gorges superbes (énorme rocher appelé *Saut du Perron*). — 40 k. *Saint-Alban*, station thermale (V. p. 44). — 43 k. *Saint-André-d'Apchon*, 1,672 hab. (château, xve s. et Renaissance; à l'église, vitraux du xvie s.). — 47 k. *Pouilly-les-Nonains* (*château de Boisy*, xve-xvie s.). — 53 k. Roanne (V. p. 43).]

Le ch. de fer longe à dr. la chaîne du Forez; à g., plaine de la Loire, où se montrent assez près de la voie les collines volcaniques de *Montverdun* et du *Mont d'Uzore* (540 m.), dont le sommet est occupé par un séminaire et une maison de retraite pour les ecclésiastiques.

93 k. *Marcilly-le-Pavé*, 1,077 hab. — A g., *Chalain-d'Uzore* (château). — 99 k. *Champdieu* (*église* fortifiée des xiie et xve s.). — A g., château de *Vaugirard*. On franchit le Vizezy.

104 k. **Montbrison** *, 7,520 hab., ch.-l. d'arr., sur le Vizezy et au flanc de la *butte* volcanique *du Calvaire*, au sommet (belle vue) de laquelle subsistent les restes d'un château, dépendant d'un couvent. Elle est entourée de boulevards où se voient les restes des *remparts*. — *Eglise* (1220-1443; belles verrières modernes), qui dépendait d'une abbaye dont il reste la salle capitulaire ou *salle de la Diana*, renfermant les archives de la Société du même nom, la Bibliothèque de la ville et qui a pour dépendance un *musée* archéologique. — *Jardin public* (*statue* du poète *Victor de Laprade*), qu'avoisine le *musée d'histoire naturelle*. — *Maisons anciennes*).

A Montrond et à Lyon, R. 37.

A dr., *Moingt*, 1,211 hab., anc. ville romaine (*église* du xiie s.; *donjon* du xiiie; *chapelle Sainte-Eugénie*, xive s.; source minérale). — On croise la Curaize.

111 k. *Saint-Romain-du-Puy*, 1,998 hab., au pied d'une butte basaltique portant les ruines d'un *prieuré*. *Eglise* romane. — Plaine de la Loire.

116 k. *Sury-le-Comtal*, 2,772 hab. (château Renaissance).

119 k. **Bonson**.

[De Bonson a Sembadel (67 k.; ch. de fer, en 2 h. 50 et 3 h. 50; 7 fr. 50, 5 fr. 05, 3 fr. 30). — A g., sur un mamelon, *château de Batailloux* (xviiie s.). — 4 k. *Saint-Marcellin*, 2,060 hab., au bord de la Mare (église romane; château ruiné). — 12 k. *Périgneux*, 1,905 hab. (*église* ogivale; carr. de granit). — 19 k. *Luriecq*, 1,112 hab. (*église* de 1543, avec stalles sculptées). — 27 k. *Saint-Bonnet-le-Château* *, 2,272 hab., petite cité d'aspect féodal, au pied du *Mont-Mil* (945 m.), devint au xive s. le siège d'une communauté de « prêtres sociétaires », dont l'*église* (xve-xvie s.) est bâtie sur une crypte ornée de *fresques* anciennes. Restes d'un château. Fabr. de dentelles.—32 k. *Estivareilles*, 1,264 hab., sur l'Andrable (2 portes, xvie s., des anc. remparts). — 40 k. *Usson*, 2,929 hab. (restes d'un château; clocher de 1601; fabr. de serrures et de dentelles). A 4 k. S., *Saint-Pal-de-Chalençon*, 2,156 hab., à 875 m., dans

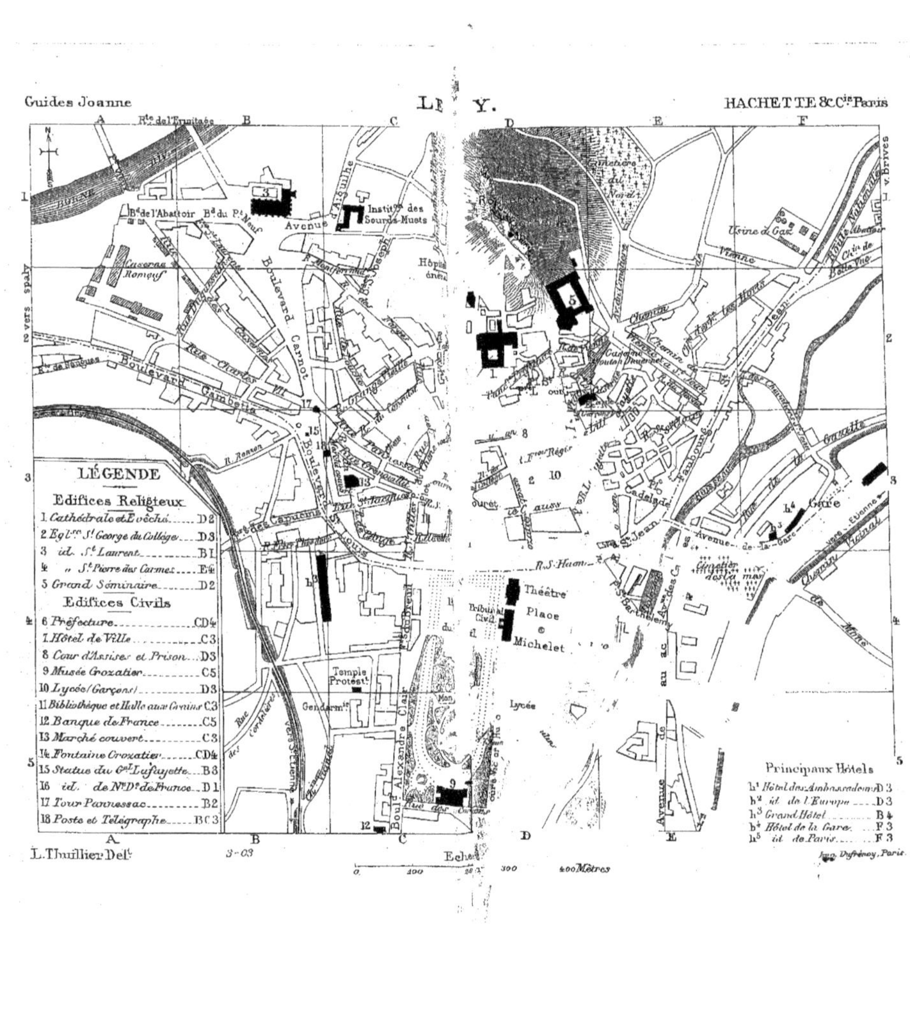

Guides Joanne
HACHETTE & Cie Paris
LÉGENDE
Edifices Religieux
1 Cathédrale et Evêché ...... D 2
2 Égl. St George du Collège ... D 3
3 id. St Laurent ...... B 1
4 " St Pierre des Carmes .... E 4
5 Grand Séminaire ...... D 2
Edifices Civils
6 Préfecture ...... CD 4
7 Hôtel de Ville ...... C 3
8 Cour d'Assises et Prison ... D 3
9 Musée Crozatier ...... C 5
10 Lycée (Garçons) ...... D 3
11 Bibliothèque et Halle aux Grains C 3
12 Banque de France ...... C 5
13 Marché couvert ...... C 3
14 Fontaine Crozatier ...... CD 4
15 Statue du Gal Lafayette ... B 3
16 id. de Nre Dme de France .. D 1
17 Tour Pannessac ...... B 2
18 Poste et Télégraphe ...... BC 3
Principaux Hôtels
h1 Hôtel des Ambassadeurs D 3
h2 id. de l'Europe ...... D 3
h3 Grand Hôtel ...... B 4
h4 Hôtel de la Gare ...... F 3
h5 id. de Paris ...... F 3
Boulevard Carnot
Boulevard Gambetta
Avenue d'Aiguilhe
Instit. des Sourds-Muets
Caserne Romeuf
Théâtre
Place Michelet
Temple Protestt
Lycée
Avenue de la Gare
Gare
Usine à Gaz
Route Nationale
L. Thuillier Delt
Imp. Dufrénoy, Paris

une belle région de plateaux accidentés (*château* du XVe s. servant de presbytère; 3 portes des anc. fortifications). — On traverse l'Ance. — 53 k. *Craponne-sur-Arzon* *, 3,767 hab. (tour de l'Horloge, XIIIe s.; maisons curieuses). — 65 k. *La Souchère-les-Bains* (établissement thermal d'eau ferrugineuse et gazeuse). — 67 k. Sembadel, où l'on joint la ligne de la Chaise-Dieu à Darsac (*V.* p. 215).]

Pont sur la Loire. — 122 k. *Andrézieux*, sur la rive dr. de la Loire, au confl. du Furens, est l'entrepôt des houilles du bassin de Saint-Etienne. — 125 k. Saint-Just-sur-Loire, et 12 k. de Saint-Just à (137 k.) Saint-Etienne (R. 36).

ROUTE 39

DE BRIOUDE A SAINT-ÉTIENNE

PAR LE PUY

161 k. — Ch. de fer, en 5 h. 50 et 6 h. 50. — 18 fr. 25; 12 fr. 30; 8 fr. 05.

24 k. de Brioude à Saint-Georges-d'Aurac (R. 33). — 29 k. *Aurac-Lafayette*. — 31 k. *Rougeac*. — A dr., *Mont-Coupe* (802 m.); forte courbe autour du *Mont-Briançon* (1043 m.); tunnel; la voie domine la gorge boisée de la Fioule; viaduc de *Vailhac*; à dr., ruines du château de *Vissac*. — 43 k. *La Chaud*. — 48 k. *Fix-Saint-Geneys*, à 1,112 m. — Tunnel de 2,076 m.

56 k. *Darsac*, stat. d'où part la ligne de Craponne-Saint-Bonnet-Bonson et la Chaise-Dieu-Ambert (*V.* ci-dessus et p. 214-215).

59 k. *Lissac*. — La voie suit la vallée de la Borne (belle vue sur le château de la Roche-Lambert, Allègre et le Mont-de-Bar).

63 k. *Borne*.

[Excurs. à (5 k.) *Saint-Paulien*, 2,696 hab., qui a remplacé la V. antique de *Revessio* (*église* romane, avec clocher du XIVe s.); ret. (5 k.) par le *château de la Roche-Lambert* (XVe s.), bizarrement incrusté dans l'excavation d'une muraille de basalte; à l'int., collection d'art et d'archéologie.]

On franchit la Borne. A g., *château de Saint-Vidal*; à dr., magnifiques gorges de la Dorne; tunnel; à dr., ruines du château de *Barrel* et *château* moderne *de la Bernarde*, puis château de *Ceyssac*; pont sur la Borne. Belle vue sur la ville du Puy.

77 k. **Le Puy** * (buffet), 20,570 hab., ch.-l. de la Haute-Loire, évêché, est une des villes les plus pittoresques de France. Elle est située à 625 m., au centre d'un bassin de montagnes, à 3 k. de la rive g. de la Loire, entre la Borne et le ruisseau de Dolezon. La ville du moyen âge s'étage sur le versant du Mont-Anis, au sommet duquel se dresse le rocher Corneille (brèche volcanique) surmonté d'une statue colossale de la Vierge. D'autres dykes volcaniques surgissent aux environs : celui d'Aiguilhe au N., couronné par une église, celui d'Espaly à l'O., etc. Au pied de la vieille ville s'étendent des quartiers modernes, avec de larges boulevards et la place du

Breuil, centre animé de la ville.

De la gare (tram électrique pour la place du Breuil, 10 c.), on descend à g. l'*avenue de la Gare*, on franchit le Doleson (à g., *église Saint-Pierre*, ou des *Carmes*, xve s.) et l'on atteint à g., par le *boulevard Saint-Jean*, la **place du Breuil**, décorée d'une *fontaine* due à la munificence de *Crozatier* (17 statues en bronze : au sommet, la Ville; à ses pieds, la Loire, l'Allier, la Borne et le Dolezon, et, plus bas, quatre groupes de Génies; sculptures de Bosio neveu). Le côté S. est formé par la *préfecture* et le **jardin public** (*portail roman* provenant de Vorey; *monument de 1870*), au fond duquel est le **Musée Crozatier.**

Au rez-de-chaussée, à dr. du vestibule (statues et moulages), se trouvent le *musée lapidaire*, la salle du *mobilier archéologique* et une petite salle d'*antiquités préhistoriques* : à g., les *galeries Alexandre-Clair* (collections de modèles de mécanique, de minéralogie et de paléontologie). Au fond du vestibule, salle d'*antiquités romaines*. L'escalier est décoré de cartes en relief de la région et de copies de peintures du moyen âge (Danse macabre de la Chaise-Dieu). Sur le palier intermédiaire, *salle d'ethnographie*. — Au 1er étage : *musée de peinture*, *galerie d'histoire naturelle* et *salle des dentelles*.

De la place du Breuil, on pénètre dans la vieille ville par la *rue Porte-Aiguière*, qui aboutit à la *place du Martouret* (à g., *hôtel de ville*, du xviiie s.). On laisse à dr. la *rue du Collège*, où sont le *lycée* et sa chapelle ou *église Saint-François-Régis* (1605), et l'on monte en face par des ruelles à la cathédrale.

La **cathédrale Notre-Dame** a été bâtie au commenc. du xiie s. dans le style roman. Un escalier de 60 marches conduit à la façade (alternance de pierres de différentes couleurs) et se continue dans le *porche* qui règne sous les 2 premières travées des trois nefs et sous les 2 travées suivantes de la grande nef (aux portes des bas-côtés, curieuses sculptures sur bois et inscriptions du xie s.). L'escalier se bifurque à dr. et à g. pour atteindre le sol de l'église. Le bras de g. pénètre dans le **cloître** (grille romane), du xie ou xiie s., avec galerie plus ancienne. A ce cloître est adossé un bâtiment à mâchicoulis du xiiie s. se rattachant à un système de murailles qui séparait l'enceinte claustrale du reste de la cité. Par l'escalier de dr. on rentre dans l'église par la *porte latérale S.* (transept), magnifique type de l'art roman bourguignon. Cette porte donne sur la *place du For* (belle vue; porte construite avec des pierres antiques), bordée à dr. par l'*évêché*. Au chevet, dans la cour de la *maison de la Prévôté*, les murs sont remplis de débris lapidaires gallo-romains. L'église porte à la croisée une coupole romane, mais moderne : le véritable **clocher**, magnifique tour romane, haute de 56 m., se dresse isolé au N. du chœur.

A l'int. : *chapiteaux* remarquables ; au-dessus du maître-autel, statue vénérée de *N.-D. du Puy* ; *tableaux* relatifs à l'histoire religieuse du Puy ; *chemin de croix* moderne en émaux.

En sortant de la cathédrale par la porte en haut du bas-côté g., on trouve à g. une ruelle à l'extrémité de laquelle commence la montée du rocher Corneille (entrée, 10 c.). Dans cette ruelle se trouve, à dr., le **baptistère Saint-Jean**, du IVe s.

Sur la plate-forme du **rocher Corneille** (132 m. au-dessus de la place du Martouret, 757 m. au-dessus de la mer) se dresse la **statue en bronze de Notre-Dame de France** (pèlerinage le 15 août). Cette statue, haute de 16 m. sur 4 m. de diamètre moyen, repose sur un piédestal octogonal de 6 m. 70. Le monument se compose de 80 pièces ajustées. On monte dans l'intérieur (escalier). Du rocher, panorama admirable.

Revenu à la cathédrale, on en sort par la porte principale pour descendre, par le grand escalier, à la *rue des Tables* (maisons anciennes; *fontaine* du XVe s.). Cette rue se continue par la *rue Grangevieille*, qui va aboutir près de la *tour Pannessac*, reste de l'anc. enceinte, sur les boulevards (à g., *statue de La Fayette*, œuvre de Hiolle). A dr., le *boulevard Carnot* conduit à l'*église Saint-Laurent* (XIVe s.), renfermant le **tombeau de Du Guesclin.**

En longeant l'église à dr., on se rend à *Aiguilhe*, faubourg de la ville, où un *dyke* volcanique (85 m. de haut.) porte l'église de **Saint-Michel-d'Aiguilhe**, bâtie de 962 à 984 et dont la *porte* est un merveilleux morceau de sculpture du XIe s.; le *clocher* est une réduction de celui de la cathédrale. — Au pied du dyke, dans le v., est une *chapelle* octogonale du XIIe s.; à côté, *croix* du XVIe s.

La principale industrie du Puy est la fabrication des dentelles et des blondes en fil de laine, de lin, de coton, de soie, d'or et d'argent; mais elle est moins prospère qu'autrefois, et on a dû lui adjoindre celle de la passementerie.

[A 1,500 m. O. (tram électrique), sur la rive dr. de la Borne, **Espaly** est situé au pied d'un rocher de brèche volcanique creusé d'une *grotte* préhistorique et d'une *grotte-chapelle* (pèlerinage *de Saint-Joseph-de-Bon-Espoir*). En face, sur la rive g. de la Borne, les **Orgues d'Espaly** se dressent au flanc du massif basaltique de la *Croix de Paille*.

A 4 k. 5 N.-O., **Polignac** est bâti au pied et autour d'une table basaltique coupée à pic (806 m.) et portant une des ruines féodales les plus imposantes de la France. Ce **château** (s'adresser au gardien pour visiter), berceau d'une famille célèbre, offre un *donjon* carré, du XIVe s. (du sommet, vue splendide), et un vaste ensemble de ruines, particulièrement du XIIe au XVe s. On y remarque un magnifique puits, appelé l'*Abîme*, profond de 85 m. — Dans le v., *église* romane avec de belles sculptures et des inscriptions romaines encastrées dans les murs.

Du Puy a Aubenas par le Monastier (86 k.; routes de voit.; serv. publics du Puy au Monastier et de Montpezat à Aubenas). — 4 k. *Charensac*, où l'on franchit la Loire. — 5 k. *Brives*. — 7 k. *Pont de Peyrard*, sur la Gagne (à g., route des Estables). — 11 k. A dr., chemin du *château de Bouzols*, l'un des plus anciens du Velay.

20 k. *Le Monastier* *, 3,743 hab., dominé à l'E. par les escarpements de lave rouge de *la Moutette* (1,035 m.), doit son origine à une abbaye fondée vers 680 par Calminius, comte d'Auvergne, et dont il subsiste notamment le cloître (1754), servant de halle, les bâtiments claustraux, occupés par la mairie, et l'*église*, des XIe, XIIe et XVe s. (clocher octogonal moderne; au S. du chœur, dans la *chapelle Saint-Théofred*, de la Renaissance, retable de l'époque et châsse du Xe s. contenant les reliques du St; à la sacristie, tombeau du XVe s.). A 15 k. E.-S.-E., v. des *Estables* *,

1,063 hab., à 1,344 m., d'où l'on peut faire une belle excursion au **Mézenc** (1,751 m.), au **Gerbier de Jonc** (1,551 m.), à la *source de la Loire* et à la *chartreuse de Bonnefoy*.

39 k. 5. *Le Béage*, 1,562 hab., à 1,256 m. A 6 k. S.-O., curieux *lac d'Issarlès*. — Après avoir parcouru un plateau (1,298 m.) on descend vers le val de la Loire. — 51 k. *Usclades*. — La Loire franchie au pont de *la Vestide* (à 1,151 m.), on monte au *col du Pal* (1,194 m.), ouvert dans l'arête reliant le *Suc de Bauzon* (1,474 m.) au *Suc du Pal* (1,405 m.), le plus beau cratère du Vivarais. — La route descend dans la vallée de la Fontollière. — 65 k. Montpezat, et 21 k. de Montpezat à (86 k.) Aubenas (*V.* p. 221-222).]

La voie franchit la Borne (viaduc de 14 arches) pour gagner la vallée de la Loire, dont elle va descendre sur un long parcours les gorges pittoresques. Tunnels; ponts sur la Loire, notamment celui de *Peyredeyre*, au confl. de la Sumène sortant d'un superbe défilé rocheux, et le pont de *Lavoûte*, dominé par le *château* ruiné du même nom.

89 k. *Lavoûte-sur-Loire* : bif. pour Yssingeaux.

[De Lavoute a Raucoules-Brossettes (43 k.; ch. de fer, en 2 h. 25). — 23 k. **Yssingeaux** *, 7,643 hab., ch.-l. d'arr., sur un plateau (860 m.) près de la Siaulme. *Hôtel de Ville* dans l'anc. château (XVe s.). A l'*église*, *Descente de croix* par Sigalon. — 32 k. *Grazac*, 1,769 hab. — 36 k. *Lapte*, 2,813 hab. — 43 k. *Raucoules*, 1,300 hab.]

93 k. *Saint-Vincent*, 1,248 hab. (restes de l'abbaye de *Viaye*). — A dr., sur un rocher, *château* gothique *du Barou*.

98 k. *Vorey*, 2,147 hab., au confl. de la Loire et de l'Arzon. — 3 tunnels.

107 k. *Chamalières*, 1,067 hab., dans un beau site (vignobles au pied du *mont Gerbizon* (1,049 m.) faisant face au *mont Miaunes* (1,069 m.). *Eglise* romane d'un ancien prieuré, avec restes de tombeaux et d'autels du XIIe au XVe s.

111 k. *Retournac*, 3,630 hab. — 123 k. *Pont-de-Lignon*, stat. près de *Beauzac*, 2,328 hab., petit V. moyen âge. — Pont de 6 arches sur la Loire. Au delà de 3 tunnels on entre dans une vaste plaine formée des alluvions de la Loire.

128 k. *Bas-Monistrol*, stat. desservant *Bas-en-Basset*, 2,928 hab. (à 3 k. N.-O., ruines du *château de Rochebaron*), et (3 k. S E.) *Monistrol-sur-Loire*, 4,931 hab. (*château* des XVe et XVIe s.; église du XIIe s.). — 139 k. *Aurec*, 2,568 hab. (tour féodale).

142 k. *Semène*. — On franchit la Semène, puis, sur le viaduc de Cornillon, haut de 20 m., le ruisseau du Brunel, avant de passer en tunnel sous la mont. de *Saint-Paul-en-Cornillon* (*château* féodal *de Cornillon*, dont la 1re enceinte renferme l'*église* paroissiale, XIIe et XVe s.).

145 k. *Le Pertuiset*, ham., rendez-vous de bains, de chasse et de plaisir des Stéphanois. — Tunnel dans un isthme entre l'Ondaine et la Loire. — 146 k. *Fraisse-Unieux* (à g., embranch. pour Saint-Just, *V.* p. 210), centres industriels.

147 k. **Firminy** * (buffet), 16,903 hab., V. industrielle (mines de houille), sur une colline dominant l'Ondaine. *Porte* des anciens remparts; *église* moderne, style du XIIe s.

De Firminy à Annonay et à Peyraud, *V.* p. 204; — à St-Just, p. 210.

150 k. *Le Chambon-Feugerolles*, 11,528 hab., V. industrielle (*château* féodal *de Feugerolles*, XIe, XIVe et XVe s.), sur la rive g. de l'Ondaine.

153 k. *La Ricamarie*, 8,873 hab. (mines de houille, dont plusieurs galeries sont en combustion). — *Tunnel de la Croix-de-l'Orme* (2,081 m.). — 159 k. *Bellevue*. — 161 k. *Le Clapier*. — Viaduc courbe de 48 arches.

163 k. Saint-Etienne (R. 36).

ROUTE 40

DU TEIL A ALAIS

100 k. — Ch. de fer, en 3 h. 35 à 3 h. 55. — 11 fr. 30; 7 fr. 55; 4 fr. 95.

La voie remonte la vallée du Frayel et s'élève sur les contreforts S. du *Coiron*, chaîne couverte de déjections volcaniques, haute de 1,061 m. au *Pic de Gourdon*. A g., *Mélas* (église romane). On passe par un tunnel de 893 m. de la vallée du Frayel dans le bassin de l'Escoutay.

9 k. *Aubignas-Aps*. A 3 k. S.-O., *Aps*, 1,264 hab., a remplacé la V. antique d'*Alba Augusta* (restes d'un cirque au-dessus des ruines du *prieuré de Saint-Martin*; château du XVe ou du XVIe s.; ham. fortifié de *la Roche*). — 16 k. *Saint-Jean-le-Centenier* (à 3 k. 9 N., curieux rochers, troués de grottes préhistoriques, appelés *Rampes de Montbrun*). — La voie descend la jolie vallée de la Claduègne. A dr., *le Pradel*, ancienne maison de campagne d'Olivier de Serres.

22 k. *Villeneuve-de-Berg* *, 1,943 hab., à 3 k. S.-E., anc. V. forte fondée en 1283 (sur une terrasse d'où la vue est fort belle, *statue*, par P. Hébert, *d'Olivier de Serres*, 1539-1619, « le Père de l'agriculture française »). — Viaduc sur l'Auzon.

28 k. **Vogué** (buffet), berceau d'une illustre famille, à 1,500 m. N. de la gare, sur la rive g. de l'Ardèche. Château du XVIe s. servant de mairie.

[De Vogué a Aubenas, Vals et Nieigles-Prades (19 k.; ch. de fer, en 45 min.; 2 fr. 15, 1 fr. 45, 95 c.). — Pont sur l'Auzon. — 5 k. *Saint-Sernin*, d'où se détache à g. la ligne de Largentière (*V.* ci-dessous).

11 k. **Aubenas** *, 8,362 hab., V. industrieuse (usines à soie), sur une haute colline (308 m.) dominant la rive dr. de l'Ardèche. — A l'*église* (clocher du XVe s.), mausolée du maréchal d'Ornano. — *Château* des XIIIe-XVIe s. (mairie et tribunal). — *Chapelle* (1575) du collège.

12 k. *Pont-d'Aubenas*, faub. au bord de l'Ardèche. — 15 k. *Vals-les-Bains-Labégude*. — On franchit l'Ardèche. — 19 k. *Nieigles-Prades* : *Prades*, au S.-O., sur la Salindre, est au centre d'un bassin houiller bouleversé par des éruptions volcaniques.

Vals-les-Bains *, 4,025 hab., célèbre station thermale à 242 m., est allongée au fond de l'étroite vallée de la Volane. La rivière se divise en deux parties : sur la rive dr., le bourg (belle *église* moderne, style du XIVe s.), dominé par les restes d'un château; sur la rive g., le quartier des Bains, où sont le *Grand-Etablissement thermal*, l'*établissement Duplan* et le *Parc*, qui renferme le *Casino* et la *source Intermittente*. Les *sources minérales*, au nombre de 150, sont froides, bicarbonatées sodiques, gazeuses; mais les unes sont ferrugineuses, tandis que les autres ne contiennent pas de fer.

Excursions. — 3 k. S. Grottes de *Laularet*. — 3 k. S.-E. Village féodal d'*Ucel*. — 7 k. N. *Antraigues*,

1,329 hab., sur un rocher de basalte au-dessus du confl. du Mas, de la Bise et de la Volane; de là on monte au cratère caractéristique appelé *Coupe d'Aizac* (814 m.). — 4 h. N.-O. all. et ret. *Signal de Sainte-Marguerite* (986 m.). — 27 k. N.-O. all. et ret. *Pont-de-Labeaume*, beau site au confl. de l'Ardèche, de la Fontollière et de l'Allignon; ruines du *château de Ventadour* et *Jaujac*, 1,763 hab. (château ruiné), sur l'Allignon et au pied de la *Coupe de Jaujac*, ancien volcan dont le cratère est revêtu d'une châtaigneraie. — 16 k. N.-O. en voit., plus 2 h. à pied. *Neyrac-les-Bains* (sources minérales et établiss. thermal). *Thueyts*, 2,541 hab., sur le bord d'une plateforme soutenue par les immenses colonnades du **Pavé des Géants**, la plus belle chaussée basaltique du Vivarais, et ascens. de la *Gravenne* (845 m.). — 18 k. 5 N.-E. Ruines du *château de Boulogne* (xve et xvie s.). — 23 et 21 k. N.-O., par la vallée de la Fontollière. *Burzet*, 2,525 hab. (*église* gothique de 1400), et *Montpezat*, 2,019 hab., b. en deçà duquel on aperçoit dans un site étonnant les ruines du *château de Pourcheirolles* (xvie s.), dominant la Fontollière et la Pourseille (cascades).

De Vals au Béage, lac d'Issarlès, le Mézenc, le Gerbier de Jonc, le Monastier et le Puy, V. p. 219-220.

De Vogué à Largentière (18 k.; ch. de fer, en 45 min.; 2 fr., 1 fr. 35, 90 c.). — Au-dessus du confl. de la Ligne avec le Roubreau, château ruiné de *Montréal*. — 18 k. **Largentière** *, 2,354 hab., ch.-l. d'arr., est pittoresquement situé dans la gorge verdoyante de la Ligne. *Eglise* de transition avec flèche moderne. *Hospice* dans l'ancien château des évêques de Viviers. *Tour Argentière* (xiiie s.). *Porte des Récollets*. *Palais de justice*, de style grec.]

33 k. *Balazuc* (restes d'un château).

41 k. *Ruoms-Vallon*, sur la rive g. de l'Ardèche et à l'issue du magnifique **défilé de Ruoms**, dont la route (4 h. 30 à pied aller et ret.) est une des curiosités de la France. A 9 k. S.-E., *Vallon* *, 2,343 hab. (*pont suspendu* sur l'Ardèche; *mairie* dans un château du xviie s., avec des tapisseries du xve).

[A 14 k. O.-N.-O. de Ruoms, *Joyeuse*, 1,909 hab., V. ancienne, près de la Beaume (restes de remparts; mairie dans l'ancien château; église de 1669, avec chapelle seigneuriale plus ancienne; couvent de religieuses dans un collège d'Oratoriens fondé au xvie s.).

A 3 h. all. et ret. de Vallon, le **Pont d'Arc** *, une des merveilles naturelles de la France, est une grandiose arcade trouée par l'Ardèche dans une mince muraille calcaire qui formait primitivement l'isthme d'un méandre. En amont, dans les grandes murailles au pied desquelles coule la rivière, s'ouvrent des grottes dont la plus vaste est la *grotte du Temple*.

Descente en 5 à 8 h. suivant la hauteur des eaux (30 k. env.) du **cañon de l'Ardèche**, creusé dans le calcaire, remarquable par une végétation exubérante et qui offre un crevassement indescriptible de roches et de falaises vivement colorées. A 1 h. env. en amont de *Saint-Martin-d'Ardèche*, v. où la rivière débouche dans la grande plaine de la rive dr. du Rhône et où l'on débarque, on rencontre le rocher fantastique du *Castel-Vieil*, qui précède la **grotte de Saint-Marcel** (visite en 3 h.).]

La voie franchit l'Ardèche, en aval du confl. du Chassezac, puis court sur la rive dr. de ce torrent. — 48 k. *Grospierres*. — 55 k. *Beaulieu-Berrias*. — A dr., château de *Jalès*.

64 k. *Saint-Paul-le-Jeune*.

[Excurs. : — (6 k.) *bois de Païolive* (guide nécessaire; excursion recommandée), immense labyrinthe de roches grises, fracturées en tous sens, formant des cirques et des édifices fantastiques; — (11 k.: corresp., 1 fr.) *les Vans*, 1,948 hab.

(tours et porte des anciens remparts).]

Au delà d'un tunnel de 940 m. la voie descend dans la vallée de la Gagnières. — 69 k. *Gagnières.* — Viaduc sur la Gagnières; tunnel; pont sur la Cèze.

72 k. *Robiac*, 3,452 hab., sur la rive dr. de la Cèze (à l'église, tableau de Sigalon).

[Embranch. pour (3 k.; 65 c., 45 c., 30 c.) *Bessèges*, 9,040 hab., entre les hautes collines de la vallée de la Cèze (mines de houille, établissements métallurgiques, verreries), et pour (3 k.; 65 c., 45 c., 30 c.) *La Valette* (houillères de *Trélys*).]

76 k. *Molières-sur-Cèze.* — Tunnel.

81 k. *Saint-Ambroix**, 3,585 hab., sur la rive dr. de la Cèze, au pied d'un rocher qui porte les ruines d'un *château* (puits creusé dans le roc) avec une tour (horloge) de son ancienne chapelle, et une *chapelle* moderne semblable à une forteresse. — 2 tunnels; on s'éloigne de la Cèze.

86 k. *Saint-Julien-de-Cassagnas* (buffet), près de l'Auzonnet, à la jonction des lignes de (9 k.) Célas (*V.* p. 200) et du (11 k.) *Martinet* (mine d'antimoine).

[A 6 k. S.-E., station balnéaire des *Fumades* (sources sulfurées calciques bitumineuses), d'où l'on peut monter en 3 h. 30 au *Guidon du Bouquet* (631 m.).]

On franchit l'Auzon. — 91 k. *Salindres* (ruines d'un château du XIIIe s.; fabr. de produits chimiques). — On descend par un riant vallon vers le Gardon.

100 k. Alais (R. 33; buffet).

ROUTE 41

DE TARASCON A CETTE

PAR NIMES ET MONTPELLIER

105 k. — Ch. de fer, en 2 h. 5 à 5 h. 10. — 11 fr. 75; 7 fr. 95; 5 fr. 15.

La voie franchit le Rhône sur un *pont-viaduc* de 597 m. (8 arches), en aval du pont suspendu de Tarascon.

1 k. **Beaucaire***, 9,143 hab., au pied d'une colline escarpée dominant la rive dr. du Rhône. — Sur la colline, belles ruines d'un **château** des XIIIe et XIVe s. (chapelle romane convertie en petit musée). — *Hôtel de ville*, élégant édifice du temps de Louis XIV. — *Porte du Rhône*, reste des remparts. — *Maison* de la Renaissance. — Foire jadis très célèbre.

A Remoulins, *V.* p. 200-201.

Pont sur le *canal de Beaucaire à Aiguesmortes*; viaduc courbe; tunnel.

12 k. *Bellegarde.* — 17 k. *Manduel-Redessan.* — On franchit le Vistre.

23 k. *Grezan.* — A dr., ligne de Nimes à Lyon (R. 34). — A dr., près de Nimes, ligne de Clermont (R. 33).

27 k. Nimes (buffet; R. 33). — 31 k. *Saint-Cézaire* (église romane). — A dr., ligne de Sommières et du Vigan (R. 42); à g., embranch. d'Aiguesmortes (R. 33). — 35 k. *Milhaud.*

37 k. *Bernis* (à l'église, bornes milliaires servant de piliers et

tombeau du capitaine catholique Poul, tué en combattant les Camisards). — 39 k. *Uchaud.*

44 k. *Vergèze*, sur une colline dominant la vallée du Rhôny, région de grands vignobles appelée la *Vaunage*. — On franchit le Rhône. — 46 k. *Aigues-vives.*

48 k. *Gallargues*, 1,887 hab. (buffet). A l'église, abside romane. A 1,500 m. O.-S.-O., sur le Vidourle, ruines du **pont Ambroix**, qui conduisait à la station romaine d'*Ambrussum.*

[De Gallargues a Sommières (10 k.; chem. de fer, 30 min.). — Vallée du Vidourle. — 5 k. *Aubais* (*château* ruiné; *Roche d'Aubais*, dominant le ruisseau de Lissac, qui coule dans un défilé probablement taillé par les Romains). — 7 k. *Junas.* — 10 k. Sommières (R. 42).]

Laissant à dr. la ligne du Vigan, on franchit le Vidourle, célèbre par ses « vidourlades », ou inondations subites. — A g., ligne d'Arles.

54 k. **Lunel*** (buffet), 7,532 hab., dans une grande plaine couverte de vignobles (vins muscats renommés), à l'origine du *canal de Lunel*, qui débouche dans le *canal des Etangs* et dans l'étang de Mauguio. — Beau **parc public** (*le Remords*, marbre par Amy). — *Statues de la République éclairant le monde* et *du capitaine Ménard* (1862-1892), mort au Soudan.

[Embranch. de 6 k. pour Aimargues (p. 203), par *Marsillargues*, 3,684 hab., sur la rive dr. du Vidourle château de 1623).]

De Lunel à Sommières, R. 42.

57 k. *Lunel-Viel.* — A dr., tour de *Farges*. — 60 k. *Valergues-Lansargues.* — 63 k. *Saint-Brès-Mudaison.* — 65 k. *Baillargues.* — A dr., château ruiné de *Meyrargues.*

69 k. *Saint-Aunès* (vieux château), dépendant de *Mauguio*, 2,910 hab., à 4 k. S.-E., ancienne capitale du comté de Melgueil, au bord de l'*étang de Mauguio.*

71 k. *Les Mazes-le-Crès*, où se raccorde à dr. la ligne de Sommières (R. 42). — On franchit le Lez.

77 k. **Montpellier*** (buffet), 75,950 hab., ch.-l. de l'Hérault, siège d'un évêché, d'une université et du grand commandement du 16ᵉ corps d'armée, est bâtie dans une plaine fertile, à 10 k. de la Méditerranée et à 1 k. O. du petit fleuve côtier le Lez.

Devant la gare (tram électrique) s'étend un *square* (*monument de Planchon*, rénovateur de la viticulture, par Baussan). à dr. duquel la *rue Maguelone* (à dr., *temple protestant*) conduit à la **place de la Comédie** (*fontaine* des Trois-Grâces, par Etienne d'Antoine, 1776), bordée à g. par le *Théâtre* (Pl. 20, D, 4), en face de **l'Esplanade** (musique militaire mardi et jeudi). Cette promenade est bordée à g. par le *boulevard de l'Esplanade*, sur lequel donnent le Musée Fabre et la *Bibliothèque* (130,000 vol.).

Le Musée Fabre (Pl. 13, D, 3-4) est ouvert de 11 h. à 4 h. le dim., de midi à 4 h. les lundi, jeudi et j. de fête, en été jusqu'à 5 h.

1ʳᵉ salle. — De dr. à g. : *Lazerges.* Le Reniement de St Pierre. — 380. *Ary Scheffer.* Le Dʳ Lallemand. — 216. *Glaize.* Ce qu'on voit à 20 ans.

Salle a dr. — 524, 526. *Dughet.* Paysages. — 577. *Raphaël.* Un jeune homme. — 638. *Berghem.* Paysage

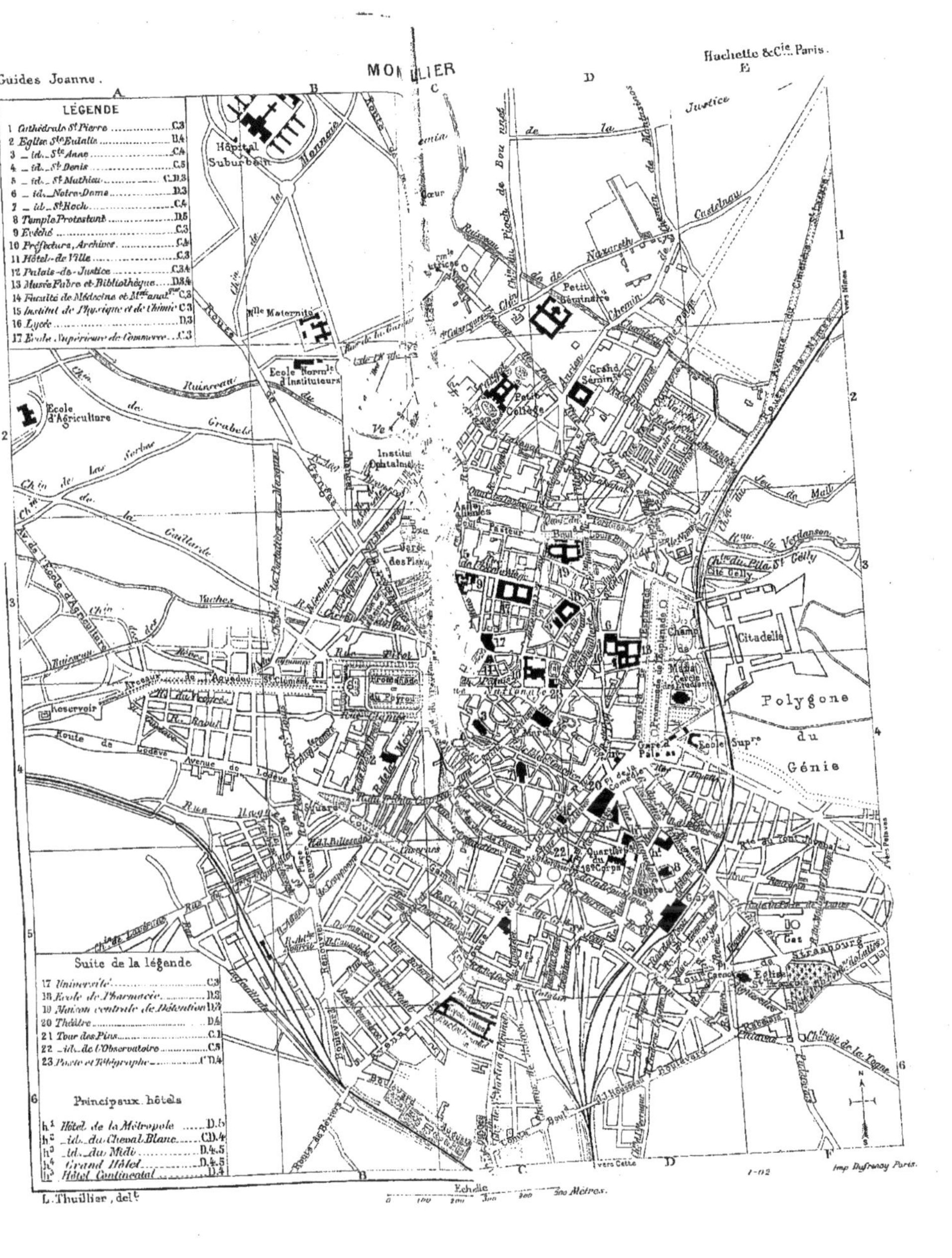
Guides Joanne.
MONTPELLIER
Hachette &Cie. Paris.
LÉGENDE
1 Cathédrale St Pierre C.3
2 Eglise Ste Eulalie D.4
3 _ id._ Ste Anne C.4
4 _ id._ St Denis C.5
5 _ id._ St Mathieu C.D.3
6 _ id._ Notre-Dame D.3
7 _ id._ St Roch C.4
8 Temple Protestant D.5
9 Evêché C.3
10 Préfecture, Archives C.4
11 Hôtel-de-Ville C.3
12 Palais-de-Justice C.3.4
13 Musée Fabre et Bibliothèque D.3.4
14 Faculté de Médecine et Mée anatque C.3
15 Institut de Physique et de Chimie C.3
16 Lycée D.3
17 Ecole Supérieure de Commerce C.3
Suite de la légende
17 Université C.3
18 Ecole de Pharmacie D.3
19 Maison centrale de Détention D.3
20 Théâtre D.4
21 Tour des Pins C.1
22 _ id._ de l'Observatoire C.5
23 Poste et Télégraphe C.D.4
Principaux hôtels
h1 Hôtel de la Métropole D.5
h2 _ id._ du Cheval Blanc C.D.4
h3 _ id._ du Midi D.4.5
h4 Grand Hôtel D.4.5
h5 Hôtel Continental D.4
Hôpital Suburbain
Maternité
Ecole Normle d'Instituteurs
Ecole d'Agriculture
Institut Ophtalmique
Petit Séminaire
Grand Séminre
Petit Collège
Citadelle
Polygone du Génie
Champ de Mars
Ecole Supre
Promenade du Peyrou
Jardin des Plantes
Réservoir
Route de Lodève
Avenue de Lodève
Rue Nazareth
Castelnau
Justice
Av. de l'Ecole d'Agriculture
Quartier du 16e Corps
Gaz
Strasbourg
Boulevard
vers Cette
L. Thuillier, delt.
Echelle
0 100 200 300 400 500 Mètres.
Imp. Dufrenoy Paris.

et animaux. — 752. *Ruysdael.* Paysage. — 716. *Van der Meulen.* Halte de cavaliers. — 488. *A. Carrache.* La V. et le Christ mort. — 747. *Rubens.* Le Christ en croix. — 570. *P. Véronèse.* Mariage de Ste Catherine. — 487. *A. Carrache.* Crucifiement de St Pierre. — 750. *Rubens.* Le peintre François Franck. — 604. *Vanni.* L'Enf. J. porté par les anges. — 576. *Raphaël.* Laurent de Médicis, duc d'Urbin.

GALERIE VALEDAU. — 715. *Metsu.* L'Ecrivain. — 769. 776. *Teniers le Jeune.* Le Grand château de Teniers. Concert champêtre. — 792. *G. van den Velde le Jeune.* Marine. — 221. *Greuze.* Le Gâteau des Rois. — 771. *Teniers.* Kermesse. — 751. *Ruysdael.* Paysage. — 714. *Metsu.* La Marchande hollandaise. — 666. *A. Cuyp.* Vue des bords de la Meuse. — 741. *Porbus.* Trois vaches. — 781. *Teniers.* Tabagie. — 678. *Gérard Dou.* La Souricière. — 780. *Teniers.* Tabagie. — 783. *Terburg.* Jeune fille. — 222. *Greuze.* Prière du matin. — 357. *Prud'hon.* Allégorie aux arts et aux sciences.

SALLE DE DESSINS et aquarelles.

PETIT CABINET.—Marbres, bronzes, terres cuites (la V. et l'Enf. J., par *Luca della Robbia*).

SALLE DES DESSINS DE CABANEL. — Buste de ce peintre (né à Montpellier), par *P. Dubois.*

SALLE DES DESSINS BRUYAS.

GRANDE SALLE DE PEINTURE OU SALLE BRUYAS. — 370. *Rigaud.* Fontenelle. — 44. *P. Cabanel.* Nymphe surprise par un satyre. — 49. *Chardin.* Mme Geoffrin. — 346. *N. Poussin.* Le Cardinal Jules Rospigliosi. — 359. *Ranc.* N. Lamoignon de Basville, intendant de la province de Languedoc en 1685. — 246. *Ingres.* Stratonice. — 32. 31. *Brascassat.* Etude de taureau. Vaches au pâturage. — 68. 63. *Courbet.* La Rencontre. L'Homme à la pipe (son portrait). — 99. 103. 106. *Delacroix.* Charge de cavaliers arabes. Femmes d'Alger dans leur intérieur. Portrait d'A. Bruyas. — 417. *Troyon.* Trois bœufs et vaches. — 375. *Th. Rousseau.* La Mare. — 43. *Cabanel.* Son portrait. — 122. *Devéria.* Naissance de Henri IV (esquisse de son tableau du Louvre). — 34. *Cabanel.* Phèdre. — 92. 93. *David.* Alph. Leroy, son médecin. M. de Joubert.

Sculpture : — *Barrias.* Mozart enfant. — *Houdon.* L'Eté et l'Hiver. — *Aubé.* Galatée.

Derrière le musée se trouve le *lycée* (Pl. 16, D, 3), anc. collège des Jésuites, dont la chap. est auj. l'*église N.-D. des Tables* (Pl. 6, D, 3; tableau du Guide). De la place de la Comédie, la *rue de la Loge* conduit à la *place de la Préfecture* (*fontaine* surmontée d'une statue de la Ville de Montpellier, par Journet), traversée par la *rue Nationale*, qui, à g., va aboutir à la porte du Peyrou après avoir longé à dr. le **Palais de Justice** (Pl. 12, C, 3-4; statues de Cambacérès et du cardinal de Fleury; plafonds peints par Vien et J. de Troy) et laissé à g. la *rue Dauphine*, où se trouve, au nº 14, le *musée de la Société archéologique*, installé au 2e étage du Conservatoire de musique.

De la *porte du Peyrou*, arc de triomphe construit en 1692 en l'honneur de Louis XIV, un pont sur un boulevard donne accès à la **promenade du Peyrou**, l'une des plus belles de France, où se voient deux groupes en marbre (*Amours domptant la Force*), par Injalbert, une *statue* équestre *de Louis XIV*, par Debay et Carbonneaux, et un *château d'eau* hexagonal, dominant une belle *terrasse* (vue magnifique). Au château d'eau aboutit l'*aqueduc de Saint-Clément*, haut de 21 m. 68, à 2 rangs d'arcades superposées, qui amène au Peyrou les eaux de la fontaine de Saint-Clément (9 k.) et une partie de celles du Lez.

En sortant du Peyrou, on

descend à g. au *boulevard Henri-IV*, qui longe à g. le **Jardin des Plantes**, le plus ancien de France (1593), et à dr. la Faculté de Médecine, dont la façade donne dans une rue latérale à côté de la cathédrale.

La **cathédrale Saint-Pierre** (Pl. 1, C, 3) est l'anc. chapelle d'un monastère de Bénédictins fondé en 1364 par Urbain V et servant auj. d'école de médecine. Une des tours, détruite au XVIe s., a été rétablie en 1857 par Révoil, qui a aussi construit le nouveau chœur. La façade est précédée d'un étrange porche du XVIIe s. A l'int., la *Chute de Simon le Magicien*, tableau de S. Bourdon.

En face de la cathédrale une rue conduit à l'*hôtel de ville* (Pl. 11, C, 3), qui donne sur la *place de la Canourgue*, dont le square est orné de la *fontaine des Licornes*, élevée en l'honneur du marquis de Castries, qui commandait à la bataille de Clostercamp.

La **Faculté de médecine** (Pl. 14, C, 3) est précédée des statues colossales en bronze de Barthez et La Peyronnie.

A l'int. : dans le grand amphithéâtre, siège antique en marbre, auj. siège professoral, buste de Chaptal, par Camoli ; salle des Actes, buste antique d'Hippocrate, robe doctorale et acte de réception de Rabelais ; salle du Conseil et suiv., portraits (quelques-uns par S. Bourdon) de tous les professeurs depuis 1239 ; *musée anatomique* ; *Bibliothèque* de 50,000 vol. et 600 manusc. (correspondance de la reine Christine de Suède ; collection de dessins originaux ou tableaux de maîtres).

Derrière la Faculté, la *tour des Pins* (Pl. 21, C, 1), des XIIe et XVe s., est un reste des fortifications. — Par le *boulevard Henri-IV* on revient au Peyrou et de là à la gare par les boulevards, la *place de la Saunerie* (*statue* du chimiste *Edouard Adam*, par Vidal Aubray) et la *rue de la République*.

[A 12 k. S. (ch. de fer, en 25 min. ; 1 fr. et 60 c.), *Palavas-les-Flots*, station balnéaire et port de pêche (plage magnifique ; casino ; belle villa Bianca), d'où l'on peut aller visiter à 4 k. l'ancienne cathédrale de *Maguelone*, seul reste de la ville du même nom, détruite sous Louis XIII. — 1 j. N.-O. all. et ret. *Pic Saint-Loup* (633 m.), par (16 k.) *les Matelles*, 485 hab. ; ret. par les ruines du château de *Montferrand*, *Saint-Mathieu-de-Tréviers* et *Prades*.]

De Montpellier au Vigan, par Sommières, R. 42 ; — à Montbazin, Paulhan et Bédarieux, à Saint-Chinian par Mèze, Pézenas et Béziers, à Aniane, Gignac et Lodève, *V.* le Réseau *Orléans, Midi, Etat*.

Pont sur la Mosson. — 85 k. *Villeneuve-lès-Maguelone*. — A dr., montagne de *la Gardiole* ; à g., salins et *étang de Vic*.

91 k. *Vic-Mireval*. A g., *Vic* (*église* à mâchicoulis, du XIIe s.). — A g., salins et *étang d'Ingril*.

98 k. **Frontignan**, 4,470 hab. (clocher fortifié des XIIIe et XIVe s.), célèbre pour ses vins muscats. — On franchit le canal des Etangs, puis on traverse l'étang d'Ingril sur une jetée de rochers. A g., embranch. du port de Cette.

105 k. Cette (*V.* le Réseau *Orléans*, *Midi*, *Etat*).

ROUTE 42

DE MONTPELLIER ET DE NIMES AU VIGAN

PAR SOMMIÈRES

DE MONTPELLIER AU VIGAN

92 k. — Ch. de fer, en 4 h. — 11 fr. 50; 7 fr. 70; 5 fr. 05.

7 k. Les Mazes-le-Crès (R. 41). — A dr., ligne de Tarascon.

10 k. *Vendargues.* — On franchit la Cadoule.

12 k. *Castries*, 1,339 hab. (*château*, dont le *parc* reçoit les eaux d'un aqueduc, long de 6,822 m., construit par Riquet). — A g., château de *Fontmagne*. Pont sur la Bérange.

17 k. *Saint-Geniès-des-Mourgues* (ancien château). — 22 k. *Saint-Christol.* — A g., belle vue sur le pic Saint-Loup.

26 k. *Boisseron* (*château*), sur la Benovie (belles chutes). — Pont sur le Vidourle. On joint la ligne de Nimes au Vigan.

28 k. *Sommières* (buffet), 3,780 hab. (deux châteaux, dont un ruiné), en amphithéâtre au-dessus du Vidourle.

A Gallargues, R. 41, p. 224; — à Nimes, *V.* ci-dessous.

Tunnel. — A dr., château de *Pondres.*

36 k. *Fontanès* (pèlerinage de *N.-D. de Prime-Combe*). — 40 k. *Vic-le-Fesq.* — Pont sur la Courme. — 44 k. *Orthoux.*

51 k. *Quissac* (buffet), 1,606 hab.

A Alais et à Anduze, R. 33.

A g., au delà du Vidourle, source thermale sulfureuse et établissement de bains de *Fonsange.*

54 k. *Sauve*, 2,160 hab., sur la rive dr. du Vidourle (château ruiné; *pont* du XVe s.; fabr. de fourches et de manches d'outils).

63 k. *Saint-Hippolyte-du-Fort*, 4,226 hab., au pied de rochers calcaires très élevés dominant le confl. du Vidourle et de l'Argentesse. Ruines du *Castelas*; porte des anc. remparts; école militaire préparatoire; asile protestant de sourds-muets et d'aveugles. — Viaduc courbe sur le Vidourle; tunnel.

68 k. *La Cadière.* — A dr., *montagne des Cagnassès* (709 m.).

76 k. **Ganges** *, V. industrielle, 4,247 hab., au confl. de l'Hérault et de la Sumène, au pied de montagnes de 500 à 900 m. — *Château* ruiné. — Belle *église* romane moderne.

[A 5 k. S.-E., **grotte des Demoiselles** (5 fr. par pers., sans compter les frais de luminaire; magnifiques stalactites; salle d'une hauteur prodigieuse).

Excurs. aux **gorges de l'Hérault** jusqu'à (35 k.) Saint-Guilhem-le-Désert et Aniane (*V.* le Réseau *Orléans, Midi, Etat*).]

On remonte la rive g. de la Sumène.

84 k. *Sumène*, b. industriel de 2,537 hab. — Tunnels entre la vallée de la Sumène et celle de l'Hérault, que l'on franchit.

86 k. *Pont-de-l'Hérault.* — On remonte l'Arre dans une belle gorge; à g., vieux *pont* et *château de Rey.*

92 k. Le Vigan (*V.* ci-dessous).

DE NIMES AU VIGAN

93 k. — Ch. de fer, en 3 h. 16 à 4 h. 11. — 10 fr. 40; 7 fr. 05; 4 fr. 60.

4 k. Saint-Cézaire (p. 223). — 10 k. *Caveirac* (restes d'un château bâti par Le Nôtre). — 13 k. *Langlade*. — 16 k. *Nages*. — 19 k. *Calvisson*. — 22 k. *Congeniès*. — 25 k. *Junas-Aujargues* (à *Aujargues*, façade remarquable de l'église).

29 k. Sommières, et 64 k. de Sommières au Vigan (*V.* ci-dessus).

93 k. **Le Vigan** *, l'antique *Avanticum*, 5,126 hab., à 224 m. d'alt., sur la rive g. de l'Arre, au milieu d'un bassin verdoyant entouré de belles montagnes schisteuses. — Vieux *pont* gothique sur l'Arre. — *Statues* en bronze *du chevalier d'Assas* et *du sergent Triaire* (1771-1799), mort héroïquement à El-Arich. — *Promenade*, remarquable par ses châtaigniers. — Environs très pittoresques.

[A 2 k. S.-O. (voit. publique), *Casino-Bains de Cauvalat* (sources froides, sulfurées calciques, employées en boisson, bains et douches); auprès, magnifique *source d'Isis*.

Du Vigan a Ganges par les gorges de la Vis (route de voit.). — En partant de grand matin du Vigan en voit. on peut déjeuner à *Madières*, aller à pied visiter la *source de la Foux*, dans un site très pittoresque (5 h. env. aller et retour; guide utile) et venir le soir coucher à Ganges (*V.* ci-dessus).]

1186-02. — Coulommiers. Imp. Paul BRODARD. — 5-03.

PUBLICITÉ DES GUIDES JOANNE

EXERCICE 1903-1904

I. Adresses utiles. — Sociétés financières.
Journaux. — Chemins de fer. — Agences de voyages.
Indicateurs. — Compagnies maritimes.

ADRESSES UTILES

AMEUBLEMENT

AMEUBLEMENT ET DÉCORATION
Vente et achat
Location de meubles en tous genres
Garde-meuble public
PERRICHET & BELZACQ
TÉLÉPHONE 521-58
BELZACQ, Succ[r]
4 et 6, rue de la Pépinière

G. ROUZÉE, *72, 72 bis, 72 ter, rue de la Folie-Regnault*, Paris. TÉLÉPHONE 908-07. Salles de bains, cabinets de toilette, chauffage au gaz. Vente et location. (Voir p. 132.)

ANTISEPTIQUE

OZONATEUR, Brev. s. g. d. g.
Désinfecteur automatique.
9, Chaussée d'Antin, Paris
TÉLÉPHONE 121-66

APPARTEMENTS ET CHAMBRES MEUBLÉS

APPARTEMENTS ET CHAMBRES MEUBLÉS
MAISON PARTICULIÈRE
En face les Carmes, près le Luxembourg
31, RUE DE VAUGIRARD, 31

ARMES

GUINARD & Cie
Armuriers brevetés
8, avenue de l'Opéra, 8
près la rue Sainte-Anne

Les Fusils « **GUINARD** » sont très soignés et meilleur marché que partout ailleurs.

A chaque saison, les chasseurs auront avantage et profit à visiter les nouveautés et à demander le nouveau catalogue.

Voir le nouveau fusil à détente unique **système Guinard**.

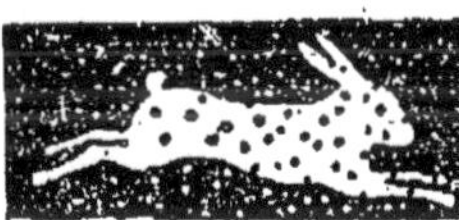

Spécialité de **Cartouches à poudre sans fumée** de fabrication supérieure et le meilleur marché.

8, avenue de l'Opéra, 8, Paris

BANQUES

Comptoir National d'Escompte de Paris. (Voir p. 7.)

Crédit Lyonnais. (Voir p. 10.)

Société Générale. (Voir p. 8.)

HOTELS (*suite*)

Hôtel du Chariot d'Or
Reconstruit en 1887, *rue Turbigo, 59*, près le boul. Sébastopol. Table d'hôte. Café-Restaurant. *English spoken*. Chambres confortables depuis 2 fr. 50. Ascenseur.
RABOURDIN, propriétaire.

Hôtel Chatham
17 et 19, rue Daunou, Paris

Hôtel de la Cité Bergère, 4, cité Bergère (grands boulevards). Chambres depuis 2 fr. 50; grand confortable. Electricité. Bains. Salon de lecture. Table d'hôte.
TELEPHONE 217-34

HOTEL CLUNY-SQUARE
21, boulevard Saint-Michel, à l'angle du boulevard Saint-Germain. Chambres très confortables depuis 2 francs par jour.
Location au mois, prix modérés.

Hôtel Corneille, *5, rue Corneille*, en face l'Odéon. Chambres de 2 à 5 fr. Restaurant. Lumière électrique. TELEPHONE 810-80. Agréé par le T. C. F.

Gd HOTEL DE DIEPPE, *22, rue d'Amsterdam*, face la sortie de la gare St-Lazare. **Chambres très confort. dep. 3 fr.** TELEPHONE Paris-Prov. 164-15. **GRONGNET**, propre.

Hôtel de la Grande-Bretagne, *14, rue Caumartin*, entre la Madeleine, l'Opéra et la gare St-Lazare. *Spécialement recommandé aux familles*. Chauffage à vapeur. Lumière électrique. TELEPHONE 245-52. Prix très modérés.

HOTELS (*suite*)

Hôtel du Jardin des Tuileries

206, rue de Rivoli, 206

Avec tout le confort moderne
TELEPHONE 238-98

Même maison à **DIEPPE**
HOTEL FRANÇAIS
E. LAFOSSE, propriétaire.

Grand Hôtel Louvois, *place Louvois*, situé sur un beau square, au centre de Paris. Appartements et chambres seules Restaurant et table d'hôte. Ascenseur. Bains. Lumière électrique. TELEPHONE 260-04. **L. Dhuit**, propriétaire.

Maison meublée, *58, rue Jacob*, près les Tuileries et la nouvelle gare d'Orléans. Appartements et chambres meublés. **Teissèdre**, propriétaire.

Hôtel Mirabeau, *8, rue de la Paix*. Hôtel et Restaurant. Chambres et appartements pour familles. TELEPHONE 228-89. (Voir p. 43.)

Grand Hôtel de Normandie, *4, rue d'Amsterdam*, Paris (face gare St-Lazare). Restaurant à la carte et à prix fixe. Chambres de 3 à 10 francs. *English spoken*. TELEPHONE 279-05. **Victor Davène**, propr.

Hôtel moderne de l'Odéon, *17, rue Racine*, près les gares Lyon, Orléans et Montparnasse. Chambres sur rue depuis 2 fr. 50 et au mois.

Hôtel d'Ostende, *9, rue de la Michodière*, près l'Opéra. Agencement moderne. Lumière électrique. TELEPHONE 253-01. Prix modérés. Chambres richement meublées.

HOTELS (*suite*)

Hôtel d'Oxford et de Cambridge, *13, rue d'Alger*, près des Tuileries. Pension et service à la carte. Table d'hôte Maison de famille, recommandée pour son confortable et ses prix modérés. *Salle de bains. Lumière électrique.* Tarif franco sur demande

Grand Hôtel de Rochefort Restaurant à la carte, *6, rue Dupuytren*, près l'Ecole de médecine et boulevard St-Germain. Chambres depuis 1 fr. 50 par jour et 20 fr. par mois. Recommandé.

Hôtel de Seine, *52, rue de Seine* (boul. Saint-Germain), Paris. Appartements et chambres confortables. Table d'hôte. Service à volonté. Prix modérés.

Dujardin, propriétaire.

HYDROTHÉRAPIE

G. ROUZÉE, *72, 72 bis, 72 ter, rue de la Folie-Regnault*, Paris.

TÉLÉPHONE 908-07

Salles de bains, cabinets de toilette, chauffage au gaz. Vente et location. (Voir p. 132.)

INSTITUTIONS

INSTITUTION BERTRAND

Ecole professionnelle, industrielle de Versailles. *52, avenue de Saint-Cloud*, VERSAILLES. Directeur: M. CAVIALE, I. ❀. Préparation aux Ecoles du gouvernement pour l'Industrie, le Commerce et l'Agriculture.

Institution des Enfants Arriérés, à *Eaubonne* (Seine-et-Oise). **M. Langlois**, Directeur. (Voir page de garde en tête du volume.)

INSTITUTIONS (*suite*)

Institut Rudy, *4, rue Caumartin*, Paris, 43e année. Cours et leçons. Langues, Lettres, Sciences, Musique, Chant, Peinture, Danse, Escrime, etc. 150 professeurs.

COLLÈGE SAINTE-BARBE

Place du Panthéon, Paris.

Directeur M. Paul PIERROTET.

(Voir p. 40.)

INSTITUTIONS DE DEMOISELLES

Institution de Mme Quihou *7, avenue Victor-Hugo*, **St-Mandé** (Seine). à la porte de Paris et près du bois de Vincennes, à 3 minutes de la gare, et sur le passage du tramway Louvre-Vincennes. — *Education complète.*

Pensionnat des Religieuses Franciscaines Sainte-Marie-des-Anges, aux CORBIÈRES à SAINT-SERVAN, sur la MER, en face DINARD, à un quart d'heure de PARAMÉ et de SAINT-MALO. Installation moderne et confortable. Grands jardins SUR LA MER. Plage particulière attenant à l'établissement. Situation climatérique et hygiénique favorable aux élèves de complexion délicate. *Prix de la pension, 500 fr.* Ecrire pour renseignements à la SUPÉRIEURE, à **Saint-Servan.**

LANTERNES D'AUTOMOBILES

DUCELLIER, *25, passage Dubail*, Paris. Lanternes et Phares d'automobiles. (Voir p. 41.)

DENICH (A.), 144, *rue Saint-Maur*, Paris. (Voir p. 41.)

MAROQUINERIE

CHAMOÜIN, *76, rue de Richelieu*, Paris. (Voir p. 41.)

OBJETS D'ART

A. Herzog, objets d'art, *41, rue de Châteaudun*. Succursale, *9, rue Lafayette*.

ORFÈVRERIE

Maison DÉOTTE, *43, boulevard Haussmann*. Téléphone 256-06. (Voir p. 43.)

PARAPLUIES, CANNES

Dugas-Gérard, *82, rue Saint-Lazare*, Paris. Fabric. de cannes, cravaches, fouets, parapluies et ombrelles. Maison de confiance. Prix modérés.

PARFUMERIE (Fabricant de)

CORNIOLEY, *1, rue de la Paix*, Paris. Produits hygiéniques. Spécialités pour la chevelure et le visage. *Prospectus gratis*. Diplôme de la Société de médecine de France.

PÊCHE (Ustensiles de)

PIÈGES

Maison Moriceau

Bourdon et Benoît, succrs,

28, quai du Louvre, Paris.

Ustensiles et filets de pêche en tous genres; Pièges de tous systèmes. (Envoi *franco* du catalogue.)

PHARES D'AUTOMOBILES

DUCELLIER, *25, passage Dubail*, Paris. Lanternes et Phares d'automobiles. (Voir p. 41.)

DENICH (A.), *144, rue Saint-Maur*, Paris. (Voir p. 41.)

PHOTOGRAPHIE (Appareils de)

LOUIS SCHRAMBACH TÉLÉPHONE **274-49**

15, rue de la Pépinière (Gare Saint-Lazare). Ateliers aux Batignolles.

Tout ce qui concerne la Photographie. Seul fabricant du brevet J. COURTOIS dit: **POCHETTE-JUMELLE.**

Poitiers 1899 — Exposit. univ. 1900
Médailles d'argent

PRODUITS PHARMACEUTIQUES

Coaltar saponiné. (V. p. 130.)

Fer Bravais. (Voir p. 129.)

Lin Tarin; Pommade Fontaine; Savon Fontaine. (Voir p. 42.)

Uricol. (Voir p. 58.)

POMMADE MOULIN
Guérit Dartres, Boutons, Rougeurs, Démangeaisons, Eczéma, Hémorrhoïdes. Fait repousser les **Cheveux** et les **Cils**, **2'30** le Pot *franco*. Pharmacie **MOULIN**, **30, Rue Louis-le-Grand, PARIS**

VÉRITABLES GRAINS DE SANTÉ DU Dr FRANCK *contre la constipation*. (Voir p. 129.)

RESTAURANTS

PARIS 1898 *Médaille d'or* — PARIS 1898 *Diplôme d'honn'*

RESTAURANT

LAPRÉ

(*à la carte*)

Maison fondée en 1878, *8 et 10, rue de Provence*, et *24, rue Drouot* **près « le Figaro »**. Recommandé pour sa bonne cuisine et ses excellents vins. — Grands salons et cabinets de société. — OUVERTS TOUTE LA NUIT.

Au Petit Riche, *25, rue Le Peletier*. — Plat du jour, de 0,60 à 1 fr'

TAVERNE DU NÈGRE

17, Boulevard Saint-Denis, PARIS.

BIÈRE DE MUNICH

DÉJEUNER, 3f café compris: Une bouteille de vin rouge ou blanc, ou une carafe de bière. Hors-d'œuvre, 3 plats au choix, Fromage, Dessert.

DINER, 3f50, café compris: Une bouteille de vin rouge ou blanc, ou une carafe de bière, Un potage, 3 plats au choix, Salade — Entremets — Dessert.

SERVICE A LA CARTE.

TÉLÉPHONE 129.79, France et Étranger.

RESTAURANTS (*suite*)

LE BŒUF A LA MODE

Le plus vieux et le plus français des Restaurants parisiens.

8, rue de Valois (Voir p. 42.)

SAUVETAGE (Appareils de)

Lelièvre, 80, rue Montmartre, *Paris*. CEINTURES DE SAUVETAGE et BOUÉES en liège, cordages, ficelles. APPAREILS DE GYMNASTIQUE.

SOINS DU VISAGE

Mme DUCHATELLIER, *209, rue Saint-Honoré*, Paris. **Appareils à amincir** nez, masque de peau, efface double menton. Corresp.

VEILLEUSES

Veilleuses françaises. Maison **Jeunet.** (Voir p. 39.)

VOYAGES

Agence Lubin, *36, boulevard Haussmann*, Paris. (Voir p. 34.)

Compagnie des Messageries maritimes. (Voir p. 35.)

Compagnie Générale Transatlantique. (Voir p. 34.)

Fraissinet et Cie. (Voir p. 36.)

Compagnie de Navigation mixte. (Voir p. 37.)

Meaux.
* Melun.
* Menton.
Meulan.
Meursault.
Millau.
Moissac.
* Montargis.
* Montauban.
Montbéliard.
Mont-de-Marsan.
Montélimar.
* Montereau.
* Montluçon.
* Montpellier.
Moret-sur-Loing.
Morez-du-Jura.
Morlaix.
* Moulins.
* Nancy.
* Nantes.
* Narbonne.
Nemours.
* Nevers.
* Nice.
* Nîmes.
Niort.
* Noyon.
Oloron-Ste-Marie.
* Orléans.
Orthez.
* Pamiers.
Parthenay.
* Pau.
* Périgueux.
* Perpignan.
Pertuis.
* Pézenas.
Pithiviers.
* Poitiers.
Pont-Audemer.
Pont-l'Evêque.
* Pontoise.
Provins.
Puy (Le).
* Quimper.
* Reims.
Remiremont.
* Rennes.
Rive-de-Gier.
* Roanne.
Rochefort-sur-Mer.
* Rodez.
* Romans.
Romilly-sur-Seine.
Roubaix.
* Rouen.
Ruffec.
Saint-Affrique.
Saint-Amand.
Saint-Brieuc.
Saint-Chamond.
* Saint-Dié.
* Saint-Etienne.
Sainte-Foy-la-Grande.
Saint-Gaudens.
* Saint-Germain-en-Laye.
* Saint-Jean-d'Angély.
* Saint-Lô.
Saint-Loup-sur-Semouse.
* Saint-Malo.
* Saint-Nazaire.
* Saint-Quentin.
St-Remy-de-Provence.
Saint-Servan.
* Saintes.
Sarlat.
* Saumur.
* Sedan.
Semur.
* Senlis.
* Sens.
Sèvres.
* Soissons.
* Tarare.
* Tarascon.
* Tarbes.
* Thiers.
Thizy.
Thouars.
Tonnerre.
* Toul.
* Toulon.
* Toulouse.
Tourcoing.
Tournus.
* Tours.
* Troyes.
Tulle.
Uzès.
* Valence.
Valence-d'Agen.
* Valenciennes.
* Vannes.
* Vendôme.
Verneuil-sur-Avre.
* Vernon.
* Versailles.
Vervins.
* Vesoul.
* Vichy.
Vierzon.
* Villefranche-de-Rouergue.
Villeneuve-sur-Lot.
Villeurbanne.
Vitré.
Voiron.

Agence de Londres, 53, Old Broad Street.

La **Société** a, en outre, **65 Succursales, Agences** et **Bureaux** à Paris et dans la Banlieue, et des **Correspondants** sur toutes les places de France et de l'Etranger.

OPÉRATIONS de la SOCIÉTÉ GÉNÉRALE :

Dépôts de fonds à intérêts en compte ou à échéance fixe (taux des dépôts de 3 à 5 ans : **3 1/2 0/0.** net d'impôt et de timbre); — **Ordres de Bourse** (France et Etranger); — **Souscriptions sans frais**; — **Vente aux guichets de valeurs livrées immédiatement** (Obl. de ch. de fer. Obl. à lots de la ville de Paris et du Crédit foncier, **Bons Panama**, etc.); — **Escompte et Encaissement de coupons**; — **Mise en règle de titres**; — **Avances sur titres**; — **Escompte et Encaissement d'effets de commerce**; — **Garde de titres**; — **Garantie contre le remboursement au pair** et les risques de non-vérification des tirages; — **Transports de fonds** (France et Etranger); — **Billets de crédit circulaires**; — **Lettres de crédit**; — **Renseignements**; — **Assurances**; — **Services de Correspondant**, etc.

LOCATION DE COFFRES-FORTS
ET DE COMPARTIMENTS DE COFFRES-FORTS

au Siège social, dans les succursales, dans plusieurs bureaux et dans un grand nombre d'Agences, **depuis 5 fr. par mois**; tarif décroissant en proportion de la durée et de la dimension.

(**Demander les Notices spéciales** à tous les guichets de la Société.)

(*) Les Agences marquées d'un astérisque sont pourvues d'un service de location de coffres-forts.

Type **B***

LE FIGARO

Six Pages tous les jours

DIRECTEUR :

GASTON CALMETTE

INFORMATIONS

LE FIGARO est outillé de manière à fournir sur chaque événement important, en France et à l'Etranger, l'information la plus rapide, la plus complète, la plus sûre. Il a, depuis sa nouvelle direction, un service spécial de dépêches de la dernière heure qui lui sont envoyées de toutes les grandes capitales.

Ouvert à tous les partis, journal indépendant, frondeur, **le Figaro** est devenu la tribune la plus libre et la plus retentissante.

C'est le journal le plus répandu dans le monde entier.

CHAQUE LUNDI *CHAQUE JEUDI*

Un Dessin d'Actualité

CARAN D'ACHE, SEM & CAPPIELLO

UNE PAGE DE MUSIQUE INÉDITE

TOUS LES SAMEDIS

Five o'Clock

Pendant la saison d'hiver, **le Figaro** donne, dans son hôtel, des concerts auxquels sont invités, à tour de rôle, ses abonnés. Les abonnés des départements et de l'étranger, de passage à Paris, reçoivent aussi des invitations sur leur demande.

PUBLICITÉ

Les services de Publicité liée à la Rédaction sont installés dans l'hôtel du **Figaro**, 26, rue Drouot. La publicité du **Figaro** est la plus recherchée.

ABONNEMENTS

	PARIS et Seine-et-Oise	DÉPARTEMts	ÉTRANGER
Un an . . .	60 fr.	75 »	86 »
6 mois. . .	30 fr.	37 50	43 »
3 mois. . .	15 fr.	18 75	21 50

CHEMINS DE FER PARIS-LYON-MÉDITERRANÉE (Suite)

RELATIONS DIRECTES ENTRE PARIS ET L'ITALIE
(VIA MONT CENIS)

Billets d'aller et retour de PARIS à TURIN, à MILAN, à GÊNES et à VENISE
(Via Dijon, Mâcon, Aix-les-Bains, Modane)

Prix des Billets		1re cl.	2e cl.	
	Turin.	148 fr. 10	106 fr. 45	Validité : 30 jours
	Milan.	166 fr. 55	121 fr. 70	
	Gênes.	168 fr. 40	120 fr. 05	
	Venise.	218 fr. 95	155 fr. 80	
	Rome.	266 fr. 70	189 fr. 40	Val. : 45 jours

Ces billets sont délivrés toute l'année à la gare de Paris-Lyon et dans les bureaux succursales.

La validité des billets d'aller et retour **Paris-Turin** est portée gratuitement à 60 jours, lorsque les voyageurs justifient avoir pris, à Turin, un billet de voyage circulaire intérieur italien.

D'autre part, la durée de validité des billets d'aller et retour **Paris-Turin** et **Paris-Rome** peut être prolongée moyennant le payement d'un supplément égal à 10 0/0 du prix du billet.

Arrêts facultatifs à toutes les gares du parcours.

FRANCHISE DE 30 KILOGRAMMES DE BAGAGES SUR LE PARCOURS P.-L.-M

BILLETS D'ALLER ET RETOUR

DE PARIS A BERNE ET A INTERLAKEN
(Via Dijon, Pontarlier, Les Verrières, Neuchâtel) *ou réciproquement.*

DE PARIS A ZERMATT (Mont-Rose)
(Via Dijon, Pontarlier, Lausanne) *sans réciprocité.*

PRIX DES BILLETS

De Paris à	1re cl.	2e cl.	3e cl.
Berne........	98 fr.	73 fr.	49 fr.
Interlaken.....	110 fr.	82 fr.	55 fr.
Zermatt (Mt-Rose).	140 fr.	108 fr.	71 fr.

Valables 60 jours, avec arrêts facultatifs sur tout le parcours.

Franchise de 30 kilogs de bagages sur le parcours P.-L.-M.

EN ÉTÉ, TRAJET RAPIDE DE PARIS A BERNE ET A INTERLAKEN
SANS CHANGEMENT DE VOITURE EN 1re ET 2e CLASSES

Les billets d'aller et retour de **Paris à Berne** et à **Interlaken** sont délivrés du 1er avril au 15 octobre; ceux de Zermatt, du 15 mai au 30 sept.

VOYAGES INTERNATIONAUX AVEC ITINÉRAIRES FACULTATIFS

Il est délivré toute l'année, dans toutes les gares du réseau P.-L.-M., des Livrets de Voyages internationaux avec itinéraires établis au gré des voyageurs sur les réseaux français de **P.-L.-M.**, de l'Est, du **Nord** et de l'**Ouest**, et sur les chemins de fer *allemands, austro-hongrois, belges, bosniaques et herzégoviniens, bulgares, danois, finlandais, luxembourgeois, néerlandais, norvégiens, roumains, serbes, suédois, suisses et turcs.* Ces voyages, qui peuvent comprendre certains parcours par bateaux à vapeur ou par voitures, doivent, lorsqu'ils sont commencés en France, comporter obligatoirement des parcours étrangers.

Parcours minimum : 600 kilomètres. Validité : 45 jours jusqu'à 2 000 kilomètres, 60 jours au-dessus de 2 000 kilomètres.

Arrêts facultatifs.

Les demandes de livrets internationaux sont satisfaites le jour même, lorsqu'elles arrivent à Paris ou à Nice 6 heures avant l'heure réglementaire de fermeture du bureau d'émission. Pour toutes les autres gares, les demandes doivent être faites 4 jours à l'avance.

CHEMINS DE FER DU MIDI

VOYAGES CIRCULAIRES

PARIS — CENTRE DE LA FRANCE — PYRÉNÉES

3 voyages différents au choix du voyageur. — Billets délivrés toute l'année aux prix uniformes ci-après pour les 3 itinéraires : 1re cl., 163 fr. 50. — 2e cl., 122 fr. 50. — Durée : 30 jours, non compris celui du départ.

Faculté de prolongation moyennant supplément de 10 0/0.

VOYAGES CIRCULAIRES A PRIX RÉDUITS

EN PROVENCE ET AUX PYRÉNÉES

PRIX	1er, 2e et 3e parcours. . . .	68 fr. en 1re cl. ;	51 fr. en 2e cl.
	4e, 5e, 6e et 7e parcours . .	91 fr. —	68 fr. —
	8e parcours	114 fr. —	87 fr. —

Le 8e parcours peut, au moyen de billets spéciaux d'aller et retour à prix réduits de ou pour Marseille, s'étendre de Marseille sur le littoral jusqu'à Hyères, Cannes, Nice ou Menton, etc., au choix du voyageur.

Durée : 20 jours pour les 7 premiers parcours et 25 jours pour le 8e.

Faculté de prolongation moyennant supplément de 10 0/0.

BILLETS D'ALLER ET RETOUR INDIVIDUELS

POUR LES STATIONS THERMALES ET BALNÉAIRES DES PYRÉNÉES

Billets délivrés toute l'année avec réduction de 25 0/0 en 1re classe et 20 0/0 en 2e et 3e classes dans les gares des réseaux du Nord (Paris-Nord excepté), de l'Etat, d'Orléans et dans les gares du Midi situées à 50 kilomètres au moins de la destination. — Durée : 33 jours, non compris les jours de départ et d'arrivée.

Faculté de prolongation moyennant supplément de 10 0/0.

Ces billets doivent être demandés 3 jours à l'avance à la gare de départ.

Un arrêt facultatif est autorisé à l'aller et au retour pour tout parcours de plus de 400 kilomètres, et 2 arrêts pour les parcours supérieurs à 700 kilomètres.

BILLETS DE FAMILLE

POUR LES STATIONS THERMALES ET BALNÉAIRES DES PYRÉNÉES

Billets délivrés toute l'année dans les gares des réseaux du Nord (Paris-Nord excepté), de l'Etat, d'Orléans, du Midi et Paris-Lyon-Méditerranée, suivant l'itinéraire choisi par le voyageur, et avec les réductions suivantes sur les prix du tarif général pour un parcours (aller et retour compris) d'au moins 300 kilomètres. — Pour une famille de deux personnes, 20 0/0 ; de trois, 25 0/0 ; de quatre, 30 0/0 ; de cinq, 35 0/0 ; de six ou plus, 40 0/0.

Exceptionnellement, pour les parcours empruntant le réseau de Paris-Lyon-Méditerranée, les billets ne sont délivrés qu'aux familles d'au moins quatre personnes, et le prix s'obtient en ajoutant au prix de six billets simples ordinaires le prix d'un de ces billets pour chaque membre de la famille en plus de trois.

Arrêts facultatifs sur tous les points du parcours désignés sur la demande.

Durée : 33 jours, non compris les jours de départ et d'arrivée.

Faculté de prolongation moyennant supplément de 10 0/0.

Ces billets doivent être demandés au moins 4 jours à l'avance à la gare de départ.

AVIS. — *Un livret indiquant en détail les conditions dans lesquelles peuvent être effectués les divers voyages d'excursions, de famille, etc., sera envoyé gratuitement à toute personne qui fera parvenir au service commercial de la Compagnie, boulevard Haussmann, 64, à Paris (IXe arr.), le montant de l'affranchissement dudit livret, soit 25 centimes.*

BAINS DE MER

ET EAUX THERMALES

Billets d'Aller et Retour

A PRIX RÉDUITS

Délivrés jusqu'au 31 Octobre

DE PARIS AUX GARES SUIVANTES

Gares	BILLETS de 4 jours (dimanches et fêtes non compris) 1re cl. fr. c.	2e cl. fr. c.	BILLETS de 10 jours (jour de la délivrance non compris) 1re cl. fr. c.	2e cl. fr. c.	BILLETS de 33 jours (jour de la délivrance non compris)[3] 1re cl. fr. c.	2e cl. fr. c.	3e cl. fr. c.
Dieppe — Pourville, Puys, Berneval	26 »	17 50	30 10	20 30	»	»	»
Petit-Appeville (halte) — Pourville	26 50	18 »	30 80	20 80	»	»	»
Ouville-la-Rivière — Quiberville	28 50	19 »	32 80	22 15	»	»	»
Touffreville-Criel	29 »	19 50	34 10	22 95	»	»	»
Eu — Bois-de-Cise, Le Bourg-d'Ault, Onival	29 »	19 50	35 85	24 15	»	»	»
Le Tréport-Mers	29 50	20 »	35 85	24 15	»	»	»
Saint-Valery-en-Caux — Veules	29 »	19 50	35 85	24 15	»	»	»
Cany — Veulettes, Les Petites-Dalles, les Grandes-Dalles	29 »	19 50	35 10	23 70	»	»	»
Fécamp — Grainval, Saint-Pierre-en-Port	30 »	21 50	35 85	24 15	»	»	»
Froberville-Yport	30 »	21 50	35 85	24 15	»	»	»
Les Loges-Vaucottes-sur-Mer — Vattetot-sur-Mer	30 »	22 »	35 85	24 15	»	»	»
Etretat — Bruneval	30 »	22 »	36 05	24 35	»	»	»
Le Havre — Sainte-Adresse, Bruneval	30 »	22 »	35 85	24 15	»	»	»
Caen	30 »	22 »	37 45	25 25	»	»	»
Honfleur (*via* Lisieux)	30 »	22 »	36 55	24 65	»	»	»
Trouville-Deauville (*via* Lisieux) — Villerville	30 »	21 50	35 85	24 15	»	»	»
Blonville (halte) (*via* Lisieux)	30 »	21 50	35 85	24 15	»	»	»
Villers-sur-Mer (*via* Lisieux)	30 »	22 »	35 90	24 20	»	»	»
Beuzeval-Houlgate (*via* Lisieux-Pont-l'Evêque ou *via* Mézidon)	33 »	23 »	37 30	25 20	»	»	»
Dives-Cabourg (*via* Lisieux-Pont-l'Evêque ou *via* Mézidon) — Le Home-Varaville	33 »	23 »	37 80	25 50	»	»	»
Luc — Lion-sur-Mer. — **Langrune**. — **Saint-Aubin** (Ces prix compr. le parcours total en chemin de fer.)	34 »	25 »	41 45	28 25	»	»	»
Bernières—Courseulles, Ver.-s.-Mer. (Ces prix compr. le parcours total en chemin de fer.)	35 »	26 »	42 45	29 25	»	»	»
Bayeux — Arromanches, Port-en-Bessin, Saint-Laurent-sur-Mer, Asnelles	36 »	26 »	42 20	28 50			
Le Molay-Littry — Vierville-sur-Mer, St-Laurent-sur-Mer	38 »	28 »	44 40	29 95			
Isigny-sur-Mer — Grandcamp-les-Bains	40 »	30 »	48 45	32 70			
Montebourg (Quinéville, Saint-Vaast-la-Hougue, Barfleur (parcours par le chemin départemental de Montebourg et Valognes à Barfleur, non compris dans le prix du billet))	45 »	32 50	52 50	35 50			
Valognes (Quinéville, Saint-Vaast-la-Hougue, Barfleur (parcours par le chemin départemental de Montebourg et Valognes à Barfleur, non compris dans le prix du billet))	45 »	33 50	53 75	36 35			33 »
Cherbourg	50 »	36 »	»	»			33 »
Coutances — Agon, Coutainville, Regnéville	45 »	33 50	53 50	36 10			33 »
Regnéville (*via* Folligny ou *via* Lison)	45 »	33 50	53 60	36 20			33 »
Montmartin-sur-Mer (*via* Folligny ou *via* Lison)	45 »	33 50	53 15	35 90	56 »	37 80	33 »
Denneville (halte)	50 »	33 50	53 95	36 40			33 »
Port-Bail	50 »	34 »	54 60	36 80			33 »
Barneville (halte)	50 »	34 50	55 50	37 45			33 »
Carteret	50 »	35 »	»	»			33 »
Granville — Donville, Saint-Pair, Bouillon-Jullouville	45 »	32 »	51 45	34 70			»
Montviron-Sartilly — Carolles, Saint-Jean-le-Thomas	45 »	31 50	50 45	34 10			»
La Gouesnière-Cancale	»	»	»	»			33 »
Saint-Malo-Saint-Servan — Paramé, Rothéneuf	»	»	»	»			33 »
Dinard — Saint-Enogat, Saint-Lunaire, Saint-Briac, Lancieux	»	»	»	»			33 »
Plancoët — La Garde-Saint-Cast, Saint-Jacut-de-la-Mer	»	»	»	»			33 »
Lamballe — Pléneuf, Le Val-André, Erquy	»	»	»	»	57 50	38 85	33 »
Saint-Brieuc — Binic, Etables, Portrieux, Saint-Quay	»	»	»	»	60 20	40 65	33 »
Plounérin — Saint-Efflam-en-Plestin	»	»	»	»	68 95	46 55	33 »
Lannion — Perros-Guirec, Trégastel-les-Grèves, Trébeurden	»	»	»	»	70 »	47 25	33 »
Morlaix — Saint-Jean-du-Doigt, Plougasnou-Primel	»	»	»	»	72 15	48 70	33 »
Landerneau — Brignogan	»	»	»	»	77 55	52 35	34 15
Brest	»	»	»	»	80 10	54 05	35 20
Paimpol	»	»	»	»	69 20	46 70	33 »
Saint-Pol-de-Léon	»	»	»	»	75 »	50 60	33 »
Roscoff — Ile de Batz	»	»	»	»	75 95	51 25	33 40
Saint-Nazaire	»	»	»	»	59 70	40 30	30 65
Ile de Jersey — Saint-Aubin, Sainte-Brelade, Saint-Clément, Saint-Hélier, Gorey	»	»	»	»	»	»	»
EAUX THERMALES: [2]**Forges-les-Eaux** (Seine-Inférieure), ligne de Dieppe par Gournay	18 »	12 »	»	»	»	»	»
EAUX THERMALES: [1]**Bagnoles-Tessé-la-Madeleine**, par Briouze	36 »	24 »	38 90	26 25	»	»	»

1. La durée de validité des billets de 10 jours pour **Bagnoles** est exceptionnellement portée à 25 jours (jour de la délivrance non compris).

2. Les billets pour **Forges-les-Eaux** ne sont valables que 3 jours (dimanches et fêtes non compris).

3. Les billets de 33 jours peuvent être prolongés d'une ou de deux périodes de 30 jours, moyennant un supplément de 10 0/0 par période; ils donnent droit à un arrêt de 48 heures à l'aller et au retour à une gare quelconque de l'itinéraire suivi.

Les prix indiqués ci-dessus ne comprennent pas les services effectués, soit par services de correspondance, soit sur les lignes de Montebourg et Valognes à Barfleur

CHEMIN DE FER DU NORD

Paris à Londres

5 services rapides quotidiens dans chaque sens, *via* CALAIS ou BOULOGNE. — Durée du trajet : 6 heures 45. Traversée maritime en 1 heure. Voie la plus rapide.

Paris à Londres

	1re, 2e, 3e cl.	1re, 2e classe	1re, 2e classe	1re, 2e, 3e cl.	1re, 2e classe	1re, 2e, 3e cl.
	mat.	mat.	mat.	soir	soir	soir
Paris-Nord, dép..	8 40	9 45	11 35	2 40	4 »	9 »
Londres, arr.. . .	3 45	4 50	7 »	10 45	10 45	5 30
	soir	soir	soir	soir	soir	mat.

Londres à Paris

	1re, 2e classe	1re, 2e, 3e cl.	1re, 2e classe	1re, 2e classe	1re, 2e, 3e cl.	1re, 2e, 3e cl.
	mat.	mat.	mat.	soir	soir	soir
Londres, dép. . .	9 »	10 »	11 »	2 20	2 20	9 »
Paris-Nord, arr. .	4 45	6 5	6 55	9 15	11 46	5 50
	soir	soir	soir	soir	soir	mat.

Services officiels de la poste, *via* Calais, assurés chaque jour par 3 express ou rapides dans chaque sens, partant respectivement de Paris-Nord à 8 h. 40 et 11 h. 35 du matin et 9 h. du soir.

Malle de l'Inde toutes les semaines à l'aller et au retour.

Péninsulaire-Express toutes les semaines de Londres à Brindisi par Calais et Modane.

PRIX DES BILLETS ENTRE PARIS ET LONDRES

DIRECTIONS	BILLETS SIMPLES valables pendant 7 jours (Droits de port compris)			BILLETS d'ALLER et RETOUR valables pendant 1 mois soit par Boulogne, soit par Calais (Droits de port compris)		
	1re classe	2e classe	3e classe	1re classe	2e classe	3e classe
Amiens, Boulogne, Folkestone.	62 fr. 50	43 fr. 35	28 fr. 35	118 fr. 45	86 fr. 05	49 fr. 90
Amiens, Calais, Douvres.	70 fr. 15	48 fr. 90	32 fr. »			
Amiens, Boulogne, Folkestone (exclusivement.	»	»	»	109 fr. 85	78 fr. 80	46 fr. 70

Pour droit de timbre, 10 centimes pour les billets au-dessus de 10 francs.

Paris, Bruxelles et la Hollande

5 express dans chaque sens entre Paris et Bruxelles. Trajet en 4 heures 1/2. — 3 express dans chaque sens entre Paris et Amsterdam. Trajet en 9 heures.

Paris vers Bruxelles et la Hollande

	1re, 2e classe	1re, 2e classe	1re, 2e classe	1re classe	1re, 2e classe
	mat.		soir	soir	soir
Paris-Nord, dép.	8 25	mid 40	3 40	6 20	11 »
Bruxelles, arr.	mid 58	5 11	10 16	11 15	5 17
Amsterdam, arr.	5 44	10 16	»	»	11 14
	soir	soir			mat.

La Hollande et Bruxelles vers Paris

	1re classe	1re, 2e, 3e cl.	1re, 2e classe	1re, 2e classe	1re, 2e classe
	mat.	mat.	mat.	soir	soir
Amsterdam, dép.	»	»	8 28	mid 42	6 15
Bruxelles, dép.	8 21	8 57	mid 59	6 14	min 10
Paris-Nord, arr.	mid 56	3 50	5 42	11 »	5 42
		soir	soir	soir	mat.

Paris, l'Allemagne et la Russie

5 express sur Cologne. Trajet en 8 heures. — 4 express sur Francfort-sur-Mein. Trajet en 12 heures.
4 express sur Berlin. Trajet en 18 heures. — Par le Nord-Express, trajet en 17 heures.
2 express sur Saint-Pétersbourg. Trajet en 51 heures.
Par le Nord-Express bihebdomadaire. Trajet en 46 heures.
2 express sur Moscou. Trajet en 62 heures.

Paris, le Danemark, la Suède et la Norvège

2 express sur Copenhague. Trajet en 28 heures. — 2 express sur Christiania. Trajet en 53 heures.
2 express sur Stockholm. Trajet en 43 heures.

Avis important. — Les renseignements ci-dessus sont ceux du service d'hiver 1902-1903, prenant fin en mai. — A partir de cette époque, MM. les Voyageurs sont priés de consulter les indicateurs spéciaux.

CHEMIN DE FER DU NORD

Saison des Bains de mer — Billets à prix réduits

Pendant la saison, de la veille de la fête des Rameaux au 31 octobre, *toutes les gares du Chemin de fer du Nord* délivrent des billets de Bains de mer de 1re, 2e et 3e classes à destination des stations balnéaires suivantes : BERCK (station du chemin de fer d'intérêt local) *via* Montreuil-sur-Mer ou *via* Rang-du-Fliers-Verton, BOULOGNE-VILLE ou TINTELLERIES (Le Portel), CALAIS-VILLE, CAYEUX (station du chemin de fer d'intérêt local) *via* Saint-Valery-sur-Somme, QUEND-FORT-MAHON (plages de Quend et de Fort-Mahon), CONCHIL-LE-TEMPLE (Fort-Mahon), DANNES-CAMIERS (plages Sainte-Cécile et Saint-Gabriel). DUNKERQUE (plages de Malo-les-Bains et Rosendaël), ETAPLES, Paris-Plage, (station du chemin de fer électrique) *via* Etaples, EU (plages du Bourg-d'Ault et d'Onival), GRAVELINES (Petit-Fort-Philippe), GHYVELDE (Bray-Dunes), LE CROTOY (station du chemin de fer d'intérêt local) *via* Noyelles, LEFFRINCKOUCKE (MALO-TERMINUS), LE TREPORT-MERS, LOON-PLAGE, MARQUISE-RINXENT (plage de Wissant), SAINT-VALERY-SUR-SOMME, WIMILLE-WIMEREUX (plages de Wimeroux, Audresselles et Ambleteuse), WOINCOURT (plages du Bourg-d'Ault et d'Onival). ZUYDCOOTE (Nord-Plage).

Il existe trois catégories de billets (*), savoir :

1° **Billets de saison** de 1re, 2e et 3e classes, valables pendant 33 jours, non compris le jour de l'émission, avec facilité de prolongation pendant plusieurs périodes de 15 jours (1), sous condition d'effectuer un parcours minimum de 100 kil. aller et retour. Ces billets, créés pour les familles, sont *nominatifs* et *collectifs*. Il est accordé une *réduction de 50 0/0* à chaque membre de la famille en plus du troisième. Les billets dont il s'agit doivent être demandés au moins 4 jours à l'avance à la gare où le voyage doit être commencé.

2° **Billets hebdomadaires** et carnets d'aller et retour de 1re, 2e et 3e classes. Les billets hebdomadaires sont valables pendant 5 jours, du vendredi au mardi et de l'avant-veille au surlendemain des fêtes légales. Ces billets et carnets sont individuels. Les prix varient selon la distance et présentent des *réductions de 25 à 40 0/0*. Les carnets contiennent 5 billets d'aller et retour et peuvent être utilisés à une date quelconque dans le délai de 33 jours, non compris le jour de distribution.

3° **Billets d'excursion** de 2e et 3e classes, les dimanches et jours de fêtes légales, valables pendant une journée. Ces billets sont ou individuels, ou de famille. — Les prix réduits des billets individuels sont indiqués dans le tableau ci-dessous. — Pour les *familles* (ascendants et descendants), il est accordé une nouvelle réduction sur le prix des billets individuels d'excursion, allant de 5 à 25 0/0, selon que la famille se compose de 2, 3, 4, 5 personnes et plus.

Les billets de saison et les billets hebdomadaires sont valables dans les mêmes trains et aux mêmes conditions que les billets ordinaires du service intérieur.

Les billets d'excursion ne sont valables que dans des **trains spéciaux** *ou dans des* **trains du service ordinaire** *désignés à cet effet par la Compagnie.*

Cartes d'abonnement de 1re, 2e et 3e classes, valables pendant 33 jours, et comportant une réduction de 20 0/0 sur le prix des abonnements ordinaires d'un mois. Ces cartes ne sont délivrées qu'à toute personne qui prend deux billets ordinaires au moins ou un billet de saison pour les membres de sa famille ou domestiques, allant séjourner sous le même toit dans une station balnéaire désignée ci-dessus.

(*) Ces billets sont personnels et ne peuvent être vendus sous peine de poursuites judiciaires.
(1) Cette prolongation est faite, au retour, par les soins de la gare de départ, avant l'expiration de la première période, moyennant le supplément de 10 0/0 du prix total des billets.

Les prix au départ de Paris, pour les trois catégories, sont les suivants :

Prix des billets (2) de saison, hebdomadaires et d'excursion

DE PARIS AUX STATIONS BALNÉAIRES ci-dessous	Billets de saison collectifs de famille valables pendant 33 jours — Prix pour 3 personnes			Prix pour chaque personne en plus			BILLETS HEBDOMADAIRES Prix par personne (2)			BILLETS d'excursion Prix par personne (*)	
	1re cl.	2e cl.	3e cl.	1re cl.	2e cl.	3e cl.	1re cl.	2e cl.	3e cl.	2e cl.	3 cl.
Berck	149 40	101 40	66 30	25 60	17 45	11 45	31 »	24 15	17 »	11 15	7 35
Boulogne (ville)	170 70	115 20	75 »	28 45	19 20	12 50	34 »	25 70	18 90	11 10	7 30
Calais (ville)	198 30	133 80	87 80	33 05	22 30	14 55	37 90	29 »	21 85	12 35	8 10
Cayeux	137 55	93 60	61 20	24 »	16 45	10 80	29 30	23 05	15 95	11 »	7 25
Quend-Fort-Mahon	137 70	93 »	60 60	22 95	15 50	10 10	28 30	22 15	15 45	9 60	6 25
Conchil-le-Temple	140 40	94 80	61 80	23 40	15 80	10 30	28 80	22 50	15 75	9 75	6 35
Dannes-Camiers	157 20	106 20	69 30	26 20	17 70	11 55	31 70	24 40	17 50	10 50	6 85
Dunkerque	204 90	138 30	90 30	34 15	23 05	15 05	38 85	29 95	22 60	12 50	8 20
Etaples	152 40	102 90	67 20	25 40	17 15	11 20	30 90	23 95	17 »	10 35	6 75
Eu	120 90	81 60	53 10	20 15	13 60	8 85	25 40	20 10	13 70	8 85	5 75
Gravelines	204 90	138 30	90 30	34 15	23 05	15 05	38 85	29 95	22 60	12 50	8 20
Ghyvelde	213 »	143 70	93 60	35 50	23 95	15 60	39 95	31 15	23 40	12 50	8 20
Le Crotoy	131 25	89 10	58 20	22 60	15 40	10 10	27 90	21 95	15 15	10 25	6 75
Leffrinckoucke (Plage de Malo-Terminus)	209 10	141 »	92 10	34 85	23 50	15 85	39 40	30 55	23 05	12 50	8 20
Le Tréport-Mers	123 »	83 10	54 »	20 50	13 85	9 »	25 75	20 85	13 90	9 »	5 85
Loon-Plage	204 30	138 »	90 »	34 05	23 »	15 »	38 75	29 90	22 50	12 50	8 20
Marquise-Rinxent	182 10	123 »	80 10	30 35	20 50	13 35	35 60	26 80	20 05	11 75	7 70
Noyelles	126 90	85 80	55 80	21 15	14 30	9 30	26 45	20 85	14 35	9 15	5 93
Saint-Valery-sur-Somme	131 10	88 50	57 60	21 85	14 75	9 60	27 15	21 35	14 75	9 30	6 05
Wimille-Wimereux	174 60	117 90	76 80	29 10	19 05	12 80	34 55	26 10	19 30	11 25	7 40
Woincourt	126 90	85 80	55 80	21 15	14 30	9 30	26 45	20 85	14 35	9 15	5 95
Zuydcoote	211 80	142 80	93 »	35 30	23 80	15 50	39 80	30 95	23 25	12 50	8 20
Paris-Plage	156 »	105 90	70 20	26 60	18 15	12 20	32 10	24 95	18 »	11 35	7 75

(*) Sur les prix afférents au parcours de la Compagnie du Nord, une nouvelle réduction de 5 à 25 0/0 est faite sur les billets collectifs de famille, selon que la famille est composée de 2 à 5 personnes et au delà.
(2) Ces prix ne comprennent pas les 10 centimes de droit de timbre pour les sommes supérieures à 10 francs.

CHEMINS DE FER DE L'ÉTAT

BILLETS DE BAINS DE MER

Valables 33 jours non compris le jour du départ

Billets d'aller et retour, à validité prolongeable, délivrés du Samedi, veille de la fête des Rameaux, au 31 Octobre.

1° — BILLETS DE BAINS DE MER

AU DÉPART DE PARIS

de **PARIS (Montparnasse)** ou de **PARIS (quai d'Orsay, Pont-Saint-Michel ou Austerlitz)** aux gares ci-après et retour.	PRIX ALLER ET RETOUR — Section I sans faculté d'arrêt aux gares intermédiaires.			Section II — § 1. Faculté d'arrêt entre CHARTRES ou TOURS et la station balnéaire.		
	1re Cl.	2e Cl.	3e Cl.	1re Cl.	2e Cl.	3e Cl.
Royan	71 30	52 40	38 10	80 65	61 20	43 50
La Tremblade (Ronce-les-Bains)	74 25	54 20	39 »	83 80	63 30	44 55
Le Chapus	67 20	49 10	35 »	77 05	58 20	40 »
Le Chateau-Quai (Ile d'Oléron)	68 70	50 60	36 20	78 55	59 70	41 20
Marennes	66 25	48 35	34 50	76 10	57 50	39 45
Fouras	63 90	46 50	33 20	73 75	55 75	37 90
Chatelaillon	62 35	46 10	32 40	71 95	55 25	37 05
Augoulins-sur-Mer	61 80	45 70	32 15	71 35	54 75	36 70
La Rochelle	61 10	45 10	31 80	70 50	54 20	36 30
La Pallice-Rochelle (Ile de Ré)	61 95	45 75	32 20	71 50	54 95	36 80
L'Aiguillon-Port — *Via* Chantonnay-Transit	59 40	45 00	31 75	67 60	54 50	35 75
L'Aiguillon-Port — *Via* Luçon-Transit	61 35	45 95	32 25	70 40	55 95	36 65
La Tranche — *Via* Chantonnay-Transit	61 90	48 10	34 25	70 10	57 »	38 25
La Tranche — *Via* Luçon-Transit	63 85	48 45	34 75	72 90	58 45	39 15
Les Sables-d'Olonne	62 60	46 30	32 55	72 25	56 95	37 20
Saint-Gilles-Croix-de-Vie	64 55	46 55	32 70	74 50	57 30	37 35

De **PARIS-MONTPARNASSE ou SAINT-LAZARE** aux gares ci-après et retour	Section I			§ 2. Faculté d'arrêt entre Sainte-Pazanne incl. et la station balnéaire.		
Challans (Ile de Noirmoutier, Ile d'Yeu, Saint-Jean-de-Monts)	63 35	44 65	31 35	71 35	50 65	35 35
Bourgneuf-en-Retz	58 50	42 90	30 10	66 50	48 90	34 10
Les Moutiers	56 50	43 30	30 40	66 50	49 30	34 40
La Bernerie	58 50	43 55	30 60	66 50	49 55	34 60
Pornic (Ile de Noirmoutier) (1)	58 80	44 30	31 15	66 80	50 30	35 15
St-Père-en-Retz (St-Brevin-l'Océan)	58 50	43 30	30 65	66 50	49 30	34 65
Paimbœuf (Saint-Brevin-l'Océan.)	59 05	43 30	30 80	67 05	49 30	34 80

2° — BILLETS DE BAINS DE MER

AU DÉPART DES GARES AUTRES QUE PARIS, VALABLES 33 JOURS
non compris le jour du départ

Ces billets sont délivrés par toutes les gares, stations et haltes du réseau d'Etat (**Paris excepté**) pour toutes les stations balnéaires désignées ci dessus. Ils comportent les mêmes réductions de prix que les billets d'aller et retour ordinaires et donnent le droit de s'arrêter aux gares intermédiaires.

Dispositions spéciales au 1° et au 2°.

Enfants. — Les enfants de 3 à 7 ans paient moitié du prix des billets de bains de mer.

Prolongation de la durée de validité. — La durée de validité peut être prolongée de 30 jours, moyennant un supplément égal à 10 0/0 du prix du billet. Cette prolongation peut être accordée deux fois au plus ; le supplément à payer pour chaque prolongation de 30 jours est de 10 0/0 du prix primitif.

3° — BILLETS DE BAINS DE MER

A VALIDITÉ RÉDUITE, SANS FACULTÉ DE PROLONGATION

A) **Billets de toutes classes valables pendant 5 jours, du Vendredi de chaque semaine au Mardi suivant, ou de l'avant-veille au surlendemain d'un jour férié.** — Leurs prix sont ceux des billets simples augmentés d'un dixième avec minimum de perception, par place, de 12 fr. en 1re classe, 9 fr. en 2e classe et 5 fr. en 3e classe.

B) **Billets de 2e et de 3e classe délivrés par toutes les gares du réseau d'Etat situées au sud de la Loire valables un jour seulement : le Dimanche ou un jour férié.** — Leurs prix sont les deux tiers de ceux des billets de bains de mer de 33 jours, avec minimum de perception par place de 4 fr. en 2e classe et de 2 fr. 50 en 3e classe.

(*Pour les conditions d'utilisation des billets de bains de mer, voir les Tarifs G. V. nos 6 et 106.*)

(1) Un service régulier de bateaux à vapeur est organisé entre Pornic et Noirmoutier pendant la période du 1er Juillet au 30 Septembre.

ABONNEMENTS DE BAINS DE MER

Des cartes d'abonnement de Bains de mer valables un mois trois mois ou six mois et comportant une réduction de 40 0/0 sur les prix des cartes ordinaires d'abonnement de même durée, sont délivrées chaque année à partir du samedi, veille de la fête des Rameaux, jusqu'au 31 octobre pour les cartes d'un ou trois mois, et jusqu'au 31 juillet pour les cartes de six mois. Ces cartes ne sont délivrée qu'aux personnes qui prennent en même temps au moins trois billets ordinaires ou de bains de mer

(*Pour les autres conditions, voir le Tarif spécial G. V. nº 3.*)

BILLETS D'ALLER ET RETOUR DE FAMILLE

POUR LES VACANCES

Valables 33 jours, non compris le jour du départ.

Délivrés du samedi, veille des Rameaux, au lundi de Pâques inclus (sans prolongation), et du 1er juillet au 1er octobre, avec prolongation facultative, moyennant surtaxe.

a) Au départ de PARIS, pour les gares, stations et haltes du réseau d'État situées à 125 kilomètres au moins de Paris, ou réciproquement;

b) Au départ de toutes les gares, stations et haltes du réseau d'Etat (Paris excepté), pour les gares, stations et haltes situées à 100 kilomètres au moins du point de départ.

Il peut être délivré à un ou plusieurs des voyageurs compris dans un billet collectif et en même temps que ce billet une carte d'identité sur la présentation de laquelle le titulaire sera admis à voyager isolément à moitié prix du tarif ordinaire des billets simples, pendant la durée de la villégiature de la famille, entre la gare de délivrance du billet collectif et le point de destination mentionné sur ce billet.

Enfants.— Les enfants de 3 à 7 ans payent la moitié du prix que paye un voyageur à place entière

(*Pour les autres conditions, voir les Tarifs spéciaux G. V. nos 2 bis et 9 bis.*)

BILLETS D'EXCURSION AU LITTORAL DE L'OCÉAN

Valables 33 jours, non compris le jour de la délivrance

avec prolongation facultative moyennant le payement d'une surtaxe

délivrés du samedi, veille de la fête des Rameaux, au 31 octobre.

ITINÉRAIRE : **Bordeaux, Blaye, Royan, La Grève, Le Chapus, Fouras, La Rochelle, La Pallice-Rochelle, les Sables-d'Olonne. Saint-Gilles-Croix-de-Vie, Pornic, Paimbœuf, Nantes, Clisson, Cholet, Bressuire, Niort, Bordeaux** ou inversement.

Prix des billets : 1re classe, **60** fr. — 2e classe, **45** fr — 3e classe, **30** fr.

Faculté d'arrêt aux gares intermédiaires.

Billets spéciaux de parcours complémentaires pour rejoindre ou quitter l'itinéraire du voyage d'excursion ci-dessus.

Les prix de ces billets comportent une réduction de 40 0/0 sur les prix des billets simples.

Les enfants de 3 à 7 ans payent moitié des prix indiqués ci-dessus.

(*Pour les autres conditions, voir le Tarif spécial G. V. nº 5.*)

CARTES D'EXCURSION VALABLES 15 JOURS

Pendant la période du samedi, veille de la fête des Rameaux, au 31 octobre, il sera délivré, par toutes les gares, stations et haltes du réseau de l'Etat, des cartes d'excursion valables pendant 15 jours et comportant la libre circulation, savoir :

Cartes A. — Sur l'ensemble du réseau de l'Etat.

Cartes B. — Sur toutes les lignes du réseau de l'Etat situées au sud de la Loire (y compris les gares de Nantes, Angers, La Possonnière, Saumur et Port-Boulet).

Ces cartes sont délivrées aux prix ci-après :

Cartes A (valables sur l'ensemble du réseau) : 1re classe, **135** fr.; 2e cl., **100** fr.; 3e cl., **75** fr.;

Cartes B (valables sur le réseau sud seulement) : 1re classe, **100** fr.; 2e cl.. **75** fr.; 3e cl., **50** fr.

Les demandes de cartes d'excursion pourront être adressées aux chefs de toutes les gares ou stations du réseau de l'Etat, ou au chef du contrôle de ce réseau (rue Saint-Lazare, nº 45, à Paris).

(*Pour les autres conditions, voir le Tarif spécial G. V. nº 5.*)

RELATIONS DIRECTES ENTRE PARIS ET VALPARAISO

Par La Pallice-Rochelle et la Compagnie de navigation à vapeur du Pacifique

Service tous les 15 jours.

Train spécial (1re, 2e et 3e classes), entre Paris-Montparnasse et La Pallice-Rochelle

(Sans transbordement)

TRAJET DIRECT EN 9 HEURES

Départ de Paris le samedi soir.—Arrivée à La Pallice-Rochelle (Bassin à flot), le dimanche matin.

CHEMINS DE FER DE L'EST

I. — RELATIONS DIRECTES DE LA COMPAGNIE DE L'EST

(SERVICES PERMANENTS)

a) Avec la Suisse, *via* Belfort-Bale (Trains rapides);
b) Avec l'Italie, *via* Belfort-Bale et le Saint-Gothard (Trains rapides);
c) Avec Mayence, Wiesbaden, Ems et Hombourg-les-Bains, *via* Metz-Sarrebruck (Trains express);
d) Avec Francfort-sur-Mein, *via* Metz-Sarrebruck (Trains express), et *via* Avricourt-Strasbourg (Trains express d'Orient) en correspondance à Carlsruhe avec des trains express pour Francfort;
e) Avec Coblence, *via* Metz-Trèves et Luxembourg-Trèves. (Trains directs);
f) Avec l'Autriche-Hongrie, la Roumanie, la Serbie, la Bulgarie et la Turquie : 1° *via* Avricourt-Strasbourg (Train d'Orient); 2° *via* Belfort-Bale, la Suisse orientale et l'Arlberg (Trains rapides);
g) Avec Luxembourg, *via* Charleville, Longuyon, Dippach. (Trains directs).

II. — VOYAGES CIRCULAIRES ET EXCURSIONS A PRIX RÉDUITS

(SAISON D'ÉTÉ)

A. — EN FRANCE. — 1° Billets d'aller et retour de famille pour les stations thermales situées sur le réseau de l'Est. — 2° Billets d'aller et retour collectifs délivrés par les gares du réseau P.-L.-M. pour les stations thermales situées sur le réseau de l'Est.

Voyages circulaires à prix réduits pour visiter les Vosges et Belfort avec arrêts facultatifs à toutes les stations du parcours.

Billets individuels et billets collectifs

1° de Paris à Paris; 2° de Laon à Laon; de Nancy à Nancy : *via* Blainville, Charmes et *via* Pagny-sur-Meuse, Vaucouleurs.

B. — Voyages circulaires ou d'aller et retour, à prix réduits, à itinéraires facultatifs sur les réseaux de l'Est, du Nord, de l'Ouest et de P.-L.-M. et à l'Etranger, effectués au moyen de Livrets à coupons combinables du « Verein » (Union des Chemins de fer européens) et Voyages circulaires à itinéraires fixes dits « Au Sud des Alpes », permettant de faire des excursions variées en Italie.

La Compagnie des Chemins de fer de l'Est délivre toute l'année des Livrets à coupons combinables, à prix réduits, du « **Verein** » (Union des Chemins de fer européens), permettant aux voyageurs de composer à leur gré un voyage sur les réseaux de l'Est, du Nord, de l'Ouest et de P.-L.-M., et dans les pays désignés ci-après : Allemagne, Autriche-Hongrie, Belgique, Bosnie-Herzégovine, Bulgarie, Danemark, Finlande, Grand-Duché de Luxembourg, Pays-Bas, Norvège, Roumanie, Serbie, Suède, Suisse et Turquie.

La réduction par rapport aux prix des billets simples atteint et dépasse 20 0/0.

Les principales conditions d'émission de ces livrets sont les suivantes :

L'itinéraire doit emprunter à la fois des lignes françaises et étrangères et ramener le voyageur à son point de départ initial; il peut affecter la forme d'un voyage circulaire ou celle d'un aller et retour.

Le parcours tarifé ne peut être inférieur à 600 kilomètres; la durée de validité des livrets est de 45 jours lorsque le parcours ne dépasse pas 2000 kilomètres; elle est de 60 jours pour les parcours plus longs.

Les livrets doivent être demandés à l'avance; il n'est pas concédé de franchise de bagages.

Les enfants agés de 4 ans et moins sont transportés gratuitement, s'ils n'occupent pas une place distincte; au-dessus de 4 ans jusqu'à 10 ans, ils bénéficient d'une réduction de 50 0/0.

Italie. — Les voyageurs qui désirent se rendre en Italie pourront se procurer dans toutes les gares du réseau de l'Est un billet circulaire italien à itinéraire fixe dit « **Au Sud des Alpes** ». Ce billet circulaire est délivré conjointement avec le livret à coupons combinables du « **Verein** ». Au moyen de cette combinaison, des excursions variées peuvent être effectuées en Italie.

Lorsqu'il est délivré conjointement avec un livret à coupons combinables du « **Verein** », valable seulement pendant 45 jours, un billet circulaire italien à itinéraire fixe « **Au Sud des Alpes** » ayant une durée de validité de 60 jours, cette dernière durée est également appliquée au livret à coupons combinables.

Nota. — Pour tous autres renseignements concernant les coupons combinables du « **Verein** », consulter le Tarif international G. V. n° 205 déposé dans les gares, et, pour les billets circulaires italiens dits « **Au Sud des Alpes** », le Livret des voyages circulaires et excursions de la Compagnie des Chemins de fer de l'Est.

II. — Annonces diverses provenant de PARIS

ARCACHON

HOTEL RESTAURANT JAMPY

BOULEVARD DE LA PLAGE, 268

Terrasse de 200 couverts avec aperçu sur le bassin. — Salon de lecture et de correspondance. — L. **CURAN**, **Directeur**.

ARCACHON

VILLA DÉIDAMIE

EN FORÊT, PLEIN MIDI, PEU ÉLOIGNÉE DE LA PLAGE

Avenue Victoria. — Chambre, pension, petit déjeuner du matin et vin compris, depuis **7 fr. 50** par jour. — Arrangements pour familles. **Mme DE BÉCHILLON** et **Mlle COUMEAU Sœurs**, Propriétaires.

ARCACHON

VILLA CARLO

MAISON DE FAMILLE. — Place des Palmiers. — *La plus belle situation de la Forêt, en face le kiosque de la musique, et la plus ensoleillée de la ville d'hiver.* — Chambres confortables et pension depuis 7 fr. par jour. — *English spoken.* — **Mlle GANAUD**, Propriétaire.

ARCACHON

VILLA PEYRONNET

Ancien Royal Hôtel. — **Maison de famille de premier ordre.** — Admirable mentsituée au centre de la ville d'hiver, entre le Casino et la promenade des Anglais. — *Recommandée pour sa cave et sa cuisine.* — Pension depuis 8 francs. — Arrangements pour familles. — **MONLEZUN**, Propre.

ARGELÈS-GAZOST

GRAND HOTEL DU PARC ET D'ANGLETERRE

De tout premier ordre, situation unique dans le vaste parc des Thermes. — Vue incomparable des quatre façades sur la montagne. — Grands salons, fumoir, billard, terrasse, restaurant. — Eclairage électrique. — Pension depuis 8 fr. — *Omnibus.* — **PETITJEAN**, Proprre.

ARRAS

HOTEL DE L'UNIVERS

Maison de premier ordre, recommandée aux familles et aux voyageurs. — Grands et petits appartements. — Salons particuliers. — *Garage pour automobiles.* — Lumière électrique. — *Omnibus à la gare.* **DURET**, **Propriétaire**.

AULUS

GRAND-HOTEL

Ouvert toute l'année. — **Mme A. CALVET et Fils, Propriétaires.**

Hôtel de premier ordre, à prix modérés. — **Le seul situé en face de l'Etablissement thermal.** — Très recommandé. — Position exceptionnelle. — Grand confortable. — **Clientèle d'élite.** — Cuisine et services irréprochables. — Vieille cave. — Bibliothèque. — Grand salon pour familles. — Terrasse très ombragée. — Café. — **Poste et Télégraphe.** — **Eclairage électrique.**

S'adresser, pour les voitures, à M. RAUCH, **correspondant du chemin de fer et du Grand-Hôtel, à la gare de Saint-Girons.**

LA BOURBOULE

GRAND HOTEL DES ILES BRITANNIQUES

Premier ordre, à l'angle de l'Établissement thermal. — 150 chambres et salons. — Fumoirs. — Grand jardin et salle de récréation pour les enfants. — **Garage et fosse pour automobiles.** — Conditions spéciales en juin et septembre. — *English spoken.* — *Se habla español.* — Téléphone. — Ascenseur. — Eclairage électrique.

C. DONNEAUD, Propriétaire.

Villa des Iles Britanniques. — Appartements pour familles.

GRAND-HOTEL

DE TOUT PREMIER ORDRE

En face le Casino et près des Établissements thermaux. — *Lumière électrique.* — Ascenseur. — *English spoken.*

FERREYROLES aîné, Propriétaire.

GRAND HOTEL DE L'ÉTABLISSEMENT

GRAND PREMIER ORDRE, EN FACE LE CASINO

Jardin. — Véranda. — Lumière électrique. — Téléphone. — *Ascenseur.* — Garage pour autos. — Restaurant à la carte. — Cuisine très soignée sous la direction du propriétaire.

E. CHEVALET, Propriétaire.

GRAND HOTEL DE PARIS

PREMIER ORDRE

A proximité des Casinos et Établissements de bains. — *Ascenseur.* — Éclairage électrique. — Téléphone.

Mme LEQUIME, Propriétaire.

SPLENDID HOTEL et HOTEL D'ANGLETERRE

Pension depuis 9 fr. en juin et septembre. — **Premier ordre.** — Près les Etablissements thermaux et le Casino. — Entre les deux Parcs. — Grand jardin. — Chambre noire. — Eclairage électrique. — Téléphone. — Ascenseur. — *Omnibus à tous les trains.*

Mme CHÊNEAU-FAURE, Propriétaire.

GRAND HOTEL DES AMBASSADEURS

Premier ordre. — Très recommandé pour sa cuisine spéciale suivant prescriptions des docteurs. — Conditions réduites en juin et septembre. — Garage pour automobiles — *Lumière électrique.* — Omnibus à tous les trains. — Saison d'hiver : **Sun Palace, Monte-Carlo.**

DUPEYRIX, Propriétaire.

MARSEILLE

G[D] HOTEL NOAILLES ET MÉTROPOLE

RÉPUTATION EUROPÉENNE

Ce magnifique établissement, situé dans le plus beau quartier de la ville, est sans contredit le lieu fashionable de rendez-vous de tous les touristes et familles fréquentant les stations d'hiver du littoral méditerranéen, ou s'embarquant à Marseille. **Près de la gare et des ports**, avec un service régulier d'omnibus. — Considérablement agrandi et offrant un choix de plus de 300 chambres et salons (depuis 3 fr.), *éclairés à la lumière électrique*. — **Ascenseurs**. — Bains. — *Téléphone* (réseau général). — Restaurant hors pair. — Service à prix fixe et à la carte. — Prix modérés et arrangements en pension (depuis 12 fr.) — **CHARLES RATHGEB (de Genève), nouveau Propre.**

Adresse télégraphique : MÉTROPOLE, MARSEILLE

MARSEILLE

GRAND HOTEL DU LOUVRE ET DE LA PAIX

ASCENSEUR
LUMIÈRE ÉLECTRIQUE

LIFT
ELECTRIC LIGHT

Réputation universelle. — *Patronné par l'élite de toutes les nations.* — Situé dans la plus belle position de la ville. **Le seul en plein midi avec une porte cochère et une grande cour d'honneur** et jardin d'hiver, à l'instar du *Grand-Hôtel* de Paris.— **Vue sur la Cannebière, les allées et le port.**— *250 chambres et salons.* — Entièrement remis à neuf. — **Grand Restaurant à la carte.** — Table d'hôte à tables séparées.— *Cuisine et Caves renommées.*— **Salles de bains à chaque étage.**— Installation sanitaire parfaite.— Tarif dans les appartements.— **Prix modérés.**— *Arrangements pour séjour depuis 12 fr. 50.*— Billets de chemins de fer, etc. — Propriétaire : **LOUIS ECHENARD-NEUSCHWANDER**, du Carlton-Hotel, de Londres. — (Maison suisse). — *Adresse télégraphique :* **Louvre-Paix, Marseille.**

MARSEILLE

LE GRAND HOTEL

EX-GRAND HOTEL DE MARSEILLE

Rue de Noailles, 26-28, et Cannebière prolongée

Hôtel de luxe le plus important de Marseille, installé avec le confort le plus moderne. — **Grand hall.** — *Chauffage central.* — Bains à tous les étages. — Installations sanitaires parfaites. — *Lumière électrique toute la nuit.* — **Caves et cuisine renommées. — Service par petites tables. — Prix modérés.** — Arrangements pour familles et séjour prolongé.

Nouveau Propriétaire : H. GRISARD. — *Ascenseurs.*

MONT-DORE

Puy-de-Dôme, Auvergne.— Altitude : 1050 mètres.

Établissement thermal, ouvert du 1er juin au 1er octobre. — Maladies des voies respiratoires, asthme, bronchites, affections rhumatismales. — Eau minérale bicarbonatée, sodique, arsenicale et siliceuse. — Pour l'exportation s'adresser à M. le Directeur, au Mont-Dore. — **Grand Casino dans le parc**, représentations tous les soirs. — 4 concerts par jour.

Le Mont-Dore est station terminus du P.-O.

MONT-DORE

HOTEL SARCIRON-RAINALDY

Anciennement Vve CHABAURY Aîné

Le plus important de la station. — Réputation ancienne. — Cet hôtel, entièrement reconstruit suivant les meilleurs avis médicaux, offre tout le confort moderne, avec les meilleures conditions hygiéniques. — *Ascenseur.* — *Téléphone.* — Lumière électrique dans toutes les chambres.— **CHALET DES PICS**, maison d'air à 1 100 mètres d'altitude.— Chalets et villas pour familles.— Parc et Lawn-tennis.— *English spoken.*—

Ecrire à M. SARCIRON-RAINALDY, Propriétaire-Directeur.

MONT-DORE

NOUVEL HOTEL & GRAND HOTEL DE LA POSTE

Maisons de premier ordre situées en face de l'Etablissement. — Chalets, Villas pour familles.— Parc.— Lawn-tennis.— Jeux divers.— Téléphone — Lumière électrique.— Ascenseur. — **Lift.**

P.-F. BRUN, Directeur. **G. BELLON, Propriétaire.**

MONT-DORE-LES-BAINS

GRANDS HOTELS DE PARIS ET DU PARC

En face les Thermes et sur le parc. — Ascenseur. — Téléphone. — Lumière électrique dans toutes les chambres.— *Installation hygiénique.* —Villas dans le parc, Chalets dans la montagne.—Lawn-tennis.—Garage pour bicyclettes et autos.— *English spoken.* — Prix modérés.

Léon CHABORY, Propriétaire.

MONT-DORE

INTERNATIONAL HOTEL

Premier ordre. — Le plus moderne comme installation hygiénique construit en 1900 et entouré d'un parc de 8 000 mètres.

Téléphone. — Lumière électrique. — Ascenseur.

Garage et fosse pour autos

VEYSSEYRE Frères, Propriétaires-Directeurs.

URIAGE-LES-BAINS (Isère)

Altitude : 414 mètres

Établissement thermal de 1er ordre

EAUX SULFUREUSES ET SALINES PURGATIVES

SAISON DU 25 MAI AU 15 OCTOBRE

Traitement des maladies de la peau, de l'anémie, du lymphatisme, du rhumatisme, de la scrofule, etc., etc.

CURE D'AIR

BAINS, DOUCHES, PULVÉRISATIONS, HYDROTHÉRAPIE

Parc, Casino, Cercle, Hôtels, Appartements et Villas meublés, sous la direction de l'Établissement thermal.— **Eclairage électrique.**

URIAGE est desservi par un **tramway électrique** partant de la gare de Grenoble P.-L.-M. (correspondance à tous les trains). — De Grenoble à Uriage : durée du trajet, 45 minutes.

Pour tous renseignements, s'adresser à l'Administrateur de l'Établissement.

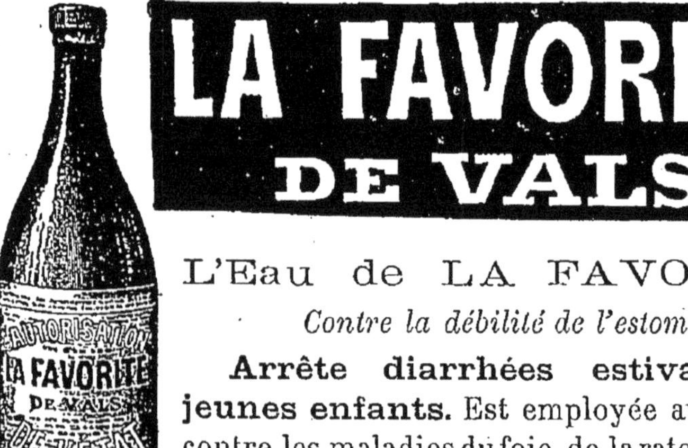

L'Eau de LA FAVORITE

Contre la débilité de l'estomac

Arrête diarrhées estivales des jeunes enfants. Est employée avec succès contre les maladies du foie, de la rate, la goutte, la gravelle, la dyspepsie, la gastralgie, etc.

EN VENTE

Pharmacies, Drogueries, Marchands d'Eaux minérales

ADMINISTRATION : 11, rue Terme, LYON

IV. — PAYS ÉTRANGERS

BELGIQUE — GRANDE-BRETAGNE — ESPAGNE
ALGÉRIE — SUISSE — ITALIE

V. SUPPLÉMENT

Spécialités pharmaceutiques.

Chocolat Menier.

Un Siècle de bonne Clientèle !

Contre la **CONSTIPATION**

et ses Conséquences :

Manque d'Appétit, Migraine, Embarras gastrique, etc.

DEMANDER les **VÉRITABLES**

Étiquette ci-jte en **4 couleurs**

et le **NOM** du **Dr FRANCK**

sr des boîtes bleues (fac-simile ci-cont.)

1f50 1/2 Bte (50 grains); 3f Bte (105 gr.)

C'est le Remède le meilleur, le plus commode et le moins cher.

Notice dans chaque Boîte.

TOUTES PHARMACIES

MAISON fondée en 186
ANCIENNE L. VIELLIARD
ci devant 211 Rue de Lafayette
G. ROUZÉE
TÉLÉPH
908.07
72, 72 bis 72
RUE DE LA FOLIE RÉGNAULT. XI
6000 mètres d'ateliers magasins.
ANU CTURE
BAINS
TOILETTE
CUISINE
CHAUFFAGE
au
GAZ

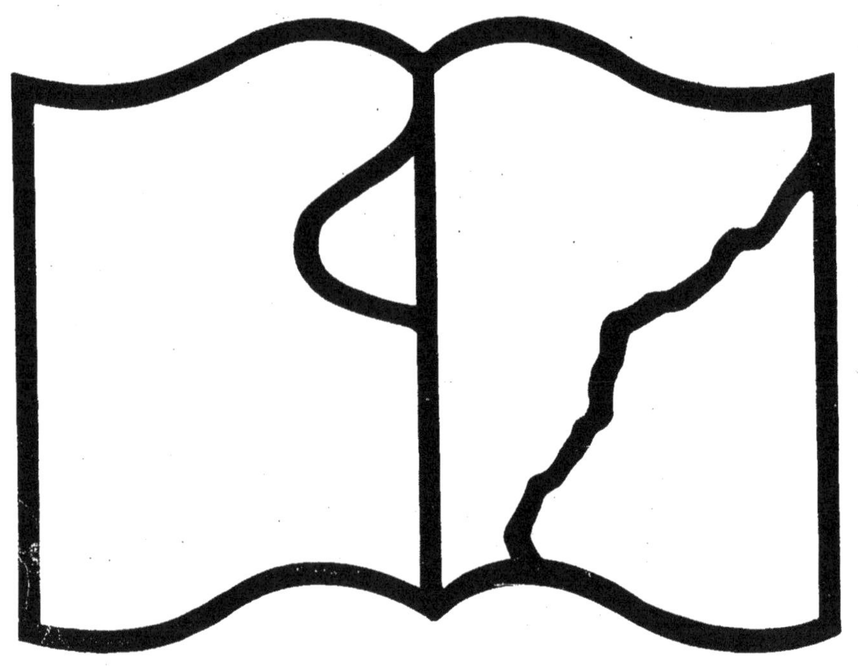

Texte détérioré — reliure défectueuse

NF Z 43-120-11

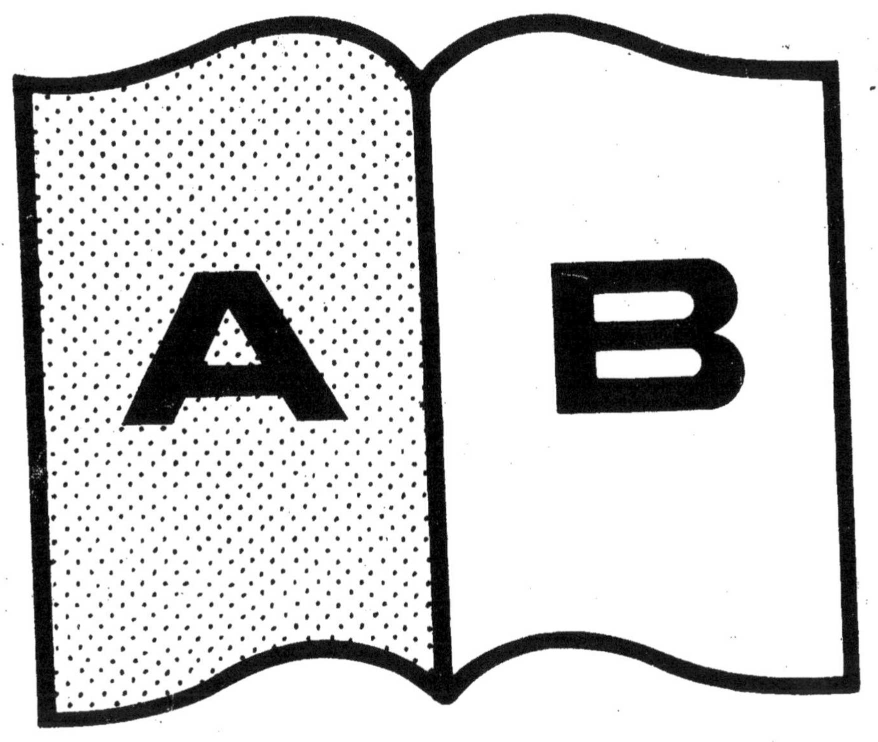

Contraste insuffisant

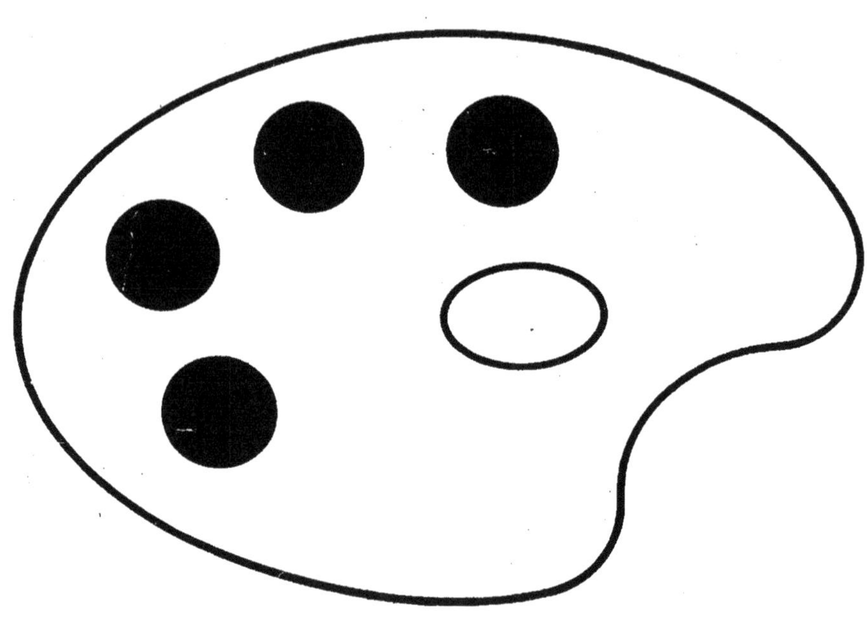

www.ingramcontent.com/pod-product-compliance
Ingram Content Group UK Ltd.
Pitfield, Milton Keynes, MK11 3LW, UK
UKHW012001240726
13965UKWH00001B/85